300MW级火力发电厂培训丛书

热控设备及系统

山西漳泽电力股份有限公司 编

中国电力出版社
CHINA ELECTRIC POWER PRESS

内 容 提 要

20世纪80年代开始，国产和引进的300MW级火力发电机组就陆续成为我国电力生产中的主力机组。由于已投入运行30多年，涉及机组运行、检修、技术改造和节能减排、脱硫脱硝等要求越来越严，以及急需提高实际运行、检修人员的操作技能水平，组织编写了一套《300MW级火力发电厂培训丛书》，分为《汽轮机设备及系统》《锅炉设备及系统》《热控设备及系统》《电气设备及系统》《电气控制及保护》《集控运行》《化学设备及系统》《输煤设备及系统》《环保设备及系统》9册。

本书为《300MW级火力发电厂培训丛书　热控设备及系统》，共七章，主要内容包括分散控制系统、机炉保护系统、模拟量控制系统、汽轮机电液控制系统、顺序控制系统、炉膛安全监控系统及现场测量执行设备。

本书既可作为全国300MW级火力发电机组热控设备系统运行、检修、维护及管理等生产人员、技术人员和管理人员等的培训用书，也可作为高等院校相关专业师生的参考用书。

图书在版编目(CIP)数据

热控设备及系统/山西漳泽电力股份有限公司编. —北京：中国电力出版社，2015.6
（300MW级火力发电厂培训丛书）
ISBN 978-7-5123-7188-0

Ⅰ.①热… Ⅱ.①山… Ⅲ.①热控设备 Ⅳ.①TM621

中国版本图书馆CIP数据核字(2015)第025327号

中国电力出版社出版、发行
（北京市东城区北京站西街19号　100005　http://www.cepp.sgcc.com.cn）
北京市同江印刷厂印刷
各地新华书店经售
*
2015年6月第一版　　2015年6月北京第一次印刷
787毫米×1092毫米　16开本　25.5印张　593千字
印数0001—3000册　　定价**78.00**元

前　言

随着我国国民经济的飞速发展，电力需求也急速增长，电力工业进入了快速发展的新时期，电源建设和技术装备水平都有了较大的提高。

由于引进型300MW级火力发电机组具有调峰性能好、安全可靠性高、经济性能好、负荷适应性广及自动化水平高等特点，早已成为我国火力发电机组中的主力机型。国产300MW级火力发电机组在我国也得到广泛使用和发展，对我国电力发展起到了积极的作用。

为了帮助有关工程技术人员、现场生产人员更好地了解和掌握机组的结构、性能和操作程序等，提高员工的业务水平，满足电力行业对人才技能、安全运行以及改革发展之所需，河津发电分公司按照山西漳泽电力股份有限公司的要求，在总结多年工作经验的基础上，组织专业技术人员编写了本套培训丛书。

《300MW级火力发电厂培训丛书》分为《汽轮机设备及系统》《锅炉设备及系统》《热控设备及系统》《电气设备及系统》《电气控制及保护》《集控运行》《化学设备及系统》《输煤设备及系统》《环保设备及系统》9册。

本书为《300MW级火力发电厂培训丛书　热控设备及系统》，共七章，主要内容包括分散控制系统、机炉保护系统、模拟量控制系统、汽轮机电液控制系统、顺序控制系统、炉膛安全监控系统及现场测量执行设备。

本书由山西漳泽电力股份有限公司李艳庆主编，其中第一章由陈永锋、高永娟编写，第二章由张居正、宁忠龙、郝建峰编写，第三章由冯连根、李军娟、张艳丽编写，第四章由王东伟、李军娟、张艳丽编写，第五章由孙永再、宁忠龙、郝建峰编写，第六章由宁忠龙、郝建峰编写，第七章由梁卫、董伟杰、卫巍编写。

由于编者的水平、经验所限，且编写时间仓促，书中难免有疏漏和不足之处，恳请读者批评指正。

编　者

2015年4月

目　录

第一章 分散控制系统

分散型控制系统（Distributed Control System，DCS）是将控制技术（Control）、通信技术（Communication）、计算机技术（Computer）和CRT技术相结合的控制系统。其主要特点是功能分散、操作显示集中、数据共享、可靠性高。本章主要结合某电厂在使用的艾默生Ovation控制系统和三菱DIASYS-UP/V系统对分散控制系统进行分析说明。

第一节 DCS 网 络

一、DCS网络简述

（一）工业DCS网络定义

多台计算机通过数据通信网络相联形成了计算机网络，应用于工业控制场合的网络产品称为工业网络。国际电工委员会（IEC）把用于工业DCS的数据通信系统定为过程数据公路（PROWAY）。过程数据公路系统由通信控制器、数据通信接口和通信介质等部分组成。它将分散控制的各单元及各级人机接口系统连成一体，是一个通信速率高、误码率低、响应快的局部网络，具有组织灵活、易于扩展、资源共享的特点。然而DCS完成的是工业控制，因此与一般的办公室用局部网络有所不同，具有如下特点：

（1）可靠性。当网络中某个设备出现故障时，不会导致整个网络的瘫痪。

（2）实时性。为了满足实时控制的要求，网络必须能够支持实时数据操作，即在规定的时间间隔内完成数据的读写、传递等基本操作，能对突发事件做出实时响应。

（二）网络结构及特点

网络结构又称网络拓扑，是指网络节点的连接方式。通常网络连接方式有总线型、环型、星型三种。总线型在逻辑上也是环型的，星型通常只用于小的系统。

在工业环境中采用的网络结构主要是环型网和总线网，其中环型网络拓扑结构如图1-1所示。

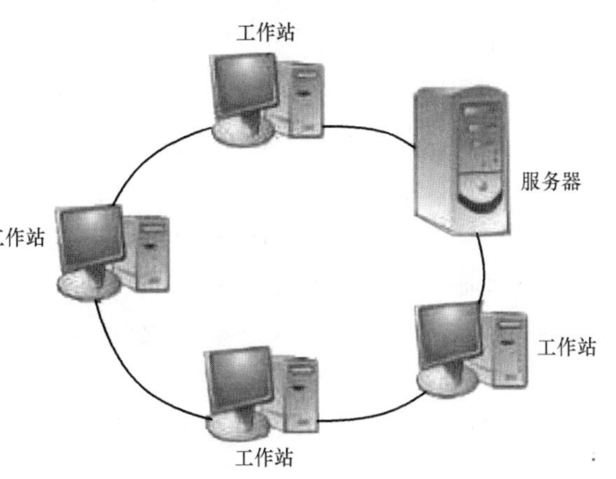

图1-1 环型网络拓扑结构图

环型网具有以下特点：

（1）是一种多点式访问型网络结

构，可实现点一点通信和广播式数据通信，可以覆盖较远的地域。

(2) 环型网数据在整个网上顺序传输，中间环节中任一节点或电缆的故障都会终止网络的工作。

(3) 加入新的节点较困难，扩展性能差。

(4) 常用令牌传输方式，只有持令牌的站才有权发送数据，令牌在各站之间依次传输。

总线型网络拓扑结构如图 1-2 所示。

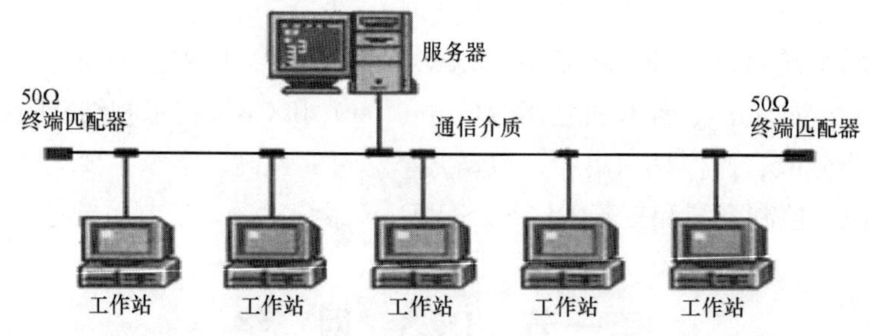

图 1-2　总线型网络拓扑结构图

总线网具有以下特点：

(1) 所有站通过硬件接口接到一条总线上。

(2) 网上任一站点发送的信息都能为其他站点所接收。

(3) 信息在介质上的传输是双向的。

(4) 节点的增加和位置变动相对比较容易，网络上的长度可通过增加中间继电器来增加。

(三) 通信协议及介质

通信介质又称传输介质或信道，是连接网上站或节点的物理信号通路，主要有双绞线、同轴电缆、光导纤维三种。最早的 DCS 采用双绞线或同轴电缆，传输速率在1Mbit/s以下；目前的 DCS 主要采用双绞线或光纤，通信速率为 10～100Mbit/s。

通信协议（通信规程）是通信双方如何进行对话的约定与规则，决定网络通信中传输的信息/报文格式与控制方式。国际标准化组织（ISO）提供了一个标准的协议结构——开放式系统互联参考模式（OSI）。该模式包括以下 7 层：

(1) 物理层。通信各方的物理信道。

(2) 数据链路层。分为介质访问控制层和逻辑链路控制层，前者主要解决物理信道的使用，后者保证信息正确有序地在有噪信道上传输。

(3) 网络层。在有限个物理信道上建立多条逻辑信道并完成路径选择。

(4) 传输层。为用户建立多条逻辑信道，允许多用户共享一条逻辑信道，并兼有端-端控制功能。

(5) 对话层。用户进程的建立或拆除，对连接传输进行管理。

(6) 表示层。信息格式的转换如文本压缩、加密等。

(7) 应用层。该层要实现的功能取决于用户和系统应用管理进程。

随着局部网络的发展，拓扑结构逐渐趋向于规范化，总线网和环型网已成为当前局部网络结构的主要潮流，广播式通信方式已成为局部网络的一个重要特征。总线拓扑结构中，所有节点共享一条公共数据传输链路，每个时刻只允许一个出点发送数据。为了确定可发送数据站，需要建立访问控制方式，常用方式如下：

(1) 确定型控制。令牌控制方式，站点获得令牌后才被允许发送数据，数据到达后或没有数据可发送时，则将令牌释放，传到下一站。

(2) 争用型控制方式。CSMA/CD 方式，属于不确定型，在工业控制系统中采用令牌总线方式要优于 CSMA 方式。

下面将以艾默生 Ovation 系统和三菱 DIASYS-UP/V 系统来说明环型与总线型网络在 DCS 中的应用。

二、艾默生 Ovation 系统网络说明

Ovation 系统网络是由交换机双绞线及附属设备搭接而成的双环型网络，如图 1-3 所示，实现 DCS 就地设备状态信息及控制指令双向传输的功能。本部分主要对 Ovation 系统网络的构成及网络数据流进行分析，同时对 Ovation 系统网络的维护和检修进行简要说明。

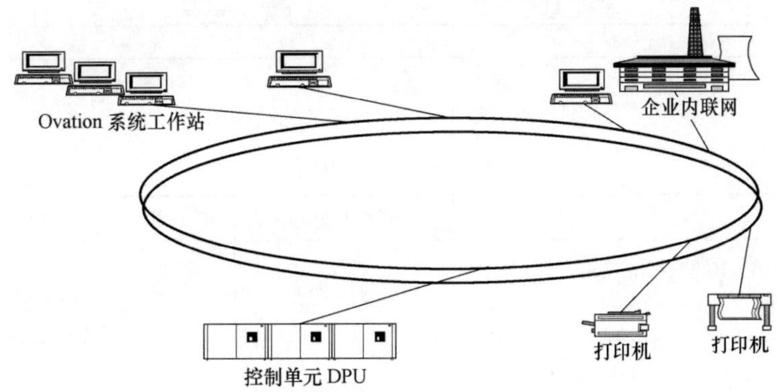

图 1-3　Ovation 系统网络结构简图

（一）网络构成

如图 1-4 所示，Ovation 系统网络采用全局分布式数据库来完成对回路的控制。全局分布式数据库将功能分散到多个可并行运行的独立工作站上，而不是集中到一个中央处理器上。因而不会因为其他事件的干扰而影响整个系统的性能。

Ovation 系统网络具有以下特点：

(1) 网络发送和接收实时数据快捷方便。

(2) 网络的设计更具开发性和拓展性。

(3) 可隔离有故障的站点及部分网络。

（二）Ovation 系统网络交换机柜

Ovation 系统网络交换机柜完成 DCS 所有实时信息的交换，是整个网络的核心。它是由 1 台 IP 交换机和 4 台互为冗余的交换机构成的。Ovation 系统网络 24 口交换机每个口连接是由交换机内部的配置文件所决定的，不能随意连接，具体连接方法如图 1-5 和 1-6 所示。柜内主要元件说明见表 1-1。

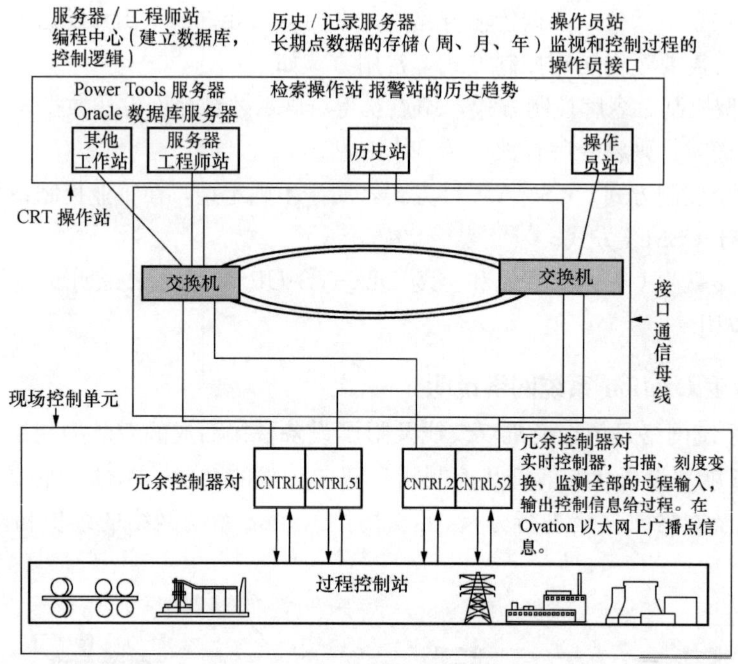

图 1-4　典型的 Ovation 系统结构图

表 1-1　　柜内主要元件说明

序号	名称	规格及型号	备注
1	IP 交换机（IP TRAFFIC SWITCH，见图 1-5）	思科 2950	连接打印机
2	主 ROOT 交换机（PRIMARY ROOT SWITCH，见图 1-5）	思科 2950	连接操作员站
3	副 ROOT 交换机（BACKUP ROOT SWITCH，见图 1-5）	思科 2950	连接操作员站
4	主 FAN 交换机（PRIMARY FAN-OUT SWITCH，见图 1-5）	思科 2950	连接控制柜
5	副 FAN 交换机（BACKUP FAN-OUT SWITCH，见图 1-5）	思科 2950	连接控制柜
6	Generic DMZ 交换机（见图 1-6）	思科 2600	为 MIS 或 SIS 系统提供接口
7	主核心交换机（PRIMARY CORE SWITCH，见图 1-6）	思科 Catalyst 3550	连接两套 DCS 网络，实现两台机组实时数据共享
8	副核心交换机（BACKUP CORE SWITCH，见图 1-6）	思科 Catalyst 3550	连接两套 DCS 网络，实现两台机组实时数据共享

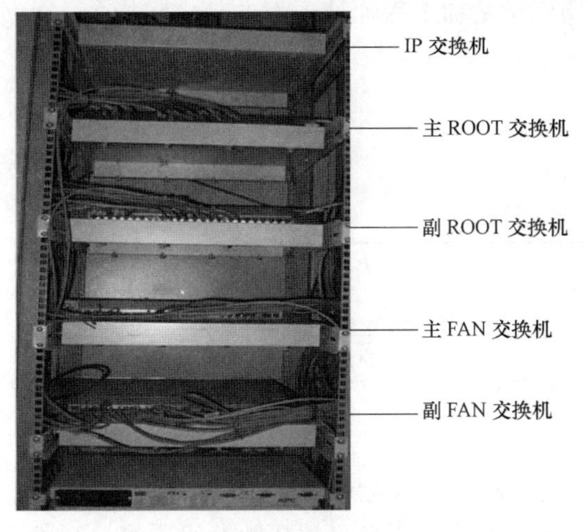

图 1-5　网络交换机柜连接图（一）

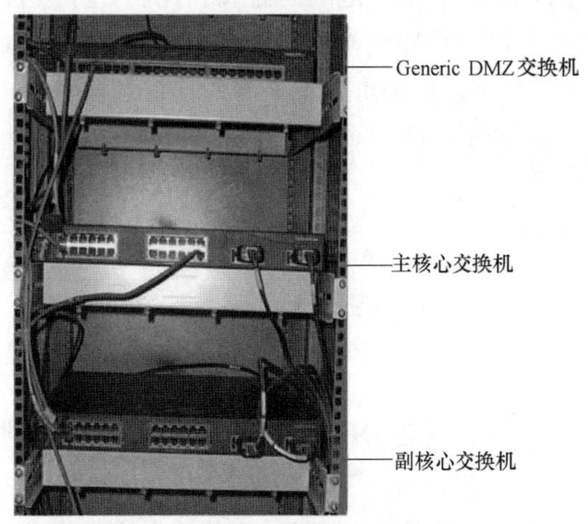

图 1-6　网络交换机柜连接图（二）

（三）网络数据流程

Ovation 系统为了实现传输介质的共享，对于多个节点传送信息采用组播方式，以避免网络上的冲突。I/O 数据传送采用令牌式（Token Ring），各个模块与控制器的通信时间为限定时间，从而保证通信的实时性、顺畅性和有序性。在环网上各个节点（工程师站、操作员站、历史站、控制器）经过交换机连接，达到数据信息的共享。

Ovation 系统采用互为冗余的双环网设计，网络各节点的连接由交换机来完成，交换机充当了各个节点之间联系的桥梁；同时还对冗余的双环网状态进行监测，故障时进行切换。双环网采用反相旋转的结构。当双环电缆同时被切断时，可自成回馈的单环网，更大限度地避免网络的故障（见图 1-7）。

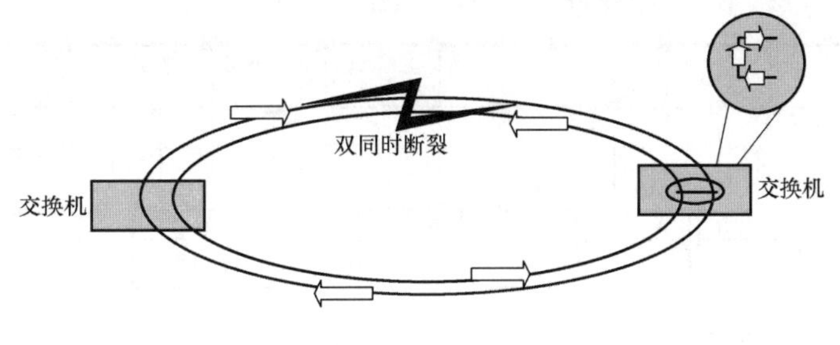

图 1-7　原理简图

Ovation 系统网络采用的协议为 TCP/IP；通信速率为 100MB/s，通信距离为 20km，通信介质为双绞线且每条支线（接口卡与其所带支线）的通信速率为 2Mbit/s；整个 Ovation 快速以太网最多可以接 254 个 Drop 工作站；以太网通信总线最忙时的负荷率不大于 20%。其中各节点通过各自的网络号（节点号）和网络接口来收发数据，协调各自的工作，以完成 DCS 的整体工作。

其中控制对现场的监测信号（温度、压力、流量、水位、设备状态等）经由 I/O 模块转化为数字量传至控制器（CONTROLLER），放置于存储器，形成一个与现场的过程量保持一致且能一一对应的数据量；还能将实时数据通过网络传送到操作员站和工程师站，实现全系统范围的监督和控制，并接收由操作员站和工程师站下发的信息、指令，通过 I/O 模块输出至现场设备来实现逻辑控制。

（四）运行中常见故障及处理措施

常见故障及处理措施如表 1-2 所示。

表 1-2　常见故障及处理措施

故障现象	原因	处理措施
单个操作员站或控制柜掉线	双绞线接触不好	检查水晶头，用酒精擦拭并重新插拔
操作员站和控制柜单侧掉线	交换机断电或故障	检查交换机电源或更换交换机

三、三菱 DIASYS-UP/V 系统网络说明

三菱 DIASYS-UP/V 系统的网络拓扑结构为总线型，其特点是结构简单，扩展方便，如图 1-8 和图 1-9 所示。网络中的各个节点主要通过两条通信线路与公共总线连接，行成冗余的网络，以消除单条总线故障时对系统造成的影响。

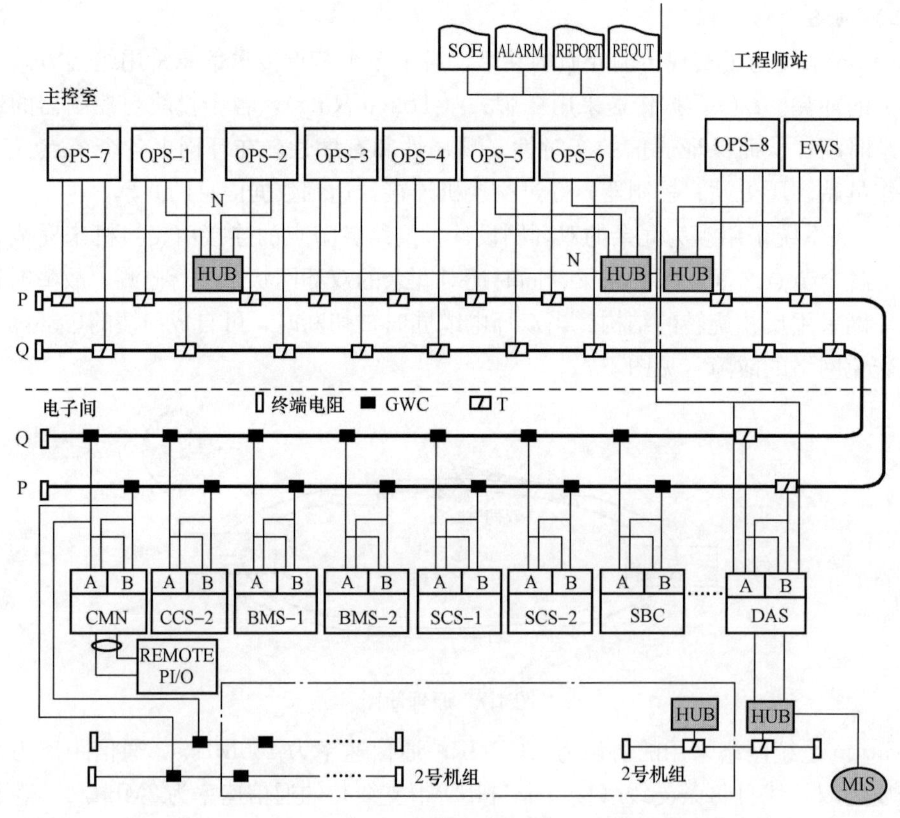

图 1-8　网络结构图（一）

（一）网络构成

1. 网络结构

主干通信网为冗余的以太网，有 P、Q 两条通道，连接所有控制站、操作员站、工程师站和 DAS 维护站。以太网执行 IEEE 802.3 标准，CSMA/CD 访问协议、TCP/IP 控制

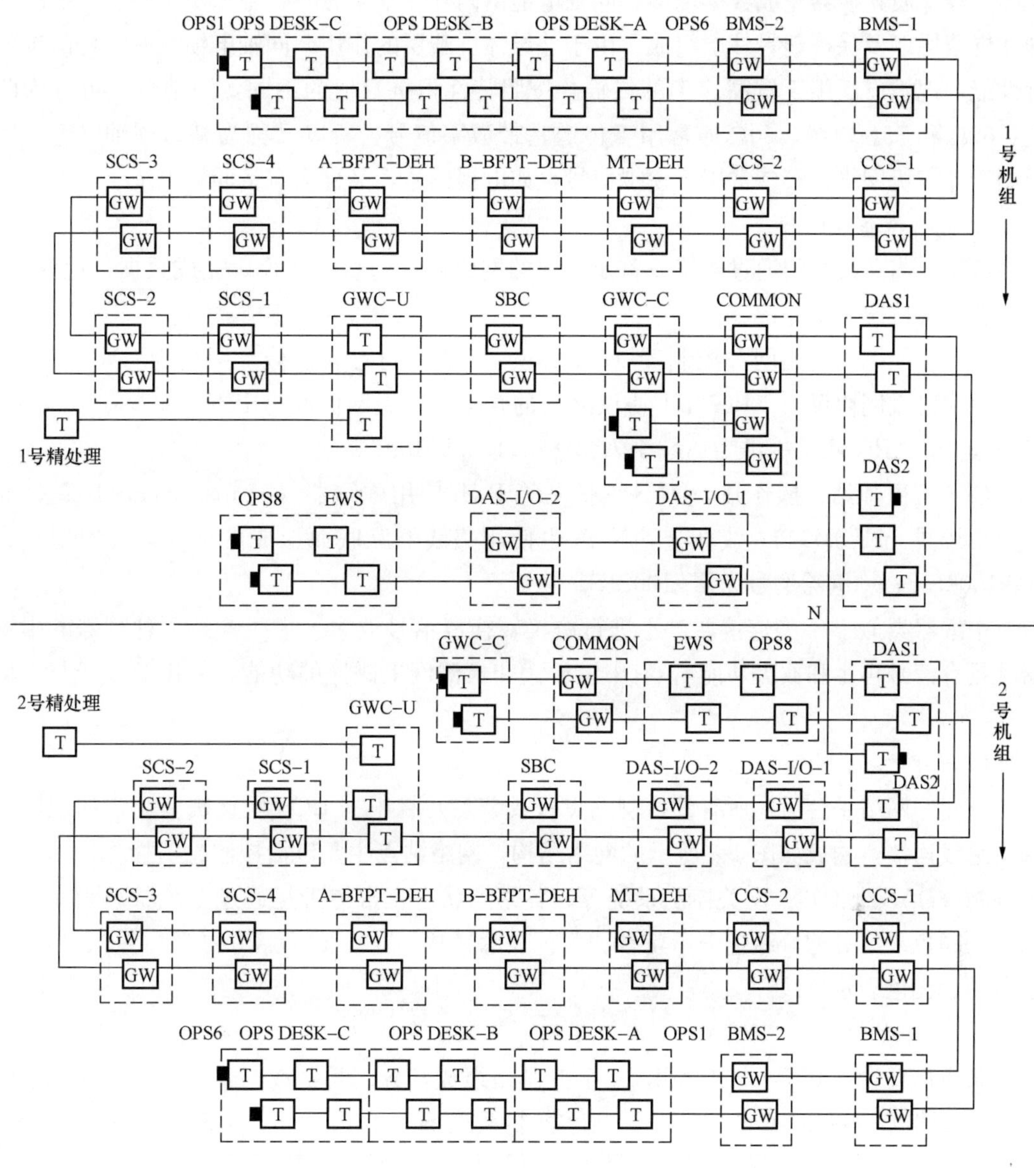

图 1-9　网络结构图（二）

协议，通信速率为 10Mbit/s，在网络两端有约 50Ω 的终端电阻。冗余设置的主要目的是提高整个系统的可靠性，如果一条网络故障不至于影响数据通信。

另一条由 N 通道连接的网络如图 1-8 中与 HUB 连接的所有线，将操作员站及工程师站连接起来，完成逻辑回路数据的通信。1、2 号机组的 4 台 DAS 维护站之间也采用 N-ch 相连，向 MIS 系统进行单向数据传输。

过程控制站中的控制器冗余布置，与过程 I/O 卡件连接的通信采用 ARCNET 通信协议，传输速率为 2.5Mbit/s，方式为令牌传送。

2. 通信介质

DCS 网络所采用的通信介质为同轴电缆，特征阻抗为 50Ω，与远程 I/O 的通信采用光缆并经介质转换器完成数据传递。同轴电缆由内导体铜质芯线、绝缘层、网状编织的外导体屏蔽层以及保护塑料外层组成。由于外导体屏蔽层的作用，同轴电缆具有很好的抗干扰性能，现被广泛用于较高速率的传输。按照特性阻抗数值的不同，同轴电缆可分为两类：50Ω 和 75Ω 电缆。50Ω 通常用于传送基带数字信号，所以又称为基带同轴电缆，广泛用于计算机网络；75Ω 常用于模拟信号，如电视信号，又称为宽带同轴电缆。

3. 通信设备及协议

各站点与总线之间通过网络设备及特定的网络协议与总线相连，完成数据传递任务。下面分两种情况予以介绍。

（1）各控制站使用网关控制器（Gateway，GW）与总线连接，型号为 GWUNT01，主要完成以太网协议与 ARCNET 协议之间的转换。以太网标准为 IEEE 802.3/10Base5/10Mbit/s，ARCNET 标准为 ANSI/ATA878.1/2.5Mbit/s。

（2）工程师站、操作站、DAS 维护站等 P-ch 使用中继器（Transceiver，T）、Q-ch 使用集线器（HUB）与总线相连，N-ch 也使用集线器互联而形成网络。集线器型号为 RT-1008E-2，中继器型号为 ET10091S。

中继器类似于 T 型连接器，不进行协议转换或信号放大。集线器是一种特殊的中继器（具有信号再生和放大功能），有中继放大和检测网上碰撞的功能，使用双绞线与主机相连。

（二）网络站点

搭建好网络平台后，所有的控制站点（或节点）将根据 DCS 配置按照一定的规则与网络总线连接，构成如图 1-8 所示的网络结构，网络站点主要包括控制站、操作员站、工程师站、DAS 维护站、网关控制系统等。各站点状态正常与否是通过系统状态画面上各站点的颜色来区分的，绿色表示正常、黄色表示异常（轻）、红色表示故障（重）、白色表示备用、无色表示离线。

1. 控制站

某电厂 2 台 350MW 机组各由 14 个控制站组成，分别是：数据采集系统 DAS-I/O-1（4 个控制柜）、DAS-I/O-2（3 个），顺序控制系统 SCS-1（1 个）、SCS-2（2 个）、SCS-3（2 个）、SCS-4（3 个），协调控制系统 CCS-1（2 个）、CCS-2（2 个），电液调节控制系统 MT-DEH（1 个）、BF-DEH-A（1 个）、BF-DEH-B（1 个），燃烧控制系统 BMS-1（2 个）、BMS-2（3 个），吹灰控制系统 SBC（2 个）。另外 2 台机组公用设备的控制则通过公用顺序控制系统 COMMON（1 个控制柜，并带 1 个远程 I/O 柜布置在循环水泵房）来完成，总计 29 个控制站。控制站内主要布置有电源卡、接口卡、冗余控制器（CPU 卡）、I/O 卡等硬件设备。

2. 操作员站

操作员站 OPS 由 7 台（OPS1～OPS7）计算机组成，主机型号为 HP B132L＋。OPS1～OPS6 功能完全相同，供运行人员使用，配置有操作键盘；OPS7 供值长使用，无操作键盘，仅保留监视功能。7 台 OPS 连接 1 台网络打印机，通过打印切换装置将画面拷贝或其他打印信息发送至打印机供用户使用。

3. 工程师站

工程师站由2台（OPS8、EWS）计算机组成，主机型号为HP B132L+。2台计算机的功能不完全相同，EWS专门用于控制系统组态（IDOL方式），包括控制逻辑在线修改、参数调整、逻辑图的生成、趋势监视等；OPS8除IDOL方式外，还可进入工程方式（engineering mode）进行相应的操作，如画面组态、回路盘组态、数据库组态、数据下载等。OPS8与EWS各配置1台打印机用于满足用户的打印需求。

4. DAS维护站

DAS维护站由2台（DAS-A、DAS-B）计算机组成，主机型号为HP B132L+。正常时1台工作、1台备用；工作计算机故障时，控制方式可切换到备用机。DAS维护站的功能类似历史站，可存储和管理大量的历史数据，以进行历史曲线查询、生成报表数据、后台性能计算等，并保留有与MIS系统的接口，可以对外发送640个模拟量和512个数字量信号。

与DAS维护站相连的共有4台网络打印机，分别是报警打印机、报表打印机、SOE打印机、请求打印机，各台打印机的功能分配可在DAS维护站上做相应的修改。

5. 网关控制系统（GWC-U、GWC-C）

网关控制系统主要是由2台COMPAQ工作站完成DCS以外的PLC控制系统与DCS之间的通信，GWC连接的PLC系统包括除灰控制系统、精处理控制系统等。

（三）常见故障及处理措施

（1）操作员站或DAS维护站网络故障。任一OPS系统状态画面上某工作站的状态颜色变为黄色或红色，某工作站自身的系统状态画面上全部站点状态颜色变为黄色或红色。故障处理措施包括：①网线断线或接触不好，需重新连接或制作接头，网线连好后重新启动计算机；②网卡故障，需更换网卡后重新启动；③网络设备故障，需要检查中继器、集线器等，必要时进行更换。

（2）控制站网络故障。任一OPS系统状态画面上某控制站的状态颜色变为黄色或红色表示故障。故障处理措施包括：①同轴电缆断线，可用专用堵头安装在同轴电缆的两端，通过分段封堵的方法查找故障点，然后更换线缆；②接头接触不良，需做好防锈处理，然后重新接线；③网关故障，可根据网关上的提示信息判断是以太网侧故障还是ARCNET侧故障，分别按下网关上下两个复位键，重新对其进行复位，接口卡故障时需更换卡件。

第二节 DCS 操 作 站

操作站是DCS操作监控级，它面向操作员和控制系统工程师，以操作监视为主要任务，兼有部分管理功能。配备有技术手段齐备、功能强的计算机控制系统及各类外部装置，如显示器、键盘、大存储容量的硬盘。

操作站需要功能强的软件支持，确保工程师和操作员对系统进行组态、监视和操作，对生产过程实施高级控制策略、故障诊断、质量评估。

操作站主要包括操作员站、工程师站、历史站。

一、操作员站

（一）艾默生 Ovation 系统操作员站

Ovation 系统操作员站 OPS 具有快速直接访问信息的能力，主要显示生产过程流程图、分级报警、实时趋势/历史趋势及所选的过程测点的数据信息查询。操作员站硬件由显示器、主机、专用工业键盘、鼠标组成。它是一切与运行操作功能相关的人机界面，便于运行人员实时了解现场设备的运行状态、参数及当前值是否正常，能够输出指令对现场设备进行调节和控制，从而保证生产过程的安全、可靠。

1. 操作员站的功能

（1）显示生产过程流程图。多窗口显示，可进行全屏显示、缩放显示，最多同时开 8 个窗口显示活动画面；画面切换时间小于 1s，重要数据可以常驻显示；过程图中的测点值可以快速显示，还能显示与所选测点有关的应用（如趋势、点信息等），如表 1-3 所示。

表 1-3　　流程图说明

项目	说明
流程图显示窗口数	最多 8 个
图更新速度	1s/次
每张图的动态字段	700 以上
每幅图可调用颜色数	256 种

（2）报警管理。操作人员通过分级报警显示查看和确认报警，以区别于正常情况。

1）报警窗口。按时间顺序显示所有当前报警，报警的变化在报警窗口中更新。

2）报警历史表。按历史顺序显示最近的 5000 个报警。

3）报警的优先级别。用过程测点优先级来确定报警的重要性，报警共有 8 个等级（1～8），其中 8 为最低优先级，1 为最高优先级。

4）报警的目标文件。可生成某站点的报警文件。

5）报警的确认。操作人员对报警进行确认。

6）报警的复位。复位一个已确认的报警。

（3）趋势显示（实时趋势/历史趋势）。以图形或文本方式显示在一段时间间隔内测点的数据信息，操作人员可查看实时及历史趋势。操作人员还可建立专门的趋势组，以快速访问预先确定的一组测点的信息。如表 1-4 所示。

表 1-4　　趋势图说明

项目	说明
同时打开的趋势窗口	4
每个趋势窗口的测点数	8
趋势组	100
每点采样数	600

由于每点的采样数为 600 个，所以操作员站的趋势时间选择只能为 10、30、60min 等，而不能选择 15min。因为其时间分辨率为 1、3、10、30s，若选择 15min 则时间分辨率为（15×60）/600=1.5（s），而在 1.5s 趋势是采集不到数据的。

（4）测点的信息查询。操作人员可查看所选的过程测点的完整的数据库记录，如表 1-5 所示。

表 1-5 点信息说明

项目	说明
测点信息	测点、组态、数值/状态、硬件、初始化、报警、仪表、限值、显示
测点查阅	数值极限、设计范围、限制报警、传感器极限、报警信息、设计范围检查、输入值，以及点的质量等

（5）操作员操作事件信息。操作员站能够将该操作站的操作信息发送至历史站，并将其产生的信息传至 Ovation 系统的历史数据库，便于事后查询。

2. OPS 操作员站的特点

（1）采用 Windows XP 操作系统，与 Ovation 系统的网络完全匹配，最多可访问 20 000个动态测点。

（2）具有快速直接访问信息的能力。

（二）三菱 DIASYS-UP/V 系统操作员站

三菱 DIASYS-UP/V 系统操作员站 OPS 作为 DCS 的主要人机接口，是运行人员对生产过程和就地设备进行监控、操作的工具，其提供的报警信息、操作记录等原始信息还可用于维护人员的分析、优化和指导。每台机组各有 7 台 OPS，分别为 OPS1～OPS7。

1. 硬件系统

（1）硬件组成。OPS 的硬件主要包括主机、显示器、鼠标、普通键盘、操作键盘、集线器 HUB 等，其连接图如图 1-10 所示。

（2）主机。OPS 主机使用 HP B132L＋工作站，操作系统为 HP Unix10. 20，硬盘容量为 4GB（部分硬盘已升级为 73GB），配置有三块网卡，分别连接 P、Q、N 三条网络。

（3）显示器。OPS 工作站统一使用 21in（1in≈25. 4mm）液晶显示器，主机上的 Monitor 接口为 35 针，与显示器连接时需通过转接头实现（35 针转 15 针）。因操作系统的关系，更换显示器时需重新确认新的显示器型号方可使用。

（4）网卡。主机配置有一块内置网卡，接口类型为 LAN-AUI（粗同轴电缆），接 P

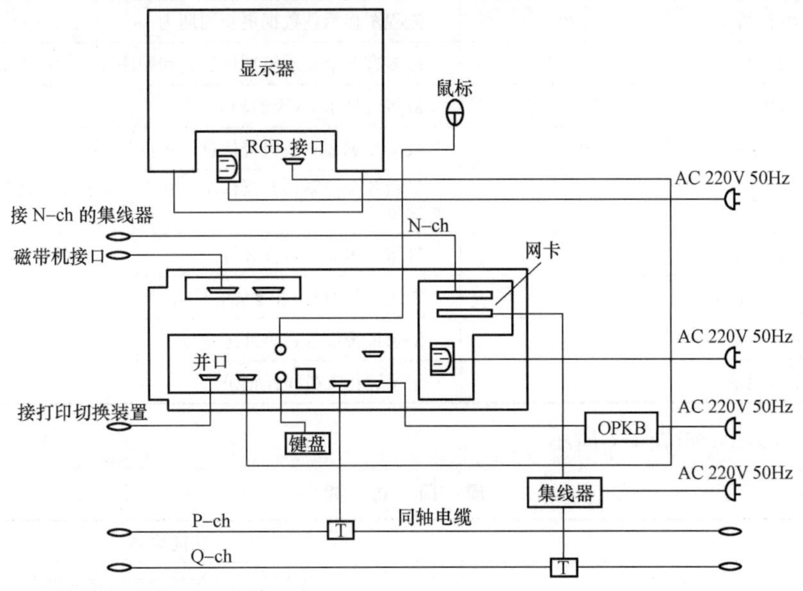

图 1-10 OPS 连接图

通道网线；备用PCI接口插槽上还安装有两块HP OEM网卡适配器（RJ-45接口），接Q、N通道网线。

（5）操作键盘。操作键盘为运行人员操作用的专用键盘，型号为OPKBL。与普通键盘不同，它可以根据运行人员的要求进行画面切换和相关操作，布置有以下按键：①回路操作键；②屏幕键；③用户定义键（画面调用）；④画面功能键；⑤屏幕辅助功能键；⑥报警键；⑦光标键；⑧方式选择键；⑨其他功能键等。

OPS7不具有对设备的操作功能，没有安装操作键盘。

2. 供电

OPS采用不间断电源UPS进行供电，电源分配单元位于DESK-D柜内，两台机组的OPS分别从1号机和2号机的UPS单元获得电源。为防止UPS故障时造成所有OPS失电的情况发生，根据控制台的位置进行交叉供电。即1号机的OPS5、OPS6由2号机UPS供电，而2号机的OPS1、OPS2由1号机UPS供电。OPS7则采用单独的供电方式。

电源分配（包含集控室的打印机）如图1-11所示，电源分配给各个控制台，再由各控制台分配给各OPS，作为主机、显示器、HUB、操作键盘等的电源。

3. OPS的基本规范和操作

（1）OPS的基本功能。

1）主画面功能，如表1-6所示。

表1-6　　主画面功能

序号	项目	最大页数	功能概述
1	总览	4	所有在OPS上显示的画面总概况，可通过弹出菜单或屏幕键完成画面切换
2	控制总览	64	8个控制画面的简要显示，可切到控制画面，手/自动、异常等状态用不同颜色显示
3	流程图	200	流程图显示，数据更新周期为1s
4	控制画面	512	最多有8个显示模拟量控制和顺序控制的回路盘
5	趋势图	128（8点）	最多可显示75天的趋势
6	报警总览	10 000	最多显示200条报警信息，每页20条
7	系统状态	—	显示各个控制站及操作站的状态，并在系统故障时显示自诊断结果
8	报表请求	—	打印日报表、月报表等
9	当前时间设定	—	在线调整所有OPS系统时间
10	事件追忆	—	记录报警信息、事件记录等
11	操作记录	—	记录运行人员操作记录

2）窗口功能，如表1-7所示。

表1-7　　窗　口　功　能

序号	项目	功能概述
1	回路盘窗口	模拟量和开关量控制回路的操作
2	1/4窗口	可显示流程图、趋势图、报警画面等

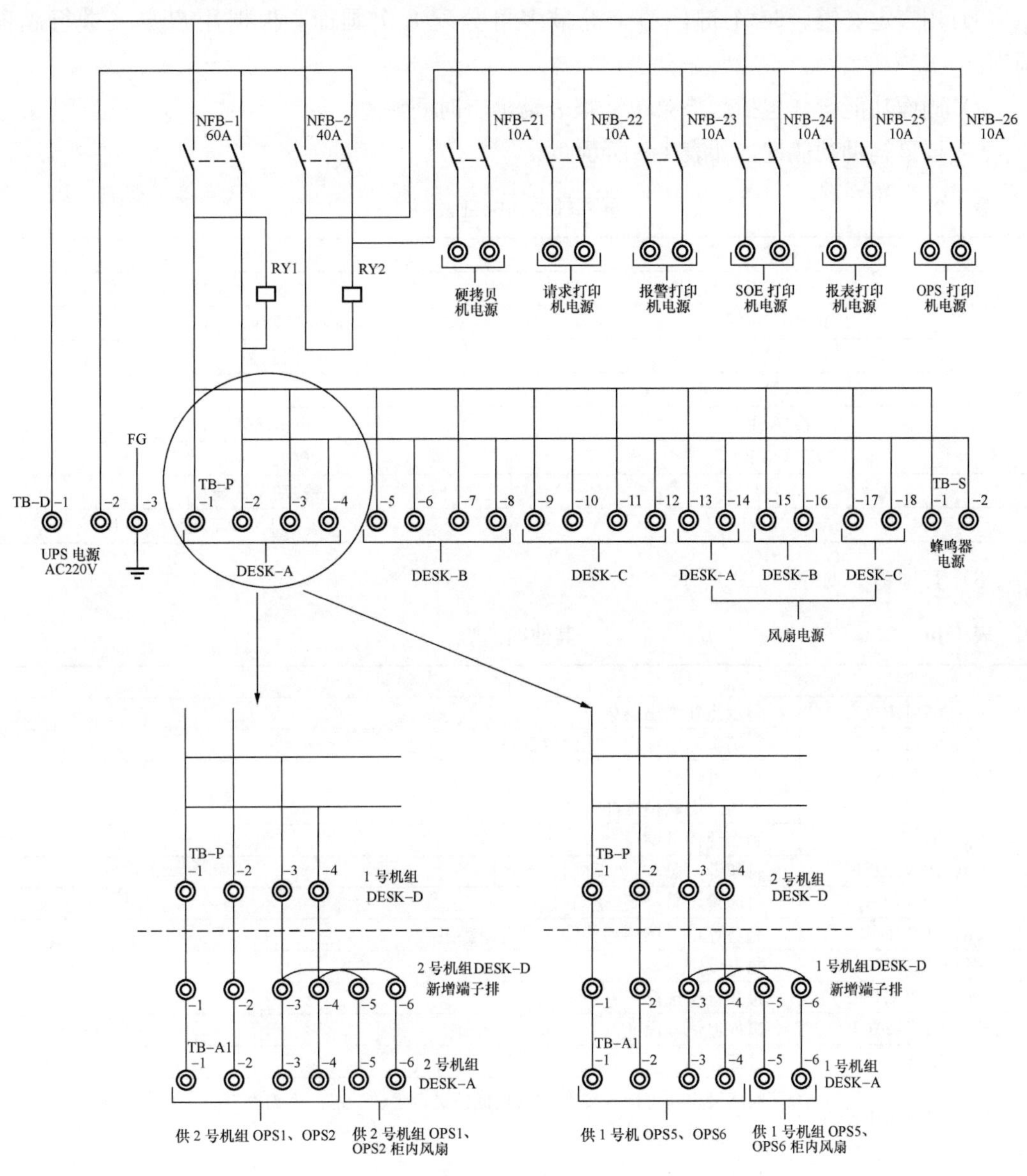

图 1-11　OPS 供电图

3）数据记录功能，如表 1-8 所示。

表 1-8　　数据记录功能

序号	项目	功能概述
1	报警记录	记录和打印报警发生和复位的时间及信息
2	事件记录	记录和打印事件发生和复位的时间及信息
3	报表打印	打印日报、月报等

（2）基本操作键。

1）回路操作键。共有 56 个按钮，用于选择手/自动方式、增减操作等。

2）屏幕键。共 10 个键，与屏幕底部的 10 个键相对应，可进行显示切换。

3）用户定义键。60个键，每个键最多可分配8个画面，根据用户定义进行画面调用。

4）画面功能键。包括趋势菜单、报表请求、时间调整。

5）屏幕辅助功能键，如表1-9所示。

表1-9　　屏幕辅助功能键说明

键名	说明
1/4 SIZE	在1/4窗口中生成画面
FULL SIZE	将1/4画面全屏显示
BP	向前翻一页
FP	向后翻一页
ERASE	取消1/4窗口
EXPANSION	放大1/4窗口
MOVE	移动1/4窗口
LAST. SCREEN	返回上一幅画面

6）其他键，如表1-10所示。

表1-10　　其他键说明

键名	说明
POP UP	显示当前弹出菜单
LOOP ERASE	取消画面中弹出的回路盘窗口
FKEY CHANGE	功能键切换
TOUCH EXCEPT	取消画面触摸功能
H/C	画面硬拷贝键
H/C REVERSE	打印键，黑/白色反向打印
H/C NORMAL	打印键，黑/白色正向打印
TREND MENU	趋势菜单，调用趋势图或进行趋势组态
DATA SET	数据设定
REPORT REQUEST	报表打印选择
EVENT TRACE	事件追忆画面
CALC EDIT	性能计算
CURRENT TIME SET	时间设定，可选择接受GPS时间或进行手动设定，手动设定时7台OPS同步接受同一设定的时间
ALARM SET	报警设定键，可调出报警设定、报警取消等画面
OP GUIDE	操作指导键，可调出操作指导信息画面
SYSTEM STATUS	系统状态画面
ALARM SUM	报警总览画面
ALARM RESET	报警复位键，对已恢复的报警进行复位操作
ALARM ACK	报警确认键，确认发生的报警
ENTER	回车键
ALPHA NUMERIC	字母数字键与用户定义的画面键之间进行切换

（3）窗口操作。

1）1/4窗口。

a. 1/4窗口可显示流程图、趋势图、报警画面（报警画面不能同时在1/4窗口和全屏画面显示）。

b. 1/4窗口显示。按下“1/4 SIZE”键，在CRT上点击显示位置，即可显示1/4画面，然后可进行移动、取消、放大等操作。

2）回路盘窗口。在一幅流程图中点击可操作目标，可显示回路盘操作窗口。一幅流程图最多可显示两个回路盘，以绿色框显示的回路盘出现在画面右侧，红色框显示的回路盘出现在画面左侧；流程图中能点击的元件以双线显示；画面上显示的回路盘可用操作键盘上的“LOOP ERASE”键取消，也可再次点击目标元件进行取消。

回路盘窗口分模拟量回路盘和开关量回路盘，基本操作如表 1-11 所示。

表 1-11　　　　回路盘基本操作

回路盘	基本操作
模拟量回路盘	(1) 设定值操作：通过操作键盘的“△”或“▽”键结合“SET”键用于设定值的增减操作。 (2) 手/自动切换：通过操作键盘的“A/H”键与“EXEC”键用于手/自动切换。 (3) 方式选择：通过操作键盘的键与“EXEC”键结合操作用于方式选择。 (4) 手动操作：通过操作键盘的“△”键和“▽”键操作来调整控制输出。 (5) 变化率按钮操作：在手动操作中可选择变化率，操作“FAST”键每次以 10%的变化率增减，操作“SLOW”键每次以 0.1%的变化率增减，操作“V. SLOW”键每次变化一个最小数位。 (6) 加锁操作：点击控制回路名，然后按下“EXEC”键，回路盘边框变为红色，则该回路盘禁止操作，即为加锁
开关量回路盘	(1) 启/停操作：点击启动或停止（或开/关）按钮，并按下操作键盘的“EXEC”键。 (2) 加锁操作：同模拟量回路盘的加锁操作

3）趋势图。

a. 正常方式和笔方式。趋势图显示时，系统自动选择正常方式，可通过“FKEY CHANGE”键实现两种方式的切换。笔方式下可使曲线的显示刻度扩大、缩小等。

b. 时间跨距和采样周期。时间跨距是指趋势的时间范围。趋势显示时系统自动选择标准跨距显示，时间跨距取决于采样周期，时间跨距和采样周期均在趋势画面上显示。正常方式下，时间跨距可通过点击画面上的“SPAN”键进行切换，选中的以粉色显示。

c. 总跨距。整个趋势图存储的时间范围。

d. 标准跨距。总跨距的 1/3 时间范围。

e. 详细跨距。总跨距的 1/4 时间范围。

f. 数据显示。每页最多可显示 8 条曲线。

g. 滚动条。当选中标准跨距或详细跨距时用来移动时间轴。

h. 暂停操作。点击画面上的“PAUSE”键可使趋势显示停止，正常时“PAUSE”呈暗红色，暂停时“PAUSE”呈红色闪光；再次点击“PAUSE”键，暂停状态取消。移动光标或滚动条时，屏幕自动进入暂停方式。

i. 笔擦除。通过点击目标笔，再点击画面上的“DISPLAY OFF”，可使选择的曲线从画面上擦除，再点击“DISPLAY ON”可恢复被擦除的曲线。

j. 峰值搜索。搜索指定曲线的最大值或最小值。

(4) 报警画面。

1）两条报警区。在画面顶部显示两条报警，未确认的报警按时间顺序显示。

2）报警总览。报警信息以时间排序，最多可显示 200 条报警信息；一幅画面可显示 20 条信息，最多显示 10 页；报警序号按时间顺序确定，第 1 条指最新报警，第 200 条指最早的报警。

3）报警符和颜色根据报警级别来区分，如表 1-12 所示。

表 1-12　　报警颜色说明

报警级别	颜色		项目
	报警	恢复	
紧急报警“!!”	红色	绿色	模拟量的高高值、低低值报警，重要开关量报警等
非紧急报警“!”	黄色	绿色	模拟量的高值、低值报警，一般开关量报警等
系统报警“＊!”	红色	绿色	系统报警

二、工程师站

（一）Ovation 系统工程师站

工程师站 ENG 提供了 DCS 的组态和配置工作的软件。工程师站由显示器、主机、鼠标、键盘等组成。

1. 工程师站的功能

工程师站最主要的功能是对 DCS 进行离线的配置和组态的工作，同时具有与操作员站相同的功能。

（1）组态功能。

1）硬件配置和组态功能。如定义 CONTROLLER 站号、网络的参数、站内的 I/O 配置。

2）数据库的组态功能。定义系统数据库（实时数据库和历史数据库）中的各种参数。实时数据库组态主要定义数据库中点的名称、工程量上下限值、报警条件、采集周期等。

3）画面的生成。在 CRT 上以人机界面交互方式直接做图来生成显示画面，采取标准的移位击键法可移动、拖动或改变对象的大小，并通过滚动菜单选取色彩、线宽、填空、文本格式等图形属性。用户可根据需要建立自己的图形工具。

4）控制逻辑的组态。生成控制逻辑，定义各控制回路的控制算法、调节周期及参数、系数；采用 Auto CAD 为基础的组态工具，更为方便、易学和直观。采用标准功能块（或算法块）相互级连，即上一块的输出作为下一块的输入，每一块的算法块完成特定的功能或计算，经过组合，形成完整的控制回路。

5）组态数据的编译和下装。对组态数据进行编译，并下装给各个控制器；将流程控制图形下装至各操作员站。

6）操作安全级别的设定。为确保生产的安全进行，操作安全级别的设定变得极为重要（即对操作人员的操作权限进行设定；防止误操作、越级操作；对不在操作人员操作权限内的操作指令加以闭锁，对于一些重要的操作还应进行操作复核，以确保不发生意外）。

（2）监视功能。

1）对各站、网络的通信、安全情况进行监视，以便进行维护、调整来保证 DCS 的连续运行。

2）在线调整控制参数。

2. 工程师站的特点

（1）数据库采用基于 Windows XP 的 Solaris 系统，最大容量为 20 000 点。

(2) 可在线使用参考工具和工具库。

(3) 可多窗口同步进行数据库和图形设计。

(4) 具备系统软件服务器、高性能的工具数据库、操作员站功能。

(二) 三菱 DIASYS-UP/V 系统工程师站

三菱 DIASYS-UP/V 系统工程师站的基本操作分为 IDOL 方式和 Engineering 方式两种方式。

1. IDOL 方式

IDOL 是某电厂 350MW 机组 DCS 控制逻辑组态的编程语言，在 IDOL 方式下 EWS 工程师站与 OPS8 具有完全相同的功能，可以实现对生产过程的组态、在线监控、参数调整等功能，有以下特点：

1) 控制逻辑组态或修改。用户可使用各种预定的逻辑软件或计算软件以组态或修改控制逻辑，便于掌握。

2) 多样化的用户界面。用户可通过操作菜单，方便地生成回路数据，并将其下载到控制器中。此外，通过趋势显示及逻辑状态显示功能，用户可以对控制器和过程状态进行在线监视。

3) 在线调整。可方便实现在线参数调整功能。

4) 自检功能。提供句法检查和冗余信息检查功能，以提高逻辑的可维护性。

(1) 进入方式。

1) EWS。正常启动完成自检后，提示输入用户名和密码，输入用户名为 IDOL，密码为 IDOL，系统将自动进入 IDOL 方式。

2) OPS8。正常启动完成自检后，系统自动进入 Engineering 方式，点击“IDOL”菜单，将进入 IDOL 方式。

(2) 功能菜单。

功能菜单如图 1-12 所示，功能菜单说明如表 1-13 所示。

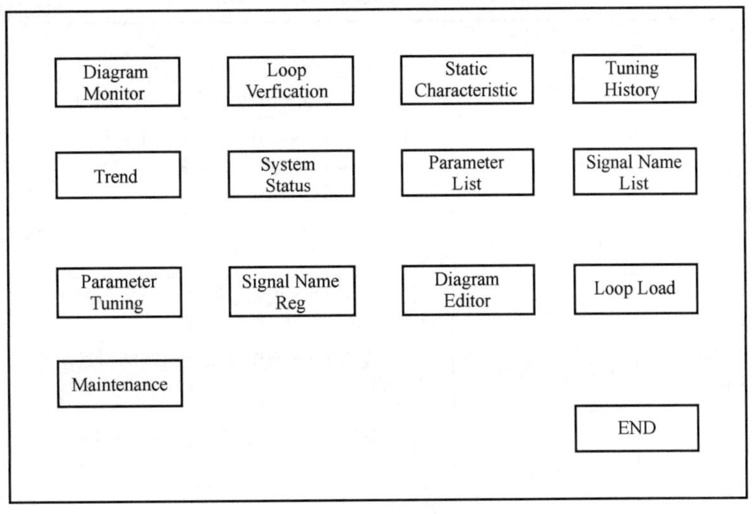

图 1-12　IDOL 菜单图

表 1-13 IDOL 功能菜单说明

英文菜单	中文对照	说明
Diagram Monitor	图在线监视	对各控制站过程控制的计算状态进行监视
Loop Verfication	回路校验	对各控制器中的回路数据和存储在 EWS 中的回路数据进行校核，包括参数数目、元件数目、连线、元件表、参数等
Static Characteristic	静态数据收集	在特定时间，对预定义的机组静态特性数据进行收集，并存储或显示。最大定义点数为 300 个点，数据存储次数为 25 次
Tuning History	调整历史	显示被修改参数的元件名、修改日期、参数修改前后的值等
Trend	趋势	最多可显示 60 个点过去 24h 的趋势数据，时间有效值为 1～1440min，最大定义点数 240 个，趋势组为 6 点×10 组
System Status	系统状态	显示各控制站的状态，可分为控制、备用、离线、轻故障、重故障五种，用不同颜色表示
Parameter List	参数列表	显示回路数据中各元件如 FX、HLM、PI、SG、LAS、LDS、计时器等的参数值
Signal Name List	信号名列表	显示各指定控制站中 8 种 I/O 元件的信号名、所在图名、范围及单位等
Parameter Tuning	参数在线调整	在进行计算状态监视时，可对性能参数进行调整或固化
Signal Name Reg	信号名登录	用以定义各控制器或回路内的 I/O 信号名、FROM-TO 信息、工程范围、单位等
Diagram Editor	逻辑图编辑器	绘制或修改逻辑图、定义或修改参数、建立回路等
Loop Load	数据下载	将 EWS 的回路数据下载至指定的控制器
Maintenance	维护操作	提供系统定义、SCM、计算次序显示/设置、向软盘存储数据、从软盘恢复数据、与软盘进行数据校核等功能

2. Engineering 方式（仅 OPS8 有）

Engineering 方式为维护人员提供数据库组态、画面组态、回路盘组态、数据下装及系统维护等工具。

（1）进入方式。

正常启动完成自检后，系统自动进入 Engineering 方式。

（2）功能菜单。

Engineering 方式功能菜单如图 1-13 所示，功能菜单说明如表 1-14 所示。

表 1-14 Engineering 方式功能菜单说明

英文菜单	中文对照	说明
I/O MASTER	I/O 信号管理	类似数据库管理，OPS 所使用的全部数据必须在 I/O Master 中进行定义，分模拟量数据及开关量数据
RELATIONAL SCREEN REGISTER	相关画面定义	用于定义 OPS 主画面上 POP-UP 菜单（弹出菜单）连接的相关画面，可连接趋势图、控制图、流程图等。相关画面最多 400 组，每组最多 8 个画面
OVERVIEW REGISTER	总览画面定义	用于定义 OPS 总览画面上显示的相关项。总览画面最多 4 页，每页 16 组
CONTROL OVERVIEW REGISTER	控制总览画面	用于定义 OPS 控制总览画面上显示的相关项。控制总览画面最多 64 组，每组 8 个回路盘
USER DEFINE KEY REGISTER	用户定义键登录	用于定义 OPS 操作键盘上的按键与显示的相关画面的对应关系。键位布置 5 行 12 列，从左到右分布 No. 1～No. 60
DATEBASE LOAD	数据下装	指将保存于工程方式下的数据库等文件传输至 DAS、OPS 中。选择该项后，将显示相关文件最近更新的时间，颜色表示：绿—与 OPS8 同时；红—早于 OPS8；黄—晚于 OPS8；空白—数据不存在

续表

英文菜单	中文对照	说明
PICTURE EDITOR	图形编辑器	图形组态工具，OPS 显示的所有画面必须在工程师站进行组态后再下装至 OPS，才可用于显示或操作
LOOP PLATE EDITOR	回路盘编辑器	操作回路盘组态工具，对操作回路盘进行组态，并生成图形文件再下装至 OPS，用于显示或操作
IDOL	IDOL 方式	点击后 OPS8 将退出工程方式进入 IDOL 方式
SYSTEM MAINTENANCE	系统维护	系统维护工具
OPERATION MODE	操作方式选择	—

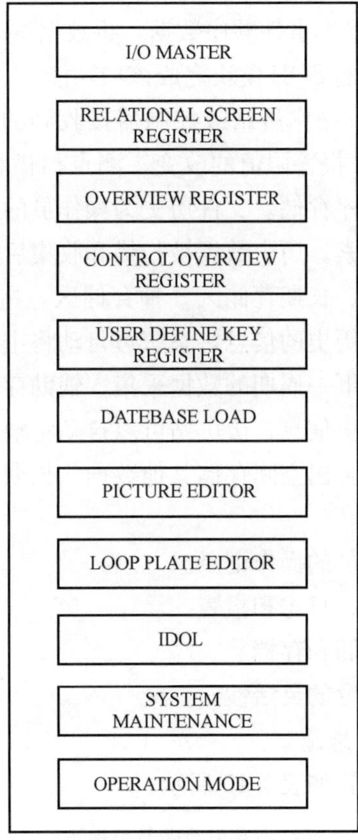

图 1-13　Engineering 方式菜单图

三、历史站

（一）Ovation 系统历史站

历史站由显示器、主机、鼠标、键盘、RAID5 磁盘阵列组成，操作系统为 Windows Server 2003。历史站提供系统过程数据、报警、事件顺序（SOE）及操作信息的存储和检索。

1. 历史站的功能

（1）历史数据的采集。历史站能够采集实时测点值、试验数据、高速数据、报警信息、操作员操作信息、SOE 事件信息、报表文件等历史数据。

1）历史采集和存储过程测点数据。用户可以自定义扫描频率，大多定义为 1s。采集实时数据为变化超过用户定义的死区之外的数据，即历史站的数据并不是每次采集的数据都存到数据库中去，而是要根据前一个值进行比较，当两个值的差别超过某个值（死区）时才存储。还可根据用户的要求检索过程测点信息，提供数据趋势。

2）长期历史存储过程测点的数据及检索用户请求的数据，可使测点信息在线保持较长一段时间（几个月）。

3）事件记录。记录设备启停等事件。

4）报警记录。采集和接收存储操作员站和工程师站传来的报警并进行存储。报警历史允许工程师站和操作员站将已采集的报警显示、打印或保存至文件。

5）SOE记录。从控制器采集事件顺序数据，将数据按时间顺序分类制表和查找首次发生的事件，控制器配有专用的SOE模块完成该项功能。

6）操作员事件记录。记录操作员站或控制器接收到的操作员操作。如手/自动的切换、执行/取消、设定值改变、报警限值的改变、测点扫描状态或手动输入数值等操作以明确的识别或标记并按时间顺序存储。文件历史为操作员的日志输出和报表的输出。

（2）历史数据的存储和检索。历史数据被扫描和收集后进行存储用于今后的检索。历史站有主存储区、辅助存储区、长期存储区3种存储区。主存储区存储最新采集的数据，包括主历史、事件历史、测点历史的信息，系统可自动将主存储区存储的信息传至辅助存储器，可使主存区清空，用于下一周期的数据采集；辅助存储器在硬盘上保存一个周期的历史文件，可快速检索最新历史信息；历史站可以自动将辅助存储器的所有数据拷贝至长期存储区，删除最早的文件，腾出空间存储其他数据。长期存储器有磁带机、光盘机。

2. 历史站的特点

（1）按时间顺序建立操作员的操作记录。

（2）收集各种的报警信息、日志和报表。

（3）对日志和报表进行存储和存档。

（4）可快速存取并具备高度的灵活性。

3. 运行中常见故障及处理措施

运行中常见故障及处理措施如表1-15所示。

表1-15　运行中常见故障及处理措施

故障现象	原因	处理措施
点信息无法调出	分布式数据库进程死锁	重新启动操作员站
系统无法启动	操作员站电源或主板损坏	更换电源或主板
系统运行中蓝屏	硬盘损坏	更换新的硬盘
历史趋势无法查询	检查历史站的状态及历史站硬盘各个分区是否有满的，重点查看G区	重启历史站或将磁盘空间满的分区清空

（二）三菱DIASYS-UP/V系统DAS维护站

三菱DIASYS-UP/V系统DAS维护站由两台HP工作站组成，其功能与通常意义上的历史站功能相似，可以存储大量的历史数据，以完成报表打印、性能计算、历史趋势显示、报警信息记录、SOE信息记录等功能。同时，它还负责4台网络打印机的管理工作，

可以进行任务分配、打印设置等操作，确保报警、报表、SOE 等记录第一时间在打印机上打印供相关人员使用。两台工作站互为备用，正常时一台工作、另一台备用，两者之间在每个整点完成相互间的数据跟踪。

DAS 维护站的硬件系统方面，主机与 OPS 操作员站相同，另外还连接有 DI/O8、打印切换单元、存储器（MO）等，连接图见图 1-14。

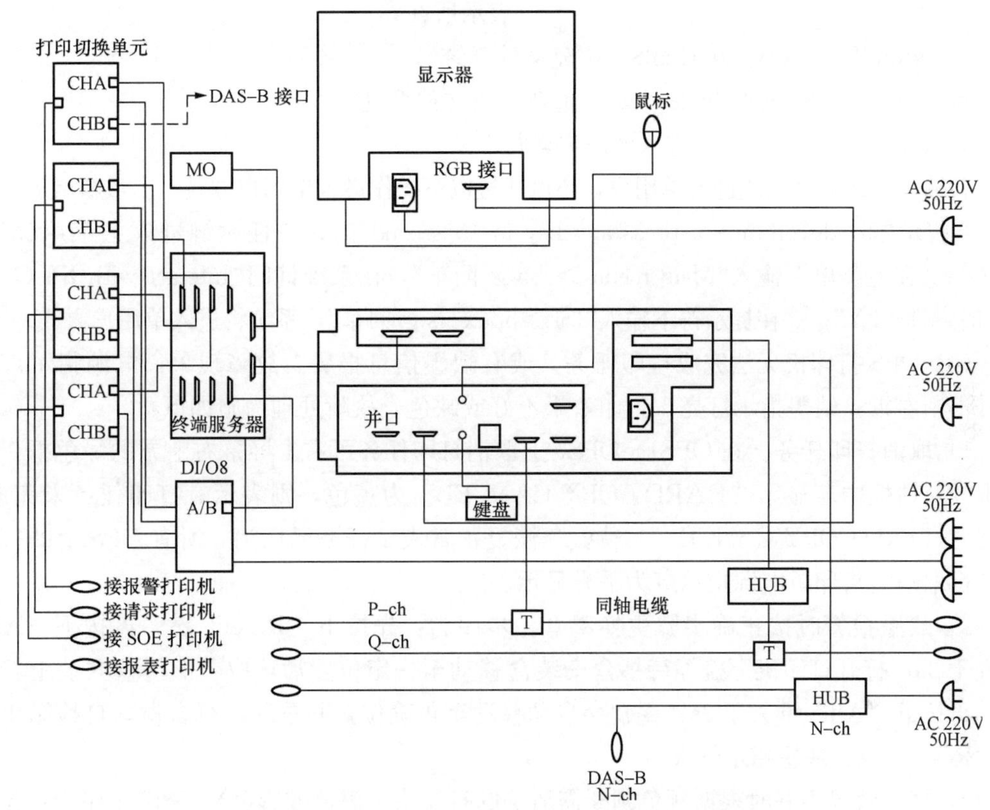

图 1-14 DAS-A 连接图

（三）常见故障及处理措施

（1）操作键盘故障。故障现象：按键无响应。首先按下操作键盘左上方下侧的复位键进行复位，消除暂时性死机故障；其次检查操作键盘供电，消除供电回路连接故障；最后检查确定其他硬件故障，根据需要更换部件。

（2）工作站故障。故障现象：在短时间内工作站频繁死机或重启，严重时无法启动。故障处理首先从软件入手，必要时可对故障计算机进行系统恢复，恢复时需连接磁带机，按照正确的操作方法进行恢复。其次采用排除法判断硬件故障点，依次判断硬盘、主板、网卡等是否正常，查出故障点进行针对性处理。

（3）工作站频繁提示某卷组容量已满，无法写入数据，需进行扩容处理，扩容方法如下（以扩充/var 为例）：

\# shutdown -y 0　　先进入单用户操作模式（根目录下）

\# mount -a　　将所有文件系统安装上

bdf　　查看文件系统是否已安装

vgdisplay -v　　查看各卷组使用情况

cat /etc/fstab　　查看文件系统所在卷

umount/var　　卸载 /var

lvextend - L500 /dev/vg00/lvol8　逻辑卷组扩容（500 表示扩大后的容量，lvol8 表示所在卷）

extendfs /dev/vg00/rlvol8　扩充文件系统

mount /dev/vg00/lvol8 /var　重新安装文件系统

init 3　　进入多用户运行

若输入上述命令无法进入单用户，还可通过以下操作进入单用户方式：①重新启动计算机，当提示“To discontinue ，press any key in 10 second”时，按任意键进入主菜单（Main menu）；②在主菜单下输入“Main menu ＞ bo ↙回车”，在系统询问“Interact with IPL（Y or N）”时，键入“Y”；③在提示符下输入“ISL＞hpux -is ↙回车”，系统将进入单用户方式。

（4）OPS 打印机无法完成打印任务，或有缺墨信息报警。故障现象：电源指示灯闪烁并不断卷纸；缺墨指示灯亮；打印效果不好或缺色。故障处理措施如下：

1）取消打印任务。在 OPS1～OPS7 上取消打印任务可右击屏幕右上方的绿色框，在弹出的对话框中若显示“HARD COPY CANCEL”为黄色，则表示有打印任务未完成，点击“HARD COPY CANCEL”，待颜色恢复正常表示任务已取消，所有 OPS 上的打印任务都取消后打印机电源指示灯为平光显示。

2）缺墨报警时按正确步骤更换墨盒。步序为：先按下“Reset”键，再按下“Alt”键大于 3s；打开打印机上盖等待墨盒安装盒移动至一定位置后，取下旧墨盒并装上新墨盒，再按下“Alt”键大于 3s；墨盒会自动移动至正确位置并重新进行自检，自检结束按下“Reset”键，缺墨指示灯灭。

3）打印效果不好时根据颜色判断需清洗的打印头（黑色或彩色）。清洗步序为：先按下“Reset”键，再同时按下“Alt”＋“LF/FF（换行/换页）”键，开始清洗黑色打印头；或同时按下“Alt”＋“Load/Eject（进纸/退纸）”键，开始清洗彩色打印头；清洗结束后再分别按下“Alt”键与“Reset”键，清洗结束。

（5）OPS8 或 EWS 打印机无法完成打印任务。OPS8 或 EWS 打印机无法完成打印任务时，必须先取消任务。在屏幕上方点击鼠标右键，选择“MOVE”向下移动 IDOL 对话窗，放开后再在屏幕右上方点击鼠标右键打开一新窗口，输入以下命令：

＞lpstat↙（查看打印任务）

若有打印任务，则提示：

ESCP-1015（任务编号）

＞cancel ESCP-1015↙（取消打印任务）

任务取消后，打印机状态指示灯将变为平光，重新发送打印任务即可。

（四）维护和检修

1. 系统维护

（1）OPS 支持直接关机操作，在主机上按下开关键（使其处于弹起状态），待系统自动保存好数据后将自动关机。

（2）正常关机或重启操作。在画面最上方点击鼠标右键，在弹出的对话框中点击“quit”，再在弹出的对话框中点击“OK”后按回车键，进入命令提示行，输入：

> cd↙

> killuser↙

console login：root↙

shutdown-h 0 ↙（关机命令）或 reboot ↙（重启命令）

（3）工程师站屏幕打印。

1）IDOL 方式下打印。按下“Print Screen”键，进行反向打印；按下“Scroll Lock”键，进行正向打印。

2）Engineering 方式下打印。点击鼠标右键打开一新窗口，输入以下命令：

>sh xprx. sh 0 0 0 1（正向打印）

>sh xprx. sh 0 0 0 2（反向打印）

（4）日常点检。检查 OPS 网络状态是否正常，画面操作是否灵活、准确，趋势记录、报警记录能否正常调用等。

2. 系统备份

步序如下：

（1）停止计算机，接好磁带机，重新启动，自检结束后启动至“OPS”时，按下“ctrl+C”。

（2）输入以下命令：

cd /↙（退至根目录）

cd /opt/ignite/bin ↙（进入/opt/ignite/bin 目录下）

make _ recovery-AC -v-d /dev/rmt/c1t3d0 ↙（c1t3d0 为磁带机设备号，设备号查找可输入：# ioscan-fn ↙）

备份时也可在根目录下直接输入：

/opt/ignite/bin/make _ recovery-AC-v-d /dev/rmt/c1t3d0

无错误提示时进入系统备份，时间约为 40min。

3. 系统恢复（新系统的硬盘容量需大于或等于备份时的硬盘容量）

（1）系统恢复到 18GB 及以下硬盘时，从磁带机启动后无需人工干预，具体如下：启动至“Main Command > sea（搜索可启动的设备）”，出现

> bo p1 或 p0　　（选择从磁带机启动）

提示是否使用 IPL 模式，选择“n”，之后不用人工干预，直接恢复，时间约为 40min。

（2）系统恢复到 18GB 以上硬盘时，同上选择从磁带机启动。提示是否使用 IPL 模式时，选择“n”，之后进行如下操作：

1）等待提示“wait about 10s…”，手动按下回车键，选择“y”。

2）选择语言 45，按两次回车键。

3）进入安装界面，修改 advanced option 中的第二项，使用 vi 编辑器将 Edit（vi）

config file 文件下的最后一行“RECOVERY _ MODE＝FALSE”改为＝TRUE，保存后退出。

4）点击“OK”，选择 INSTALL HP-UNIX 10.20。

5）选择（*）ADVANCED INSTALL，之后进行选择界面。

6）选择 FILE SYSTEM 菜单下 Additional Tasks 下的第 4 项 VOLUME GROUP PARAMETERS，将 max physvols 改为“4”，再点击“Modify”＋“OK”。

7）系统开始恢复，大约需要 40min 完成，完成后系统重启。

8）从工程师站重新下载数据（EWS 与 OPS8 不需进行该步骤）。

第三节　DCS 控　制　站

控制站是组成 DCS 的重要站点，由冗余的处理器完成对生产过程的连续控制、顺序控制、协调控制等任务。其主要功能包括基本控制功能、软件 I/O 功能和 I/O 接口功能等，用以分担整个 DCS 的 I/O 和控制功能。这样既可以避免由于一个站点失效造成整个系统的失效，提高系统可靠性，也可以使各站点分担数据采集和控制功能，有利于提高整个系统的性能。

一、艾默生 Ovation 系统控制站

艾默生 Ovation 系统控制站包括交换机柜、电源柜、MFT 继电器柜及控制柜（CONTROLLER 机柜）四种，本部分主要介绍电源柜、控制器柜及其 I/O 模件，MFT 继电器柜在锅炉保护系统中介绍，交换机柜在第一节中已做说明，这里不再重复。

（一）CONTROLLER 控制柜

1. 控制器柜的分类及构成

控制器柜分为主控柜和扩展柜。其中主控柜内包含 CONTROLLER 控制器、4 个 I/O 分支、冗余电源供应、电源分配器。每个 I/O 分支最多支持 8 个 I/O 模块，柜内最多可带有 32 个模块。扩展柜提供了主控柜内与控制器相连的扩展空间和安装板（ROP 板）、4 个 I/O 分支、冗余电源供应、电源分配器。每个 I/O 分支包括 8 个 I/O 模块，柜内最多可带有 32 个模块。一个控制器单元由一个主控柜、最多 3 个扩展柜组成。如图 1-15 所示。

2. 控制柜供电系统

（1）特点。

1）Ovation 供电系统由两个功率因素校正供电模块和一个电源分配模块构成。两个电源模块互为冗余，为控制器和 I/O 线路提供稳定可靠的彼此隔离的独立的供电。

2）电源上有一组专门的状态输出，可通过系统的 RN 点（PCI 卡）传至控制器，可进行电源的运行监测和故障报警的连续监测。

3）电源模块有状态测试孔，便于测量仪表检测＋24V 电源的情况。

4）电源模块可带电替换，便于故障后的处理。

5）场信号供电，各分支的电源供给是通过小板（ROP 板）的转接电缆实现。

6）为控制器和 I/O 分支提供 24V 电源，24V 电源同时给互为冗余的控制器供电，每

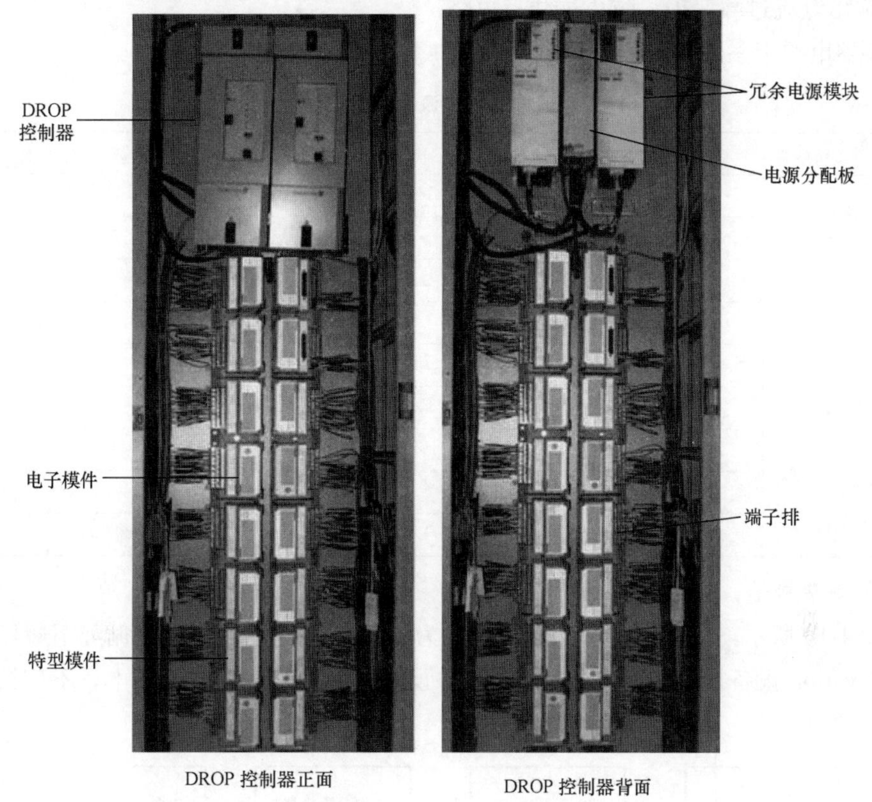

图 1-15　控制器柜布置图

个 I/O 分支配有两个串联的 5A 熔断器。

7）24V 电源系统有主、辅两路，主电源主要为控制器及 I/O 卡件供电，辅助电源通过 I/O 卡件给现场设备供电。

（2）电源保护。

1）I/O 供电有下列保护。

a. 输入低压保护：针对 AC 62V 的低压输入。

b. 输入高压保护：通过消弧保安电路针对最小设置 AC 307V、最大设置 AC 322V 的高压输入进行保护。

c. 超温保护：温度在 80～90℃关闭供给电源，70℃时恢复电源的供给。

d. 电流过载保护：保护的设置点是输出电流的 105％～140％。

e. 断电的保持时间：在全负荷的状态下，电源断开可持续保持 32ms。

f. 控制器的电源卡：直流电源转换器，接受两路 DC 24V 电源，输出 DC 5V 和 DC＋/－12V。

2）控制器电源卡有 4 种保护。

a. 输入低压保护：低于 DC 9V 的低压输入保护。

b. 输入高压保护：高于 DC 33.25V 或高于 DC 29.7V 的高压输入保护。

c. 输出电压过载保护：电压在正常输出电压的 125％～145％起到保护作用。

d. 输出电流过载保护：防止过载与短路。

控制器电源卡参数如表 1-16 所示。

表 1-16　　控制器电源卡参数

项目		参数	
供电输入	DC 输入	DC 21～25V	
	冲击电流	≤5A	
供电输出	项目	电压	电流
	输出 1	+5V	10A
	输出 2	+12V	0.1A
	输出 3	−12V	0.1A
	输出公差	−2%～+2%	
	负载/线路调节	−2%～+2%	
	正负峰值间的总变化	5%	

3. 控制柜接地

如图 1-16 所示，每个控制器的最大组数为 4 个控制机柜。接地遵循如下规则：不应通过非 Ovation 设备接地，不应通过 Ovation 设备接到 Ovation 的机柜上，不应接地到一个结构部件中。

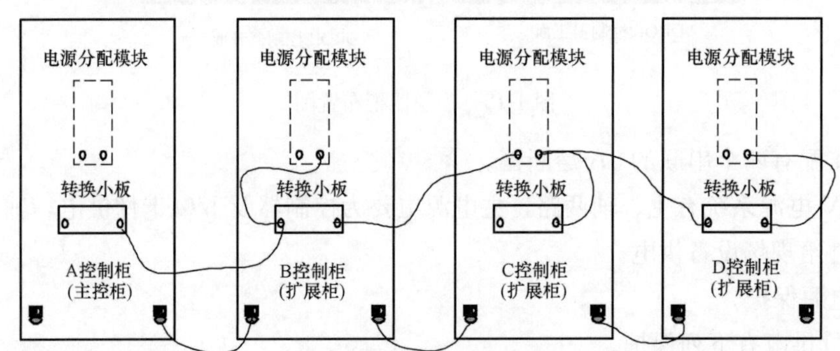

图 1-16　控制柜接地图

4. 各控制柜的连接

如图 1-17 所示，各柜的连接通过转接小板（ROP 板）实现，完成电源和 DIOB 总线的连接，从而完成控制器与其在扩展柜的模块间的通信。

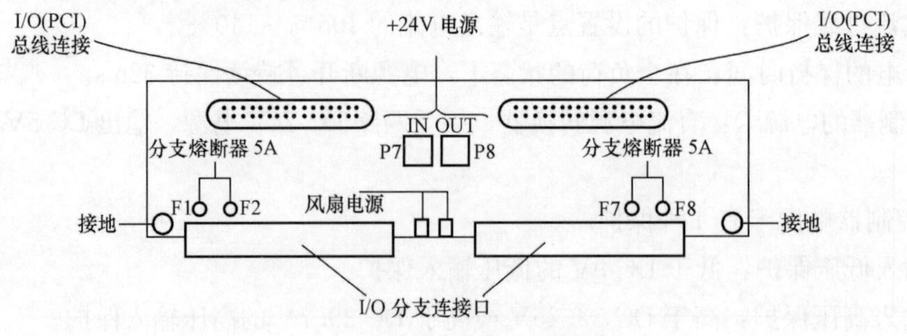

图 1-17　各控制柜的连接图

5. 控制器

（1）控制器的构成。控制器由 CPU 卡、电源卡、闪存、网卡、I/O 接口卡组成，如图 1-18 所示。

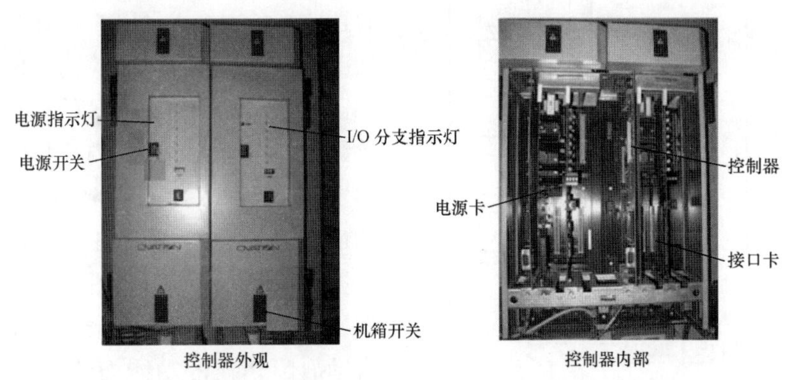

图 1-18　控制器的面板指示及卡件图

1）CPU 卡：为中央处理器。

2）电源卡：为各控制器的内部卡件提供工作电源。

3）闪存：与 CPU 相连，内有逻辑算法、操作系统，掉电不会丢失数据。

4）网卡：为控制器与网络提供通信接口。

5）I/O 接口卡：为控制器与 I/O 模块的接口，与 CPU 通过 PCI 总线相连，又称 PCI 卡。接口卡面板有 16 个 LED 的 I/O 分支状态指示灯，其中绿色表示此 I/O 分支的各模块工作正常；红色表示此 I/O 分支工作不正常，通信有问题；橙色表示此 I/O 分支有个别模块工作状态不正常，通信正常；无色表示此 I/O 分支未使用。

控制器面板有 4 位 LED 的错误显示条码，如图 1-19 所示。

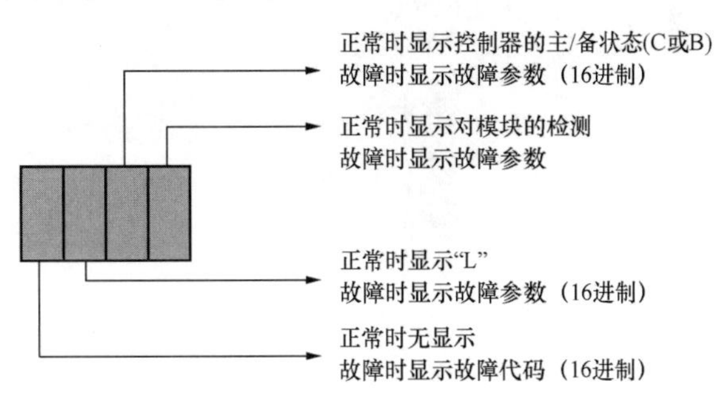

图 1-19　错误显示条码图

（2）控制器数据流程。

1）现场的过程信号经电缆与 I/O 模块的端子排，通过特性模块、电子模块将现场信号转化为数字量，通过 I/O 接口卡（PCI 卡）经 PCI 总线传至 CPU，再由 CPU 传至与其相连的闪存，经过闪存的控制算法的运算，将控制指令输出至 I/O 接口卡（PCI 卡），再由 I/O 模块输出至现场设备，完成控制过程。

2）控制器通过网络还接收操作员站、工程师站传来的指令和信息。经过闪存的内部处理产生的控制指令经 CPU 传至 I/O 接口卡，再经 I/O 模块传至现场设备，实现人员对生产过程的干预。如图 1-20 所示。

其中闪存存储为静态数据，如组态、算法等（掉电不会数据丢失），静态数据只有在有请求时才在网上广播。RAM 存储一部分动态数据（变化的数据值）和一部分静态数据（但控制器一旦掉电，RAM 中存储的数据会丢失），动态数据实时上网广播。

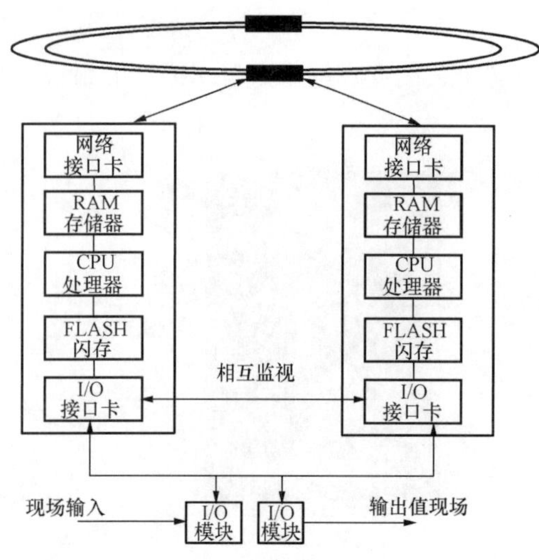

图 1-20　控制器数据流程图

（3）控制器的故障切换。处于主控状态的 CONTROLLER 的工作状态，直接处理 I/O 的读写，执行数据的获取和控制功能，同时还监视备用 CONTROLLER 及网络的运行情况；处于备用状态的CONTROLLER诊断和监视主 CONTROLLER 的状态，通过实时检测主控处理器的数据内存和接收主控处理器发往 Ovation 系统网络的信息来确保数据的最新状态，以保证备用 CONTROLLER 与主控状态保持一致。如图 1-21 所示。

Ovation DCS 的冗余控制器是为了实现自动故障切换的功能而装配的。自动故障切换是指若主控制器运行中发生故障，备用控制器就自动执行过程控制，实现无扰切换。

（二）Ovation 电源柜

如图 1-22 所示，其中保安电源和 UPS 电源互为切换，形成冗余，保证供电的可靠性。

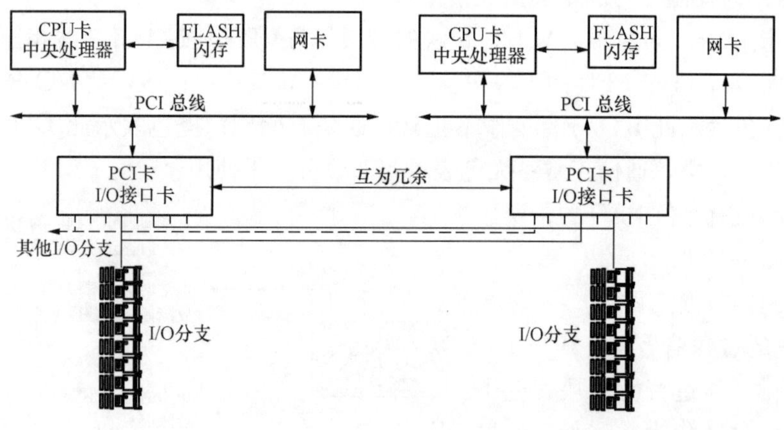

图 1-21　冗余控制器图

（三）I/O 卡件

1. I/O 卡件的构成及安装

（1）卡件的构成如图 1-23 所示。Ovation 系统的 I/O 卡件安装在多路 DIN 制的轨道机架内，机架设计为通用型。每个机架内可容纳不同类型的两个模块。机架提供 DIN 制轨道、现场接线端子板、I/O 通信、电源，可进行带电插拔。模块分为电子模块和特性模块。特性模块用于满足现场特殊设备信号连接，电子模块实现现场信号的数字转化。

（2）卡件的安装。

1）先安装特性模块到基座内，随后将电子模块装入基座对应的插槽内，锁住特性模块，再将电子模块上的蓝色锁杆扣下，以锁住电子模块和特性模块，确保卡件不会松动。

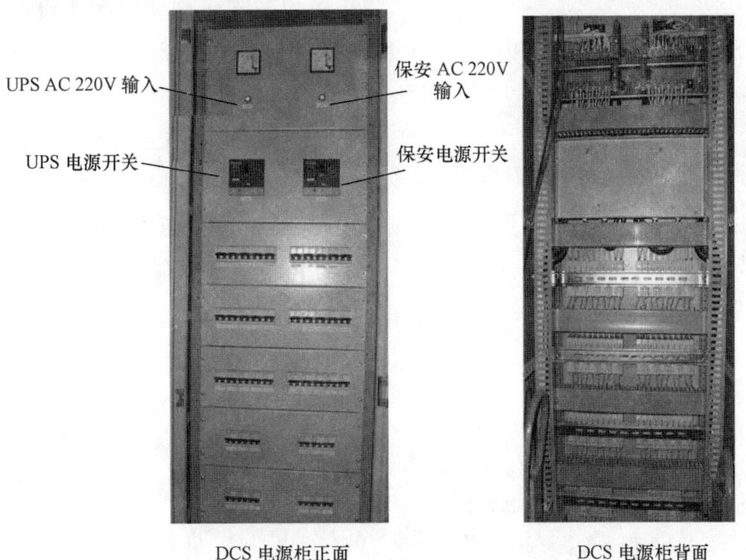

图 1-22　Ovation 电源柜图

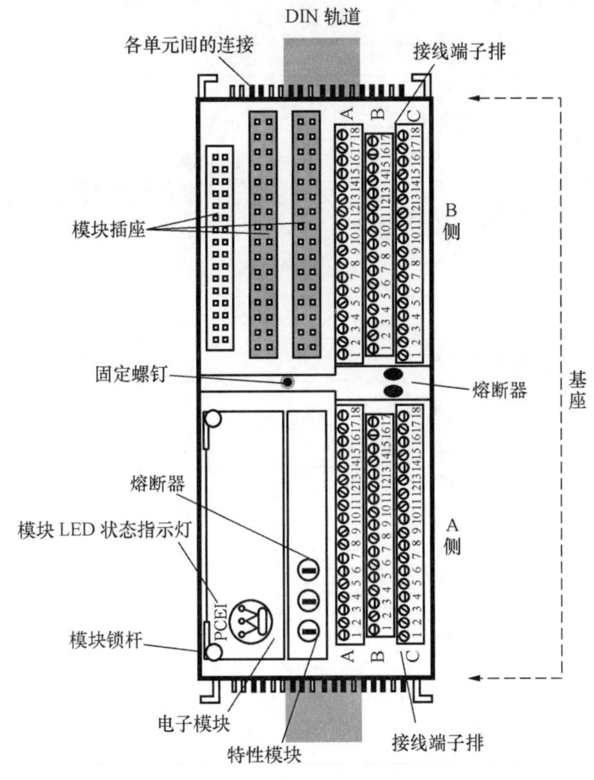

图 1-23　卡件的构成与安装图

2）模块拆卸时，打开蓝色锁杆，先取下电子模块，再取下特性模块。拆装时应注意必须按顺序进行，插模块时要对准模块的卡槽，确保卡针与卡槽对应完好，以防止卡针损坏及模块的损坏（因有时卡针与卡槽未完全对应，模块插入后，通电有可能烧坏模块）。

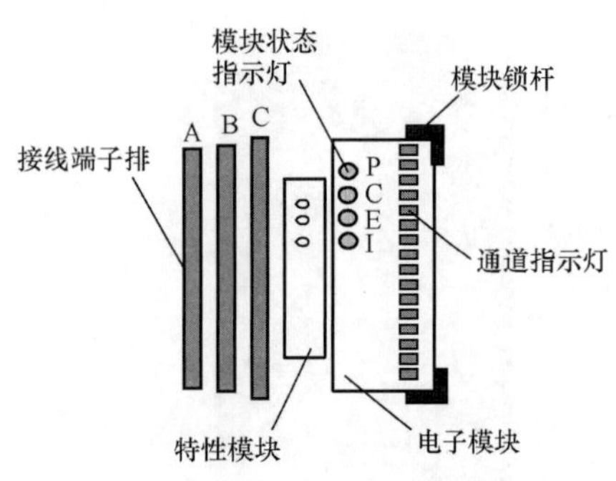

图 1-24　卡件的面板指示图

P—电源指示灯，绿色为正常状态，红色为异常状态；C—通信指示灯，绿色为模块到PCI总线的通信正常，红色为异常状态；E—外部指示灯，状态正常时无色，红色为异常；I—内部指示灯，内部错误指示灯，状态正常时无色，红色为异常

3）模块与基座均为标准化设计，正常拔插模块时不需费力，当拔插模块费力时，不要猛力拔插，以防造成模块的损害。

（3）卡件的面板指示如图 1-24 所示。

2. 各类 I/O 卡件

（1）模拟量输入模块 AI（Analog Input）。

1）功能。将现场输入的 8 路互为隔离的模拟量信号（电压、电流）通过 A/D 转换器转化为数字量信号。

2）特点。输入信号互为隔离；每一路通道均有一个 A/D 转换器，各路功耗小于或等于 0.4W；13 位分辨率（包含符号位）正常状态每秒刷新 10 次；端子板带温度传感器，可进行冷端补偿，每 8s 自动校验一次，每路电源配有熔丝。

3）接线方式，如表 1-17 所示。

表 1-17　　接线方式

供电方式	端子排 A（1～18）	端子排 B（1～17）	端子排 C（1～18）
本地（内）供电方式（DCS）	A1、A2 短接	B2 为正端（+）	C1 为负端（－），C2 为屏蔽端
本地现场（外）供电（CUS）	A1 正端（+）	B2 为负端（－）	C2 为屏蔽端
备注	端子排的 17、18 端子不接线，并防止短接（短接会烧毁模块）		

4）LED 灯的指示，如表 1-18 所示。

表 1-18　　LED 灯的指示

类别	指示	说明
P 指示灯	绿色	所需电源正常（+5V）
	红色	所需电源异常（+5V）
C 指示灯	绿色	模块与控制器的通信正常
	红色	模块与控制器的通信异常
I 指示灯	无色	模块内部状态正常
	红色	模块内部故障（原因包括模块正在进行初始化、使用 PCI 总线超时、模块复位、从控制器接收的强制错误等）
通道指示灯（1～8）	无色	通道状态正常
	红色	通道状态异常［原因包括断路、输入电压超范围（大于+121%或小于－121%）、量程标定超限］

（2）模拟量输出模块 AO（Analog Output）。

1）功能。提供了 4 路互为隔离的直流输出接口。将输出的直流信号送至现场设备，完成操作。Ovation 系统的处理数据通过 DIOB 总线传送到 I/O 模块，通过光电隔离转换器送到输出放大器，放大器输出经过电压或电流比较器比较后变为正常值。这些处理在电子模块中完成。最后将信号输送到特性模块，经过瞬间保护后输出至端子排，再由端子排

送至现场设备。

2）特点。输出信号互为隔离，刷新速度为 1.5ms/次 ，回路短路输出保护软件。组态通信超限时间为 62～16ms。

3）接线方式，如表 1-19 所示。

表 1-19　　接线方式

线路	端子排 A（1～18）	端子排 B（1～17）	端子排 C（1～18）
第 1 路	A2 为正端（+）	B2 为负端（−）	C1 为屏蔽端
第 2 路	A6 为正端（+）	B6 为负端（−）	C5 为屏蔽端
第 3 路	A10 为正端（+）	B10 为负端（−）	C9 为屏蔽端
第 4 路	A14 为正端（+）	B14 为负端（−）	C13 为屏蔽端
备注	端子排的 17、18 端子不接线，短接会烧毁模块，正、负端不许接地		

4）LED 灯的指示，如表 1-20 所示。

表 1-20　　LED 灯的指示

类别	指示	说明
P 指示灯	绿色	所需电源正常（+5V）
	红色	所需电源异常（+5V）
C 指示灯	绿色	模块与控制器的通信正常
	红色	模块与控制器的通信异常
I 指示灯	无色	模块内部状态正常
	红色	模块内部故障（原因包括控制器与模块停止通信或超时等）
通道指示灯（1～4）	无色	通道状态正常
	红色	通道状态异常（原因包括过流或断流）

（3）热电阻输入模块 RTD。

1）功能。将现场测量的热电阻信号转化为数字量信号。其 4 个输入通道互为隔离，可单独编程，恒流电源作为现场 RTD 的激励电源，激励电源的量值定义输入通道的刻度范围。在处理器的存储器中最多可存有 256 个刻度范围，控制器可为各通道提供合适的刻度范围。

2）特点。互为隔离或对地隔离的输入通道可支持 2～4 线制的 RTD 接线方式，由软件选定刻度范围，周期性自检抗干扰能力强，接收 5～1000Ω 的各类 RTD 信号。具有 LED 灯指示。

3）接线方式，如表 1-21 所示（以第 1 路为例）。

表 1-21　　接 线 方 式

接线方法	端子排 A（1～18）	端子排 B（1～17）	端子排 C（1～18）
二线制	A1、A2 短接，A2 为 a 端（+），A3 为 b 端（−）	—	C1 为屏蔽端
三线制	A1、A2 短接，A2 为 a 端（+），A3 为 b 端（−），A4 为 c 端	—	C1 为屏蔽端
四线制	A1 为 a 端，A2 为 b 端，A3 为 c 端（−），A4 为 d 端	—	C1 为屏蔽端
备注	端子排的 17、18 端子不接线，短接会烧毁模块		

4）LED灯的指示，如表1-22所示。

表1-22　LED灯的指示

类别	指示	说明
P指示灯	绿色	所需电源正常（+5V）
	红色	所需电源异常（+5V）
C指示灯	绿色	模块与控制器的通信正常
	红色	模块与控制器的通信异常
I指示灯	无色	模块内部状态正常
	红色	模块内部故障（原因包括控制器与模块停止通信或WDT超时等）
通道指示灯（1～4）	无色	通道状态正常
	红色	通道状态异常

（4）数字量输入模块DI（Digital Input）。

1）功能。电子模块及相应的特性模块，提供了16路带电压输入保护的数字输入通道。现场的输入通过端子排接至对应的电子模块的管脚，经由特性模块，对16路输入信号进行抗浪涌保护和组态。经过限流、隔离，转换为符合要求的“ON”或“OFF”的状态，再锁存送至DIOB总线，传送给控制器。

2）特点。可带电替换使用逻辑电路选择现场输入信号的隔离方式，符合IEEE的耐浪涌能力。

3）接线方式，如表1-23所示（以第1路为例）。

表1-23　接线方式

线路	端子排A（1～18）	端子排B（1～17）	端子排C（1～18）
第1路	—	B1为负端（-）	C1为正端（+）
备注	端子排的17、18端子不接线，并防止短接（短接会烧毁模块）		

4）LED灯的指示，如表1-24所示。

表1-24　LED灯的指示

类别	指示	说明
P指示灯	绿色	所需电源正常（+5V）
	红色	所需电源异常（+5V）
C指示灯	绿色	模块与控制器的通信正常
	红色	模块与控制器的通信异常
E接地灯	绿色	模块接地正常
	红色	模块接地异常（原因包括外部有接地点，就地的熔断器熔断或辅助电源丢失等）
I指示灯	无色	模块内部状态正常
	红色	模块内部故障（原因包括控制器的强制错误或当控制器与模块停止通信时WDT超时）
通道指示灯（1～16）	无色	无输入
	绿色	有输入电压

（5）数字量输出模块DO（Digital Output）。

1）功能。控制器输出指令（DC 0～60V）输出16路，支持电感性（继电器）、电阻性负载，支持最大电流为500mA。

2）特点。各路的 LED 灯指示 DC 0～60V 的单端输入，支持继电器盘接口常规返回，与逻辑地电子式隔离。

3）接线方式，如表 1-25 所示（以第 1、2 路为例）。

表 1-25　　接　线　方　式

线路	端子排 A（1～18）	端子排 B（1～17）	端子排 C（1～18）
第 1 路	A16 为公共端（+）	B1 为负端（−）	—
第 1 路	A16 为公共端（+）	B2 为负端（−）	—
备注	端子排的 17、18 端子不接线，并防止短接（短接会烧毁模块）		

4）LED 灯的指示，如表 1-26 所示。

表 1-26　　LED 灯的指示

类别	指示	说明
P 指示灯	绿色	所需电源正常（+5V）
	红色	所需电源异常（+5V）
C 指示灯	绿色	模块与控制器的通信正常
	红色	模块与控制器的通信异常
E 接地灯	无色	模块接地正常
	红色	模块接地异常（原因包括外部有接地点，就地的熔断器熔断或辅助电源丢失等）
I 指示灯	无色	模块内部状态正常
	红色	模块内部故障（原因包括控制器的强制错误或当控制器停止时与模块通信）
通道指示灯（1～16）	无色	通道输出为“ON”状态
	绿色	通道输出为“OFF”状态

（6）顺序事件量输入模块（SOE）。

1）功能。16 通道监视的现场数字量或触点的通/断的输入变化，同时 SOE 模块还可反映各输入通道的事件的触发。送至历史站便于查询。

2）特点。数字或触点信号单端或差动输入，模块的输入信号分辨率为 125μs，各通道的防反跳时间为 4ms。如表 1-27 所示。

表 1-27　　顺序事件量输入模块

输入信号	信号范围
单端数字输入	DC 24/48V，DC 125V
差动输入	DC 24/48V，DC 125V
触点输入	DC 48V

3）接线方式，如表 1-28 所示（以第 1、2 路为例）。

表 1-28　　接　线　方　式

线路	端子排 A（1～18）	端子排 B（1～17）	端子排 C（1～18）
第 1 路	A16 为公共端（+）	B1 为负端（−）	—
第 1 路	A16 为公共端（+）	B2 为负端（−）	—
备注	端子排的 17、18 端子不接线，并防止短接（短接会烧毁模块）		

4）LED 灯的指示，如表 1-29 所示。

表 1-29　　LED 灯的指示

类别	指示	说明
P 指示灯	绿色	所需电源正常（+5V）
	红色	所需电源异常（+5V）
C 指示灯	绿色	模块与控制器的通信正常
	红色	模块与控制器的通信异常
E 接地灯	无色	模块接地正常
	红色	外部故障（原因包括外部有接地点等）
I 指示灯	无色	模块内部状态正常
	红色	模块内部故障（原因包括辅助电源丢失）
通道指示灯（1～16）	无色	通道的输入触点未闭合，即回路断开
	绿色	通道的输入触点闭合时，即回路闭合

（7）脉冲量输入模块（PI）。

1）功能。共两路脉冲累计计数输入提供给控制器。

2）接线方式，如表 1-30 所示。

表 1-30　　接　线　方　式

电压	线路	端子排 A（1～18）	端子排 B（1～17）	端子排 C（1～18）
输入电压 5V	第 1 路	A1 为正端（+）	B1 为负端（−）	—
	第 2 路	A9 为正端（+）	B9 为负端（−）	—
输入电压 12V	第 1 路	A2 为正端（+）	B1 为负端（−）	—
	第 2 路	A10 为正端（+）	B9 为负端（−）	—
输入电压 24/48V	第 1 路	A4 为负端（−）	B4 为正端（+）	—
	第 2 路	A12 为负端（−）	B12 为正端（+）	—
备注		端子排的 17、18 端子不接线，并防止短接（短接会烧毁模块）		

3）LED 灯的指示，如表 1-31 所示。

表 1-31　　LED 灯的指示

类别	指示	说明
P 指示灯	绿色	所需电源正常（+5V）
	红色	所需电源异常（+5V）
C 指示灯	绿色	模块与控制器的通信正常
	红色	模块与控制器的通信异常
E 接地灯	无色	模块接地正常
	红色	模块接地异常（原因包括外部有接地点，就地的熔断器熔断或辅助电源丢失等）
I 指示灯	无色	模块内部状态正常
	红色	模块内部故障（原因包括控制器的强制错误或当控制器停止与模块通信时 WDT 超时）
通道指示灯（1～2）	无色	通道正常
	绿色	无输入

（四）常见故障及处理措施

常见故障及处理措施如表 1-32 所示。

表 1-32 常见故障及处理措施

故障现象	原因	处理方法
DI 卡件“E”灯红灯亮	外部有接地点，就地的熔断器熔断或辅助电源丢失等	检查外部输入信号是否有接地
单侧控制器离线	控制器故障或电源卡、接口卡故障	检查控制器、电源卡、接口卡并更换故障卡件

（五）维护和检修

(1) 重点检查控制柜内部设备的运行状态，查看各个卡件的指示灯是否正常，在报警窗口中检查各个控制柜有无异常报警，发现异常及时处理。

(2) 停机后检修专业检查内容。

1) 对柜内卫生进行清扫，确保柜内各类卡件表面干净无浮尘。

2) 检查柜内的散热风扇，确保转动灵活，无卡涩。

3) 对柜内卡件的端子排进行紧固。

二、三菱 DIASYS-UP/V 系统控制站

三菱 DIASYS-UP/V 系统控制站主要包括燃料控制系统 BMS、汽轮机和给水泵汽轮机电液调节系统 DEH、协调控制系统 CCS、顺序控制系统 SCS 和数据采集系统 DAS-I/O，本部分主要介绍控制站的硬件系统。

（一）硬件构成

1. 供电

各控制站均采用双路电源进行供电：一路来自 UPS 电源，为 AC 220V；另一路来自保安段电源，为 DC 110V。两路电源经电源卡转化为 DC 24V 后供柜内设备用电（有些控制站如 BMS、SCS 等的 DC 110V 电源还要为就地电磁阀供电），且两路电源可进行无扰切换。另一路电源 AC 220V 专供柜内照明和维护插座使用。

电源卡型号为 D0DCC04，一路输入（AC 80～132V，DC 90～160V），三路输出（DC 24V），输出电压可通过面板上的调整旋钮进行调整。

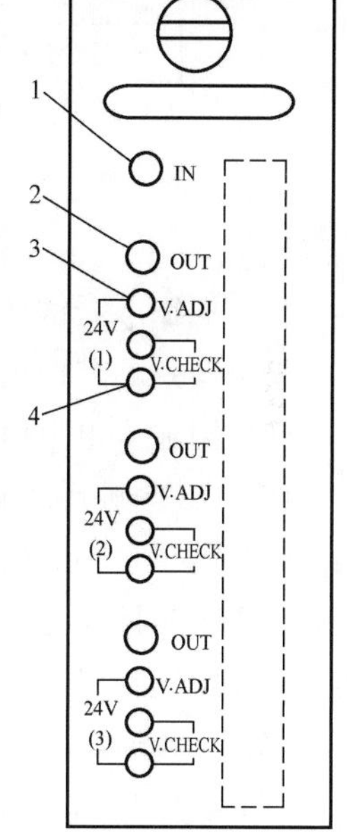

图 1-25 电源卡面板图

1—输入电源指示灯，正常为绿色；2—输出电源指示灯（共有 3 个），正常为绿色；3—输出电压调整旋钮，顺时针增大，逆时针减小；4—输出电压检测端子，万用表“＋”极接红色（上）端子，“－”极接黑色端子

图 1-25 所示为电源卡面板。

2. 柜内设备连接及扩展

控制站内硬件设备主要包括接口卡、CPU 卡、I/O 卡等，卡件均安装于 CPU/IOC 机架内。通常 1RK1 为主(CPU)机架，后续均为扩展(IOC)机架，每个机架均可安装 15 个 I/O 卡件。机架的命名规则为：第一位数字表示机架安装于第几个柜子(1～N)，最后一位数字表示第几个机架(1～N)，RK 表示英文单词“rack”。

3. 信号处理方式

（1）模拟量输入信号。如图1-26所示，模拟量信号（温度信号除外）一般为4～20mA标准信号输入，经硬件通道转化为1～5V信号（EWS显示），再经线性转化元件转换为所需的量纲进行显示，信号波动较大时还需采用滤波环节以求获得稳定的信号。输入信号还通过高低值判断元件输出两路高低限报警，一般大于5.12V发信号超限（Over Range）报警，小于0.968V发信号低限（Under Range）报警。对于二冗余或三冗余的测量信号，两两之间要进行偏差判断，大于预设值则发出信号偏差大报警。

AI信号一般分内供电（DCS供电）和外供电两种方式，每个通道分配3个接线端子。内供电时信号线接"1、2"端子（即该通道的前两个端子），端子排上的供电开关拨至"ON"位置给就地变送器供电，返回4～20mA信号。外供电时信号线接"2、3"端子（即后两个端子），供电开关拨至"OFF"位置，由外部电源给变送器供电。第三种AI信号端子排上没有供电开关，分配两个接线端子直接输入4～20mA信号。

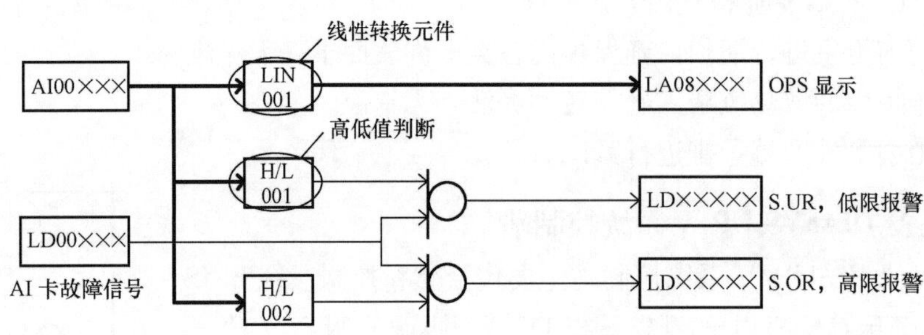

图1-26　AI信号处理方式图

热电偶输入毫伏（mV）信号，经硬件通道直接转换为温度信号进行显示，在DCS侧进行高低值判断并输出报警信号。

热电阻输入电阻信号，采用三线制接线方式，经硬件通道直接转换为温度信号进行显示，在DCS侧进行高低值判断并输出报警信号。

（2）数字量输入信号。输入信号可分为内供电和外供电两种模式。内供电指控制站系统内部向测量回路提供工作电源，采集外部干触点信号。外供电指其他系统向控制站输入回路提供电压信号，通过电压反映信号的值。两种信号可以灵活运用，一般而言外供电应用于不同的控制系统之间的信号传递。

（3）数字量输出信号。数字量输出信号一般采用两种隔离措施，以保护柜内卡件。

1）熔断器隔离。如图1-27所示，BMS、SCS的就地电磁阀控制回路由DCS侧供给DC 110V电源，DO信号在输出回路中插入两个0.3A熔断器以保护柜内设备，当外部回路出现异常时熔断器熔断。

2）继电器隔离。如图1-28所示，送至MCC控制回路的DO信号一般采用继电器隔离方式，在DCS侧端子排上安装有OMRON G7T-1122S（DC 24V）型继电器。

（二）常用卡件

1. 分类

DCS常用硬件有系统接口卡、CPU卡、PI/O卡、报警卡、电源卡、特殊卡件等，如

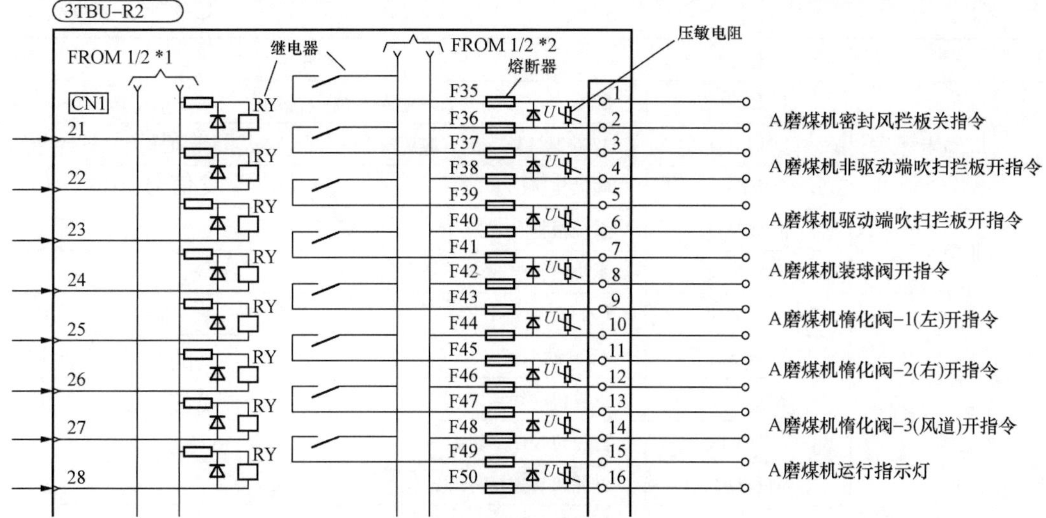

图 1-27 熔断器隔离图

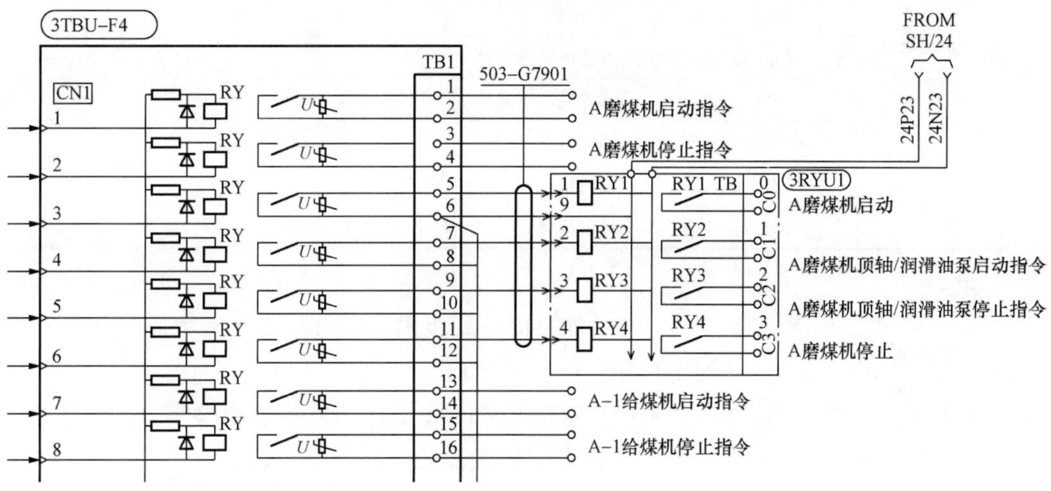

图 1-28 继电器隔离图

表 1-33 所示。

表 1-33 **DCS 系统常用硬件分类**

分类	型号	说明
系统接口卡	D0IFC03/04	接口卡或扩展卡
CPU 卡	D0CPU03	486CPU 卡
	D0IOC11	I/O 控制卡
PI/O 卡	D0AIM02	16 路模拟量输入卡（1～5V，4～20mA，T/C）
	D0AIM03	16 路模拟量输入卡（RTD）
	D0AOM02	16 路模拟量输出卡（1～5V，4～20mA）
	D0DIM03	32 路开关量输入卡（24V 输入）
	D0DOM02	32 路开关量输出卡

续表

分类	型号	说明
PI/O 卡	D0EDI01	SOE 卡，32 路开关量输入（24V 输入）
	D0PIM01	32 路脉冲输入卡（24V 输入）
	D0VIF03	阀操作接口卡
报警卡	IFALM11	系统报警卡
	IFALM12	系统报警卡
I/F 卡	MSRV01	E/H 转换器 I/F 卡
	MAHS21	A/H 站 I/F 卡
	MTCL11	汽轮机联锁卡
	MTCL12	汽轮机控制逻辑卡
	MTSD12	汽轮机转速信号 I/F 卡
	MOPC11	汽轮机超速保护控制卡
	MH8ISO	隔离卡
	MBSS01	选择站卡
	MDSL02	汽轮机转速选择卡
电源卡	D0DCC04	电源模块（输出 3 路 DC 24V 电源）
机架	D0CHS03	CPU/PIO 机架
	MGOV02A	接口机架
	MIC11L	接口机架

2. 概况

(1) 系统接口卡 D0IFC03/04。其功能是向母板供电。D0IFC03 与网关连接作为与以太网的接口，D0IFC04 为扩展 PI/O 单元的扩展接口。

(2) 控制器 CPU/IOC 卡（D0CPU03/D0IOC11)。IOC 卡在扩展柜内使用。

1) 硬件诊断。总线超时故障、内存奇偶校验故障、写错误、CPU 时钟停止、WTD 出错、电源故障。

2) 软件诊断。被零除、断点、超限检查、非法操作数、堆栈故障、浮点错等。

3) 状态指示灯：绿—正常运行；黄—非紧急故障；红—紧急故障。报警指示灯：PWR（红）—电压低于 4.75V 时亮；CLK（红）—CPU 时钟停；BTO（红）—总线超时故障；IAE（红）—写错误；MPE（红）—内存奇偶校验错误；WDT（红）—WDT 错误。信息指示：指示控制/备用、详细故障、在线调整或下载等信息。

4) 开关及拨码功能。如表 1-34 所示。

表 1-34　　开关及拨码功能

开关/拨码	功能说明	备注
SYS MODE	0—正常；1—数据下载；2—模拟量卡调整；F—调试	—
CHAN SEL	通道选择（1～16）	—
FUNC	功能选择开关	—
CONT	对 CPU 卡有效，按下后 CPU 可由备用转为控制	—

续表

开关/拨码	功能说明	备注
IN/DE	AO卡调整时，用于调整AO卡的输出信号	—
CONF	确认按钮	—
NORMAL/UTILITY	NORMAL侧CPU在线，UTILITY侧表示离线	—

5）CPU卡常见的报警信息。如表1-35所示。

表1-35　CPU卡常见的报警信息

信息	中文解释	英文解释
ACT	控制方式	CONTROL MODE
STB	备用方式	STAND-BY MODE
LOD4	回路数据下载方式	LOOP DATA LOAD MODE
DVLP	回路数据生成	LOOP DATA DEVELOPING
SAVE	回路数据存入闪存	LOOP DATA SAVE TO FLASH MEMORY
COMP	回路数据下载完成	LOOP DATA LOADING COMPLETE
FLSH	闪存初始化	FLASH MEMORY INITIALIZE
URG	重故障	URG-ERROR
1URG	硬件重故障（IOC侧）	HARD WARE URG-ERROR（IOC SIDE）
4URG	硬件重故障（CPU侧）	HARD WARE URG-ERROR（CPU SIDE）
CALE	冗余IOC卡数据不一致	STAND-BY IOC CARD DATA NOT SAME
$ LNE	回路数据错误	LOOP DATA ERROR
$ LDE	回路数据生成错误	LOOP DATA DEVELOPMENT ERROR
$ LEQ	回路数据不一致	LOOP DATA NOT AGREEMENT
$ TRE	跟踪接收错误	TRACKING RECEIVE ERROR
$ TSO	跟踪数据范围溢出	TRACKING DATA SIZE OVER ERROR
$ I00	被零除	DIVISION ERROR
$ I02	不可屏蔽中断	NMI（NON MASKABLE INTERRUPT）
$ I03	执行非法地址	INCORRECT ADDRESS EXECUTED
$ I04	整数溢出	INTEGER OVERFLOW
$ I05	矩阵范围检查	ARRAY BOUNDS CHECK
$ I06	执行非法指令	INVALID INSTRUCTION EXECUTED
$ I08	双重故障	DOUBLE FAILURE
$ I10	TSS异常	INVALID TSS（TASK STATE SEGMENT）
$ I11	段址出错	SEGMENT NOT PRESENT
$ I12	堆栈故障	STACK FAULT
$ I13	总保护故障	GENERAL PROTECTION FAULT
$ I14	页出错	PAGE FAULT
$ I16	浮点错误	FLOATING POINT ERROR

续表

信息	中文解释	英文解释
$HWF	硬件故障	HARDWARE FAILURE
$SWT	S/W 时钟错误	S/W WATCH DOG TIMER ERROR
$CIE	CPU 号识别错误	CPU NUMBER RECOGNITION ERROR
$TTE	跟踪接收控制故障	TRACKING RECEIVE CONTROL FAILURE
$ETE	以太网传输控制故障	ETHERNET TANSIMISSION CONTROL FAIL
$ERE	以太网接收控制故障	ETHERNET RECEIVE CONTROL FAIL
$LBS	LBS 通信控制故障	LBS COMMUNICATION CONTROL FAIL
$RUF	RAS 单元故障	RAS UNIT FAILURE
$ARE	模拟量范围错误	ANALOG RANGE ERROR
$R1E	RS-232 1CH 通信控制故障	RS-232C 1CH COMMUNI. CONTROL FAIL
$R2E	RS-232 2CH 通信控制故障	RS-232C 2CH COMMUNI. CONTROL FAIL
$R3E	RS-232 3CH 通信控制故障	RS-232C 3CH COMMUNI. CONTROL FAIL
$R4E	RS-232 4CH 通信控制故障	RS-232C 4CH COMMUNI. CONTROL FAIL
$EIA	以太网 I/F 卡初始化故障	ETHERNET I/F INITIALIZATION FAILED
$GTE	GPIB 传输控制故障	GPIB TANSMISSION CONTROL FAILURE
$GRE	GPIB 接收控制故障	GPIB RECEIVE CONTROL FAILURE
$AET	ARC 传输控制故障	ARCNET TANSMISSION CONTROL FAIL
$AER	ARC 接收控制故障	ARCNET RECEIVE CONTROL FAIL
$RSM	ROM 检查故障	ROM CHECK SUM FAILURE
$SGT	冗余数据不一致	SGT DATA FAILURE
$ET1	ETC No. 1 故障	ETC No. 1 FAILURE
$ET2	ETC No. 2 故障	ETC No. 2 FAILURE
$ET3	ETC No. 3 故障	ETC No. 3 FAILURE
$ET4	ETC No. 4 故障	ETC No. 4 FAILURE
$AIE	AI 卡处理故障	AI PROCESSING FAILURE
$DIE	DI 卡处理故障	DI PROCESSING FAILURE
$DOE	DO 卡处理故障	DO PROCESSING FAILURE
$P	PI/O 卡故障	PI/O CARD FAILURE
$C	扩展 IOC 机架故障	EXTEND I/O CHASSIS IOC FAILURE
$GWC	网关控制器故障	GATEWAY CONTROLER ERROR
*TOF	跟踪开关关报警	TRACKING SWITCH OFF ALARM
*GWC	网关控制器错误	GATE WAY CONTROLER ERROR
*TRE	跟踪接收控制异常	TRACKING RECEIVE CONTROL ABN
*ETE	以太网传输控制异常	ETHERNET TANSMISSION CONTROL ABN
*ERE	以太网接收控制异常	ETHERNET RECEIVE CONTROL ABN
*LBS	LBS 通信控制异常	LBS COMMUNICATION CONTROL ABN
*R1E	RS-232C CH1 通信控制异常	RS-232C CH1 COMM. CONTROL ABN

续表

信息	中文解释	英文解释
* R2E	RS-232C CH2 通信控制异常	RS-232C CH2 COMM. CONTROL ABN
* R3E	RS-232C CH3 通信控制异常	RS-232C CH3 COMM. CONTROL ABN
* R4E	RS-232C CH4 通信控制异常	RS-232C CH4 COMM. CONTROL ABN
* RWE	E^2PROM 写错误	E^2PROM WRITE ERROR
* GTE	GPIB 传输控制异常	GPIB TRANSMISSION CONTROL ABN
* GRE	GPIB 接收控制异常	GPIB RECEIVE CONTROL ABN
* ET1	ETC No. 1 异常	ETC No. 1 ABNORMAL
* ET2	ETC No. 2 异常	ETC No. 2 ABNORMAL
* ET3	ETC No. 3 异常	ETC No. 3 ABNORMAL
* ET4	ETC No. 4 异常	ETC No. 4 ABNORMAL
* AIE	AI 处理异常	AI PROCESSING ABNORMAL
* AOE	AO 处理异常	AO PROCESSING ABNORMAL
* DIE	DI 处理异常	DI PROCESSING ABNORMAL
* DOE	DO 处理异常	DO PROCESSING ABNORMAL
* P04	CPU 机架第四个 PI/O 卡异常	CPU CHASSIS NO. 4 PI/O CARD ABN
* C1E	扩展 IOC 1 机架异常（机架号 0-N）	EXTEND I/O CHASSIS IOC 1 ABN
* AER	ARCNET 接收错误	ARCNET RECEIVE ERROR
* AET	ARCNET 传输错误	ARCNET TRANSMISSION ERROR
* TTE	跟踪传输错误	TRACKING TRANSMISSION ERROR
* P12	PI/O 过程输入输出错误，“1” 表示机架号，“2” 表示插槽号	PI/O ERROR “1” CHASSIS No. “2” SLOT No.
* LCE	回路数据运算错误	LOOP DATA CALCULATION ERROR
* RWE	E^2PROM 写错误	E^2PROM INCORRECT WRITE ERROR

（3）模拟量输入 AI 卡（D0AIM02/03）。

1）D0AIM02 输入信号。16 点模拟量输入（对于热电偶输入 15 点，16 通道为补偿通道，安装有补偿电阻），输入范围为 1～5V/4～20mA/热电偶（热电偶类型有 J、K、E、R、T），输入信号类型可通过跳线进行选择。I/O 隔离电压为 AC 500V。

2）D0AIM03 输入信号。16 点 RTD 信号输入，测量范围为－60～260℃/－200～650℃（由跳线器选择），输入/输出隔离电压 AC 500V，采用三线制连接。

3）状态指示。如表 1-36 所示。

表 1-36　　状态指示灯

指示灯	状态描述
PWR	绿：电源正常
	红：电源故障
ACS	闪亮（0.5s 周期）：正常运行
	连续亮：卡件故障
	灯灭：开关在离线侧/卡件故障/总线周期停信号不扫描

（4）模拟量输出AO卡（D0AOM02）。

1）输出信号。16点信号输出，输出范围为1～5V/4～20mA（由跳线选择），精度为±0.1%FSD，输出时为提高可靠性有“回读检查”功能。

2）状态指示同AI卡。

（5）数字量输入DI卡/数字量输出DO卡（D0DIM03/D0DOM02）。

1）信号输入/输出。32路开关量信号输入/输出，输入/输出采用光耦隔离（AC 1500V），8点输入/输出状态指示，通过旋钮开关依次选择各点进行状态指示。

2）规范。DI卡输入延迟时间10ms，输入电压为24V，电流10mA，最小动作电流1.5 mA。

3）状态指示同AI卡。DI卡上还具有8路信号状态指示灯，可通过旋钮开关选择信号通道指示。

（6）SOE卡（D0EDI01）。

1）功能。32路开关量事件输入，智能型（带CPU），输入输出采用光耦隔离，耐压AC 1500V。

2）规范。CPU为H8/325（10MHz），EPROM为32KB，SRAM为1KB，闪存为128KB，输入电压为DC 24V，输入电流为10mA，最高分辨率为1ms。

3）状态指示同AI卡。

（7）脉冲输入卡（D0PIM01）。

1）功能。32点脉冲输入，智能型，输入/输出采用光耦隔离，耐压AC 1500V。

2）规范。CPU为H8/325（10MHz），EPROM为32KB，SRAM为1KB，闪存为128KB，输入电压为DC 24V，输入电流为10mA，16位循环计时器。

3）状态指示同AI卡。

（8）阀操作接口卡（D0VIF03）。用于阀操作接口的复合式I/O卡，包括4点模拟量输入、4点模拟量输出、12点开关量输入、12点开关量输出。可进行I/P转换器接口与PUL/PNE转换器接口的选择及自/手动站接口的选择，冗余CPU故障时具有模拟量存储功能。

（9）系统报警卡（IFALM11/12）。以DAS-I/O-1和DAS-I/O-2系统为例，说明报警信息含义，如表1-37所示。

表1-37　报警信息含义

报警指示灯编号	报警信息	DAS-I/O-1	DAS-I/O-2
1	POWER FAILURE（电源故障）	√	√
2	POWER ABNORMAL（电源异常）	√	√
3	SYSTEM FAILURE（系统故障）	√	√
4	SYSTEM ABNORMAL（系统异常）	√	√
6	No.1 CABINET P/S FAILURE（1号柜电源故障）	√	√
7	No.2 CABINET P/S FAILURE（2号柜电源故障）	√	√
8	No.3 CABINET P/S FAILURE（3号柜电源故障）	√	√

续表

报警指示灯编号	报警信息	DAS-I/O-1	DAS-I/O-2
9	No. 4 CABINET P/S FAILURE（4 号柜电源故障）	√	×
12	DAS P/S FAILURE（DAS 柜电源故障）	√	×
14	No. 1 CABINET P/S ABNORMAL（1 号柜电源异常）	√	√
15	No. 2 CABINET P/S ABNORMAL（2 号柜电源异常）	√	√
16	No. 3 CABINET P/S ABNORMAL（3 号柜电源异常）	√	√
17	No. 4 CABINET P/S ABNORMAL（4 号柜电源异常）	√	×
20	DAS P/S ABNORMAL（DAS 柜电源异常）	√	×
22	A-CPU FAILURE（A-CPU 故障）	√	√
23	B-CPU FAILURE（B-CPU 故障）	√	√
28	A-CPU ABNORMAL（A-CPU 故障）	√	√
29	B-CPU ABNORMAL（B-CPU 故障）	√	√
32	ALARM RESET（报警复位）	√	√

注　“√”表示有报警信息，“×”表示无报警信息。

（三）常见故障及处理措施

1. CPU/IOC 卡故障

（1）故障现象。电源指示灯变为橘黄色或灯灭；报警指示灯亮；状态指示灯变为橘黄色或红色，卡件面板上提示有相关报警信息。

（2）故障处理。轻故障时，可在做好安全措施的前提下，重新使 CPU/IOC 复位。处理措施是将 CPU/IOC 卡上的“UTILITY/NORMAL”键由“NORMAL”切至“UTILITY”，再由“UTILITY”切至“NORMAL”，等待 CPU 显示正常后，按下接口卡上的“ANN RESET”键。

重故障或硬件损坏时需更换卡件。处理措施如下：

1）将 CPU/IOC 卡上的“UTILITY/NORMAL”键由“NORMAL”切至“UTILITY”，旋开固定螺钉，将卡从插槽处取下。

2）用专用工具取下 CPU 卡上层板的两块芯片及下层板的一块芯片（IOC 卡仅一块芯片）装至新卡上，并用专用螺钉将两块板固定牢固。

3）将新卡重新插回机架上的插槽，拧紧固定螺钉。

4）将新卡上的“UTILITY/NORMAL”键切至“NORMAL”，CPU/IOC 卡开始初始化，待卡件显示“CALE”或其他非正常信息时，需进行数据下载。先将卡上的“FUNC”切至“F”，再按程序下载步骤进行数据下载即可（IOC 卡不需进行数据下载，初始化后正常启动）。

2. I/O 卡故障

（1）故障现象。①I/O 卡电源指示灯灭；卡件上 ACS 指示灯不闪烁或灯灭。②AI/AO 卡通道漂移或故障。

（2）故障处理。①电源指示灯灭表示电源回路故障，需更换备件，更换时注意卡件上的跳线是否与原卡一致，对于 AI/AO 卡更换后需重新进行通道校验工作。ACS 灯不闪烁或灯灭表示该卡处于离线状态，可以把卡件上的旋钮开关从“ON LINE”拨至“OFF

LINE”，再拨回“ON LINE”位置，并按下接口卡上的“ANN RESET”，重新对该卡进行复位。②AI/AO卡通道出现漂移，则需进行通道校验工作（D0AIMO2卡若用于热电偶信号输入，则第16通道为补偿通道调整时按热电阻信号对待）。

3. CPU/IOC卡上出现“CALE”报警

一般在数据下载或AI/AO通道调整时出现，处理方法是将“FUNC”功能选择开关切至“E”，确认时间大于5s，显示“COMP”，CPU复位后可恢复。

（四）维护和检修

1. 日常点检

检查各控制站状态是否正常，有无异常报警等；检查柜内风扇运转是否正常，柜内温度是否在规定0～50℃范围内。

2. 检修项目

柜内卫生清理；对电源卡的输出通道进行校验，确保输出电压保持在＋24V±0.1V范围内；对AI/AO通道进行校验，一般根据检修等级确定需要校验的通道数量和抽检数量；对冗余控制器的控制方式进行切换实验，确保无扰切换正常。

3. 基本操作

（1）逻辑程序下载步序（双CPU依次下载）。

1）将相应控制站备用CPU的“NORMAL/UTILITY”开关切至“UTILITY”。

2）将备用CPU卡上的“SYS MODE”从0置1。

3）按下备用CPU上的“CONF”，进入下载方式。

4）在EWS的IDOL逻辑主菜单上点击“LOOP LOAD”，再选择需下载的控制站回路及A或B CPU，然后单击“LOAD”。

5）等待CPU侧显示“COMP”则下载过程结束，将备用CPU的“NORMAL/UTILITY”切至“NORMAL”。

6）等待备用CPU显示“STB”方式后，再将其切换为“ACT”控制方式，则另一CPU切为“STB”备用方式。

7）在另一CPU上进行1)～5)的操作。

8）将前一个CPU上的“SYS MODE”从1置0，按下“CONF”，再按下D0IFC03卡上的“ANN RESET”。

9）等后一CPU显示“STB”状态后，再进行8）的操作。

10）两个CPU的状态分别显示“ACT”与“STB”后，则整个过程结束。

（2）模拟量输入AI卡通道校验步序。

1）将AI卡对应端子排上的“TUNING MODE SW”开关切至“ON”，通知CPU（或IOC）进入调整方式。

2）将CPU（或IOC）卡面板上的“SYS. MODE SW”置“2”。

3）调节CPU（或IOC）卡面板上的“CHAN. SW”，选择通道号。

4）按下CPU（或IOC）卡面板上的“CONF. PB”进入调整方式。

5）当CPU（或IOC）卡显示“ZERO”闪亮时，在端子排侧的对应端子上输入相当于0%的参考值，并按下“CONF. PB”大于3s，此时显示由“ZERO”变为“FULL”闪亮；再在端子排侧输入相当于100%的参考值，并按下“CONF. PB”大于3s，显示由“FULL”变为“ZERO”（此时ZERO为平光）。

6）若继续调整其他通道，重复3)～5)。

7）结束后，将CPU（或IOC）卡面板上的“SYS. MODE SW”置为“0”，并按下“CONF. PB”。

8）将端子排上的“TUNING MODE SW”切至“OFF”。

9）按下控制站第一个机柜D0IFC03卡上的“ANN RESET”，返回正常控制方式。

10）若继续调整其他卡件，重复1)～9)。

应注意，对于4～20mA的输入信号，调整时对应0与100%分别输入4mA与20mA；对于热电偶输入信号，调整时对应0与100%分别输入－10mV与60mV；对于热电阻输入信号，调整时对应0与100%分别输入76.33Ω与197.71Ω。接线方式需注意，校验时对于内供电的通道需断开电源，信号源接1（＋）、2（－）端子；外供电的通道直接接2（＋）、3（－）端子。

（3）模拟量输出AO卡通道校验步序。

1）将AO卡对应端子排上的“TUNING MODE SW”切至“ON”，CPU（IOC）进入调整方式。

2）将CPU（或IOC）卡面板上的“SYS. MODE SW”设置为“2”。

3）调节CPU（或IOC）卡面板上的“CHAN. SW”，选择通道号。

4）按下CPU（或IOC）卡面板上的“CONF. PB”进入调整方式。

5）当显示“ZERO”时，在工程师站强制信号调节“INC/DEC”按钮，使端子排输出值对应0%即4mA（可串接万用表测量），并按下“CONF. PB”大于3s，此时显示由“ZERO”变为“FULL”；再在工程师站强制信号调节“INC/DEC”按钮，使端子排输出值对应100%即20mA，并按下“CONF. PB”大于3s，显示由“FULL”变为“ZERO”。

6）若继续调整其他通道，重复3)～5)。

7）结束后，将CPU（或IOC）卡面板上的“SYS. MODE SW”置为“0”，并按下“CONF. PB”。

8）将端子排上的“TUNING MODE SW”切至“OFF”。

9）按下D0IFC03卡上的“ANN RESET”，返回正常控制方式。

10）若继续调整其他卡件，重复1)～9)。

第四节 DCS组态软件

DCS组态软件是仪控人员进行编程、组态的工具和平台，主要包括控制逻辑组态、图形组态、数据库组态等几部分，本节分别予以介绍。

一、艾默生Ovation系统组态软件

艾默生Ovation XP系统有三个组态软件，分别是Ovation Developer studio、Graphics Bulider（GB）和control Bulider（CB），主要是对DCS进行软硬件配置、逻辑组态、

流程图设计。Ovation 的工具软件主要有 Alarms、Graphics、HistroicalReview、Point information、Trend、Review 等，分别对 DCS 现场设备的运行参数、报警信息、历史数据、历史曲线及对点的信息进行查询。本部分主要对 Ovation XP 系统组态软件及工具软件的常用功能进行分析说明。

（一）Ovation XP 系统组态软件

1. Developer Studio

Developer Studio 主要是进行系统组态、控制器配置、I/O 卡件的配置、I/O 点的创建等，如图 1-29 所示。下面分别对其常用功能进行简要说明。

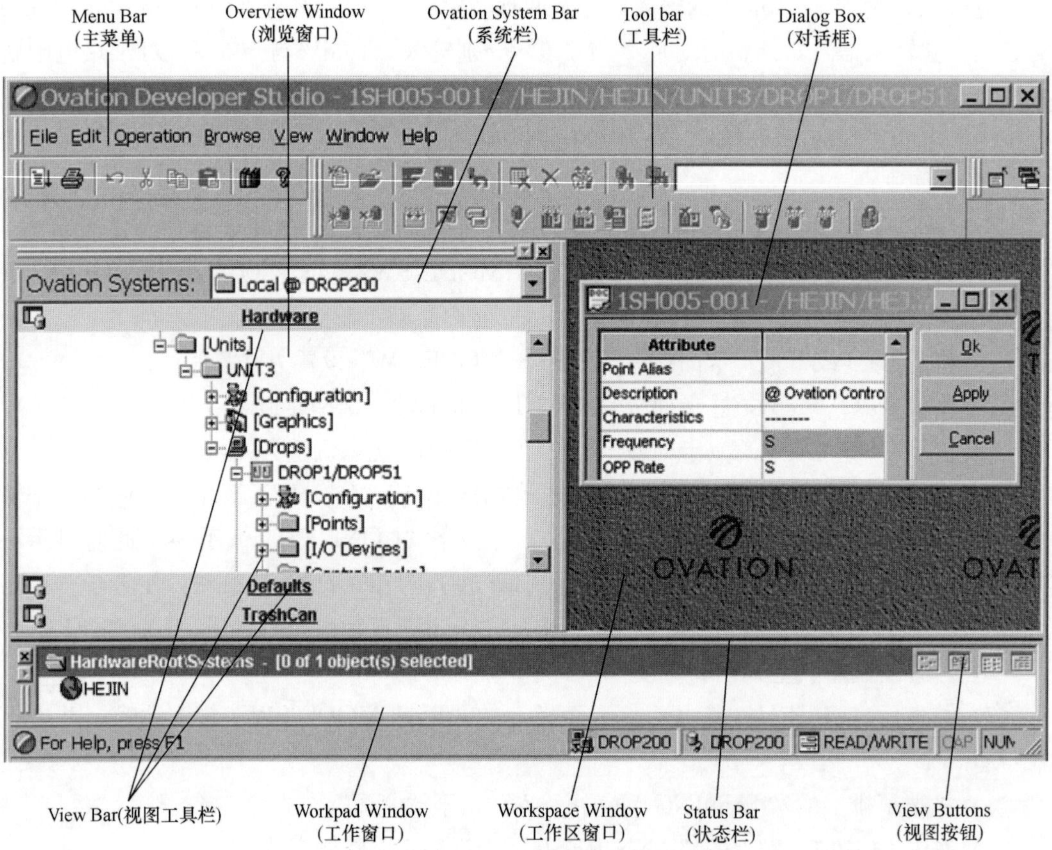

图 1-29 Developer Studio 界面

Menu Bar：用来提供访问 studio 的各种功能。

Tool Bar：用来提供访问 studio 的各种功能。

Overview Window：显示系统树和查看工具条。

View Bar：显示不同的数据库功能。

Workpad Window：显示所选择的对象或文件夹。

Workspace Window：显示功能或文本对话框。

View Buttons：改变在 WorkPad Window 中显示的对象。

Status Bar：显示当前 studio 的运行信息。

（1）Developer Studio 常用功能说明。如图 1-30 和图 1-31 所示。

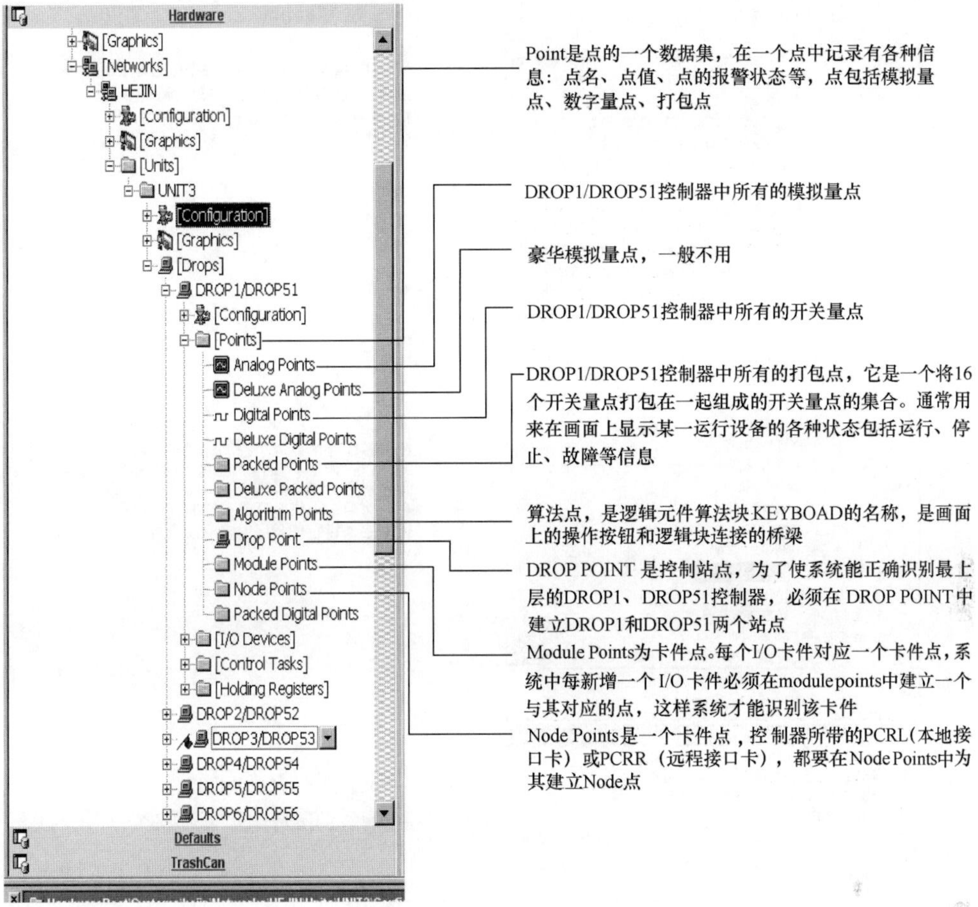

Point是点的一个数据集，在一个点中记录有各种信息：点名、点值、点的报警状态等，点包括模拟量点、数字量点、打包点

DROP1/DROP51控制器中所有的模拟量点

豪华模拟量点，一般不用

DROP1/DROP51控制器中所有的开关量点

DROP1/DROP51控制器中所有的打包点，它是一个将16个开关量点打包在一起组成的开关量点的集合。通常用来在画面上显示某一运行设备的各种状态包括运行、停止、故障等信息

算法点，是逻辑元件算法块KEYBOAD的名称，是画面上的操作按钮和逻辑块连接的桥梁

DROP POINT 是控制站点，为了使系统能正确识别最上层的DROP1、DROP51控制器，必须在 DROP POINT中建立DROP1和DROP51两个站点

Module Points为卡件点。每个I/O卡件对应一个卡件点，系统中每新增一个 I/O 卡件必须在module points中建立一个与其对应的点，这样系统才能识别该卡件

Node Points是一个卡件点，控制器所带的PCRL(本地接口卡）或PCRR（远程接口卡），都要在Node Points中为其建立Node点

图 1-30　Developer Studio 常用功能说明图（一）

每个控制器中所有的点的质量都有四种，分别是 Good、Fair、Poor、Bad，如表 1-38 所示。

表 1-38　　点　的　质　量

质量	显示	说明
Good（好质量）	G	点处于正常工作方式
Fair（一般质量）	F	点值被强制，数值由键盘输入，信号不刷新
Poor（较差质量）	P	点值超过设置的限制值，RW（低响应值）当算法点的输入有 Poor 点时，算法点为 P
Bad（坏质量）	B	坏点，I/O 硬件故障，如点所在卡件无电源，点退出扫描；点值超过设置的限制值，点值超过 EH（高工程值），EL（低工程值）或卡件某一输入点接地

（2）I/O 卡件的增加。以在 DROP1 控制器的第一条支线的第一个插槽（即 1.1.1）处加一个模拟量输入卡件为例，来说明如何新增系统卡件。如图 1-32 所示，在 DROP1 控制器的 Slot1 下面单击鼠标右键；在弹出菜单中选择第一项“Insert new”单击左键，在弹出式对话框中进行设置，如图 1-33 所示。

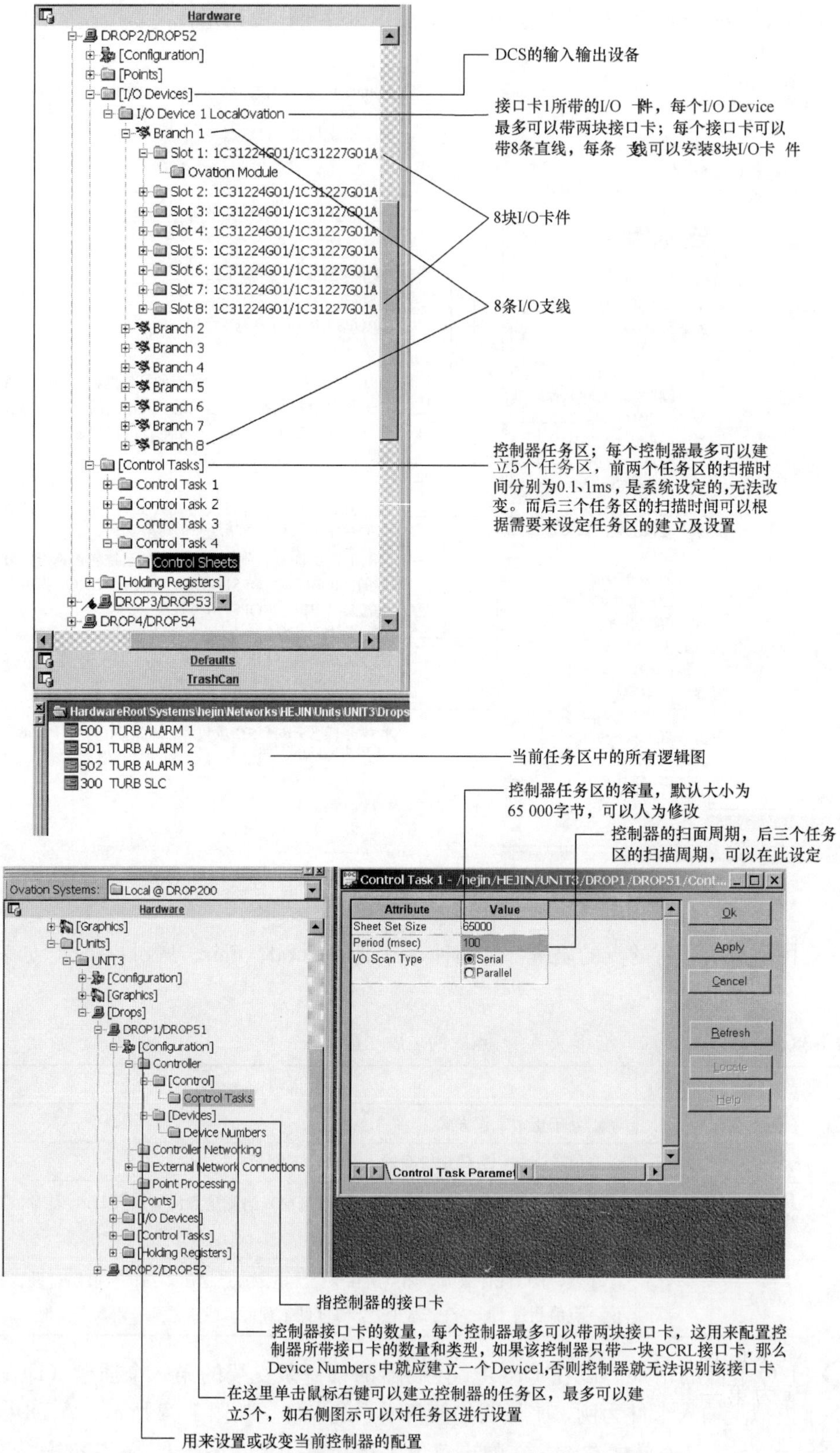

DCS的输入输出设备

接口卡1所带的I/O卡件，每个I/O Device最多可以带两块接口卡；每个接口卡可以带8条直线，每条支线可以安装8块I/O卡件

8块I/O卡件

8条I/O支线

控制器任务区；每个控制器最多可以建立5个任务区，前两个任务区的扫描时间分别为0.1、1ms，是系统设定的，无法改变。而后三个任务区的扫描时间可以根据需要来设定任务区的建立及设置

当前任务区中的所有逻辑图

控制器任务区的容量，默认大小为65 000字节，可以人为修改

控制器的扫面周期，后三个任务区的扫描周期，可以在此设定

指控制器的接口卡

控制器接口卡的数量，每个控制器最多可以带两块接口卡，这用来配置控制器所带接口卡的数量和类型，如果该控制器只带一块PCRL接口卡，那么Device Numbers中就应建立一个Device1，否则控制器就无法识别该接口卡

在这里单击鼠标右键可以建立控制器的任务区，最多可以建立5个，如右侧图示可以对任务区进行设置

用来设置或改变当前控制器的配置

图 1-31 Developer Studio 常用功能说明图（二）

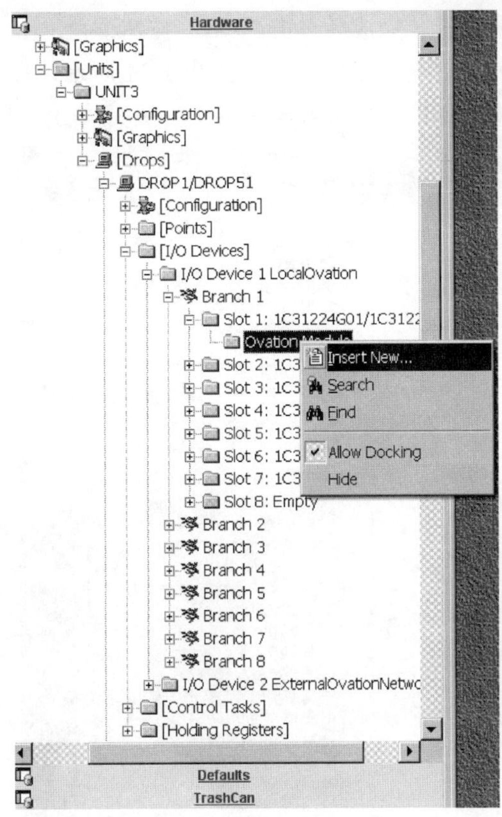

图 1-32　I/O 卡件的增加界面

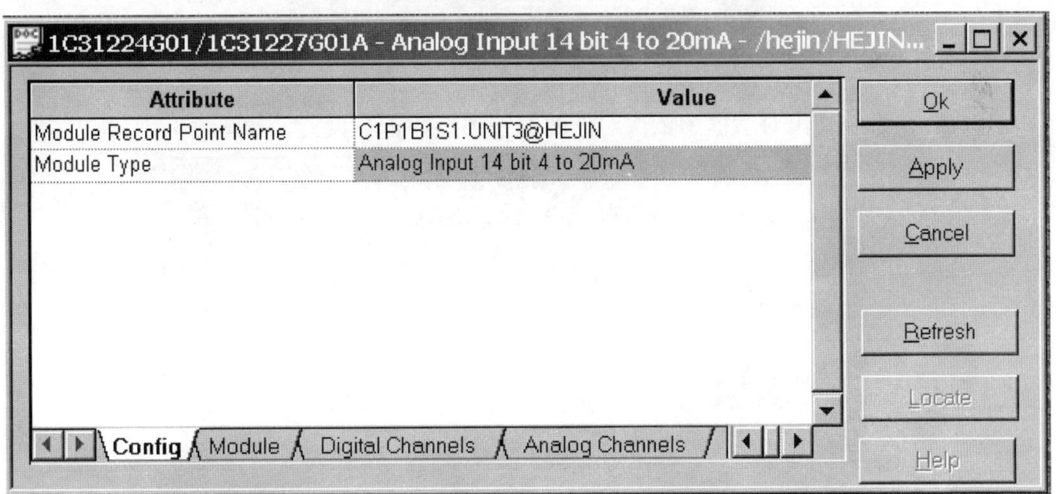

图 1-33　设置对话框

1）Module Record Point Name：卡件模件点的名称为“C1P1B1S1”。其中，C1 为 drop1，P1 为第一块接口卡，B1 表示第一条支线即 Branch1，S1 表示第一个插槽即 SLOT1。

2）Module Type：模件类型，在下拉式菜单中可以选择所加卡件的类型。

后面的几项，不需要设置，完成后点击“OK”按钮即可。

（3）点的建立。以模拟量点的建立说明，如图 1-34 所示，在 Analog Point 上单击鼠标右键，在弹出式窗口中选择第一项 Insert New 插入一个新的点。

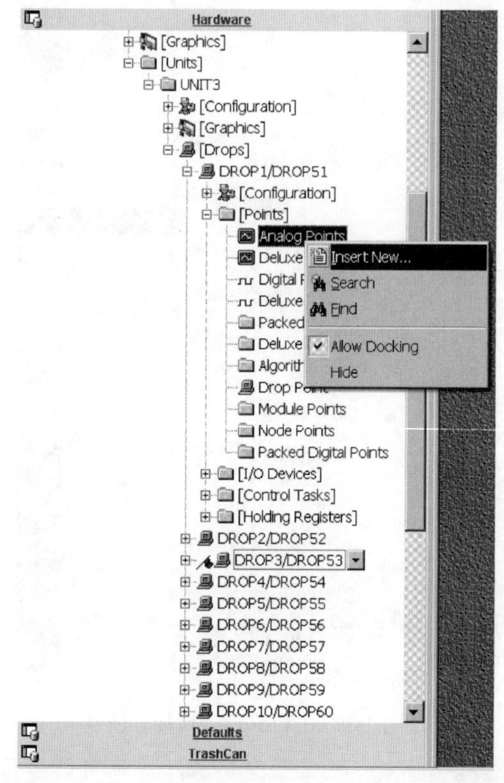

图 1-34　模拟量点的建立界面

完成后在系统弹出对话框中依次对点的每一项参数进行设置。如图 1-35 所示。

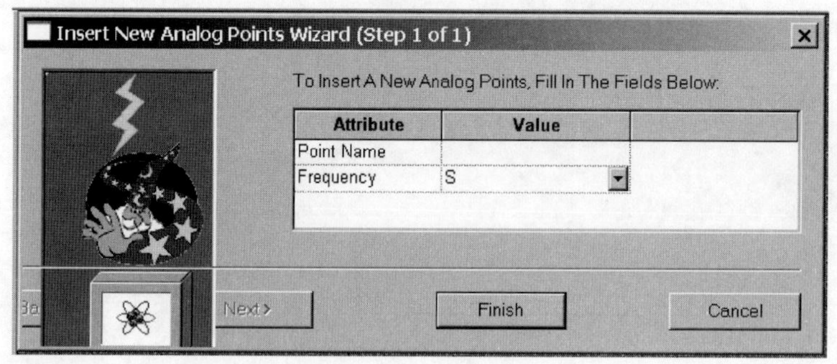

图 1-35　设置对话框

相关概念介绍如下：

Point Name：输入点名，如 3HAD10CP006。

Frequency：默认为“S”不需要改变，完成后单击“Finish”按钮，进行下一步，进入 Point 页面设置。如图 1-36 所示。

Point Alias：为该点的别名，可以不写。

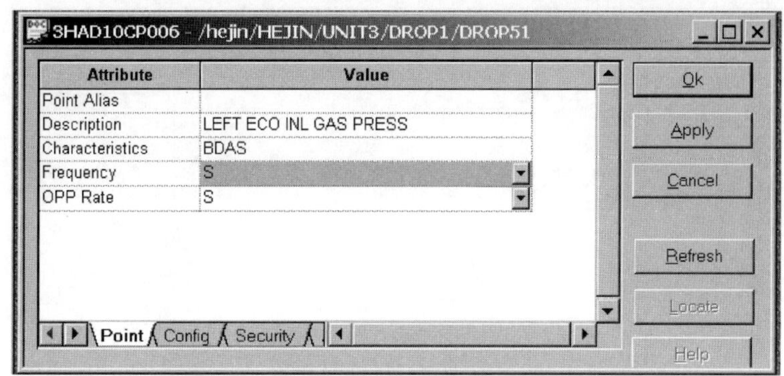

图 1-36 Point 页面设置界面

Description：该点的英文描述。

Characteristics：该点的特征，一般写该点所属的系统，如“BDAS”表示该点为锅炉数据采集系统的点。

最后两项不用设置，进行下一步，对 Ancillary 页面中的一些信息进行设置，如图 1-37 所示。

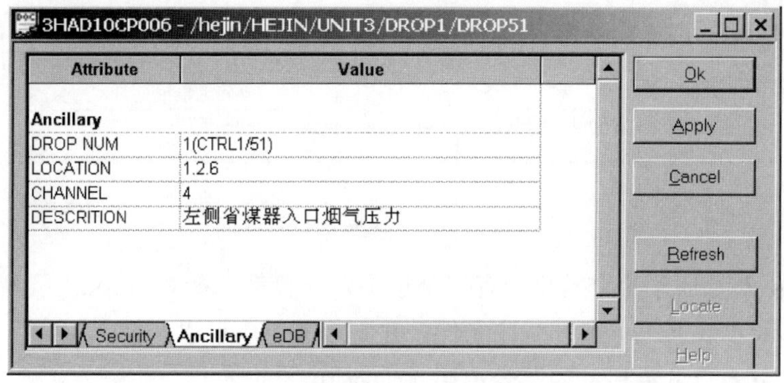

图 1-37 Ancillary 页面设置界面

DROP NUM：该点所属的控制器，1（CTRL1/51）表示该点属于 drop1 控制器。

LOCATION：说明该硬件点所在的卡件，软件点或系统创建的点可以不写。图 1-37 中的“1.2.6”表示该点位于第一块接口卡的第二条支线的第六块卡上。

CHANNEL：该点所在的通道，“4”为第四通道。

DESCRITION：在这里可以输入该点的中文描述。

下一步进行 eDB 页面设置，如图 1-38 所示。

Collection enabled：历史收集允许；打勾表示允许历史站对该点进行扫面收集。

Scan frequency ：历史站的扫面频率，单位为毫秒。1000 表示历史站对该点的扫面频率为 1000ms，一般都设为 1000。

Dead band algorithm：死区的计算方法，PCT _ RANGE 表示百分数。

DEADBAND value ：死区的值。一般为 0.5，表示当该点的值变化超过 5%时，历史站才将其记录并写入历史数据库。

后两项不用设置，下一步进行 Hardware 页面设置，如图 1-39 所示。

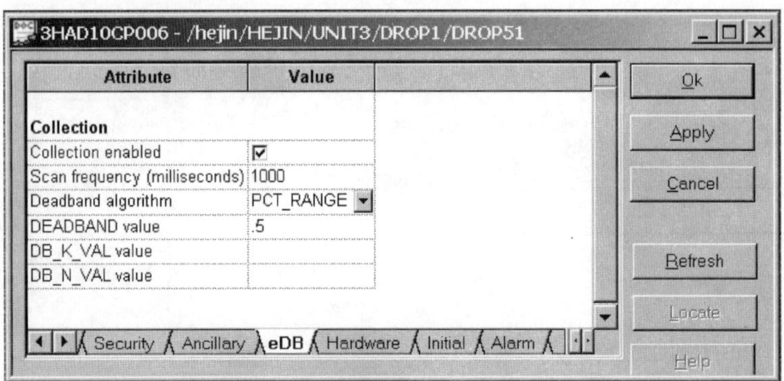

图 1-38　eDB 页面设置界面

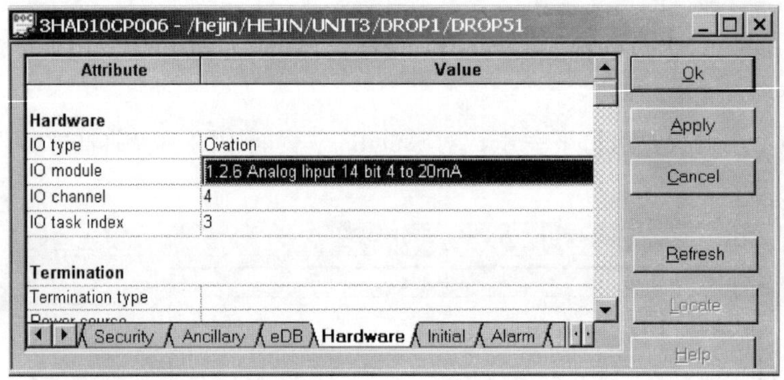

图 1-39　Hardware 页面设置界面

I/O type：该点属于哪个类型，有三个选项，一般都选择 Ovation。

I/O module：该点属于哪个 I/O 卡件，在下拉菜单中可以选择。

I/O channel：点的通道，“4”表示第 4 个通道。

I/O task index：点的任务区，一般设为 3，表示该点的运算周期与控制器的第三任务区周期一致。

下一步进行 Instrumentation 页面设置，如图 1-40 所示。

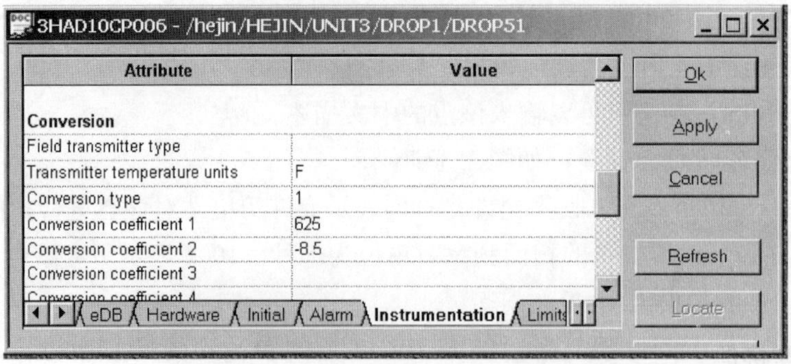

图 1-40　Instrumentation 页面设置界面

Conversion type：转换类型，“1”表示为线性关系，具体关系表如表 1-39 所示。

表 1-39　　　　　　　　　　　　　　转换类型

CV Entry	Conversion type	Equation
0	Linear（Default）	$y=x$
1	Linear	$y=v_1x+v_2$
2	Fifth Order Polynomial	$y=v_1+v_2x+v_3x_2+v_4x_3+v_5x_4+v_6x_5$

Conversion coefficient1：转换系数 1。转换系数的计算方法以模拟量点且输入是 4～20mA 的线性关系为例说明。由于输入信号是 4～20mA 的电流信号，如果模拟量信号量程范围是 0～50，因为二者为线性关系即 $y=kx+b$，所以有 0.004～0.02A 与 0～50 相互对应的关系。即 $y=50$ 时，$x=0.02$；$y=0$ 时，$x=0.004$。代入 $y=kx+b$ 得：

$$50=0.02k+b$$

$$0=0.004k+b$$

解方程后可得转换系数 $b=-12.5$，$k=3125$。

由此可以算出转换系数 Conversion cofficicent1 为 3215。同理计算出 Conversion cofficicent2 为－12.5。

热电偶和热电阻由于关系复杂，不需要计算可以从资料中直接查到。

转换关系设置完成后，可以进行下一个 Limits 页面设置，如图 1-41 所示。

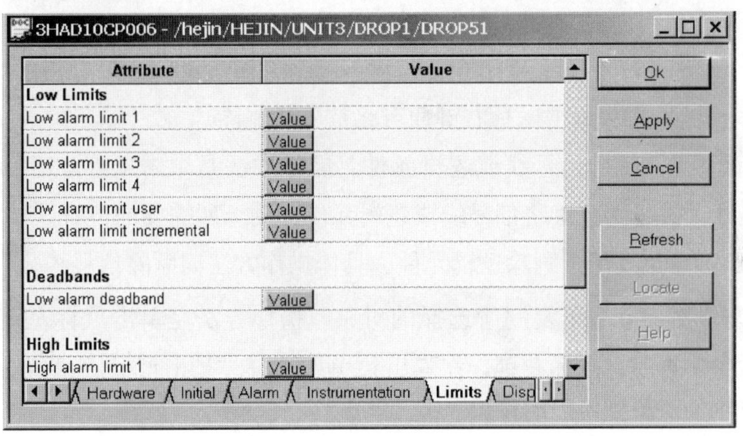

图 1-41　Limits 页面设置界面

该页面用来设置点的报警值，包括高报警和低报警：Low alarm limit1 为低 1 报警值，Low alarm limit2 为低 2 报警值，Low alarm limit3 为低 3 报警值，Low alarm limit deadband 为报警死区。

高报警设置与低报警相同，通过以上步序可以完成一个点的增加。

2. Control Bulider（CB）常用功能介绍

Control Bulider（CB）进行逻辑图的组态设计。如图 1-42 所示为 CB 的界面。

（1）连接信号线。两个逻辑元件之间的信号线的连接。

（2）删除已连接的信号线。删除两个逻辑元件之间已连接的信号线。操作方法是单击鼠标左键后，选择所要删除的信号线，单击鼠标右键，在弹出菜单中选择“En-

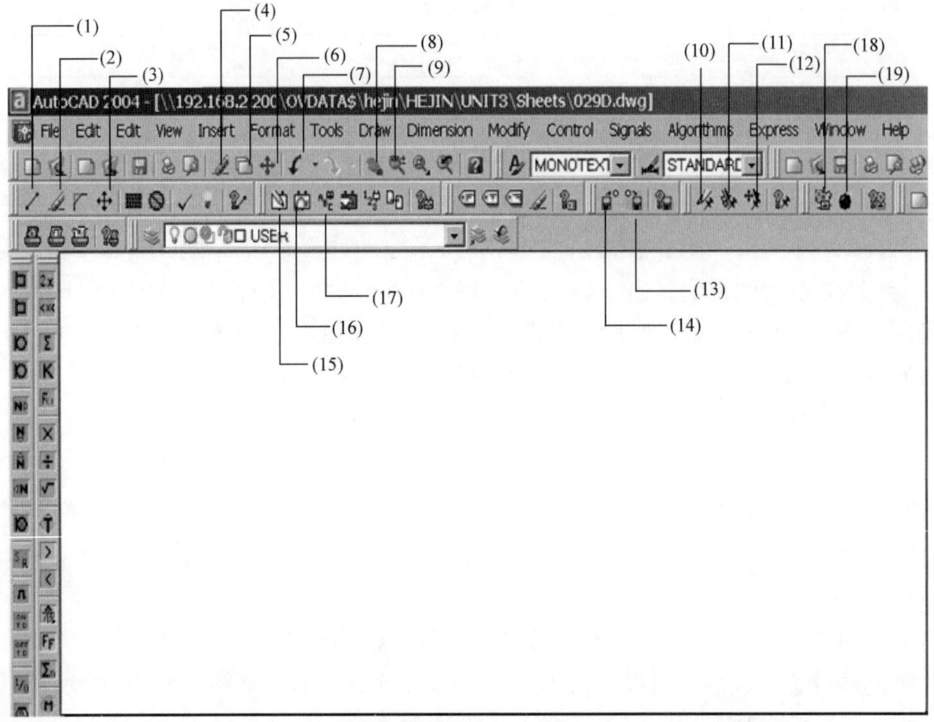

图 1-42　Control Bulider 常用功能介绍图

ter”进行确认，然后再次单击鼠标右键便可将信号线删除。

（3）移动已连接的信号线或逻辑元件。操作方法是单击鼠标左键后，选择所要移动的信号线，并单击左键将信号线或逻辑元件移动至所需要的位置。

（4）删除对象。用于删除逻辑元件。具体操作方法同删除信号线。

（5）复制对象。用于复制所选择的对象。操作方法是单击鼠标左键后，选择所要复制的对象，再单击鼠标右键，在弹出菜单中选择“Enter”进行确认，然后单击鼠标左键移动复制的对象到所需的位置。

（6）移动对象。操作方法同移动信号线。

（7）撤销上一步的操作。操作方法是直接单击鼠标左键图标即可。

（8）移动整幅逻辑图。操作方法是直接单击鼠标左键图标，便可随意拖动。

（9）放大逻辑图。操作方法是直接单击鼠标左键图标即可。

（10）给逻辑元件增加管脚。

（11）删除逻辑元件的管脚。

（12）移动逻辑元件的管脚。

（13）导出对象。操作方法是单击鼠标左键图标后弹出的对话框如图 1-43 所示，在图示处输入要导出对象的名称，单击保存；然后单击鼠标左键选择所要导出的对象后，单击鼠标右键选择“ENTER”进行确认，移动鼠标到想要的位置再单击鼠标右键，即可完成对象的导出。

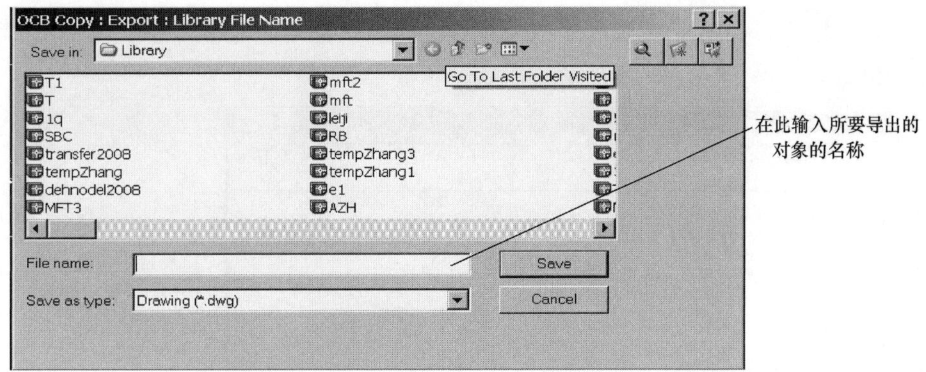

图 1-43　导出对象界面

（14）导入对象。操作方法是单击鼠标左键图标后，如图 1-44 所示，在弹出式对话框中选择所要导入的对象名称，点击“OPEN”后，移动对象到想要的位置，单击鼠标左键即可完成对象的导入。

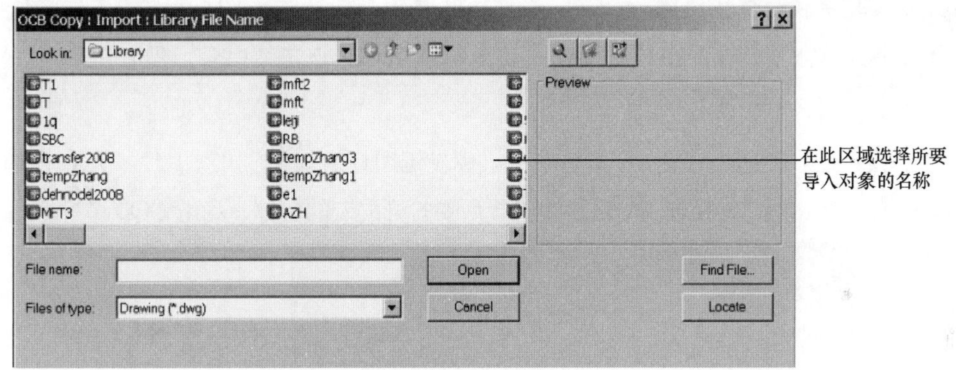

图 1-44　导入对象界面

（15）设置逻辑元件的参数。操作方法是单击鼠标左键图标后，在想要设置的逻辑元件上单击鼠标左键，在弹出式对话框中进行相关参数设置，完成后，点击“OK”即可。如图 1-45 所示。

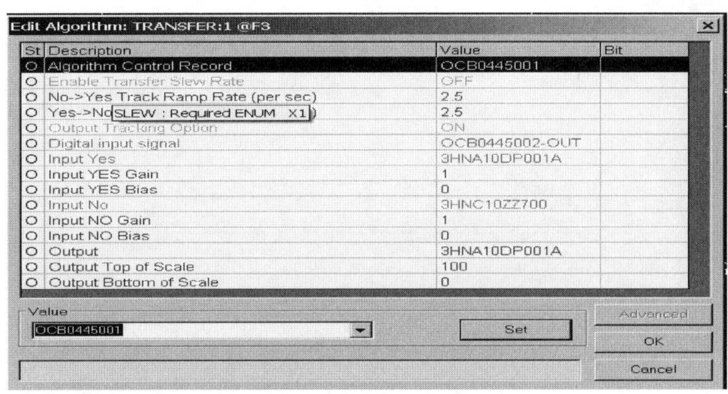

图 1-45　设置逻辑元件的参数设置界面

（16）算法块列表。可以选择要使用的算法块。操作方法是单击鼠标左键图标后，在弹出式对话框中，如图 1-46 所示，选择所要使用的算法块，点击“OK”后移动算法块到想要的位置，单击左键，即可完成。

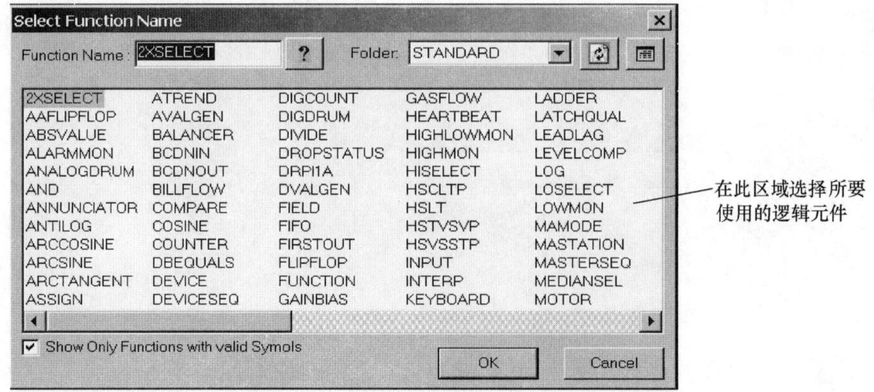

图 1-46　算法块列表界面

（17）重新对算法块进行命名。操作方法是单击鼠标左键图标后，选择所要命名的算法块，单击左键在弹出式对话框中输入算法名称，点击“OK”即可完成。

（18）定义宏逻辑。

（19）展开宏逻辑。操作方法是单击鼠标左键图标后，如图 1-47 所示，在弹出式对话框中点击“Browse”，在下个对话框中选择所要打开的宏的名称，点击“Open”即可。

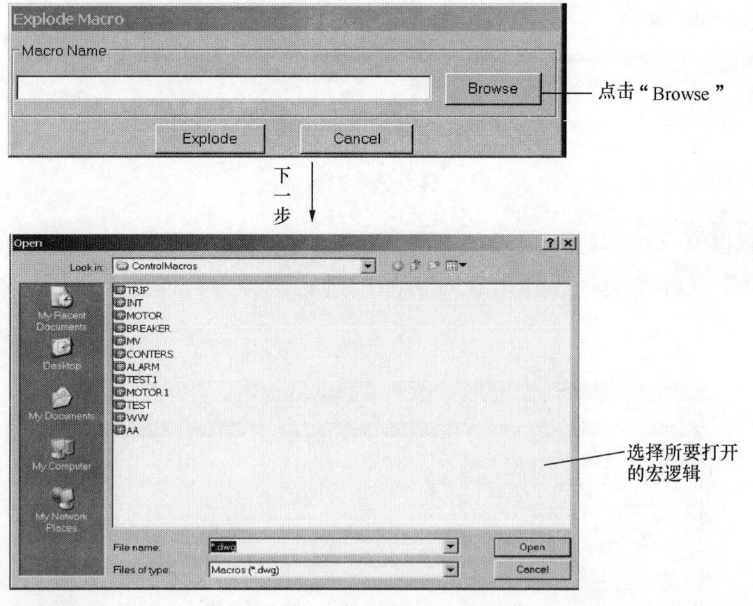

图 1-47　展开宏逻辑图

（20）CB 中的线型说明。包括实线实箭头（模拟量）、实线虚箭头（数字量）、虚线实箭头（可选模拟量）、虚线虚箭头（可选数字量）；绿线表示有跟踪功能。

（21）连接器。如图 1-48 所示。图中 A 表示该中间点信号来自本控制器的其他页面；B 表示该中间点信号来自本控制器的其他页面，且设有报警功能及被 Graphics 画面所使用，字母 A、G 都是在编译后系统自动生成的；C 表示该硬件点信号来自本控制器，且设有报警功能及被 Graphics 画面所使用，字母 A、G 都是在编译后系统自动生成的；D 表示该中间点信号来自其他控制器的页面，且设有报警功能及被 Graphics 画面所使用，字母 A、G 都是在编译后系统自动生成的；E 表示该硬件点信号来其他控制器，且设有报警功能及被 Graphics 画面所使用，字母 A、G 都是在编译后系统自动生成的；F 表示“AAAA”是系统编译后自动生成的标识编号。

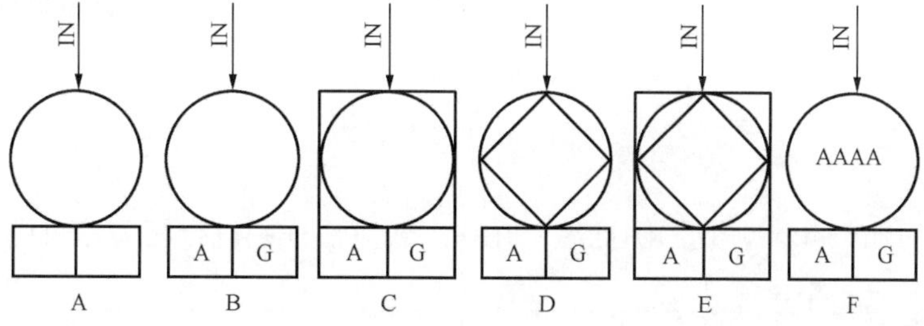

图 1-48　连接器图

3．Graphics Bulider（GB）

Graphics Bulider 主要进行流程图的组态设计，如图 1-49 所示为 GB 的界面。

GB 常用功能说明如下：

（1）“Macro”用于编辑或选择所需要的宏。点击图标后，在弹出式对话框中进行选择，如图 1-50 所示。

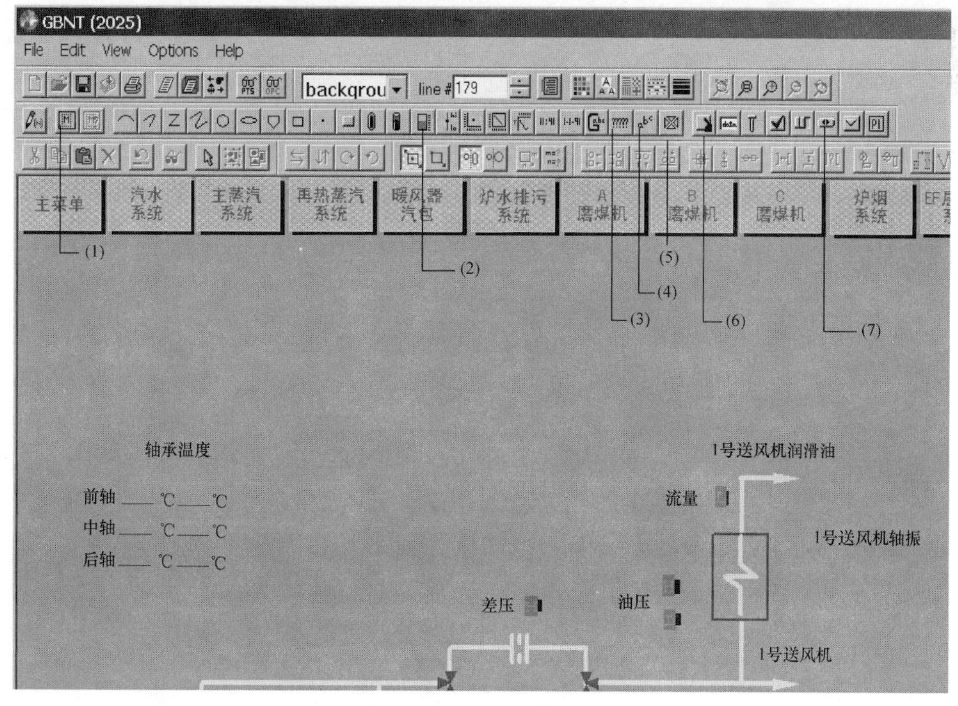

图 1-49　GB 界面

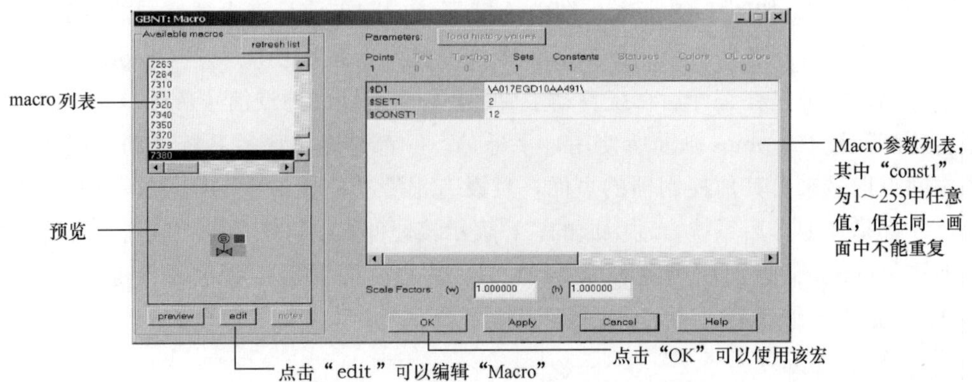

图 1-50　宏设置界面

（2）"Bargraph"。点击图标后，在弹出式对话框中进行相关参数设置，完成后点击“OK”即可，如图 1-51 所示。

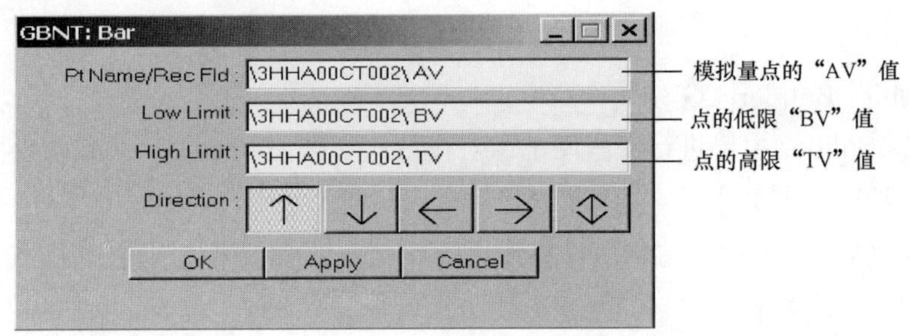

图 1-51　棒形图设置界面

（3）"Processpoint"。用于设置需要在画面上显示的点。点击图标后，在弹出式对话框中进行参数设置，完成后点击“OK”，然后移动鼠标到画面上想要的位置，单击左键即可，如图 1-52 所示。

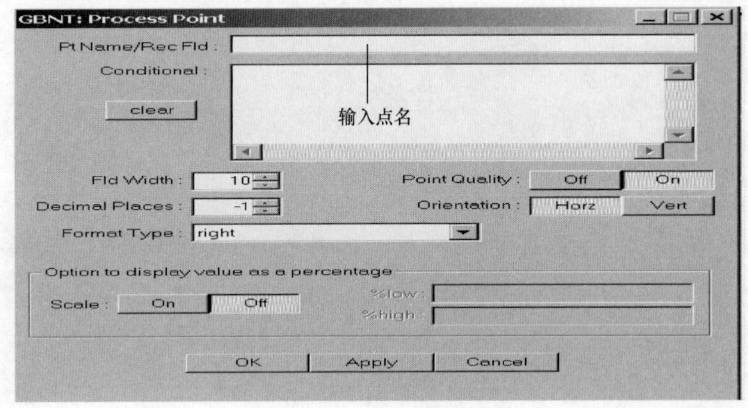

图 1-52　过程点设置界面

（4）“Text”。用于编写在画面上要显示文本。点击图标后，在弹出式对话框中进行文本编辑，完成后点击“OK”，然后移动鼠标到画面上想要的位置，单击左键即可，如图 1-53 所示。

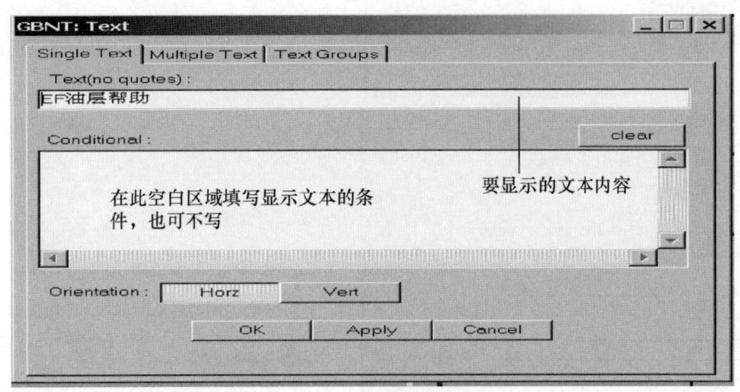

图 1-53　文本设置界面

（5）“Shapelib”设备模型库。点击图标后，在弹出式对话框中选择所需的设备模型，然后移动鼠标到画面上想要的位置，单击左键即可，如图 1-54 所示。

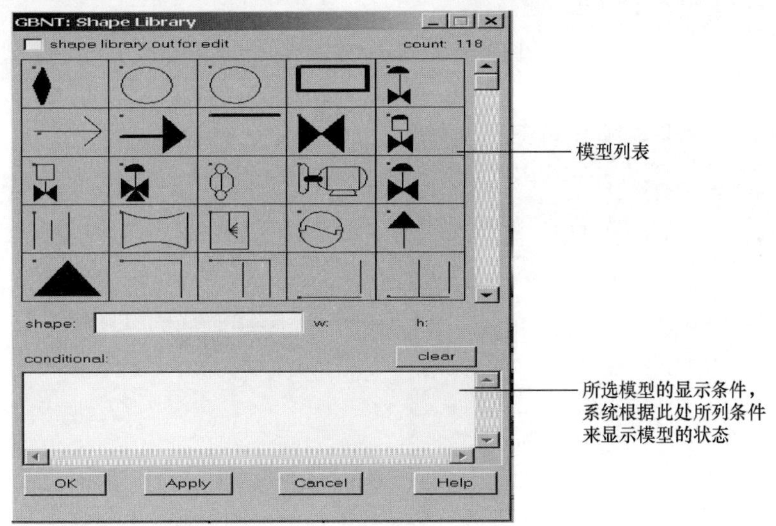

图 1-54　设备模型设置界面

（6）“Poke”设置 Poke 区。鼠标单击该区域后系统执行一定的操作；点击图标后，在弹出式对话框中设置 Poke 的各项参数，完成后点击“OK”，然后移动鼠标到想要的区域，按住鼠标左键不放来设置 Poke 区的大小，完成后松开左键即可，如图 1-55 所示。

（7）“OL button”操作按钮。与 Poke 区共同来实现控制逻辑与画面之间的连接；点击图标后，在弹出式对话框中设置“OL button”的各项参数，完成后点击“OK”，然后移动鼠标到想要的区域，按住鼠标左键不放来设置“OL button”按钮的大小，完成后松开鼠标左键即可，如图 1-56 所示。

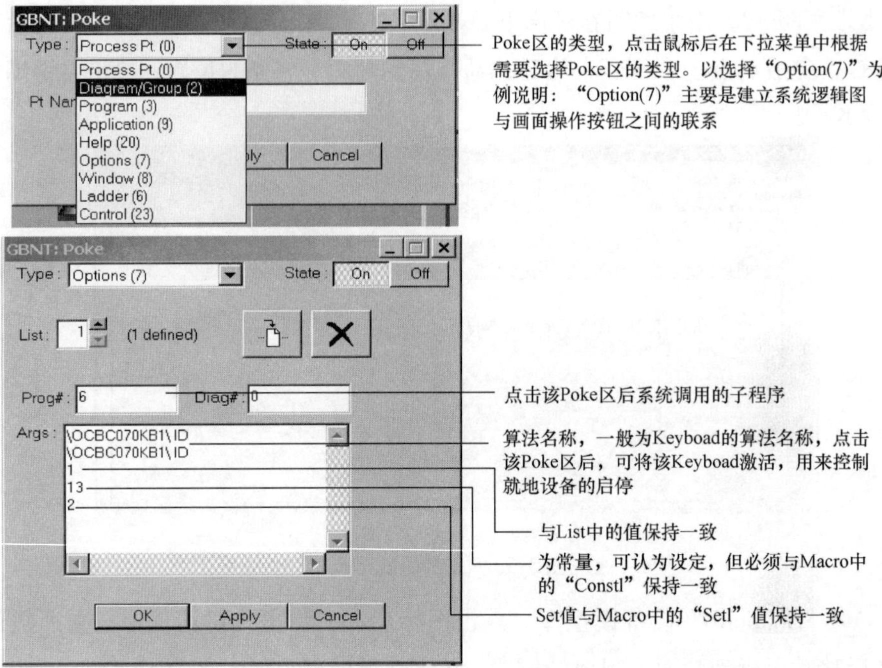

图1-55 Poke区设置界面

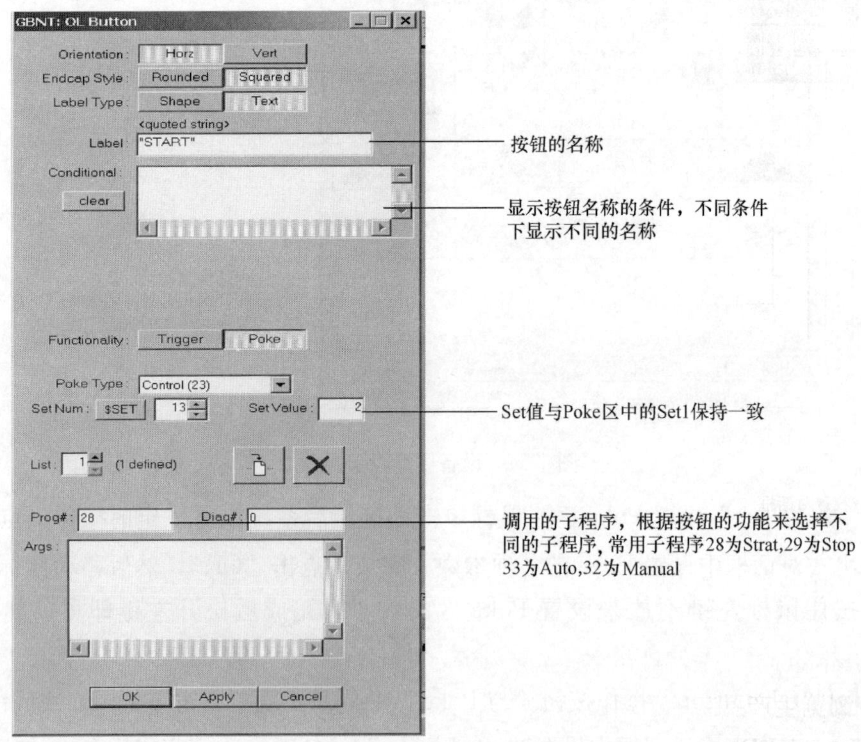

图1-56 操作按钮设置界面

（二）Ovation XP 系统的工具软件

1. ALARM 窗口

ALARM 窗口如图 1-57 所示。

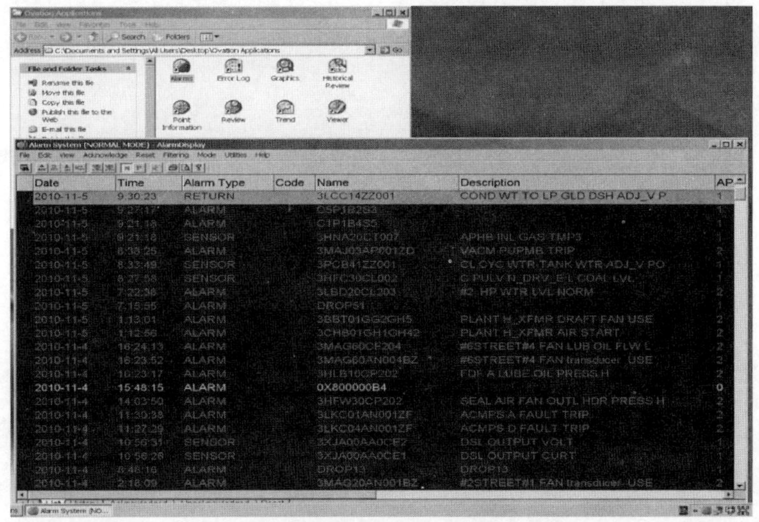

图 1-57 ALARM 窗口

ALARM 工具栏如图 1-58 所示。

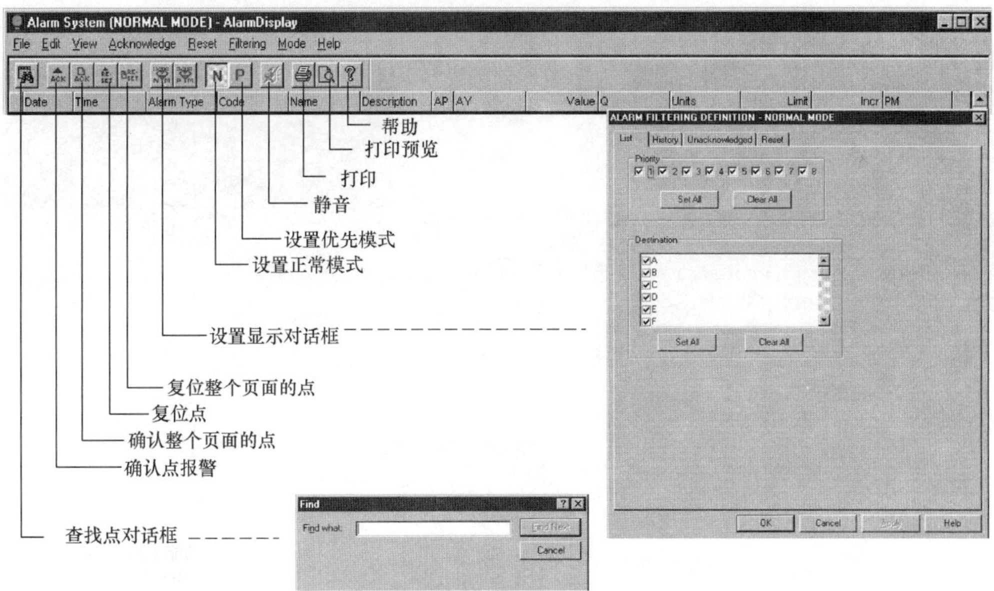

图 1-58 ALARM 工具栏

2. Graphics

用来浏览生产系统的流程图，如图 1-59 所示。

3. Historial Review

可以进行历史报警、操作员记录、SOE 信息的历史查询，如图 1-60 所示。

操作方法是先用鼠标选择所要查询的内容（报警、SOE、操作员记录或其他内容），

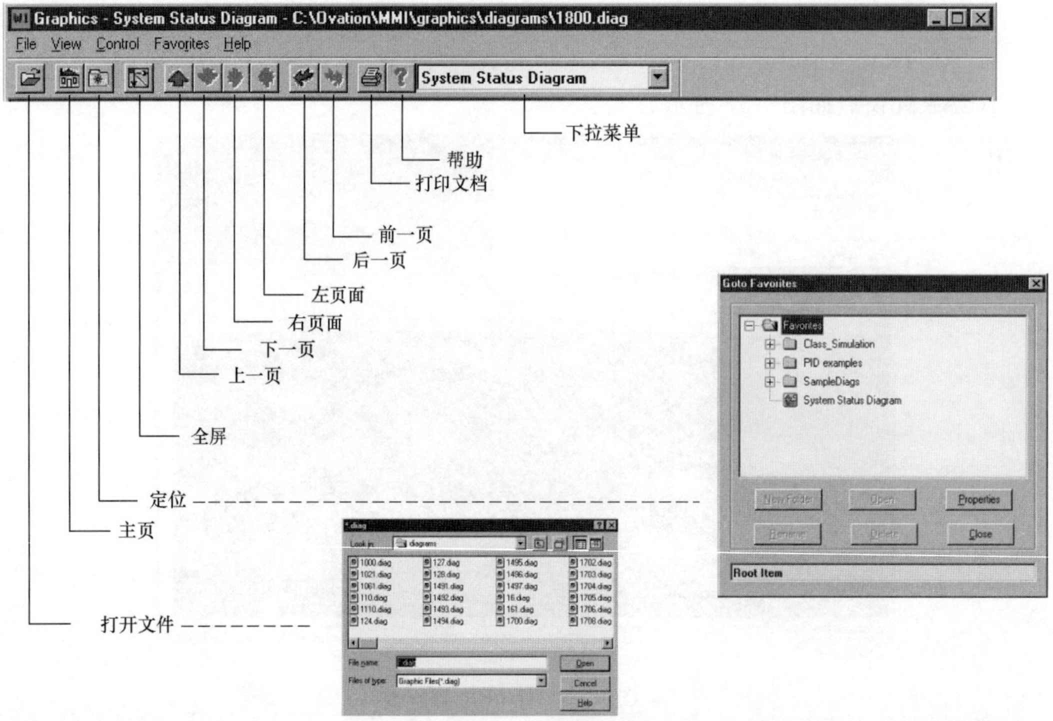

图1-59　流程图工具栏

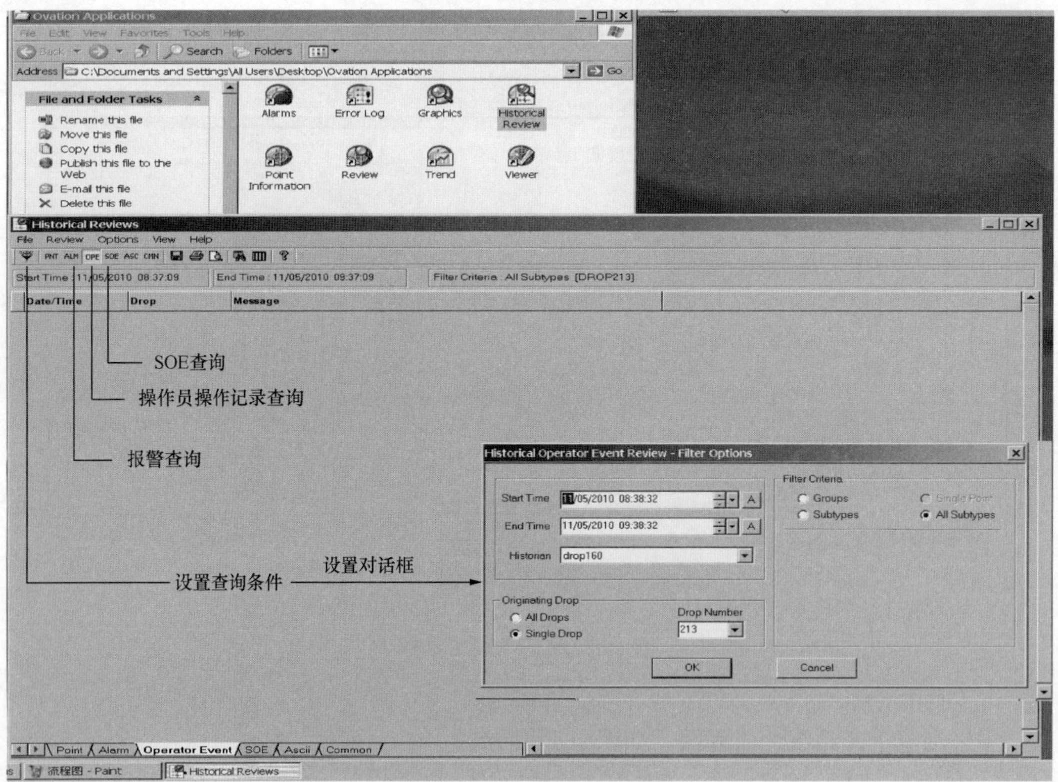

图1-60　历史浏览界面

然后进行查询条件设置，完成后单击“OK”即可。

4. Point Information（点画面信息）

Point Information 如图 1-61 所示。

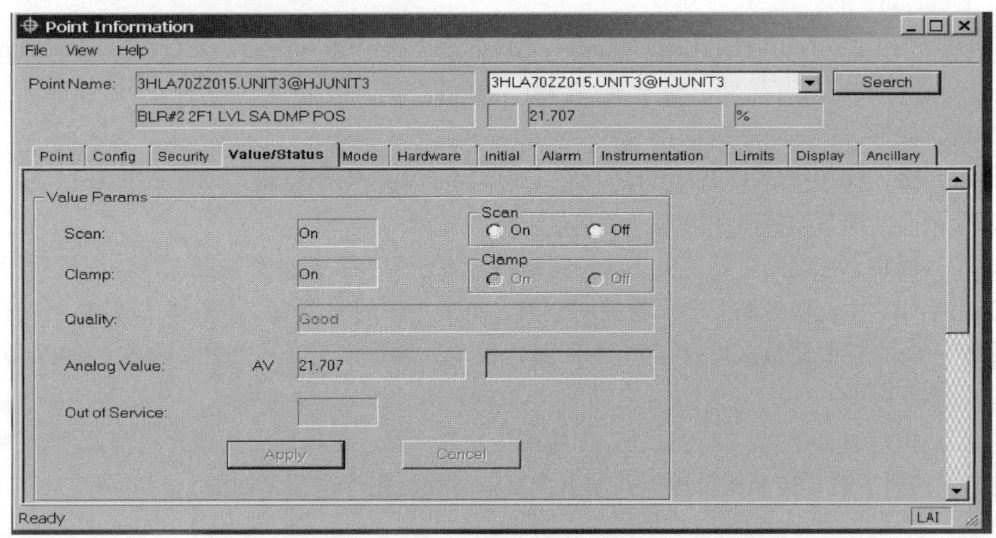

图 1-61　点画面信息界面

（1）Value/Status：该页面用来强制点。

（2）Hardware：提供该点的控制柜、支线、卡件及所在通道的信息。

（3）Alarm：点的报警信息。

（4）Limits：点的报警参数设置信息。

（5）Ancillary：可以查到点的中文描述。

5. Trend（趋势）工具栏

Trend 工具栏如图 1-62 所示。

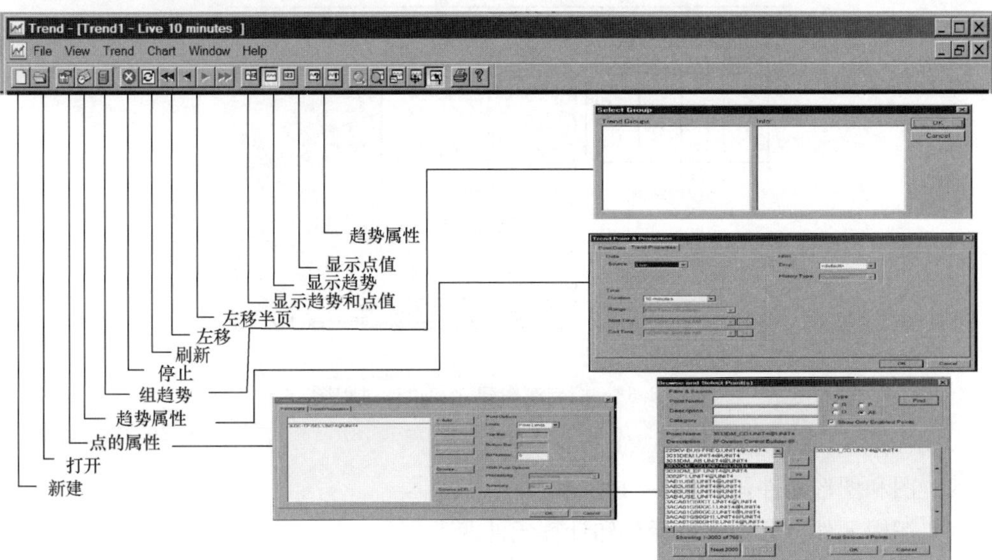

图 1-62　趋势工具栏

二、三菱 DIASYS-UP/V 系统组态软件

（一）控制逻辑组态软件 DIASYS-IDOL

1. 组态语言

DIASYS-IDOL（Digital Intelligent Auto System-Interpreter DDC Oriented Language）的特点是高可靠性、易于维护、有丰富的控制计算功能（73 种）、可在线调整。基本概念如下：

（1）图。DIASYS-IDOL 允许用户在 EWS 站上编写控制逻辑，以生成算法程序，可在一个画面上编写的控制逻辑为一个单位，称为“图”。

（2）回路。控制站可处理由多张图组成的控制逻辑并完成计算功能，这些图按功能划分为组，如“主汽温控制”、“风量控制”等，每一组中的图作为一个整体去管理，称其为“回路”。每个控制站最多可以有 80 个回路，每个回路最多有 100 张图，每个控制站最多可以有 200 张图。

（3）控制逻辑建立和执行过程。创建图，建立回路（根据回路的概念将图处理成回路数据），回路下载，控制逻辑计算并输出控制信号控制生产过程。如图 1-63 所示。

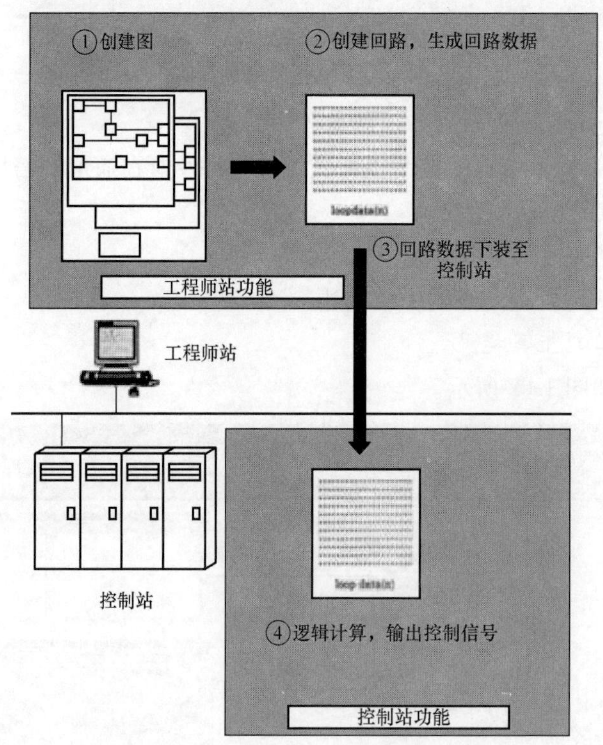

图 1-63　控制逻辑建立和执行过程图

2. DIASYS-IDOL 语言体系

（1）图和图形元件，如图 1-64 所示。

（2）逻辑元件。分为 I/O 元件和计算元件两类。

1）I/O 元件，如表 1-40 所示。

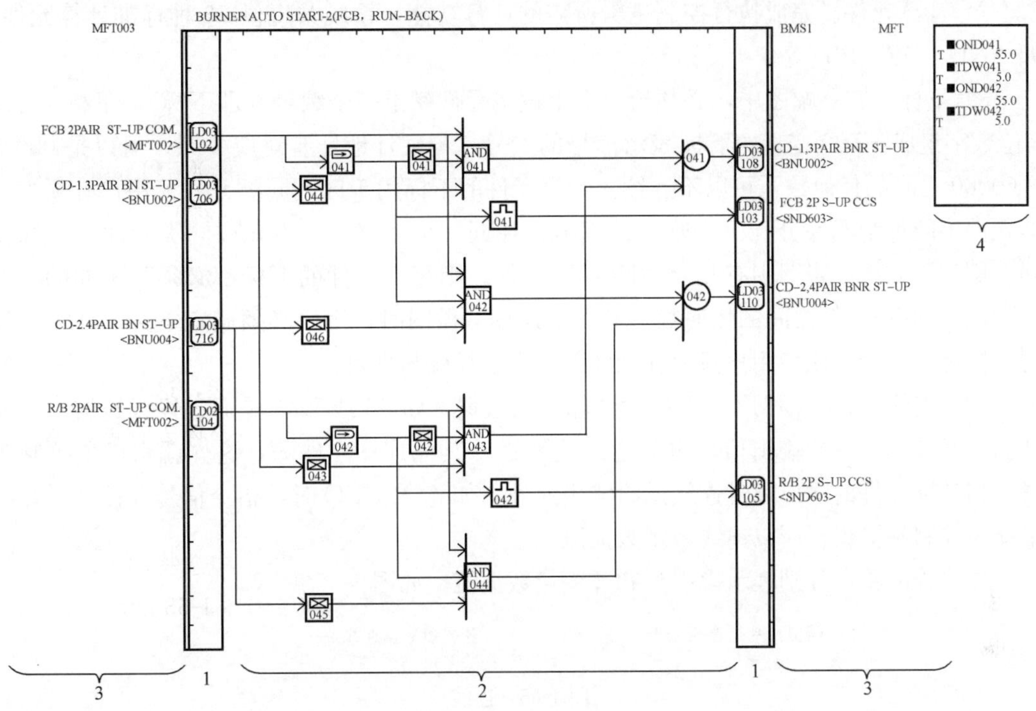

图 1-64　逻辑图

1—I/O 元件部分，表示输入信号的输入元件位于左侧，输出元件位于右侧；2—逻辑部分，放置计算元件、连线、箭头，表示控制逻辑；3— I/O 点名部分，显示和记录 I/O 元件的信号名称；4—参数部分，显示逻辑部分中计算元件的参数

表 1-40　　　　I/O 元件

符号	名称	说明	备注
AI	模拟量输入	来自控制站的模拟量输入信号	点号下标由系统预先定义，与硬件地址对应
DI	开关量输入	来自控制站的开关量输入信号	点号下标由系统预先定义，与硬件地址对应
AO	模拟量输出	来自控制站的模拟量输出信号	点号下标由系统预先定义，与硬件地址对应
DO	开关量输出	来自控制站的开关量输出信号	点号下标由系统预先定义，与硬件地址对应
LA	回路间的模拟量信号	不同回路的图间传输模拟量信号的元件	按一定规则分配
LD	回路间的开关量信号	不同回路的图间传输开关量信号的元件	
TA	回路中的模拟量信号	同一回路的图间传输模拟量信号的元件	用户定义
TD	回路中的开关量信号	同一回路的图间传输开关量信号的元件	

2）计算元件。完成执行控制逻辑所需的计算功能，系统共提供73种标准计算元件，如AND、OR、PID等。

3）下标。在一幅图中，必须给每一个逻辑元件赋予一个编号（即下标），下标由3～5位数字组成。I/O变量的下标表示信号的点号，与硬件地址有对应关系，可以是00001～60000之间的任何数，可以不连续。计算元件的下标用于区别同类元件，用户必须为同类元件中的每个元件分配一个唯一的编号，在同一个回路中，不允许同类元件的下标相同。例如，如果一张图中有几个"NOT"元件，则每个元件的下标都必须是不同的。下标可以是001～999之间的任何数，可以不连续。做图时，用户必须确定下标，计算元件的下标可以自动生成，用户只要在做图前定义起始编号即可。

（3）连线。在一幅图上，I/O元件输入的数据，如AI或DI，是通过连线送给计算元件的，而计算元件的输出信号也是通过连线送给其他计算元件的，这样就组成了控制逻辑。当计算元件的输出通过连线送给输出元件，如AO或DO时，指令信号和控制计算结果就由控制站输出。所以连线表示数据流。

连线分两种，分别表示模拟量和开关量数据流，如图1-65所示。

模拟量数据连线 ⟶　　开关量数据连线 ⟶

图1-65　连线

做图时，屏幕中元件菜单提供两种连线，用户可以根据数据类型选用。系统中与每一种逻辑元件连接的数据类型是预先确定的，如果线型连接不当，结束做图时就会出错。

（4）箭头。箭头表示数据输入到一个逻辑元件。一个逻辑元件可以接收多个输入数据，如一个置位/复位元件接收置位和复位两个信号。为了区别输入信号，系统提供了六种箭头，输入信号的含义取决于逻辑元件。如果一个逻辑元件接收多个输入信号，且这些信号无须加以区别（如AND和OR运算等），则用户可以对所有输入均使用第一箭头。六种箭头如图1-66所示。

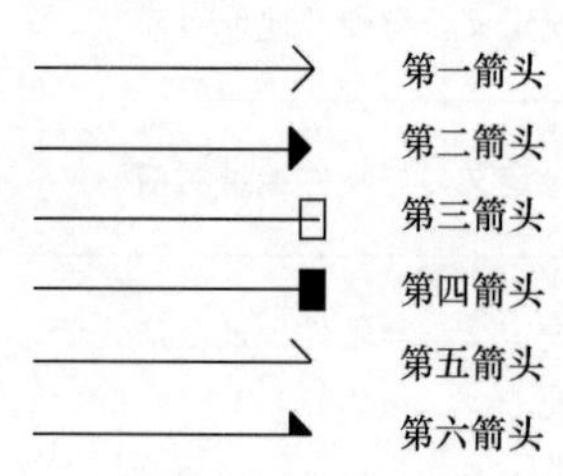

图1-66　箭头

（5）回路间数据和回路中数据。

1）图间的数据传输。一个控制站中处理的控制逻辑是由许多幅图所描述的，因而数据需要在图与图之间传输。为了传输数据，系统提供了回路间数据元件和回路中数据元件。

2）回路间数据（LA、LD）。回路间数据与不同回路或相同回路中图间传输数据的I/O元件有关，在控制站中，具有同样点号（下标）的元件LA和LD共享同样的信号数据。如图1-67所示。

3）回路中数据（TA、TD）。回路中数据与同一回路中图间传输数据的I/O元件有关。在一幅图中，具有同样点号（下标）的元件TA和TD共享同样的信号数据。用户可以为一个回路内多幅图中的TA或TD分配相同的点号。然而，每个回路中只允许一幅图通过TA或TD输出数据。如图1-68所示。

（6）宏元件。

1）宏元件使用。宏元件功能可以使用户选择多个标准计算元件，把它们作为一个计

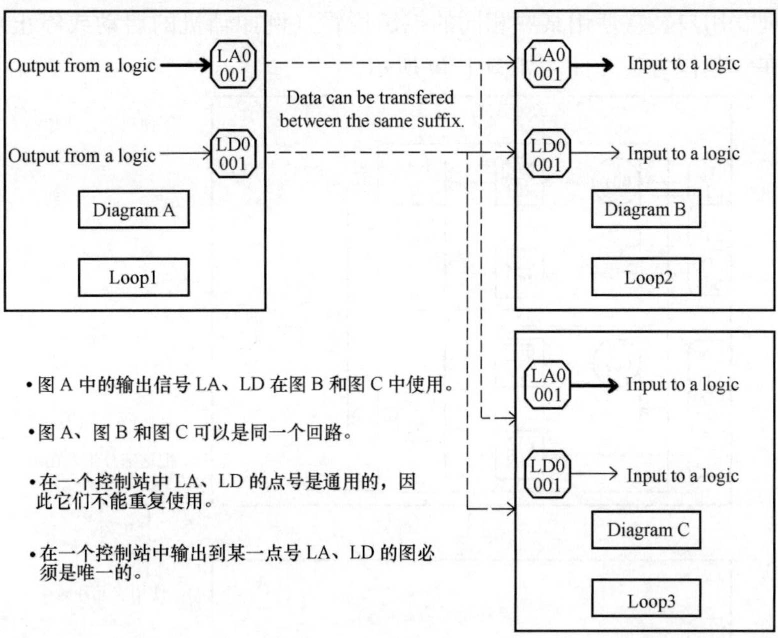

图 1-67　回路间的数据传输图

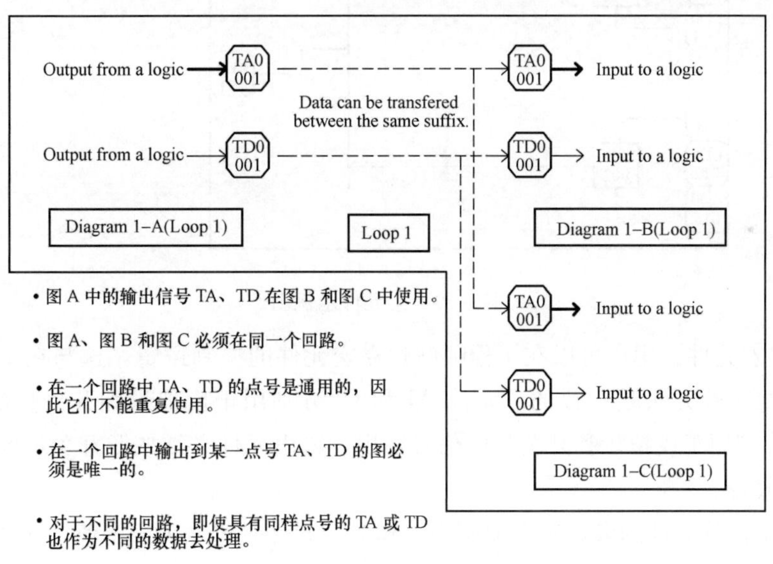

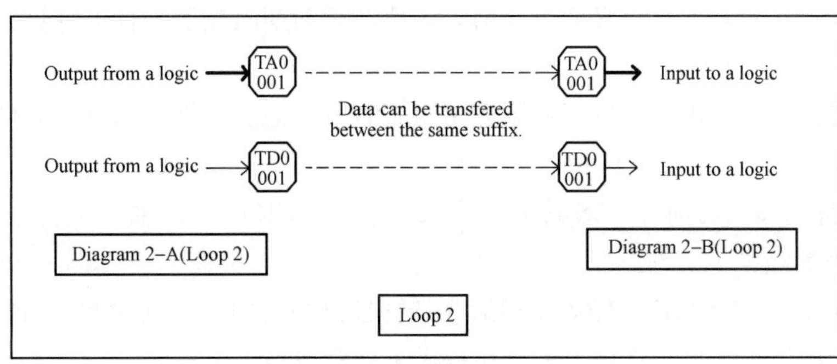

图 1-68　回路中的数据传输图

算元件去处理。用户经常使用某些相同的控制逻辑（例如辅机的启动或停止），这部分逻辑可以组合在一起作为宏元件。如图1-69所示。

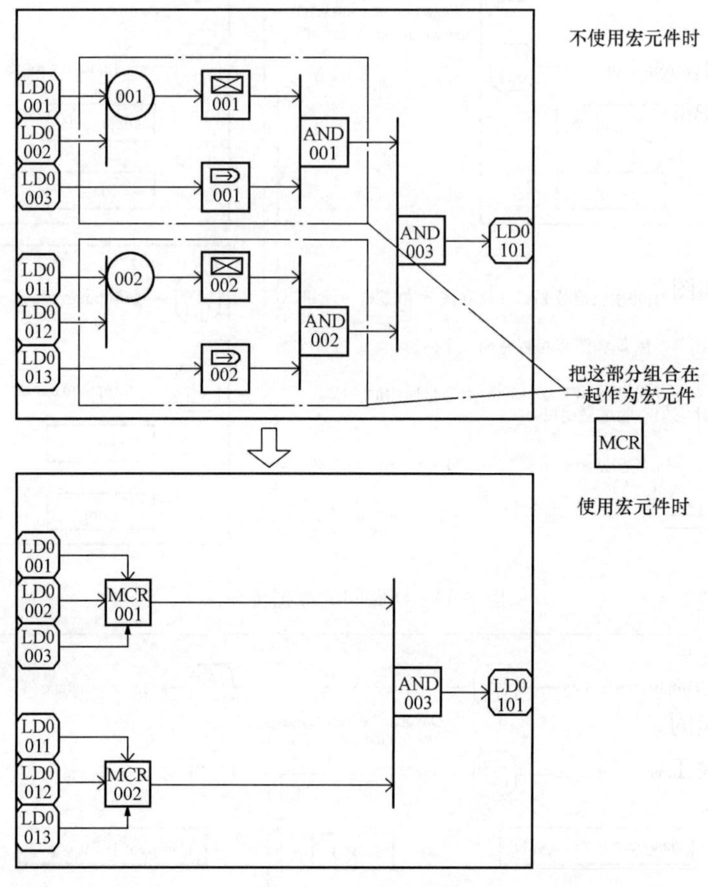

图1-69　宏元件示例图

2）建立宏元件。用户可以在工程师站建立宏元件的控制逻辑，这与在工程师站上进行控制逻辑组态的方法是一致的。元件AI和DI分别用于模拟量和开关量的信号输入，AO和DO分别用于模拟量和开关量的信号输出，输出元件必须按照开关量在上、模拟量在下的顺序放置。

宏元件中计算元件的参数定义原则为①建立宏元件时定义为固定值，该值在做图期间不能设置；②建立宏元件时定义为可变值，该值在做图期间按照与标准计算元件相同的方法设置。

建立好宏元件后，用户在进行控制逻辑组态时可以把宏元件作为标准元件使用，使用方法同标准元件。

3）宏元件列表。目前，DCS共定义了AM、PB、CRT等17种宏元件。

3. 控制逻辑组态

点击“Diagram Editor”，输入密码后先选择控制站及回路进入控制逻辑组态界面。

（1）图的添加与拷贝。在屏幕右下角提供下列菜单项：

1）“Add”：添加图，需预先定义图名（6个字符）。

2）“Copy”：拷贝图。

3）“Delete”：删除图。

4）“Renumber”：设置/修改元件起始下标。

5）“Draw”：生成/修改图。

6）“Loop Builder”：将图转化为回路数据。

（2）画图。在菜单项点击“Draw”，选择图名后进入图形编辑画面。系统为画图提供一系列功能菜单。功能菜单由 112 块组成，当用户点击任一框时，该框颜色改变，相应的功能将被执行。若点击鼠标右键，则功能菜单消失，重新点击鼠标右键，功能菜单重新显示。功能菜单如图 1-70 所示。

	TTL	AI	DI	AND	√	÷	SW	LAG	⇐	V≯	⎍	OFF	Ft	MED	Fx	›PI‹	△t	D/A	⇒V	LA→	━	a^b	Chg Disp	→	➞	●	Mac ro
│	Sfx	AO	DO	○	$>_H$	XOR	$<_L$	≯≮	ABS	0%	OLD	⟋	RH/L	$V≯_2$	+	MAV	+/_	→A	⎍	LD→	—	HPT				Del	Quit
⎿	Sig nam	LA	LD	⊠	Σ	ⓈR	P	LLG	H/L	∞	e^{-1s}	e^{-s}	S®	T_R	T_{RD}	T_{RF}	⎾	→D	LA_S	→LA		TPH				Move	End
	✥	TA	TD	T	△	×	D	⇒	△H/L	SG	ON	M/N	AM	PI	⎍⎍	LAG_V	⏋	LIN	LD_S	→LD				Parm	▢	Copy	⏌

线型　8 种 I/O 元件　73 种计算元件　6 种箭头

图 1-70　做图功能菜单图

（3）回路数据校验。逻辑组态或修改工作结束后，需将相关数据下装至控制站。为确保控制站中存储的数据与工程师站硬盘中存储的数据保持一致，常在修改工作完成后对两者进行数据检验工作。在 IDOL 主画面上点击“LOOP VERFICATION”进入数据校验选择画面。

（二）图形编辑器（PICTURE EDITOR）

1. 工作菜单

在 OPS8 的工程方式下，点击“Picture Editor”进入图形编辑画面，工作菜单如图 1-71所示。

2. 常用菜单介绍

（1）PICTURE EDIT。点击“PICEDT”，进入画面属性输入窗口，需定义画面 ID 号（五位字符，最后一位为 F 表示全屏画面，为 Q 表示 1/4 画面），窗口 ID 号（1～10）以及标题三项内容，再点击“YES”后，进入画面编辑界面。

若修改画面，也可从 INDEX（索引）菜单中进行选择。

画面编辑界面提供多种菜单、模板及工具供用户做图时使用，用户可根据需求定义信号连接、动态显示等内容，结束后点击“END”返回工作菜单。如图 1-72 所示。

其中画面 ID 号的含义为：T 开头表示趋势图，G 开头表示流程图，C 开头表示控制图，U 开头表示用户定义画面。

（2）PICTURE DELETE。点击“DELETE”后，输入画面 ID 号或点击“INDEX”选择需删除的画面，再点击“YES”删除画面，点击“NO”则取消删除操作，返回工作菜单。

（3）MASTER COPY。点击“MSTCOP”，出现画面拷贝窗口。在 FROM（拷贝源）

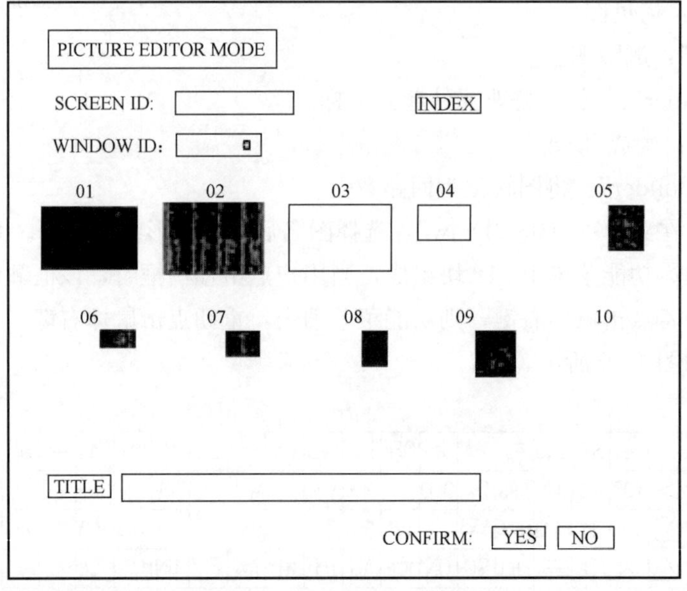

图 1-71　图形编辑菜单界面

PICEDT MENU　　SCREEN ID: ****

LINE	ARROW	RECT	ARC	CIRCLE	TEXT		PATERN	DRUM	HOPPER	TANK	POINT	GUAGE	BAR	LOPPLT	MENU	PB	TREND
SOUKAN	CURVE	FRAME	SCRBAR	KENTEI	RADAR				PLINK	COPY	MOVE	FRESH	HITFIG	PTNLST	WMOVE	ICON	END

Graphics

Name	Function	Name	Function
LINE	Straightline, polygon	TREND	Trend
ARROW	Arrow	SOUKAN	Correlation diagram
RECT	Rectangie	CURVE	Curved line
ARC	Arc	FRAME	Frame
CIRCLE	Circie	SCRBAR	Scroll bar
TEXT	Alphsnumeric characters	KENTEI	Synchronous tester
PATERN	Pattern	RADAR	Radar chart
DRUM	Drum	BAR	Bar graph
HOPPER	Hopper	LOPPLT	Loop plate
TANK	Tank	MENU	Touch target
POINT	Point	PB	Push button
GAUGE	Gauge		

Name	Function
COPY	Copying graphics whose area is specified
MOVE	Moving guaphics whose area is specified
FRESH	Redisplaying screen
HITFIG	Selecting graphics to be modified
PTNLST	Listing patterns
W-MOVE	Moving corresponding window
ICON	Changing corresponding window to icon
EXIT	Terminating input of graphics
DELETE	Deleting graphics whose area is specified

图 1-72　PICTURE EDIT 编辑界面

窗口输入画面 ID 或从索引菜单中选择拷贝源画面，在 TO 拷贝目的窗口输入需生成的新画面 ID 号（不能与索引清单中的画面 ID 号重复），确认正确后点“YES”进行画面拷贝，点“NO”返回工作菜单。如图 1-73 所示。

（4）环境定义。环境定义是指使用“COLDEF”、“FNTDEF”、“WNDDEF”三个功能对画面组态时使用的颜色、字体、窗口属性进行定义。用户可根据需要选择使用预先定义好的颜色、字体等。

（三）回路编辑器（LOOP EDIT）

1. 工作菜单

在 OPS8 的工程方式下点击“Loop Editor”进入回路编辑画面，工作菜单如图1-74所示。

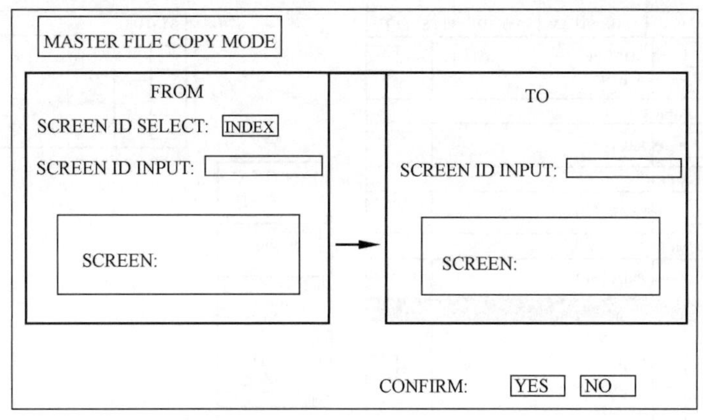

图 1-73　FROM-TO 界面

2. 常用菜单介绍

(1) LOOP DEFINE。点击“LOPDEF”，进入界面如图 1-75 所示。

输入回路盘的 TAG No. 或从 INDEX 中选择需修改的回路盘，点“YES”进入回路盘编辑画面，如图 1-76 所示（以模拟量回路盘为例）。

回路盘一般由 10 个区域组成，由于显示或操作部分不尽相同，所以各个回路盘的定义模式也不相同，在此不做一一说明。

(2) LOOP COPY。点击“LOPCOP”，出现回路拷贝窗口。在 FROM（拷贝源）窗口输入画面 TAG No. 或从索引菜单中选择拷贝源，在 TO 拷贝目的窗口输入需生成的新回路盘 TAG No.（不能与索引清单中的 TAG No. 重复），确认正确后点“YES”进行拷贝，点“NO”返回工作菜单。如图 1-77 所示。

图 1-74　回路盘编辑器主菜单图

(3) IMAGE FILE CREATE。回路盘编辑工作结束后，必须生成图像文件方可使用，

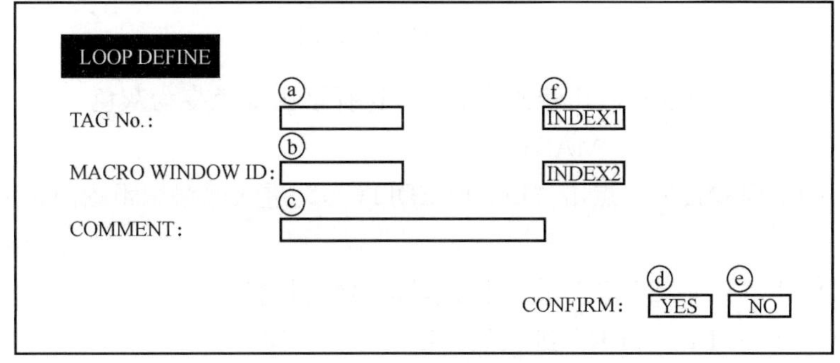

图 1-75　回路盘定义窗口

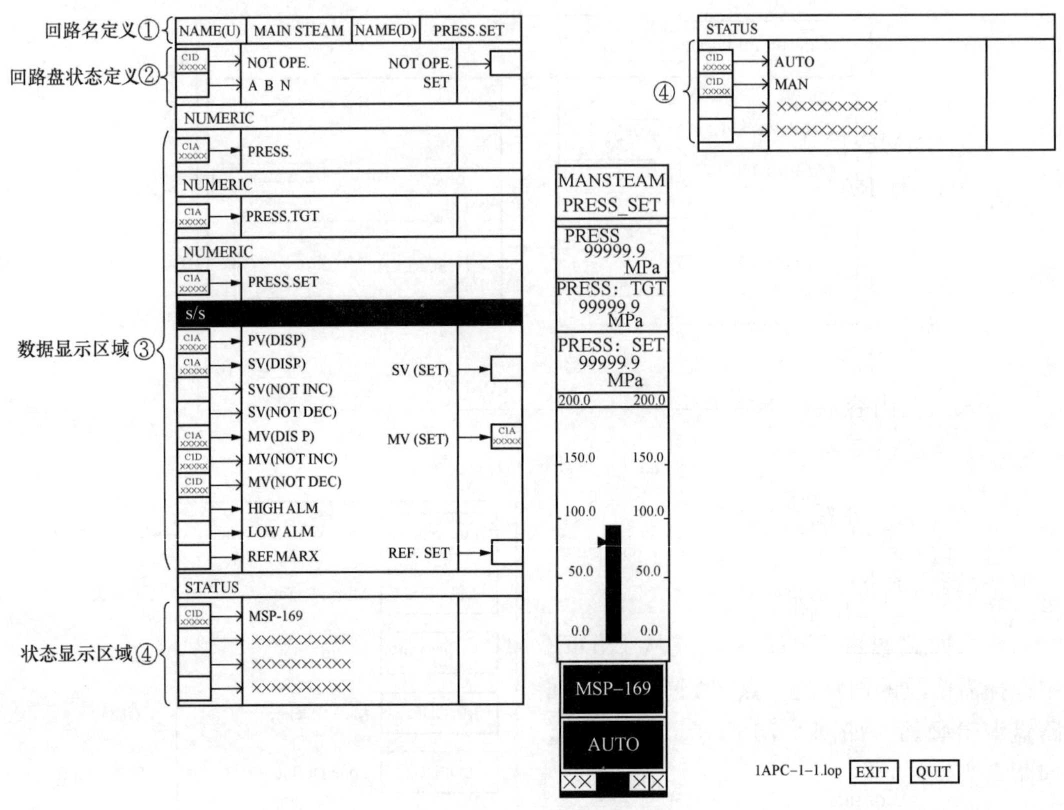

图 1-76　回路盘定义图

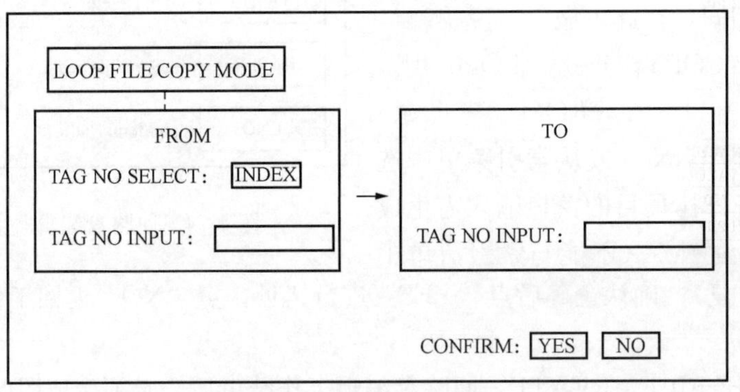

图 1-77　回路盘拷贝窗口

点击“IMGFIL”后开始生成，几秒钟后结束，选择框由绿色变为灰色。

（四）数据库编辑器（I/O MASTER）

在 OPS8 的工程方式下，点击“LOOP EDITON”进入回路编辑画面，工作菜单如图 1-78 所示。

点击“ANALOG MASTER”进入模拟量信号编辑窗口。

点击“DIGITAL MASTER”进入数字量信号编辑窗口。

点击“MASTER DUMP”进行数据打印。

1. ANALOG MASTER

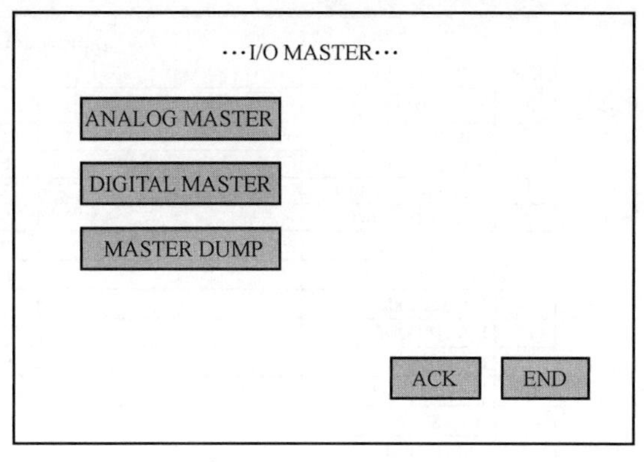

图 1-78 I/O MASTER 主界面

在模拟量信号编辑窗口中，输入 PID No.，再定义以下内容：① TAG No.；② NAME 信号名称；③ UNIT 工程单位；④ RANGE HIGH 量程高限；⑤ RANGE LOW 量程低限；⑥ FORMST 信号显示位数；⑦ FORMST（DECIMAL）小数位数。如图 1-79 所示。

输入以上内容后，点击“REG”＋“YES”，完成信号的登录存储工作。

按下键盘的“ESC”键，可以在“CHR”（写模式）和“TCH”（鼠标点击模式）之间进行转换；输入工程单位时，需点击“HELP”，然后在模板中进行选择；NPID 与 BPID 分别表示下一个和上一个 PID 号。

* ANALOG MASTER *

PIN No.

No.	DATA	INPUT DATA	No.	DATA	INPUT DATA
1	TAG NO		25	DATA SET PID	
2	NAME		26	ALM DEAD BAND	
3	TYPE		27	POPUP MENU	
4	UNIT		28	MESSAGE	
5	RANGE HIGH		29		
6	RANGE LOW		30		
7	FORMST		31		
8	FORMST (DECIMAL)		32		
9	PV UR PID		33		
10	PV OR PID		34		
11	PV L PID		35		
12	PV H PID		36		
13	PV L SET PID		37		
14	PV H SET PID		38		
15	PV L VALUE		39		
16	PV H VALUE		40		
17	PV LL PID		41		
18	PV HH PID		42		
19	PV LL SET PID		43		
20	PV HH SET PID		44		
21	PV LL VALUE		45		
22	PV HH VALUE		46		
23	ALM CANCEL PID		47		
24	SCN CANCEL PID		48		

REG DEL COPY HELP NPID BPID MODE TCH CHR

INFRM CONF YES NO END

图 1-79 模拟量信号登录界面

2. DIGITAL MASTER

在数字量信号编辑窗口中，输入 PID No.，再定义以下内容：①TAG No.；② NAME 信号名称。如图 1-80 所示。若该信号在 OPS 上进行报警显示，需定义第⑧项 EVENT CODE 为 2（黄色报警）或 3（红色报警），第⑨项 EVENT SUB CODE 为 0；若该信号为 SOE 信号，则定义第⑧和第⑨项分别为 9、1；若需该信号在 OPS 上以事件形式

* DIGITAL MASTER *					
PIDNo.					
No.	DATA	INPUT DATA	No.	DATA	INPUT DATA
1	TAG NO		25		
2	NAME		26		
3	ALM CANCEL PID		27		
4	EVEXT OFF DATA		28		
5	EVEXT ON DATA		29		
6	SCN CANCEL PID		30		
7	DATASET PID		31		
8	EVENT CODE		32		
9	EVENT SUB CODE		33		
10	POPUP MENU		34		
11	ALM SET PID		35		
12	ALM PV PID		36		
13	MESSAGE		37		
14	ALARM LABEL		38		
15	ALARM INIT VAL		39		
16	EVENT TRACE CODE		40		
17			41		
18			42		
19			43		
20			44		
21			45		
22			46		
23			47		
24			48		

REG　DEL　COPY　HELP　NPID　BPID　MODE TCH CHR

INFRM　PID IS REGISTED　CONF　YES　NO　END

图 1-80　数字量信号登录界面

进行记录，需定义第⑧项为 1，第 16 项 EVENT TRACE CODE 为 2。

输入以上内容后，点击“REG”＋“YES”，完成信号的登录存储工作。

标准计算元件和各控制站系站定义见表 1-41 和表 1-42。

表 1-41　　**标准计算元件**

编号	标识符	元件名	图形符号	编号	标识符	元件名	图形符号
1	AND	与	输入1 输入2 输入i	6	HSL	高值选择器	输入1 输入2 输入i $>H$
2	OR	或	输入1 输入2 输入i	7	SUM	加法器	输入2 输入1 Σ
3	NOT	非		8	DLT	减法器	输入2 输入1 Δ
4	T	模拟量 转换开关	输入1 开关 T 输入2	9	DIV	除法器	输入2 输入1 ÷
5	ROT	平方根	$\sqrt{\ }$	10	XOR	异或	输入2 输入1 XOR

续表

编号	标识符	元件名	图形符号	编号	标识符	元件名	图形符号
11	SSR	RS 触发器（置位优先）	复位 置位 ⓈR	23	HLM	高低值监视器	H/L
12	MUL	乘法器	输入2 输入1 ×	24	DHL	偏差上下限监视器	输入2 输入1 ΔH/L
13	SW	开关量切换开关	输入1 开关 SW 输入2	25	RMP	斜率发生器	斜率 V≯ 跟踪开关
14	LSL	低值选择器	输入1 输入2 输入i <L	26	ZER	零输出	0%
15	P	比例运算器	P	27	INF	最大输出	∞
16	D	微分器	复位 D	28	SG	信号发生器	SG
17	LMT	高低值限制器	≯≮	29	TDW	延时清除	
18	OND	延时接通继电器		30	OLD	前期保持器（开关量）	OLD
19	LAG	一阶滞后	跟踪开关 LAG	31	DLY	时延发生器	e^{-ls}
20	OFD	延时断开继电器		32	ON	接通输出	ON
21	ABS	绝对值	ABS	33	OFF	断开输出	OFF
22	LLG	一阶超前/滞后	跟踪开关 LLG	34	DB	死区	

续表

编号	标识符	元件名	图形符号	编号	标识符	元件名	图形符号
35	SDL	前期保持器（模拟量）	e^{-s}	47	TRD	带斜率限制器的偏差型转换开关	输入1 频率 1 开关 T_{RD} 输入2 频率 2
36	Ft	时间函数发生器	Ft	48	FLC	闪光继电器	
37	MN	N 取 M	输入1 输入2 输入i M/N	49	PIV	带限幅的 PI 调节器	跟踪值 低限值 >PI< 跟踪开关 高限值
38	RHL	变化率监视器	RH/L	50	MAV	移动平均	MAV
39	SRR	RS 触发器（复位优先）	复位 置位 S Ⓡ	51	TRF	带斜率限制器的模拟量转换开关	输入1 开关 T_{RF} 输入2
40	AM	模拟量存储器	增指令 跟踪开关 AM 减指令 跟踪值	52	LAV	带给定时间常数的一阶滞后	时间常数 LAG_V 跟踪开关
41	MED	中值选择器	输入2 输入1 MED 输入3	53	DT	输出计算周期	Δt
42	RLT	双斜率发生器	斜率 1 斜率 2 V≯2 跟踪开关	54	NEG	负向输出	+/−
43	TR	带斜率限制器的模拟量转换开关	输入1 频率 1 开关 T_R 输入2 频率 2	55	TON	上升沿触发器	
44	PI	比例积分调节器	跟踪值 PI 跟踪开关	56	TOF	下降沿触发器	
45	Fx	折线函数	F_X	57	DA	数—模转数	D/A
46	ADD	多输入加法器	输入1 输入2 输入i +	58	NLA	空模拟量	→A

续表

编号	标识符	元件名	图形符号
59	NLD	空开关量	→D
60	LIN	线性转换器	LIN
61	ONV	可变时间的延时接通继电器	时间常数 V
62	HLH	带滞环的高低值监视器	
63	LAS	带开关的 LA	开关 LA_S
64	LDS	带开关的 LD	开关 LD_S
65	LAR	编号点参数型 LA 输入	LA→
66	LDR	编号点参数型 LD 输入	LD→
67	LAW	编号点参数型 LA 输出	→LA
68	LDW	编号点参数型 LD 输出	→LD
69	THA	通过模拟量	—
70	THD	通过开关量	—
71	PWR	幂函数	输入1 输入2 a^b
72	HPT	由压力、温度计算焓值	输入1 输入2 HPT
73	TPH	由压力、焓计算温度	输入1 输入2 TPH

表 1-42　各控制站系统定义

控制站	ID No.		GW No.	标示符		LA、LD 分配	
	A	B		LA	LD	LA（各 50 点）	LD（各 384 点）
CCS1	21	22	21	C1A	C1D	11 001～11 050	16 193～16 576
CCS2	23	24	22	C2A	C2D	11 051～11 100	16 577～16 960
DEH	25	26	23	DEA	DED	11 101～11 150	16 961～17 344
A-BFPT-DEH	27	28	24	EAA	EAD	11 151～11 200	17 345～17 728
B-BFPT-DEH	29	2A	25	EBA	EBD	11 201～11 250	17 729～18 112
BMS-1	2B	2C	26	M1A	M1D	11 251～11 300	18 113～18 496
BMS-2	2D	2E	27	M2A	M2D	11 301～11 350	18 497～18 880
SCS-1	2F	30	28	S1A	S1D	11 351～11 400	18 881～19 264
SCS-2	31	32	29	S2A	S2D	11 401～11 450	19 265～19 648
SCS-3	33	34	2A	S3A	S3D	11 451～11 500	19 649～20 032
SCS-4	35	36	2B	S4A	S4D	11 501～11 550	20 033～20 416
DAS-I/O-1	37	38	2C	R1A	R1D	11 551～11 851	20 417～20 800
DAS-I/O-2	39	3A	2D	R2A	R2D	11 851～12 150	20 801～21 184
SBC	3B	3C	2E	SBA	SBD	12 151～12 200	21 185～21 568
COMMON	3D	3E	2F	CMA	CMD	12 201～12 250	21 569～21 952
GWC-U	3F	40	31	G1A	G1D	12 251～12 300	21 953～22 336
GWC-C	41	42	（1U）32/33（2U）	G2A	G2D	12 301～12 350	22 337～22 720

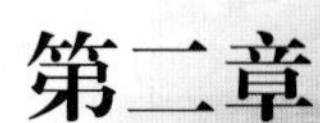

第二章

机 炉 保 护 系 统

第一节 机 炉 电 大 联 锁

随着机组容量的扩大，机、炉、电在生产中组成一个有机的整体，加之有大量复杂的控制系统及装置，其相互间的关系又非常密切，当其中某些环节发生故障后，将会影响整个机组的安全运行，严重的故障可能导致机组停机，甚至危及设备和人身安全。

下面以某电厂350MW机组（1、2号机组）和300MW机组（3、4号机组）为例，对机炉电大联锁进行说明。

机炉电大联锁保护的作用就是将炉、机、电通过一定的方式联系起来，无论哪一部分出现故障，其他部分都会根据预先设定的联锁关系自动做出相应的反应。

一、350MW机组

（一）概况

某电厂350MW机组的机炉电大联锁可以简单概括为炉跳机、机跳电、电跳机、带厂用电5%机组快速切除负荷试验（FCB）机炉运行、FCB失败跳炉五种，如图2-1所示。

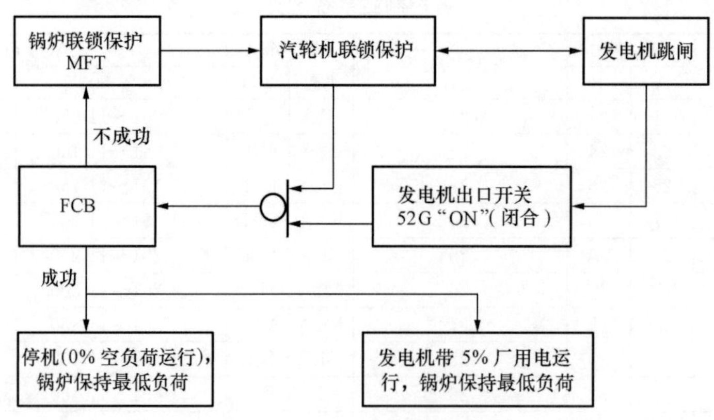

图2-1　机炉电大联锁关系图

（二）说明

（1）锅炉跳闸联锁汽轮机跳闸。当锅炉侧故障引起锅炉主燃料跳闸时，联锁汽轮机跳闸、发电机跳闸。

（2）汽轮机和发电机互为联锁。如果汽轮机侧故障，联锁发电机跳闸；如果发电机故障跳闸，不能维持运行，立即联锁汽轮机跳闸；锅炉可以维持最低稳燃负荷运行。

（3）带厂用电 5%FCB 机炉运行。当电网发生故障迫使开关 52G 跳闸时，机组从电网解列，此时 6kV 厂用变压器与发电机连通，发电机带 5%厂用电单独运行方式；故障处理后，机组能够立即并网运行。

（4）FCB 失败跳炉。在机组发生 FCB 工况后，如果锅炉侧调节系统不能维持最低稳燃负荷运行，则 FCB 失败，联锁锅炉跳闸。

二、300MW 机组

（一）概况

某电厂 300MW 机组的机炉电大联锁原设计思想可简单归纳为：“炉跳机，机跳电，电跳机，机跳炉”。自从进行“停炉不停机”技改后，修改了有关炉跳机的逻辑部分，简单归纳为：“炉有条件地联跳汽轮机，机跳电，电跳机，机跳炉”。如图 2-2 所示。

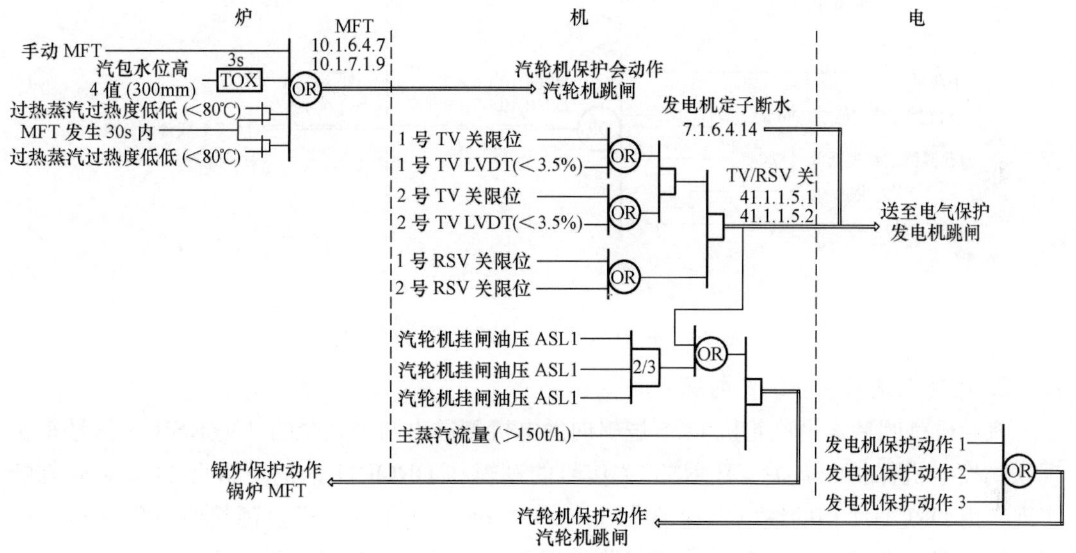

图 2-2　机炉电大联锁逻辑示意图

（二）说明

1. 锅炉 MFT 后有条件地联跳汽轮机

“停炉不停机”技改前，锅炉 MFT 信号接入汽轮机紧急跳闸（ETS）系统作为机组停炉停机联锁保护，逻辑设计为锅炉跳闸后汽轮机立即跳闸，发电机与电网解列。如图 2-3 所示。

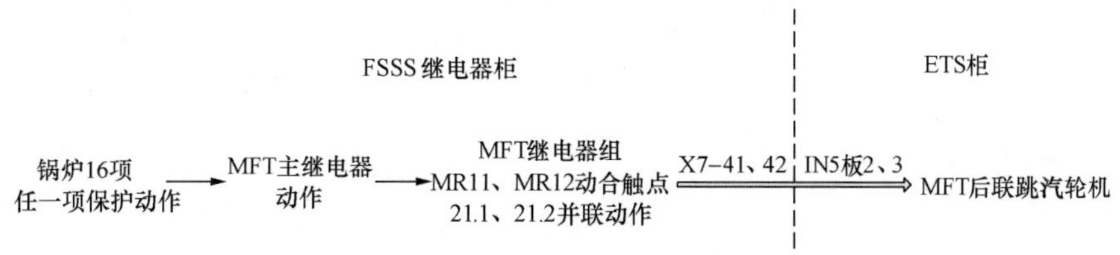

图 2-3　MFT 后联跳汽轮机的原逻辑图

为了减少因煤质差造成锅炉燃烧不稳 MFT 或其他可立即恢复的停炉条件 MFT 引发的汽轮机和发电机的非停次数，对机组实施了“停炉不停机”的技术改造，以实现锅炉自动MFT后仍先利用锅炉蓄热保持汽轮机运行；增加了锅炉MFT后快速减负荷RB的逻辑功能，以保证锅炉灭火后快速降负荷时汽压和汽温的稳定；并在炉膛强制吹扫后快速点火，从而以最短的时间恢复机组的正常运行。

"停炉不停机功能"是将原锅炉16项MFT主保护至ETS的跳闸条件修改为手动MFT、汽包水位高4值（+300mm）、MFT发生30s内过热蒸汽过热度低低和再热蒸汽过热度低低这四个条件。在DROP10.4.800逻辑页中经或逻辑判断，由DROP10柜的继电器通道10.1.6.4.7和10.1.7.1.9并联后通过硬接线送至ETS内输入卡IN5板的2、3端子，以ETS系统可编程逻辑控制器（PLC）内的硬触点输入%1：00065参与汽轮机跳闸保护逻辑判断，作为锅炉MFT后联跳汽轮机的条件。即上述四个条件有任意一个满足可跳闸汽轮机。如图2-4所示。

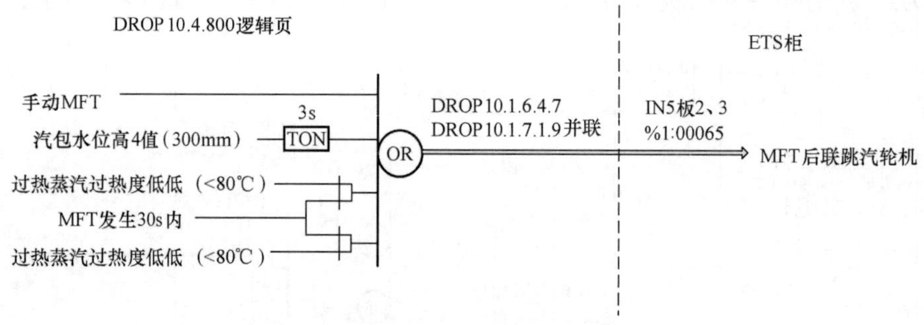

图2-4　停炉不停机改造后的现行逻辑图

2. 汽轮机跳闸后联跳发电机

汽轮机跳闸后，由汽轮机DCS逻辑向发电机侧送出两个冗余的TV/RSV关信号来实现联跳发电机保护。有关TV/RSV关信号的逻辑在DROP41内的逻辑页41.5.100判断实现，由DROP41柜的继电器通道41.1.1.5.1和41.1.1.5.2通过硬接线分别送至发电机保护柜侧A柜和B柜，作为汽轮机跳闸后联跳发电机的条件。即左右侧高压主汽阀都关闭，并且左右侧中压主汽阀有任一个关闭时就会发出TV/RSV关信号，从而联跳发电机。如图2-5所示。

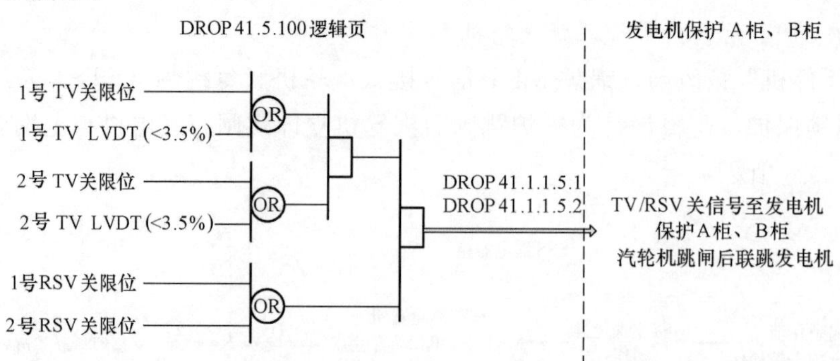

图2-5　汽轮机跳闸后联跳发电机的现行逻辑图

除了上述TV/RSV关信号实现汽轮机联跳发电机功能外，从机侧DCS还送出一个"发电机定子断水"信号作为发电机侧的保护动作信号。该信号由定子冷却水进出口三个差压信号经

三取二判断逻辑发出，以监测发电机定子冷却水系统是否正常运行。如图 2-6 所示。

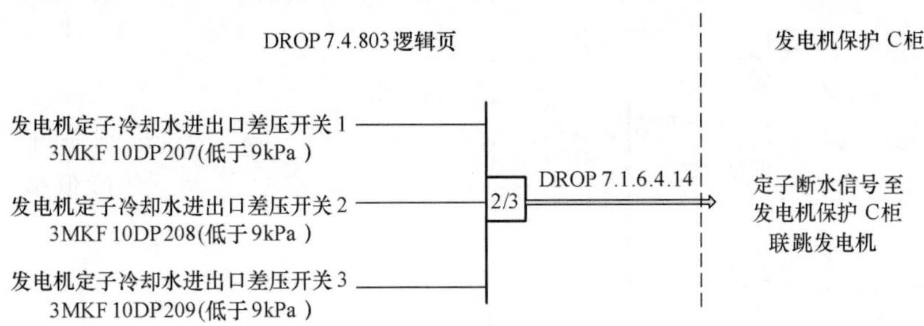

图 2-6 汽轮机侧定子冷却水断水信号联跳发电机逻辑图

3. 发电机跳闸后联跳汽轮机

自发电机保护 A、B、C 柜侧送出三个发电机保护动作信号至 ETS 柜，即“发电机保护动作 1”、“发电机保护动作 2”、“发电机保护动作 3”。其中“发电机保护动作 1”和“发电机保护动作 2”两项保护为冗余配置，当发电机差动、定子匝间、定子接地、发电机过电压、发电机失磁、发电机逆功率、不对称过负荷、对称过负荷、低频、转子一点接地、励磁系统过负荷、发电机负压过流、发电机—变压器变组差动、主变压器差动、主变压器零序过流、发电机复压过流、高压厂用变压器复压过流、高压厂用变压器差动、高压厂用变压器 A 分支零序过流、高压厂用变压器 B 分支零序过流、励磁变差动、励磁变压器过流情况发生时信号置 1；“发电机保护动作 3”则是当主变压器绕组温度跳闸、厂用变压器绕组温度跳闸、发电机断水三种情况发生时信号置 1。这三个发电机保护动作信号通过电气侧硬接线分别送至 ETS 内输入卡 IN5 板的 8、9 端子，IN5 板的 12、13 端子，IN1 板的 24、25 端子，以 ETS 系统 PLC 内的硬触点输入%1：00068、%1：00070、%1：00012 参与汽轮机跳闸保护逻辑判断，作为发电机保护动作后联跳汽轮机的条件。即上述三个发电机保护任一动作，ETS 汽轮机保护系统动作，汽轮机跳闸。如图 2-7 所示。

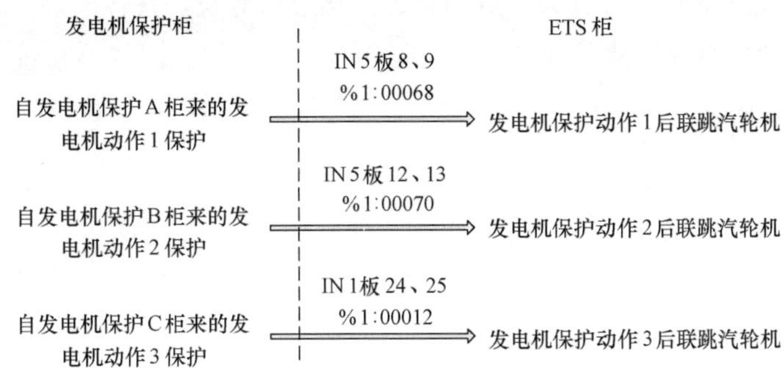

图 2-7 发电机跳闸后联跳汽轮机逻辑图

4. 汽轮机跳闸后联跳锅炉

在主蒸汽流量大于 150t/h 的情况下，三个汽轮机挂闸油压开关有任意两个低于 7.0MPa 或 TV/RSV 关信号有任一条件满足即发出“汽轮机跳闸”保护信号。该逻辑在 DROP10 逻辑页 10.4.015 中实现，由站间软连接将“汽轮机跳闸”保护信号送至 DROP10 的逻辑页 10.4.016 中经锅炉跳闸 MFT“或”逻辑判断后联跳锅炉。如图 2-8 所示。

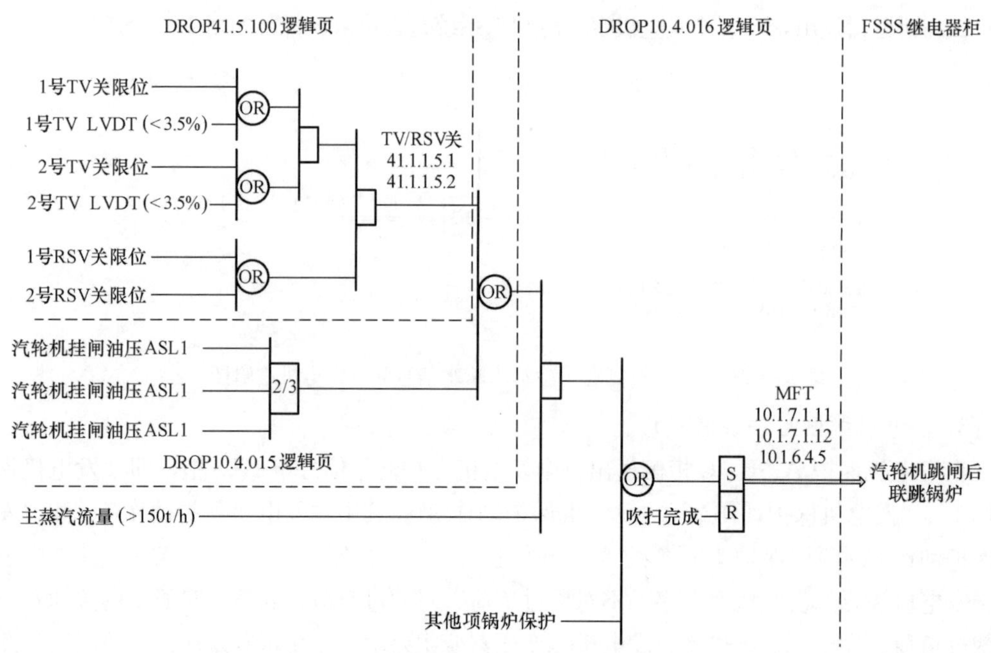

图 2-8 汽轮机跳闸后联跳锅炉逻辑图

第二节 锅炉保护系统

锅炉保护系统主要包括主燃料跳闸 MFT 和炉膛安全监控系统 FSSS 两部分功能。MFT 保护是当锅炉设备发生重大故障、汽轮机由于某种原因跳闸或厂用电母线发生故障时，保护系统立即切断供给锅炉的全部燃料，实现紧急停炉。FSSS 保护是当锅炉启动、点火、运行或工况突变时，对有关参数和状态变化进行监视，并在停炉后点火前进行炉膛吹扫，防止锅炉或燃烧系统煤粉爆燃。

一、350MW 机组

(一) 设备组成与功能

锅炉保护系统由继电器硬接线搭接而成，独立于 DCS 完成锅炉保护功能。它由就地检测设备、其他系统输入信号，B-PRO 控制柜，输出信号、燃油跳闸阀等就地设备三部分组成。如图 2-9 所示。

(1) 锅炉保护柜输入信号及就地监测设备。锅炉保护柜输入信号包括来自 DCS 中

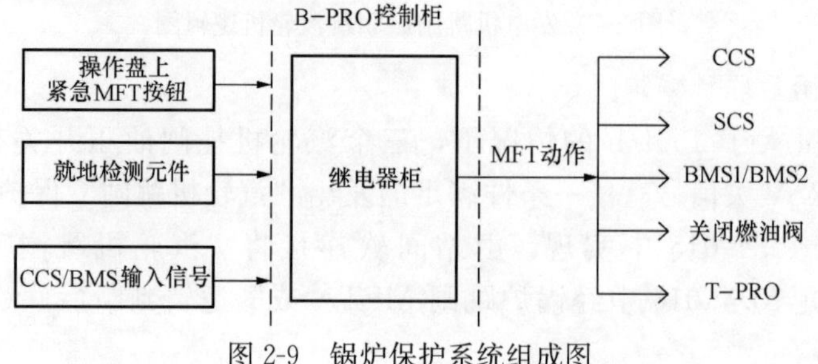

图 2-9 锅炉保护系统组成图

CCS、BMS1、BMS2 的联锁信号，以及主要辅机设备电动机的开关状态信号；就地监测设备主要包括压力开关、变送器、热电偶。如表 2-1 所示。

表 2-1　　锅炉保护就地检测设备清单

编号	量程	设定值	安装位置	用途
1PS-70602A	0～10kPa	2.941kPa	1BLP-509	炉膛通风压力高高
1PS-70602B	0～10kPa	2.942kPa	1BLP-509	炉膛通风压力高高
1PS-70602C	0～10kPa	2.943kPa	1BLP-509	炉膛通风压力高高
1PS-70603A	−20～0kPa	−5.883kPa	1BLP-508	炉膛通风压力低低
1PS-70603B	−20～0kPa	−5.883kPa	1BLP-508	炉膛通风压力低低
1PS-70603C	−20～0kPa	−5.883kPa	1BLP-508	炉膛通风压力低低
1PS-02802A	0～1MPa	0.25MPa	1BLP-107	轻油雾化蒸汽低低
1PS-02802B	0～1MPa	0.25MPa	1BLP-107	轻油雾化蒸汽低低
1PS-02802C	0～1MPa	0.25MPa	1BLP-107	轻油雾化蒸汽低低
1PS-02401A	0～1.5MPa	0.2MPa	1BLP-103	轻油压力低低
1PS-02401B	0～1.5MPa	0.2MPa	1BLP-103	轻油压力低低
1PS-02401C	0～1.5MPa	0.2MPa	1BLP-103	轻油压力低低
1PS-00101A	0～35MPa	21.2MPa	1BLP-505	汽包压力高高
1PS-00101B	0～35MPa	21.2MPa	1BLP-505	汽包压力高高
1PS-00101C	0～35MPa	21.2MPa	1BLP-505	汽包压力高高
1PDT00101A	57kPa		1BLP-102	炉水泵差压低低
1PDT00101B	57kPa		1BLP-102	炉水泵差压低低
1PDT00101C	57kPa		1BLP-102	炉水泵差压低低

（2）锅炉保护控制柜。锅炉保护柜接受相关系统和就地设备的输入信号，内部均由常规继电器形成控制逻辑，形成 MFT 信号或其他控制信号输出到相关系统或设备。

（3）输出信号及就地执行设备。锅炉保护系统形成的 MFT 信号需要通过硬接线输出到其他 DCS 内部系统（如 CCS、BMS1、BMS2、SCS），通过这些系统联动一些相关设备。锅炉保护系统唯一的就地设备是燃油快关阀。

（二）控制系统工作原理

1. 锅炉保护系统的动作原理

锅炉保护系统共设有 17 项主保护。就地检测设备和其他系统的输入信号在锅炉保护柜内形成控制逻辑，再从锅炉保护柜内发出 MFT 指令，其他系统或设备进行执行。

2. MFT 发生后的联动范围

当锅炉出现 17 项保护任一种情况时，立即发出 MFT 信号。如表 2-2 所示。

表2-2　　锅炉主燃料跳闸MFT联动相关设备清单

序号	所属系统	输入点号	具体图号	设备名称	状态
1	SCS-2	DI35	APDV-F341B	A一次风机	联锁停
2	SCS-2	DI35	BPDV-F342B	B一次风机	联锁停
3	SCS-4	DI35	FWD1-H454B	过热器喷水总电动阀（MV-02106）	保护关
4	SCS-4	DI35	FWD2-H455B	再热器喷水关断阀（XV-00601）	保护关
5	SCS-4	DI35	BFPR-H601A	A汽动给水泵	跳闸
6	SCS-4	DI35	BFPR-H602A	B汽动给水泵	跳闸
7	CCS-1	DI34	TBC-TBC11	高压旁路调节汽阀（CV-00301）	保护关
8	CCS-1	DI34	TBC-TBC11	低压旁路调节汽阀（CV-00501）	保护关
9	CCS-1	DI34	ACC-ACC13	A磨煤机一次风调节挡板（CD-07303A）	保护关
10	CCS-1	DI34	ACC-ACC23	B磨煤机一次风调节挡板（CD-07303B）	保护关
11	CCS-1	DI34	ACC-ACC33	C磨煤机一次风调节挡板（CD-07303C）	保护关
12	CCS-1	DI34	ACC-ACC43	D磨煤机一次风调节挡板（CD-07303D）	保护关
13	CCS-2	DI33	DR21-DR2105	燃烧器摆角（CD-07401W1-4）	指令为0
14	BMS-1	DI34	MFT-MFT001	所有油枪	跳闸
15	BMS-2	DI33	D7A1-D7A103	A磨煤机	跳闸
16	BMS-2	DI33	D7A1-D7A106	A-1给煤机	跳闸
17	BMS-2	DI33	D7A1-D7A109	A-2给煤机	跳闸
18	BMS-2	DI33	D7B1-D7B103	B磨煤机	跳闸
19	BMS-2	DI33	D7B1-D7B106	B-1给煤机	跳闸
20	BMS-2	DI33	D7B1-D7B109	B-2给煤机	跳闸
21	BMS-2	DI33	D7C1-D7C103	C磨煤机	跳闸
22	BMS-2	DI33	D7C1-D7C106	C-1给煤机	跳闸
23	BMS-2	DI33	D7C1-D7C109	C-2给煤机	跳闸
24	BMS-2	DI33	D7D1-D7D103	D磨煤机	跳闸
25	BMS-2	DI33	D7D1-D7D106	D-1给煤机	跳闸
26	BMS-2	DI33	D7D1-D7D109	D-2给煤机	跳闸

（三）锅炉保护系统分项保护说明

1. 锅炉手动紧急MFT按钮

当运行人员监视到危险工况，而自动保护系统未动作，根据运行工况需要立即停炉时，可以在控制室操作台（UCD）上按下MFT按钮，MFT保护立即动作。

在操作台有两个MFT跳闸按钮，共引出两组触点，两个信号在操作台（UCD）下用继电器形成“与”门关系，将跳闸信号送至锅炉保护柜TBF2-25和TBF-26端子。

2. 再热器保护

再热器保护的目的是在汽轮机空负荷或低压旁路未打开时（即再热器中无蒸汽流通时），防止因输入锅炉燃料总量超过再热器管道可承受的安全值，而再热器中无蒸汽得不到足够的冷却，使再热器干烧损坏。汽轮机空负荷是指主汽阀、高压调节汽阀、中压调节汽阀任一在全关位置。逻辑图如图2-10所示。

再热器保护分为以下两种情况：

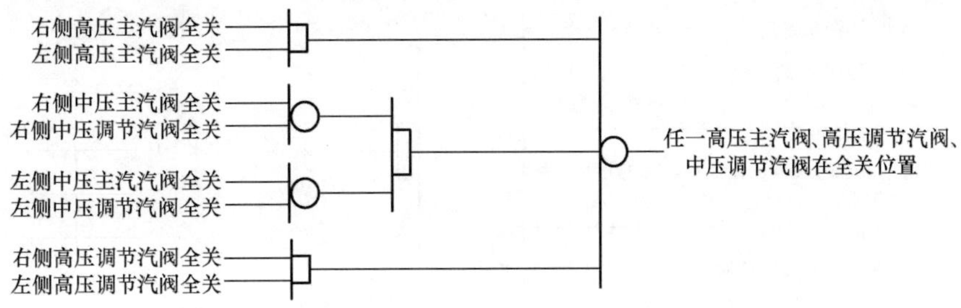

图 2-10 任一高压主汽阀、高压调节汽阀、中压调节汽阀全关位置逻辑示意图

(1) 任一高压主汽阀 (MSV)、高压调节汽阀 (GV)、中压调节汽阀 (ICV) 在全关位置，并且高压旁路控制阀或低压旁路控制阀在全关位置。此时如果燃烧总量大于 20%MCR (CCS1 MS1211)，立即发出再热器保护报警，延时 20s 再热器保护动作。该信号来自 CCS1，逻辑图号为 CCS1 MS1211。

(2) 同上述条件一致，此时如果总燃料量大于 20%MCR，立即发出再热器保护报警，延时 10s 再热器保护动作。该信号来自 CCS1，逻辑图号为 CCS1 MS1211。

逻辑图如图 2-11 所示。

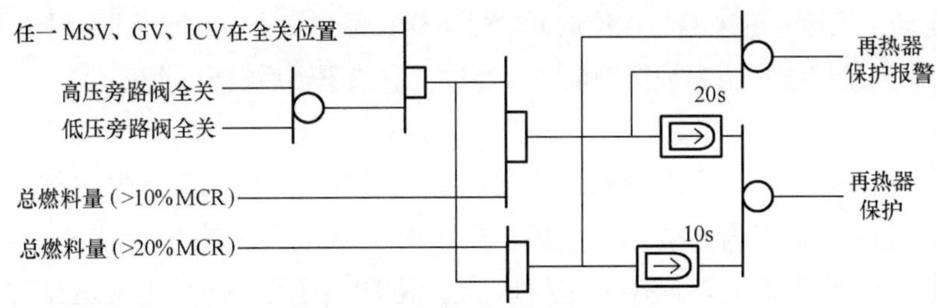

图 2-11 再热器保护逻辑示意图

3. 送风机全停保护

配有两台送风机 (2×50%MCR)，当 A、B 两台风机全部停止时，立即发出 MFT 动作指令。

4. 引风机全停保护

配有两台引风机 (2×50%MCR)，并且每台引风机都有高速和低速两挡，如果两台送风机的高速和低速全部停止，则延时 2s 发出 MFT 动作指令。

5. 炉水循环泵全停/出入口差压低低保护

配有 3 台炉水循环泵进行强制水循环，炉水循环的正常与否，直接影响锅炉的安全运行。该保护通过测量炉水循环泵进、出口差压大小以及炉水循环泵运行与否来反映炉水循环泵正常与否。该逻辑的特点是当炉水循环泵停用或有个别变送器故障时，不会影响保护功能和造成保护误动。逻辑图如图 2-12 所示。

三台炉水循环泵出入口差压变送器位于炉前 0m 1BLP-102 仪表柜内，编号为 1PDT00101A、1PDT00101B、1PDT00101C。变送器将差压信号送至锅炉保护柜，经过 WDY-AA-P 转换块将差压信号送至 DCS 显示，同时经过 2421-S 限幅模块 (小于 57kPa) 形成开关量信号。

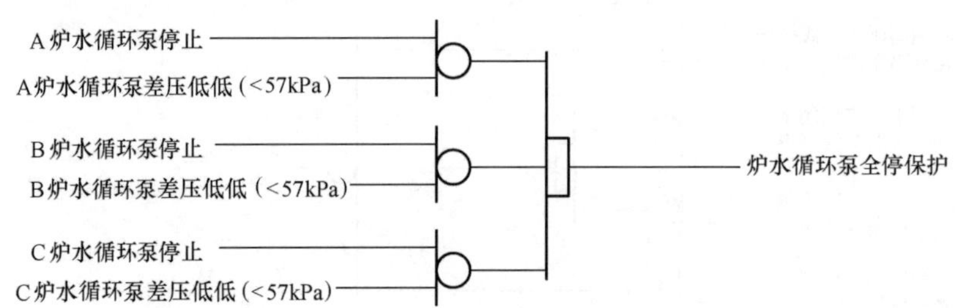

图 2-12　炉水循环泵全停保护逻辑示意图

6. 汽包水位低低保护

汽包水位低于－450mm 时，延时 5s MFT 动作。其延时 5s 的作用是防止水位瞬时波动造成保护误动。三台汽包水位变送器将信号送至 CCS1，在 CCS 逻辑中（图号为 MS1431、MS1432、MS1433）形成汽包水位低低开关量信号，经过 DO（CCS1 2TBU R1 TB2 7、8，9、10，11、12）硬接线送至锅炉保护柜中，经过三取二逻辑后发出 MFT。

7. 汽包水位高高保护

汽包水位高于＋400mm 时，延时 5s MFT 动作。其延时 5s 的作用同样是防止水位瞬时波动造成保护误动。该信号的来源与水位低低信号一样，经过 DO（CCS1 2TBU R1 TB2 19、20，21、22，23、24）硬接线送至锅炉保护柜中，经过三取二逻辑后发出 MFT。

8. 炉膛压力高高保护

当燃烧系统故障或其他原因造成炉膛燃烧不稳定时，炉内局部会发生积聚的燃料突然点燃的情况，此时在炉膛内部会产生正压，严重时会造成灭火或炉墙破坏。锅炉运行时，炉内压力维持在一个定值内，该压力定值取决于锅炉的类型。锅炉正常运行时的炉压力为－98Pa（设计值），当炉膛压力高于 2.941kPa 时，延时 3s MFT 动作。3 只就地压力开关位于锅炉左侧 47m 1BLP-509 仪表柜内，型号为 CL-36 1947 7040 00，送至保护柜内经三取二逻辑后送出。

9. 炉膛压力低低保护

炉膛内部压力过低，会造成炉膛及烟道内爆，破坏炉体结构，当炉内负压低于－5.883kPa时，延时 3s 后 MFT 动作。3 只就地压力开关位于锅炉左侧 47m 1BLP-508 仪表柜内，型号为 CL-36 1947 7040 00，送至保护柜内经三取二逻辑后送出。

10. 全火焰丧失保护

信号来自 BMS1，逻辑图号为 BMS1 AFL001，接送至锅炉保护盘内，触发 MFT。逻辑图如图 2-13 所示。

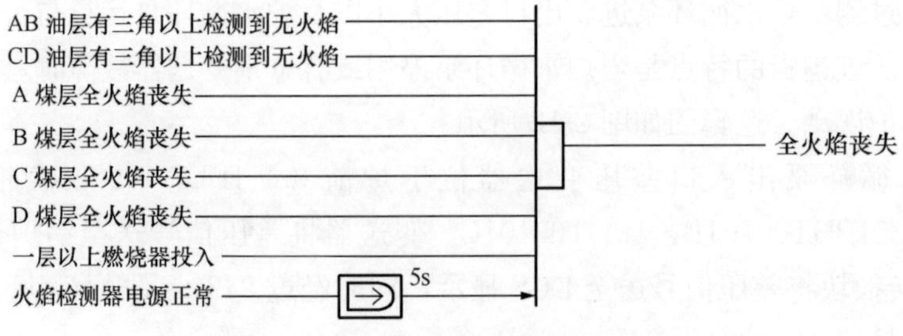

图 2-13　全火焰丧失保护逻辑示意图

11. 所有燃料中断保护

在锅炉正常运行中，如果所有 AB 层和 CD 层轻油角阀全部关闭，信号来自 BMS1，逻辑图号为 BMS1 MON601，以及所有磨煤机停止，信号来自 BMS2，逻辑图号为 BMS2 MON703，则立即发生 MFT。MFT 动作后，该信号自动复位，逻辑图如图 2-14 所示。

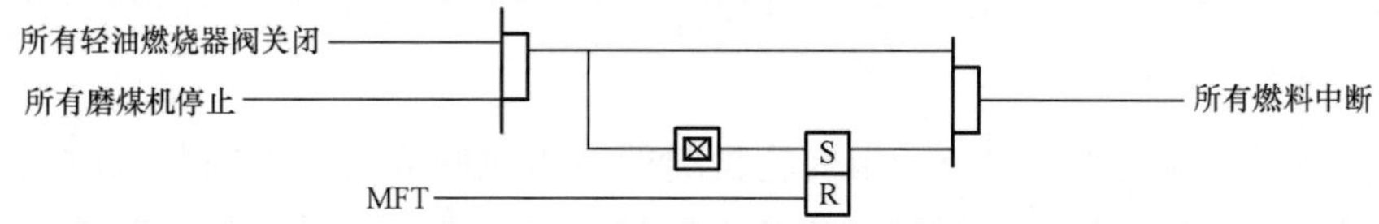

图 2-14 所有燃料中断保护逻辑示意图

12. 燃料供应不稳定保护

该项保护针对只投油枪而所有磨煤机全停时出现供油不稳定而设置，供油不稳定特指轻油压力低低或雾化蒸汽压力低低，逻辑图如图 2-15 所示。

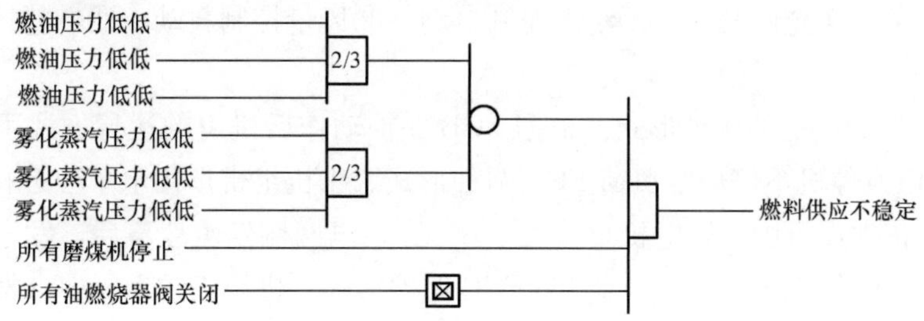

图 2-15 燃料供应不稳定保护逻辑示意图

燃油压力低低变送器位于锅炉 0m 右侧 1BLP-103 仪表柜内，型号为 CQ30-2M3，设定值为 0.2MPa，迁移后为 0.2974MPa；雾化蒸汽压力低低开关位于于锅炉 0m 右侧 1BLP-107 仪表柜内，型号为 CQ30-2M3，设定值为 0.3MPa，迁移后为 0.382MPa。取样管位于锅炉右侧 12m 供油管道上。

13. 汽包压力高高保护

汽包是受压容器，而且工作压力很高，如果超压工作往往会降低金属的使用寿命，也很不安全。如果汽包压力过高，装在锅炉汽包上及过热器等处的安全阀会依次动作，如果汽包压力达到 21.2MPa，会立即发生 MFT，以保证设备和人身安全。该信号由就地压力开关往保护盘经三取二逻辑送出。

汽包压力高高开关位于锅炉右侧 47m 1BLP-505 仪表柜内，型号为 CQ30-2M3，设定值为 21.2MPa，迁移后为 21.3197MPa。

14. BMS 双 CPU 故障

当 BMS-1 或 BMS-2 的双 CPU 发生故障后，立即发生 MFT。BMS-1 双 CPU 故障信号来自 BMS-1 控制柜内 2TB R1 7、8 端子；BMS-2 双 CPU 故障信号来自 BMS-2 控制柜内 2TB R1 7、8 端子。

15. CCS 双 CPU 故障

当 CCS-1 或 CCS-2 的 CPU 发生故障后，立即发生 MFT。CCS-1 双 CPU 故障信号来自 CCS-1 控制柜内 2TB R1 7、8 端子；CCS-2 双 CPU 故障信号来自 CCS-2 控制柜内 2TB

R1 7、8端子。

16. 总风量低于25%MCR

当总送风量低于稳定燃烧所需的最低风量（25%MCR）时，立即发生MFT。该信号来自CCS1，逻辑图号为CCS1 MS1308，从端子CCS1 2TBU R1 TB2 13、14送至锅炉保护柜。

17. FCB失败保护

FCB保护是针对机组正常运行中汽轮机突然发生跳闸或由于电网故障使主变压器开关52G跳开等故障造成机组大幅度甩负荷而锅炉仍可正常运行设置的。保护回路立即发出FCB指令，使锅炉迅速降低出力至最低允许负荷下运行，以便于排除故障后机组能迅速恢复带负荷。如果FCB失败，便立即发生MFT。FCB能够避免事故的进一步扩大。

（1）FCB的许可条件。FCB的许可条件由CCS系统送来，是指是否不允许进行FCB事故处理，反映了其他有关系统在FCB保护动作后是否具备执行FCB指令的能力。必须满足下列三个条件才允许发出：①给水控制自动；②风量控制自动；③燃料控制自动。逻辑图号为CCS1。

（2）FCB保护成功的两种形式。根据FCB保护动作后机组的运行方式可分为带厂用电5%FCB，以及停机不停炉空负荷FCB两种形式。①机组带厂用电单独运行5%FCB保护形式。机组正常运行中（发电机负荷大于30%），电网侧发生故障后，发电机可以带厂用电继续运行。②停机不停炉空负荷0%FCB保护形式。机组正常运行中（发电机负荷大于30%），当汽轮机中压调节汽阀全关，且FCB允许条件成立时，则FCB保护立即动作。其指令送往有关系统，使锅炉快速减负荷并维持在最小允许负荷下继续运行。一旦汽轮机故障消除，锅炉可立即向汽轮机要汽，缩短停机时间。

（3）FCB失败MFT。机组在正常运行中发电机负荷大于30%（逻辑图号为CCS1 MS1308），若发生电网故障使主变压器开关跳开或中压调节汽阀全关，且FCB动作过程中许可条件有任一项不满足，则延时3s后发出FCB失败保护，立即发生MFT。逻辑图如图2-16所示。

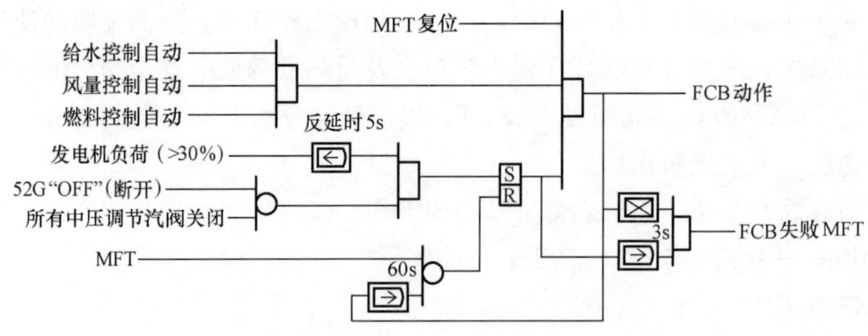

图2-16 FCB失败保护逻辑示意图

二、300MW机组

（一）设备组成与功能

锅炉保护系统由DROP10控制柜、FSSS继电器柜及相应的就地检测元件组成。如图2-17所示。

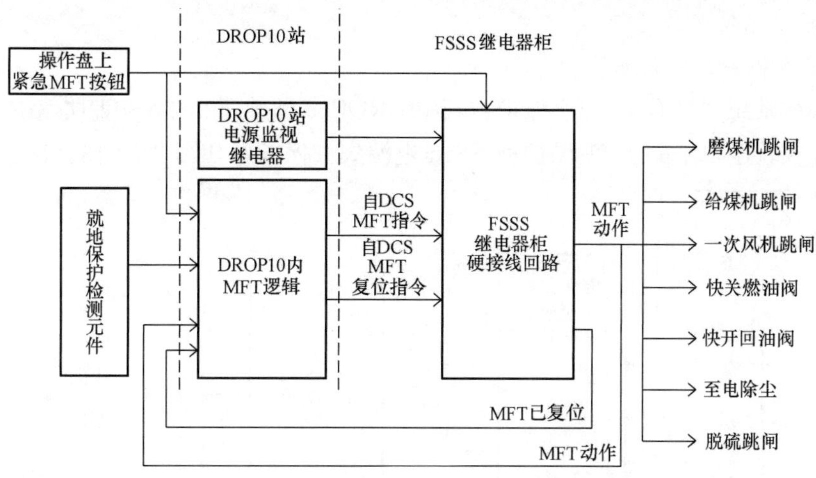

图 2-17 锅炉保护系统组成框图

（1）DROP10 控制柜。DROP10 控制柜作为锅炉保护 MFT 软逻辑判断的实现单元，将 MFT 指令和 MFT 复位指令由 DROP10 的输出卡件通过硬接线送至 FSSS 柜内实现 MFT 及 MFT 复位。

（2）FSSS 继电器柜。FSSS 继电器柜由三个 MFT 判断继电器和一系列 MFT 继电器组及相关的硬接线构成，接收运行操作盘上 MFT 打闸按钮动合触点、DROP10 控制柜内的电源监视继电器“FSSS 电源失去”动合触点以及来自 DROP10 的 MFT 指令及 MFT 复位指令，通过硬件回路实现锅炉 MFT 动作和 MFT 复位，以及一次风机、磨煤机、给煤机、电除尘、脱硫系统的跳闸功能。

（3）就地检测元件。锅炉保护就地检测元件清单如表 2-3 所示。

表 2-3　　锅炉保护就地检测元件清单

编号	设定值	安装位置	用途
3HAX10DP201	2kPa	炉 12m 后 3CXP10	炉膛与火焰检测冷却风差压 A 低低开关
3HAX10DP202	2kPa	炉 12m 后 3CXP10	炉膛与火焰检测冷却风差压 B 低低开关
3HAX10DP203	2kPa	炉 12m 后 3CXP10	炉膛与火焰检测冷却风差压 C 低低开关
3HAD10CP201	−2.54kPa	炉 54m 左 3CXP64	炉膛通风压力低低（左）A 开关
3HAD10CP202	−2.54kPa	炉 54m 左 3CXP64	炉膛通风压力低低（左）B 开关
3HAD20CP201	−2.54kPa	炉 54m 右 3CXP65	炉膛通风压力低低（右）C 开关
3HAD20CP202	+3.3kPa	炉 54m 右 3CXP65	炉膛通风压力高高（右）A 开关
3HAD20CP203	+3.3kPa	炉 54m 右 3CXP65	炉膛通风压力高高（右）B 开关
3HAD10CP204	+3.3kPa	炉 54m 左 3CXP64	炉膛通风压力高高（左）C 开关
3HLA40DP001	—	炉 12.5m 左 3CXP16	左侧二次风总风流量差压变送器
3HLA50DP002	—	炉 12.5m 右 3CXP17	右侧二次风总风流量差压变送器
3HAA00DP001	—	炉 59m 左 3CXP01	汽包水位变送器 1
3HAA00DP002	—	炉 59m 左 3CXP01	汽包水位变送器 2
3HAA00DP003	—	炉 59m 右 3CXP02	汽包水位变送器 3
3MAX10CP208	7.0MPa	机 12.5 本体 B 柜	汽轮机挂闸油压开关 ASL1
3MAX10CP209	7.0MPa	机 12.5 本体 B 柜	汽轮机挂闸油压开关 ASL2
3MAX10CP210	7.0MPa	机 12.5 本体 B 柜	汽轮机挂闸油压开关 ASL3

（二）控制系统工作原理

1. 锅炉保护系统的动作原理

锅炉保护系统共设有15项主保护。其中DROP10站软逻辑中有14项保护，FSSS继电器柜内实现软逻辑来的14项保护和FSSS电源失去保护。如图2-18所示。

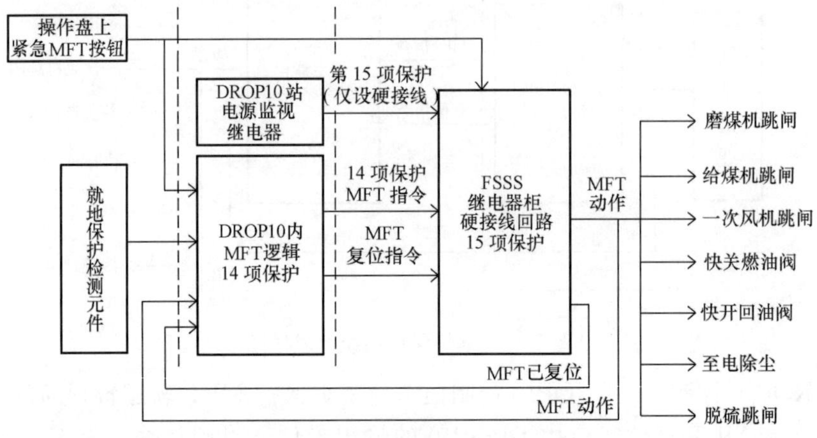

图2-18 锅炉保护系统动作原理框图

DROP10控制柜作为锅炉保护MFT软逻辑判断的实现单元，在控制站中通过逻辑页10.4.016的MFT逻辑完成14项锅炉保护（除FSSS电源失去保护外的14项）“或”逻辑的判断任务，由DROP10的三个继电器输出通道10.1.7.1.11、10.1.7.1.12、10.1.6.4.5通过硬接线送至FSSS柜内的端子排X3-7、8，X3-9、10，X3-11、12；同时软逻辑中接收吹扫完成的信号，在无任何跳闸条件存在时，发出“MFT复位”命令，由DROP10的继电器输出通道10.1.5.3.12通过硬接线送至FSSS柜内的端子排X3-13、14。

FSSS继电器柜通过硬件回路的并联分别触发三个MFT判断继电器，由三个MFT判断继电器动合触点三取二连接后触发MFT继电器组，以完成MFT复位指示及一次风机、磨煤机、给煤机、电除尘、脱硫系统的跳闸功能。另外，FSSS继电器柜还接收来自DROP10软逻辑驱动的MFT复位输出继电器的动断触点，并将该触点串联接入三个MFT判断继电器的自保持回路中，以实现MFT复位功能。如图2-19所示。

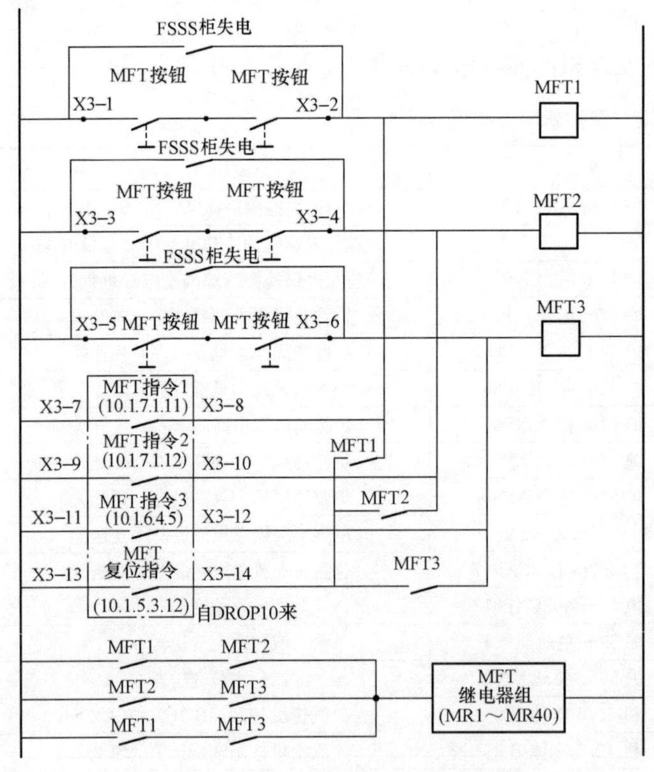

图2-19 FSSS柜内的电路连接示意图

由此可见，MFT跳闸功能采用软硬件相结合的方式，除DROP10软逻辑中完成14项保护功能再输出触点硬接线触发MFT跳闸外，还有两项重要保护是直接由检测元件接至柜内实现的。即MFT手动打闸保护是直接由运行操作盘上的MFT手动打闸按钮动合触点接至回路实现的，FSSS失电保护也是直接由DROP10控制柜内的电源监视继电器动合触点接至回路实现的，以提高保护系统动作的可靠性。

值得注意的是，为确保锅炉保护系统的独立性，防止DCS故障时MFT功能不能发挥机组的正常保护作用，除MFT终端出口设计软硬件冗余外，MFT手动跳闸和FSSS电源失去这两项保护直接在FSSS继电器柜内通过硬件触点动作。即由MFT逻辑判断后输出的三个DO触点与MFT手动跳闸和FSSS电源失去这两项保护的三个触点分别并联后触发三个不同的MFT继电器，从而实现MFT跳闸功能。

2. MFT发生后的联动范围

当锅炉出现15项保护中的任一种情况时，FSSS继电器柜通过并联硬件回路分别触发三个MFT判断继电器，经三个MFT判断继电器的动合触点三取二连接后，触发并联连接的MFT继电器组，共送出以下20个信号：

(1) 由MR1和MR2的动断触点串联后向DROP10.1.4.5.14送出MFT复位信号，供DCS逻辑使用。

(2) 由MR3和MR4动合触点5.1、5.2并联后向电气MCC侧送出A一次风机跳闸信号。

(3) 由MR3和MR4动合触点6.1、6.2并联后向电气MCC侧送出B一次风机跳闸信号。

(4) 由MR3和MR4动合触点7.1、7.2并联后向电气MCC侧送出A磨煤机跳闸信号。

(5) 由MR3和MR4动合触点8.1、8.2并联后向电气MCC侧送出B磨煤机跳闸信号。

(6) 由MR5和MR6动合触点9.1、9.2并联后向电气MCC侧送出C磨煤机跳闸信号。

(7) 由MR11和MR12动断触点22.1、22.2串联后向A1给煤机控制柜TBF2-9、16送出跳闸信号。

(8) 由MR11和MR12动断触点23.1、23.2串联后向A2给煤机控制柜TBF2-9、16送出跳闸信号。

(9) 由MR11和MR12动断触点24.1、24.2串联后向B1给煤机控制柜TBF2-9、16送出跳闸信号。

(10) 由MR13和MR14动断触点25.1、25.2串联后向B2给煤机控制柜TBF2-9、16送出跳闸信号。

(11) 由MR13和MR14动断触点26.1、26.2串联后向C1给煤机控制柜TBF2-9、16送出跳闸信号。

(12) 由MR13和MR14动断触点27.1、27.2串联后向C2给煤机控制柜TBF2-9、16送出跳闸信号。

（13）由MR13和MR14动合触点28.1、28.2并联后向电除尘送出跳闸信号。

（14）由MR15和MR16动合触点28.1、28.2并联后向脱硫系统送出跳闸信号。

（15）由MR33和MR34动合触点66.1、66.2并联后向DCS系统DROP10.1.4.5.13送出MFT信号。

（16）由MR33和MR34动合触点67.1、67.2并联后向DCS系统DROP11.1.3.6.9送出MFT信号。

（17）由MR33和MR34动合触点68.1、68.2并联后向DCS系统DROP12.1.3.6.9送出MFT信号。

（18）由MR37和MR38动合触点73.1、73.2并联后向ACP盘送出MFT信号。

（19）由MR37和MR38动合触点75.1、75.2并联后向燃油回油阀送出强制开信号。

（20）由MR39和MR40动合触点77A、77B并联后向燃油进油阀送出强制关信号。

（三）锅炉保护系统分项保护说明

1. 锅炉手动紧急MFT按钮

在操作台有两个MFT跳闸按钮，共引出四组接线，其中3组直接送往FSSS继电器柜的输入端子X3-1、2，X3-3、4，X3-5、6，接至三个MFT判断继电器的触发回路；另一路送往控制柜DROP10.1.1.4.8，在逻辑页10.4.015和10.4.016中的MFT逻辑完成“或”逻辑的判断任务，由DROP10的三个继电器输出通道10.1.7.1.11、10.1.7.1.12、10.1.6.4.5通过硬接线送至FSSS柜内的端子排X3-7、8，X3-9、10，X3-11、12，触发MFT保护动作，通过硬件回路的并联分别触发三个MFT判断继电器。由三个MFT判断继电器动合触点三取二连接后触发MFT继电器组，实现锅炉MFT。如图2-20所示。

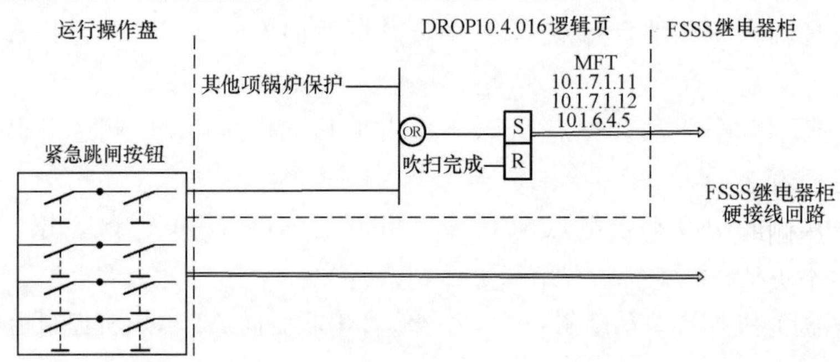

图2-20 手动MFT跳闸保护逻辑示意图

2. 炉膛压力低低保护

炉膛压力过低，会造成炉膛及烟道及烟道内爆，对炉体造成破坏。当布置在锅炉54m处三只压力开关3HAD10CP201（炉左）、3HAD10CP202（炉左）、3HAD20CP201（炉右）任两个压力值低于−2540Pa时，在逻辑页10.4.013经三取二逻辑判断，延时3s在逻辑页10.4.016中的MFT逻辑完成“或”逻辑的判断任务，由DROP10的三个继电器输出通道通过硬接线送至FSSS柜内触发MFT保护动作，实现锅炉MFT。如图2-21所示。

3. 炉膛压力高高保护

由于炉膛燃烧不稳或其他原因造成炉膛内产生正压，严重时会造成灭火或炉墙破坏。

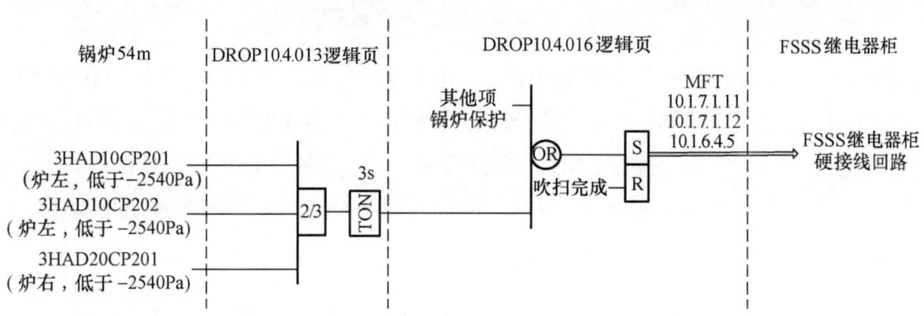

图 2-21 炉膛压力低低保护逻辑示意图

当布置在锅炉 54m 处三只压力开关 3HAD20CP202（炉右）、3HAD20CP203（炉右）、3HAD10CP204（炉左）有任两个的压力值高于＋3300Pa 时，在逻辑页 10.4.013 中经三取二逻辑判断，延时 3s 在逻辑页 10.4.016 中的 MFT 逻辑完成“或”逻辑的判断任务，由 DROP10 的三个继电器输出通道通过硬接线送至 FSSS 柜内触发 MFT 保护动作，实现锅炉 MFT。如图 2-22 所示。

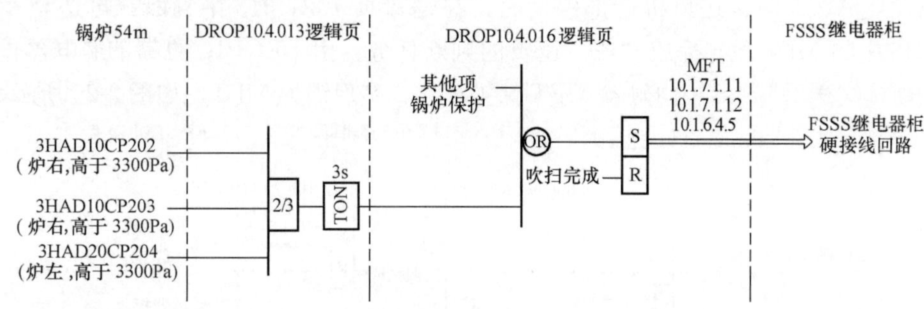

图 2-22 炉膛压力高高保护逻辑示意图

4. 火焰检测冷却风与炉膛差压低低保护

就地共安装有 3 个火焰检测炉膛冷却风差压低低开关，布置在炉后 12.5m 处 3CXP10 仪表柜内，负压侧取样管布置在炉前 29m，开关定值为 2000Pa。在逻辑页 10.4.013 中经过判断，当三个火焰检测冷却风与炉膛差压开关中任意两个的压力值低于 2000Pa 时，延时 30s 在逻辑页 10.4.016 中的 MFT 逻辑完成“或”逻辑的判断任务，由 DROP10 的三个继电器输出通道通过硬接线送至 FSSS 柜内触发 MFT 保护动作，实现锅炉 MFT。如图 2-23 所示。

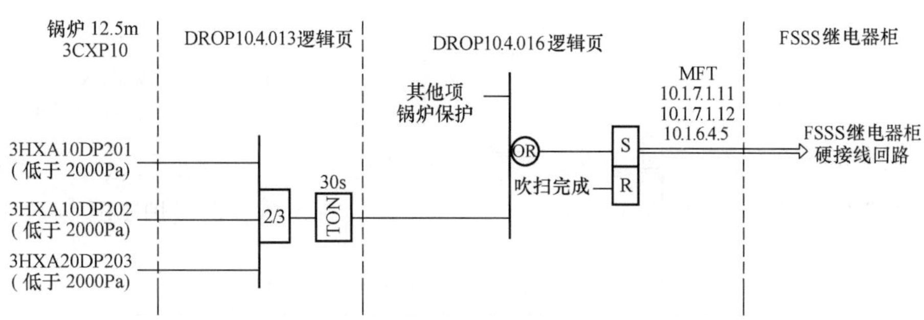

图 2-23 火焰检测冷却风与炉膛差压低低保护逻辑示意图

5. 引风机全停保护

当发生A、B两台引风机全部停运时，在逻辑页10.4.013中判断，再送至逻辑页10.4.016中的MFT逻辑完成“或”逻辑的判断任务，由DROP10的三个继电器输出通道通过硬接线送至FSSS柜内触发MFT保护动作，实现锅炉MFT。如图2-24所示。

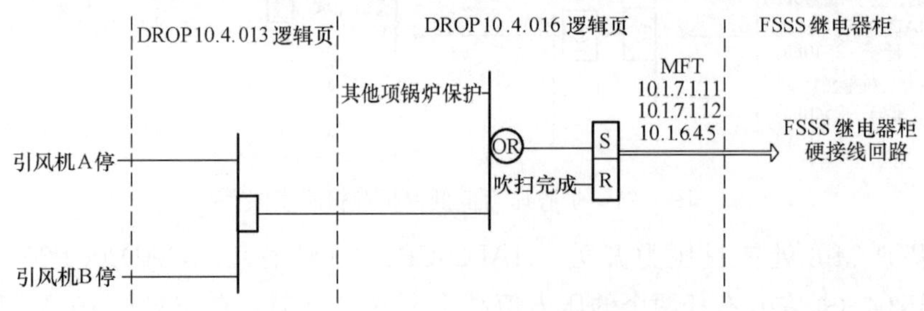

图2-24　引风机全停保护逻辑示意图

6. 送风机全停保护

当发生A、B两台送风机全部停运时，在逻辑页10.4.013中判断，再送至逻辑页10.4.016中的MFT逻辑完成“或”逻辑的判断任务，由DROP10的三个继电器输出通道通过硬接线送至FSSS柜内触发MFT保护动作，实现锅炉MFT。如图2-25所示。

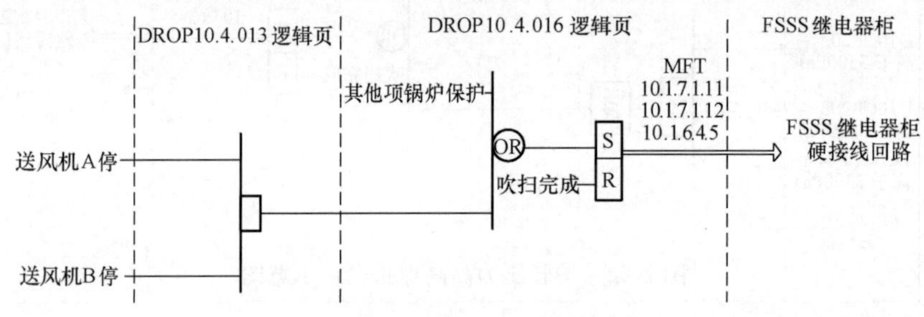

图2-25　送风机全停保护逻辑示意图

7. 电动给水泵全停保护

当发生A、B、C三台电动给水泵全部停运时，在逻辑页10.4.013中判断，延时10s，再送至逻辑页10.4.016中的MFT逻辑完成“或”逻辑的判断任务，由DROP10的三个继电器输出通道通过硬接线送至FSSS柜内触发MFT保护动作，实现锅炉MFT。如图2-26所示。

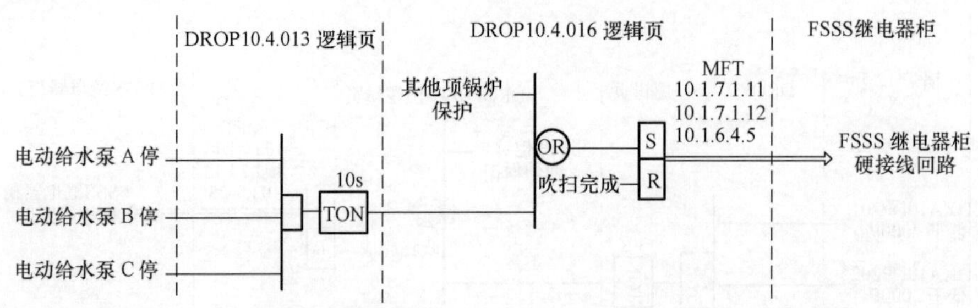

图2-26　电动给水泵全停保护逻辑示意图

8. 失去全部燃料跳闸

机组正常运行过程中，燃烧器投运记忆信号动作，在逻辑页 10.4.014 中判断，在全部油枪的进油阀和雾化阀全关或者炉前进油阀和回油阀全关的情况下，如果全部给煤机跳闸同时全部磨煤机跳闸且全部一次风机跳闸，则发一个脉冲信号送至逻辑页 10.4.016 中的 MFT 逻辑完成“或”逻辑的判断任务。由 DROP10 的三个继电器输出通道通过硬接线送至 FSSS 柜内触发 MFT 保护动作，实现锅炉 MFT。

9. 失去所有火焰跳闸

机组正常运行过程中，在任一层燃烧器投运的情况下，在逻辑页 10.4.015 中判断，如果全部火焰检测信号消失（每一层燃烧器的火焰检测信号均采用四取三的逻辑判断，如果磨煤机跳闸，则该磨煤机所带的两层燃烧器也认为火焰检测信号消失），则在逻辑页 10.4.016 中的 MFT 逻辑完成“或”逻辑的判断任务。由 DROP10 的三个继电器输出通道通过硬接线送至 FSSS 柜内触发 MFT 保护动作，实现锅炉 MFT。如图 2-27所示。

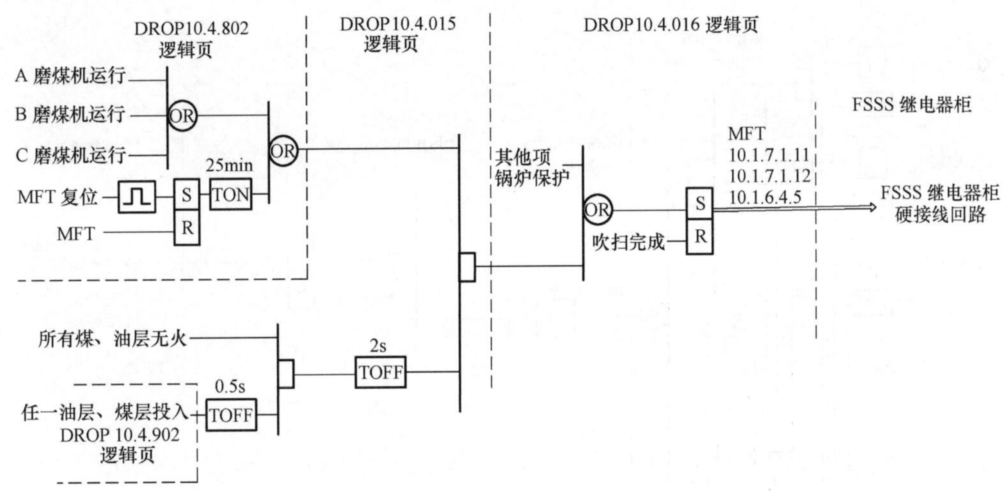

图 2-27 所有火焰丧失逻辑示意图

10. 总风量低于 30%MCR

机组正常运行时，如果总风量小于 30%即 260.4t/h，将会影响燃烧，甚至造成燃料堆积在炉膛内，威胁锅炉安全。为保证安全，在逻辑页 10.4.015 中判断，由安装在锅炉 12.5m 平台的两个左、右侧二次风总风流量差压变送器（3HLA40DP001、3HLA50DP002）经计算后相加得出总风量信号。如果总风量小于 30%，信号延时 5s，则在逻辑页 10.4.016 中的 MFT 逻辑完成“或”逻辑的判断任务，由 DROP10 的三个继电器输出通道通过硬接线送至 FSSS 柜内触发 MFT 保护动作，实现锅炉 MFT。为了防止由于 DCS 站间通信原因造成保护拒动，另加入两路硬线从 CCS（DROP3）接入 FSSS（DROP10），如图 2-28 所示。

11. 汽包水位低低保护

在逻辑页 3.4.80、3.4.109 和 10.4.015 中判断，如果锅炉左侧的两个汽包水位信号 1、2 和右侧的汽包水位信号 3 有任两个低于－350mm，延时 3s，则在逻辑页 10.4.016 中

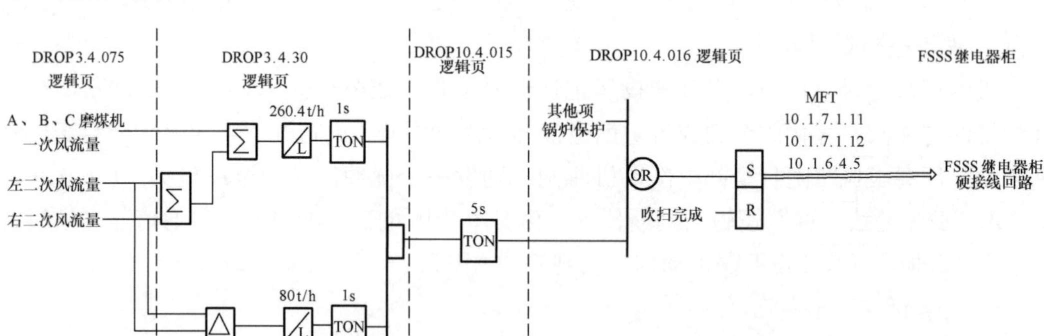

图 2-28　风量低于30%保护逻辑示意图

的 MFT 逻辑完成“或”逻辑的判断任务，由 DROP10 的三个继电器输出通道通过硬接线送至 FSSS 柜内触发 MFT 保护动作，实现锅炉 MFT。设置延时是为了防止由于水位瞬时波动造成保护误动。如图 2-29 所示。

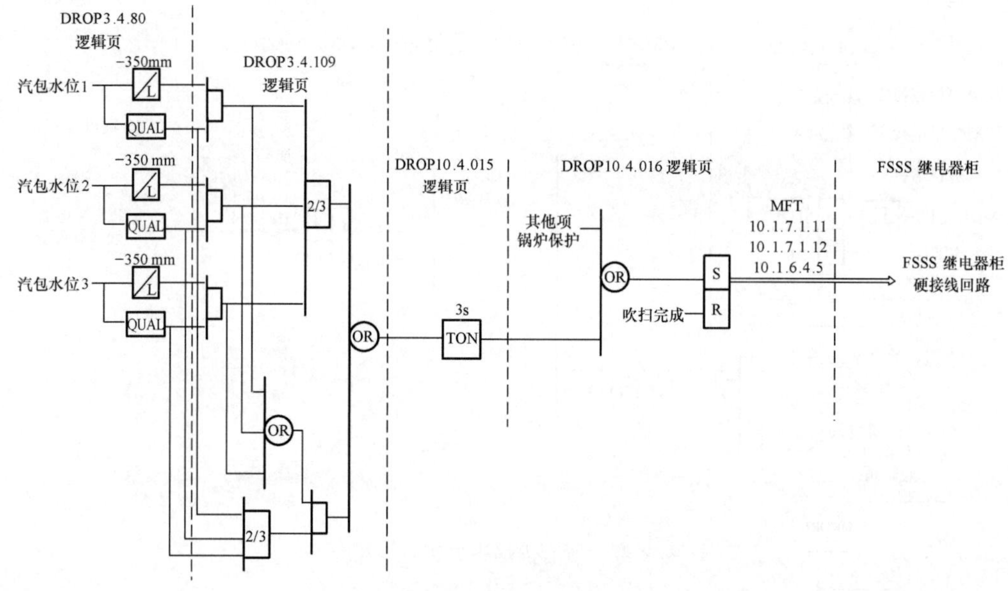

图 2-29　汽包水位低低保护逻辑示意图

12. 汽包水位高高保护

在逻辑页 3.4.80、3.4.109 和 10.4.015 中判断，如果锅炉左侧的两个汽包水位信号 1、2 和右侧的汽包水位信号 3 有任两个高于+250mm，延时 3s，则在逻辑页 10.4.016 中的 MFT 逻辑完成“或”逻辑的判断任务，由 DROP10 的三个继电器输出通道通过硬接线送至 FSSS 柜内触发 MFT 保护动作，实现锅炉 MFT。如图 2-30 所示。

13. 汽轮机跳闸保护

如图 2-31 所示。正常运行中，在逻辑页 10.4.015 中判断，如果在主蒸汽流量大于 150t/h 的情况下，汽轮机挂闸信号消失或者高、中压主汽阀同时关闭（即 TV/RSV 关信号），则在逻辑页 10.4.016 中的 MFT 逻辑完成“或”逻辑的判断任务，由 DROP10 的三个继电器输出通道通过硬接线送至 FSSS 柜内触发 MFT 保护动作，实现锅炉 MFT。汽轮

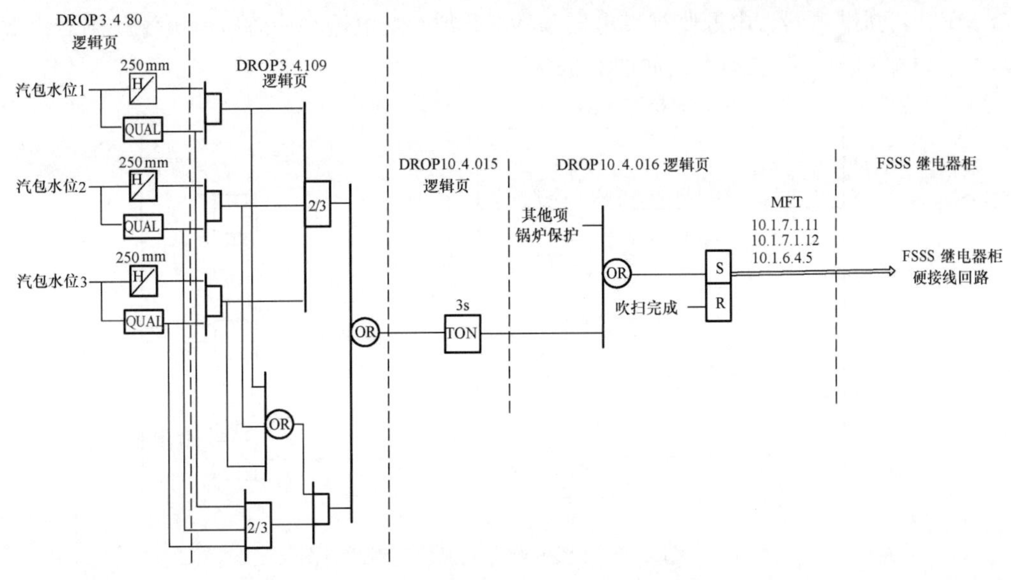

图 2-30 汽包水位高高保护逻辑示意图

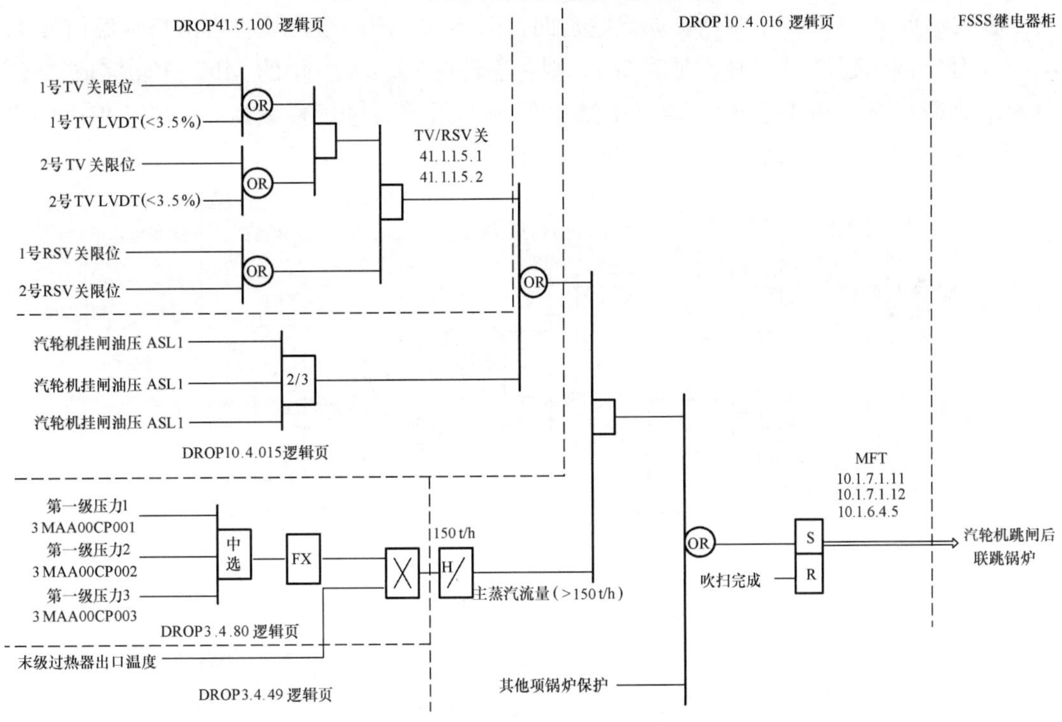

图 2-31 汽轮机跳闸保护逻辑示意图

机挂闸信号采用三个挂闸开关经三取二逻辑判断后送出。同时为防止 DCS 通信故障，另接两组硬线由 DROP41 接至 DROP7。

14. FSSS 控制柜内电源失去

该保护采用硬接线由 FSSS 控制柜（DROP10）接至 FSSS 继电器柜，FSSS 控制柜内共有三个电源监视继电器，为常带电结构，每个继电器分别有一组接线引至 MFT 继电器柜内的端子排 X3-1、2，X3-3、4，X3-5、6，与三路手动紧急 MFT 按钮动合触点并联后接至三个 MFT 判断继电器，电源监视继电器与 MFT 判断继电器一一对应，电源跳闸后由 MFT 判断继电器实现三取二动作。如图 2-32 所示。

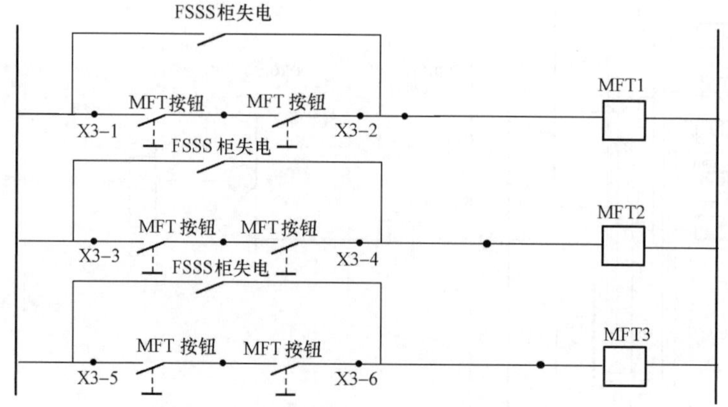

图 2-32　FSSS 柜失电保护逻辑示意图

15. 脱硫吸收塔出口烟温高

在逻辑页 10.4.015 中判断，如果脱硫四台循环泵全部停运且吸收塔出口烟温信号 1、2、3 有任意两个超过 70℃时，延时 30s，则在逻辑页 10.4.016 中的 MFT 逻辑完成“或”逻辑的判断任务。由 DROP10 的三个继电器输出通道通过硬接线送至 FSSS 柜内触发 MFT 保护动作，实现锅炉 MFT。如图 2-33 所示。

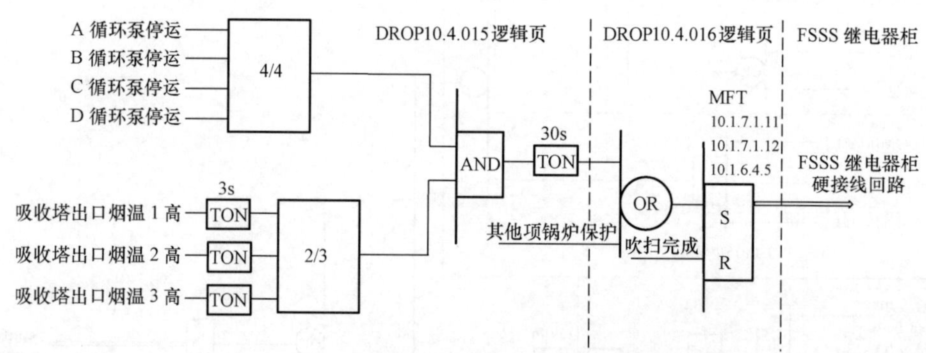

图 2-33　脱硫吸收塔出口烟温高保护逻辑示意图

第三节　汽轮机保护系统

随着汽轮机组容量的不断增大和蒸汽参数的不断提高，热力系统越来越复杂。为了提高机组的热经济性，汽轮机的级间间隙、轴封间隙都选择得比较小。由于汽轮机的旋转速度很高，在机组启动、运行或停机过程中，如果没有按规定的要求操作控制，则很容易使汽轮机的转动部件和静止部件相互摩擦甚至碰撞，引起叶片损坏、大轴弯曲、推力瓦烧毁等严重事故。为了保证机组安全启停和正常运行，需对汽轮机组的轴向位移、偏心度、差胀、振动、转速、温度、真空等参数进行监控和保护，当被监控的主要参数超过规定值时发出报警信号；在超过极限值时保护装置动作，关闭主汽阀，实现紧急停机，以避免重大恶性事故的发生。

一、350MW机组

（一）设备组成与功能

汽轮机保护系统由就地检测设备、其他系统输入信号，T-PRO控制柜，输出信号、汽轮机电磁阀等就地设备三部分组成。如图2-34所示。

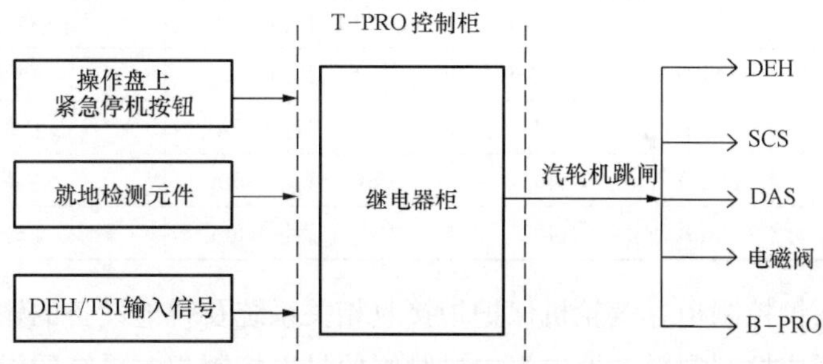

图2-34　汽轮机保护系统组成图

（1）汽轮机保护柜输入信号及就地监测设备。汽轮机保护柜输入信号包括来自DCS中CCS、DEH、SCS、TSI的联锁信号，以及主要辅机设备电动机的开关状态信号；就地监测设备主要包括压力开关、热电偶。如表2-4所示。

表2-4　汽轮机保护就地检测设备清单

编号	量程	设定值	安装位置	用途
1PS-04707A	0～2MPa	0.29MPa	1TLP-210	安全油压低
1PS-04707B	0～2MPa	0.29MPa	1TLP-236	安全油压低
1PS-04707C	0～2MPa	0.29MPa	1TLP-236	安全油压低
1ZS-04201A1	—	—	机头12.5m	右侧主汽阀全关
1ZS-04201B1	—	—	机头12.5m	左侧主汽阀全关
1ZS-04201A2	—	—	机头12.5m	右侧主汽阀全开
1ZS-04201B2	—	—	机头12.5m	左侧主汽阀全开
1ZS-04203A1	—	—	汽轮机6.5m	右侧中压主蒸汽阀全关
1ZS-04203B1	—	—	汽轮机6.5m	左侧中压主汽阀全关
1ZS-04204A1	—	—	汽轮机6.5m	右侧中压调节汽阀全关
1ZS-04204B1	—	—	汽轮机6.5m	左侧中压调节汽阀全关
1ZS-04202A3	—	—	机头12.5m	左侧高压调节汽阀无负荷位置
1ZS-04202B3	—	—	机头12.5m	右侧高压调节汽阀无负荷位置
1PS-01902A	−0.1～0MPa	0.066MPa	1TLP-301	凝汽器真空低低
1PS-01902B	−0.1～0MPa	0.066MPa	1TLP-301	凝汽器真空低低

续表

编号	量程	设定值	安装位置	用途
1PS-01902C	−0.1～0MPa	0.066MPa	1TLP-301	凝汽器真空低低
1PS-04602A	0～0.4MPa	0.05MPa	1TLP-220	轴承油压低低
1PS-04602B	0～0.4MPa	0.05MPa	1TLP-220	轴承油压低低
1PS-04602C	0～0.4MPa	0.05MPa	1TLP-220	轴承油压低低
1PS-04604A	0～1MPa	0.55MPa	1TLP-210	推力轴承磨损
1PS-04604B	0～1MPa	0.55MPa	1TLP-210	推力轴承磨损
1PS-04604C	0～1MPa	0.55MPa	1TLP-210	推力轴承磨损
1TE-00306A	4～20mA	440℃	主蒸汽管路6.5m	主蒸汽温度低低
1TE-00306B	4～20mA	440℃	主蒸汽管路6.5m	主蒸汽温度低低
1TE-00306C	4～20mA	440℃	主蒸汽管路6.5m	主蒸汽温度低低

（2）汽轮机保护控制柜。汽轮机保护柜接收相关系统及就地设备的输入信号，内部全部由常规继电器形成控制逻辑，形成汽轮机跳闸信号以控制相关系统的设备。

（3）输出信号及就地执行设备。汽轮机跳闸信号通过硬接线输出到其他DCS（如CCS、SCS、DEH、DAS），再通过这些系统联动相关设备。如表2-5所示。

表2-5　汽轮机保护系统就地设备清单

序号	编号	用途
1	1SV-04201	汽轮机远方脱扣电磁阀
2	1SV-04202	汽轮机电超速跳闸电磁阀
3	1SV-04203	汽轮机电超速跳闸电磁阀
4	1SV-04206A	（RH）再热主汽阀跳闸阀开
5	1SV-04206B	（LH）再热主汽阀跳闸阀开
6	1SV-04216A	A给水泵汽轮机高压主汽阀试验
7	1SV-04216B	B给水泵汽轮机高压主汽阀试验
8	1SV-04215A	A给水泵汽轮机低压主汽阀试验
9	1SV-04215B	B给水泵汽轮机低压主汽阀试验
10	1SV-04202A	右侧主蒸汽试验电磁阀
11	1SV-04204B	左侧主汽阀试验电磁阀
12	1SV-04207A	右侧中压调节汽阀试验电磁阀
13	1SV-04207B	左侧中压调节汽阀试验电磁阀
14	1SV-04205A	右侧再热主汽阀试验
15	1SV-04205B	左侧再热主汽阀试验电磁阀
16	1SV-04208L	左侧GV OPC电磁阀
17	1SV-04208R	右侧GV OPC电磁阀
18	1SV-0409L	左侧ICV OPC电磁阀
19	1SV-0409R	右侧ICV OPC电磁阀

（二）控制系统工作原理

1. 汽轮机保护系统的动作原理

汽轮机保护系统共设有15项主保护。就地检测设备和其他系统的输入信号在汽轮机保护柜内形成控制逻辑，然后从汽轮机保护柜内发出跳闸指令。

2. 汽轮机跳闸发生后的联动范围

当汽轮机出现15项保护中的任一种情况时，立即发出跳闸信号。如表2-6所示。

表2-6　　汽轮机跳闸后联动相关设备清单

序号	所属系统	输入点号	具体图号	设备名称	状态
1	SCS3	DI161	TODV-G221B	主机辅助油泵	保护启
2	SCS4	DI33	HPD1-H334B	3号抽汽电动阀（MV-01301）	保护关
3	SCS4	DI33	HPD2-H336B	3号抽汽止回阀入口疏水关断阀（XV-01301）	保护开
4	SCS4	DI33	HPD2-H337B	3号抽汽止回阀出口疏水关断阀（XV-01302）	保护开
5	SCS4	DI33	HPD2-H338B	2号抽汽电动阀（MV-01201）	保护关
6	SCS4	DI33	HPD3-H340B	2号抽汽止回阀出口疏水关断阀（XV-01201）	保护开
7	SCS4	DI33	HPD3-H341B	1号抽汽电动阀（MV-01101）	保护关
8	SCS4	DI33	HPD4-H343B	1号抽汽止回阀入口疏水关断阀（XV-01101）	保护开
9	SCS4	DI33	HPD4-H344B	1号抽汽止回阀出口疏水关断阀（XV-01102）	保护开
10	SCS4	DI33	LPD2-H237B	6号抽汽电动阀（MV-01601）	保护关
11	SCS4	DI33	LPD2-H238B	6号抽汽止回阀（1—5V-69）	保护关
12	SCS4	DI33	LPD3-H239B	6号抽汽止回阀入口疏水关断阀（XV-01601）	保护开
13	SCS4	DI33	LPD3-H240B	6号抽汽止回阀出口疏水关断阀（XV-01602）	保护开
14	SCS4	DI33	LPD3-H241B	5号抽汽电动阀（MV-01601）	保护关
15	SCS4	DI33	LPD4-H243B	5号抽汽止回阀入口疏水关断阀（XV-01501）	保护开
16	SCS4	DI33	LPD4-H244B	5号抽汽止回阀出口疏水关断阀（XV-01502）	保护开
17	SCS4	DI33	LPD4-H245B	4号抽汽电动阀（MV-01401）	保护关
18	SCS4	DI33	LPD5-H247B	4号抽汽一次止回阀入口疏水关断阀（XV-01405）	保护开
19	SCS4	DI33	LPD5-H249B	4号抽汽二次止回阀入口疏水关断阀（XV-01406）	保护开
20	SCS4	DI33	LPD5-H250B	除氧器抽汽输水罐疏水关断阀（XV-01404）	保护开

（三）汽轮机保护系统分项保护说明

1. 汽轮机手动紧急跳闸按钮

当运行人员监视到危险工况，而自动保护系统未动作，或根据当时运行工况需要立即停机时，可在控制室操作台（UCD）上直接按下指定的汽轮机跳闸按钮。

在操作台有两个汽轮机跳闸按钮，共引出两组触点，两个信号在操作台（UCD）下用继电器形成“与”门关系将跳闸信号送至锅炉保护柜TBF1-55、56端子。

2. 安全油压低低保护

安全油压低低保护信号由三个安全油压低低开关经三取二逻辑回路判断形成，汽轮机复位及安全油压建立后，当两个以上压力开关测得安全油压低于设定值0.29MPa（迁移后为0.3313MPa）时，产生1s脉冲，使汽轮机跳闸。压力开关型号为CQ30-2M3。

3. 发电机跳闸保护

在机组运行中，如果发电机故障跳闸后联动汽轮机跳闸，则该信号来自电气系统继电保护盘。

4. 汽轮机无流量保护

汽轮机无流量保护有以下两种情况：

(1) 当发电机—变压器组开关52G在闭合状态（并网状态）时，出现了左右高压主汽阀曾经全开过而此时又全关的情况。

(2) 在发电机—变压器组开关52G在闭合状态（并网状态）时，出现了左右高压主汽阀全关，并且中压缸无进汽的情况。逻辑图如图2-35所示。

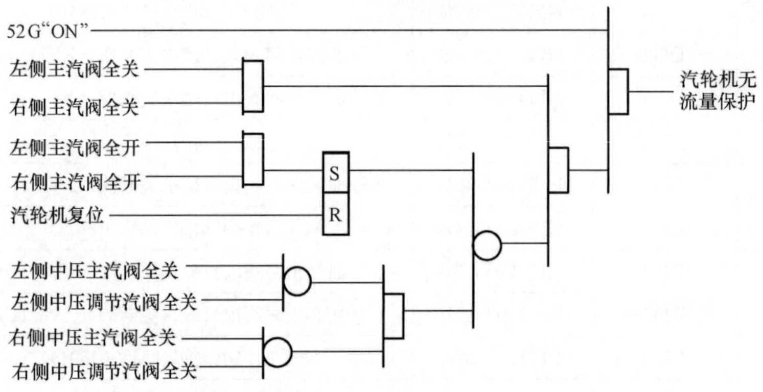

图2-35　汽轮机无流量保护逻辑示意图

在发生汽轮机无流量保护时，不但使汽轮机跳闸，而且也送信号至发电机保护，联动使发电机也跳闸。主汽阀和调节汽阀的位置开关安装在各个执行机构的凸轮箱内，凸轮箱内还有一些开关信号送往DEH系统。

5. 调节汽阀无负荷位置保护

发电机—变压器组主开关52G在闭合状态，如果同时出现左侧和右侧高压调节汽阀无负荷位置的情况，则延时60s发出汽轮机跳闸命令。GV1和GV2的无负荷位置开度约为18mm，无负荷位置开关位于调节汽阀所在的凸轮箱内。

6. 电超速EOST保护

当汽轮机三套测速装置A、B、C经过三取二逻辑组合后，若汽轮机转速大于额定转速的111%（3330r/min）后，电超速信号成立，通过远方跳闸电磁阀泄掉脱扣油，并且使电超速EOST电磁阀动作，泄掉安全油。该电超速信号来自DEH系统的测速卡件经MT-DEH柜内的617-01、618-02、619-03继电器输出至汽轮机保护柜。

7. DEH电源故障

在机组运行中，如果DEH的电源发生故障，则发出汽轮机跳闸命令。该信号来自MT-DEH柜内1TB-R1　5～8端子。

8. 汽轮机轴振动高高保护

汽轮机主轴上共设有6对振动测点，通过这6套振动测量装置综合监视主轴的振动情况：当测得任一轴的振动值超过0.125mm时，保护回路发出“轴振动高”报警；当测得任一点的轴振动值超过 0.25mm，同时测得其他一点轴振动超过 0.125mm，延时 3s 发出汽轮机跳闸命令。所有轴承振动高和高高信号均来自汽轮机监视系统 TSI，在汽轮机保护柜内形成逻辑关系，逻辑图如图 2-36 所示。

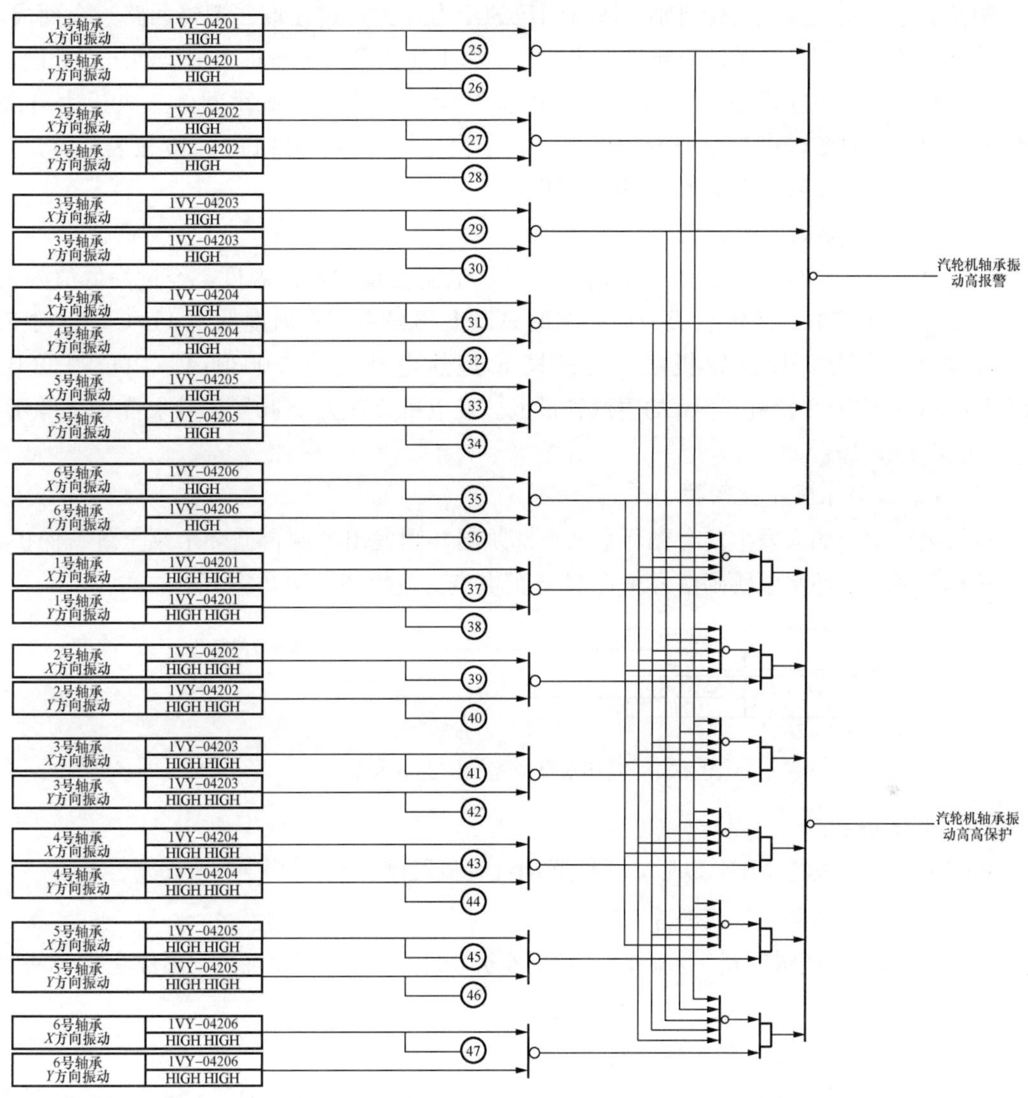

图 2-36 汽轮机轴承振动高高保护逻辑示意图

9. 凝汽器真空低低保护

触发信号由三只测量凝汽器真空开关经三取二逻辑回路组合形成，当两只及以上真空开关测得凝汽器真空低于设定值－61.3MPa 时，立即发出“凝汽器真空低低”汽轮机跳闸命令。三只真空开关（1PS-01902A、1PS-01902B、1PS-01902C）位于机头左侧 1TLP-301 仪表架上，开关型号为 CQ50-4M3。

10. 轴承润滑油压低低保护

信号由三只测量汽轮机轴承润滑油压的压力开关经三取二逻辑回路组合而成，当两只及以上压力开关测得轴承润滑油压低于设定值（0.05MPa）时，立即发出“轴承润滑油低

低”信号，使汽轮机跳闸。三只压力开关（1PS-04602A、1PS-04602B、1PS-0460C）位于汽轮机 6.5m 1TLP-220 仪表柜内，型号为 CQ30-2M3，迁移后定值为 0.091 3MPa。

11. 推力轴承磨损保护

触发信号由三只测量汽轮机轴承润滑油压的压力开关经过三取二逻辑回路组合而成，推力轴承瓦越靠近测量喷嘴油压越高。当两只及以上压力开关测得推力轴承油压高于设定值（0.55MPa）时，立即发出“推力轴承磨损”信号，使汽轮机跳闸。三只压力开关（1PS-04604A 、1PS-04604B、1PS-04604C）位于汽轮机 6.5m 处 1TLP-210 仪表柜内，型号为 CQ30-2M3，迁移后定值为 0.291 3MPa。

12. 主蒸汽温度低低保护

当发电机负荷大于 40%额定负荷时，三只热电偶测量主蒸汽温度，经过高低值限值 H/L 后，再经过三取二逻辑组成，如果有两只以上测得主蒸汽温度低于 440℃，延时 5s 发出温度低低信号，使汽轮机跳闸。三只 E 型热电偶（1TE-00306A、1TE-00306B、1TE-00306C）位于汽轮机 6.5m 的主汽管道上。发电机负荷大于 40%信号来自 CCS1，图号为 CCS1 RCV191。

13. 两台循环水泵全跳保护

机组运行中，如果发生两台循环水泵全部跳闸，则发出“两台循环水泵全跳”保护，使汽轮机跳闸。循环水泵跳闸信号来自 6kV 配电室。逻辑图如图 2-37 所示。

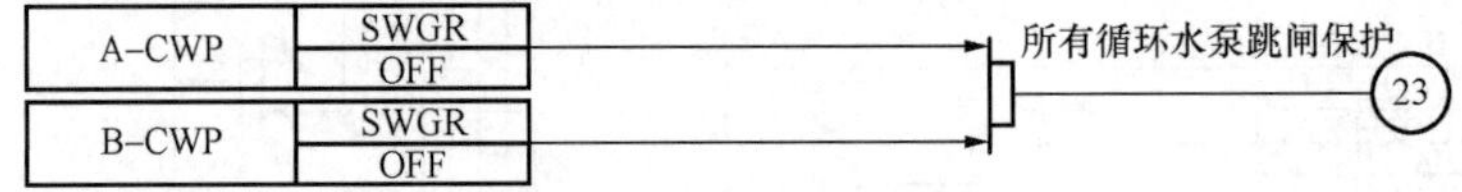

图 2-37 循环水泵全停保护逻辑示意图

14. MFT 保护

机组运行中，发生 MFT 以后，立即联动汽轮机跳闸。

15. APS 来的汽轮机跳闸命令

在运用 APS 系统进行机组停运时，满足停机条件后，由 APS 自动发出停止指令使汽轮机跳闸。

（四）汽轮机电超速跳闸回路说明

以上 15 项保护动作后，同时动作汽轮机远方脱扣电磁阀 1SV-04201 和汽轮机电超速跳闸电磁阀 1SV-04202；在汽轮机进行轴承润滑油压低试验、凝汽器真空低试验、推力瓦磨损油压高试验、危急遮断器充油试验等在线试验时，只有电超速保护动作可以通过电超速电磁阀 1SV-04202，使汽轮机跳闸。跳闸保护装置原理图如图 2-38 所示。

电超速跳闸回路有以下功能和特点：

（1）当保护回路发出“脱扣”命令时，电超速电磁阀 1SV-04202 和脱扣电磁阀 1SV-04201 一起动作，汽轮机电动电磁阀通过泄汽轮机油来泄掉汽轮机安全油，汽轮机电超速电磁阀则直接泄掉汽轮机安全油，使汽轮机脱扣。

（2）当保护回路发出“电超速脱扣”命令时，指令也送往“远方脱扣”回路，使脱扣电磁阀 1SV-04201 和电超速电磁阀 1SV-04202 一起动作，确保汽轮机跳闸。

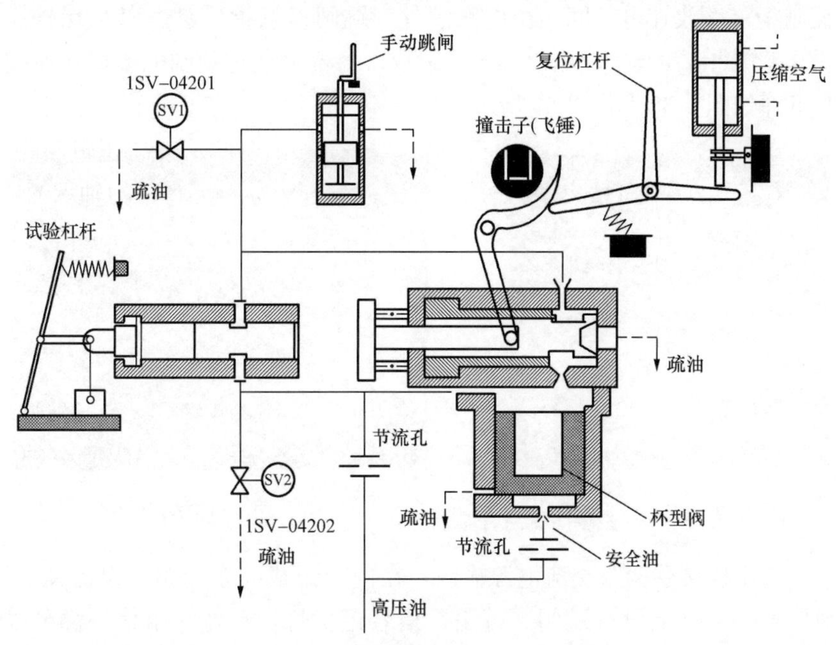

图 2-38 汽轮机跳闸保护装置原理图

(3) 汽轮机脱扣试验时，具有保护功能。当试验手柄处于正常位置时，“试验位置限位开关”触点断开，使汽轮机远方脱扣电磁阀 1SV-04201 和汽轮机电超速电磁阀 1SV-04202 同时互相受控于汽轮机远方脱扣指令和汽轮机电超速脱扣指令。

当试验手柄处于试验位置时，“试验位置限位开关”触点闭合，此时“汽轮机远方脱扣指令”对电超速电磁阀 1SV-04202 不起作用，试验手柄也通过机械装置使脱扣油与安全油隔离。这样汽轮机在做电动脱扣试验时，“汽轮机脱扣指令”只使汽轮机远方脱扣电磁阀动作，泄掉脱扣油，而不影响安全油油压，此时，电超速脱扣电磁阀受控于 DEH 系统来的汽轮机超速脱扣指令，如果在试验期间出现 DEH 系统来的电超速脱扣指令，只有电超速电磁阀动作，直接泄掉安全油，使汽轮机跳闸。

(4) 失电保护功能。电超速电磁阀 1SV-04202 使用的是失电动作型电磁阀，正常运行时电磁阀通电励磁，如果保护发出脱扣指令，则电磁阀立即失电动作，使汽轮机跳闸。如果在正常运行中出现电磁阀供电电源，DC 110V 因故障断电，汽轮机远方脱扣电磁阀因为断电而拒绝动作，影响机组安全，此时电超速电磁阀则因为 DC 110V 电源失去而立即动作，使汽轮机跳闸，保证了机组的安全。

二、300MW 机组

(一) 设备组成与功能

汽轮机保护系统是由位于电子间内的 ETS 控制柜、布置于现场的跳闸块、跳闸试验块及各热工保护测点构成的。

(1) ETS 控制柜。ETS 控制柜为生产厂家配套设备，采用独立的双套 PREMIUM 系列 PLC，应用了双通道概念，布置成“或-与”门的通道方式，允许在线试验，并在试验过程中装置仍起保护作用，从而保证系统的可靠性。

ETS控制柜一般放在电子间，由电源组件、跳闸信息指示盘、PLC保护逻辑控制单元、ETS操作盘及柜后的输入/输出端子排组成，各部分通过预制电缆相互连接。ETS控制柜和电源组件如图2-39和图2-40所示。

图2-39 ETS控制柜图

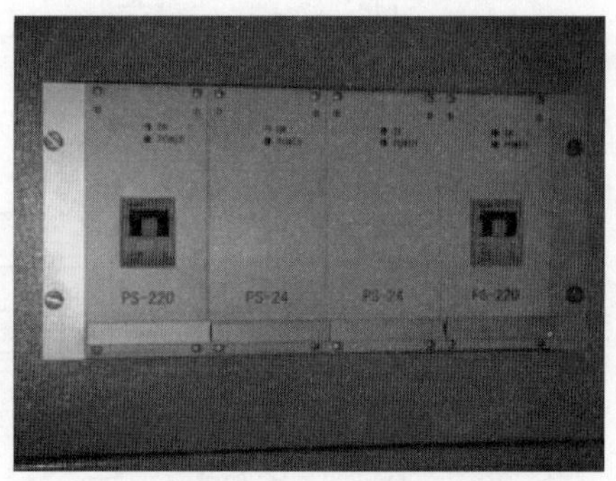

图2-40 电源组件图

其中，电源组件接受两路交流电源输入，在内部组成冗余输出，以保证ETS的可靠供电。跳闸信息指示盘上设有跳闸"首出"信号记忆灯，且每一组信号都可以给出"首出"记忆信号，即第一个出现的跳闸信号指示灯闪烁，其他跳闸信号指示灯常亮，手动复位后跳闸信号消失。并且每一组信号可以给出两路输出信号，一路到DCS，另一路到光字牌。如图2-41所示。

PLC保护逻辑控制单元用来完成逻辑控制，采用两套PLC并联运行，即定义为A机和B机。合上两路电源开关，两台PLC同时工作，当A机故障时，使得奇数通道（即通道1）跳闸；当B机故障时，使得偶数通道（即通道2）跳闸。如一台PLC损坏需要维修，可由另一台PLC单机运行，并且故障PLC所对应的通道为跳闸状态。

ETS操作盘也布置成双通道，试验时两路分别试验，预先选择被试参数位置，然后按跳闸试验按钮，相应的指示灯亮，两个转换开关有互锁功能，即两个通道不允许同时试验。盘上的电源指示灯不亮表示电源故障，其余指示灯在机组跳闸或跳闸试验时才会相应变亮。按下"试灯按钮"时，全部指示灯都亮；做机械超速试验时，钥匙开关应置于抑制位置。如图2-42所示。

图2-41 跳闸信息指示盘图

图2-42 PLC保护逻辑控制单元图

端子排上安装有输入端子卡件、输出继电器卡件及AST中间继电器等元器件。如图

2-43～图 2-45 所示。

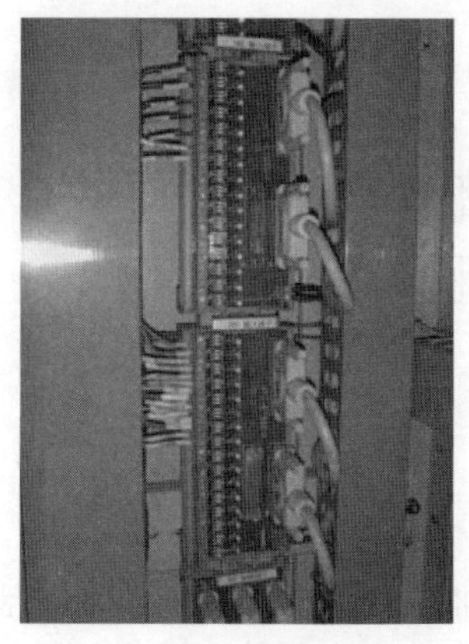

图 2-43 输入端子卡件图

图 2-44 输出继电器卡件图

图 2-45 AST 中间继电器图

（2）跳闸块。跳闸块安装在前箱的右侧，块上共有 6 个电磁阀。2 个 OPC 电磁阀为动断电磁阀，工作电压为 DC 220V，带电打开；4 个 AST 电磁阀为动合电磁阀，工作电压为 DC 220V，带电闭合，失电打开。机组正常运行时，AST 电磁阀是常带电结构。跳闸块电磁阀连接图如图 2-46 所示。

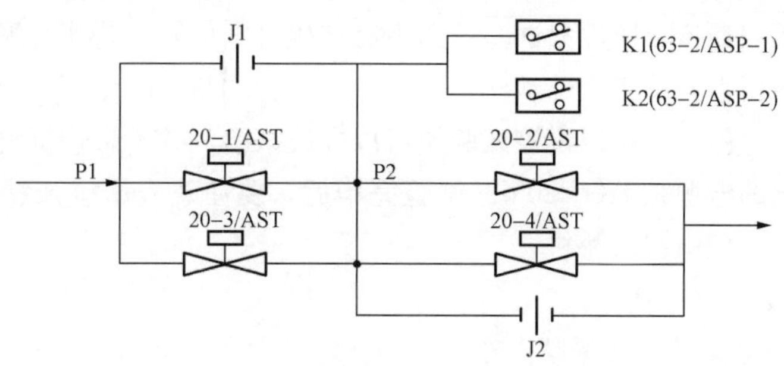

图 2-46 跳闸块电磁阀连接图

P1 点压力为 130kg/cm^2 左右。通过节流孔 J1、J2 使 P2 点压力为 65kg/cm^2 左右。在做试验时，20-1/AST 和 20-3/AST 动作，使得 P2 点压力升高至 130kg/cm^2；若 20-2/AST 和 20-4/AST 动作，则 P2 点压力降为 0kg/cm^2。压力开关 K1、K2 设定值分别为 90kg/cm^2 和 40kg/cm^2。通道 1（20-1/AST，20-3/AST）动作试验时，K1 动作；通道 2（20-2/AST，20-4/AST）动作试验时，K2 动作；K1、K2 分别送出指示信号。

由于整个跳闸块采用“双通道”原理，一个通道中的任一只电磁阀打开都将使该通道跳闸，但不能使汽轮机进汽阀关闭；只有当两个通道都跳闸时，才能关闭汽轮机进汽阀，起到跳闸作用，因此可提高其可靠性，有效防止“误动”和“拒动”。

（3）跳闸试验块。汽轮机保护系统共有 3 个试验块，即 EH 油试验块、LBO 润滑油试验块和 LV 真空试验块，每个块的原理均相同。原理图如图 2-47 所示。

每个试验块都被布置成双通道。J1、J2 为节流孔；F、F1、F2 为手动阀；S1、S2 为电磁阀；B1、B2 为压力表；K1～K4 为压力开关。节流孔的作用是将两路隔离开，试验

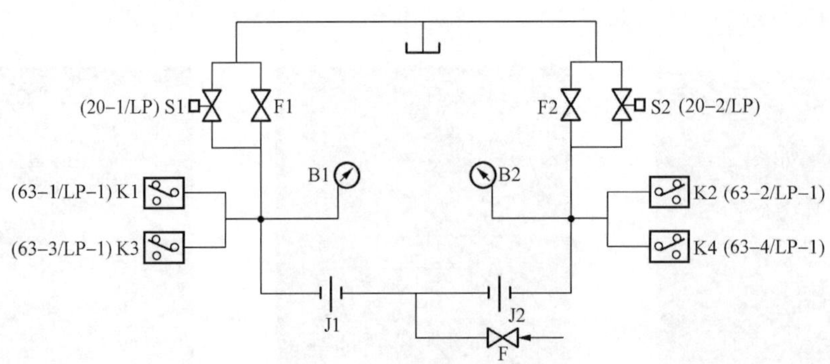

图 2-47　跳闸试验块原理图

时互不干扰。可以手动就地试验，也可以在主控室通过试验按钮远方试验。用按钮进行试验时，电路上有闭锁，保证不会两路同时试验，一路试验时，另一路还有保护功能。用就地手动阀试验时，不能两路同时进行，否则会引起误跳机。手动试验时尤其要注意。正常情况下，压力油通过节流孔送到压力开关和指示表 B1 和 B2，指示表将指示正常油压；一旦油压降低，两边的四个压力开关只要各有一个开关动作，将引起跳机。

试验时，打开 F1 或 S1，则 B1 上指示将缓缓下降，达到设定值时，K1、K3 将动作。ETS 远方在线试验时，对应试验盘上指示灯亮，表示相应跳闸控制阀上某一路在试验。由于跳闸阀布置成双通道，所以只试验一路不会产生跳闸信号，若此时被测参数达到停机值，则试验块上的压力开关将全部动作，两路信号通过“与”的作用，产生跳闸信号，通过跳闸控制块使机组停运。所以说该试验块可以在线试验，并不影响机组的保护功能。

试验块电磁阀的电源是 AC 220V。试验完毕后，要注意表压应恢复到正常值，否则不准试验另一路，以免引起误跳机。

（二）控制系统工作原理

1. 汽轮机保护系统的动作原理

对于汽轮机保护系统来说，当真空低、润滑油压低、EH 油压低三项保护中任一个 1、3 开关动作时（即油压开关动合触点断开），一通道保护就会触发。PLC 控制器的硬触点输出%0：00097 和%0：00098 会由 1 置 0，使 ETS 柜内的 DC 24V 中间继电器 KM1 和 KM3 由吸合转为断开状态，通过其辅助动合触点将接至现场油路中的一通道并联连接的电磁阀 AST1、AST3 的 DC 220 回路断开，从而使 AST1、AST3 电磁阀同时失电，导致这两个电磁阀阀芯打开，使高压油 P1 点与装有 ASP 油压开关的 P2 点相通，P2 点油压瞬间升至 11.2MPa 左右。此时设定值为 9.3MPa 的油压开关 ASP1 的动合触点闭合，向 ETS 系统发出一通道油路已动作的报警指示，提醒运行人员注意异常情况或在做低真空、低润滑油压、低 EH 油压一通道试验时验证试验是否成功。与此同理，当真空低、润滑油压低、EH 油压低三项保护中任一个 2、4 开关任一动作时，即油压开关动合触点断开，则一通道保护会触发。PLC 控制器的硬触点输出%0：00099 和%0：00100 会由 1 置 0，使 ETS 柜内的 DC 24V 中间继电器 KM2 和 KM4 由吸合转为断开状态，通过其辅助动合触点将接至现场油路中的一通道并联连接的电磁阀 AST2、AST4 的 220DC 回路断开，从而使 AST2、AST4 电磁阀同时失电，导致这两个电磁阀阀芯打开，使排油口与装有 ASP

油压开关的 P2 点相通，P2 点油压瞬间降至 0。此时设定值为 4.2MPa 的油压开关 ASP2 的动断触点闭合，向 ETS 系统发出二通道油路已动作的报警指示，提醒运行人员注意异常情况或在做低真空、低润滑油压、低 EH 油压二通道试验时验证试验是否成功。保护动作原理示意图如图 2-48 所示。

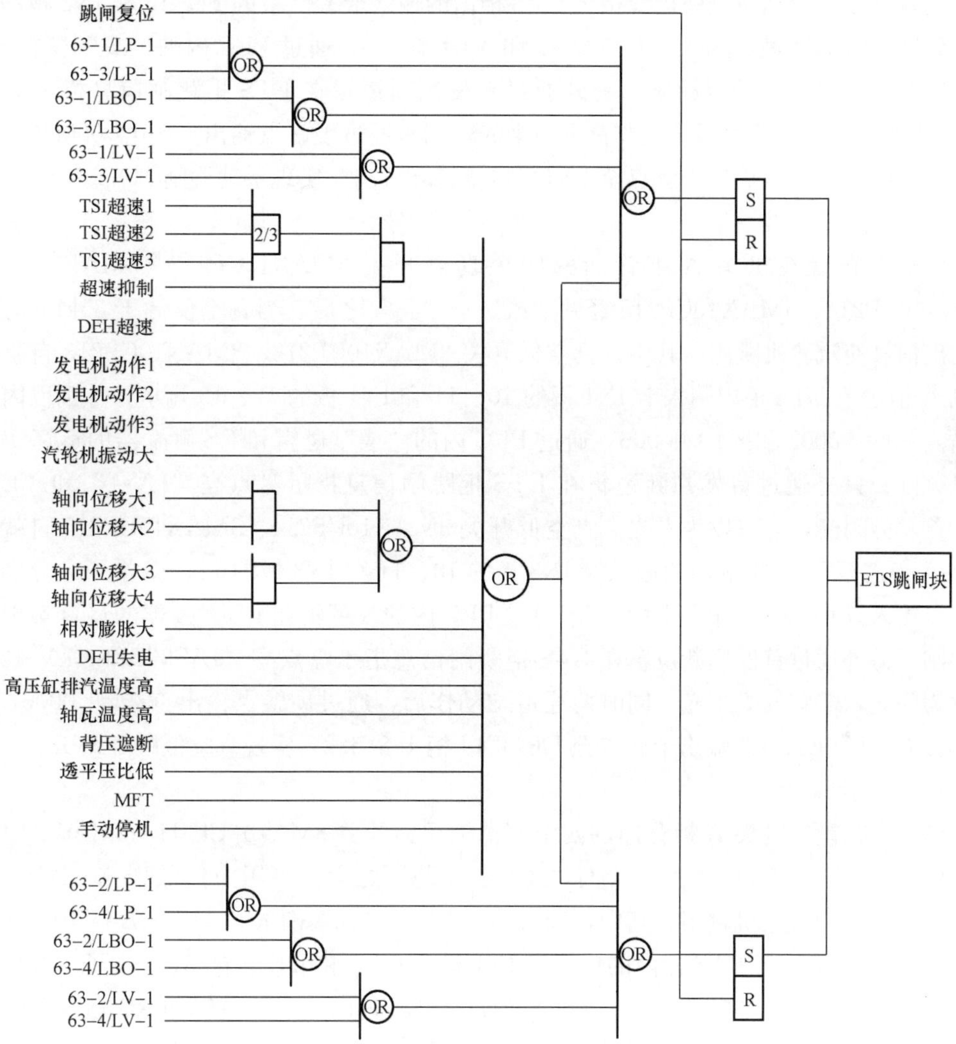

图 2-48 汽轮机保护动作原理示意图

2. 汽轮机保护系统的联动范围

当低真空、低润滑油压、低 EH 油压这三项任一项保护的一、二通道均动作或其他 13 项保护任一动作后，双通道的硬触点输出%0：00097、%0：00098%、0：00099和%0：00100 均置 0，从而使 AST1、AST2、AST3、AST4 四个电磁阀均因失电而阀芯导通。P1 点与排油口瞬间相通，AST 油和 OPC 油快速泄压，使高压主汽阀、高压调节汽阀、中压主汽阀、中压调节汽阀快速关闭，切断进入汽轮机的进汽源。同时，OPC 油压的卸去使压缩空气至各段抽汽止回阀的气路切断，实现各段抽汽止回阀的快速关闭。

（三）汽轮机保护系统的分项保护

1. 汽轮机手动紧停

当运行人员根据运行工况认为需要紧急停机时，可在操作台上按下指定的汽轮机跳闸按钮或按下ETS柜上的手动跳闸按钮，使汽轮机跳闸。操作台上的跳闸按钮和ETS柜上的手动跳闸按钮分别通过硬接线接至ETS柜内的输入卡IN2板的14、15和IN2板的8端子，分别以内部硬触点输入%1：00021和%1：00018，通过PLC内的“或”逻辑和RS触发器的运算实现汽轮机跳闸。另外通过首发判断逻辑在ETS柜跳闸信息指示盘点亮“手动跳闸”灯，首发为闪光，非首发为平光，同时通过硬触点输出点%0：00082和继电器板OUT5/C1、C2输出干触点至DROP14柜1.8.7.5，实现手动跳闸SOE。

2. 排汽装置真空低低

信号由布置在机头A柜背面的四个真空开关3MAX10CP212、3MAX10CP213、3MAX10CP214、3MAX10CP215经两“或”一“与”之后，当真空值低于35kPa时，立即发出信号使汽轮机跳闸。其中，真空低开关3MAX10CP212、3MAX10CP213自就地汽轮机A柜送至ETS柜内输入卡IN1板的10、11和IN1板的12、13端子，分别以内部硬点输入%1：00005和%1：00006，通过PLC内的“或”逻辑和RS触发器的运算实现汽轮机跳闸。另外通过首发判断逻辑在ETS柜跳闸信息指示盘点亮“LV-1”和“LV-3”灯，首发为闪光，非首发为平光。真空低开关3MAX10CP214、3MAX10CP215自就地汽轮机A柜送至ETS柜的内的输入卡IN3板的10、11和IN3板的12、13端子，分别以内部硬点输入%1：00037和%1：00038通过PLC内的或逻辑和RS触发器的运算实现汽轮机跳闸。另外通过首发判断逻辑在ETS柜跳闸信息指示盘点亮“LV-2”和“LV-4”灯，首发为闪光，非首发为平光。同时两通道均动作后，通过硬触点输出点%0：00067和继电器板OUT1/E1、E2输出干触点至DROP14柜1.8.6.2，实现真空低跳闸SOE。

3. 润滑油压低低

信号由布置在机头A柜背面的四个润滑油压力开关3MAV10CP211、3MAV10CP212、3MAV10CP213、3MAV10CP214经两“或”一“与”之后，当压力值低于0.036MPa时，立即发出信号使汽轮机跳闸。其中，润滑油压低开关3MAV10CP211、3MAV10CP212自就地汽轮机A柜送至ETS柜内的输入卡IN1板的6、7和IN1板的8、9端子，分别以内部硬触点输入%1：00003和%1：00004，通过PLC内的“或”逻辑和RS触发器的运算实现汽轮机跳闸。另外通过首发判断逻辑在ETS柜跳闸信息指示盘点亮“LBO-1”和“LBO-3”灯，首发为闪光，非首发为平光。真空低开关3MAV10CP213、3MAV10CP214自就地汽轮机A柜送至ETS柜内的输入卡IN3板的6、7和IN3板的8、9端子，分别以内部硬触点输入%1：00035和%1：00036通过PLC内的或逻辑和RS触发器的运算实现汽轮机跳闸。另外通过首发判断逻辑在ETS柜跳闸信息指示盘点亮“LBO-2”和“LBO-4”灯，首发为闪光，非首发为平光。同时两通道均动作后，通过硬触点输出点%0：00066和继电器板OUT1/C1、C2输出干触点至DROP14柜1.8.6.16，实现润滑油压低跳闸SOE。

4. EH油压低低

信号由布置在机头A柜背面的四个EH油压开关3MAX10CP204、3MAX10CP205、

3MAX10CP206、3MAX10CP207 经两“或”一“与”之后，当压力值低于 9.3MPa 时，立即发出信号使汽轮机跳闸。其中，EH 油压开关 3MAX10CP204、3MAX10CP205 自就地汽轮机 A 柜送至 ETS 柜内的输入卡 IN1 板的 2、3 和 IN1 板的 4、5 端子，分别以内部硬触点输入%1：00001 和%1：00002 通过 PLC 内的或逻辑和 RS 触发器的运算实现汽轮机跳闸。另外通过首发判断逻辑在 ETS 柜跳闸信息指示盘点亮“LP-1”和“LP-3”灯，首发为闪光，非首发为平光。真空低开关 3MAX10CP206、3MAX10CP207 自就地汽轮机 A 柜送至 ETS 柜内的输入卡 IN3 板的 2、3 和 IN3 板的 4、5 端子，分别以内部硬触点输入%1：00033 和%1：00034 通过 PLC 内的“或逻辑和 RS 触发器的运算实现汽轮机跳闸。另外通过首发判断逻辑在 ETS 柜跳闸信息指示盘点亮“LP-2”和“LP-4”灯，首发为闪光，非首发为平光。同时两通道均动作后，通过硬触点输出点%0：00065 和继电器板 OUT1/A1、A2 输出干触点至 DROP14 柜 1.8.6.1，实现 EH 油压低跳闸 SOE。

5. TSI 超速保护

装设在四瓦处的三个 TSI 测速装置 A、B、C 信号一旦达到额定转速的 110%，经三取二逻辑判断，且 ETS 操作面板不处于超速抑制模式时，立即发出信号使汽轮机跳闸。三个转速信号自就地分别接至 TSI 柜 X9/1、2，X9/5、6，X9/9、10，经转速卡设定转速 3300r/min，比较后分别接至 TSI 柜 X31/53、54，X31/55、56，X31/57、58。通过硬接线分别接至 ETS 柜内的输入卡 IN1 板的 14、15 端子，IN3 板的 14、15 端子，IN5 板的 14、15 端子，分别以输入%1：00007、%1：00039、%1：00071 通过 PLC 内的三取二逻辑与 RS 触发器的运算，且超速抑制钥匙开关不在超速抑制位时，实现汽轮机跳闸。另外通过首发判断逻辑在 ETS 柜跳闸信息指示盘点亮“TSI 超速”灯，首发为闪光，非首发为平光。同时通过硬触点输出点%0：00068 和继电器板 OUT1/G1、G2 输出干触点至 DROP14 柜 1.8.6.3，实现 TSI 超速 SOE。

6. DEH 超速

由装设在前箱处的三个 DEH 测速装置 A、B、C 信号经三取二判断后，若转速达到额定转速的 110%，则立即发出信号使汽轮机跳闸。装设在前箱处的三个 DEH 测速装置 A、B、C 信号自就地分别接至 DROP41 站逻辑页 41.5.28 三选判断后，经该站的输出通道 41.1.2.5.1 和 DEH RELAY 柜 JL-DZ/10、11 通过硬接线接至 ETS 柜内的输入卡 IN3 板的 22、23 端子，以内部硬触点输入%1：00043 通过 PLC 内的或逻辑和 RS 触发器的运算实现汽轮机跳闸。另外通过首发判断逻辑在 ETS 柜跳闸信息指示盘点亮“DEH 超速”灯，首发为闪光，非首发为平光。同时通过硬触点输出点%0：00075 和继电器板 OUT3/E1、E2 输出干触点至 DROP14 柜 1.8.6.10，实现 DEH 超速 SOE。

7. 轴振动大保护

汽轮机主轴上共设有 6 套振动测点，通过这 6 套相对振动测量装置（即 12 个振动信号）来监测主轴的振动情况。当测得任一点的轴振动值超过 254μm，且其他五个轴承处振动测点值中任一个也大于 125μm 时，即发出汽轮机跳闸命令并报警。装设在各轴承处的 12 个测振装置自就地分别接至 TSI 柜，再由 TSI 柜送至 DROP41 站逻辑页 41.5.200 中进行逻辑判断。当测得任一点的轴振动值超过 254μm，且其他五个轴承处振动测点值中任一个也大于 125μm 时，发出振动大信号，经该站的输出继电器触点 41.1.1.5.9 和

41.1.1.5.10并联后，接至ETS柜内的输入卡IN1板的20、21端子，以内部硬触点输入%1：00010通过PLC内的或逻辑和RS触发器的运算实现汽轮机跳闸。另外通过首发判断逻辑在ETS柜跳闸信息指示盘点亮“振动大”灯，首发为闪光，非首发为平光。同时通过硬触点输出点%0：00070和继电器板OUT2/C1、C2输出干触点至DROP14柜1.8.6.5，实现振动大跳闸SOE。

8. 轴向位移大停机

机头的推力轴承处共布置了4个轴位移测点，当测得1、2点的轴位移同时超过±1.0mm或3、4点的轴位移同时超过±1.0mm时，发出汽轮机跳闸命令并报警。装设在汽轮机前箱的4个轴向位移测量装置自就地A柜分别接至TSI柜，再由TSI柜X3/1、2、3，X3/5、6、7，X3/9、10、11，X/13、14、15，经轴向位移卡设定值±1.0比较后分别接至TSI柜X31/25、26，X31/27、28，X31/29、30，X31/31、32。通过硬接线分别接至ETS柜内的输入卡IN1板的16、17端子、IN1板的18、19端子、IN3板的16、17端子、IN3板的18、19端子，分别以内部硬触点输入%1：00008、%1：00009、%1：00040、%1：00041，通过PLC内的或逻辑和RS触发器的运算实现汽轮机跳闸。另外通过首发判断逻辑在ETS柜跳闸信息指示盘点亮“轴向位移大”灯，首发为闪光，非首发为平光。同时通过硬触点输出点%0：00069和继电器板OUT2/A1、A2输出干触点至DROP14柜1.8.6.4，实现轴向位移大跳闸SOE。

9. 相对膨胀大保护

探头布置于汽轮机四瓦处，当测得其相对膨胀值大于正向17.15mm或负向2.2mm时，发出“胀差大”信号，使汽轮机跳闸并报警。装设在四瓦处的胀差测量装置自就地分别接至TSI柜输入端子X4/1、2、3、4，再由TSI柜X31/37、38通过硬接线分别接至ETS柜内的输入卡IN3板的20、21端子，分别以内部硬触点输入%1：00042，通过PLC内的或逻辑和RS触发器的运算实现汽轮机跳闸。另外通过首发判断逻辑在ETS柜跳闸信息指示盘点亮“胀差大”灯，首发为闪光，非首发为平光。同时通过硬触点输出点%0：00071和继电器板OUT2/E1、E2输出干触点至DROP14柜1.8.6.6，实现相对膨胀大跳闸SOE。

10. DEH失电保护

在机组运行中，如果DEH电源发生故障，则发出命令使汽轮机跳闸。DEH电源失电在DROP41.3.61逻辑页中进行失电判断，由该柜的输出端子41.1.1.4.1接至DEH RELAY柜，再由DEH RELAY柜JL-DZ/8、9经硬接线接至ETS柜输入板IN1板22、23端子，以内部硬触点输入%1：00011，通过PLC内的或逻辑和RS触发器的运算实现汽轮机跳闸。另外通过首发判断逻辑在ETS柜跳闸信息指示盘点亮“DEH失电”灯，首发为闪光，非首发为平光。同时通过硬触点输出点%0：00074和继电器板OUT3/C1、C2输出干触点至DROP14柜1.8.6.9，实现DEH失电跳闸SOE。

11. 背压遮断保护

当低压缸的排汽压力3MAG01CP004、3MAG01CP005、3MAG01CP006逻辑判断高于定值（根据与负荷有对应关系的背压曲线）时，发出命令使汽轮机跳闸。在DROP10站逻辑页41.4.47中该背压值高于背压曲线中负荷所对应的背压值后，由该柜的输出端子

41.1.1.4.3 接至 DEH RELAY 柜，再由 DEH RELAY 柜 JL-DZ/19、20 经硬接线接至 ETS 柜输入板 IN3 板 24、25 端子，以内部硬触点输入%1：00044，通过 PLC 内的或逻辑和 RS 触发器的运算实现汽轮机跳闸。另外通过首发判断逻辑在 ETS 柜跳闸信息指示盘点亮“背压遮断”灯，首发为闪光，非首发为平光。同时通过硬触点输出点%0：00086 和继电器板 OUT6/C1、C2 输出干触点至 DROP14 柜 1.8.6.15，实现背压遮断跳闸 SOE。

12. 高压缸排汽温度高保护

当高压缸的排汽温度高于 428℃，且负荷小于 50MW 时延时 5s，发出命令使汽轮机跳闸。在 DROP10 站中逻辑页 41.3.46 中高压缸的排汽温度高于 428℃，且负荷小于 50MW 时，延时 5s，发出命令由该柜的输出端子 41.1.2.5.2 接至 DEH RELAY 柜，再由 DEH RELAY 柜 JL-DZ/16、17 经硬接线接至 ETS 柜输入板 IN5 板 4、5 端子，以内部硬触点输入%1：00066，通过 PLC 内的或逻辑和 RS 触发器的运算实现汽轮机跳闸。另外通过首发判断逻辑在 ETS 柜跳闸信息指示盘点亮“高排温度高”灯，首发为闪光，非首发为平光。同时通过硬触点输出点%0：00078 和继电器板 OUT4/C1、C2 输出干触点至 DROP14 柜 1.8.6.13，实现高压排汽温度跳闸 SOE。

13. 高压排汽压比低保护

高压排汽压比是指高压缸调节级压力 3MAA00CP004、3MAA00CP005、3MAA00CP006 三选值与高压缸排汽压力 3LBC10CP001 之比，当二者之比小于或等于 1.734，且负荷大于 100MW 时，延时 60s，说明运行工况恶化，发出命令使汽轮机跳闸。在 DROP10 站中逻辑页 41.3.46 中高压缸调节级压力三选值与高压缸排汽压力 3LBC10CP001 之比，当二者之比小于或等于 1.734，且负荷大于 100MW 时，延时 60s，发出命令由该柜的输出端子 41.1.1.4.2 接至 DEH RELAY 柜，再由 DEH RELAY 柜 JL-DZ/13、14 经硬接线接至 ETS 柜输入板 IN5 板 6、7 端子，以内部硬触点输入%1：00067，通过 PLC 内的或逻辑和 RS 触发器的运算实现汽轮机跳闸。另外通过首发判断逻辑在 ETS 柜跳闸信息指示盘点亮“高压排汽压比低”灯，首发为闪光，非首发为平光。同时通过硬触点输出点%0：00079 和继电器板 OUT4/E1、E2 输出干触点至 DROP14 柜 1.8.6.14，实现高压排汽压比低跳闸 SOE。

14. MFT 联锁保护

“停炉不停机”技改前，锅炉 MFT 信号接入 ETS 系统作为机组停炉停机联锁保护。为了减少因煤质差锅炉燃烧不稳 MFT 或其他可立即恢复的停炉条件 MFT 引发的汽轮机和发电机的非故障停机次数，对两台机组均实施了“停炉不停机”的技术改造。在逻辑页 10.4.800 中将 MFT 跳闸信号改为手动 MFT、汽包水位高 4 值(+300mm)、MFT 发生 30s 内过热蒸汽过热度低低和再热蒸汽过热度低低这四个条件经或逻辑后，由该柜的输出继电器 10.1.6.4.7 和 10.1.7.1.9 并联送至 ETS 柜内输入板 IN5 板 2、3 端子，以内部硬触点输入%1：00065，通过 PLC 内的或逻辑和 RS 触发器的运算实现汽轮机跳闸。另外通过首发判断逻辑在 ETS 柜跳闸信息指示盘点亮“MFT”灯，首发为闪光，非首发为平光。同时通过硬触点输出点%0：00077 和继电器板 OUT4/A1、A2 输出干触点至 DROP14 柜 1.8.6.12，实现 MFT 跳闸 SOE。

作为锅炉MFT联跳汽轮机的条件，即上述四个条件有任意一个满足就可跳闸汽轮机。如图2-49所示。

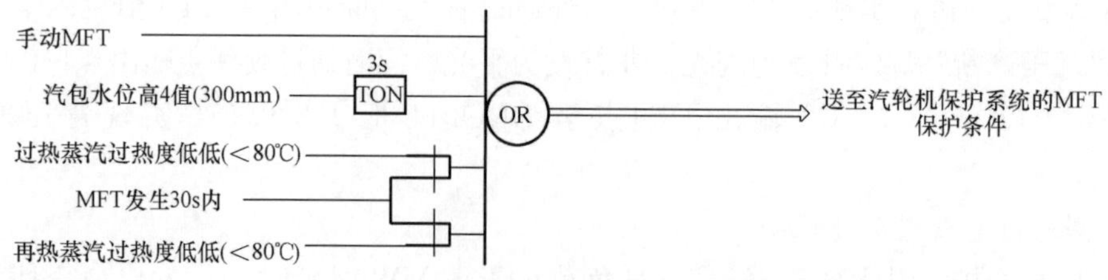

图2-49　锅炉MFT联跳汽轮机示意图

15. 轴瓦温度高保护

当汽轮发电机组支持轴承两测点乌金温度均高于113℃时，发出命令使汽轮机跳闸并报警。在DROP10站中逻辑页41.5.105中同一轴承两测点乌金温度均高于113℃时，发出命令由该柜的输出继电器端子41.1.1.5.8和41.1.1.5.7并联，接至ETS柜输入板IN5板10、11端子，以内部硬触点输入%1：00069，通过PLC内的或逻辑和RS触发器的运算实现汽轮机跳闸。另外通过首发判断逻辑在ETS柜跳闸信息指示盘点亮"轴瓦温度高"灯，首发为闪光，非首发为平光。同时通过硬触点输出点%0：00080和继电器板OUT4/G1、G2输出干触点至DROP14柜1.8.7.1，实现轴瓦温度高跳闸SOE。

16. 发电机跳闸联锁保护

在机组运行中，如果发电机出现内部故障或发电机跳闸条件满足联动汽轮机跳闸时，发出汽轮机跳闸命令。自发电机保护A柜、B柜、C柜侧送出三个发电机保护动作信号即"发电机保护动作1"、"发电机保护动作2"、"发电机保护动作3"至ETS保护系统。其中"发电机保护动作1"、"发电机保护动作2"两项保护为冗余配置，当发电机差动、定子匝间、定子接地、发电机过电压、发电机失磁、发电机逆功率、不对称过负荷、对称过负荷、低频、转子一点接地、励磁系统过负荷、发电机负压过流、发电机—变压器组差动、主变压器差动、主变压器零序过流、发电机复压过流、高压厂用变压器复压过流、高压厂用变压器差动、高压厂用变压器A分支零序过流、高压厂用变压器B分支零序过流、励磁变压器差动、励磁变压器过流等情况发生时信号置1；"发电机保护动作3"则是当主变压器绕组温度跳闸、厂用变压器绕组温度跳闸、发电机断水三种情况发生时信号置1。这三个发电机保护动作信号通过电气侧硬接线分别送至ETS内输入卡IN5板的8、9端子、IN5板的12、13端子、IN1板的24、25端子，以ETS系统PLC内的硬触点输入%1：00068、%1：00070、%1：00012参与汽轮机跳闸保护逻辑判断，作为发电机保护动作后联跳汽轮机的条件。即上述三个发电机保护1、2、3有任一动作，ETS汽轮机保护系统动作，汽轮机跳闸。

第三章 模拟量控制系统

第一节 概　　述

火力发电厂大型单元机组是典型的热工过程系统，单元机组是由锅炉、汽轮机、发电机和辅机设备构成的庞大设备群，其工艺流程复杂，主、辅设备众多，管道纵横交错。随着机组容量的增大，蒸汽参数的提高，整个机组有几千个参数需要监视、操作或控制，运行方式多样，切换关系复杂，对象特性多变，因而单元机组是一个典型的多输入、多输出相互耦合的复杂控制对象。

大型机组的自动化水平关系到机组的安全、高效运行，同时也决定了运行人员的工作环境与劳动强度。

目前，许多控制系统已逐步把常规控制与计算机控制结合起来，甚至全部采用计算机进行控制。

本章以某电厂350MW机组（1、2号机组）和300MW机组（3、4号机组）为例，对模拟量控制系统进行说明。

一、350MW机组模拟量控制系统

（一）协调控制系统

协调控制系统（CCS）负责协调锅炉和汽轮机的运行，接受外部负荷指令经过运行限制后，形成锅炉负荷指令和汽轮机负荷指令，系统提供了滑压和定压运行方式。

负荷控制系统能以以下四种方式中的任何一种运行。

1. 协调控制方式（CC）

协调控制方式下，机、炉主控器都投入自动，锅炉主控器（BM）控制主蒸汽压力，汽轮机主控器（TM）控制功率（发动机负荷）。

目标负荷可以由中调给出或者在集控室进行设定。

在集控室设定时，目标负荷可以在CRT上进行手动设定。目标负荷经过速率限制、频差修正、负荷限制器处理后，生成负荷要求指令负荷指令（MWD）。

由于机组结构上的特点，所以在协调控制方案的选择上采用了以炉跟机为基础的协调控制。同时为了补偿汽包锅炉出力调整时较大的滞后，在炉主控器（BM）的指令生成回路上叠加了MWD信号作为前馈，实现提前调整锅炉出力；在机侧为避免负荷调整过程中汽压发生较大的波动，在汽轮机主控器回路中叠加了汽压偏差信号，防止汽轮机进汽量

变化太快，引起机前压力大幅度波动。

在协调控制方式下，汽轮机主控器及锅炉主控器均处于自动方式，主蒸汽压力给定值可以由主蒸汽压设定逻辑根据 MWD 指令信号自动计算获得，也可由运行人员在 CRT 上手动设定。在该方式下燃料、风量、氧量控制均处于自动方式，给水调整可为自动或手动。

2. 锅炉跟踪方式（BF）

当因某种原因汽轮机主控器切至手动，而锅炉主控器可以投入自动时，系统自动选择 BF 方式，锅炉转入压力控制方式，给定值为手动给定。此时 MWD 跟踪实际的功率信号，锅炉输入指令仍为 BM 指令。燃料流量控制处于自动方式，风量控制自动，氧量控制自动或手动，给水控制可以为自动或手动。

BF 方式下，主蒸汽压力给定值可由实际负荷对应算出，也可以手动设定。锅炉主控器仍根据压力偏差经 PID 计算后获得的指令值，叠加上实际负荷来调整送风量和燃料量。

3. 汽轮机跟踪方式（TF）

若某种原因导致锅炉主控器切回手动，而此时汽轮机主控器可投入自动时，则自动选择 TF 方式为机组运行方式。

在 TF 方式下，汽轮机调整机前主蒸汽压力，机组负荷可由运行人员通过锅炉主控器来手动改变。但在某些特殊工况下，如在 RB 动作后，若系统未恢复，则不能改变负荷控制指令。

TF 方式下，MWD 仍自动跟踪实际负荷值（单位：MW），主蒸汽压力给定值可手动给定，锅炉输入的指令根据此时机组工况，可以是 BM 指令、RB 指令或跟踪实际的燃料流量。燃料流量控制可以是自动，也可以是手动；风量可以是自动或手动；氧量调整在风量自动时可投自动或手动；在风量手动时，氧量调整必须切回手动；给水控制可以自动，也可手动方式。

机组在 TF 方式运行时，若燃料系统可投入自动，则锅炉输入指令 BID 可以通过以下几个途径获得：

（1）BM 设定器。此时锅炉主控器应为手动方式，才可获得 BID 指令。

（2）RB 设定值。

（3）FCB 设定值。

在燃料主控器（Fuel Master）未投入自动时，BID 指令信号跟踪实际的燃料量。此时，主蒸汽压力给定值也以手动设置，也可通过 BID 信号计算得到。给定值与实际值比较后，经 PI 运算控制 DEH，维持主蒸汽压力在给定值。

4. 锅炉手动方式（BH）

当机、炉主控器都为手动方式时，对主蒸汽压力及机组负荷都不再进行自动调节。

汽轮机主控器跟踪主蒸汽调节汽阀开度信号，锅炉主控器则由燃料及风量控制决定。若燃烧控制处于手动，则锅炉主控器跟随燃料流量信号；若燃料与风量控制都为自动方式，则锅炉主控器可由运行人员手动改变，同时调整风量及燃料量。此时，负荷设定器跟踪实际功率，主蒸汽压力设定器跟踪实际汽压。在此方式下，汽轮机主控器为手动。锅炉主控器为手动，在汽轮机主控器投手动时，若 DEH 投入 CCS 方式，则可通过 CRT 调整汽轮机主控器；若 DEH 投入 DEH 方式，则汽轮机负荷不能通过汽轮机主控器来调整。

（二）锅炉侧自动控制系统

1. 锅炉燃烧控制系统

锅炉燃烧控制系统的作用是控制锅炉的燃料量、送风量和引风量的具体数值，使锅炉生产的蒸汽满足汽轮机的用汽需要，即满足负荷指令的要求，同时要保证锅炉燃烧的安全性和经济性。

2. 锅炉给水控制系统

锅炉给水控制系统的作用是通过调整给水量的大小，保证汽包水位在允许范围内，同时保证给水泵的安全、稳定运行。

3. 锅炉蒸汽温度控制系统

锅炉蒸汽温度控制系统的作用是控制过热蒸汽和再热蒸汽的温度，满足单元机组运行工况的要求。

（三）汽轮机侧自动控制系统

汽轮机侧自动控制系统完成大范围的转速控制、负荷控制、异常工况下的负荷限制、主蒸汽压力控制、阀门控制与管理一级自动减负荷等任务。

（四）辅助自动控制系统

主要辅助控制系统包括磨煤机出口温度控制系统、磨煤机密封风差压控制系统、一次风机出口压力控制系统、除氧器水位控制、凝汽器水位空等。

二、300MW 机组模拟量控制系统

（一）协调控制系统 CCS

CCS 运用 DEB 控制原理，又称为 DEB CCS，具有以下特点：

（1）汽轮机调节机组功率。

（2）以能量平衡信号 $\frac{p_1}{p_T}p_S$ 作为锅炉主控负荷指令，其中 p_1 为调节级压力，p_T 为机前压力，p_S 为机前压力定值。压力比 p_1/p_T 线性地代表了汽轮机实际阀位，而 $\frac{p_1}{p_T}p_0$ 不受锅炉燃烧率的影响且适用于定压或滑压控制方式，可作为调节锅炉燃烧率的输入指令，准确反映出汽轮机对锅炉的能量需求。

负荷管理控制中心（LMCC）是协调系统的指挥机构，可接收中调 ADS 负荷指令，也可由运行人员手动给定指令，主要包括：

（1）负荷指令的方式及处理。

（2）最大负荷/最小负荷限制。

（3）目标负荷指令的增/减闭锁。

（二）锅炉 DEB 控制系统

系统采用热量信号 $\left(p_1\times\frac{\mathrm{d}p_d}{\mathrm{d}t}\right)$ 进行测量，其中 p_1 代表调节级压力，反映了锅炉的能量输出；p_d 代表汽包压力，变化率 $\frac{\mathrm{d}p_d}{\mathrm{d}t}$ 反映了锅炉蓄能的动态变化。

该热量信号有以下特点：

（1）反映了锅炉包括煤、油等燃料总的放热量。

（2）可以有效地规避系统中的各类扰动信号，响应快，避免了风量的波动。

（3）考虑了锅炉的蓄能，负荷变化过程中能较好地控制风/煤比例，防止炉膛负压、氧量、汽温的大幅波动。

第二节　协调控制系统

单元机组协调控制系统是一个多变量控制系统。受控过程是一个多输入多输出的过程，在输入和输出之间存在着相互的关联和耦合。汽包锅炉单元机组可简化为一个具有双输入双输出的被控对象，如图 3-1 所示。

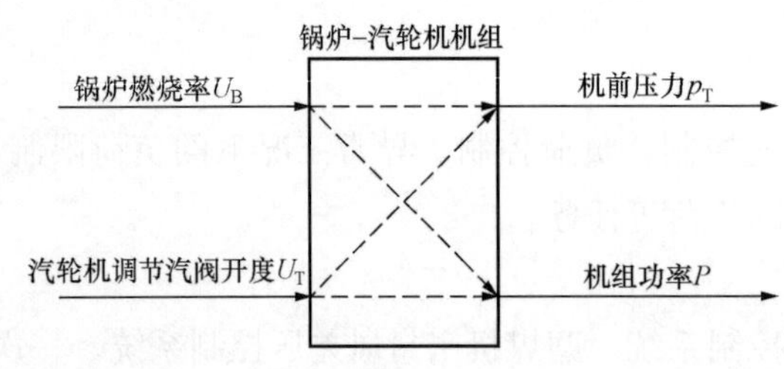

图 3-1　汽包锅炉单元机组被控对象图

对锅炉-汽轮机机组进行热力学分析可知，控制对象模型具有以下特点：

（1）被控对象是一个具有强烈交叉影响的双输入双输出系统，负荷和主蒸汽压力控制相互依赖、相互制约。

（2）由于锅炉的热惯性比汽轮机的热惯性大得多，使压力和负荷对于燃烧率扰动的动态特性十分接近。

（3）快速响应负荷需求时，可充分利用机组内部的蓄热量。但利用机组的蓄热量只能是一种有限的、暂态的策略，系统最终必须考虑锅炉与汽轮机之间能量的平衡关系。

（4）当汽轮机的调节汽阀相对固定时，压力和负荷对燃烧率扰动的响应特性为一种带纯迟延的有自平衡过程；当汽轮机的实发功率相对固定时，压力对燃烧率扰动的响应特性为一种带迟延的无自平衡过程。

（5）当汽轮机的调节汽阀开度发生扰动时，负荷的响应特性为一个实际的微分过程，压力的响应特性为一个比例加惯性的有自平衡过程；在汽轮机发生负荷扰动的情况下，压力的响应特性为比例加积分的无自平衡过程。

（6）机组的主蒸汽压力稳定性和负荷适应性是一对最基本、最主要的矛盾。

一、350MW 机组协调控制系统

350MW 机组锅炉为亚临界参数、平衡通风中间一次再热强制循环汽包锅炉，燃烧器采用四角布置切圆燃烧，过热器为三级布置，采用二级喷水减温，再热蒸汽温度采用燃烧器摆角作为主调手段，喷水作为事故状态下的减温手段使用。汽轮机为双缸双排汽中间一次再热凝汽式汽轮机。

由于机组上述主设备的特点，采用了以炉跟踪为基础的协调控制方案，所采用的方案原理图如图 3-2 所示。

单元制机组无论汽轮机侧的汽轮机出力调整，还是锅炉侧的燃烧率改变，都会同时影响到主蒸汽压力和机组出力。在此情况下，汽轮机和锅炉是互相影响的，因此必须对锅炉

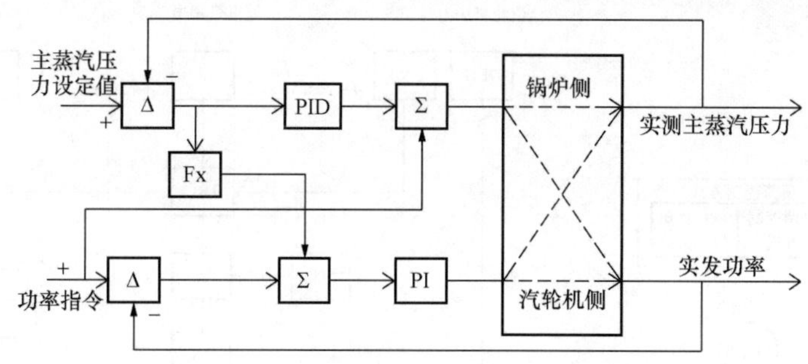

图 3-2 以炉跟踪为基础的协调控制原理图

和汽轮机进行协调控制，才能既快速适应外界负荷要求，又能避免负荷调整过程中主蒸汽压力的大幅波动，保证机组具有良好的负荷响应特性，保障机组的安全运行。

为达到上述目的，机组的协调控制采用了图 3-2 所示的方案，主蒸汽压力偏差 Δp 经函数转换后引入功率控制回路，限制调节汽阀动作速度，防止汽压波动过大。同时因为采用汽包锅炉，为充分利用蓄热能力，又允许主蒸汽压力在负荷调整过程中有适当变化，使机组更快适应负荷变动的要求。在主蒸汽压力控制回路中加入了负荷指令 MWD 作为前馈量，提前调节燃料量，加快锅炉响应速度。显然，该机组协调控制系统采用功率指令信号间接平衡机、炉间的能量供求关系。

（一）目标负荷的来源

按照设计，机组在协调控制方式下运行时，目标负荷有两个来源：一个是操作人员在 OPS 站的 CRT 上可进行增减操作给定，此时应将负荷设定器（Load Setter）置为“House Mode”；另一种是接受中调的负荷指令，此时应将负荷设定器置为“Dispatch Mode”。

机组启停过程中，投入自启停系统（APS）方式时，APS 升负荷阶段的目标负荷 1、2、3 分别为 70.0、157.5、350.0MW，APS 停机降负荷阶段的目标负荷值为 17.5MW。

（二）MWD 指令的生成

MWD 指令信号的生成如图 3-3 所示，将目标负荷经速率限制器（Rate Limiter），叠加频差修正信号后，加以限幅得到。在这一过程中，运行人员可以对负荷变动率进行选择和变更，还可以在 CRT 上设定负荷的上限和下限。

1. 负荷变动速率

机组协调方式下，使用的负荷变动率的来源有三个，并且在出现非正常的运行情况时，还能提供负荷增或减的限制信号，停止负荷指令 MWD 进一步变化，防止出现不利工况，保证机组安全运行。负荷变动率决定机组从负荷要求指令 MWD 过渡到目标负荷的速度。协调方案中，对其上升和下降速率都做了规定，在增减负荷允许的情况下，上升率和下降率来源于同一值。

负荷变动率可以由运行人员进行设定（Load Rate Setter），也可由 MWD 指令计算获得。

另外 APS 方式下（启停机时），负荷变动率可由 APS 系统（SCS1）通过机组网络的通信信号给定。

在 CCS Link ON 信号有效时，机组负荷变动率采用 DEH 给出的负荷变动率。

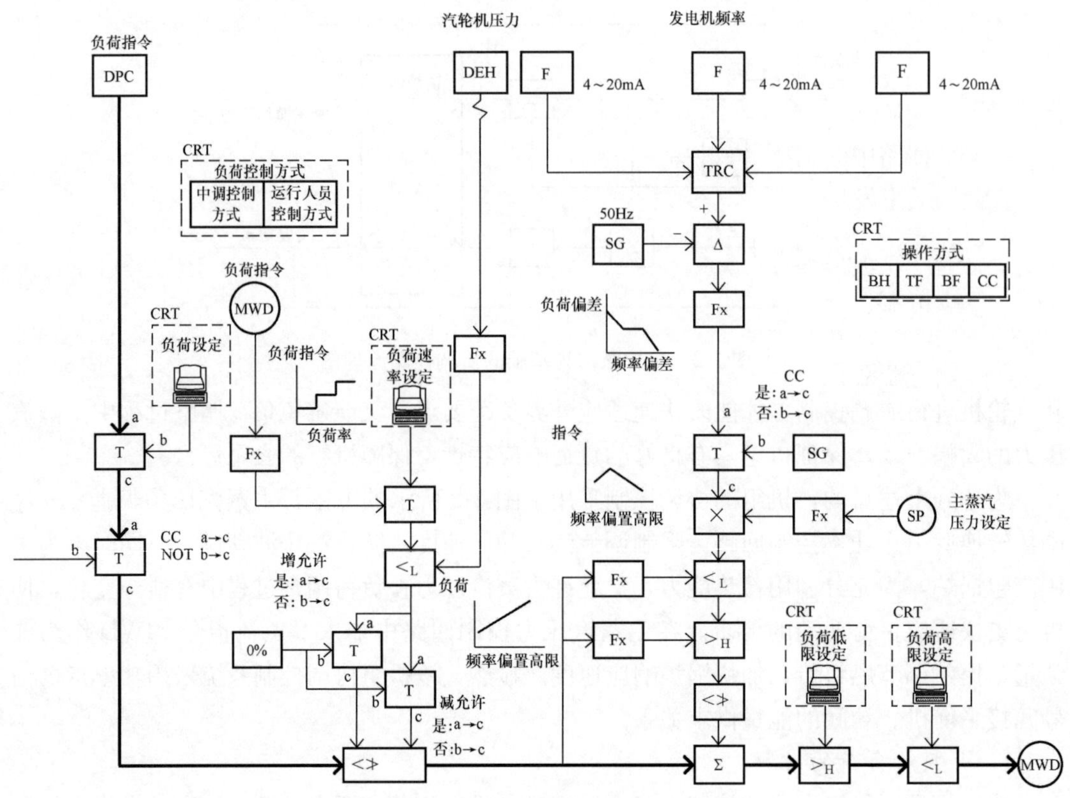

图 3-3 负荷指令生成图

从以上途径来的信号，进一步与汽轮机应力计算所得的允许负荷变动率进行比较，选取其中较小值使用。此时汽轮机应力控制应投入，并且汽轮机应力信号正常。

仅有以上步骤计算所得的负荷变动率还不够，当出现如图 3-4 所示的条件时，将不允许负荷进行增或减操作，此时应将负荷变动率置为 0%/min，即不允许负荷指令变化。

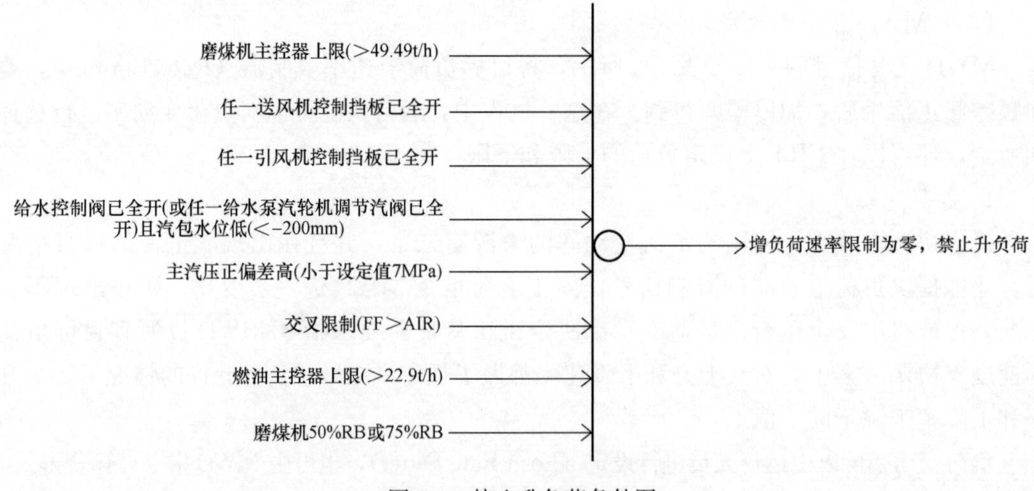

图 3-4 禁止升负荷条件图

2. 频差修正信号（GOV Free Bias）

CCS 中，在 MWD 指令生成回路中叠加频差修正信号的作用是最终实现一次调频。

它将单元机组的汽轮机和锅炉看作一个整体，把参加一次调频所需改变的功率修正值叠加到 MWD 指令的生成回路上，同时改变送给锅炉主控器及汽轮机主控器的指令，使机炉协调参加一次调频。但是在协调方式下，虽然 DEH 接受汽轮机主控器的指令，但是 DEH GOV 回路中的频差修正（Droop 回路）也参与了协调方式下的一次调频。

在电网频率发生波动后（例如升高后），DEH 首先根据速度变动率设定器［Droop Setter（CRT）］上设定的值，直接使机组出力下降。此时，若 MWD 指令不变，则它与实际功率的偏差将增加，从而使汽轮机主控器给 DEH 的指令增加，出现负荷先降后升的现象，不能参与一次调频。在 MWD 指令生成回路加入频率偏差修正后，及时减小了 MWD 信号，避免了上述不利情况的发生。

当 DEH 以基本负荷控制方式（LL）运行时，频差修正值将直接协调汽轮机和锅炉参与一次调频。

CCS 从发电机出口测出电网频率，发电机频率的测量采用三冗余，运行人员可以选择其中的 A、B、C 或者中值作为测量信号。

应注意的是，当如图 3-5 所示条件之一不满足时，频差修正值不再引入 MWD 指令回路。

图 3-5 所示条件的第四条采用下述逻辑进行判断。假如机组此时前三个条件满足，MWD 指令恰好大于 122.5MW，频差修正值应该可以投入。若此时系统频率升高要求减负荷，则该功能的退出又立刻使第四条件满足，频差修正功能投入。为了避免上述情况的发生，关于第四个条件，系统采用了滞环的监视方案。

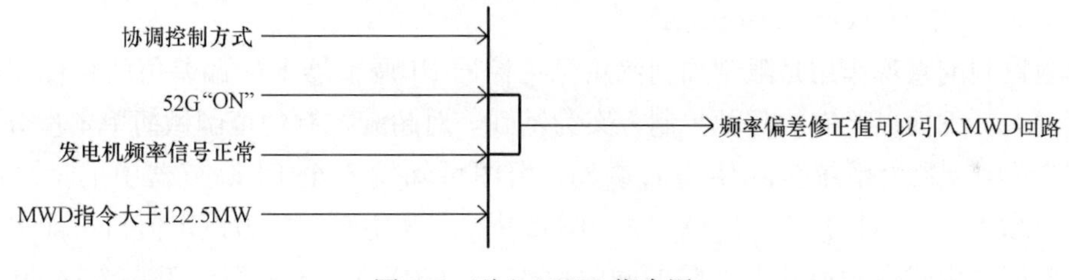

图 3-5　引入 MWD 指令图

3. 负荷高低限制器

前面环节产生的指令信号经过负荷高低限制器后，生成负荷要求指令 MWD。负荷高低限制器可由运行人员手动进行设定。

（三）汽轮机主控器指令的形成

汽轮机主控器接受 MWD 信号作为给定值，引入了主蒸汽压力偏差功率补偿信号，以及主蒸汽压力偏差超驰控制（Override Control），并根据负荷指令 MWD 的大小对主 PI 调节器参数进行修正，以满足不同负荷工况下回路调节品质的要求。

TF 工况下，汽轮机根据主蒸汽压力给定值与实际值的偏差对汽轮机调节汽阀进行调整，此时汽轮机主控器的输出信号由 TF 计算回路获得，TF 回路 PI 调节器的比例系数由锅炉主控器的输出进行修正，以求改善回路的调节品质。汽轮机主控器置为手动时，可以直接由运行人员设定功率值。

汽轮机主控器的计算逻辑如图 3-6 所示。

1. Δp 信号的引入

Δp 信号引入的目的是减少负荷调整过程中的主蒸汽压力的波动。控制方案中，只有

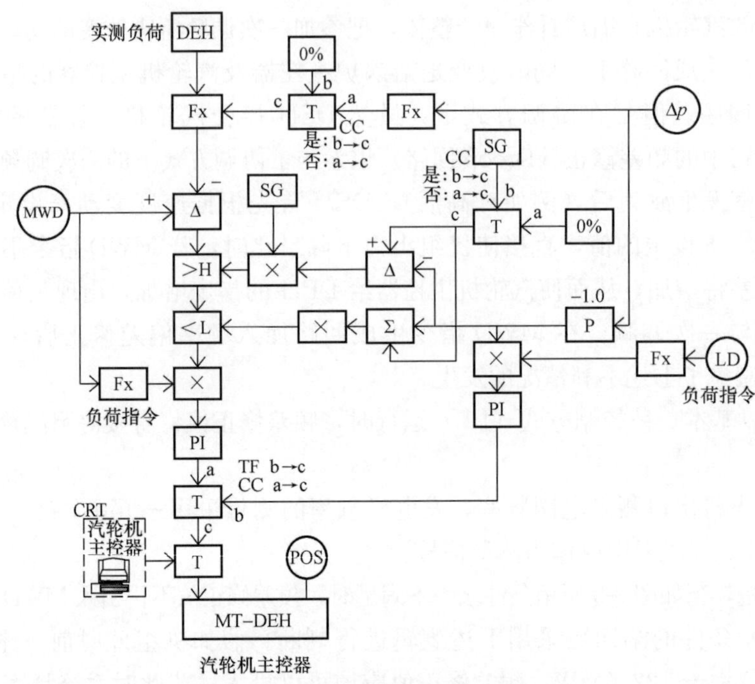

图 3-6　汽轮机主控器的计算逻辑图

在机组处于协调控制方式，才将 Δp 信号引入汽轮机主控器指令回路。

2. 超驰控制（Override Control）

超驰控制的直观作用是限制加到汽轮机主控器 PI 调节器上的偏差值的幅度，防止调整幅度过大。下面以已有的超驰控制方案为基础，对超驰控制的范围做简单定量分析。

图 3-6 中参数为系统实际使用的参数，由图可知输入至 PI 调节器中的信号应大于 $(-1.2-\Delta p)\times10$，小于 $(1.2-\Delta p)\times10$，其中 Δp 为主蒸汽压力设定值与机前主蒸汽压力值的差值。由式中知道其上下限的间隔值为 24（MW），作用相当于一个移动的窗口，根据 Δp 值来限制进入 PI 调节器的偏差的幅度。如当 $\Delta p=0$ 时，要求输入的功率偏差在 ±12MW 之间，否则就强制为 ±12MW。

实际上，输入到 PI 调节器的信号是由以下公式组成，即

$$MWD-MW\text{actual}-K\Delta p$$

对负荷指令 MWD 变化系统，由图 3-6 可知 $K=10$，则计算式为 $\Delta MW-10\Delta p$。此时若 ΔMW 大于 −12、小于 +12，超驰控制并不动作；只有当 $\Delta MW>12$ 时，才强制取为 +12MW。将上、下限值与偏差值比较后，可以发现整个超驰回路参数选择的结果使得回路对 Δp 引起的调节动作不加限制，以及时稳定主蒸汽压力；而对由功率偏差引起的调节动作则加以限幅，将功率偏差的绝对值限制在 ±12MW。

3. PI 调节器参数修正

与系统中许多其他的回路类似，汽轮机主控器也采用了 MWD 的函数值对协调控制的 PI 控制器比例带进行了修正。经过上述环节生成了协调控制方式下的汽轮机主控器指令。若机组投入锅炉主控制器和汽轮机主控器自动，进入协调控制方式运行，则该指令将传送给 DEH，控制调节汽阀开度。

TF 方式下，汽轮机调节主蒸汽压力，此时汽轮机主控器指令由 TF 的 PI 调节器生成，该调节器的参数用锅炉主控制器信号修正，入口偏差为主蒸汽压力设定值与主蒸汽压力值的偏差。

汽轮机主控器手动时，运行人员可以手动给出机组负荷。

4．汽轮机主控器投自动的条件

汽轮机主控器投自动的条件如图 3-7 所示。

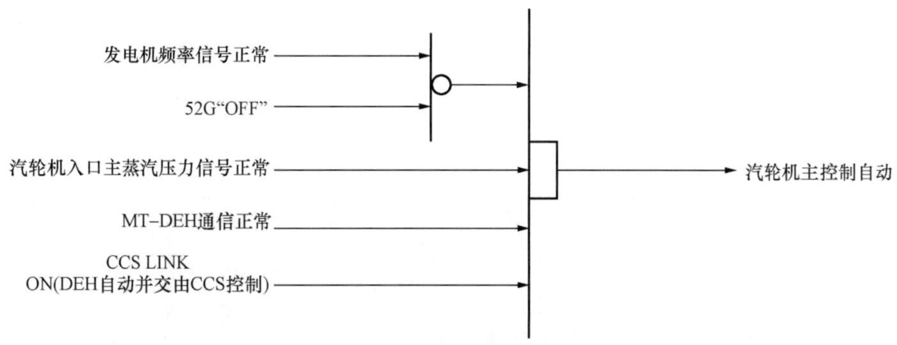

图 3-7　汽轮机主控器投自动条件图

（四）锅炉主控器指令的生成

锅炉主控器接受 MWD 指令计算主蒸汽压力给定值（压力控制自动时），压力给定值与机前主蒸汽压力值进行比较获得偏差 Δp，经 PID 控制器计算，并将 MWD 作为前馈引入回路，提前调节。限幅后输出即为协调方式下的锅炉主控器输出指令。

除此以外，由于 CCS 还担负机组并网前的升温升压工作，所以该阶段的锅炉主控器指令的生成也包含在该回路中，RB 等工况下的锅炉主控器指令同时包含在锅炉主控器功能回路中。

1．主蒸汽压力设定值

主蒸汽压力设定值有两个来源：当主蒸汽压力设定手动时，可以手动给定主蒸汽压力设定值；当主蒸汽压力设定自动时，由主蒸汽压力设定逻辑来计算（根据 MWD 或者 BM 指令）出主蒸汽压力设定值。图 3-8 所示为主蒸汽压力的计算逻辑。

（1）主蒸汽压力设定逻辑。单元机组的主蒸汽压力给定值可以分为多种情况。机组启动时，有冷、温、热、极热四种状态；机组正常运行时，有定压及滑压运行方式。如何根

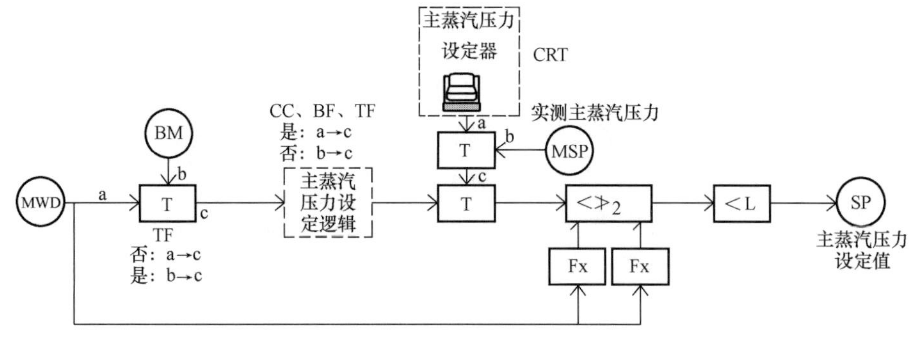

图 3-8　主蒸汽压力的计算逻辑图

据机组工况和要求，选择恰当的压力曲线，计算压力给定值，合理控制机组运行，也是锅炉主控器（BM）逻辑中的一个重要的功能。

当图3-9所列条件全部满足时，系统认为锅炉在启动方式。

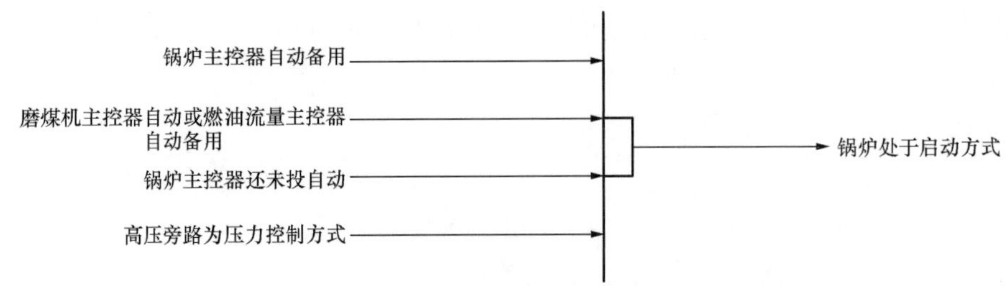

图3-9　锅炉启动方式条件图

若锅炉处于启动方式，且主蒸汽压力设定自动，此时计算回路使用启动主蒸汽压力设定逻辑来计算主蒸汽压力给定值，如图3-10所示。

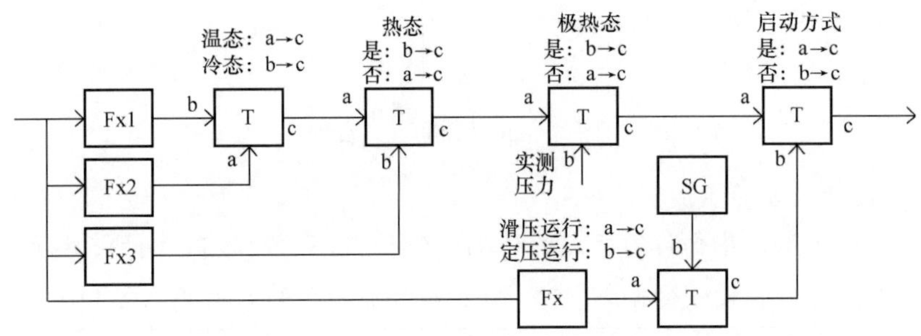

图3-10　主蒸汽压力设定逻辑图

其中Fx1，为冷态启动，Fx2为温态启动，Fx3为热态启动。若主蒸汽压力给定值不在启动方式，也不在手动方式，则自动选择为定滑压启动方式。

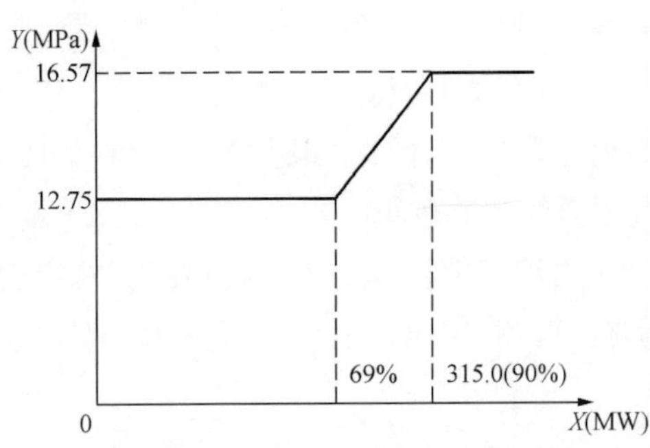

图3-11　滑压运行主蒸汽压力给定值图

滑压运行Fx的具体函数关系如图3-11所示，定压方式下的主蒸汽压力给定值为16.57MPa。

机组在69%～90%负荷之间滑压运行，获得主蒸汽压力设定值后，还要经过速率限制及限幅，获得压力给定值。

（2）主蒸汽压力设定值的变化率限制。主蒸汽压力设定值的下降速率限制通过函数进行计算，但由于Fx的输出为固定的0.25MPa/min，所以主蒸汽压力设定值下降速率限制为定值。

主蒸汽压力上升速率的计算如图3-12所示。

极热态情况下，允许最大变化率为0.19MPa/min，热态为0.191MPa/min，温态为0.181MPa/min，冷态为0.182MPa/min，非启动工况下为0.25MPa/min（Fx全部为固定输出）。

（3）主蒸汽压力设定值上限。该机组主蒸汽压力设定值的上限为17.50MPa。

另外，为了限制主蒸汽压力设定值的变化速率，还在回路中设置了设定值滤波，时间

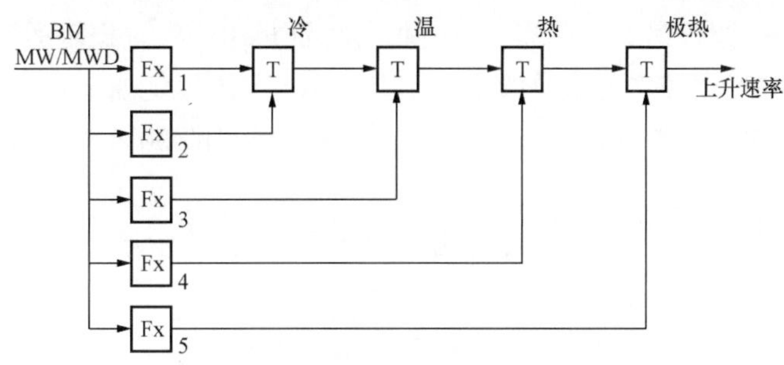

图 3-12 主蒸汽压力上升速率图

常数为 30s。

2. 锅炉主控器 PID 调节器的参数调整

主蒸汽压力 PID 回路采用变参数调节方案，由 LD 指令（CC、BF 方式下 MWD，TF 方式下 BM 指令）计算出相应的修正值，分别对比例带、积分和微分时间常数进行修正。在实际使用的修正回路中，考虑到燃油自动方式、负荷是否在变化等情况，分别进行修正。

3. 启动燃料指令生成逻辑

启动燃料指令生成逻辑如图 3-13 所示。

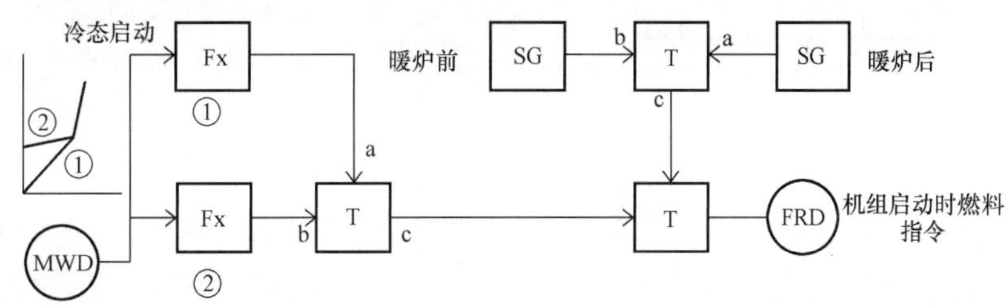

图 3-13 启动燃料指令图

启动方式温、热、极热三态的判断方法为：APS 投入后 1s 内（或 MFT 复位后 1s 内），若汽包压力大于 1.0MPa 且小于 3.0MPa，认为是温态；若汽包压力大于 3.0MPa 且小于 5.0MPa，认为是热态；若汽包压力大于 5MPa，则认为是极热态。若 APS 退出，则复位上述已做出的判断。同理 MFT 或锅炉主控器投入自动时，也复位上述判断。

对于暖炉完成信号（Swelling Complete）的判断为：任一燃烧器投入后 300s，若汽包压力上升 0.5MPa 或汽包压力达 2.0MPa 以上，则暖炉结束。

暖炉结束前，ST-UP 燃料指令为固定值设计煤种，暖炉结束后，至高、低压旁路控制阀打开前，依次根据汽包压力所决定的冷、温、热、极热四种启动方式，ST-UP 燃料指令分别采用预先设定值；此后若使用高、低压旁路控制阀进行升压控制（并网前），则转而使用暖炉后的回路。并网完成后，则使用 MWD 信号来计算所需燃料。

从系统功能逻辑图中可知，并网后若机组正常运行，旁路控制阀全关，当 MWD 指令大于 70MW 时，锅炉主控器即可投入自动，启动燃料指令退出运行，由正常的压力控制回路进行控制。

4. RB 动作后的锅炉主控器指令

发生 RB 后，由于部分设备出力受到限制，机组难以按照预先的规律运行。为了适应异常工况，需要及时调整锅炉主控器指令的值，保证机组的安全稳定运行。

RB动作后，锅炉主控器的指令值根据引起的RB原因设定如下：

（1）由锅炉给水泵、送风机、引风机、一次风机引起的50%RB，锅炉主控器的值定为175MW。

（2）由磨煤机引起的RB。50%RB，锅炉主控器的设定值为206.0MW；75%RB，该值定为310.0MW。

对于RB后的锅炉主控器MW指令值变化率有如下规定：

（1）若RB动作由引、送风机引起，则变化率不大于300%/min。

（2）若RB动作由其他辅机故障引起，则变化率不大于100%/min。

5. BIR指令

BIR指令如图3-14所示，为了使炉侧各个控制子回路，尤其是惯性、迟延较大的调节回路，能够尽快对MWD的变动做出响应，而不是等到各自回路被调量发生变化后被动调节，控制方案对送风量、燃料量、过热蒸汽温度、再热蒸汽温度调节四个回路增加微分环节。

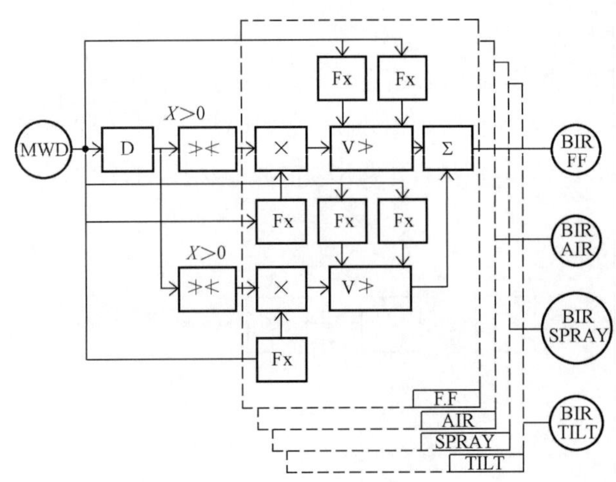

图3-14 BIR指令图

方案如图3-14所示，MWD的微分环节输出在经过限幅、大小系数修正、变化速率限制后，输出对应的BIR指令，送到送风量、燃料量、过热蒸汽温度、再热蒸汽温度调节四个回路增加各自的响应速度。

6. 锅炉主控器投自动方式的条件

锅炉主控器投自动方式的条件如图3-15所示。

（五）协调控制逻辑原理图

协调控制逻辑原理如图3-16和图3-17所示。

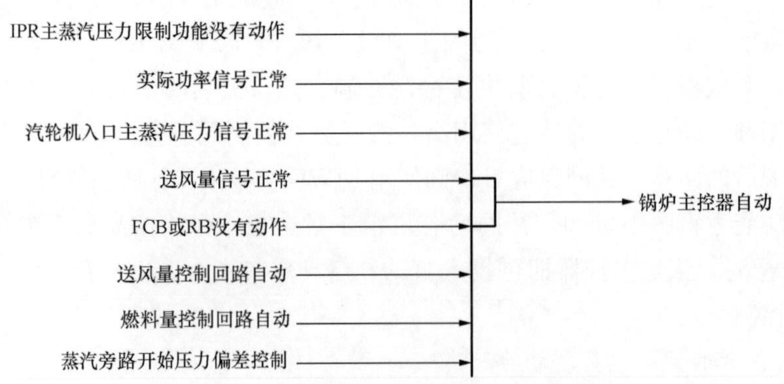

图3-15 锅炉主控器投自动方式的条件图

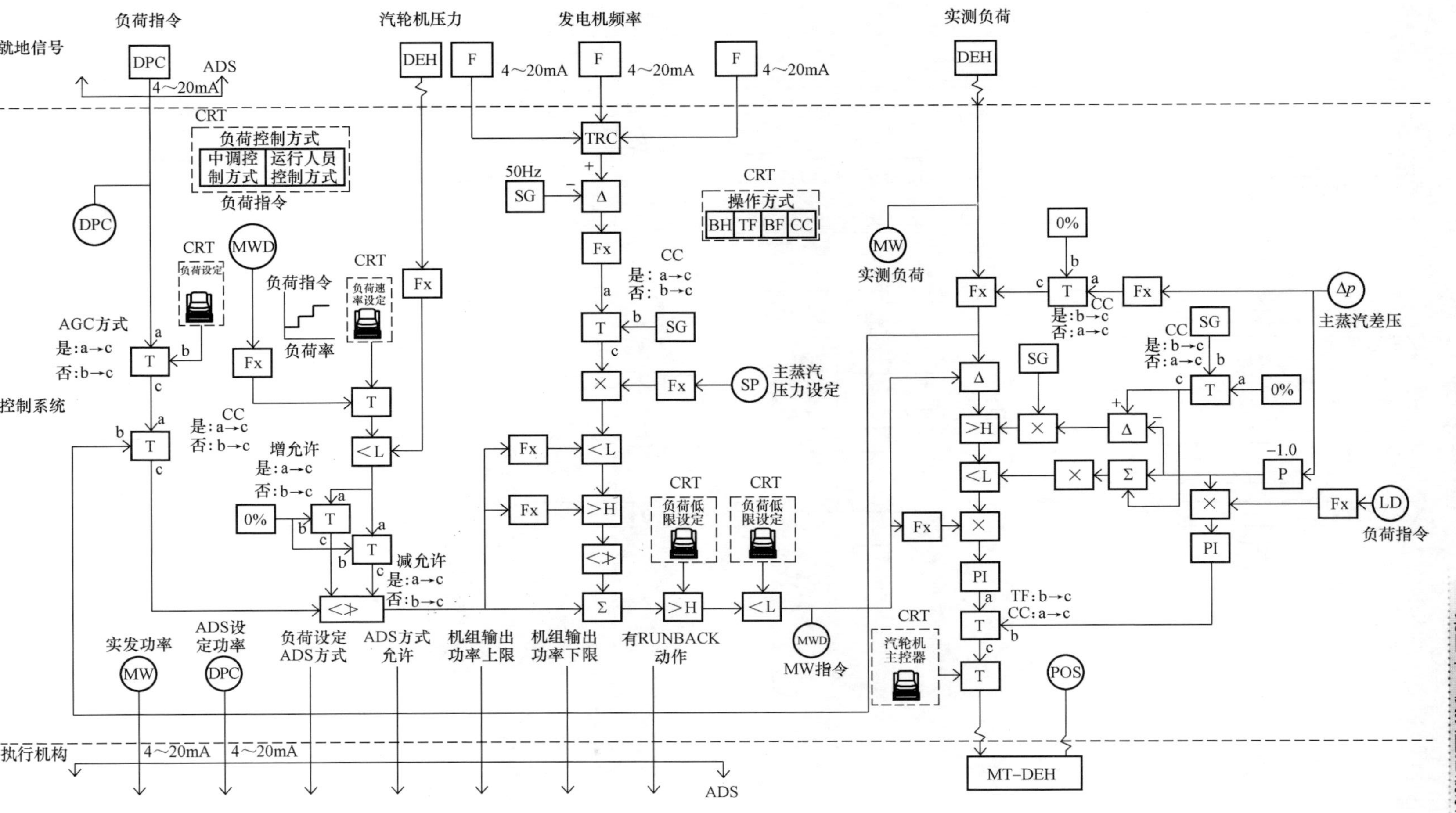

图 3-16 汽轮机主控器协调控制逻辑图

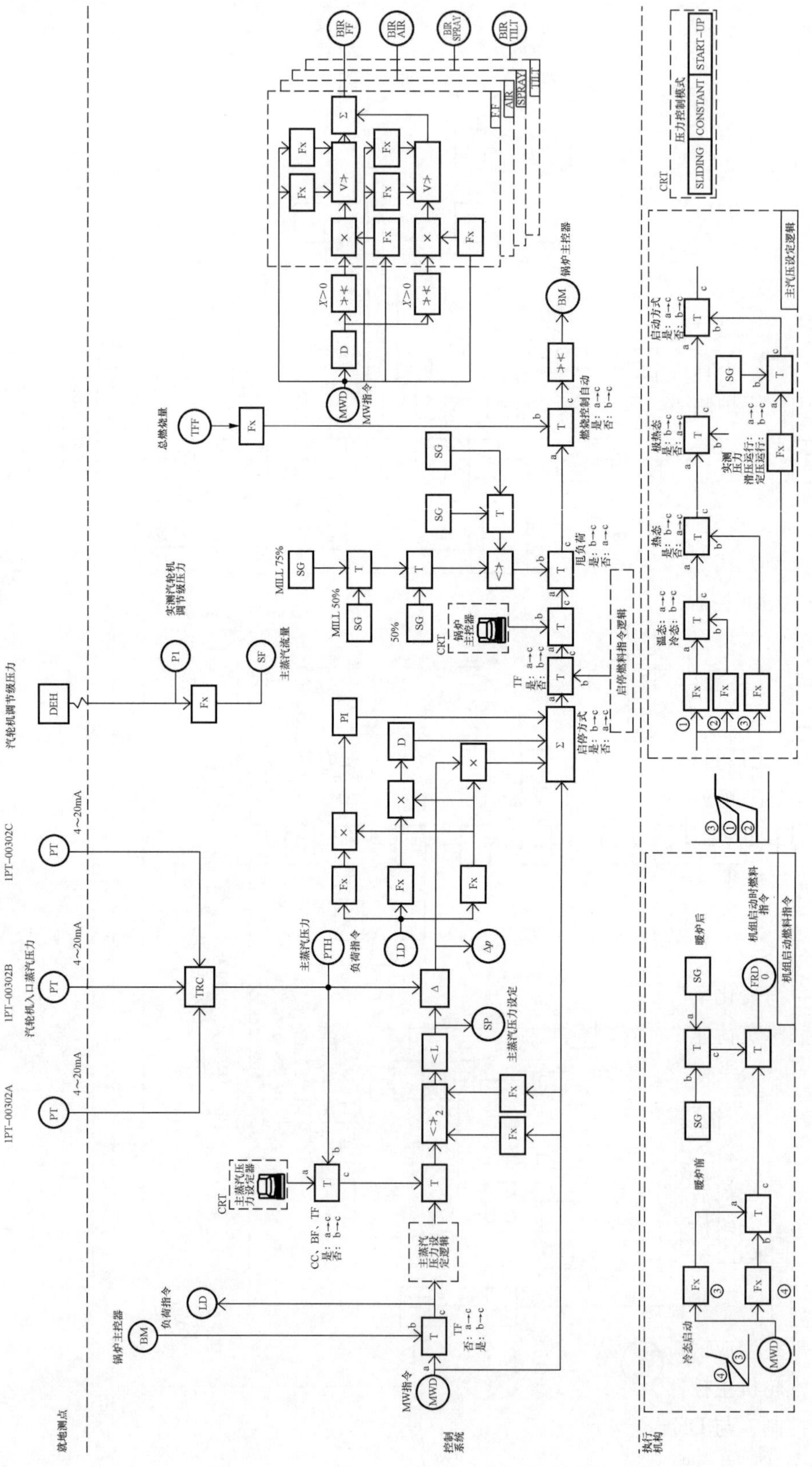

图 3-17 锅炉主控器协调控制逻辑图

二、300MW机组协调控制系统

1. 控制方式

CCS有基本方式（BASE）、BF、TF、CC四种控制方式。

（1）基本方式。指锅炉、汽轮机主控均处于手动控制方式，由操作员设定汽轮机主汽阀位指令和锅炉燃料指令来控制机前压力和机组负荷。汽轮机主汽阀开度最终由DEH系统控制，汽轮机主控输出跟踪主汽阀位反馈。

（2）锅炉跟随BF。指汽轮机主控在手动方式，由操作员手动设定汽轮机调节汽阀开度指令，控制机组负荷，锅炉主控在自动方式。该方式下机组负荷响应快，但以牺牲主蒸汽压力为代价，不管是内扰还是外扰的影响，动态过程压力波动相对较大，系统抗干扰能力较差。因此锅炉侧引入了汽轮机主汽阀指令前馈，对外扰有一定的抑制作用。

（3）汽轮机跟随TF。指锅炉主控在手动控制方式，由操作员手动设定燃料指令，汽轮机主控自动调整机前压力。该方式下动态过程压力波动较小，机组运行稳定，但是机组负荷响应慢。

（4）协调方式CCS。指以锅炉跟随为基础的协调控制方式，是基于直接能量平衡DEB原理的协调控制系统。该方式下汽轮机主控自动控制机组负荷，锅炉主控主要维持汽轮机能量需求与锅炉放热量的平衡。协调控制方式的特点是机组负荷响应快，负荷控制精度高，动态过程压力相对锅炉跟随方式波动较大。

2. 逻辑中的重要环节

CCS由LCD目标值、负荷变化率、目标负荷的最大/最小限值、锅炉主控器、汽轮机主控器等环节组成。

（1）LDC（负荷控制）目标值。LDC目标值在不同状态下输出值也不同。当机组处于协调控制方式时，机组可以接受中调指令，也可以接受运行人员的负荷设定；当机组处于BASE、TF、BF方式时，LDC输出跟踪机组实发功率。控制逻辑见图3-18中左边虚线框。

（2）负荷变化率。负荷变化率可由运行人员手动设置，并可视具体情况设定不同的升负荷速率和降负荷速率。控制逻辑见图3-18中右边虚线框。

（3）目标负荷的最大/最小限值。最大/最小允许负荷值均可由运行人员通过AV-ALGEN给定，但是最大允许负荷设定值必须受机组最大出力值的限制。控制逻辑见图3-19。

（4）锅炉主控器。锅炉主控器又称锅炉主控回路，有手动、锅炉跟随BF、协调控制三种控制方式。锅炉主控器逻辑见图3-20。

逻辑中定义了当机组处于BF方式时，主蒸汽压力偏差信号经PID调节器校正，最终使得主蒸汽压力跟踪设定，并且直接能量平衡信号还作为PID调节器前馈信号，构成前馈控制。最终生成锅炉主控指令送到锅炉燃烧控制系统，改变燃料量和风量。

（5）汽轮机主控器。汽轮机主控器又称汽轮机主控回路，主要实现机组负荷控制、主蒸汽压力控制、与DEH接口等功能。图3-21所示为汽轮机主控回路逻辑。逻辑中定义了当机组处于TF方式时，汽轮机控制主蒸汽压力。主蒸汽压力与主蒸汽压力设定值经PID

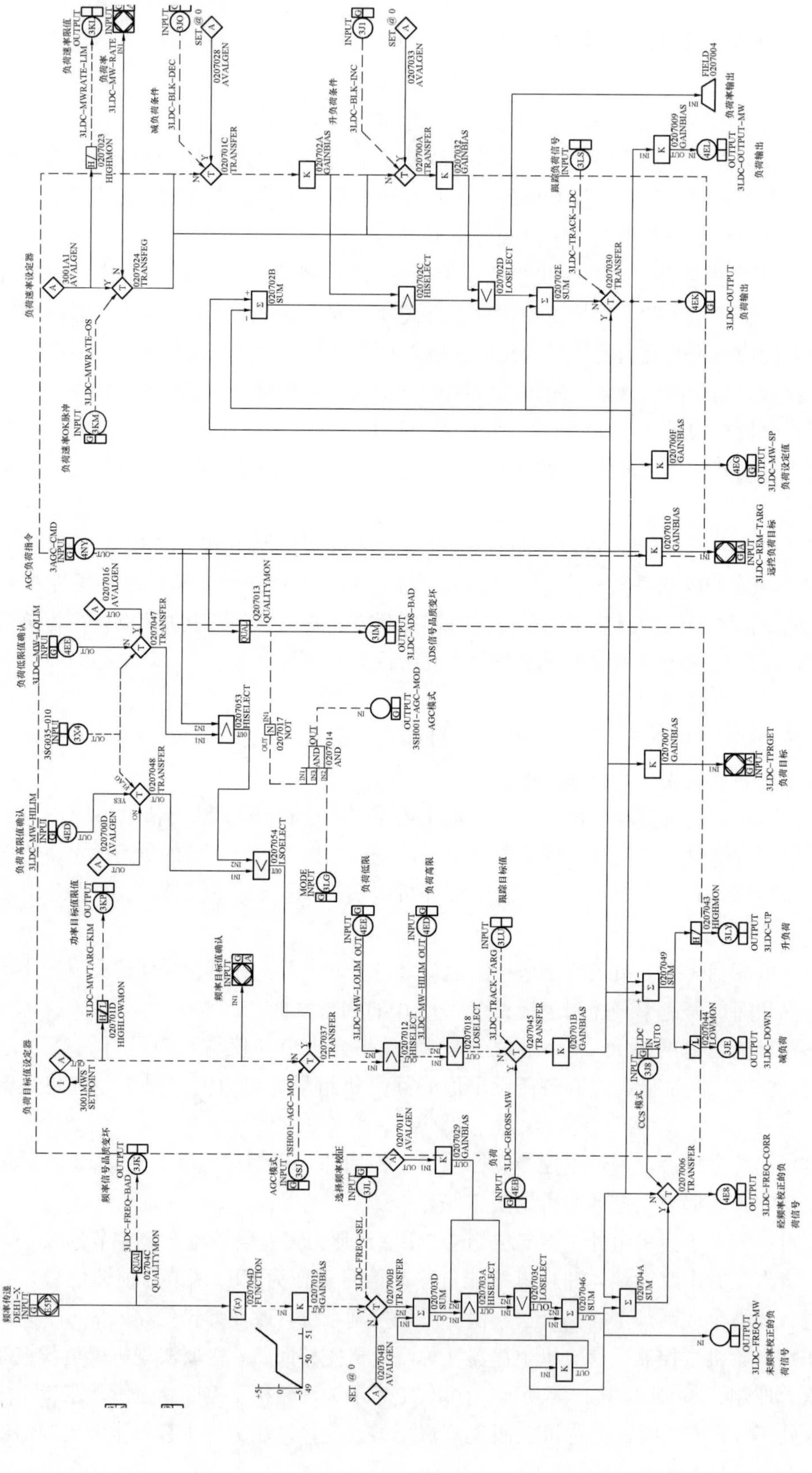

图 3-18 LDC目标值控制逻辑图

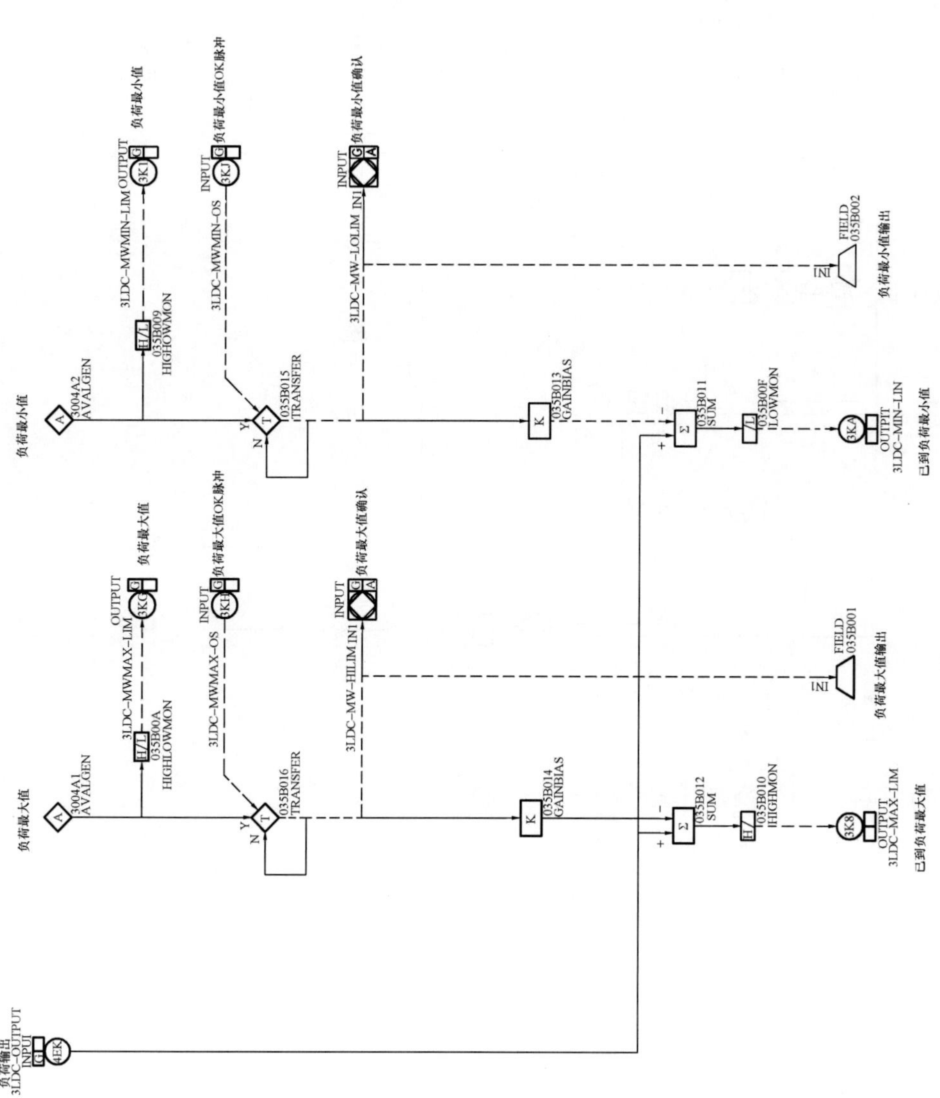

图 3-19 目标负荷的最大/最小限值图

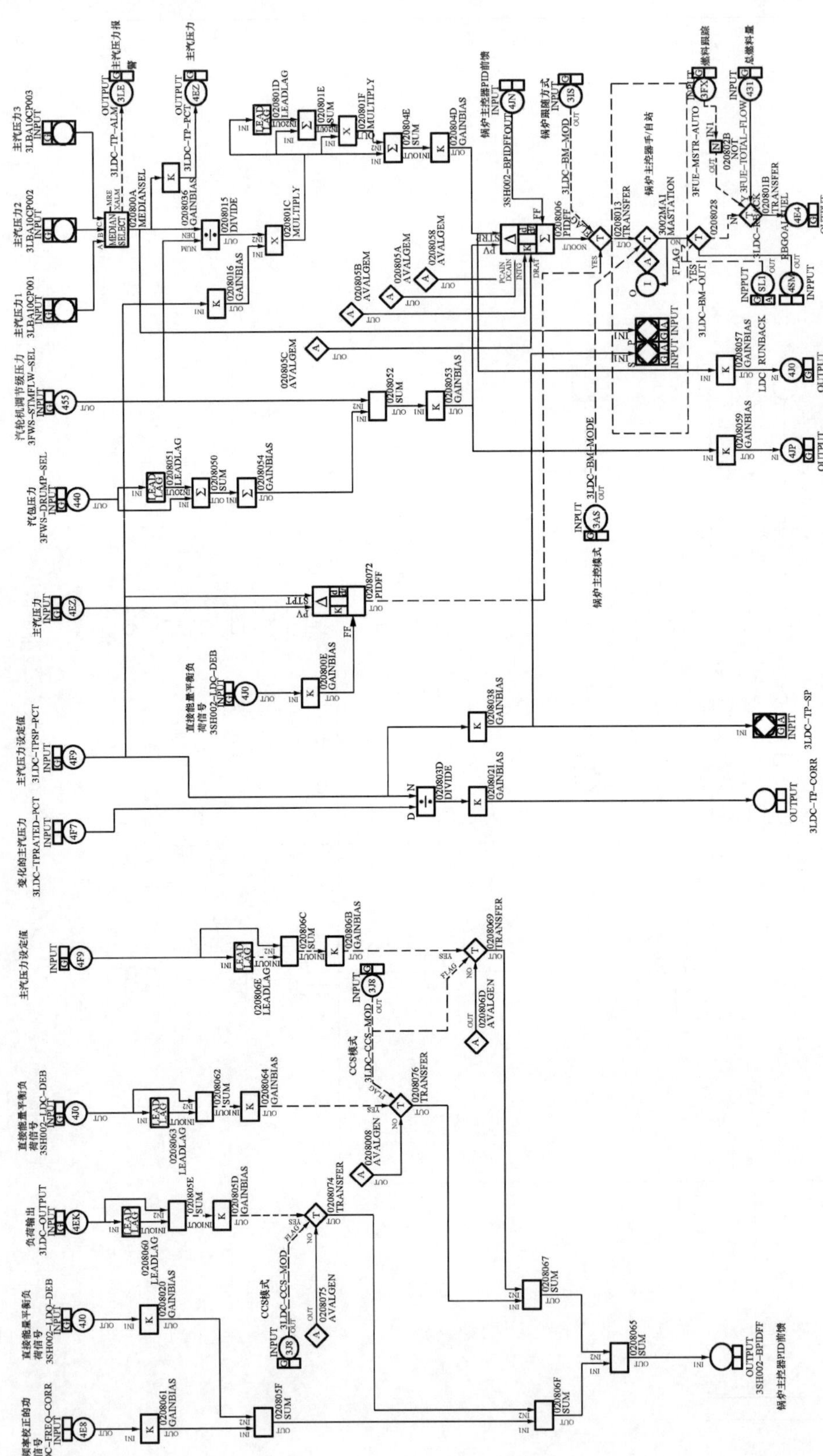

图 3-20 锅炉主控回路逻辑图

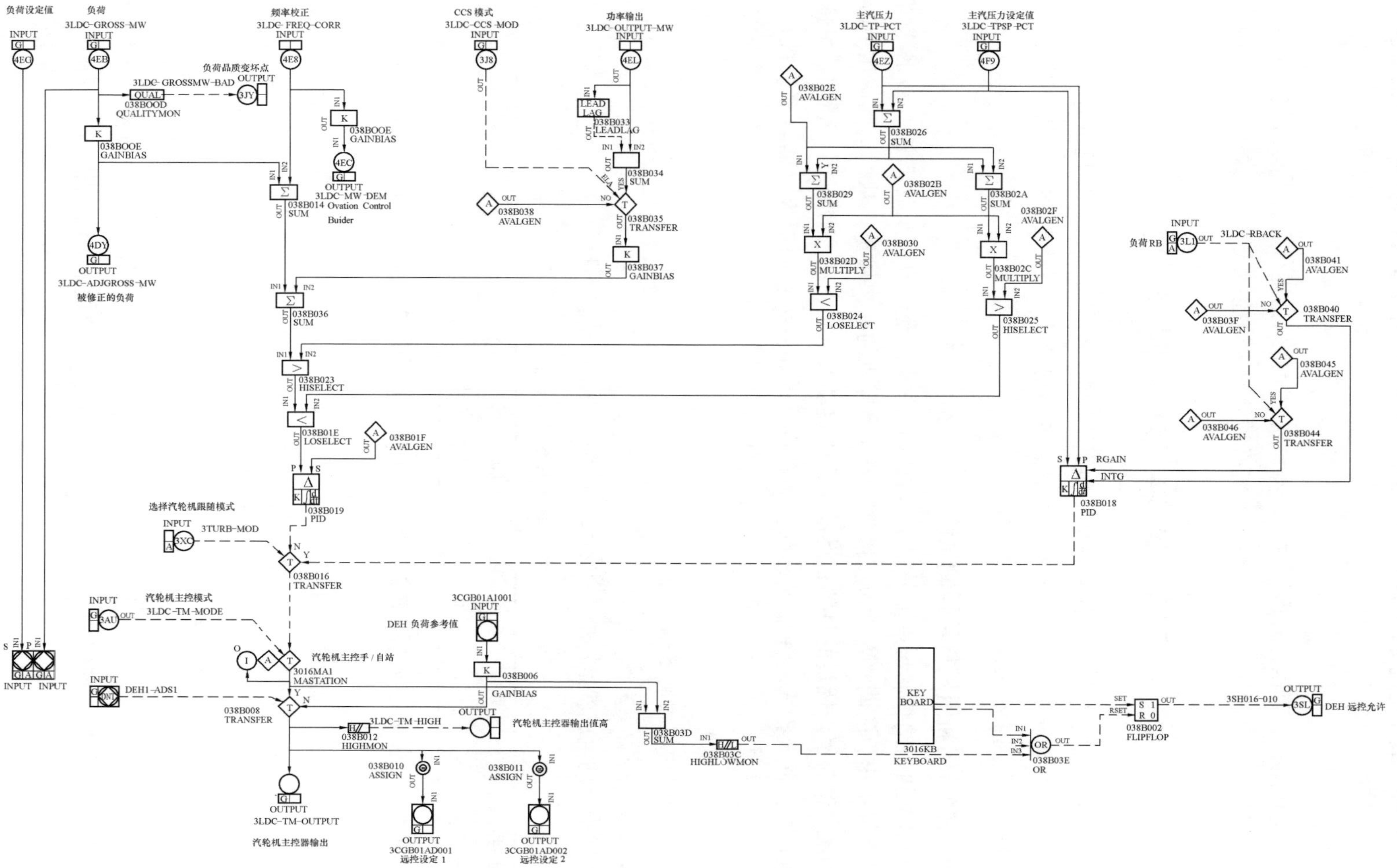

图 3-21 汽轮机主控回路图

运算后，最终生成汽轮机主控指令，通过 DEH 去控制汽轮机进汽阀开度，使机组按照负荷指令要求运行。

3. 运行方式

(1) 定压运行。定压方式运行时，主蒸汽压力设定值由运行人员手动给定。

(2) 滑压运行。滑压方式运行时，系统必须处于协调控制或 BF 方式。

第三节　燃料量控制系统

锅炉燃料控制系统的基本任务是使燃料燃烧所提供的热量适应汽轮机负荷的需要，保证锅炉的经济燃烧和安全运行。燃料量控制系统与锅炉使用的燃料种类、制粉系统形式、燃烧设备等诸多因素有关。

一、350MW 机组燃料量控制系统

350MW 机组锅炉制粉系统采用正压直吹式系统，磨煤机为低速双进双出钢球磨煤机，其磨煤机出力的调整方法为直接改变进入磨煤机的一次风量，从而达到成比例改变入炉煤量，调整锅炉燃烧的目的；燃油在锅炉启动及低负荷时作助燃用，燃油流量依靠燃油流量控制阀及投入的油枪支数调整。燃烧器的布置为：四层煤（四台磨煤机）、两层轻油，采用煤—油—煤—煤—油—煤的间隔布置方式。机组满负荷煤消耗量为 140.58t/h 设计煤种。

(一) 燃煤回路控制逻辑分析

1. 燃料指令的生成

燃料指令的生成就是锅炉主控器设定的函数关系，见表 3-1。

表 3-1　燃料量指令函数关系

锅炉主控器	0.0	162.0	203.0	278.0	350.0	380.1
燃料量指令	0.0	69.7	85.5	114.7	140.6	154.2

根据表 3-1 求得对应的需求燃料量后，加上 BIR FF 修正信号即可得当前所需燃料量指令。

为了保证机组在负荷变动时燃料工况的稳定，在燃料量和送风量调节回路上提供了交叉限制功能（Cross Limit）。即在升负荷时，燃料量指令增加幅度要受到当前送风量的限制；而在降负荷时，送风指令下降幅度则要受到实际燃料流量的限制。该功能的目的是保证炉内的风量过量，使燃料安全、经济、稳定的进行。

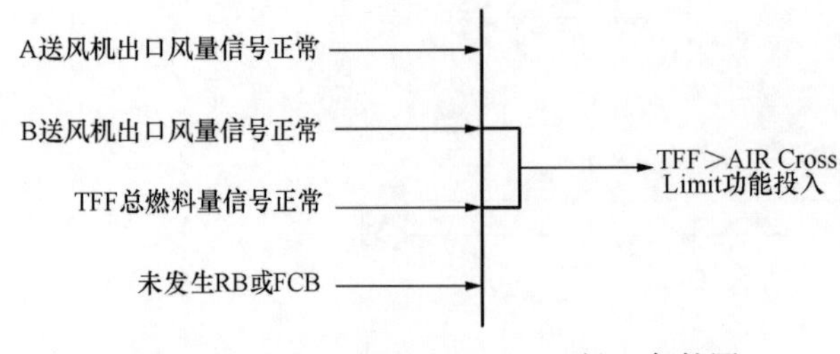

图 3-22　TFF>AIR Cross Limit 投入条件图

根据目前送风量，计算出当前入炉的最大应有燃料量作为燃料量指令的上限，即达到此目的。

如图 3-22 所示，当条件都满足时，TFF>AIR Cross Limit 功能投入。另外在汽轮机中压主汽阀/调节汽阀关闭，并且高压旁路

或低压旁路阀门也关闭的情况下，为了保证再热器的安全，对入炉最大燃料量也做了限制。

2. 燃煤控制回路

机组控制系统可自动调节入炉煤量或油量，但是同一时间，只能有一种油或煤主控器投入自动，通过一个“FOF MASTER AUTO REJECT”信号来完成。燃煤主控投入自动条件如图 3-23 所示。

3. 磨煤机主控器 PI 调节器的参数修正

（1）投入自动的磨煤机入口一次风量控制挡板的数目。这是对磨煤机组对象增益的补偿，以求在投入自动调节的磨煤机台数改变的情况下，仍能利用已有的 PI 参数稳定地达到调节煤量的目的。

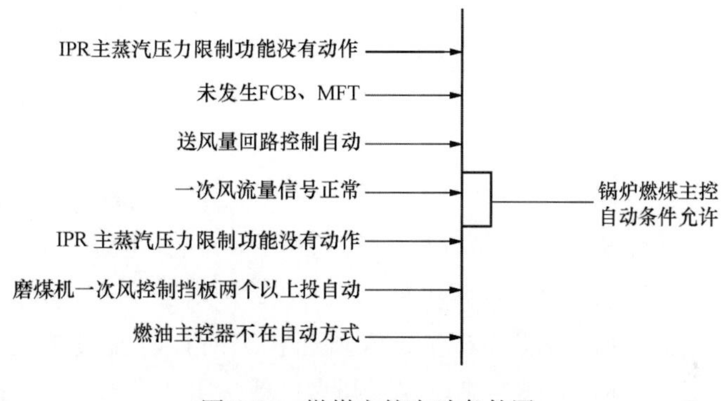

图 3-23　燃煤主控自动条件图

（2）RB 发生后，由于此时调整的特殊性，将 PI 调节器参数调整为原来的 0.3 倍。

4. PI 调节器的输出限幅

为保证设备稳定工作，将 PI 调节器的输出值限制在 15.4～49.5 之间，FCB 发生后，所有磨煤机的入口一次风挡板开度在最小位置。

5. 各磨煤机的控制（以 A 磨煤机为例）

磨煤机主控器下达的指令信号，加上由运行人员设定的偏差，减去本台磨煤机煤量得到偏差值，输入 PI 调节器后，计算出一次风挡板的开度信号。

当出现下列情况之一时，强制关闭磨煤机入口一次风控制挡板：

（1）MFT。

（2）A/B 一次风机全跳。

（3）A 磨煤机跳闸。

（二）燃油控制回路分析

1. 燃油调节回路给定值部分

燃油流量给定值有三个来源：①燃油主控器自动时，接受总燃油量指令（TOFD）；②燃油手动时输出（跟踪）实际油量；③在燃油流量控制阀自动时，燃油主控器自动备用但未投入自动时，根据投入油枪的数目得到一个定值。

第三种情况中，在上述条件下，若油枪投入支数为 2～3 支，则给定指令为 4.0t/h；若油枪投入支数为 4～5 支，或由 APS、RB/FCB 动作后发出相应指令后，给定指令为 7.8t/h；投入油枪支数 6～7 支，或由 APS 发出相应指令后，给定指令为 12.0t/h；8 支油枪全部点燃，或由 APS 发出相应指令后，给定指令为 12.8t/h。

2. 燃油流量回路

根据燃油主控器的设定，与燃油实际流量比较获得相应偏差后，送入 PI 调节器（输出上限 100%），计算后获得燃油流量控制阀位指令，从而控制燃油流量。

控制系统中的 PI 调节器参照轻油压力进行了修正。燃油主控投入自动条件如图 3-24 所示。

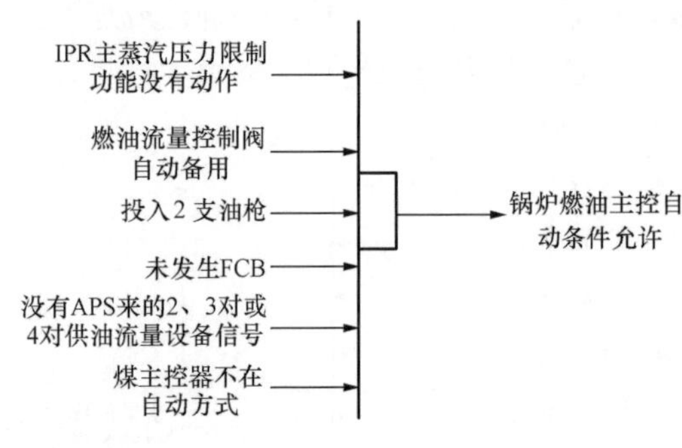

图 3-24　燃油主控自动条件图

3. 油枪启动压力控制

当仅投入 1 支油枪时，需要对轻油联箱压力进行控制。只有燃油流量控制阀自动时，该功能才可以投入，此时轻油联箱压力目标值是0.98MPa。

4. 轻油联箱最小压力控制

当轻油联箱压力过低时，为了保证油枪的雾化效果，需要维持一个最小的供油压力。此时目标值为 0.6MPa。

5. 初始燃油流量阀控制

当有油泵启动，未有油角阀开状态时，若流量控制阀处于自动备用状态，则开至 55%。另外，当燃油流量控制阀为自动备用，且油泵全停时，轻油流量控制全关。

（三）控制逻辑原理图

控制逻辑原理见图 3-25 和图 3-26。

二、300MW 机组燃料量控制系统

（一）设备组成和功能

燃料量控制系统根据风—燃料交叉限制指令调整进入炉膛的燃料量，使锅炉的热负荷满足汽轮机蒸汽负荷的需求。

（1）磨煤机。机组配备 3 台福斯特惠勒 D11D 双进双出钢球磨煤机，它将原煤破碎并研磨成煤粉后，通过一次风将磨得较细的煤粉颗粒送至位于磨煤机两端的分离器，最终送入炉膛内进行燃烧。

（2）一次风机。机组配备两台离心式一次风机，向锅炉提供一定压力的一次风，携带煤粉进入炉膛进行燃烧。

（3）执行机构。燃料量控制系统包括的主要执行机构有磨煤机入口一次风调节挡板、磨煤机入口热风调节挡板、磨煤机入口冷风调节挡板。

（4）测量元件。燃料量控制系统包括的主要测量元件有热一次风母管压力、磨煤机驱动端一次风流量变送器、磨煤机非驱动端一次风流量变送器、磨煤机入口一次风压力变送器、磨煤机入口一次风温热电阻。

（二）控制逻辑分析

（1）燃料量指令（FUEL DEM）生成。燃料量指令（FUEL DEM）的生成分两种情况考虑：①机组正常运行时，锅炉主控器输出的负荷指令（BOILER MASTER OUT）与总风流量（TOTAL AIR FLOW）信号折算出的负荷指令进行小选后，得到燃料量指令（FUEL DEM）；②机组处于 RB 甩负荷工况时，经甩负荷回路给出的负荷指令与总风流量折算出的负荷指令进行小选后得到燃料量指令（FUEL DEM），见图 3-27。

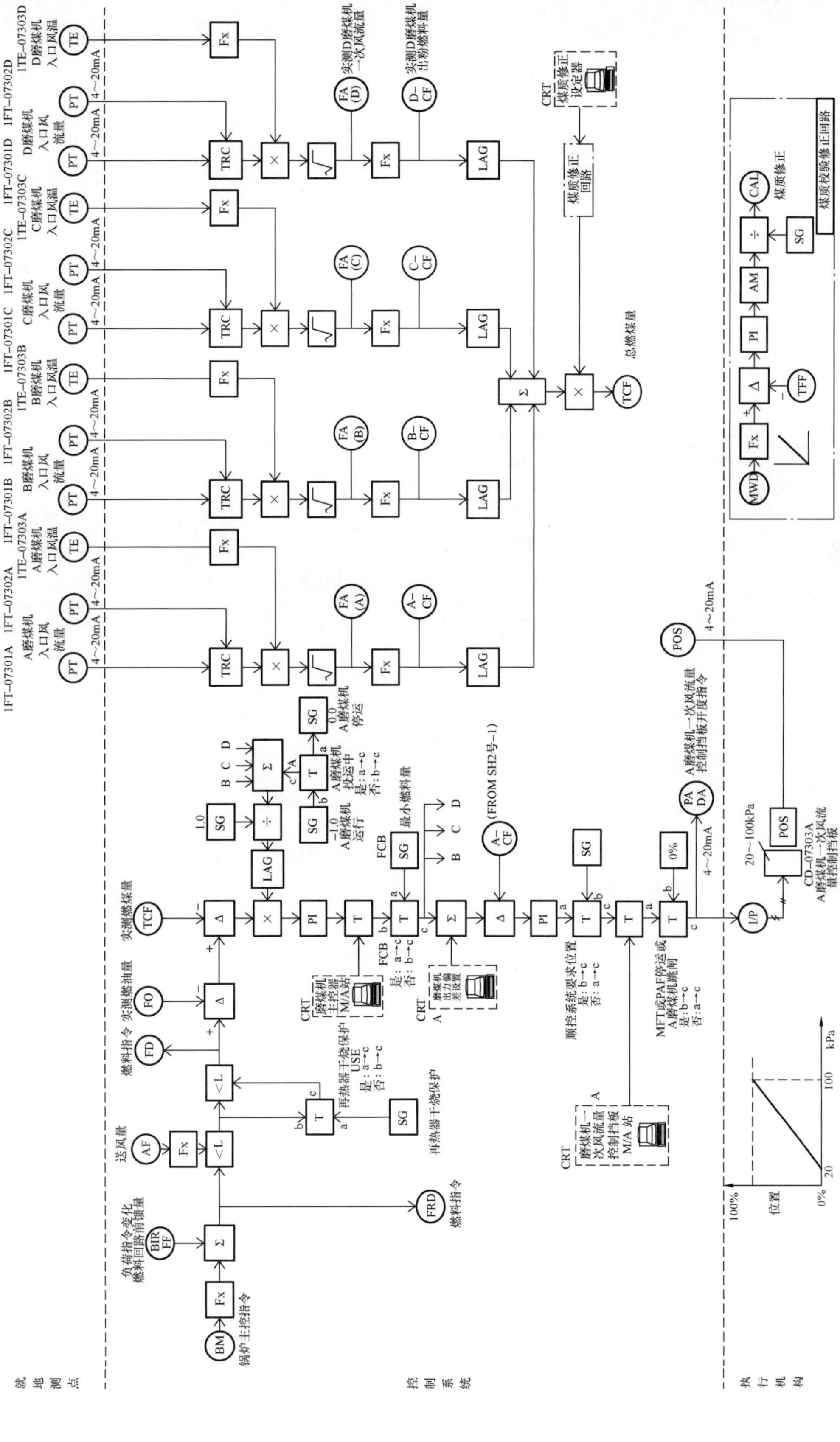

图 3-25 燃煤量控制系统逻辑原理图

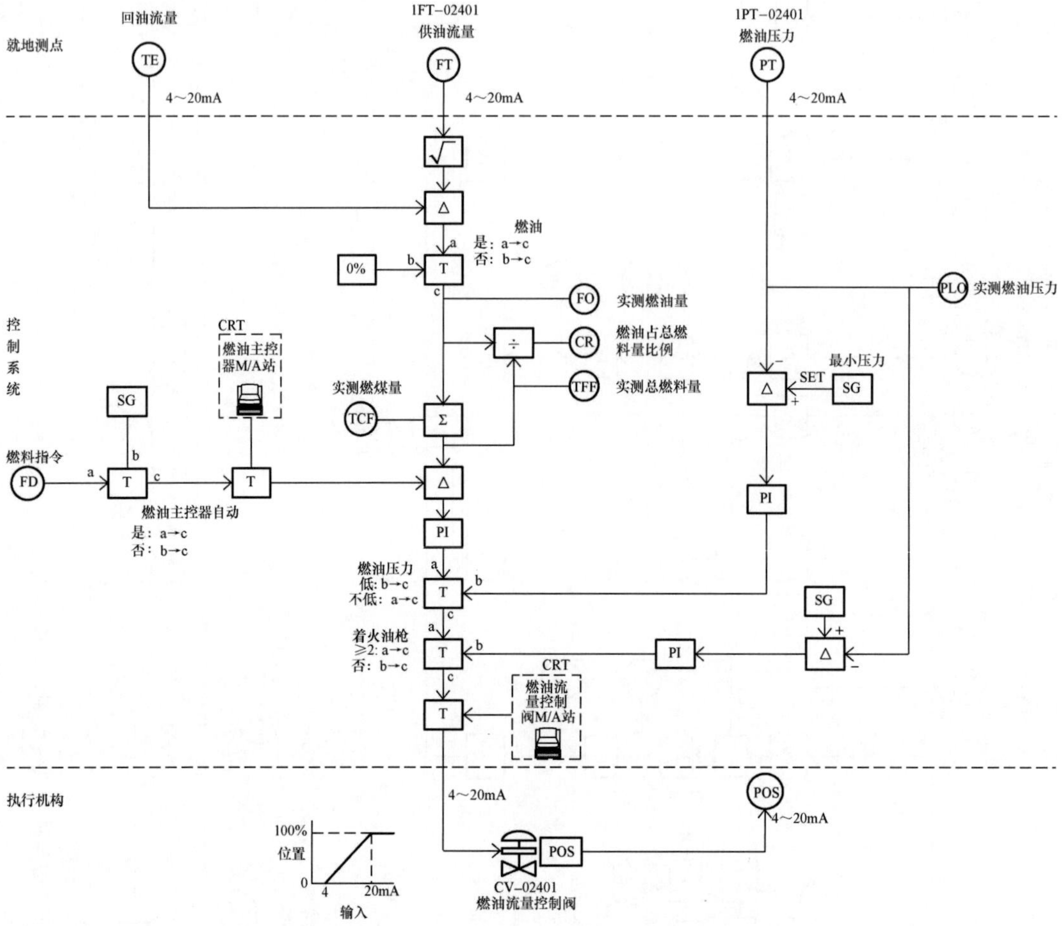

就地测点
回油流量
TE
4～20mA
1FT－02401
供油流量
FT
4～20mA
1PT－02401
燃油压力
PT
4～20mA
燃油
是：a→c
否：b→c
0%
FO 实测燃油量
CR 燃油占总燃料量比例
TFF 实测总燃料量
PLO 实测燃油压力
控制系统
CRT
燃油主控器M/A站
SG
实测燃煤量
TCF
最小压力
SET
SG
燃料指令
FD
燃油主控器自动
是：a→c
否：b→c
PI
燃油压力
低：b→c
不低：a→c
着火油枪
≥2：a→c
否：b→c
SG
PI
CRT
燃油流量控制阀M/A站
执行机构
4～20mA
POS
4～20mA
100%
位置
0
4
20mA
输入
POS
CV－02401
燃油流量控制阀

图 3-26 燃油量控制系统控制逻辑原理图

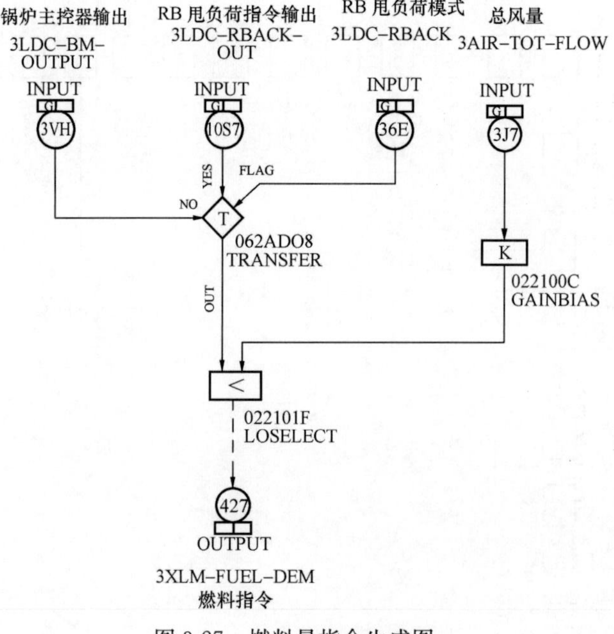

图 3-27 燃料量指令生成图

（2）磨煤机燃料指令（FUEL MILL DEM）生成。燃料量指令（FUEL DEM）经过函数器 Fx 折算，送到燃料主控器（FUEL MASTER），得到燃料量流量控制指令（单位：t/h）。燃料量流量控制指令经过平衡器 BALANCER 运算生成磨煤机燃料指令（FUEL MILL DEM），分别送至三台磨煤机控制回路，使三台磨煤机的给料量基本趋于一致，见图 3-28。

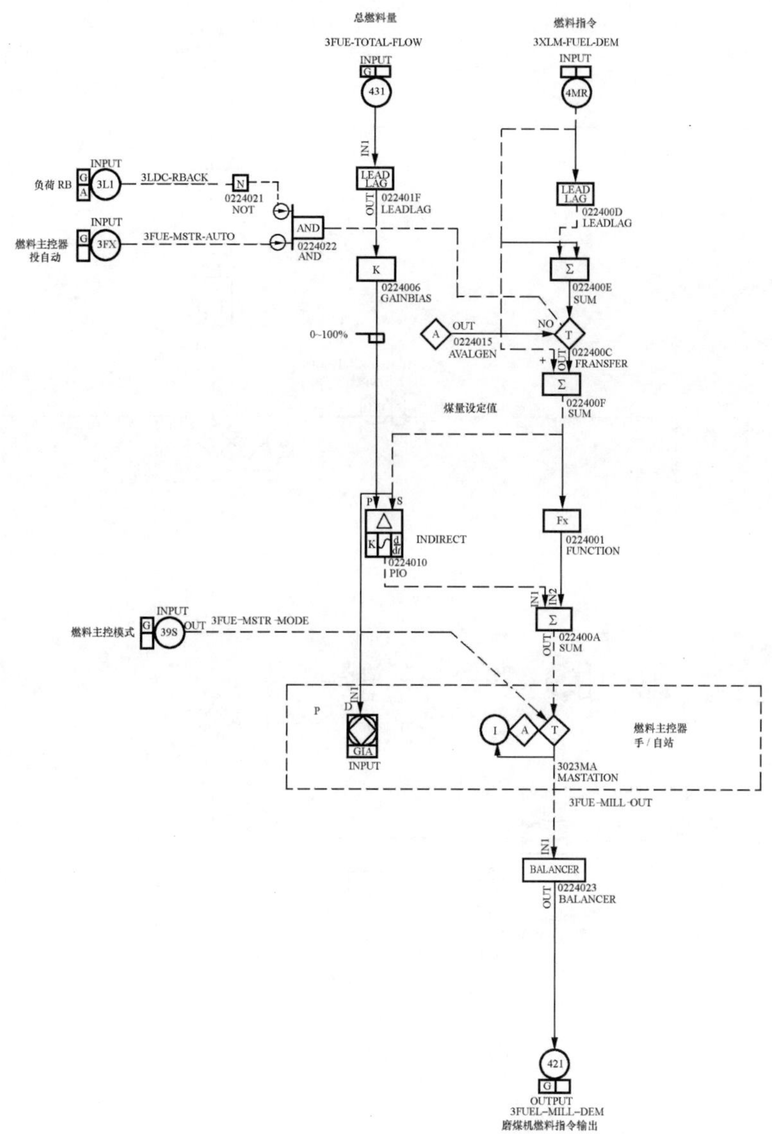

图 3-28 磨煤机燃料指令图

（3）磨煤机入口一次风调节挡板开度控制指令 MILL PA FLOW DMP 生成。磨煤机控制回路接收到磨煤机燃料指令（FUEL MILL DEM），并与经磨煤机一次风流量信号折算出的磨煤机燃料量流量信号（MILL FUEL FLOW）进行 PID 运算，形成磨煤机入口一次风调节挡板控制指令（MILL PA FLOW DAMP DEM），实现对磨煤机一次风调节挡板开度的控制，进而控制一次风流量，最终实现对进入炉膛煤粉量的控制，见图 3-29。

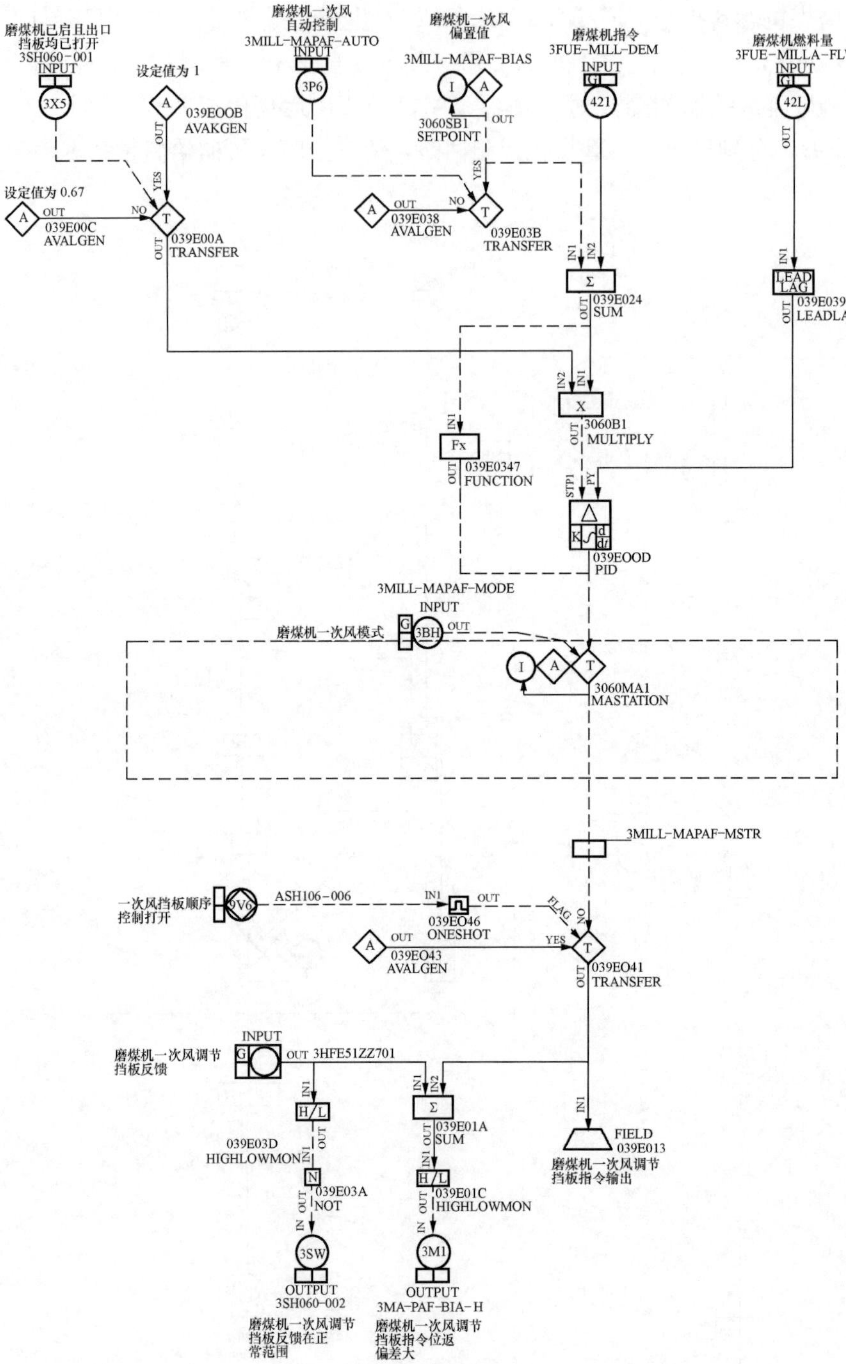

图 3-29 一次风调节挡板开度控制指令图

（4）磨煤机一次风流量信号（MILL FUEL FLOW、TOTAL FUEL FLOW）由来。磨煤机一次风流量（PA FLOW TO MILL）信号 1 和信号 2 经过磨煤机入口一次风压力（PULV INLET PA PRESS）与一次风温度（PULV INLET PA TEM）修正后，通过函数器 Fx 折算，形成单台磨煤机燃料量流量信号（MILL FUEL FLOW）；三台磨煤机的燃料量信号通过加法器生成了总燃料量流量信号（TOTAL FUEL FLOW），见图 3-30 和图 3-31。

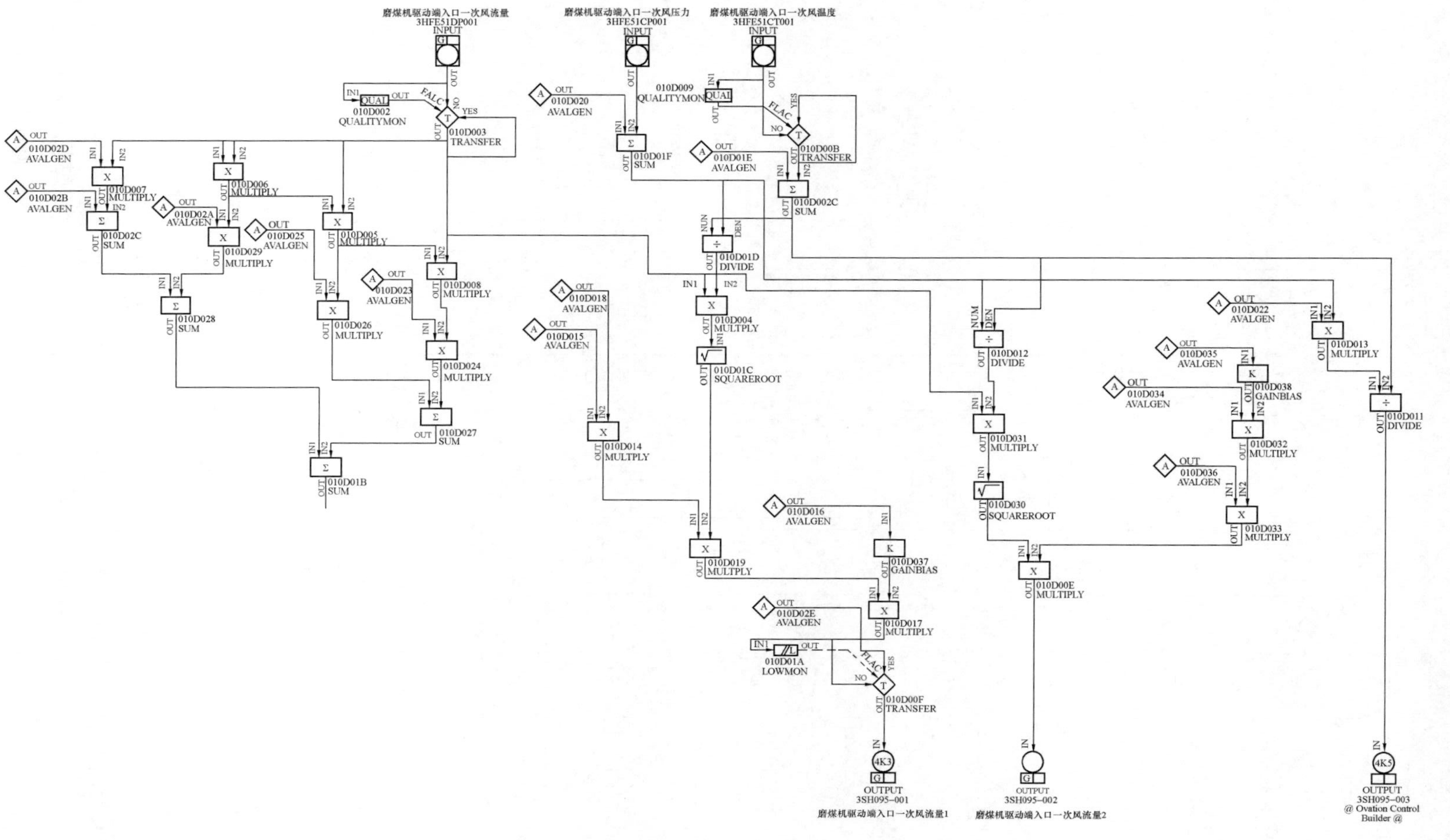

图 3-30 磨煤机一次风流量信号图

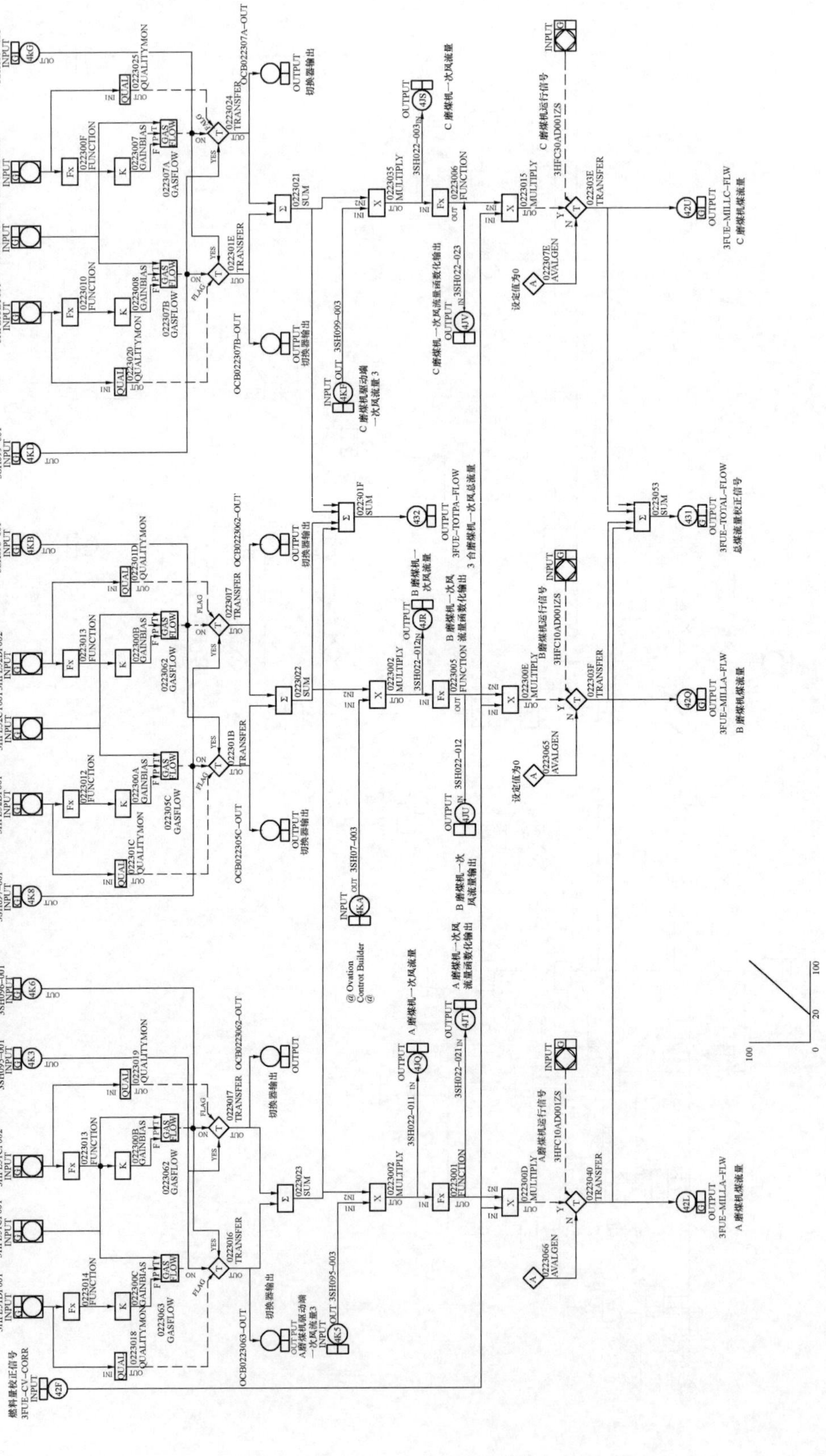

图 3-31　总燃料量流量信号图

第四节 送风量控制系统

锅炉送风量控制系统的基本任务是维持炉膛内压力的稳定。正常运行时炉膛压力反应了送风量与引风量的平衡关系，炉膛压力的变化表示送风量与引风量间出现失衡。当送风量变化时，必须相应地调整引风量的大小。

一、350MW 机组送风量控制系统

350MW 机组锅炉采用平衡通风，其送风量根据入炉燃料量的多少来进行调节，通过调整送风机（轴流风机）的可调动叶来实现。送风量的控制是锅炉燃烧控制系统的重要组成部分，对保证炉内燃烧过程安全、稳定、经济有决定性的作用。

（一）送风量控制逻辑分析

1. 送风量指令的生成

由燃料指令（FRD）信号，按照表 3-2 所示函数关系计算所需的静态送风量，加上 BIR（负荷变动至送风回路的前馈量）指令，其和值经过氧量修正以后，再经交叉限制获得送风量给定值。

表 3-2　　燃料指令函数关系

燃料量	0.0	46.3	69.7	85.5	114.7	140.6	154.2
风量指令	20.4	35	36.8	43.3	55.1	62.2	67.9

氧量修正在后面细述，交叉限制是指为保证升降负荷阶段燃烧工况的稳定，在送风控制回路的给定值由实际燃料量进行了限制，根据实际燃料量计算出所对应的风量，与前面计算所得的给定值（氧量修正后）进行大选，选取大值作为给定值，即可达到上述目的。另外 MFT 动作的情况下，炉膛保持最小吹扫风量，正常时输出的送风量定值必须大于锅炉要求的最小通风量。

2. 调节器参数的修正

依据投入自动状态调节机构的数目，当投入两侧调节挡板“自动”时，修正指数为 0.5；只有一侧调节机构投入“自动”时，则修正指数为 1，即增益增加一倍，积分时间减少到原来的一半。

3. 出力偏差的设置

运行人员可在 CRT 上对送风机动叶电动执行机构增加偏置，由于符号相反地叠加到两个执行机构，所以叠加结果并不影响调节过程。

4. 保护

当本侧送风机停，而另一侧送风机还在运行且其控制油压正常时，关闭本侧送风机动叶，顺序控制系统（SCS）配合关闭关断挡板，以隔离停运的送风机。当两台送风机全停时，两台送风机动叶全开，以保证炉膛的自然通风。

5. 输出指令

送风机动叶的调整根据上级逻辑计算所得的 FDF DEM 指令进行。送风机动叶退出

自动后，回路输出指令保持当前值；当未发生其他异常时，保持当前的 MV 值；若因控制机构异常退出自动时，则无扰切换保持其当前的位返值。投自动条件如图3-32所示。

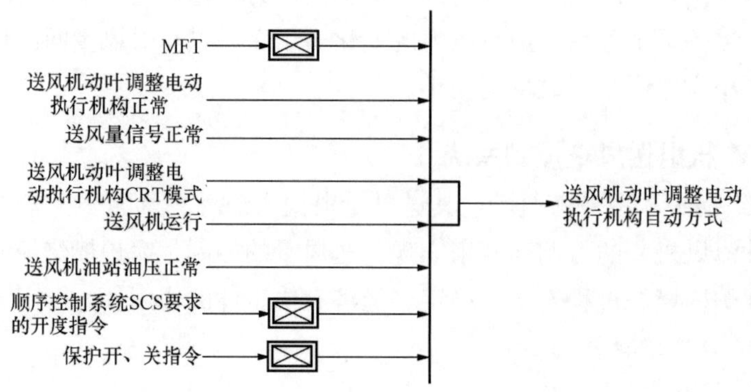

图 3-32　送风机动叶投自动条件图

（二）氧量系数修正控制逻辑分析

1. 含氧量给定值的计算

烟气的最佳含氧量在燃油和燃煤的比值不同时是不同的，而且随着燃料流量的上升，烟气氧量应随之下降，以达到高负荷时低氧燃烧的目的，使机组经济运行。

在分别燃煤或燃油时（燃油折成等效的设计煤），烟气最佳含氧量如表 3-3 所示。

表 3-3　烟气含氧量

燃煤	含氧量	燃油	含氧量
0.0	6.42	0.0	7.0
69.7	6.42	39.3	5.6
85.5	6.05	70.0	4.15
114.7	5.44	98.7	2.7
140.6	4.2	129.3	1.2
154.2	4.2	139.7	1.2

但锅炉燃烧除了只投油或煤的阶段，还有煤油混燃的阶段，如图 3-33 所示。

此时烟气的最佳含氧量计算式为 $RF_{y(FFD)}+(1-R)F_{m(FFD)}$。式中 $F_{y(FFD)}$ 为根据 FFD 指令计算出的只烧油时的最佳含氧量，$F_{m(FFD)}$ 为根据 FFD 指令计算出的只烧煤时的最佳含氧量，R 为油所占总燃料量的比例。除此设定值（O_2 Set）外，还可以由运行人员在 OPS 站 CRT 操作叠加一个氧量偏差信号，以适应各种不同工况要求。

2. 氧量修正值的计算

当因某种原因不能投入“AIR RATIO SET AUTO”时，氧量修正回路退出计算，氧量回路不再调整送风，PID 调节器输出不变。当图 3-34 所示条件全部满足时，氧量修正

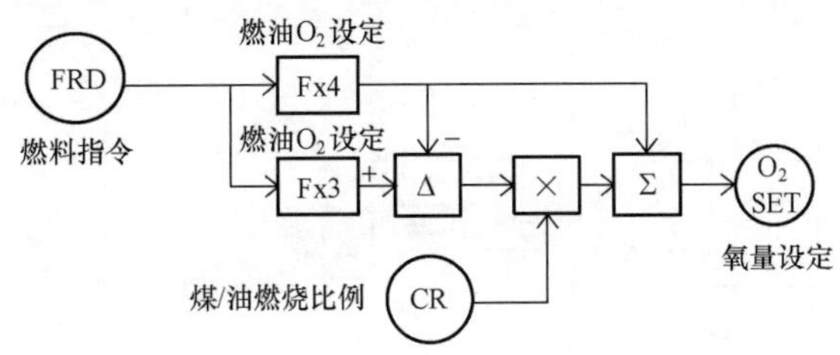

图 3-33 煤油混燃氧量设定条件图

回路可以投入自动。当 BM MW 指令小于 162.0MW 或 RB 动作、FCB 动作后 10s 以内时，强制将氧量回路输出的修正值置为 1，即不投入氧量修正的功能。

在正常情况下，氧量给定值与测量值偏差输入到 PI 调节器中进行计算，该回路由于测量机构的大惯性迟延，所以调节作用不宜太强，而且在负荷变动过程中会减小其调节作用，调节器输出的幅值为 0.8～1.2。

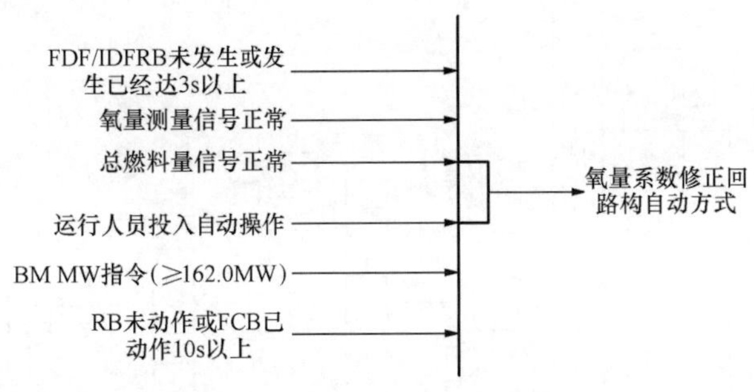

图 3-34 氧量修正回路自动条件图

（三）控制逻辑原理图

控制逻辑原理见图 3-35。

二、300MW 机组送风量控制系统

（一）设备组成和功能

1. 送风机

机组配备两台轴流式送风机，主要功能包括：向炉膛内提供燃烧所需的二次风（空气），克服空气预热器的空气阻力，维持炉膛负压及过量空气系数。

2. 空气预热器

机组配备两台回转式空气预热器，主要功能是提供炉膛所需的热二次风。

3. 执行机构

送风量控制系统包括的主要执行机构有入口动叶调整挡板和二次风配风挡板。

4. 测量元件

送风量控制系统包括的主要测量元件有空气预热器入口烟气氧量、二次风/炉膛差压变送器。

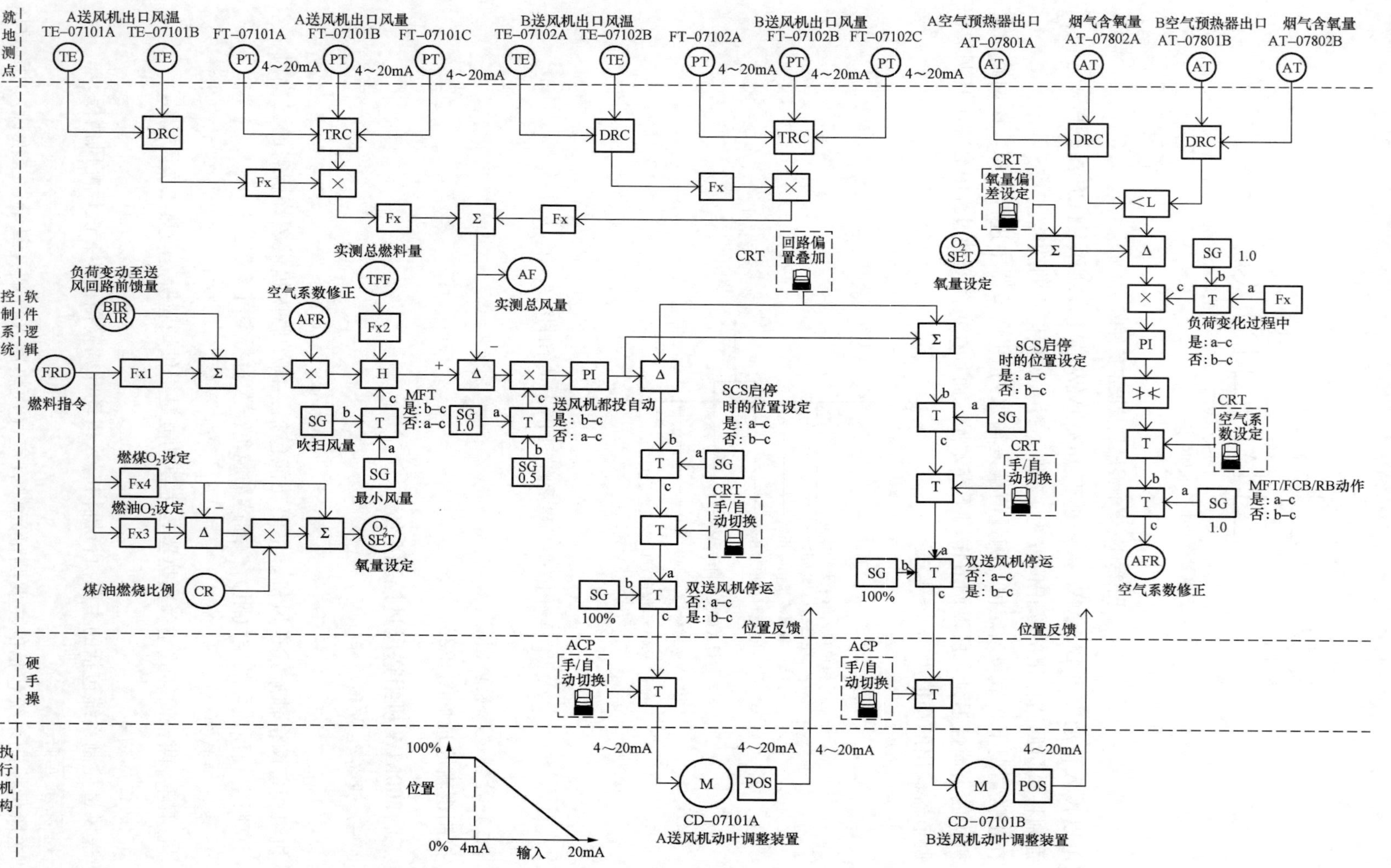

图 3-35　锅炉送风量控制系统控制逻辑原理图

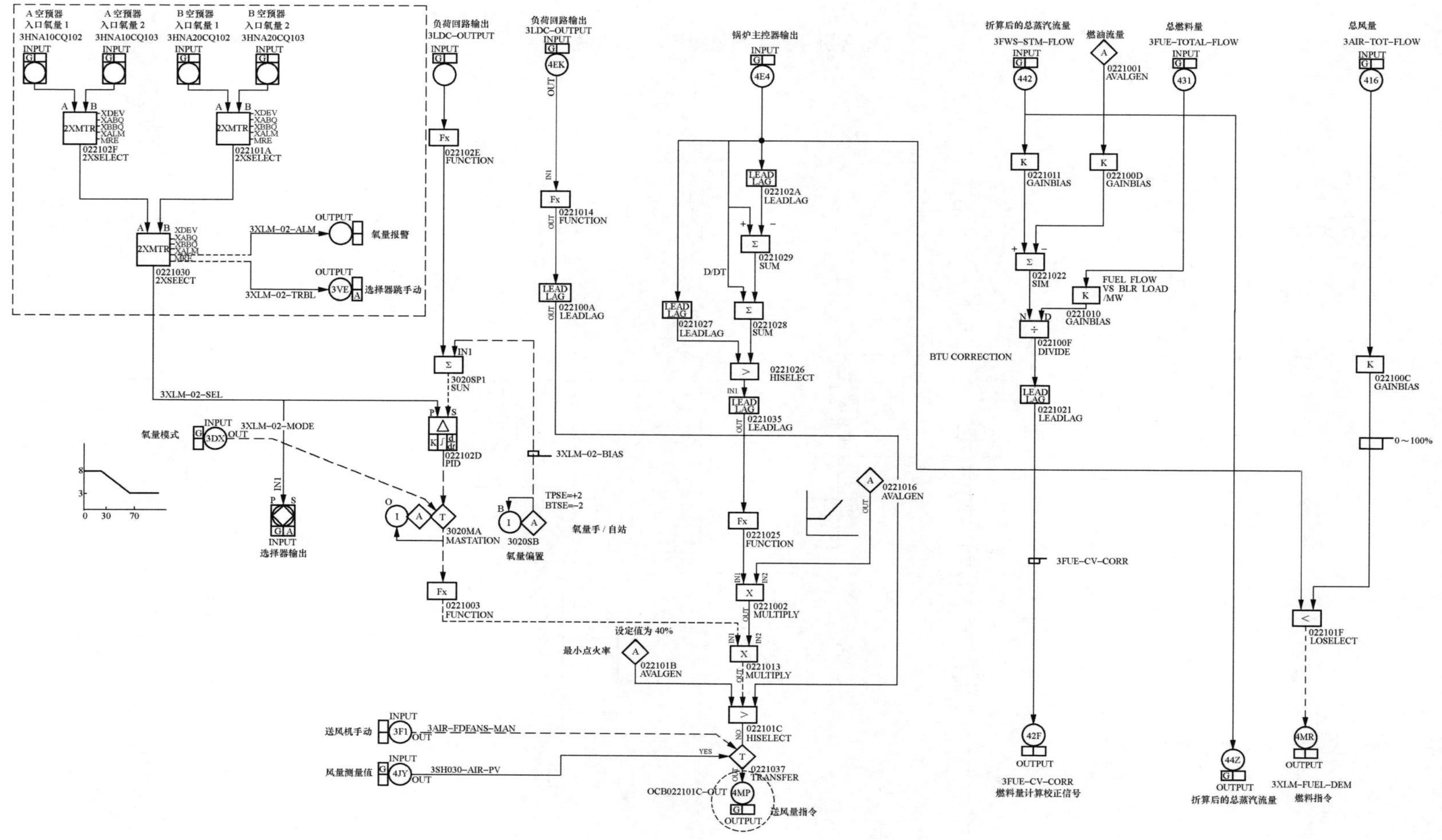

图 3-36　氧量校正信号与送风量指令信号图

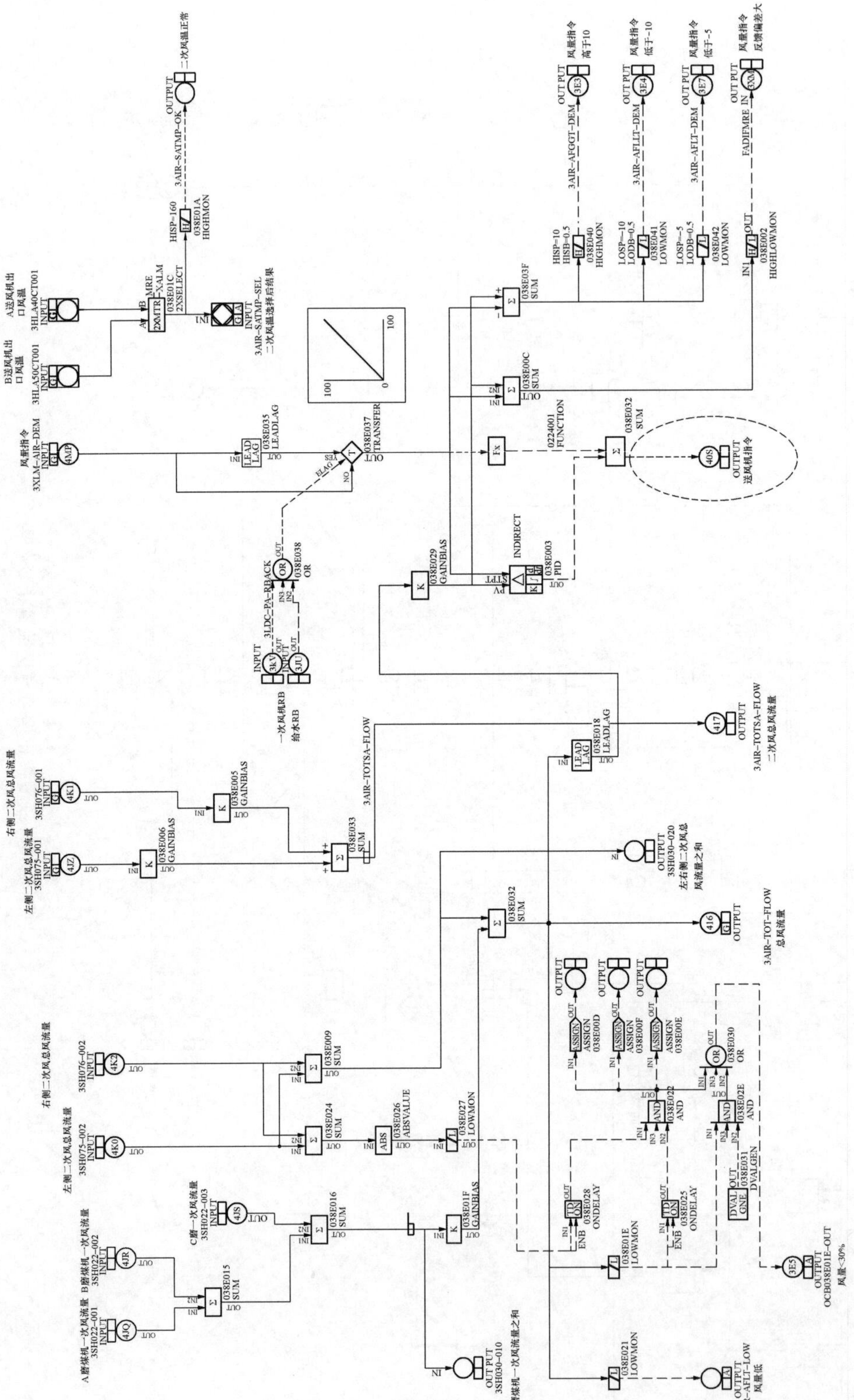

图 3-37　送风量调节指令信号图

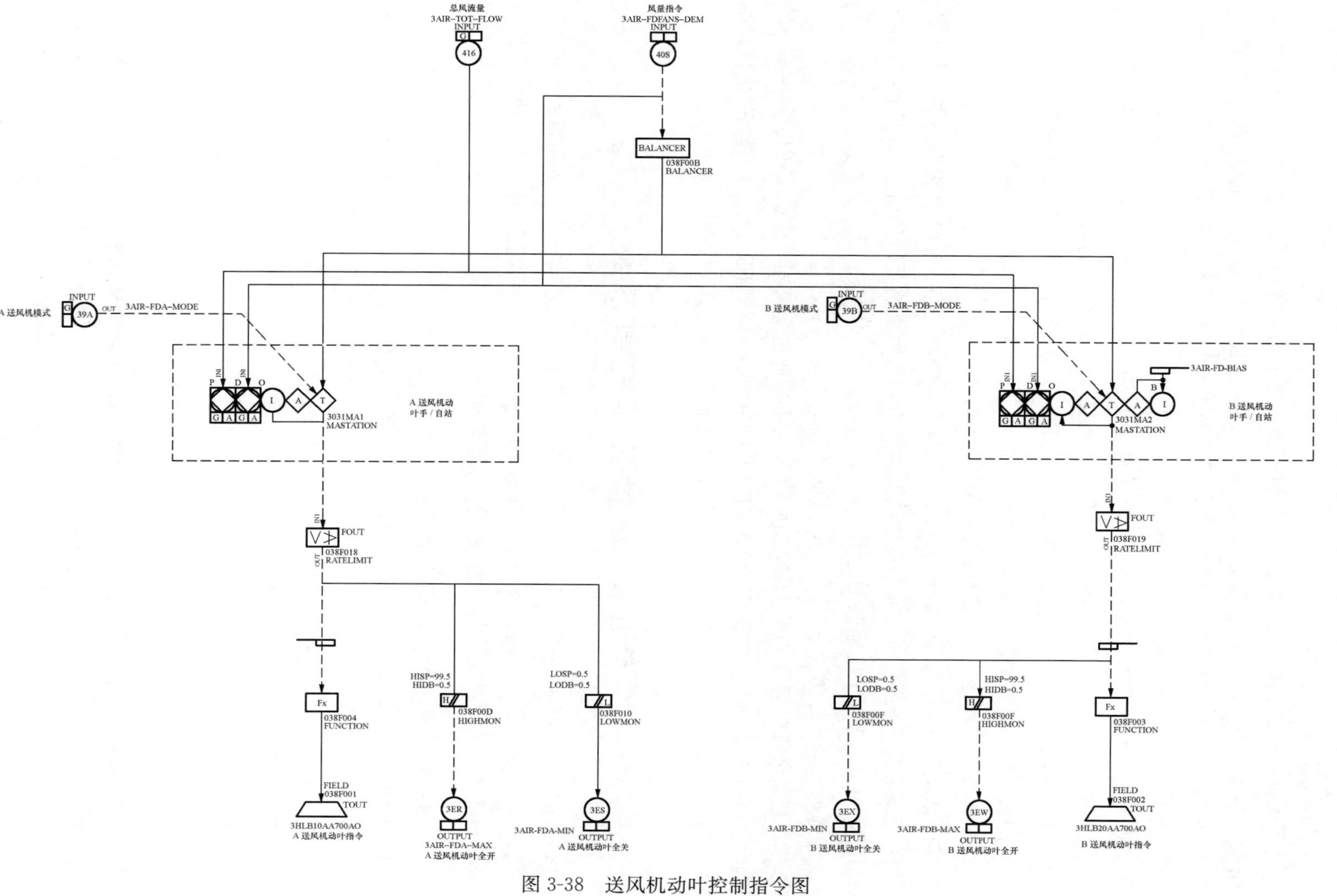

图 3-38 送风机动叶控制指令图

（二）控制逻辑

1. 氧量校正信号

为了保证炉膛的燃烧工况稳定，送风量控制系统中引入随负荷变化的氧量信号，形成了负荷—氧量—风量交叉限制的控制策略。左、右侧氧量信号经过两次二选器（2XSELECT）选择后就产生了氧量校正信号，如图3-36左侧虚线框所示。

2. 交叉限制的送风量指令（XLM-AIR-DEM）

氧量校正信号折算出的风量信号、总燃料流量信号（TOTAL FUEL FLOW）乘以风/煤比系数 K 折算出的风量信号、设定器（AVALGEN）设定的最小点火比率（MINIMUM FIRING RATE），通过大选器（HISELECT）选择后，最终形成了负荷—氧量—风量（即燃料量）交叉限制的送风量指令（XLM-AIR-DEM），如图3-36中虚圆圈所示。

3. 送风量调节指令信号（FD FAN AIR DEMAND）

实际总风量（一、二次风叠加所得）反馈信号偏差值与送风量指令（XLM-AIR-DEM）经函数器Fx运算所得值经过加法器运算得到送风量调节指令信号（FD FAN AIR DEMAND），如图3-37中虚椭圆所示。

4. 送风机动叶控制指令（FD FAN DEMAND）

送风量调节指令信号（FD FAN AIR DEMAND）通过平衡器（BALANCER）平衡分配到两台送风机入口动叶主控器（FD FAN INLET VANES MASTER），经过函数 F_x 运算后得到入口动叶控制指令（FD FAN DEMAND），以控制动叶的开度，如图3-38所示。

第五节　炉膛负压控制系统

炉膛负压是反映炉内燃烧工况稳定与否的重要参数，也是运行中需要控制和监视的重要参数之一。炉膛负压控制系统的基本任务是通过控制两台引风机静叶开度，使引风量与送风量相适应，从而维持炉膛压力在允许的范围内。

一、350MW机组炉膛负压控制系统

350MW机组锅炉采用平衡通风方式，炉膛维持微负压，约为－0.098kPa。一般情况下，炉膛负压给定值可由运行人员在CRT上手动设定。若两支调节回路的执行机构都未投入自动（引风机入口调节挡板和变频器），则给定值跟踪当前炉膛压力。

为了避免调节机构不必要的频繁动作，负压偏差设置了－0.03～0.03kPa的死区。当偏差在死区范围内时，偏差死区函数对应的PI调节器的输入为零。

（一）控制逻辑分析

1. 调节器参数的修正

系统在不同负荷时，引风机入口导叶不同开度（引风机变频器不同转速）的调节能力不同，回路引用了引风机入口导叶不同开度（引风机变频器不同转速）的反馈值，经函数变换为1.0～1.2的系数对PI调节器的输入进行修正。依据投入自动状态调节机构数目，当投入两侧调节挡板“自动”时，不调整调节器参数；只有一侧调节机构投入“自动”时，则修正指数为2，即增益增加一倍，积分时间减少为原来的一半。

2. 回路输出指令异常工况的暂时限幅

当炉膛负压控制回路自动运行时，若发生 PAF/FDF/IDF 等原因引起的 RB，则回路的输出上限为 25%；若发生 FCB 或其他原因引起的 RB，输出上限为 30%；若发生 MFT，输出上限为 15%。

3. 前馈信号

为了及时调整引风量，保证送风量不变时炉膛负压的稳定，可将送风量的指令信号作为前馈引入，能够极大改善和优化调节品质。

4. 出力偏差的设置

运行人员可在 CRT 上对引风机入口调节挡板和变频器两支回路的输出分别加一偏置，由于符号相反地叠加到两个执行机构，所以叠加结果并不影响调节过程。

5. 导叶开度与变频器回路的区别与切换

(1) 引风机导叶回路比变频器回路多考虑了两个开度位置，在顺序控制功能组启停过程中，需要将引风机入口导叶保持在同一个位置。在引风机异常工况下，依据引风机的 6kV 动力开关 MC3 的分、合闸进行判断：当两侧开关都断开时，引风机入口导叶电动执行机构保持全开；单侧开关断开时，断开侧引风机入口导叶电动执行机构保持全关，运行侧受控进行调整。该回路投自动条件如图 3-39 所示。

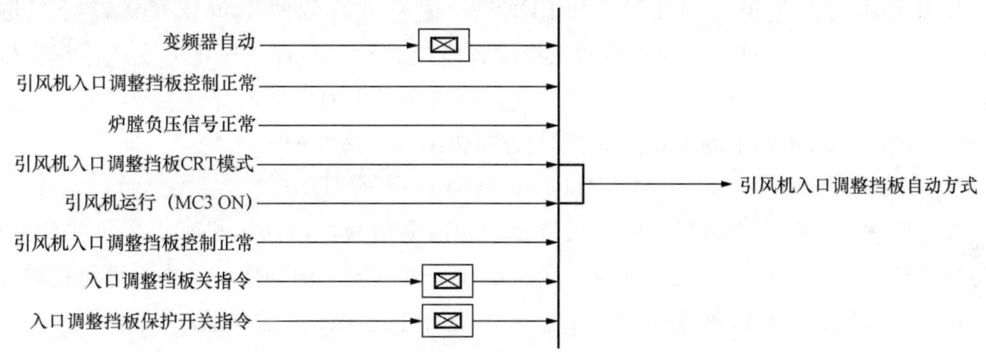

图 3-39　引风机入口调整挡板自动条件图

(2) 变频器回路相对比较简单。在采用变频转速调节后，除节能降耗外，还可极大地改善执行机构的调节特性，减少系统响应的时滞性。该回路投自动条件如图 3-40 所示。

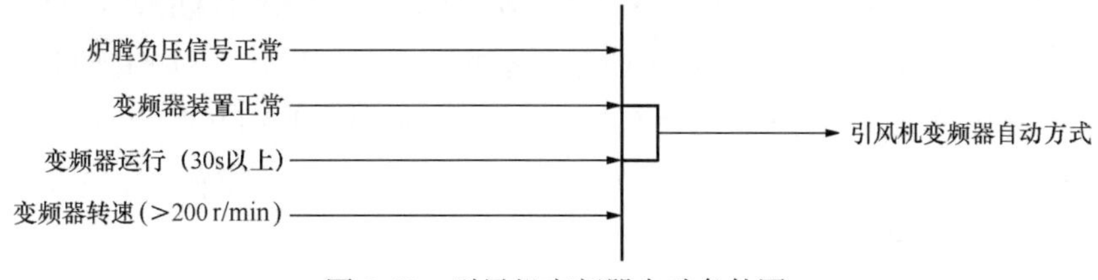

图 3-40　引风机变频器自动条件图

(3) 导叶开度与变频器回路都可以选择手动、自动备用和自动三种运行方式。手动或自动备用方式下，回路 PI 调节器跟踪执行机构的回读信号；投自动运行方式时，如图 3-40 所示，最关键的是变频器自动方式作为引风机入口调节挡板回路自动的必要条件，即在同一时间内只允许一支回路在自动运行方式。由于 6kV 电气回路的原因，在变频器投退时必须停止 IDF，断开 MC3 开关，进行方式切换。

(4) 引风机工频方式或变频器在手动或自动备用方式下运行时，入口调节导叶回路可以自动或手动方式运行来保持负压；在入口调节导叶回路手动或者自动备用时，变频器回路可以选择自动或手动方式发出转速指令调节炉膛负压。

(二) 控制逻辑原理图

控制逻辑原理如图 3-41 所示。

二、300MW 机组炉膛负压控制系统

(一) 设备组成和功能

1. 引风机

机组配备两台轴流式引风机，其主要功能是克服炉膛、烟道阻力将烟气送入烟囱，同时保持锅炉炉膛压力略低于外界大气压力，从而使炉膛内部形成微负压环境。

2. 执行机构

炉膛负压控制系统包括的主要执行机构为引风机静叶调节挡板。

3. 测量元件

炉膛负压控制系统包括的主要测量元件为炉膛负压变送器。

(二) 控制逻辑分析

1. 炉膛压力测量值（FURNACE PRESS）由左、右侧两个负压变送器经二选器（2XSELECT）得到。对两个变送器的工作设有监控逻辑，当有一只压力变送器都发生故障时，测量值为另一个正常压力变送器输出值；当两只压力变送器都发生故障时，炉膛压力控制系统由自动切到手动，见图 3-42 上方左边第一个虚线框。

2. 送风机动叶指令（FDF M _ BLD ACTUATOR CMD）

以送风动叶指令（送风机控制挡板位置）为前馈信号，使送风机和引风机协调动作。如参数调整适当，当外界负荷变动时，送风量和引风量按比例动作，基本上可维持炉膛压力衡定，炉膛压力本身起细调作用。见图 3-42 上方左边第二个虚线框。

3. 引风机控制指令（ID FANS DEMAND）

炉膛压力 PID 调节器输出与送风机动叶执行机构指令经过加法器运算，形成引风机控制指令（ID FANS DEMAND），见图 3-42 下方虚圆圈。

4. 引风机静叶调节指令（ID FANS A DEMAND/ID FANS B DEMAND）

引风机控制指令（ID FANS DEMAND）经过平衡器（BALANLER）平衡分配给两台引风机静叶主控器（ID FANS A INLET VANES M/A STATION 和 ID FANS B INLET VANES M/A STATION），实现对引风机静叶调节挡板的控制，见图 3-43。

5. 引风机方向性闭锁

在引风控制中，设有一个方向性闭锁功能。即在炉膛压力低或引风机将进入喘振区（失速）时，禁止送风机动叶节距进一步关小，闭锁引风机静叶节距的进一步开大；在炉膛压力高但还没有达到报警值时，禁止送风机动叶进一步开大，闭锁引风机静叶节距的进一步关小。见图 3-44。

6. 引风机静叶控制器

控制器设有一个死区，当炉膛压力偏离给定值的差值不超过死区范围时，控制器输出

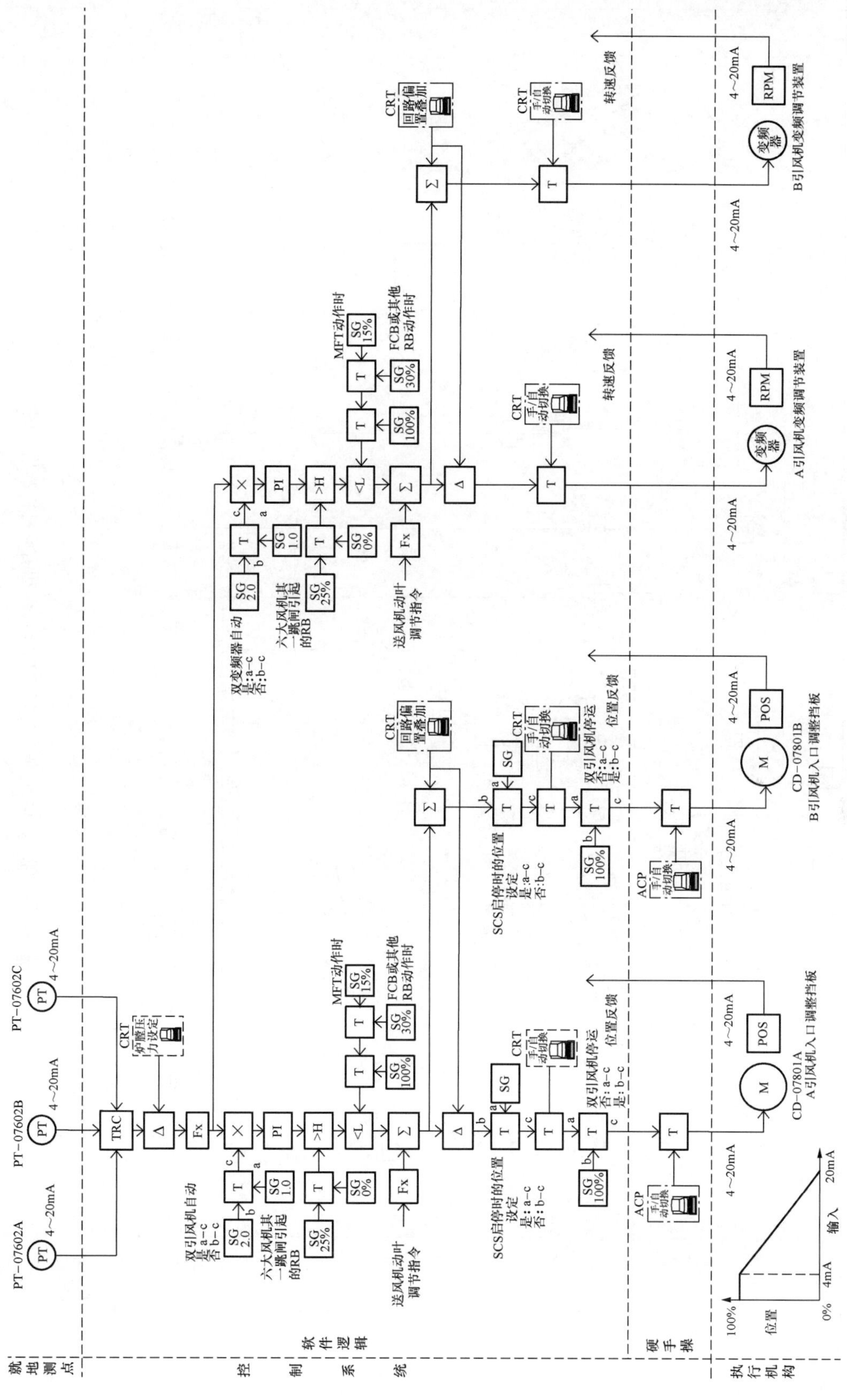

图 3-41 炉膛负压控制系统控制逻辑原理图

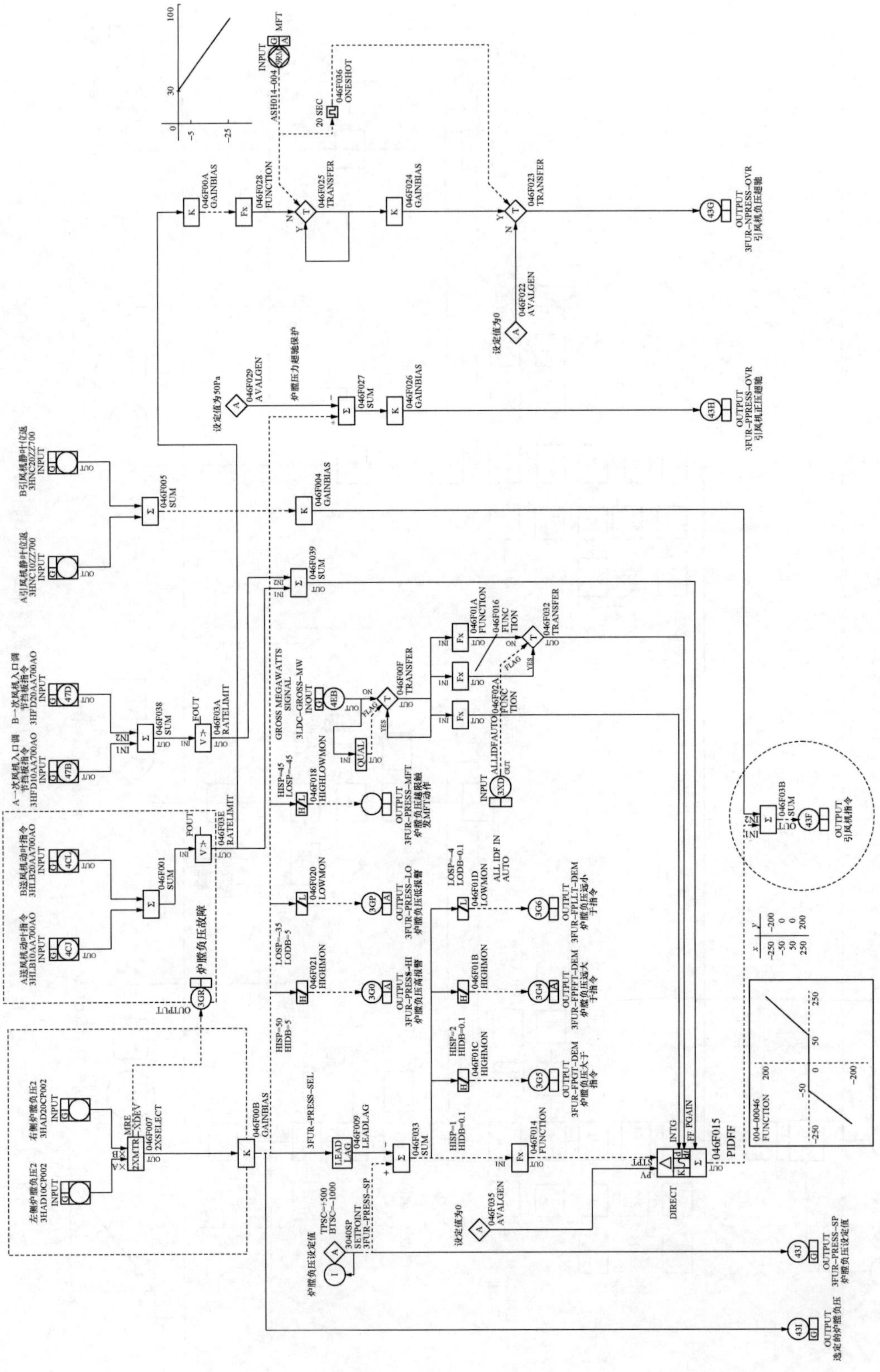

图3-42 炉膛压力测量值、送风机动叶指令和引风机控制指令图

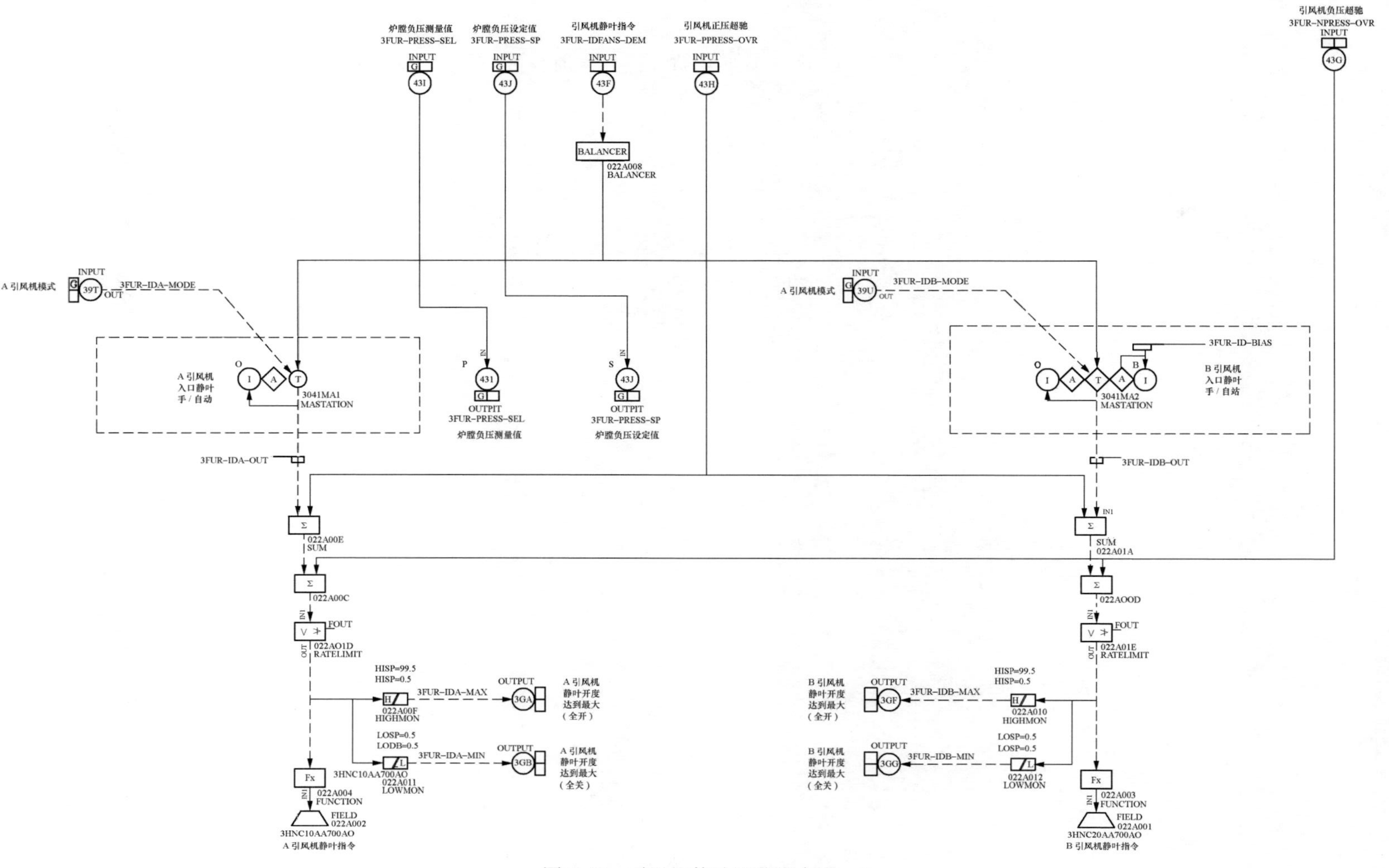

图 3-43 引风机静叶调节指令图

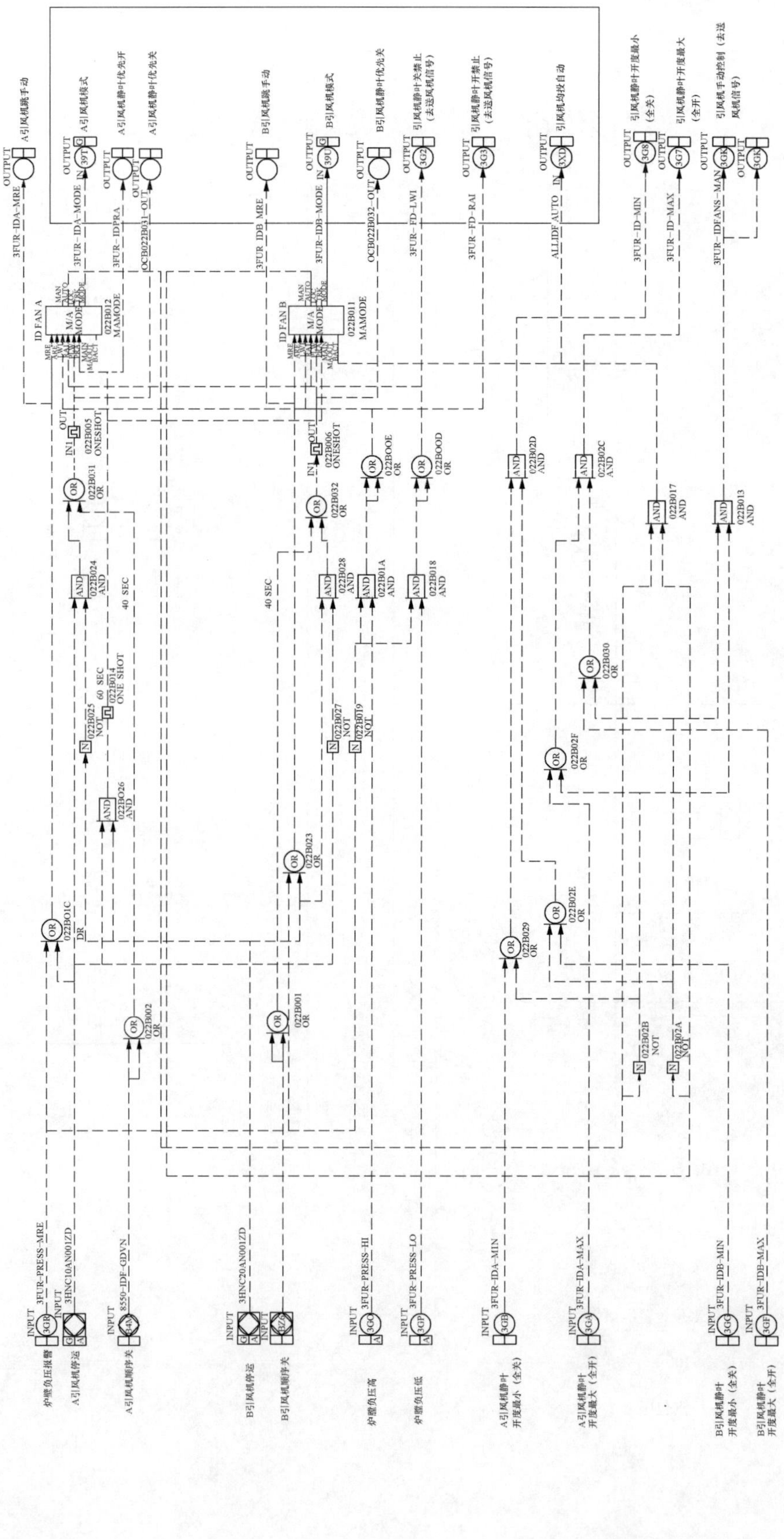

图 3-44 引风机方向性闭锁图

不变，执行器不动作。这样就有效地消除了因炉膛压力经常波动而使执行机构频繁动作，提高了系统的稳定性和执行机构的使用寿命。

第六节 给水控制系统

汽包锅炉给水控制系统的主要任务是使给水量与锅炉蒸发量相适应，维持汽包水位在规定的范围内。

一、350MW机组给水控制系统

350MW机组采用自然循环汽包炉，给水系统由一台50%容量的电动给水泵和两台50%容量的汽动给水泵组成。按照锅炉的设计特点和给水泵的配备，在启动过程中，首先使用电动给水泵调整汽包水位；达到一定负荷后，启动汽动给水泵，并随即进行电-汽动给水泵切换，电动给水泵退出运行进入热备用方式，由第一台汽动给水泵对汽包水位进行控制；随着负荷的逐步升高，投入第二台汽动给水泵，平衡负荷后，由两台汽动给水泵调整给水流量，控制汽包水位。

（一）控制逻辑分析

1. 主给水回路

在给水流量较小时，汽包水位采用单冲量控制，即根据水位偏差经PI调节器计算获得控制量，调整给水阀门；当给水流量较大时，则自动选择三冲量控制，根据水位偏差计算出需用给水量，与实测给水量比较后，其偏差用于计算各泵的调节量。同时，引入主蒸汽流量信号作为前馈，提前调整给水流量，改善调节回路动态品质。

(1) 汽包水位给定值。可由运行人员在CRT手动设定汽包水位，当汽包水位设置为自动时，可以接受来自其他系统的水位设置指令。

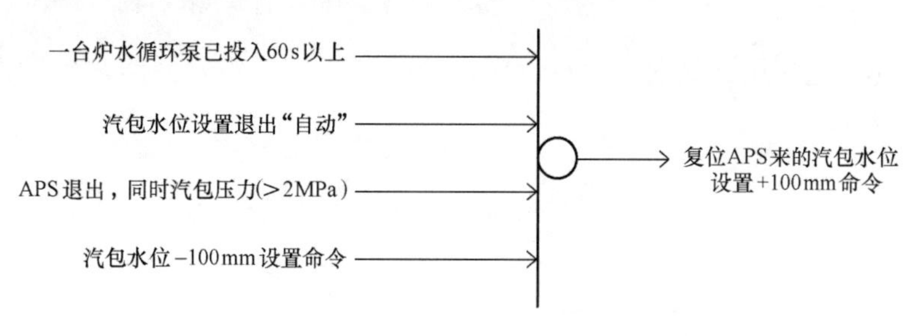

图3-45 APS水位设置+100mm命令图

1）如图3-45所示，APS来的汽包水位设置+100mm命令，该信号可以被图3-45所示信号之一复位。

2）如图3-46所示，从APS来的汽包水位设置-100mm命令，该信号可由图3-46所示信号之一复位。

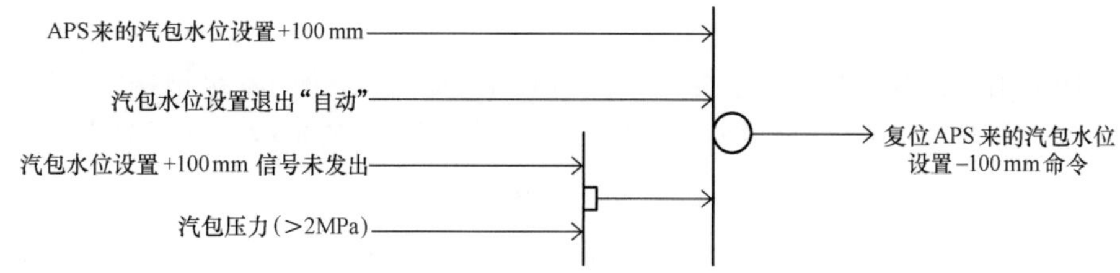

图3-46 APS水位设置-100mm命令图

3）当 1）与 2）所述命令都未发生时，汽包水位保持当前设定值输出。

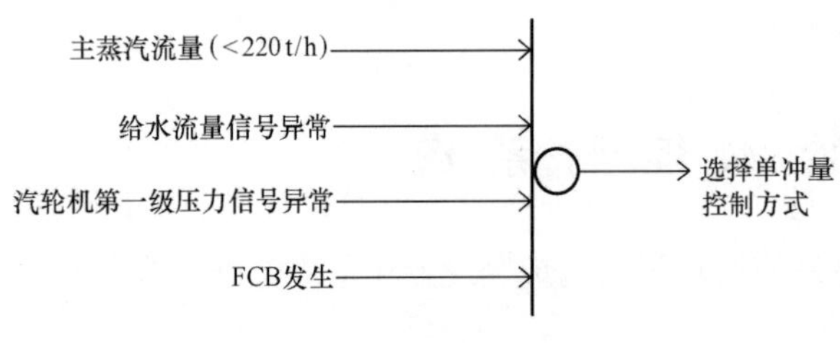

图 3-47　单冲量控制方式条件图

（2）单冲量给水控制回路。当图 3-47 所示条件之一发生时，自动选择“单冲量给水控制方式”。对单冲量控制的调节器来说，输入端为汽包水位偏差信号，输出即为单冲量方式下的给水流量指令。低限为 −100.0，高限为 685.0。单冲量控制回路的 PI 调节器，在三冲量模式或给水控制非自动的情况下跟踪其他信号。当为三冲量时，跟踪给水流量指令 BFW PEM 信号；在给水控制未投自动时（投入任一台泵自动后 3s，发出给水流量控制自动命令），若 A/B 汽动给水泵投入自动，3s 内跟踪相应汽动给水泵流量，若 A/B 汽动给水泵都未投入，则跟踪电动给水泵流量。

（3）三冲量给水控制回路。当图 3-48 所示条件满足时，控制回路选择三冲量控制方式。

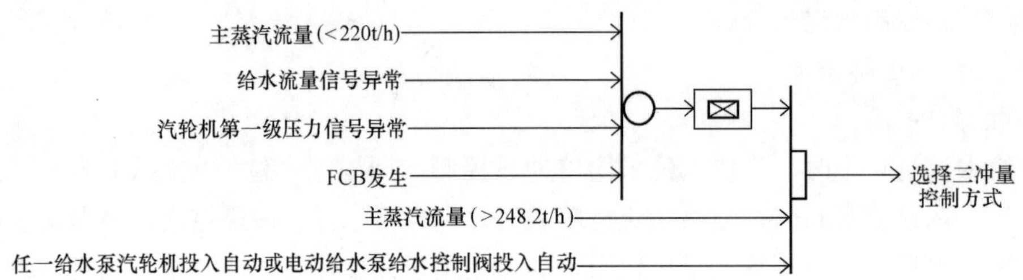

图 3-48　三冲量控制方式条件图

机组采用典型的三冲量汽包水位控制方案，主副回路都为反作用。其原理图如图 3-49 所示。

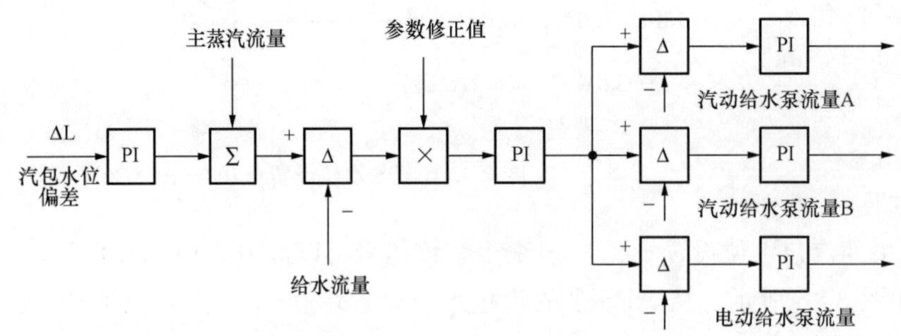

图 3-49　三冲量控制原理图

从结构上来看，该三冲量给水控制回路是典型的带有前馈的串级结构。主回路的 PI 调节器的参数使用主蒸汽流量进行修正。主回路输入下限为给水流量值，在给水控制未投“自动”或三冲量未选时，主回路输出跟踪给水流量。

PI 调节器输出叠加主蒸汽流量后，形成给水流量的给定值，与实际的给水流量比较后获得给水偏差，进入副回路——给水量调节回路的计算。

显然副回路调节器的参数应修正，以保证在对象发生变化时（即投入自动的泵数目变化时），获得良好的调节品质，由于电动给水泵容量与汽动给水泵相同，所以一台电动给水泵和一台汽动给水泵的容量与两台汽动给水泵相同，运行时的修正系数也相同。只有一台给水泵投入自动时，修正系数为 2。

副回路调节，高限为 685.0t/h，在给水控制为手动或单冲量水位控制方式时，副回路调节器跟踪单冲量回路调节器的输出。

2. 电动给水泵出口压力控制回路

电动给水泵液力耦合器（Hydraulic Coupling）为无级变速装置，在此用来改变电动给水泵的转速，从而达到调整电动给水泵出口给水压力的目的。其调节手段是通过调节耦合器勺管的位置，改变耦合器回油量，使泵轮与电动机主动轮间耦合程度改变，从而使给水泵的转速改变。

液力耦合器控制的目的，是维持给水泵出口与汽包间的差压达到给定值。回路的给定值采用汽包压力的函数值，转换为当前汽包压力要求的电动给水泵出口与汽包压力的差压值，在与实测值比较后，PI 运算输出控制指令。在单冲量控制模式时，控制指令直接为汽包压力的函数值。

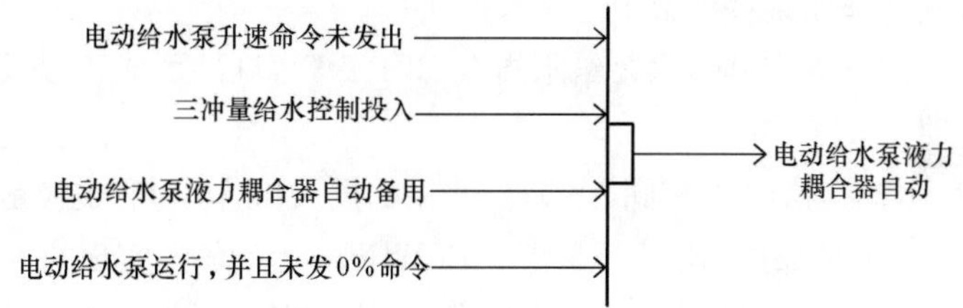

图 3-50　电动给水泵液力耦合器自动控制条件图

当电动给水泵投入，且耦合器为自动备用状态下，若接受 SCS 的液力耦合器 0%命令或电动给水泵停运时，则强制发出 0%指令。

若图 3-50 所示条件都成立，则液力耦合器接受自动控制。

3. 电动给水泵出口给水阀的控制

（1）经过主回路运算后的给水控制指令 FM，再加上电动给水泵投入、退出时的出力偏置，作为该小回路的给定值；电动给水泵的实际出力流量等于电动给水泵入口流量减去最小流量阀开度指令 Fx 函数值折算的流量。给定值与电动给水泵实际出力流量的偏差值，送到 PI 回路运算，输出电动给水泵出口给水阀的控制指令。给水控制阀 PI 调节器手动方式下跟踪给水流量控制阀阀位指令回读信号。PI 调节器的参数还要使用电动给水泵给水量的修正。

（2）给定值回路的出力偏置可以分为运行人员手动偏置、电动给水泵自动并入运行时投入偏置、电动给水泵自动退出运行时退出偏置三种情况。

（3）电动给水泵给水阀的控制给定值由运行人员手动设定。投退偏置时，需投入给水泵偏差设置自动。当给水泵偏差设置投入自动时，若给水控制阀自动，则保持当前偏差值；若给水控制阀退出自动，则偏差置为给水泵给水量与给水指令的差值。这样处理的目的是保证自动退出时的平稳性，如果并入电动给水泵运行，则电动给水泵偏差自动由初始的给水指令 BFW DEM 的负值向零偏差变化，当偏差变为零时，电动给水泵投入过程完毕。在此过程中，若 BFW DEM 指令保持不变，则电动给水泵给水指令按照既定速率缓慢上升，直到偏差为零。电动给水泵投入过程中若汽包水位高则停止增加电动给水泵出力，直至汽包水位恢复。

电动给水泵的退出过程与电动给水泵投入的过程相反，电动给水泵给水指令按照既定速率缓慢降低、退出过程中，电动给水泵出口给水阀指令将逐渐减小。在电动给水泵退出过程中，若汽包水位低，则暂停退出。若最小流量控制阀全关（小于2%开度）则偏差变化率进一步变小。

（4）若在给水控制阀投自动备用时，给水控制阀出口电动阀关或电动给水泵退出运行，则强制关闭给水控制阀。

4. 汽动给水泵（以A泵为例）的控制

控制系统中，汽动给水泵的控制思想与电动给水泵基本一致。但由于汽动给水泵给水量的调整是靠调整给水泵汽轮机阀门开度，从而改变给水泵的转速来实现的，与电动给水泵不同，并且由于汽动给水泵与电动给水泵特性不同，所以在实际的运行中，对调节器参数的选择及某些细节上还是有所不同。

以下就汽动给水泵给水指令BFPT-FWD的形成，以及其他重要逻辑条件等逐一加以说明。

与电动给水泵相同，汽动给水泵的投入和退出过程也应是一个逐渐过渡的过程，这一过程的实现是依靠加到给水流量指令BFWDEM上的偏差实现的，只是在投退速率上有所区别。汽动给水泵投入过程中若汽包水位高，则汽动给水泵指令暂停增加；同样若退出过程中汽包水位低，则汽动给水泵指令暂停减少，以维持汽包水位。详细的实现逻辑在此不再叙述。

5. 电动给水泵和汽动给水泵的最小流量阀

从离心泵的工作曲线可以知道，如果通过水泵泵体的工质流量过小，对水泵的安全有效工作是非常不利的。为了避免上述情况的发生，热力系统设计了水泵的最小流量回路，以保证泵内的最小工质流量。最小流量控制阀则用来控制最小流量的大小。

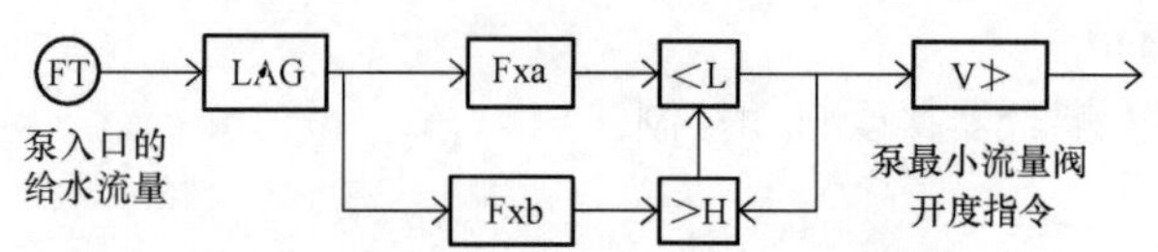

图3-51　计算最小流量控制阀开度指令逻辑原理图

三台给水泵最小流量控制阀都为开环控制，根据泵的入口给水量来计算当前的最小流量控制阀开度，其计算的逻辑原理图如图3-51所示。根据功能逻辑图中所给的参数，最小流量控制阀与泵给水量具有如图3-52所示关系。

根据原理图，最小流量控制阀在电动给水泵给水量增、减两个方向变化时，分别沿上升和下降曲线的规律动作。当最小流量控制阀退出后，则保持当前指令值。

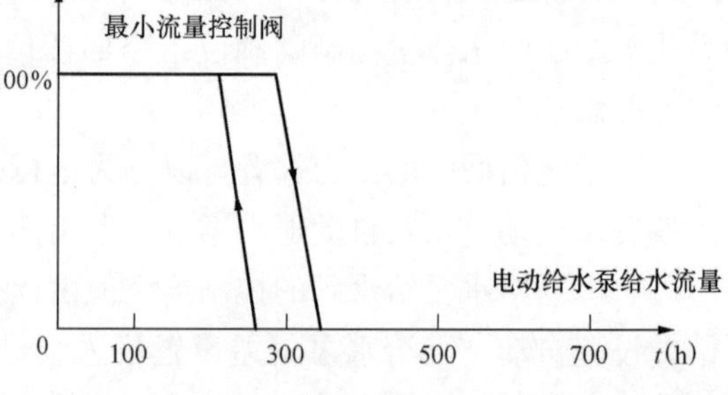

图3-52　最小流量阀与泵给水流量关系图

（二）控制逻辑原理图

控制逻辑原理见图3-53和图3-54。

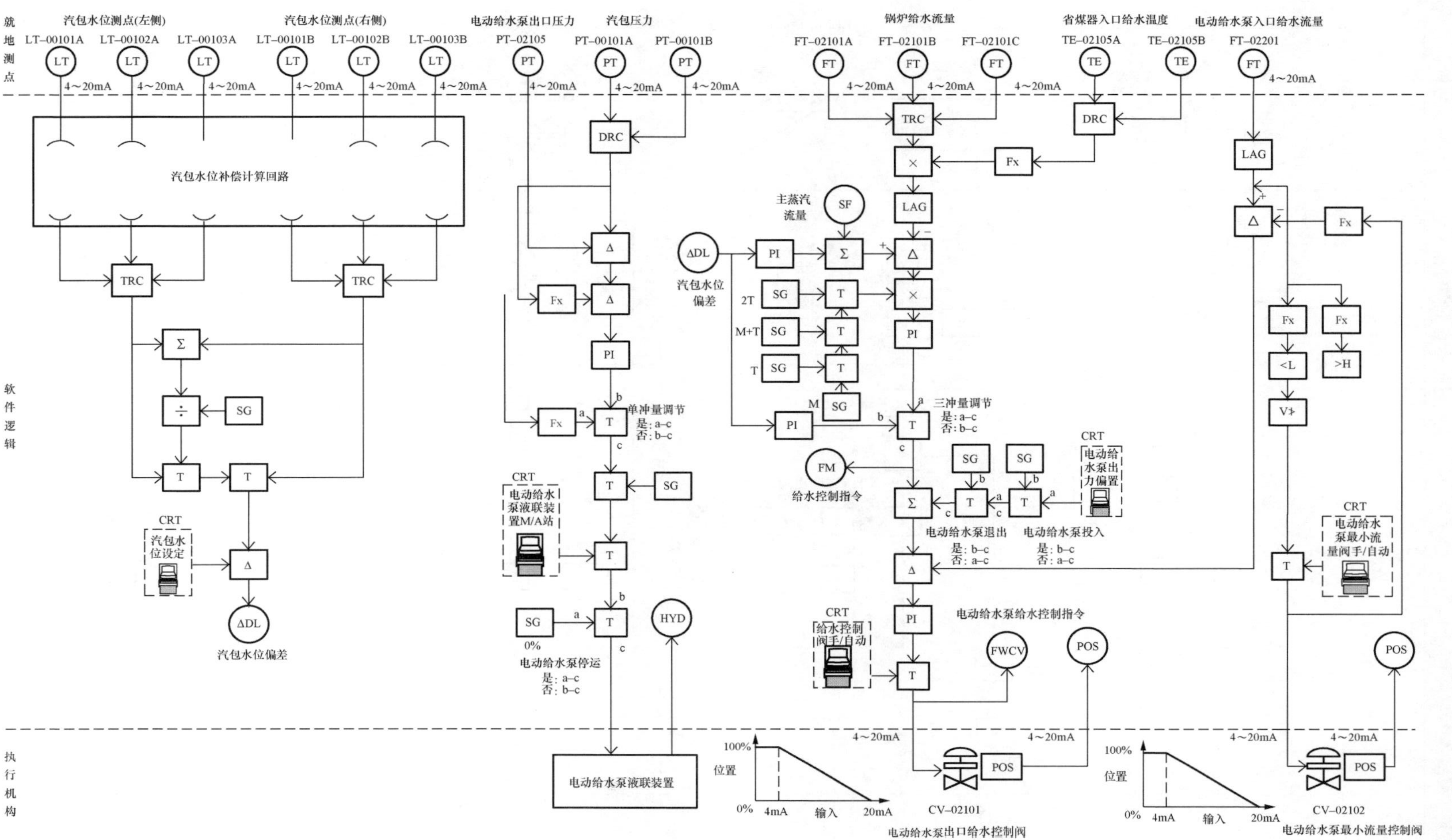

图 3-53 给水控制系统控制逻辑原理图（一）

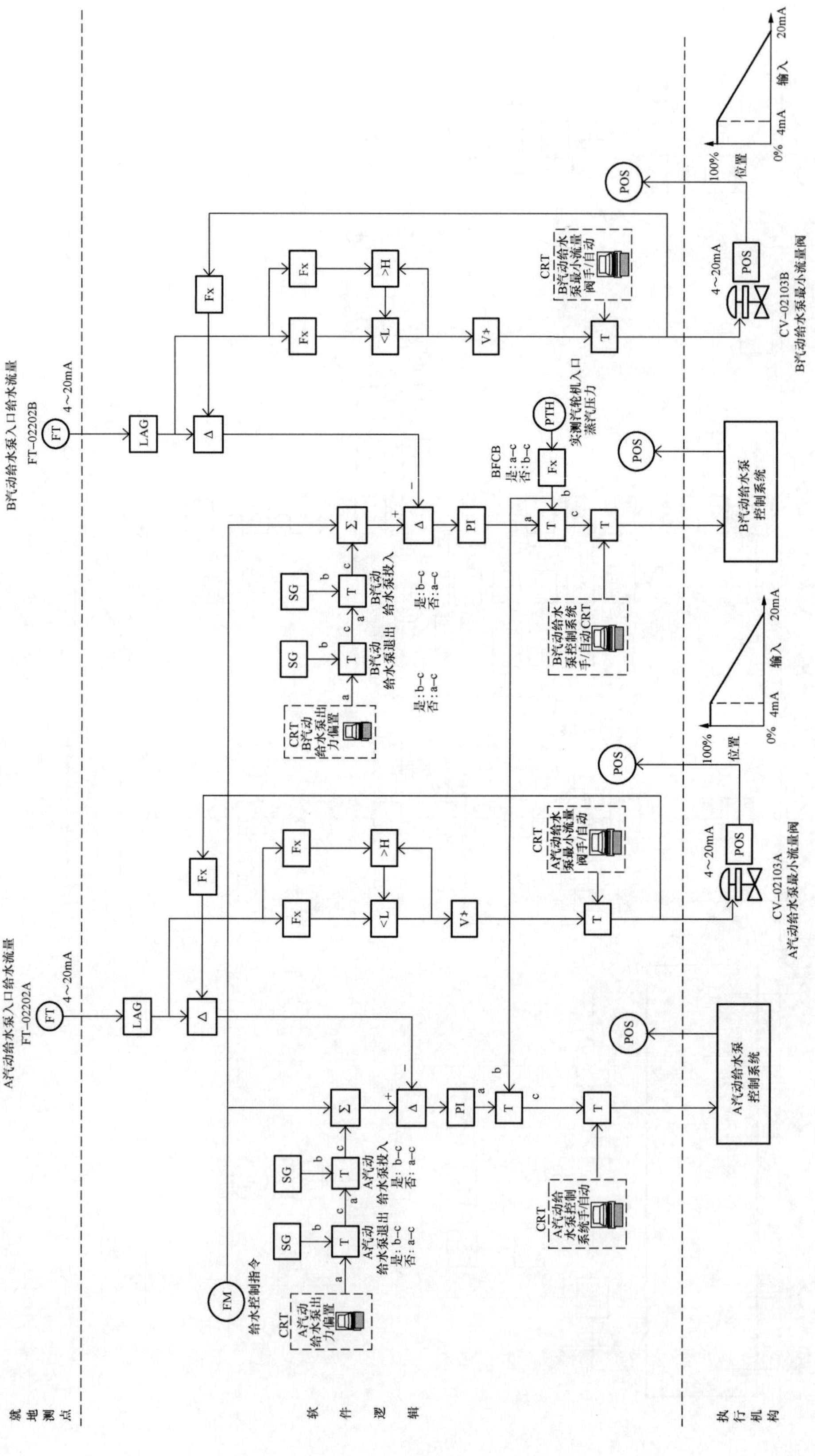

图 3-54　给水控制系统控制逻辑原理图（二）

二、300MW 机组给水控制系统

给水控制系统安装有三台容量各为 50%的筒式多级离心电动给水泵，通过调节给水泵出力达到调节给水量的目的。给水控制有三冲量控制和单冲量控制（给水压力控制、汽包水位控制）两种方式。

（一）设备组成和功能

1. 执行机构

给水控制系统包括的执行机构有省煤器入口给水旁路调节阀和电动给水泵液力耦合器。

2. 测量元件

给水控制系统包括的测量元件有汽包压力变送器、汽包水位变送器、调节级压力变送器、省煤器入口给水流量变送器、省煤器入口联箱温度、给水泵出口母管给水温度、过热器一级减温水流量、过热器二级过减温水流量、电动给水泵出口母管给水压力。

（二）控制逻辑分析

1. 汽包水位（COMPENSATED DRUM LEVEL）

汽包水位（COMPENSATED DRUM LEVEL）的形成有两种方式：①汽包水位实测值经汽包压力与 0 水位线修正形成；②汽包水位经汽包压力与冷凝参考管路补偿形成。

（1）汽包水位实测值经汽包压力与 0 水位线修正形成汽包水位（COMPENSATED DRUM LEVEL）。汽包水位信号 1～3 参与水位调节，汽包水位信号 4 为备用信号；当水位信号 1～3 之一或全部因故不能正常反应实际运行工况时，可用水位信号 4 代替，见图 3-55。

汽包水位信号（DRUM LVL CAL）是将变送器输出的水位信号转换为以汽包 0 水位线（642mm 线）为基准水位信号。汽包上安装有 4 台差压变送器，变送器送回水位信号经比例 K 环节、汽包压力（4FWS-DRUMP-SEL）修正后，最终形成以 0 水位线为参考的水位高度信号（DRUM LVL CAL），见图 3-56。

通过数字量发生器（DVALGEN）置 0 可以使切换器（TRANSFER）选择汽包水位信号（DRUM LVL1 CAL、DRUM LVL2 CAL、DRUM LVL3 CAL），最后经过中值器（MEDIANSEL）选择形成汽包水位（COMPENSATED DRUM LEVEL），见图 3-56。

（2）汽包水位经汽包压力与冷凝参考管路补偿形成汽包水位（COMPENSATED DRUM LEVEL）。经比例 K 算法修正的汽包水位1～3，输入到水位密度补偿 LEVEL-COMP 算法的 IN1，经过汽包压力与冷凝参考管路内水的修正，得到修正后的汽包水位 1～3；3 个修正后的水位再经过中值器（MEDIANSEL）筛选、超前/滞后算法 LEADLAG 得到修正后的汽包水位（COMPENSATED DRUM LEVEL），见图 3-56。

2. 主蒸汽流量（COMPENSATED STEAM FLOW）

调节级压力 4～6 经中值器（MEDIANSEL）取中值后得到调节级压力，主蒸汽流量（COMPENSATED STEAM FLOW）是调节级压力与末级再热器出口温度经过函数运算得到的，见图 3-57。

主蒸汽流量设置有流量高于 15%、30%、60%提示信号，见图 3-57。

3. 给水流量（COMPENSATED FEEDWATER FLOW）

省煤器入口给水流量、一级过热器减温水流量、左侧二级过热器减温水流量、右侧二级

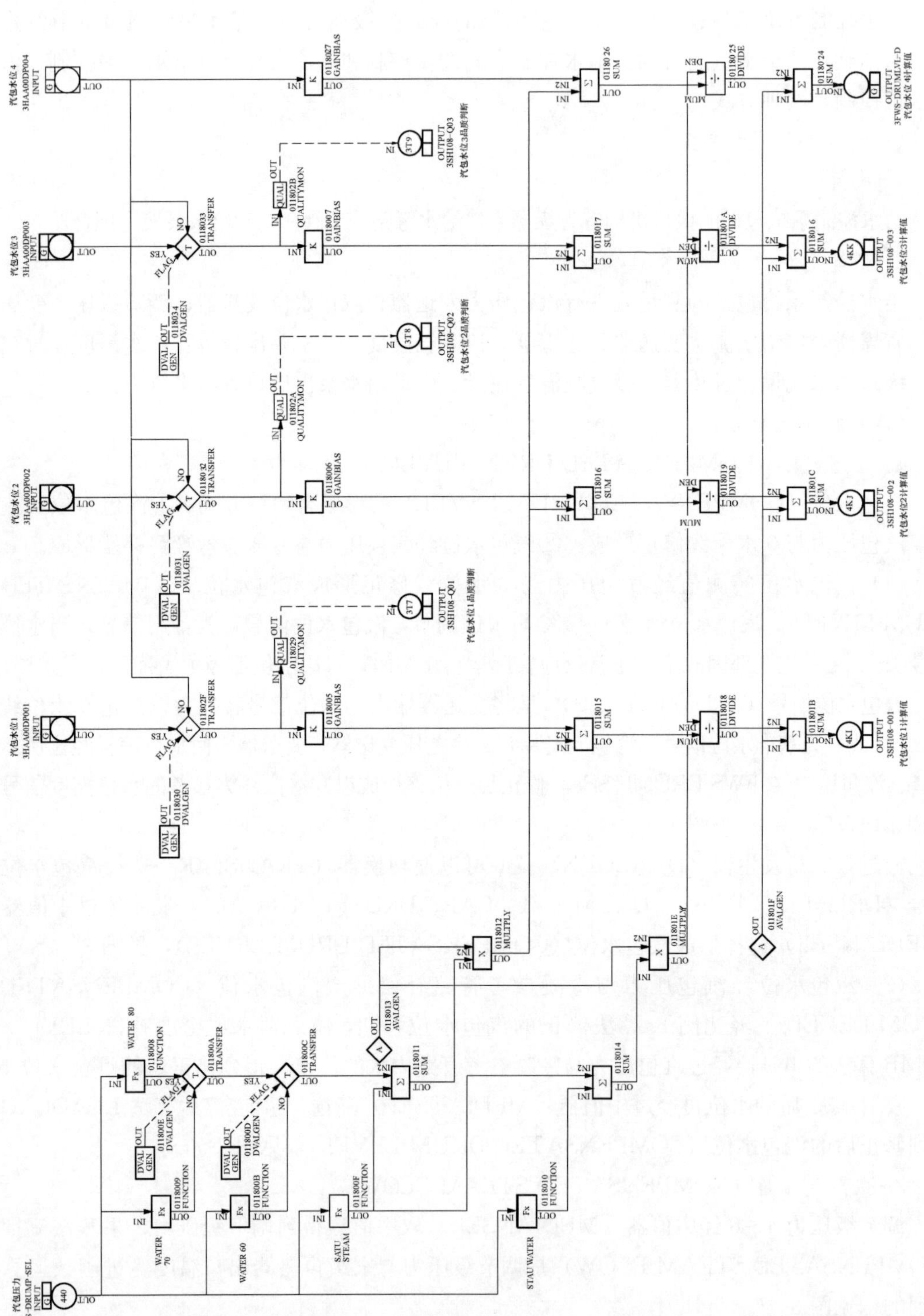

图 3-55 汽包水位计算逻辑图

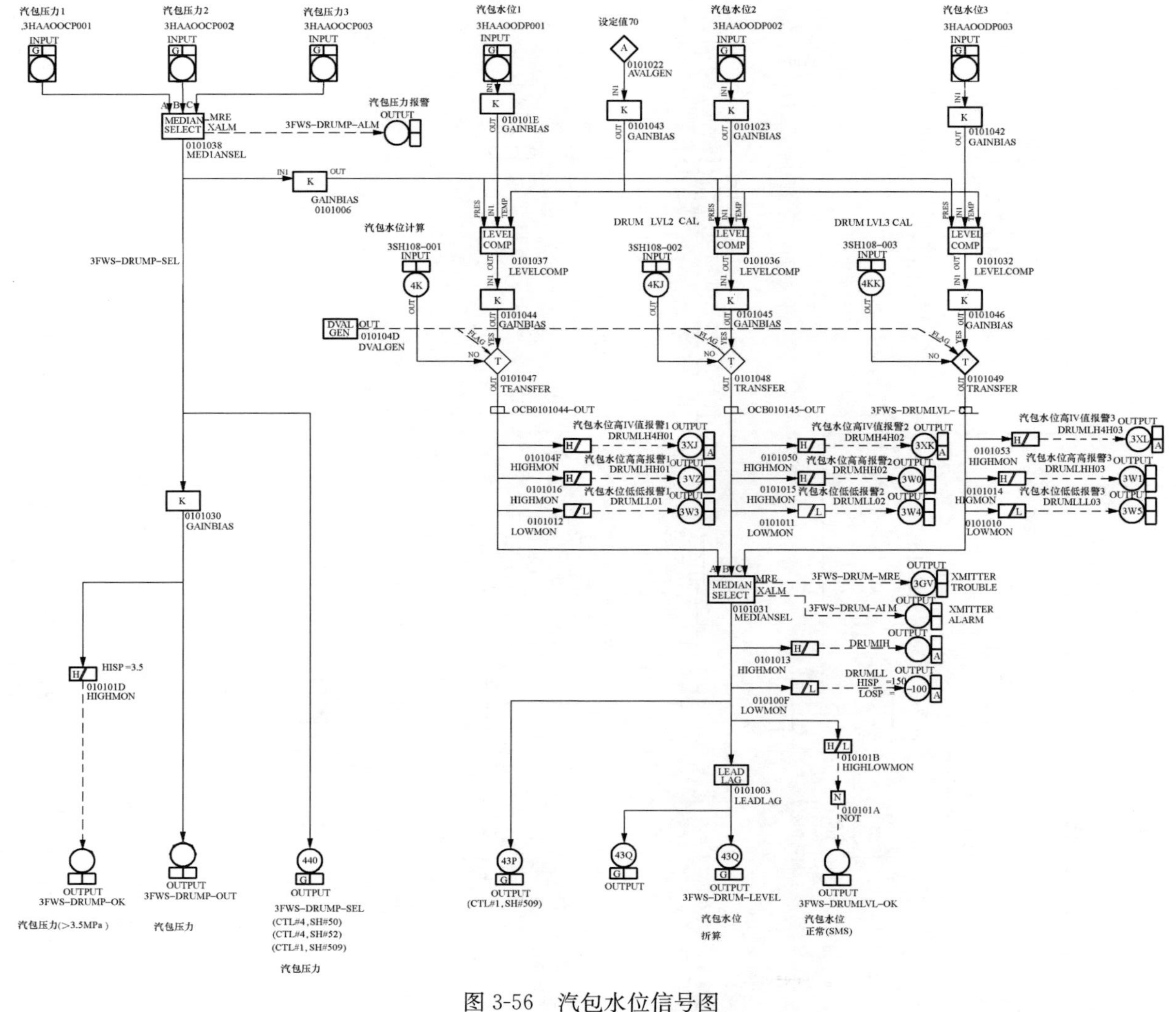

图 3-56 汽包水位信号图

过热器减温水流量经过加法器运算后得到总给水流量（COMPENSATED FEEDWATER FLOW），见图 3-58 中虚圆圈部分。需要注意的是，再热器减温水流量不计入给水流量中。

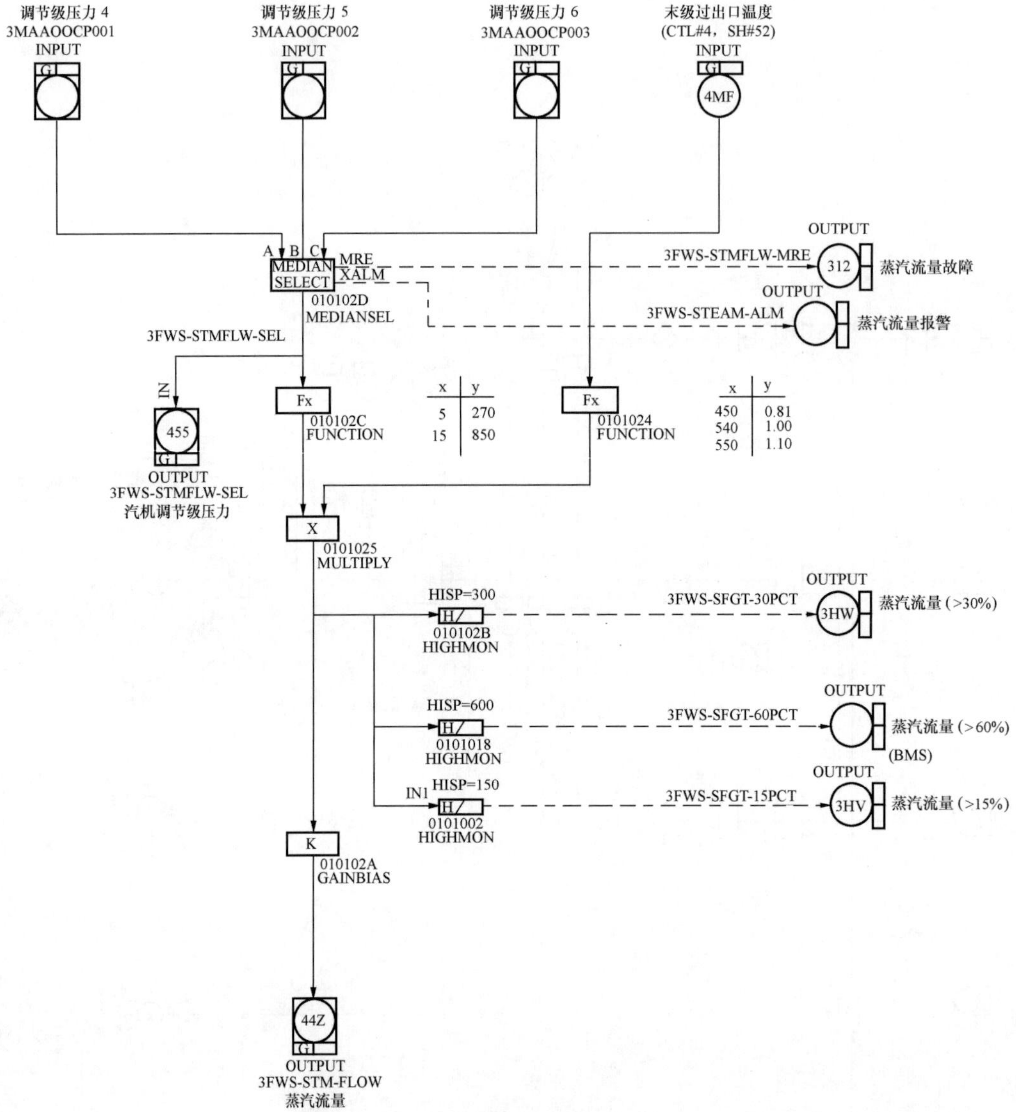

调节级压力 4
3MAAOOCP001
INPUT

调节级压力 5
3MAAOOCP002
INPUT

调节级压力 6
3MAAOOCP003
INPUT

末级过出口温度
(CTL#4，SH#52)
INPUT
4MF

A B C
MEDIAN SELECT
MRE
XALM
010102D
MEDIANSEL

OUTPUT
3FWS-STMFLW-MRE
312
蒸汽流量故障

OUTPUT
3FWS-STEAM-ALM
蒸汽流量报警

3FWS-STMFLW-SEL
IN
455
OUTPUT
3FWS-STMFLW-SEL
汽机调节级压力

Fx
010102C
FUNCTION

x	y
5	270
15	850

Fx
0101024
FUNCTION

x	y
450	0.81
540	1.00
550	1.10

X
0101025
MULTIPLY

HISP=300
H
010102B
HIGHMON
3FWS-SFGT-30PCT
OUTPUT
3HW
蒸汽流量（>30%）

HISP=600
H
0101018
HIGHMON
3FWS-SFGT-60PCT
OUTPUT
蒸汽流量（>60%）
(BMS)

IN1
HISP=150
H
0101002
HIGHMON
3FWS-SFGT-15PCT
OUTPUT
3HV
蒸汽流量（>15%）

K
010102A
GAINBIAS

44Z
OUTPUT
3FWS-STM-FLOW
蒸汽流量

图 3-57　主蒸汽流量图

4. 给水平衡分配信号（FW MASTER FEEDWATER BALANCER）

给水平衡分配信号（FW MASTER FEEDWATER BALANCER）的形成有两种方式：①单冲量给水控制，又包括给水压力控制和汽包水位控制两种方式；②三冲量给水控制，即汽包水位 COMPENSATED DRUM LEVEL、蒸汽流量 COMPENSATED STEAM FLOW、给水流量 COMPENSATED FEEDWATER FLOW 三冲量参与的给水控制。

（1）单冲量给水控制方式。

1）基于给水压力（FEEDWATER PRESS CONTROL）控制的单冲量给水控制。这种给水控制方式下，电动给水泵出口母管给水压力（MDBP OUT HDR FEED WTR PRESS）减去汽包压力（FEEDWATER DRUM PRESS SELECT）所得压力值为 PID 调

节器被调量，设定值由设定器（SETPINT）设定，最后 PID 输出经给水主控器（FEEDWATER MASTER）、平衡算法（BALANCER）形成给水平衡分配信号（FW MASTER FEEDWATER BALANCER），见图 3-59 虚线框 1。

2）基于汽包水位（COMPENSATED DRUM LEVEL）控制的单冲量给水控制。这种给水控制方式下，PID 调节器以设定器（SETPOINT）设定水位为设定值，以汽包水位（COMPENSATED DRUM LEVEL）为过程值，PID 输出经给水主控器（FEEDWATER MASTER）、平衡算法（BALANCER）形成给水平衡分配信号（FW MASTER FEEDWATER BALANCER），见图 3-59 虚线框 1。

（2）三冲量给水控制方式见图 3-59 虚线框 2。三冲量给水控制方式下，汽包水位（COMPENSATED DRUM LEVEL）（见图 3-59 虚圆圈 1）经 PID 运算所得信号与蒸汽流量（COMPENSATED STEAM FLOW）（见图 3-59 虚圆圈 2）经比例 K 算出的信号，经过加法器Σ相加折算出所需给水流量信号，此信号作为 PID 调节器的设定信号，给水流量（COMPENSATED FEEDWATER FLOW）（见图 3-59 虚圆圈 3）接受 PID 调节器调节，调节器输出信号经给水主控器（FEEDWATER MASTER）、平衡算法（BALANCER）形成给水平衡分配信号（FW MASTER FEEDWATER BALANCER）（见图 3-59 虚圆圈 4）。

5. 给水泵液耦指令（FEEDWATER PUMP DEMAND）

给水泵液耦指令（FEEDWATER PUMP DEMAND）的形成有三种方式：①给水泵主控器输出经函数 Fx 转换的结果直接形成液耦指令（FEEDWATER PUMP DEMAND），即给水平衡分配信号（FW MASTER FEEDWATER BALANCER）经过电动给水泵主控器（FEEDWATER MASTER）、函数器 Fx 形成液耦指令（FEEDWATER PUMP DEMAND）（见图 3-60 虚线框 1～3）；②两台给水泵主控器输出经函数 Fx 转换的结果分别乘以 0.35 系数后再相加的结果作为三台泵的液耦指令（FEEDWATER PUMP DEMAND）（见图 3-60 虚线框 4～6 所示）；③由运行人员通过给水泵主控器手动输入指令形成液耦指令（FEEDWATER PUMP DEMAND）（见图 3-60 虚圆圈 1～3）。

以上三种方式的选择靠切换器（TRANSFER）与主控器的 M/A 手动/自动站来实现。

改变液耦开度的目的是为了调节电动给水泵出力。逻辑中同时设置有给水泵出力状态最大/最小指示。当液耦指令小于 0.5%时，指示给水泵在最小出力状态（FEEDWATER PUMP AT MIN）；当液耦指令大于 99.5%时，指示给水泵在最大出力状态（FEEDWATER PUMP AT MAX）（见图 3-60 虚圆圈 4～6）。

6. 省煤器入口给水调节阀指令（FWD SOL VLV）

电动给水泵母管出口给水经过 3～1 号高压加热器和省煤器入口联箱进入汽包，同时主给水管上还设置有省煤器入口给水旁路调节阀（3LAC70AA001），它可将给水排至有压放水母管，实现水位调节的功能。它的控制指令（FWD SOL VLV）的形成有两种方式：①当手动/自动主控站切在手动位时，由运行人员手动输入开度指令；②当手动/自动站切在自动位时，PID 调节器的输出作为调节阀的开度指令，其中 PID 调节的设定值为汽包水位设定器（SETPOINT）输出，过程量为汽包修正水位值（COMPENSATED DRUM LEVEL）（见图 3-59 虚圆圈 5、6）。

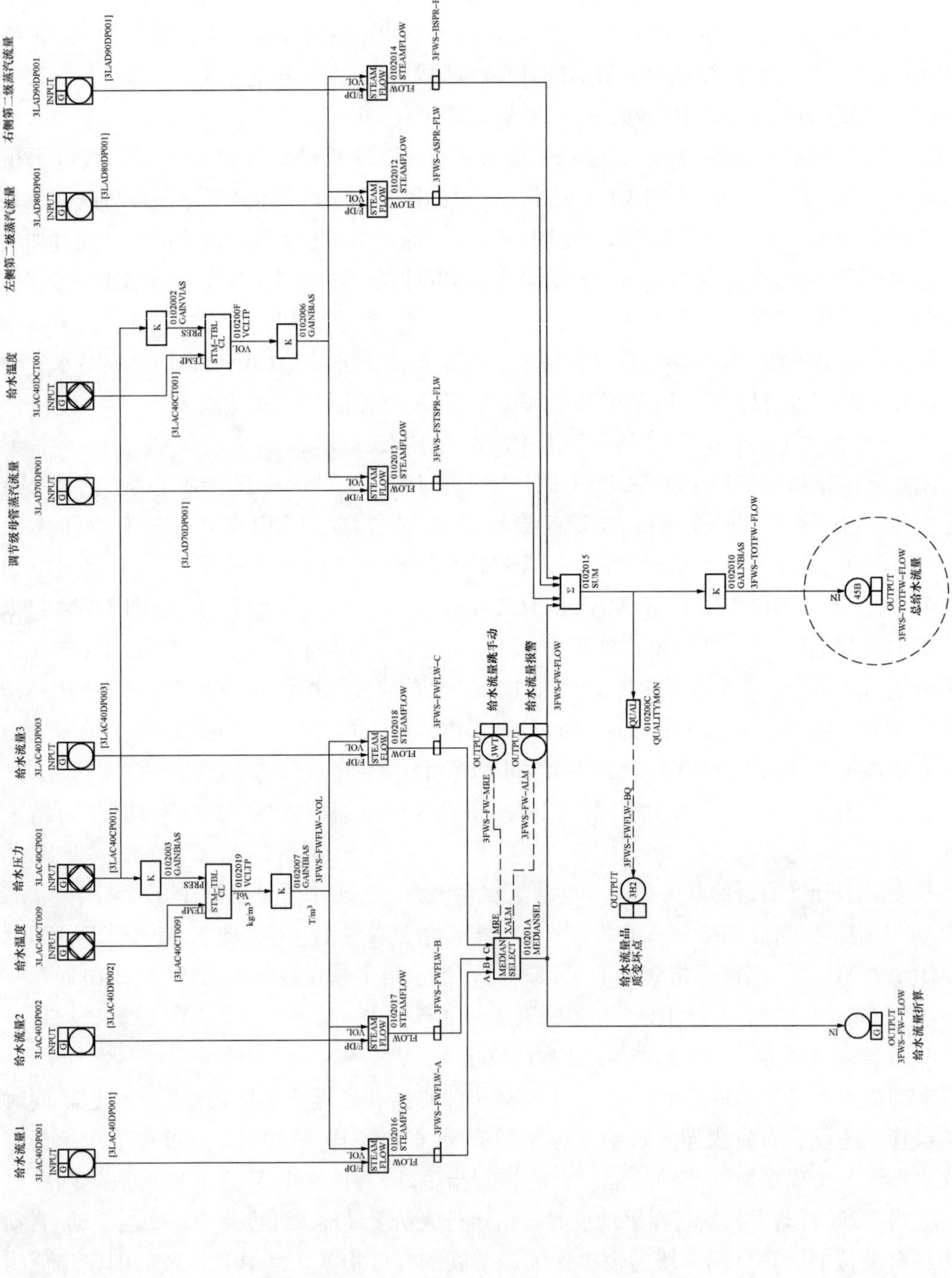
给水流量1
3LAC40DP001
给水流量2
3LAC40DP002
给水温度
3LAC40CT009
给水压力
3LAC40CP001
给水流量3
3LAC40DP003
调节级母管蒸汽流量
3LAD70DP001
给水温度
3LAC40DCT001
左侧第二级蒸汽流量
3LAD80DP001
右侧第二级蒸汽流量
3LAD90DP001
STEAM FLOW
3FWS-FWFLW-A
3FWS-FWFLW-B
3FWS-FWFLW-C
3FWS-FWFLW-VOL
MEDIAN SELECT
3FWS-FW-MRE
3FWS-FW-ALM
给水流量跳手动
给水流量报警
3FWS-FW-FLOW
0102015 SUM
3FWS-TOTFW-FLOW
总给水流量
给水流量折算
给水流量品质变坏点
3FWS-FWFLW-BQ
3FWS-FSTSPR-FLW
3FWS-ASPR-FLW
3FWS-BSPR-FLW

图 3-58 给水流量图

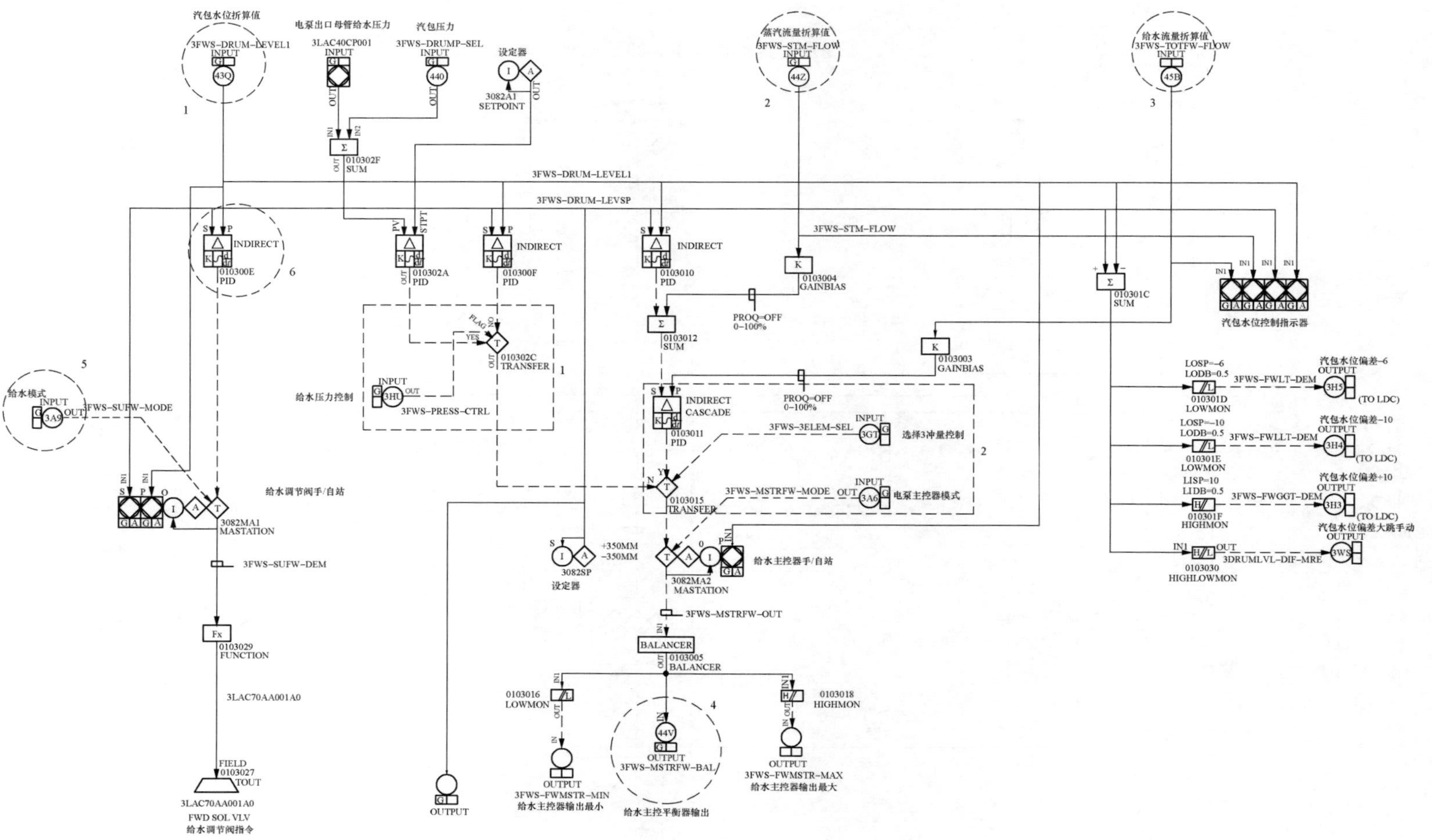

图 3-59　给水及汽包水位控制图

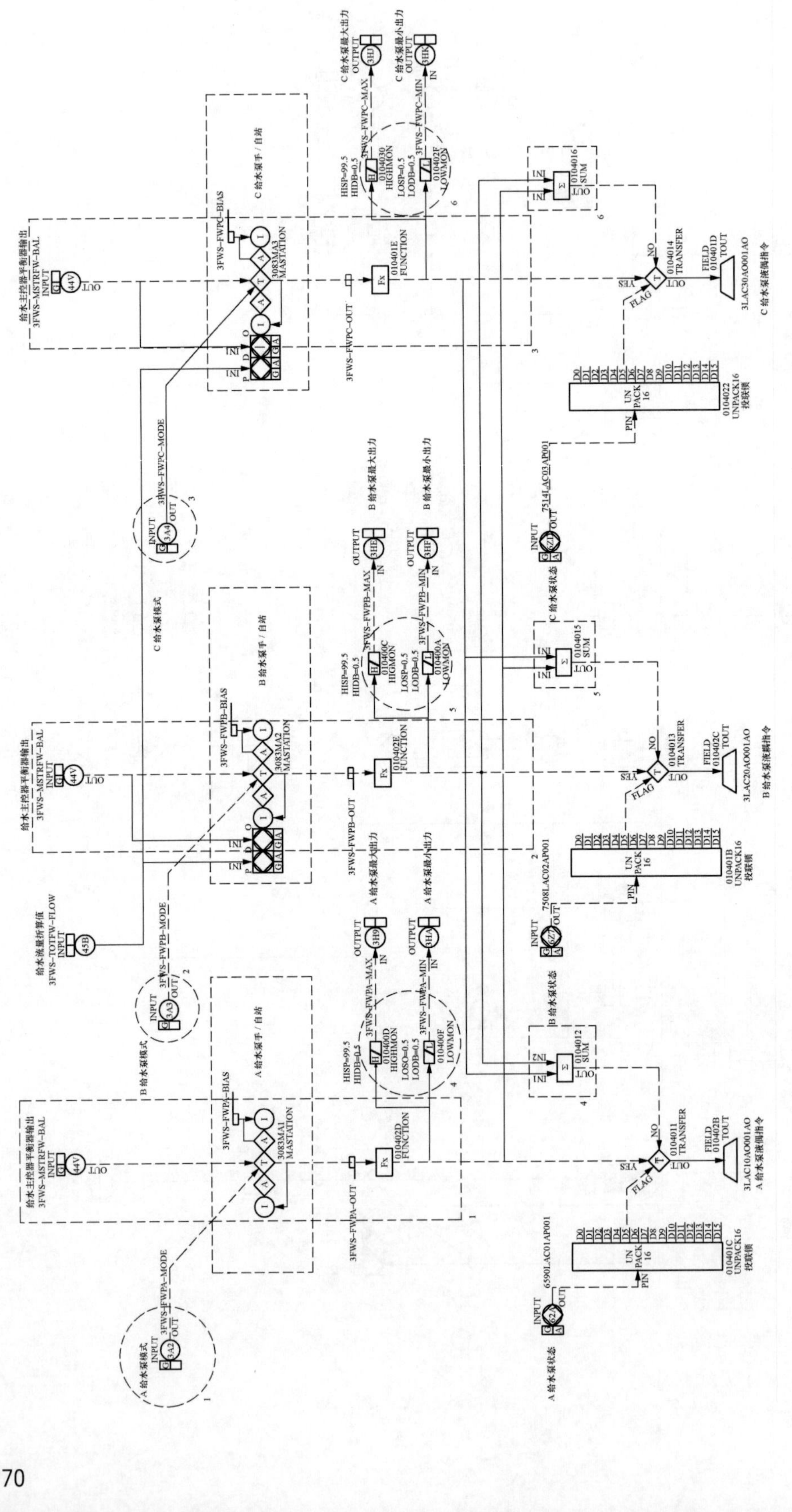

图 3-60 给水泵液耦指令图

第七节　过热汽温控制系统

蒸汽温度是火电机组安全、高效、经济运行的重要参数，因此对蒸汽温度控制的要求相当严格。蒸汽温度过高会使过热器和汽轮机高压缸承受过高的热应力而损坏；温度过低会降低机组的热效率，影响经济运行。

一、350MW 机组过热汽温控制系统

350MW 机组锅炉过热蒸汽受热面的吸热情况为：包覆段和一级过热器为对流方式，二级过热器为辐射式，三级过热器为辐射对流式。采用两级相互独立的减温水系统，第一级粗调为正反馈单回路，第二级喷水采用串级调节回路为细调。

（一）控制逻辑分析

由于过热蒸汽受热面 A、B 两侧独立布置，所以一级喷水减温和二级喷水减温都为双侧布置。两侧的控制回路及参数相同，并且热力系统在设计时也对两侧工况做了考虑，所以正常时两个回路的工作状况大致相同，在此仅讨论一侧的汽温控制系统。

1. 第一级喷水减温控制系统

（1）二级过热器后主蒸汽温度给定值。一级喷水减温的主要目的是维持二级过热器后的主蒸汽温度跟踪上给定值。控制系统中给定值根据负荷指令通过固定函数关系计算获得。给定值速率切换条件如图 3-61 所示。

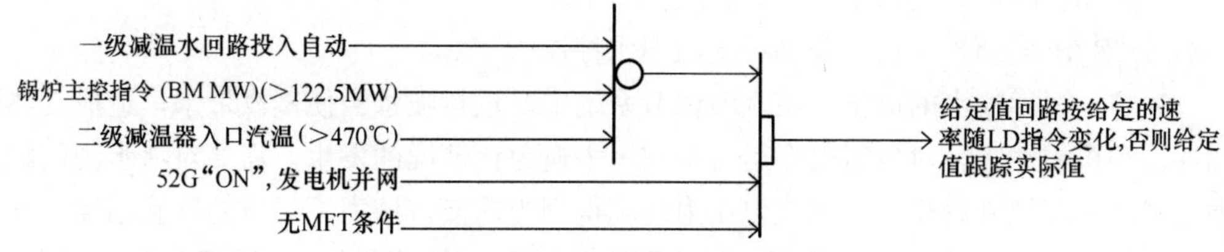

图 3-61　给定值速率切换条件图

若发电机未并网或在 MFT 发生后 5s，则汽温偏差立即强制为零，不再调节喷水。

在协调方式下，MWD 指令变化率在－1.0～1.0MW/min 之间且 MWD 小于 30MW，则汽温给定值维持不变。

（2）PID 调节器的参数修正，分别考虑了负荷是否变动时两种参数。

（3）积分作用的限幅。积分为下限时，一级喷水控制阀的阀位指令为 0%。积分作用的上限分两种情况：①在喷水控制阀自动，若实测温度已低于设定值 10℃以上，且实际阀位指令已小于 1%，则积分作用实际上已被分离，其输入为零，输出为控制阀指令回读信号（CV RB）与比例、微分前馈之差，实际的阀位指令仍为当前的控制阀位指令。此时积分上限值为积分环节输出值。②积分环节的输出高限为防饱和指令与比例、微分、前馈、BIR 指令的差值，积分环节为高限时，回路输出的指令值为防饱和回路的阀位指令。

（4）控制回路的输出跟踪。当减温水控制阀处于手动或前面所述的阀自动，阀位指令已小于 1%，且实际汽温已小于给定值 10℃以上时，积分环节输入为零。此时回路输出指令仍为减温水控制阀阀位指令的回读信号。

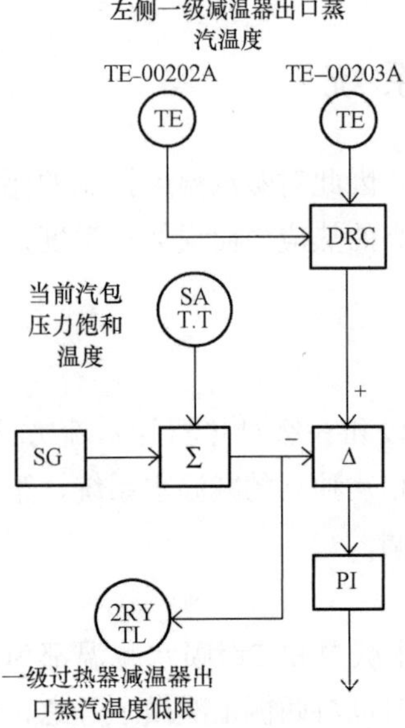

图 3-62　一级减温水阀指令图

(5) 前馈的引入以及 BIR 信号叠加。锅炉负荷作为汽温对象的重要干扰因素之一，为了消除因负荷波动引起的汽温波动，在此引入了前馈，前馈量是锅炉负荷指令 BM MW 的函数关系值。此外，在回路上还叠加了 BIR 指令，以实现汽温的超前调节，BIR 指令仅在减温水控制阀投入自动时使用。

(6) 微分作用的限幅。微分作用的引入对于慢速系统来说是必要的，但微分作用过于强烈，则会使调节机构动作频繁，幅度过大，对安全稳定运行不利。因此需要对微分的作用幅度加以限制，该系统中，微分环节输出上下限分别为±5%。

(7) 一级减温水控制阀阀位指令的输出。运行人员可以在 CRT 上投退一级减温水控制阀自动。投入手动方式时，运行人员可以在 CRT 上直接操作减温水控制阀；投自动时，接受调节逻辑输出的指令。控制阀输出指令如图 3-62 所示。

另外，当以下条件之一成立时，强制关闭喷水减温控制阀：

1) MFT 动作。

2) 52G 断开后 3s，强制关闭减温水控制阀 10s。

3) FCB 信号复位 8s 后，强制关闭减温水控制阀 10s。

(8) 防止过度喷水的措施。在汽温调节系统中，过量喷水会使蒸汽带水，造成受热面的热冲击和机械冲击，对机组安全运行不利。为避免该情况的发生，需要对喷水阀门的开度做出限制。其控制思想是利用汽包压力计算得到当前蒸汽压力下对应的饱和温度，并为保证一定的裕度，在计算值上再叠加 50℃即为目标值。实测值为一级减温器后蒸汽温度，偏差值经 PI 调节器运算后，获得当前减温水为维持汽温在给定值所需的开度指令。实际的阀位指令应不大于此值，否则就有可能在一级减温器后造成蒸汽饱和现象。

减温水自动条件下，二级过热器出口汽温已低于设定值 10℃以上，且减温水阀已全关，此时对减温水控制阀阀位不限制。

2. 第二级喷水减温控制系统

机组锅炉第二级喷水减温控制系统为串级汽温控制系统。主回路为负作用，副回路为正作用。其原理见图 3-63。

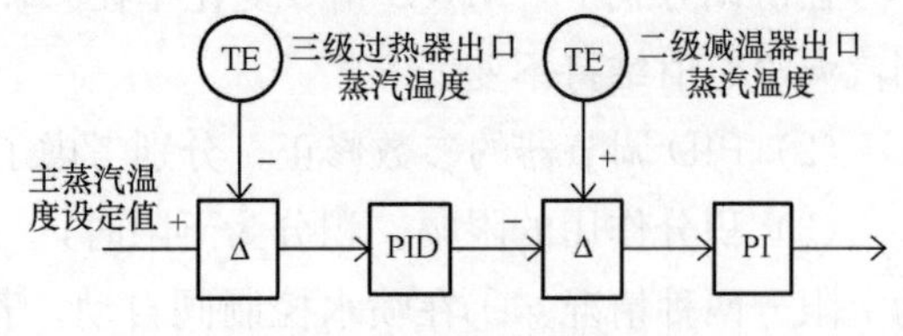

图 3-63　二级减温水控制原理图

(1) 主蒸汽温度给定值的计算。主蒸汽温度目标值由锅炉主控器指令 BM MW 计算得到，叠加上有运行人员设置的主蒸汽温度偏差之后，经变化率限制，即获得主蒸汽温度给定值。给定值速率切换条件如图 3-64 所示。

(2) 副回路给定值（二级减温器后汽温给定值）的计算。由原理图 3-63 可以看出，串级系统的副回路给定值由主汽温偏差经主回路调节器后计算得出。

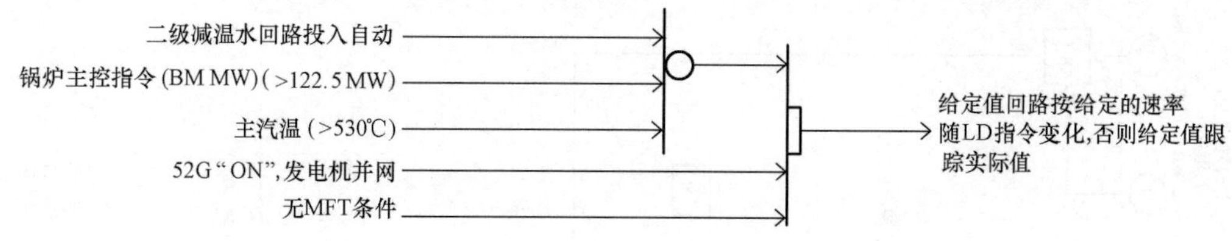

图 3-64　给定值速率切换条件图

(3) 主 PID 调节器由 P、I、D 三个环节叠加而成，在控制系统中使用锅炉主控指令（BM MW）对各参数分别进行了修正。

(4) 前馈信号的引入。前馈信号的引入目的是直接补偿可测干扰，改善调节对象动态品质。二级喷水减温引入的前馈信号有 BM MW 指令前馈和由协调逻辑计算出来的 BIR 指令，在该引入回路实现喷水的超前调节。若二级减温水控制阀不投自动，则该信号不投入主汽温控制回路。

(5) 积分环节输出限幅。积分环节的下限为防饱和回路。积分输出下限值时，副回路的给定值计算结果即为饱和温度加 10℃的偏差。这也是该回路输出的最低值。

积分环节的上限分为两种情况：①当减温水控制阀自动，阀位指令为 0%，且实际汽温已低于设定值 10℃以上时，上限为其当前输出值；②当以上情况未发生时，则该回路输出上限值即为当前二级减温器出口蒸汽饱和温度加 10℃的偏差。

(6) 主回路调节器的输出跟踪值。当二级减温器减温水控制阀退出自动，或在该阀自动情况下，主蒸汽温度已低于设定值 10℃以上，阀位指令小于 1%时，主回路输出跟踪当前实际的二级减温器后的蒸汽温度。

(7) 副回路二级减温水控制阀阀位指令的计算。主回路计算所得二级减温水控制阀后汽温给定值与实测值比较后获得偏差值，经计算后，获得二级减温水控制阀阀位指令。副回路的 PI 调节器参数使用 BM MW 信号及汽包压力信号进行了修正。PI 调节器的下限为 0，上限异常为 0，正常为 100%，其跟踪值为减温水控制阀阀位指令的 RB 信号。

(8) 二级减温水控制阀阀位指令的输出。二级减温水控制阀可由运行人员投退自动，手动方式下的阀位可由运行人员在 CRT 上手动设定。

（二）控制逻辑原理图

控制逻辑原理见图 3-65 和图 3-66。

二、300MW 机组过热汽温控制系统

（一）设备组成和功能

(1) 执行机构。过热汽温控制系统的执行机构包括一级过热器减温水调节阀、二级过热器减温水调节阀。

(2) 测量元件。过热汽温控制系统的测量元件包括过减温器出口汽温、二级过热器减温器入口温度、末级过热器出口温度、电动给水泵出口母管给水压力。

（二）控制逻辑分析

过热器汽温控制包括左、右两侧两套完全独立的单级调节系统，分为一级喷水减温控制和二级喷水减温控制，减温水来源为给水泵出口。

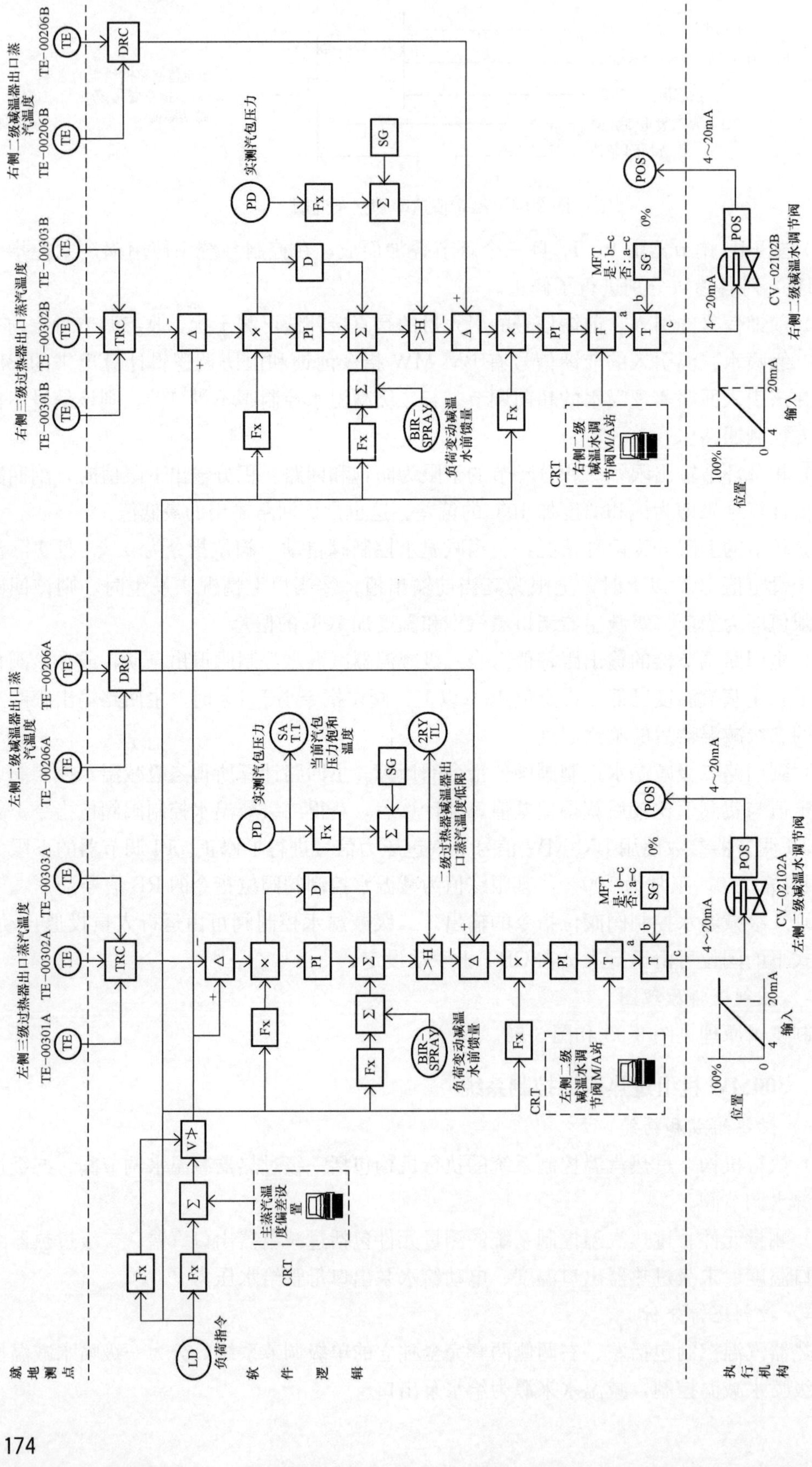

图 3-65 三级过热器出口汽温控制系统控制逻辑原理图

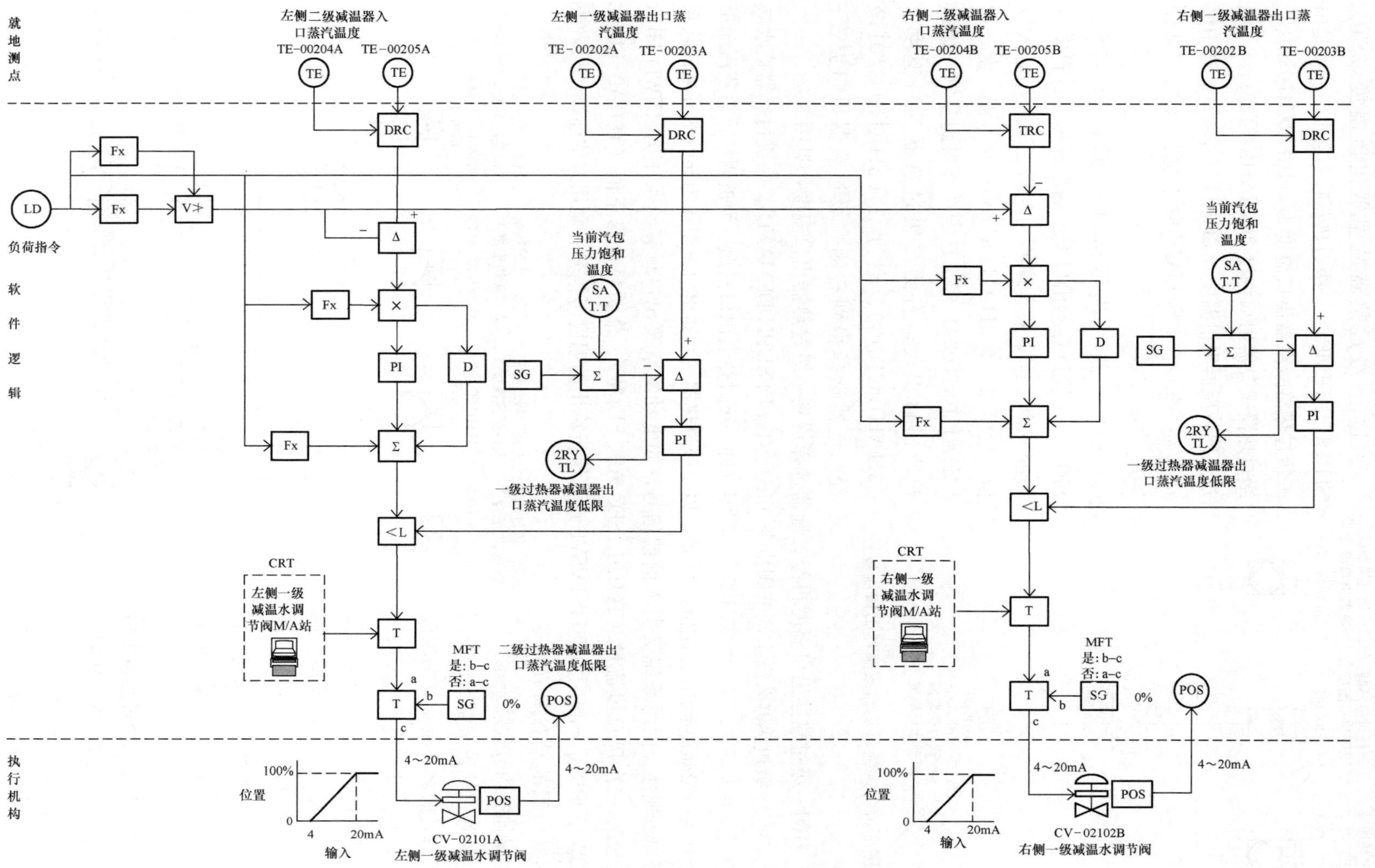

图 3-66 一级过热器出口汽温控制系统控制逻辑原理图

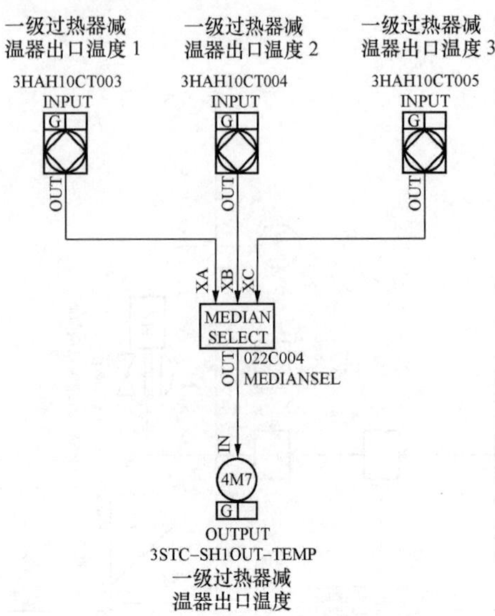

图3-67　一级过热器减温器出口温度图

（1）一级过热器减温器出口温度（3STC-SH1OUT-TEMP）。一级过热器减温器出口温度是由一级过热器减温器出口温度1（3HAH10CT003）、一级过热器减温器出口温度2（3HAH10CT004）、一级过热器减温器出口温度3（3HAH10CT005）经过中值选择器MEDIAN SELECT取中值后生成，见图3-67。

（2）一级过热器出口温度（3STC-PSH-SEL）。一级过热器出口温度的形成是靠逻辑中设置的三个二选器来实现的。左侧二级过热器入口温度1（3HAH10CT008）、温度2（3HAH10CT009）经二选器选择得到左侧一级过热器出口温度；右侧二级过热器入口温度1（3HAH10CT013）、温度2（3HAH10CT014）经二选器选择得到右侧一级过热器出口温度；左、右侧一级过热器出口温度再经二选器选择得到一级过热器出口温度，见图3-68。

（3）一级过热器减温水调节阀指令（1ST STG DESUPH DEMAND）。一级过热器喷水减温控制为单级调节，以二级减温器入口汽温（即一级过热器出口汽温）为被调量，总蒸汽流量函数作为一级减温器出口汽温的设定值；以一级过热器减温器出口汽温作为导前微分来消除系统控制的惯性。同时系统又引入前馈信号，如电动给水泵出口母管给水压力（FWD HDR PRESS）、二次风总风流量（TOTAL SEC AIR FLOW）、总燃料量修正值（TOTAL FUEL FLOW CORR）、汽包压力经HSTVSVP运算块折算出的温度等信号。利用这些前馈信号，改善过热汽温的动态调节品质，获得最佳的调节效果。

一级过热器减温水调节阀主控器接收各个前馈环节温度信号，并以其中最大温度值为设定值，形成一级过热器减温水调节阀指令进行喷水减温调节；逻辑中同时设置有调节阀最大、最小喷水开度限制，其中最大值为100％，最小值为1％。见图3-69。

（4）左侧二级过热器出口温度（3STC-SH2AOUT-TEM）。左侧二级过热器出口温度由左侧二级过热器出口温度1（3HAH10CT010）、温度

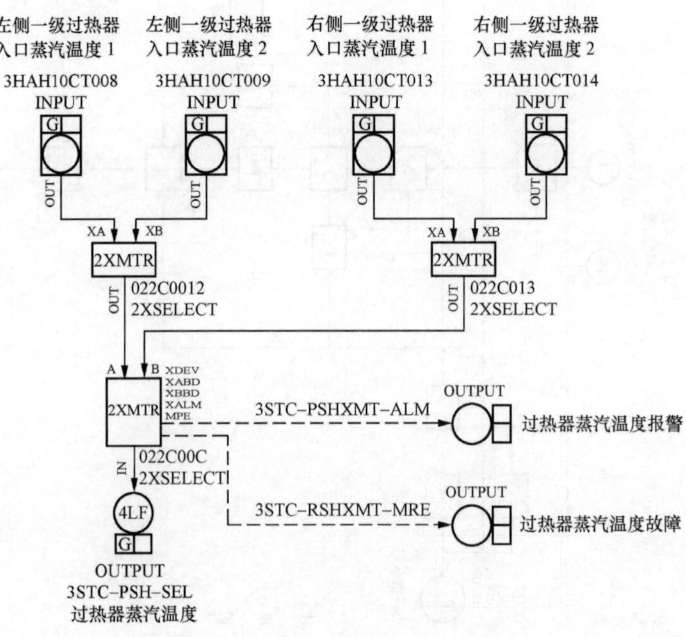

图3-68　一级过热器出口温度图

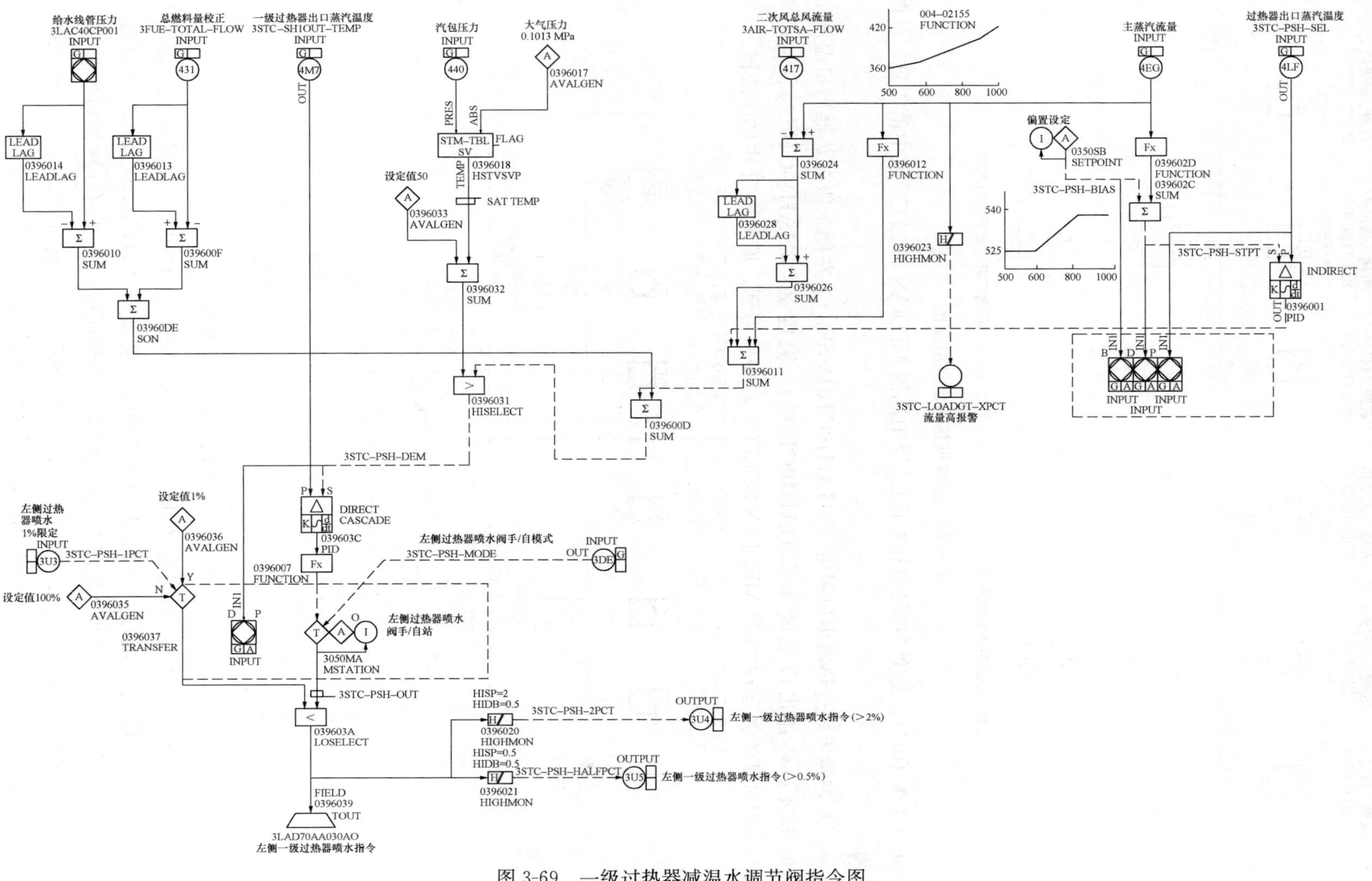

图 3-69 一级过热器减温水调节阀指令图

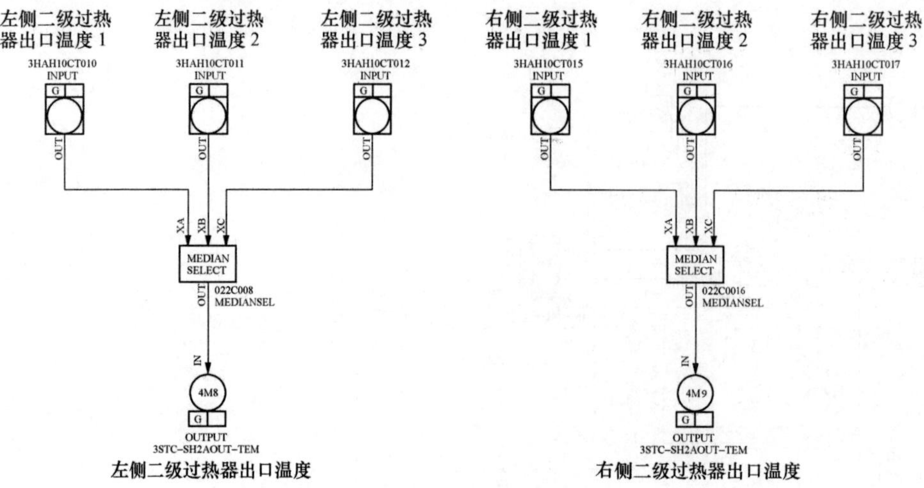

图 3-70　二级过热器出口温度图

2(3HAH10CT011)、温度 3(3HAH10CT012)经中选器 MEDIAN SELECT 取中值得到，见图 3-70。

(5) 左侧末级过热器出口温度（3HAH10CT018-SEL）。左侧末级过热器出口温度由左侧末级过热器出口温度 1（3HAH10CT018）、温度 2（3HAH10CT019）、温度 3（3HAH10CT020）经中选器 MEDIAN SELECT 取中值得到，见图 3-71 中的虚线框。

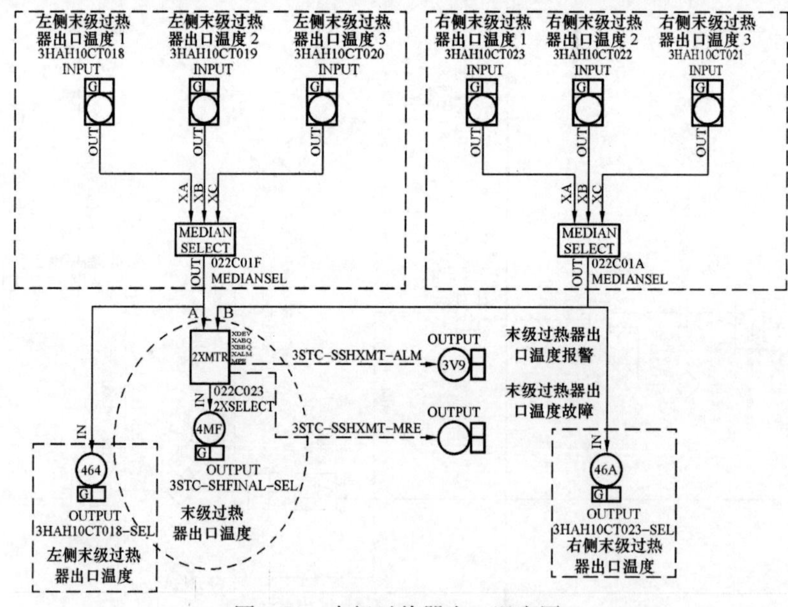

图 3-71　末级过热器出口温度图

(6) 右侧末级过热器出口温度（3HAH10CT023-SEL）。右侧末级过热器出口温度由右侧末级过热器出口温度 1（3HAH10CT021）、温度 2（3HAH10CT022）、温度 3（3HAH10CT023）经中选器 MEDIAN SELECT 取中值所得，见图 3-71 中的虚线框。

(7) 末级过热器出口温度（3STC-SHFINAL-SEL）。末级过热器出口温度 3STC-SHFINAL-SEL 由（5）、（6）中得到的左、右侧末级过热器出口温度经二选器二选后得到，见图 3-71 中的虚椭圆部分。

(8) 左、右侧二级过热器减温水调节阀指令（2ND STG DESHUHTR A/B DEMAND)。二级喷水减温控制即主蒸汽温度调节，也设计为单级调节，以左、右侧末级过热器出口汽温为被调量，总蒸汽流量函数作为末级过热器出口汽温（主蒸汽温度）的设定值。系统中还引入各种前馈信号，如电动给水泵出口母管给水压力、总燃料量修正值等信号，改善末级过热器汽温的动态调节品质，获得最佳的调节效果，见图 3-71 中虚椭圆及虚线框部分。

第八节 再热汽温控制系统

一、350MW 机组过热汽温控制系统

350MW 机组锅炉的再热器分为三段布置：第一段为壁式再热器，吸收炉膛内辐射热量；第二段和第三段为屏式再热器，吸收辐射热量和对流放热。采用燃烧器摆角作为主要调节手段，喷水减温作为后备调节手段。

（一）控制逻辑分析

再热汽温采用烟气侧及蒸汽侧调节两种控制手段。烟气侧调节时调整燃烧器的摆角，根据需要调整炉膛火焰中心的高度，从而改变炉膛及烟道吸热比例，起到调整再热器汽温的目的；蒸汽侧的调整则是使用喷水减温的方法，由于在再热汽温调节使用喷水会较明显地影响热力循环的效率，所以蒸汽侧的调整仅作为辅助手段，在事故情况下使用，正常调整时并不投入。

1. 燃烧器摆角的调整

采用负反馈调节单回路。调节器接收的是再热汽温设定值与实测值的偏差。为了实现再热汽温在各种工况下的良好控制，除给定值依照工况变化外，对调节器的参数和输出幅度给予了适当修正，另外前馈信号的引入、异常工况下的保护等措施都为系统的安全可靠运行提供了保证。

(1) 再热汽温给定值的计算。再热汽温首先是锅炉负荷指令的函数值。正常运行时，再热汽温给定值由锅炉负荷指令计算得出。同时在该基础上，系统还提供了偏差设置功能，即运行人员可在 CRT 上手动给定再热汽温偏差。正常给定值投入时，要经过变化率限制才能得到再热汽温参考值。

当发生 MFT、FCB 或 52G OFF（机组未并网）时，给定值跟踪实际汽温值；投入燃烧器摆角自动、BM MW 指令大于 150MW 或再热器出口汽温高于 530℃，给定值由锅炉负荷指令计算。

(2) 再热汽温设定值的变化率由如下逻辑给定：

1) 启动阶段。冷态为 0.86℃/min，温态为 1.29 ℃/min，热态为 1.71℃/min，极热态为 1.67 ℃/min；升负荷过程中为 1.0℃/min，降负荷过程中为 2.5 ℃/min，其他情况为 2.0℃/min。

2) 启动过程中，若 MWD 小于 122.5MW 且不变化，同时投入了协调控制方式，则再热汽温变化率设定在 0%，即保持目前设定值。

（3）燃烧器摆角的指令计算。为避免小范围内的温度波动引起摆角机构的频繁动作，影响炉内的燃烧工况，在再热汽温偏差引入调节器前，引入了一个死区函数，所得的偏差信号送入PID调节器，加上前馈信号、BIR信号以及给煤机的启停信号等，输出即为燃烧摆角指令。

系统中的PID调节器的比例系数、积分时间、微分时间常数都设计有修正系数。PID调节器的调节指令下限为−30°，上限为30°。跟踪值为当前燃烧器摆角指令的回读信号。当下燃烧器摆角控制装置自动备用或者MFT/52G OFF时，燃烧器摆角强制摆至水平位置。

（4）指令的输出。运行人员可以从CRT上投退摆角控制的自动，并在“手动”方式下，可以手动改变输出的指令值。当MFT发生时，强制将燃烧器摆角置于水平位置，无论出于手动还是自动方式。

当回读指令与逻辑指令之差大于10%时，发生报警信号，该信号可由运行人员在用户定义键区用驱动异常报警复位按钮复位。

2. 再热汽温控制系统中的减温水控制

（1）喷水减温控制回路的再热蒸汽温度给定值。显然，喷水减温系统的目的是调整再热汽温，因此，该回路的再热蒸汽温度给定值与摆角再热汽温控制系统的值应相同。但是再热汽温控制中使用喷水控制汽温是非常不经济的，仅可以作为危机工况下的一种后备手段，所以在其给定值回路上又叠加了5℃（负荷变化时）或10℃（负荷不变时）的偏差，以便在摆角控制能维持正常再热汽温的情况下，使喷水并不参与调温动作。

（2）PID调节器的限幅。PID调节器的下限为0%；上限则分为两种情况，当减温水控制阀自动，实际阀位指令小于1%，且给定值大于实际值1℃以上时，上限为0%，否则为100%。

（3）PID调节器的信号跟踪。当减温水控制阀退出自动时，微分作用分离，PI调节器输出跟踪减温水控制阀实际阀位指令信号。

（4）保护。当减温水控制阀投入自动备用时，发生FCB则强制关闭阀门60s。减温水控制阀可由运行人员在CRT上投退“自动”。手动方式下，运行人员可手动改变其阀位值；自动方式下，接收上级逻辑指令。

当MFT发生或发电机解列3s后强制关闭再热器减温水控制阀。

（二）控制逻辑原理图

控制逻辑原理见图3-72。

二、300MW机组过热汽温度控制系统

300MW机组再热汽温控制采用调节燃烧器摆角为主、高温时喷水减温为辅，两种手段相结合的汽温控制策略。减温水来源为给水泵出口。

（1）燃烧器摆角控制（BURNER TLT CTRL）。燃料器摆角指令可以手动输入，也可以投入自动。同时设置有1～4号角位返与指令偏差大报警，见图3-73和图3-74。

（2）左侧末级再热器出口温度（3STC-RSHAOUT-TEM）。左侧末级再热器出口温度由左侧末级再热器出口温度1（3HAJ10CT009）、温度2（3HAJ10CT010）、温度3（3HAJ10CT011）经中值选择器取中值后得到，见图3-75。

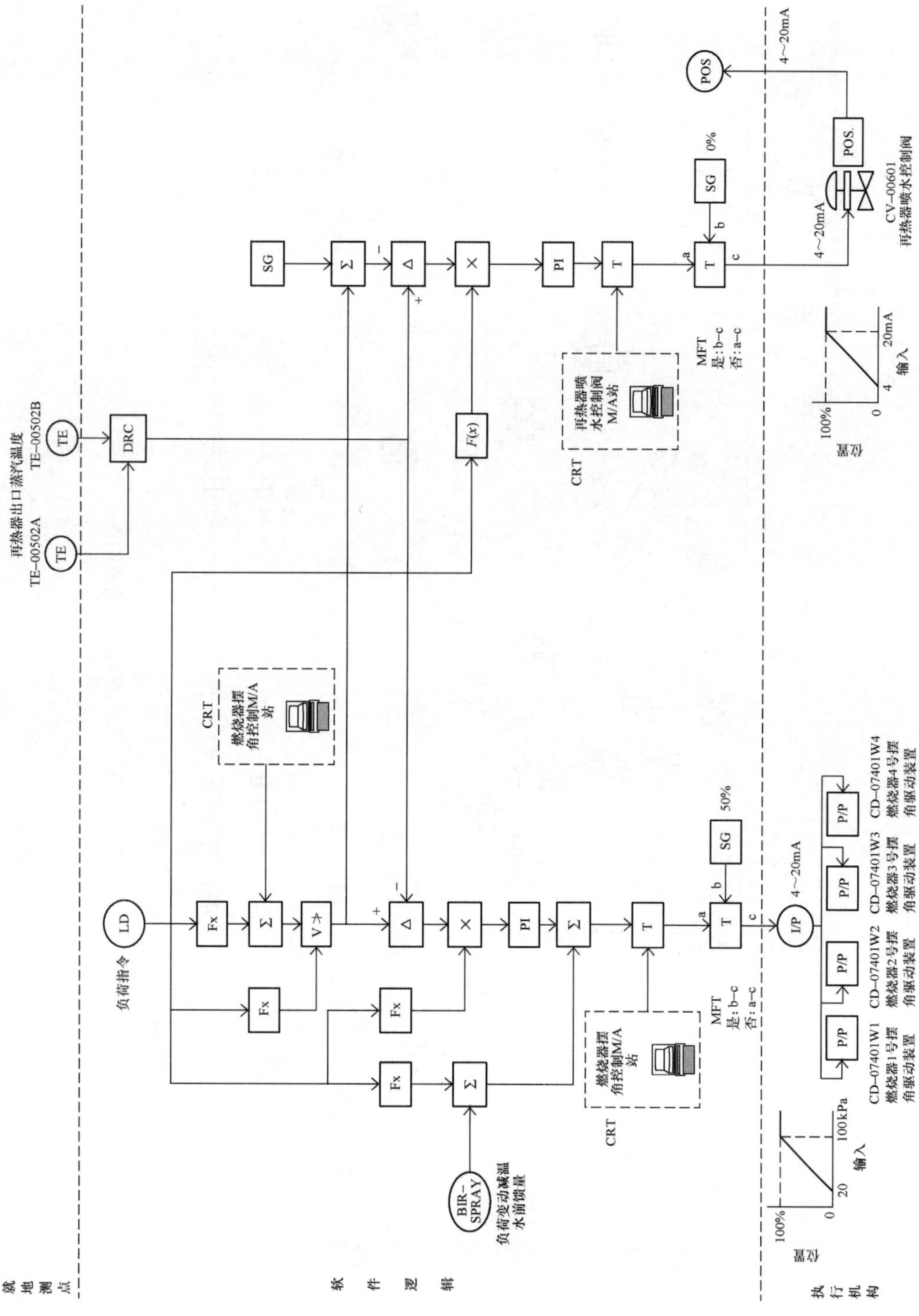

图 3-72　再热汽温控制系统控制逻辑原理图

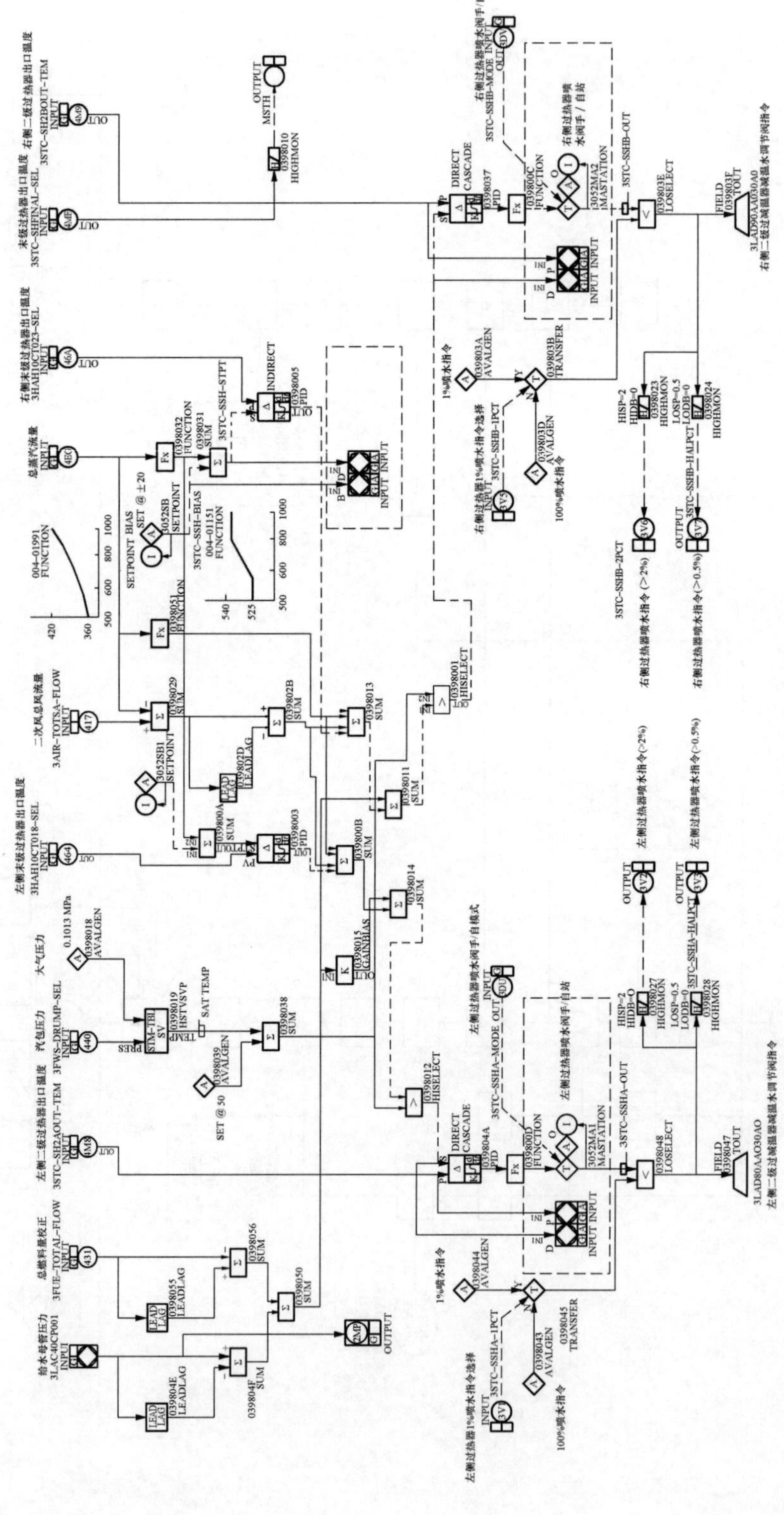

图 3-73　燃烧器摆角控制图

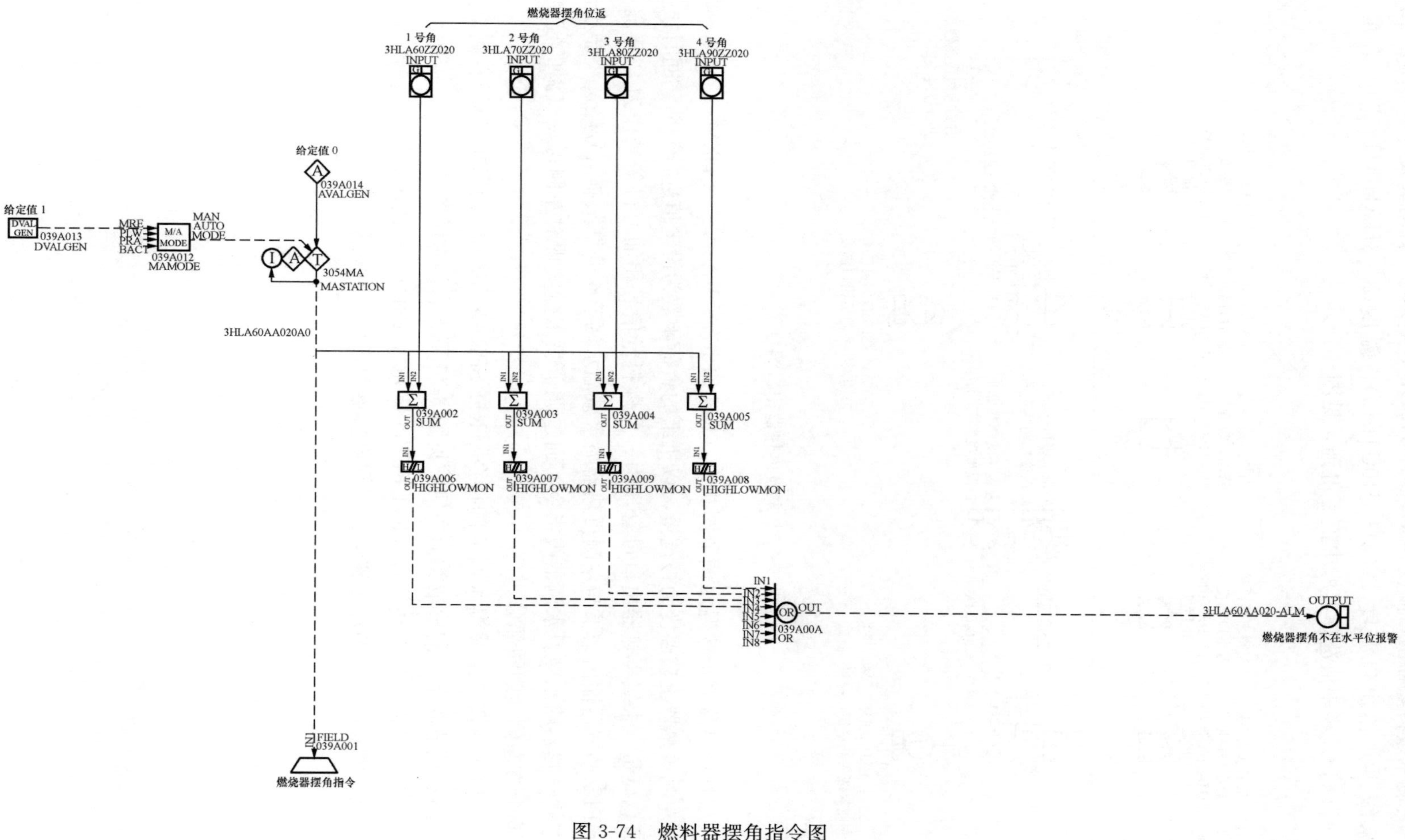

图 3-74　燃料器摆角指令图

(3) 右侧末级再热器出口温度（3STC-RSHBOUT-TEM）。右侧末级再热器出口温度由左侧末级再热器出口温度 1（3HAJ10CT012）、温度 2（3HAJ10CT013）、温度 3（3HAJ10CT014）经中值选择器取中值后得到，见图 3-75。

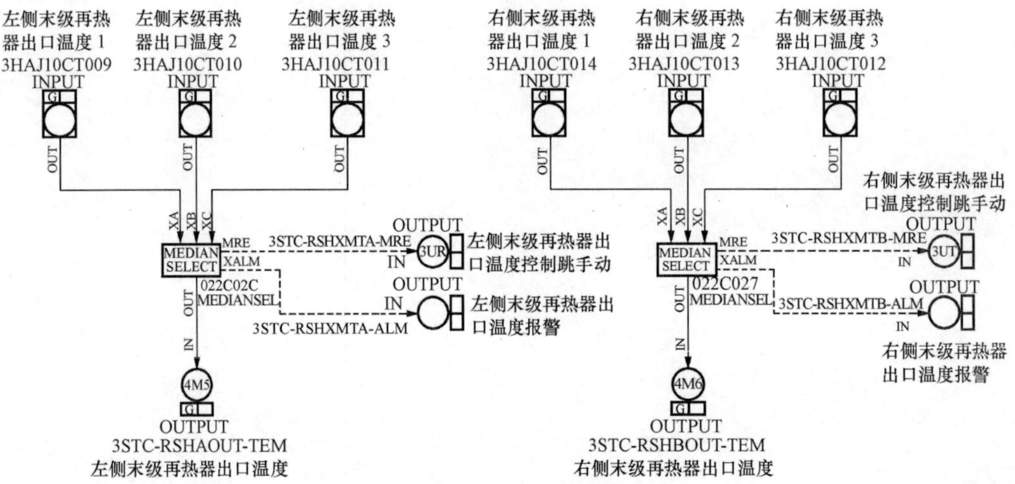

图 3-75　末级再热器出口温度图

(4) 左侧再热器喷水减温水调节阀指令（RH SPRAY VALVE A DEM）。左侧再热器汽温以左侧再热器出口温度为被调量，以机组的负荷函数为设定值进行调节，同时接受由二次风总风量、末级再热器出口母管压力、总燃料量信号相加所得信号作为 PID 调节器前馈。PID 调节器输出结果与左侧再热器喷水减温水调节阀开度限制信号经选小器小选后形成左侧再热器喷水减温水调节阀指令，通过调节喷水量实现对左侧再热汽温的控制。见图 3-76 下方左侧虚圆圈部分。

(5) 右侧再热器喷水减温水调节阀指令（RH SPRAY VALVE B DEM）。右侧再热器喷水减温水调节阀指令的形成类似左侧，见图 3-76 下方右侧虚圆圈部分。

(6) 再热器汽温控制前馈信号（RH FEED FORWARD）。二次风总风量信号、再热器压力、修正的总燃料量经加法器运算得到再热器前馈信号，见图 3-77。

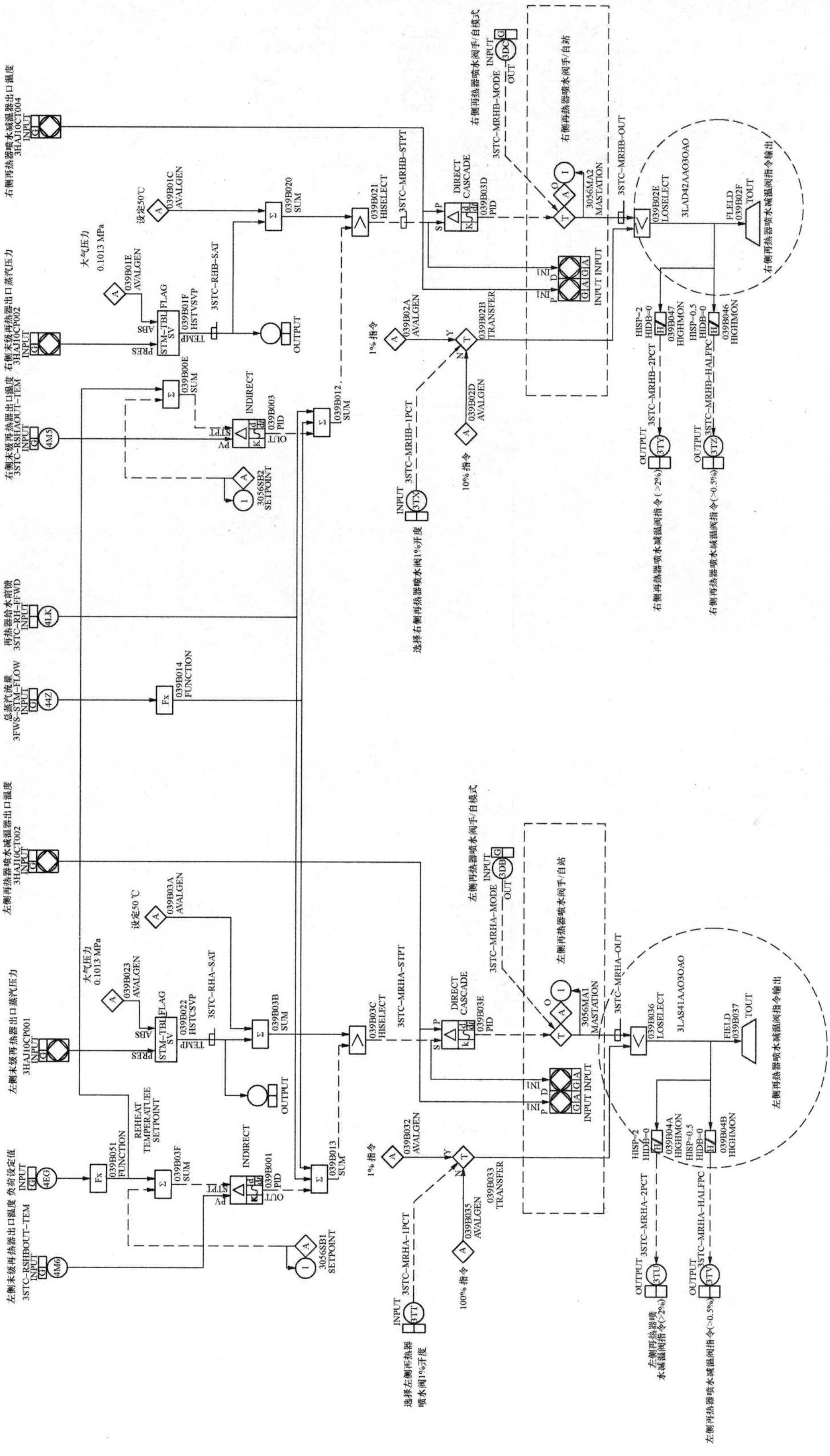

图 3-76 左侧再热器喷水减温阀指令图

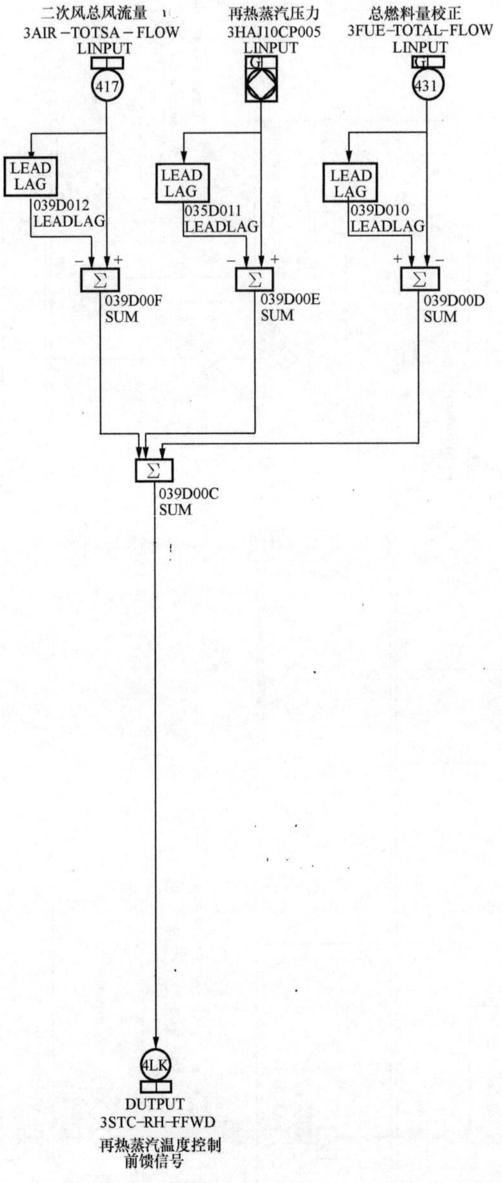

图 3-77　再热器汽温控制前馈信号图

第四章

汽轮机电液控制系统

第一节　概　　述

汽轮机电液控制系统（Digital Electric-Hydraulic Control，DEH）是以计算机控制为基础的数字式电气液压控制系统，简称数字电液控制系统。

汽轮机DEH系统以分散控制系统（DCS）为基础，具有对汽轮发电机的启动、升速、并网、负荷增/减、停止等进行监视、操作、控制、保护，以及数字处理和CRT显示等功能。

本章以某电厂350MW机组（1、2号机组）和300MW机组（3、4号机组）为例，对汽轮机电液控制系统进行说明。

一、350MW机组DEH系统概述

（一）DEH系统控制功能

DEH系统是一套纯电调系统，取消了上一代汽轮机所必备的液调装置，没有同步器和油压变换装置，阀门指令直接到电液转换器（E/H），通过油压变化控制阀门开度。

DEH系统主要用于主汽轮机启停和正常运行期间的控制和监视，另外一些重要功能如阀门试验和电超速跳闸（EOST）条件的判断等也由DEH系统来完成，DEH系统还可以完成以下功能。

1. 汽轮机的自启停功能（ATS）

在ATS程序中汽轮机的启动过程分为“冲转升速”、“自动同期”、“阀门切换”三个阶段。在选定目标且条件满足时，ATS程序将顺序执行，将机组由当前工况运行至目标工况。

2. 转速控制功能

转速控制回路完成转速自动调节，使汽轮机从盘车转速逐渐升到并网前的转速，满足机组同期的要求。

3. 同期方式

同期方式是转速控制阶段的一种特殊运行方式，汽轮发电机组升速完成后，若机组运行正常且并网条件具备即可根据需要投入主变压器出口开关52G“ON”命令，实现同期并网。

4. 初负荷控制功能

为了避免发电机组逆功率运行引起的发电机损坏或解列掉机，需在并网后立即带适当

的初负荷。

5. 阀门切换功能

阀门切换是指控制方式由高压主汽阀（MSV）控制切换至高压调节汽阀（GV）控制，切换完成后，汽轮机进汽由全周进汽变为部分进汽方式。

6. 功频控制功能

并网后，DEH 系统控制汽轮发电机组的负荷及频率，即根据目标负荷调整机组的出力，也要根据电网的要求，参加一次调频，以达到稳定电网频率，平衡电力需求的目的。

7. 应力控制功能

在汽轮机升速阶段，如果应力控制回路的计算值超过某一值时，则保持汽轮机当前转速参考值，直到应力恢复到允许范围才允许变化。汽轮机升速完成进入负荷控制阶段，应力控制回路计算得到的负荷变化率和负荷控制回路，与预先设定的负荷变化率比较，选择小值作为当前负荷变化率。

8. 阀门在线试验功能

为了保证机组异常工况下汽轮机各进汽阀门可靠关闭，DEH 系统设置了阀门在线试验功能，可以按照预设程序完成高压主汽阀/高压调节汽阀（MSV/GV）在线试验。

9. 初始压力调节功能（IPR）

当机前压力低于给定值时，IPR 将适当降低汽轮机负荷，以维持主蒸汽压力正常。

10. 低真空降负荷项（VU）

当凝汽器真空低于给定值时，VU 将适当降低汽轮机负荷，以维持真空正常。

11. 超速保护功能（OPC）

当机组与电网解列或其他原因大幅度甩负荷时，汽轮机会在 DEH 系统的转速控制回路动作之前瞬时超速，为了防止汽轮机转速达到保护值而掉机，DEH 系统特别设计了 OPC 功能，其动作原理为：当汽轮机与发电机功率不平衡值与汽轮机转速偏差的和达到 107%额定转速时 OPC 电磁阀动作，使所有高压调节汽阀（GV）和中压调节汽阀（ICV）迅速关闭，1～2s 后 OPC 电磁阀释放。

12. 电超速跳闸功能（EOST）

当汽轮机转速达到 111%额定转速时，DEH 系统给汽轮机保护系统（T-PRO）发出三路电超速跳闸信号，关闭所有进汽阀，以及联动关闭汽轮机各抽汽止回阀。

13. MOST 试验功能

DEH 系统具有 MOST 试验功能，以确认机械超速装置动作的可靠性。

14. 后备手动操作功能

高压主汽阀（MSV）和高压调节阀（GV）配备了后备手动操作功能，后备手动操作装置由增、减计数器和数/模转换器组成。运行人员可在阀门未处于自动方式时通过 DEH 系统操作盘上的 MSV/GV 后备手操盘操作 MSV/GV 阀门开度。

（二）DEH 系统的运行方式

在机组启动阶段，可以选择 ATS 方式，此时 DEH 系统应投入“自动”，由 DEH 系统根据机组的热状态及运行工况给出各个阶段的目标值、升速率，通过基本控制回路控制机组的转速和初负荷，不需要运行人员干预，就可控制汽轮机自动完成冲转升速、同期并

网、带初负荷和阀门切换过程。在ATS投入的基础上，可以投入APS方式，汽轮机启动可作为整个机组启动的一部分，由APS程序控制。

并网之后，汽轮机由转速控制变为负荷控制，DEH系统投入“自动”后可选择CCS方式，此方式下由CCS系统的汽轮机主控器（TM）直接给出负荷指令；DEH系统保持“手动”方式，运行人员手动给出每个阶段的目标值，由电调系统自动形成设定值，通过控制回路运算后形成各阀门的开度指令。在协调控制系统中，DEH系统的控制状态代表了汽轮机的控制方式，DEH系统的状态和锅炉主控的状态可以组合成：机炉手动、锅炉跟踪、汽轮机跟踪、协调控制四种机组负荷控制方式。

（三）阀门控制与管理

1. 阀门控制

不论是转速控制，还是负荷控制，最终都是通过改变阀门开度实现的。经逻辑判断输出的阀位请求指令，在伺服卡件中与控制油压反馈比较换算后，输出0～250mA的电流信号到电液转换器，电液转换器将0～250mA电流信号转换为控制油压信号，再经过放大后控制油动机去控制阀门的开度。

2. 阀门管理

为了提高机组运行的经济性和安全性，汽轮机冲转及低负荷下运行时，通过MSV的节流调节实现高压缸全周进汽，使转子受热均匀，减少热应力，减少机组寿命损耗。初负荷控制完成后即进行阀门切换，由GV进行控制，汽轮机进汽由全周进汽变为部分进汽方式，使机组具有较好的热经济性。

再热蒸汽通过左右侧两个中压联合汽阀从汽缸下半左右两侧分别进入中压缸，中压缸为全周进汽。流量在30%以下时中压调节汽阀起调节作用，以维持再热器内必要的最低压力，流量大于30%时，中压调节汽阀一直保持全开，仅由高压调节汽阀调节负荷。高压调节阀为四汽阀设计，DEH系统中没有设计阀门管理功能，阀门开启顺序为固定关系，由机械工程师在机组调试时确定。

二、300MW机组DEH系统概述

DEH系统由两个控制柜（DPU41/91、DPU42/92）；一个继电器柜；一套Ovation工程师/高性能工具库工作站；一套Ovation操作员工作站组成。该DEH系统一共配置了41块模件，这些模件安装在DROP41、DROP42机柜内，见表4-1。

表4-1　　模件表

电子模块	特性模块	数量	名称	用途
1C31194G01	1C31197G01	10	阀定位模块	控制电液伺服阀
1C31189G01	1C31192G01	3	速度检测器模块	转速测量
1C31234G01	1C31238H01	6	数字量输入模块	开关量输入
1C31122G01	1C31125G02	3	数字量输出模块	开关量输出
1C31124G01	1C31127G02	8	模拟量输入模块	模拟量输入（4～20mA）
1C31129G04	1C31132G01	1	模拟量输出模块	模拟量输出（4～20mA）
5X00121G01	5X00119G01	5	热电阻输入模块	温度信号输入（RTD）
5X00070G04	1C31116G04	5	热电偶输入模块	温度信号输入（TC）

1. 阀定位模块功能

Ovation 阀定位 I/O 模块提供汽轮机可调蒸汽阀门（modulated steamvalve）闭环位置控制。I/O 模块为电液伺服阀执行器（MOOG）和 Ovation 控制器之间的接口，实际上是一块智能卡件，通过其上的处理器完成蒸汽阀门的精确定位控制。阀定位模块可以设定阀的位置设定值，通常是 Ovation 控制器来完成的。在模块内部，微处理器提供实时阀位的闭环（比例-积分 PI）控制，阀位设定值引起 I/O 模块产生冗余输出控制信号，这些控制信号驱动电液伺服阀执行器上的线圈，和安装在阀杆上的 LVDT 而检测到的阀位信号一起构成闭环回路。每块控制一个可调蒸汽阀门，因此 DEH 系统配置了 10 块阀定位模块：TVX2、GVX6、IVX2，见表 4-20。

表 4-2　模 块 位 置

序号	名称	缩写	机柜	位置
1	左侧高压主汽阀	TV1	CTRL41/91	C7
2	右侧高压主汽阀	TV2	CTRL41/91	C8
3	1 号高压主汽调节阀	GV1	CTRL41/91	D8
4	2 号高压主汽调节阀	GV2	CTRL41/91	D7
5	3 号高压主汽调节阀	GV3	CTRL41/91	D6
6	4 号高压主汽调节阀	GV4	CTRL41/91	D5
7	5 号高压主汽调节阀	GV5	CTRL41/91	D4
8	6 号高压主汽调节阀	GV6	CTRL41/91	D3
9	左侧中压调节汽阀	IV1	CTRL41/91	D2
10	右侧中压调节汽阀	IV2	CTRL41/91	D1

TV1 的阀位接线图，见图 4-1；其他阀位接线方式与此相同。

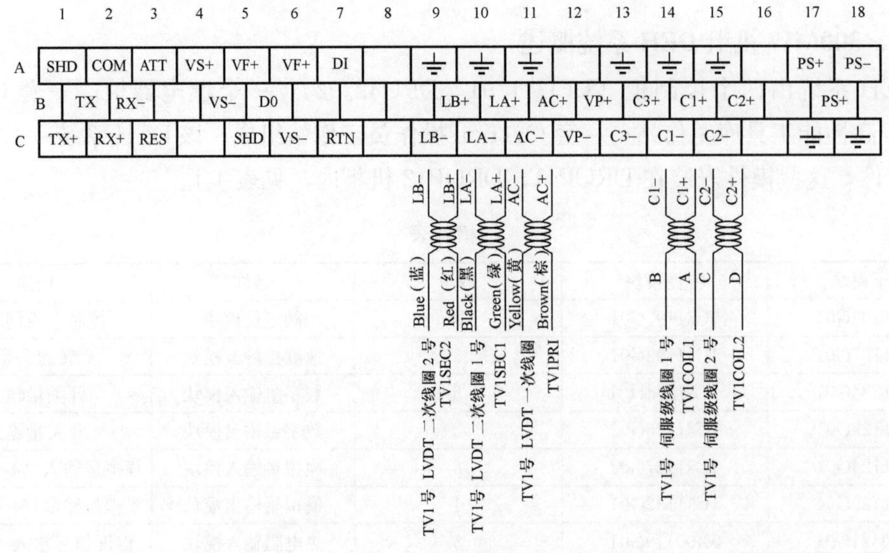

图 4-1　阀位接线图

2. 速度检测器模块功能

Ovation 速度检测器 I/O 模块通过检测安装在汽轮机前箱内磁阻式转速探头输出信号的频率而得到汽轮机的运行速度，将磁阻式转速探头输出信号的频率转换成 16bit 和 32 bit 二进制数。16bit 输出值，以 5ms 速度更新信息，用来检测汽轮机的运行速度；32 bit 输出值，也以适当的速度更新数据，控制汽轮机的运行速度。

速度检测器模块由一个现场卡和一个逻辑卡组成。现场卡内有一个信号处理电路，用来读取转速探头送来的脉冲输入信号。在转速探头和逻辑卡信号之间采用光电耦合器连接，使信号之间电子隔离。现场卡内的电路可以检测在低阻抗源（小于 5000Ω）时回路的开路状态。

逻辑卡提供所有的逻辑功能，包括将从现场卡接收的转速信号转换成 Ovation 系统可以读入的 16bit 或 32 bit 信号。

每块接受一路转速脉冲信号，因此 DEH 系统配置了三块转速测量卡件。

速度检测器模块在柜内的位置见表 4-3。

表 4-3　　速度检测器模块位置

序号	名称	缩写	机柜	位置
1	汽轮机转速 1	OPSA	CTRL41/91	A1
2	汽轮机转速 2	OPSB	CTRL41/91	B4
3	汽轮机转速 3	OPSC	CTRL41/91	C1

OPSA 的接线如图 4-2 所示，OPSB、OPSC 接线方式与此相同。

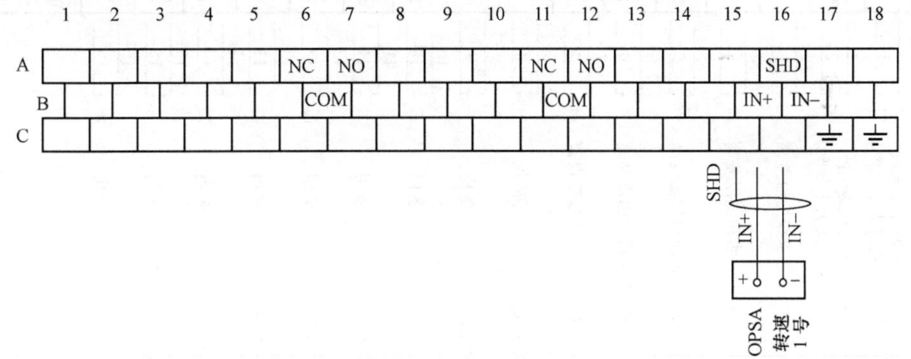

图 4-2　OPSA 接线方式图

3. 数字量输入 DI 模块

数字量输入 DI 模块为 16 路开关量（干触点）输入模块，电压为 DC48V。DROP41 机柜内的 A3、B1、C5 模块为 DI 模块，DROP42 机柜内的 D1、D2、D3 模块为 DI 模块。

DROP41 机柜内 A3 模块接线如图 4-3 所示，其他 DI 模块接线方式与此相同。

4. 数字量输出 DO 模块

数字量输出 DO 模块为 16 路开关量输出子模块。DROP41 机柜内的 A4、B5 模块为 DO 模块，DROP42 机柜内 D5 模块为 DO 模块。

DROP42 机柜内 D5 模块接线如图 4-4 所示，其他 DO 模块接线方式与此相同。

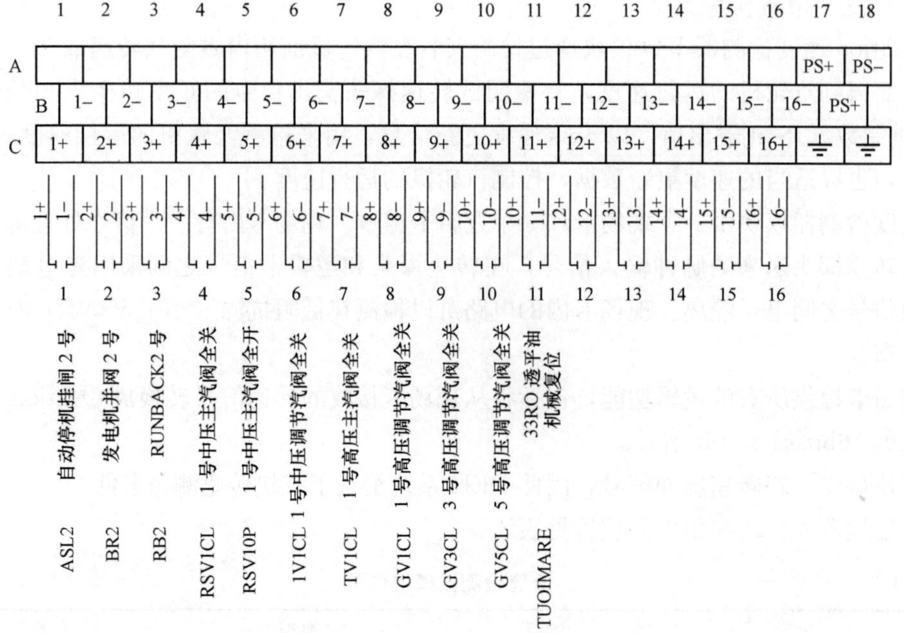

图4-3　DI模块接线方式图

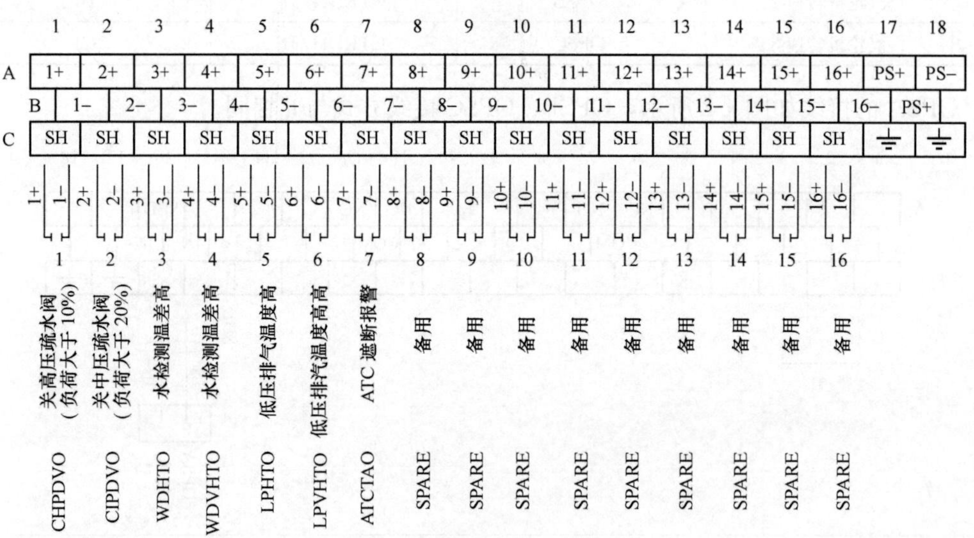

图4-4　DO模块接线方式图

5. 模拟量输入AI模块

模拟量输入AI模块为8路模拟量输入模块，专门用于4～20mA或DC 1～5V模拟量输入测量。通过不同的接线方式，可实现电流输入方式（外部提供DC 24V）或者变送器输入方式（机柜内部提供DC 24V）。

DROP41机柜内的A2、B3、C2模块为AI模块，DROP42机柜内的A3、A4、B4、B5、B6模块为AI模块。

DROP42机柜内A3模块接线如图4-5所示，其他AI模块接线方式与此相同。

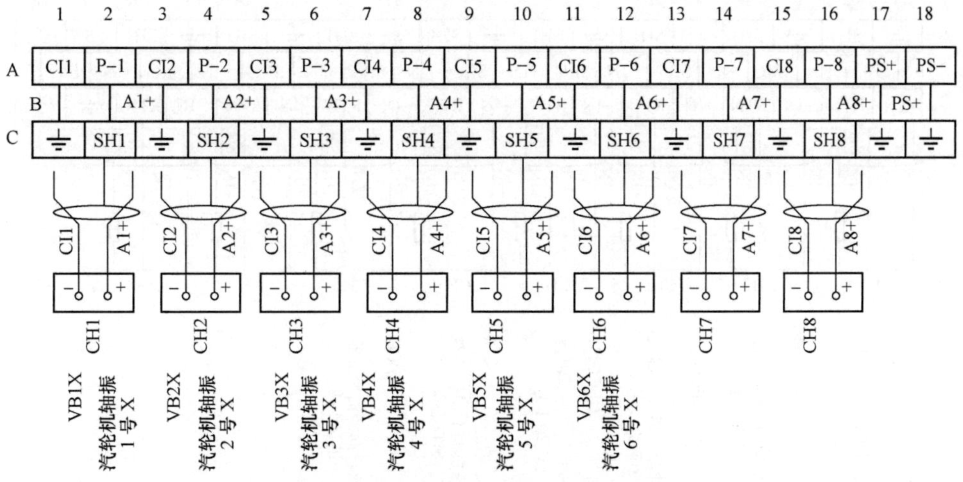

图 4-5 AI 模块接线方式图

6. 模拟量输出 AO 模块

模拟量输出 AO 模块为 4 路模拟量输出模块，专门用于输出 4～20mA 信号。DROP41 机柜内 B2 模块为 AO 模块，DROP41 机柜内 B2 模块接线如图 4-6 所示，其他 AO 模块接线方式与此相同。

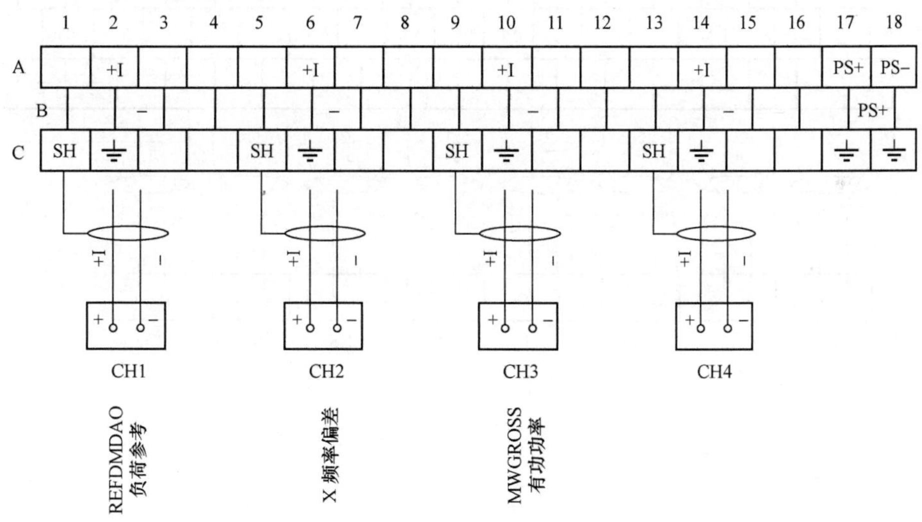

图 4-6 AO 模块接线方式图

7. 热电阻输入 RTD 模块

热电阻输入 RTD 模块为 8 路热电阻输入模块，专门用于热电阻（RTD）温度信号测量。DROP42 机柜内的 C1、C2、C3、C4、D4 模块为 RTD 模块，DROP42 机柜内 C1 模块接线如图 4-7 所示，其他 RTD 模块接线方式与此相同。

8. 热电偶输入 TC 模块

热电偶输入 TC 模块为 8 路热电偶输入模块，专门用于热电偶（TC）温度信号测量。DROP42 机柜内的 A1、A2、B1、B2、B3 模块为 TC 模块，DROP42 机柜内 A1 模块接线

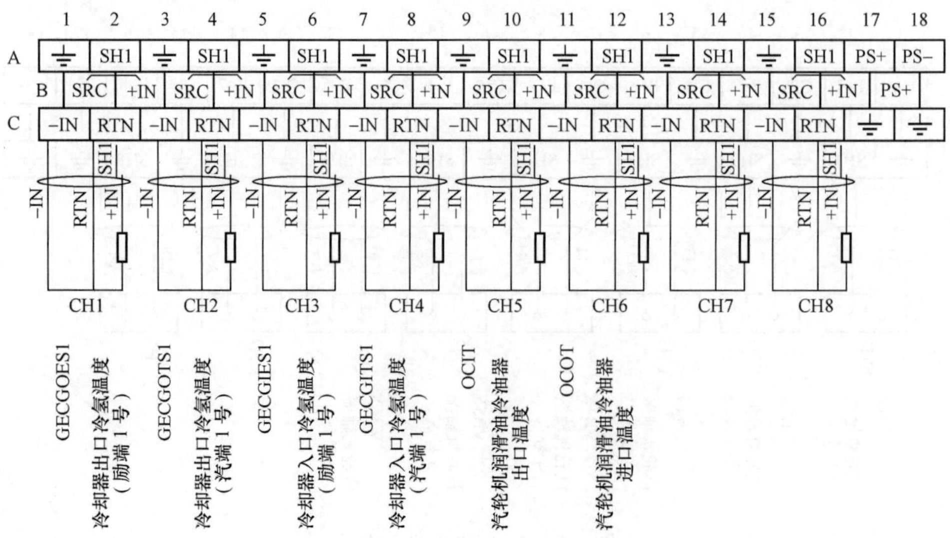

图4-7　RTD模块接线方式图

如图4-8所示，其他TC模块接线方式与此相同。

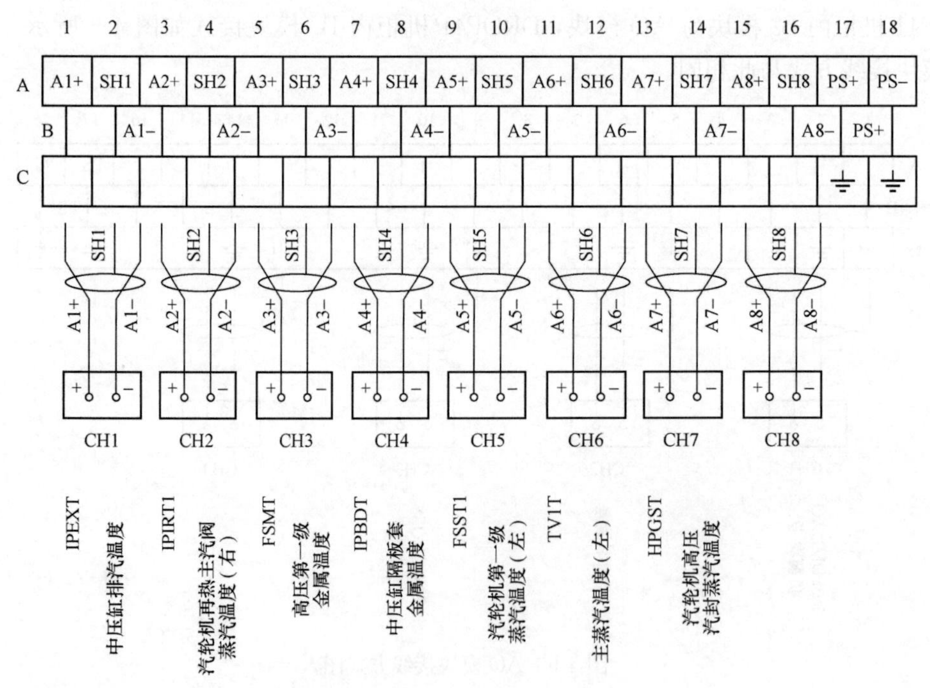

图4-8　TC模块接线方式图

第二节　汽轮机电液控制系统组成

DEH系统主要由电气控制系统和液压控制系统两部分组成。电气控制系统主要包括数字计算机、接口和电源设备等，主要用于逻辑运算和发出控制指令等。液压控制系统主要为控制系统提供控制与动力用油。

一、350MW机组DEH系统组成

DEH系统由电气控制系统和液压控制系统两大部分组成。电气控制系统用来实现各种控制功能，如转速控制、功率控制、一次调频、负荷限制等，并最终形成各个阀门的阀位指令。液控系统作为调节系统的动力单元，用以驱动阀门，使阀门的开度按照阀位指令而改变。

（一）电气控制系统

DEH系统的电气控制系统结构具有标准DCS过程控制站的一般特点。系统采用双冗余CPU结构，正常运行时一台CPU运行，另一台CPU备用并跟踪运行CPU的计算数据，当运行CPU故障时，由切换机构迅速将备用CPU无扰地切换至运行状态，极大地提高了系统工作的可靠性。

对于一般的热力过程的控制，其控制速度要求不是很高，过程控制站的控制周期为100ms，可以满足绝大部分过程控制的要求。但是对于DEH系统来说，尤其是异常工况下的一些保护功能，上述控制周期是完全不能接受的，简单地举例，若保证机前蒸汽压力为额定压力且进汽阀门全开，只需要大约10s就能将汽轮发电机转子从0r/min冲转至3000r/min，加速度非常快，也就是说发生异常时，如果控制不及时则非常有可能造成危险工况。为避免上述情况的发生，对DEH系统进行了一些特殊处理，一般的热工信号的输入/输出和计算机处理单元仍采用标准模件，常规的汽轮机转速和功率控制由系统的双冗余CPU来完成，特殊信号的输入/输出则采用专门的卡件来完成，而且重要的保护和控制功能也由这些专门卡件直接完成，不经过CPU的计算，避免了可能发生的迟延。

为了便于运行人员对DEH控制系统进行各种操作和监视，DEH系统配备了辅助控制盘、试验盘、阀门后备手动操作盘。

（二）液压控制系统

1. 供油系统

汽轮机油系统未设计专门的高压抗燃油系统，调节系统和轴承润滑油系统都通过透平油来完成。汽轮机的调节油系统由高压油（HP Oil），高压控制油（HP CONT Oil），控制油（CONT Oil），安全油（AUTO STOP Oil）及跳闸油（Trip Oil）五个子系统组成。各个油系统都由高压油经减压溢流装置，或节流装置供油，其压力各不相同。其中控制油由电液转换器（E/H）根据DEH系统的阀门指令的大小输出，E/H油由高压控制油通过节流装置供给。

2. 电液执行机构

电液执行机构是系统中重要组成部分，由油动机、电液转换器等组成。

本机构共有10个阀门，分别是高压主汽阀MSV1、MSV2，高压调节汽阀GV1、GV2、GV3、GV4，中压主汽阀RSV1、RSV2，中压调节汽阀ICV1、ICV2。每个阀门都配有独立的油动机，其中8台油动机为连续控制型（位置式执行机构），2台油动机为两位控制型（开关式执行机构）。油动机用以直接操作蒸汽阀门，油动机采用弹簧复位液压开启式结构，液压缸单侧进油，充油时阀门开启，开启行程大小取决于液压缸充油量，当液压缸泄油时，阀门借助弹簧的力量关闭。

沿机头向发电机方向，把高压阀门分为左侧高压阀组和右侧高压阀组，左侧高压阀组包括高压主汽阀 MSV1，高压调节汽阀 GV1、GV3；右侧高压阀组包括高压主汽阀 MSV2，高压调节汽阀 GV2、GV4。同理，中压阀组也分为左右两组，左侧中压阀组包括中压主汽阀 RSV1，中压调节汽阀 ICV1；右侧中压阀组包括中压主汽阀 RSV2，中压调节汽阀 ICV2。本机构有 E/H 转换器 4 台，分别控制两个高压主汽阀，右侧 2 号、4 号高压调节汽阀，左侧 1 号、3 号高压调节汽阀，两个中压调节汽阀。全关全开的阀门（RSV1、RSV2）依靠建立安全油压来开启阀门，不配备电液转换器。

二、300MW 机组 DEH 系统组成

1. 电子数字控制部分

电子数字控制部分是分散控制系统的一部分。DEH 系统是 DCS 中的节点，由控制计算机机柜、端子柜、汽轮机危急跳闸（ETS）控制柜、人机接口组成。

（1）控制计算机机柜。DEH 系统的功能模件组成一个过程控制单元（DPU），是控制计算机机柜，也就是整个 DEH 的核心。该机柜内安装了汽轮机基本控制（BTC）与自动汽轮机控制（ATC）两种控制功能的模件。这两种控制功能分别由两对互为冗余的控制器和相应的若干功能子模件完成。

（2）端子柜。系统中配备了两个端子柜，即 DPU41/91、DPU42/92。过程控制单元与现场输入、输出信号的连接，都是通过这两个机柜实现。

（3）汽轮机危急跳闸（ETS）控制柜。ETS 控制柜是一个专用于汽轮机危急跳闸控制的机柜，用一对 PLC 控制器来实现有关的跳闸逻辑。

（4）人机接口。由于实现 DCS 一体化，DEH 系统的操作员站和工程师站都是 OVATION 系统的公用设备。对 DEH 系统的组态维护，均在 DCS 的工程师站完成。

2. 液压部分

液压部分主要是高压抗燃油系统（EH 油系统），但运行控制中也涉及到起机械超速保护作用的低压油（透平油）系统。液压部分主要包括阀门控制组件、超速保护（OPC）与危机遮断系统、EH 供油系统等。

（1）阀门控制组件。阀门控制组件包括电液伺服阀、油动机、线性阀位差动变送器（LVDT）三部分，与电子部分中的伺服放大器组成阀位控制的伺服系统。本机组共有 10 个可连续调节的进汽阀门，相应就有 10 套伺服系统，每一套伺服系统控制一个进汽阀门。阀门控制组件中还包括快速卸载阀，其是起安全保护作用的设备，在超速保护控制或机组需要危机遮断时，使对应的进汽阀迅速关闭。

1）高压主汽阀和高压调节汽阀的执行机构。高压主汽阀和高压调节汽阀的执行机构同属于控制型，其工作原理和组成部件完全相同。该型执行机构可以将汽阀控制在任意中间位置上，成比例地调节进汽量以适应需要。其工作原理为：经电子控制部分计算机处理后的开大或关小调节汽阀的电气信号，经过伺服放大器放大后，在电液转换器即伺服阀中将电气信号转换成液压信号，使伺服阀主阀移动，并将液压信号放大后控制高压油的通道，使高压油进入油动机活塞下腔，使油动机活塞向上移动，经杠杆带动调节汽阀使之开启或者使压力油自活塞下腔泄出，借弹簧力使活塞下移关闭调节汽阀。当油动机活塞移动

时，同时带动线性位移传感器，将油动机活塞的机械位移转换成电气信号，作为负反馈信号。只有当原输入信号与负反馈信号相加，使输入伺服放大器的信号为零后，伺服阀的主阀才能回到中间位置，不再由高压油通向油动机下腔或使压力油自油动机下腔泄出，此时调节汽阀便停止移动，停留在一个新的工作位置。

高压主汽阀和高压调节汽阀的执行机构的油缸旁各有一个快速卸荷阀，在汽轮机发生故障需要迅速停机时，安全系统动作使危急遮断油泄去，将快速卸荷阀打开，迅速泄去油动机活塞下腔中压力油，在弹簧力的作用下迅速地关闭相应的阀门。伺服阀是执行机构的主要部件，该伺服阀由一个力矩马达、两级液压放大和机械反馈系统所组成。第一级液压放大是双喷嘴和挡板系统，第二级放大是一滑阀系统，其工作原理为：当有使调节汽阀动作的电气信号由伺服放大器输入时，力矩马达电磁铁间的衔铁上的线圈中有电流通过，产生磁场，在两旁磁铁作用下，产生旋转力矩，使衔铁旋转，同时带动与之相连的挡板转动，使挡板伸在两个喷嘴中间。在正常稳定工况时，挡板两侧与喷嘴的距离相等，使两侧的泄油面积相等，喷嘴两侧的油压相等；当有电气信号输入，衔铁带动挡板转动时，则挡板移近一只喷嘴，使此只喷嘴的泄油面积变小，流量变小，喷嘴前压力变高，而对侧的喷嘴与挡板间的距离变大，泄油量增大，使喷嘴前的油压变低，将原来的电气信号转变为力矩产生机械位移信号，再转变为油压信号，并通过喷嘴挡板系统将信号放大。挡板两侧的喷嘴前油压与下部滑阀的两个端部腔室相通，当两个喷嘴前的油压不等时，则滑阀两端的油压也不相等，使滑阀移动，滑阀上的凸肩所控制的油口开启或关闭，以控制高压油由此通向油动机活塞下腔，以开大调节汽阀的开度或者将活塞下腔通向回油，使活塞下腔的油泄去，由弹簧力关小调节汽阀。为了增加调节系统的稳定性，在伺服阀中设置了反馈弹簧，在伺服阀调整时有一定的机械零偏。在运行中突然发生断电或失去电信号时，借机械力量使滑阀偏移到一侧，使调节汽阀关闭，以确保安全。

2）再热主汽阀的执行机构。再热主汽阀的执行机构属开关型执行机构，阀门在全开或全关位置上工作。该执行机构的活塞杆与再热主汽阀活塞杆直接相连，活塞向上运动开启阀门，向下运动关闭阀门，油动机是单侧作用的，提供的力用来开启汽阀，关闭汽阀靠弹簧力。

3）再热调节汽阀的执行机构。再热调节汽阀的执行机构属控制型，可以将汽阀控制在任意的中间位置上，成比例地调节进汽量以适应需要。其工作原理与上述高压主汽阀和高压调节汽阀的执行机构相同。区别在于再热调节汽阀的油缸为拉力油缸，而其他的阀门的油缸均为推力油缸。

（2）超速保护（OPC）与危机遮断系统。为了防止汽轮机在运行中因部分设备工作失常可能导致的重大损伤事故，在机组上装有危急遮断系统，在异常工况下，使汽轮机危急停机，以保护汽轮机的安全。危急遮断系统监视汽轮机的某些重要参数，当这些参数超过其运行限制值时，该系统就关闭全部汽轮机进汽阀门。危急遮断系统主要由：汽轮机超速保护系统（OPC）和参数越限自动停机遮断系统两个保护系统组成。

1）汽轮机超速保护系统（OPC）。主要部件是受 DEH 系统控制器 OPC 部分所控制的超速保护控制电磁阀。两个电磁阀为并联布置，正常运行时，两个电磁阀是常闭的，封闭了OPC总管油液的泄放通道，使主调节汽阀和再热调节汽阀的执行机构的活塞建立起一定油压，受控制开大或关小。当OPC动作，如转速达103%额定转速时，两电磁阀就被励磁（通电）使OPC母管油液泄放，相应执行机构上的快速卸荷阀开启，使得主调节汽阀和再热调节汽阀立即关闭。

2）自动停机遮断系统。自动停机遮断系统主要部件是4个自动停机遮断电磁阀（AST)。在正常运行时，4个AST电磁阀被励磁关闭，从而封闭了自动停机危急遮断母管上的抗燃油泄油通道，使所有蒸汽阀执行机构活塞下的油压建立起来。当危急遮断系统所监视的汽轮机某些重要参数，如推力轴承磨损、轴承油压过低、凝汽器真空过低、抗燃油油压过低等危急遮断信号产生时，(另外，系统还提供了一个可接所有外部遮断信号的遥控遮断接口）电磁阀打开，总管泄油，使所有蒸汽阀门关闭，汽轮机停机。4个AST电磁阀成串并联布置，具有多重保护性，既可防止拒动又可防止误动。每个通道中至少有一个电磁阀打开，才可导致停机。

3）单向阀。两个单向阀安装在自动停机危急遮断油路（AST）和超速保护控制油路（OPC）之间。当OPC电磁阀动作时，关阀主调节汽阀和再热调节汽阀，单向阀维持AST的油压，使主汽阀和再热主汽阀保持全开；当转速降到额定转速时，DPC电磁阀关闭，主调节汽阀和再热调节汽阀重新打开，由调节汽阀来控制转速，使机组维持在额定转速。当AST电磁阀动作时，AST油路油压下降，OPC油路通过两个单向阀，油压也下降，将关闭所有的进汽阀和抽汽阀使汽轮机停机。

(3) EH供油系统。EH供油系统的主要功能是为执行机构提供所需的液压动力，同时保持液压油的理化特性。EH供油系统由油箱、两台主油泵、滤油器、磁性过滤器、硅藻土过滤器、溢流阀、蓄能器、循环泵、加热器、ER端子盒和一些对油压、油温进行报警、指示和控制的标准设备组成。

系统正常运行时，主油泵一台工作，另一台备用，向汽轮机调节系统提供14MPa±0.5MPa的高压抗燃油；当汽轮机调节系统需要较大的流量，或由于某种原因系统压力偏低时，通过压力低一值开关联启另一台油泵，使其投入工作，以满足系统对油流量的要求。

第三节　汽轮机电液控制系统功能

一个完善的汽轮机控制系统大多数都设置转速控制、负荷控制、阀门控制、阀门管理、应力计算、应力限制、负荷限制、保护跳闸、自启停等功能，能够满足汽轮机安全运行和启停要求。

一、350MW机组DEH系统功能

(一) 汽轮机转速控制

DEH系统可以实现大范围的转速自动调节，使汽轮机从盘车转速逐渐升速到并网前的转速。转速调节系统的功能是控制汽轮机的转速，满足机组启动和同期的要求。汽轮机升速过程中转速以预先给定的升速率连续变化，是一条随时间增加的线。升速率的值由汽

轮机制造厂提供具体数据或曲线，运行人员可以根据汽轮机的热状态进行选择，也可以由控制系统自动选择升速率。

转速调节系统是个单回路调节系统，主要由转速信号测量及处理回路，转速设定值形成回路，转速调节回路，电液执行机构，机组对象等组成。

1. 转速测量信号及处理

汽轮机转速由安装在汽轮机轴上的电感式传感器测量，传感器的输出为矩形交流脉冲信号，单位时间的脉冲数量代表了汽轮机转速。例如测速齿轮上的齿轮数为 60，汽轮机每转一周，传感器就发出 60 脉冲，假设汽轮机的转速为 Nr/min，则每秒内发出的脉冲数为 N，因此 N 就代表机组的实际转速。三个电感式传感器的输出分别送到三块各自独立的 MTSD 卡件，MTSD 用于处理转速信号，此卡件采用周期计数的方法获得汽轮机转速，并将其转换为转速信号，每个卡件输出 3 路信号，其中第一路送到 CPU 卡件中用于转速信号控制和显示回路；第二路用于 OPC 控制回路和 ACP 盘转速显示；第三路用于 EOST 控制回路。对三路转速信号，正常情况下，选取三个信号的中值作为控制回路使用的测量值，当任意两个转速信号间偏差高（超过±300r/min）时则选三者中高值作为转速测量值。

2. 转速设定值形成

汽轮机的升速过程有三种控制方式：①DEH 系统中方式，在此方式下，汽轮机目标转速和升速率都需要运行人员手动选择；②在 DEH 系统中投入自动，由 ATS 自动实现冲转升速；③APS 方式下整个机组自启停时，由 APS 给出升速率和转速目标值，控制转速。设定值控制回路如图 4-9 所示。

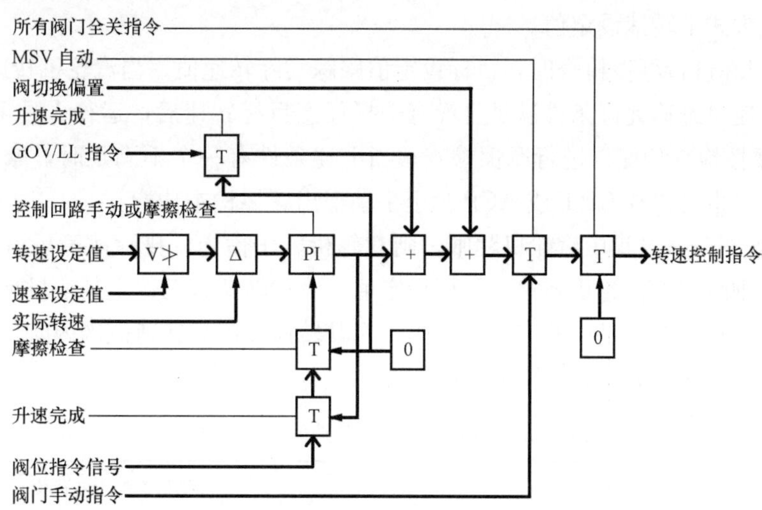

图 4-9　转速控制回路图

(1) DEH 方式时设定值。下列条件全部满足，则允许汽轮机进行升速。

1）左、右侧再热主汽阀全开。

2）左、右侧高压调节汽阀全开。

3）汽轮机已复位。

4）发电机未并网。

5）升速未完成（参考转速小于 2999r/min）。

6）MSV 为自动状态。

当上述 1）～6）条件满足且 ATS 方式没有投入时，运行人员可在 CRT 或 ACP 盘上从 0、500、2000、3000r/min 四个目标转速中，任选其一作为目标转速，选中其中之一时，复位其他已选定的目标转速值。另外运行人员还可在 ACP 或 CRT 上指定升速率，升速率分为三种：Fast（快，300r/min），Normal（正常），Slow（慢，75r/min）。

运行人员在升速过程中，可从 CRT 或 ACP 上按下“保持（HOLD）”键，强制保持当前转速，但当汽轮机转速在临界转速范围内时，不允许保持汽轮机转速，目前 DEH 系统的逻辑中规定的临界转速范围为 800～1000r/min、1160～1800r/min 及 2000～2820r/min。汽轮机转速保持时，若从 ACP 盘上按下“GO”按钮，或从 CRT 上按下“SPEED RATE HOLD PB”，则汽轮机恢复升速。

升速完成后（转速参考值大于 2999r/min）或并网后，运行人员不能选择转速目标值，此情况下汽轮机转速给定值强制为 3000r/min。

目标转速值经过运行人员选定的转速变化率的限制，即生成当前的汽轮机转速设定值。

（2）ATS 和 APS 方式时设定值。汽轮机的转速控制除上述由运行人员手动进行冲转升速外，还可以在 ATS 和 APS 方式下进行升速。在该方式下，由自启动程序给出每一个阶段的目标值，自动确定升速率，自动发出同期命令，对于这两种方式将在“自动汽轮机启动”中介绍。

（3）其他方式下转速设定值。

1）汽轮机在进行摩擦检查时，目标设定值跟踪实际转速值。当汽轮机转速升至495～600r/min，汽轮机升速允许条件满足且没有选择任意目标转速后，运行人员可在 CRT 或 ACP 盘投入摩擦检查功能，进行摩擦检查；当上述条件有一个不满足时，摩擦检查自动退出，运行人员也可以在 CRT 或 ACP 盘上手动退出摩擦检查功能。

2）另外若在升速过程中汽轮机跳闸，则汽轮机转子惰走，排除故障后汽轮机迅速挂闸，立即以挂闸瞬间的汽轮机转速为目标设定值，维持转速直至选定某一目标转速值后进行升速。但是值得注意的是，若汽轮机挂闸瞬间其转速在临界转速范围内时，则不能维持当前转速值，只能按照表 4-4 选择目标转速值。

表 4-4　汽轮机挂闸瞬间在临界转速时目标转速　r/min

汽轮机挂闸时转速	应维持汽轮机转速值
800～1000	750
1160～1800	1100
2000～2820	2050

3. 转速调节回路

（1）升速完成前的转速控制。当下列条件满足时，转速控制回路为自动方式。

1）汽轮机未跳闸。

2）MSV 为自动方式。

3）没有升速完成。

4）52G 未“ON”。

5）没有进行摩擦检查。

在机组并网前的转速控制期间，若调节器为自动方式，则转速调节器根据设定值和实际转速测量值的偏差进行 PI 运算，输出控制信号改变阀门开度，此指令信号通过电液转换器和油动机控制 MSV 开度，调整汽轮机进汽量，从而达到控制转速的目的。PI 调节器参数为：比例系数 $K=1.7$，积分时间 $T=40.0$s。

当调节回路退出“自动”方式时，运行人员可在 MSV 后备手操盘上增、减阀位指令，此时 PI 调节器输入偏差为 0，输出跟踪手动阀位指令值。

（2）升速完成后转速控制。在升速完成后（转速参考值大于 2999r/min），调节器输出保持当前指令值，使其他功能如同期、初负荷偏差，阀门切换等可以正常进行。

（3）摩擦检查时的转速控制。在摩擦检查时，设定值跟踪测量值，调节器输入偏差为 0，PI 调节器处于跟踪状态，跟踪值为 0%，即全关主汽阀进行摩擦检查。

（4）异常工况下的转速控制。当汽轮机跳闸或并网前汽轮机转速信号异常时，则立即关闭所有阀门，包括 MSV。实际上由于掉闸后，所有阀门均已强制关闭，关闭阀门指令是为了使各个阀门 E/H 转换器力矩马达至最小控制油压输出位置，以便下一步的操作。

（5）同期并网时的汽轮机转速控制。当汽轮发电机组升速完成后，由自动同期系统（ASS）对汽轮机转速进行控制，以满足汽轮发电机组并网要求。当以下条件满足时，DEH 系统向 ASS 装置发出 ASS 投入允许信号。

1）汽轮机升速完成。

2）阀切换未在进行中。

3）灭磁开关 41E“ON”。

4）AVR 为“AUTO mode”。

5）主汽阀、调节汽阀为自动方式。

6）发电机未并网。

ASS 投入后，按照需要通过硬接线向 DEH 系统发出汽轮机转速升、降指令，在 DEH 系统控制回路中计算出 ASS 偏置值，并叠加到 GOV/LL 回路中，当 ASS 发出的汽轮机转速升/降信号一直为“ON”时，GOV/LL 回路设定值每个计算周期增加/减少 0.025，约为 0.25%/s。ASS 偏置值在 GOV/LL 回路运算后获得 GOV/LL 指令值，GOV/LL 指令叠加到转速控制回路中控制 MSV 开度，从而调整汽轮机转速达到并网要求。

在 ASS 投入后，ASS 也向自动电压调节器（AVR）装置发出信号调整发电机出口电压，待发电机出口电压、频率、相位达到并网要求后，ASS 立即发出 52G“ON”命令，机组并网运行。

（二）初负荷控制及阀切换

1. 初负荷控制

当机组并网时，如果不能很快使机组带起适当的负荷，则发电机可能逆功率运行（即发电机作为同步电动机运行），为了避免由此引起的发电机损坏或者解列掉机，特在DEH系统中设置了初负荷控制功能。

由于初负荷控制阶段还未进行阀门切换，因此汽轮发电机组初负荷由MSV进行控制。

（1）实际负荷信号的测量与处理。发电机侧送出的三个负荷信号到DEH系统的控制柜，经过AI卡件转换成1～5V信号，正常情况下，选取三个信号的中值作为控制回路的测量值，运行人员也可以选取三个信号中任意信号作为测量值。当并网后任意信号大于上限值（5.16V）或小于下限值（0.968V）时，认为该信号超限，当任意两个信号间偏差的绝对值超过0.4V时，认为两个信号间偏差大。当负荷信号异常时，会发出发出报警信号提示运行人员注意。

（2）初负荷控制回路如图4-10所示。汽轮发电机组的初负荷控制由以下几个阶段构成：

1）并网后0～2s，根据主蒸汽压力计算初负荷偏差，若主蒸汽压力p_{ms}信号不正常，则此值为5%。由于负荷控制回路（GOV/LL）的特点，此值仅输出一个计算周期(100ms)，即可保持在回路中。

2）并网后2～3s，根据汽轮机转速变化计算初负荷偏差。发电机并网2s后，根据汽轮机并网前与并网2s后的转速之差值计算初负荷偏差，这一值也仅输出一个计算周期叠加在1）的计算结果上。

3）发电机并网3s后，ATS根据机组启动状态，自动选择5.714%或10%额定负荷作为初负荷设定值，设定值与实测功率值比较后获得功率偏差，经修正限幅后即为初负荷偏差。

4）由初负荷控制回路计算出的初负荷偏差信号输入到GOV/LL回路后获得GOV/LL指令值，GOV/LL指令叠加到转速控制回路中控制MSV开度，从而对机组的初负荷进行控制。当下列条件全部成立时，发出初负荷限制信号，对初负荷的增加进行限制。

a. 52 G“ON”。

b. 阀切换未完成，同时阀门切换偏置大于5%。

c. 主汽阀指令大于231.0。

图4-10中Fx函数关系如表4-5所示。

表4-5　　图4-10中Fx函数关系

Fx	主蒸汽压力（MPa）	0.0	6.0	16.57	25.0
	函数输出值	10.0	10.0	5.0	5.0

（3）初负荷完成的判断。若发电并网已达11s以上，负荷稳定在4.714%～6.714%或9%～11%之间已达20s以上，并且阀门切换已经完成时，发出初负荷完成信号。发出初负荷完成信号后，初负荷偏差立即恢复为0。若下列条件之一出现，则立即复位初负荷完成命令。

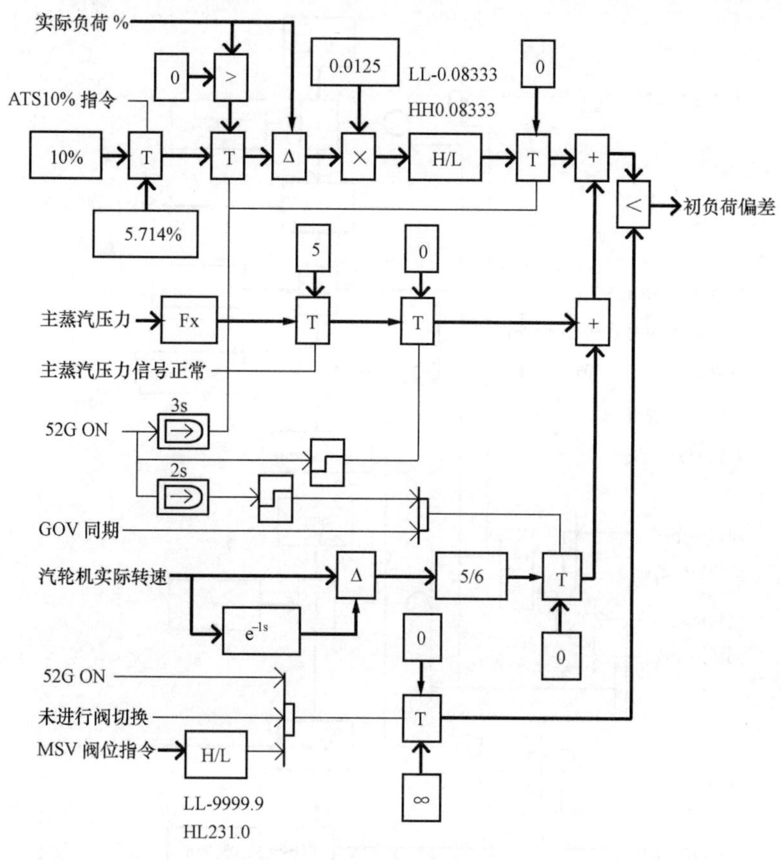

图 4-10 初负荷控制回路图

1）52 G“OFF”。

2）汽轮机跳闸。

3）阀门切换未完成。

2. 阀切换

为了提高机组运行的经济性和安全性，汽轮机冲转及低负荷运行时，通过高压主汽阀的节流调节实现高压缸全周进汽，使转子受热均匀，减少热应力，减少机组寿命损耗；初负荷完成后即进行阀门切换。所谓阀切换就是高压调节汽阀由全开状态逐渐关小，高压主汽阀逐步达到全开，完成控制任务的交接，汽轮机由全周进汽改为部分进汽，使机组具有较好的热经济性。

汽轮机挂闸后，在 DEH 系统的 MSV 和 GV 控制回路中，给 GV 控制指令叠加了一个 200%的“阀切换偏置”使其全开，给 MSV 控制指令叠加的“阀切换偏置”为 0%使其全关。开始冲转后，MSV 接受转速控制指令对汽轮机转速进行控制，并网后根据 GOV/LL 回路的指令对汽轮发电机组的初负荷进行控制，条件满足后进行 GV/MSV 的控制切换。阀门切换控制回路如图 4-11 所示。

（1）阀门切换允许条件。当阀门切换条件满足，则运行人员可在 CRT 上或 ACP 上发出阀门切换命令；如果 ATS 方式投入，由 ATS 发出切换命令。当下述条件全部成立时，阀门切换允许。

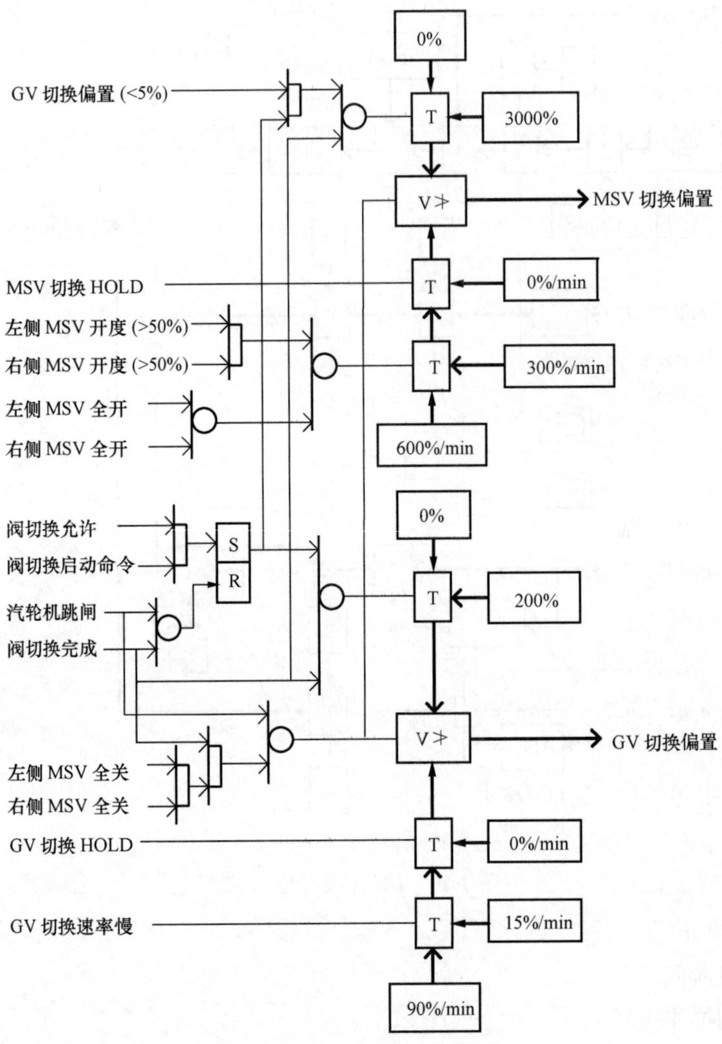

图 4-11　阀门切换控制回路图

1）若机组已并网，实际负荷与初负荷指令偏差绝对值小于 5%；若机组未并网，则汽轮机转速应小于 3020r/min。

2）52G“ON”或汽轮机升速已完成。

3）阀门切换还未完成。

（2）GV 切换偏置。GV 的切换偏置初始值为 200%，当阀门切换指令发出后，立即以一定速度变为 0%。调节汽阀切换偏置变化速率有 90%/min，15%/min 两种，当以下两个条件任一成立时，则选择 15%/min，否则选高速 90%/min。

1）阀门切换进行中 GV 切换偏置已小于 15%；

2）阀门切换进行中汽轮机转速偏差超过±2r/min（52G 未“ON”），或负荷偏差超过±20%（52G“ON”）。

阀门切换进行时汽轮机转速偏差超过±2r/min（52G 未“ON”），或负荷偏差超过±20%（52G“ON”）超过 10s 时，GV 切换偏置停止变化，即“HOLD”信号发出。

当汽轮机掉闸或阀门切换已完成后出现左侧和右侧 MSV 全关，对 GV 切换速度不加限制。

阀门切换完成后，GV 切换偏置保持为 0。

(3) MSV 切换偏置。MSV 的切换偏置初始值为 0%，当阀门切换命令发出后，如果 GV 切换偏置已小于 5%，立即以一定速度增加为 3000%。

MSV 切换偏置变化速度有 300%/min，600%/min 两种，当左右两侧 MSV 开度都大于 50%或某一侧 MSV 全开的情况下，选择快速 600%/min 否则选取慢速 300%/min。

在 MSV 切换偏置增加过程中，汽轮机转速偏差超过±2r/min（52G 未“ON”），或负荷偏差超过±20%（52G“ON”）时，停止其变化，即“HOLD”信号发出。

当汽轮机掉闸或阀门切换已完成后出现左侧和右侧 MSV 全关，对 MSV 切换速度不加限制。

阀门切换完成后，MSV 切换偏置保持为 3000%。

(4) 阀门切换完成的判断。若下述任一条件成立，则认为阀切换已完成。

1) CPU 初始化完成后，左侧和右侧 MSV 开度大于 50%。

2) MSV 切换偏置大于 380%，GV 切换偏置小于 0.001 且左侧或右侧 MSV 全开。

当汽轮机跳闸或阀切换完成后出现左和右侧 MSV 全关情况时，复位阀门切换完成信号。

(三) 汽轮机功频控制系统

汽轮发电机组并网带初负荷，完成阀门切换后，DEH 系统根据 CCS 系统或运行人员给出的负荷指令，以及电网一次调频的需要，对机组的出力进行控制。

所谓功频控制是指根据目标值来调整机组负荷，同时要求在电网频率波动时，调速器输出直接响应，以达到稳定电网频率，平衡电力供需的目的。

进入负荷控制阶段，负荷控制方式比较多，主要的控制方式有：

(1) CCS 方式。此时 DEH 系统投入“自动”，此方式下，DEH 系统接受 CCS 汽轮机主控制的指令改变调节汽阀的开度，DEH 系统相当于 CCS 系统的执行机构，当系统投入协调或汽轮机跟踪时，DEH 系统为此种控制方式。

(2) DEH 方式。此时 DEH 系统为“手动”方式，运行人员可以手动给出负荷目标值，负荷设定值和测量值进行比较获得负荷偏差，对负荷偏差进行 PI 运算，形成阀门的开度指令。

(3) 调节级压力反馈控制方式（IMP)。在做高压阀门活动试验时，IMP 回路投入，采用调节级后压力闭环反馈控制，此时的设定值和测量值要进行归一化处理，设定值和测量值偏差送到 PI 调节器，经过 PI 运算后输出阀位指令。(IMP 控制方式在阀门活动试验中详细介绍)

除了以上几种负荷控制方式外，还有手动方式，运行人员可通过 ACP 盘上的阀位增、减按钮直接改变阀位指令，从而使实际功率增加或减少。

1. DEH 方式下负荷控制

(1) DEH 方式投入和退出条件。当初负荷及阀切换完成后，CCS 方式连接失败并且下列条件全部不存在时，可以选择 DEH 方式。

1）强制 GOV 信号。

2）IPR/VU RB 动作。

3）任一阀门退出自动。

当投入 DEH 方式后，如果 LL 或 GOV 回路切为手动或选择 CCS 方式，则退出 DEH 方式。

（2）负荷设定值。机组未并网时，负荷目标值为 0.0%；机组并网后，初负荷完成前负荷目标值为 5.714%或 10%；初负荷完成后，若投入 DEH 方式且 IMP 和 CCS 方式未投入的情况下，运行人员可分别从 CRT 和 ACP 盘上设置目标负荷，此值上限为 370.3MW。

负荷目标值经负荷变化率限制后，计算获得负荷设定值。

DEH 方式下负荷变动率可由 CRT 或 ACP 盘上进行设定，其中 ACP 盘上有三个变动率可选：快变动率为 10.5MW/min；正常变动率为 7.0MW/min；慢变动率为 3.5MW/min。当不允许在 CRT 或 ACP 选择变动率时，负荷变动率由 CCS 系统给出，当汽轮机应力控制功能投入时，由应力控制回路计算获得的负荷变动率与上述负荷变动率两者选小值作为实际负荷变动率。另外，还可使用 CRT 或 ACP 盘上提供的“HOLD”按钮使负荷设定值停止变化，此时负荷变动率为 0。

（3）DEH 方式下负荷控制回路如图 4-12 所示，当控制回路为自动状态时，负荷设定值与实际发电机负荷比较后的负荷偏差信号进行 PI 运算，获得负荷控制指令。负荷控制指令分别和 GOV/LL 回路中的 GOV 设定值和 LL 设定值相减获得 DEH 系统中 GOV 偏置信号和 LL 偏置信号，计算出的 DEH 系统中 GOV/LL 负荷偏置值在 GOV/LL 回路运算后获得 GOV/LL 指令值，GOV/LL 指令控制高、中压调节汽阀开度，从而对机组的负荷进行控制。

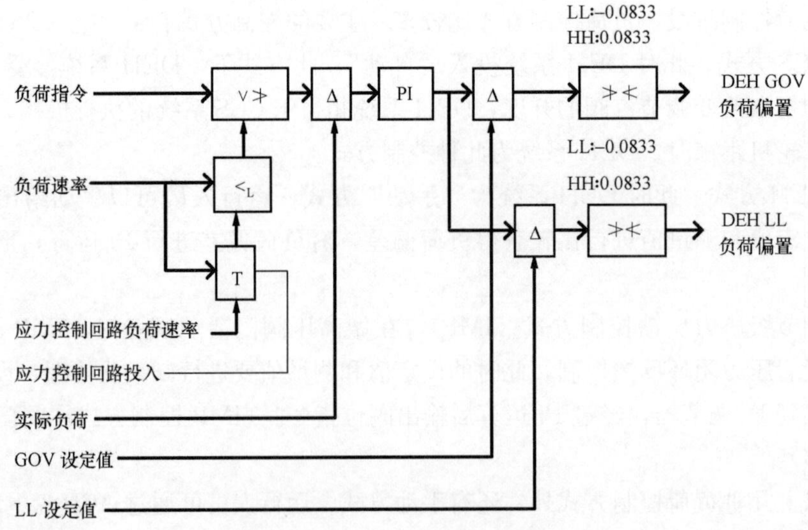

图 4-12　DEH 方式负荷控制回路图

PI 调节器的跟踪值为，当退出 DEH 系统负荷控制方式时，PI 调节器的输出根据需要跟踪 GOV 设定值或 LL 设定值。

当下列任一条件存在，控制回路退出自动，为跟踪状态。

1）DEH 方式退出。

2）IPR 回路动作。

3）IMP 功能投入。

4）GOV 和 LL 两种控制方式切换。

2. CCS 方式下负荷控制

（1）CCS 方式投入和退出条件。当初负荷及阀切换完成后，下列条件全部存在时，可以选择 CCS 方式。

1）未发生强制 GOV。

2）IPR/VAC RB 未发生。

3）所有阀门为自动。

4）CCS 系统连接信号正常。

当投入 CCS 方式后，如果 LL 或 GOV 回路切为手动或选择 DEH 方式，则退出 CCS 方式。

（2）负荷控制回路。初负荷完成后，投入 CCS 方式且 IMP 和 DEH 方式未投入的情况下，CCS 系统汽轮机主控制的指令分别和 GOV/LL 回路中的 GOV 设定值和 LL 设定值相减获得 CCS 系统中 GOV 偏置信号和 LL 偏置信号，计算出的 CCS 系统中 GOV/LL 负荷偏置值在 GOV/LL 回路运算后获得 GOV/LL 指令值，GOV/LL 指令控制高、中压调节汽阀开度，从而对机组的负荷进行控制。

当下列任一条件存在，CCS 系统的汽轮机主控器退出自动，根据需要跟踪 GOV 设定值或 LL 设定值。

1）CCS 方式退出。

2）IPR 回路动作。

3）IMP 功能投入。

4）GOV 和 LL 两种控制方式切换。

3. GOV/LL 控制回路

在 DEH 系统中，设计了“GOV”和“LL”两种不同的控制方式，其中“GOV”是英文单词调速器“GOVERNOR”的缩写，是指机组并网后，在负荷控制指令中叠加一次调频指令。一次调频指令由速度变动率 Droop 回路算出，Droop 回路所起的作用相当于机械式汽轮机调速系统中机械式转速反馈及控制回路，因此机组不但响应负荷指令，而且响应由于电网电能不平衡引起的频率波动。

“LL”是“Load Limiter”的缩写，LL 回路没有叠加一次调频指令，也就是说，对电网频率的变化不响应；另外，LL 回路中加入了负荷限制，对于 LL 回路的输出做出上限规定，防止机组超负荷，因此 LL 回路被称为负荷限制器功率控制回路。

（1）GOV/LL 控制方式选择。DEH 系统中，由于只有在 GOV 方式下机组才能参与一次调频，因此要求机组在合适的运行方式下投入 GOV 方式。控制回路如图 4-13 所示。

1）在机组冲转、定速、同期过程中，要精确控制汽轮机的转速，因此要采取“强制 GOV”方式。

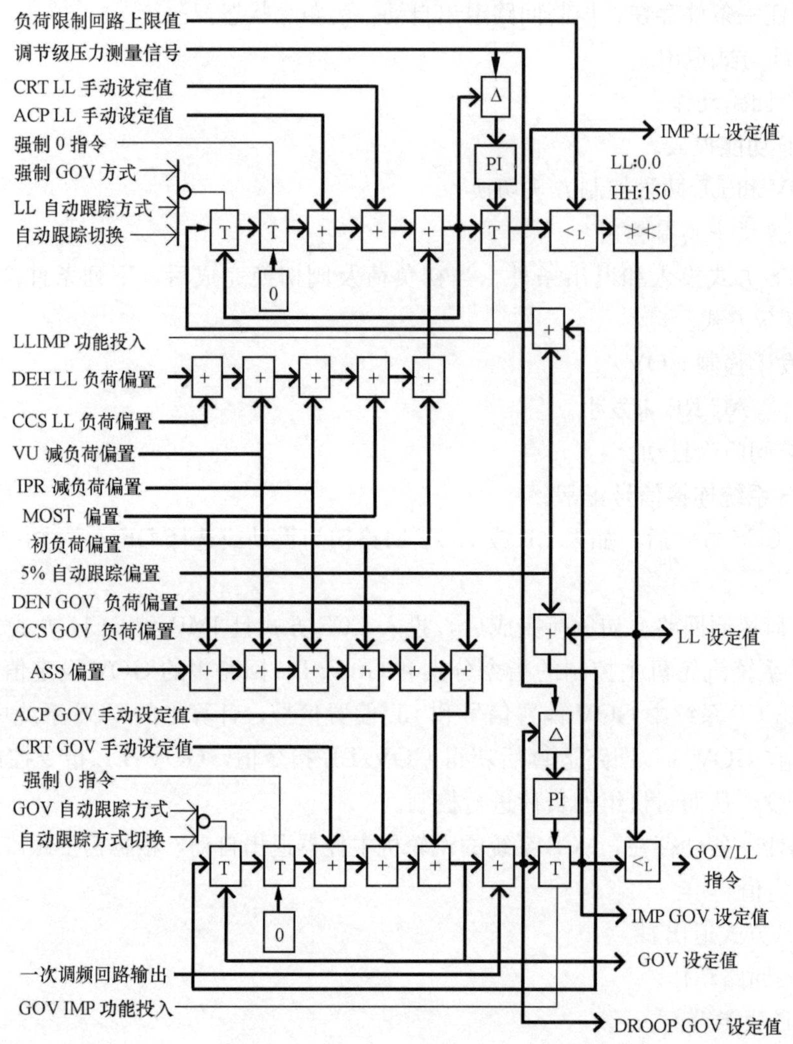

图 4-13　GOV/LL 控制回路图

2）在机组并网、带初负荷，以及阀切换过程中，要精确控制汽轮机的功率和调节汽阀进汽方式，绝对不容许参与一次调频，因此要采取 LL 方式。在机组冲转、定速、同期、并网、带初负荷及阀切换 5 个过程结束后，继续采用 LL 方式作为机组的负荷控制方式，而机组的 GOV 回路通过在 LL 设定值上叠加 5%的偏置（AF Bias）自动跟踪 LL 回路。

3）一般情况下，机组处于协调控制方式且负荷小于 175MW 时，要求 DEH 系统对电网频率的小幅升高不做出响应，一般投入 LL 控制方式，GOV 回路则处于自动跟踪方式（AF Mode）。由于 GOV/LL 回路为 GOV 和 LL 指令选小输出，所以正常情况下，汽轮机主控指令通过 LL 回路直接操作汽轮机调节汽阀，控制功率。

4）当实发功率大于或等于 175MW（也就是 AGC 投入后的可调负荷下限）时，运行人员可以手动切换到 GOV 方式，投入一次调频功能。切换到 GOV 方式后，闭锁 CRT 上的“GOV/LL”切换按钮和 ACP 盘上的“LL 投入”硬手操，除非实发功率小于 175MW，方可手动切换成 LL 控制方式。投入 GOV 控制方式后，LL 回路则处于自动跟

踪状态（AF Mode），GOV 指令值为＋5%跟踪偏差。由于 GOV/LL 回路为 GOV 和 LL 指令选小输出，所以正常情况下，汽轮机主控指令通过 GOV 回路直接操作汽轮机调节汽阀，控制功率。

5）LL 控制方式下，当网频升高时，GOV 指令（LL 指令＋5%＋Droop 指令）将逐渐减小，当 GOV 指令小于 LL 指令，发出“GOV/LL 翻转”信号，机组实际处于 GOV 控制方式；GOV 控制方式下，当负荷设定过高或主蒸汽压力波动大导致 LL 回路的“过负荷限制”动作时，LL 设定值（最大允许负荷值）小于 GOV 回路设定值，发出“GOV/LL 翻转”信号机组实际处于 LL 控制方式。发生翻转后，CCS 系统中的汽轮机主控器增闭锁，整个机组实际处于不能增加负荷的协调控制方式。

（2）LL 控制回路。

1）LL 回路设定值。控制回路如图 4-14 所示，LL 控制回路的设定值是一个中间计算量，综合了初负荷附加值，DEH 系统的负荷控制方式下负荷 LL 偏置信号，真空低降负荷负偏差，IPR 负偏差，MOST 自动偏差，CCS LL 负荷偏置信号。一般情况下，LL 设定附加值中只包含上述值中的一部分值，甚至只有某一值。例如初负荷控制阶段，LL 设定附加值只包含初负荷偏置值，初负荷完成后，初负荷偏置值即为 0。

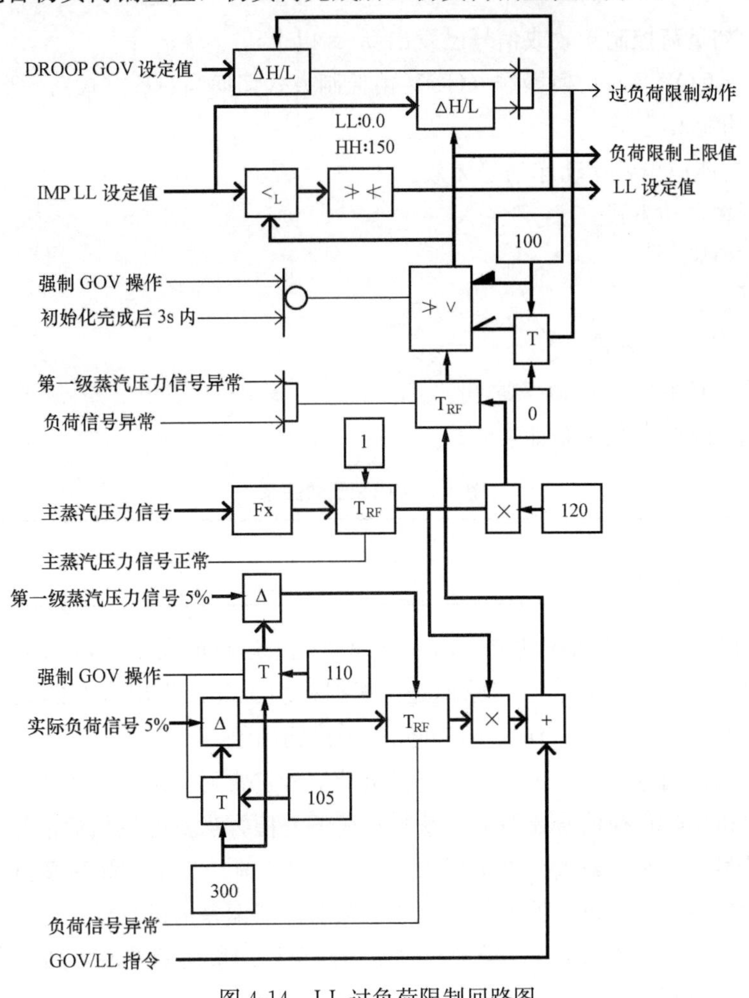

图 4-14　LL 过负荷限制回路图

当 IMP 功能投入，且选择 LL 方式时，IMP 控制回路投入，用来在高压调节汽阀活动试验时控制调节级压力，此时 LL 设定值跟踪 IMP 控制回路输出。

当汽轮轮机跳闸、52G “OFF” 或 MOST 试验功能由投入方式切换到退出方式时，强制为 0 指令信号发出，LL 回路设定值强制为 0。

当下述任一条件条满足时，LL 回路为自动方式，LL 回路设定值由上述控制回路自动生成。

a. ASS 方式投入。

b. LL AF 方式。

c. GOV AF 切换操作。

d. CCS 系统 LL 连接成功。

e. DEH 方式负荷 LL 控制。

f. IPR/VU 保护动作。

发电机负荷信号正常工况下，LL 进行初负荷控制时。

当以下条件全部满足时，允许运行人员可在 ACP 盘上或 CRT 上对 LL 设定值作增、减操作。

a. GOV 初负荷控制无效或信号已发出 0.1s 以上。

b. 未进行 GOV AF 切换操作（GOV 由控制方式切换为 AF 方式）。

c. IMP 功能未投入。

d. IMP 功能退出顺序动作信号无效。

e. LL 不在自动方式。

f. 52G “ON”。

g. 汽轮机未跳闸。

h. 所有阀门自动方式。

i. LL 设定值在 0.1～149.9 之间。

图 4-14 中 Fx 的函数关系如表 4-6。

表 4-6　　图 4-14 中 Fx 函数关系

Fx	主蒸汽压力（MPa）	0.0	8.258	16.57	25.0
	函数输出值	0.0	2.0	1.0	1.0

2）LL 回路的过负荷保护功能。由于考虑到机组运行的安全性，DEH 系统在 LL 回路中设置了最大负荷限制功能。其原理是：根据机组工况计算出应有的最大允许输出指令，与 IMP LL 设定值选小值作为 LL 回路的最终输出值。

最大允许输出指令的计算为：当发电机负荷信号正常时，最大允许负荷为 105%额定负荷，与发电机实际负荷信号比较后，获得负荷偏差值；当发电机负荷信号异常，第一级后蒸汽压力信号正常时，最大允许负荷为 110%额定负荷，与第一级后蒸汽压力折算获得的负荷信号比较后，获得负荷偏差值。控制回路对负荷偏差值进行了主蒸汽压力修正，主汽压力信号异常时，修正值为 1。经主蒸汽压力修正后的负荷偏差值再加上当前 GOV/LL 指令，经变化率限制后，获得最大允许负荷指令值。

发电机功率信号和第一级后蒸汽压力信号异常时，不能再依据其测量值来计算最大允许指令值。在此情况下，使用定值120%经主蒸汽压力修正和变化率限制后，获得回路最大允许负荷指令值。

当强制GOV信号（发电机解列、汽轮机跳闸，以及至少一侧调节汽阀退出自动或OPC动作）发出时，最大允许负荷指令值则为300%，并对变化率不加限制，即此时对负荷控制回路指令值不加限制。

一般情况下，最大允许负荷指令值的变化率为100%/min，当过负荷保护动作时，最大允许负荷指令只允许降，不允许再继续上升。

在GOV控制方式，当负荷设定过高或主蒸汽压力波动大导致LL回路的“过负荷限制”动作时，LL设定值（此时为最大允许负荷值）小于GOV回路设定值，由于GOV/LL回路为GOV设定值和LL设定值选小值输出，此时负荷控制方式实际上由“GOV”变成“LL”，其“负荷限制”的原理和“LL”方式下的相同。因此在GOV控制方式下过负荷限制回路也能起到保护作用。

3）LL AF（自动跟踪）回路。当选择GOV控制方式时LL处于AF方式，此时不允许在CRT或ACP上对LL设定值进行手动设定，LL回路设定值为GOV设定值加上一个5%的偏置值。

如果LL回路处于手动设定方式，或运行当中发出强制GOV运行命令（发电机解列、汽轮机跳闸、一侧或两侧调节汽阀退出自动，或者OPC动作时），则LL回路退出AF方式。

（3）GOV回路。

1）GOV回路设定值。与LL回路类似，GOV设定值是一个中间计算量，综合了初负荷附加值，DEH方式下负荷GOV附加信号，CCS GOV设定附加信号，真空低降负荷偏差，IPR负偏差，MOST自动偏差，以及ASS附加值（只有GOV回路有）等信号的代数和。GOV回路在正常工作时，GOV设定附加值中可能仅包含其中的几个甚至只有一个信号。

当IMP功能投入，且选择GOV方式时，此时GOV设定值跟踪IMP控制回路输出值。

当汽轮机跳闸、52G“OFF”或MOST试验功能由投入方式切换到退出方式时，强制为0指令信号发出，GOV回路设定值强制为0。

当下述条件任一条满足时，GOV回路为自动方式，GOV回路设定值由上述控制回路自动生成。

a. ASS方式投入。

b. LL AF切换命令。

c. GOV AF方式。

d. CCS GOV负荷控制。

e. DEH GOV负荷控制。

f. IPR/VU保护动作。

g. 发电机功率信号正常时，GOV初负荷控制。

当以下条件全部满足时，允许在CRT上或ACP盘上对GOV设定值手动设定。

a. 未进行LL AF切换操作（LL由控制方式切换为AF方式）。

b. IMP控制未投入。

c. IMP退出顺序信号未发出。

d. GOV不在自动状态。

e. 初负荷控制已结束0.1s以上。

f. 所有阀门自动。

g. 52G“ON”或升速/阀切换已完成。

h. MOST超时降速信号未发。

i. 汽轮机未跳闸。

j. GOV设定值在±149.9之间。

2）GOV回路的一次调频功能。为了参与电网一次调频，DEH系统在GOV回路中设置了Droop回路，所谓Droop即汽轮机调节系统的转速不等率，Droop回路输出值即为电网频率发生变化时，DEH系统的一次调频指令值。转速不等率最直接地表达了机组参与一次调频能力的大小，转速不等率越大，则一次调频能力越弱。当52G未“ON”或者发电机负荷小于175MW时，Droop回路输出值按图4-15计算；当52G“ON”且发电机负荷大于175MW时，Droop回路输出值按图4-16计算。

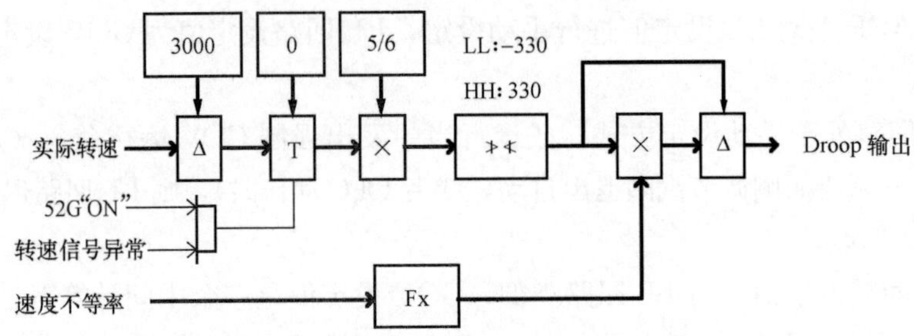

图4-15　一次调频控制回路图（一）

图4-15中Fx是速度不等率修正函数，函数关系如表4-7。

表4-7　　图4-15中Fx函数关系

Fx	速度不等率（%）	2.0	3.0	4.0	8.0	12.0
	函数输出值（系数）	−0.1	−0.333 4	0.0	0.383 3	0.722 2

图4-16中Fx1确定Droop函数关系。Fx2和Fx3确定Droop的可调负荷的上、下限幅，限幅根据当时机组实发功率的大小而确定，是一个相对值，符合实际情况。

图4-16中各函数关系如表4-8。

表4-8　　图4-16中函数关系

Fx1	转速偏差（RPM）	−137	−2	0	137
	负荷（%）	−100	0	0	100
Fx2	实发功率（MW）	0	175	210	350
	校正下限（%）	0	0	−10	−10
Fx3	实发功率（MW）	0	315	350	—
	校正上限（%）	10	10	0	—

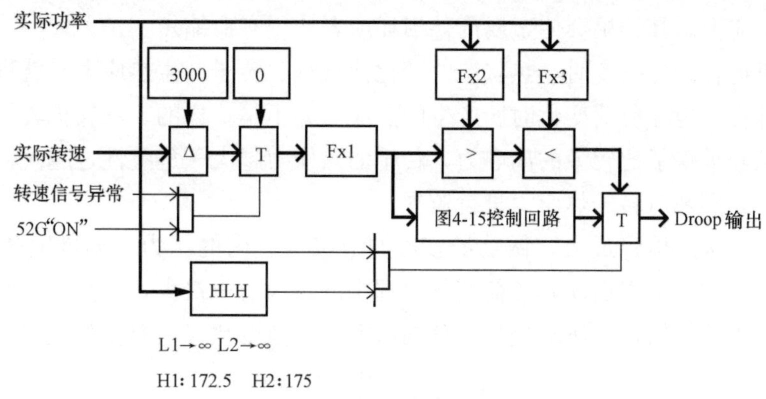

图 4-16 一次调频控制回路图（二）

3）自动跟踪（GOV AF）回路。当选择 LL 控制方式时 GOV 处于 AF 方式，此时不允许在 CRT 或 ACP 上对 GOV 设定值进行手动设定，GOV 回路设定值为 LL 设定值加上一个 5%的偏置值。

如果 GOV 回路处于手动设定方式，或运行当中发出强制 GOV 运行命令（发电机解列、汽轮机跳闸、一侧或两侧调节汽阀退出自动，或者 OPC 动作时），则 GOV 回路退出 AF 方式。

(4) GOV/LL 控制指令输出。GOV 设定值与 LL 设定值两者选择较小值后即为 GOV/LL 控制指令。此指令用于控制调节汽阀，以调整汽轮机功率和发电机频率，或控制主汽阀，调整汽轮机的转速，接带初负荷。

汽轮发电机升速完成后，转速控制回路保持，由 GOV/LL 指令控制 MSV 对汽轮机转速进行控制；在升速完成后投入 ASS 装置时，GOV/LL 指令控制 MSV 进行并网；并网后，同样可由 GOV/LL 指令对汽轮机的初负荷通过 MSV 进行控制。

阀切换完成后，MSV 控制任务完成阀门全开，由调节汽阀完成以后的控制任务，上述 GOV/LL 指令加上阀门切换偏置后，获得 1、3 号和 2、4 号调节汽阀的控制指令，两路控制指令分别加上各自的调节汽阀试验偏差信号后输出，控制左、右侧高压调节汽阀开度和中压调节汽阀的开度。

当汽轮机跳闸或并网前汽轮机转速信号异常时，发出“所有阀门关闭”命令，关闭 MSV 和所有调节汽阀。

（四）热应力监控功能

热应力是由于金属内部热状态不同而产生的应力。金属热状态的不同表现为其各个部分的温度不同，因此热应力和温度差值有关。假设一圆柱形金属物各部分的温度是一致的，则不产生热应力；若用高温工质对其加热，外表面温度将升高，内部仍然保持原温度，圆柱表面金属要膨胀，内部金属保持原状，于是产生压应力；反之，若用工质冷却金属圆柱，其表面金属温度降低而产生收缩，金属内部温度不变而保持原状，于是在金属圆柱内产生拉应力。无论是加热还是冷却，当时间足够长后，金属内部达到热平衡，各处温度均相同，热应力也随之消失。各类金属材料都有一定的强度，因此工作中允许金属材料出现各类应力，只要应力值小于金属的许用应力，金属部件就可以长期可靠的工作。若应力值超出许用应力，其结果会使金属部件损坏或者使用寿命缩短。

当汽轮机运行工况改变时，热状态的变化使汽缸、转子产生热应力。就汽轮机整体而言，其各部件在升速和负荷变化时所产生的热应力并不是一样的。汽轮机转子是高速旋转部件，本身已经承受了比较大的离心力，转子的热应力越大，危险性也越大，为了确保汽轮机安全运行，必须对转子热应力进行监视。

高压缸调节级的焓降最大，做功最多，调节级汽室内的压力及温度随负荷变化也很大，因此高压缸调节级在启动和负荷变化过程中的热应力也最大，是热应力监控的重点部位。对于中间再热机组，中压缸进汽部分在启动和负荷变化时汽温变化也很大，同样是监控的重点。

由上述分析可知，高压缸调节级、中压缸第一级处转子和汽缸是热应力较大部位，其中转子热应力是最危险的。因此在汽轮机运行中，只要监控这几处的热应力不超过允许值，其余部位的热应力一般不会超过允许值。

对转子应力的监控可以指导机组在最佳状态下运行，保证在汽轮机转子实际应力不超过许用应力的情况下，以最大升速率升速以及以最大的变负荷速率变负荷。

1. 应力控制回路投入和退出

DEH系统中应力控制可以手动操作来投入/退出。

(1) 当汽轮机应力控制未投入时，若在ACP盘上按下“Stress Control In”按钮，或在CRT上投入应力控制时，则汽轮机应力控制功能投入。

(2) 当汽轮机应力控制投入时，若在ACP盘上按下“Stress Contronl Out”按钮，或在CRT上退出应力控制时，则应力控制功能退出。

(3) 若汽轮机应力控制功能投入，则当下列条件之一成立时，立即强制退出应力控制。

1) 52G“OFF”。

2) 汽轮机跳闸。

3) 任一GV/MSV不在自动状态。

4) 应力控制异常。当下列任一条件成立时，认为应力控制异常。

a. 阀门切换完成前调节级蒸汽温度异常（温度高于624℃或低于−4.8℃）。

b. 阀门切换完成后调节级金属温度异常（温度高于624℃或低于−4.8℃）。

c. 汽轮机转速信号异常。

d. 调节级蒸汽压力信号异常。

应注意到条件1）是指主变出口开关52G开路瞬间，一般在未并网前，汽轮机处于转速控制阶段时，仍允许投入应力控制功能。

2. 转子热应力控制回路

转子热应力值可采用两种方法获得：一种可用汽轮机转子传热数学模型计算求得；另一种，可用转子物理模型。由于汽轮机转子在升速和负荷变动的过程中，热应力变化最大，因此必须实现转子热应力的快速计算，目前硬件上热应力的计算都采用计算机，软件上都尽可能简化热应力的计算，要求对其计算过程做必要的简化。

由于转子热应力的计算比较复杂，在此对其详细的计算分析过程不再详述，仅对

DEH 系统的应力控制功能做简要说明。

DEH 系统的应力控制功能并不直接计算出转子应力值或应力裕度系数值，而是通过计算转子平均温度与第一级蒸汽温度或第一级后金属温度的差值，直接给出保持转速暖机信号或通过函数给出最大允许负荷变动率，从而实现汽轮机应力控制。

（1）汽轮机转子平均温度计算。DEH 系统的应力计算将调节级处的汽轮机转子按截面分为 4 部分，即用 T_A、T_B、T_C、T_D 表示转子截面各部分温度。

按照厂家给出的系数，汽轮机转子各部分温度计算为

$$T'_A=(T_M/T_S-T_A)\times K+0.5714T_B$$

$$T'_B=0.6T_A+0.4T_C$$

$$T'_C=0.6667T_B+0.3333T_D$$

$$T'_D=T_C$$

上列各式中，T_M/T_S 为第一级后金属温度或第一级后蒸汽温度。其切换条件为：

当阀切换完成且机前主汽疏水阀已全关时，使用第一级后金属温度，否则使用第一级后蒸汽温度进行计算。

T'_X 表示 X 处当前计算温度，T_X 表示 X 处约 30s 之前的计算温度，K 为一修正值，计算式为

$$K=(\text{调节级蒸汽压力}\times 0.055+\text{汽轮机转速}\times 0.0014)\times 4.7$$

转子平均温度则按下面的公式计算，即

$$T_e=0.438T_A+0.313T_B+0.188T_C+0.063T_D$$

（2）汽轮机升速阶段的应力控制。当应力控制功能投入后，在汽轮机升速阶段可以实现金属匹配功能，金属匹配是汽轮机保护功能之一，是根据应力计算的结果来保持汽轮机参考转速的，此功能仅在某些给定的汽轮机转速范围内起作用（临界转速范围内不起作用）。金属匹配功能的工作原理为：如果应力计算值超过某一限值，则保持当前汽轮机转速参考值，以便等待蒸汽介质对转子进行加热，直至应力恢复至允许范围内，否则停发转速保持命令，按运行人员设定或选定的升速率继续升速。

当以下条件满足时，则发出汽轮机应力动作命令，保持汽轮机转速。

1）阀切换未完成。

2）汽轮机未跳闸。

3）52G“OFF”。

4）汽轮机转速大于 399.9r/min。

5）应力控制投入方式。

6）调节级蒸汽温度与转子平均温度差值的绝对值大于 40℃。

3. 负荷控制过程中的应力控制

与金属匹配功能相类似，在负荷控制阶段，根据应力计算的结果对负荷变化速度进行限制。当负荷增减时，预设的负荷变化率和应力计算所得的最大允许负荷变化率二者选择较小值作为当前的负荷变化率。

调节级金属温度减去转子平均温度，获得温差信号，根据温差信号的大小和发电机的负荷变动状态，计算出最大允许的负荷变化率，最大允许负荷变化率如表 4-9 所示。

表 4-9　　　　最大允许负荷变化率

升负荷时温差（℃）	−60.0	−15.0	28.0	60.0
最大允许升负荷率（MW/min）	5.0	5.0	0.75	0.75
降负荷时温差（℃）	−60.0	−27.0	15.0	60.0
最大允许降负荷率（MW/min）	0.75	0.75	5.0	15.0

（五）阀门在线试验

汽轮机高、中压汽阀和高、中压调节汽阀都是由液压执行机构驱动的机械装置。为了保证汽轮机故障时阀门能可靠关闭，电调系统应设置阀门在线试验功能，即在汽轮机带负荷情况下逐个关闭阀门，以检验其工作情况。

高压调节汽阀的试验方法是，在被试验阀门的阀位控制回路叠加一个呈斜坡变化与开度指令相反的信号，随着试验信号的逐渐增大，阀门逐渐关闭，发出试验复位信号后，试验信号减小，阀门重新开启，试验信号消失后阀门恢复到原来的开度。

高、中压主汽阀，中压调节汽阀的试验方法为，由逻辑回路控制每个阀门控制油路上的试验电磁阀动作，以泄掉被试验阀门液压回路的油压，从而使阀门关闭，阀门试验复位命令发出后，试验电磁阀复位，恢复油压，阀门重新开启。阀门活动试验过程中，由DEH系统发出的试验电磁阀开关命令通过硬接线送到汽轮机保护柜，由汽轮机保护系统完成就地电磁阀的开关操作。

DEH系统中，把10个阀门分为四组分别进行试验，即：

（1）左侧高压阀组，包括高压主汽阀MSV1，高压调节汽阀GV1、GV3。

（2）右侧高压阀组，包括高压主汽阀MSV2，高压调节汽阀GV2、GV4。

（3）左侧中压阀组，包括中压主汽阀RSV1，中压调节汽阀ICV1。

（4）右侧中压阀组，包括中压主汽阀RSV2，中压调节汽阀ICV2。

1. 高压阀组试验

（1）试验允许条件。当下列条件全部满足时，允许进行高压阀组试验。

1）发电机负荷在23%～75%额定负荷之间。

2）没有阀门试验正在进行中。

3）汽轮机主控器不在自动方式。

4）下述两条件之一成立。① IMP PI控制已投入；②在IMP允许条件下投入IMP控制自动，且IMP投入条件都成立，GOV/LL未发生反转。

5）主蒸汽压力大于16.2MPa。

（2）试验过程。高压阀组试验控制回路如图4-17所示。在高压阀组试验允许条件成立时，若运行人员在CRT/ACP盘上按下试验按钮后，则发出试验开始命令。试验开始命令发出后，控制回路立刻在试验侧的GV指令上叠加一个试验偏置，其最大值为−200%，变化率为20%/min。同时，此试验偏置以相反符号的值叠加到另外一侧GV指令输出回路上；随着试验侧调节汽阀负偏置值的进一步增加，试验侧调节汽阀的开度逐渐变小直至全关，另一侧调节汽阀则同时逐步打开。

阀门正常试验进行中，若试验侧调节汽阀全关 10s 后，则发出该侧 MSV 关闭信号，将 MSV 实验电磁阀励磁，泄掉试验侧 MSV 的控制油全关试验侧 MSV。当运行人员在 CRT 上观察到试验侧 MSV 已可靠地全关后，可立即在 CRT/ACP 上按下试验复位按钮，发出试验复位命令；在试验过程中如果对应侧两个调节汽阀都已全开，不能再稳定负荷，此时控制回路应立即发出试验复位命令。试验复位命令发出后，首先复位试验侧 MSV 试验电磁阀，使试验侧 MSV 重新建立油压打开，待 MSV 全开后，则立即停发试验开始命令，试验侧 GV 的试验偏置以 20%/min 的速度增为 0，同时加到另一侧 GV 的偏置以相同的速度减至 0，当偏置为 0 后，恢复正常的调节汽阀负荷控制。

（3）试验异常停止。当下述任一条件成立时，立即发出高压阀组试验停止命令，MSV 试验电磁阀立即复位，叠加在调节汽阀的试验偏置立即恢复为 0。

1）任一调节汽阀退出自动。

2）发电机解列。

3）汽轮机跳闸。

4）IMP 功能退出。

当下述任一条件成立时，调节汽阀试验偏差速率为最大。

1）任一调节汽阀退出自动。

2）发电机解列。

3）汽轮机跳闸。

4）IMP 功能退出且左右两侧调节汽阀指令偏差的绝对值小于 5%。

（4）试验保持。在试验过程中，试验侧 GV 已经全关 10s，或者试验过程中 IMP 的功率偏差超过 3%，控制系统立即发出 GV 试验保持信号，停止阀门试验偏置的变化。

（5）试验超时判断。

1）试验过程中，试验命令发出后，若 600s 内试验侧的主汽阀和调节汽阀不全关，则发生试验超时信号。

2）试验复位命令发出后，若 600s 内试验侧 MSV 未能全开，则发生试验超时信号。

3）当任一阀试验停止条件成立时，不再进行试验超时判断。

（6）阀试验报警。当进行 MSV/GV 试验时，若出现调节汽阀试验超时或 MSV/GV 试验保持（IMP 功率偏差异常）信号出现时，运行人员可从 CRT 上获得左（右）侧调节汽阀试验异常的报警信号。运行人员可在 CRT 上获得的信息有：

1）MSV/GV-R（L）试验允许（CRT）。

2）MSV/GV-R（L）试验（CRT/ACP）。

3）MSV/GV-R（L）试验复位允许。

4）MSV/GV-R（L）试验闪光信号（CRT）。

5）MSV/GV-R（L）试验灯光信号（CRT）。

6）MSV/GV-R（L）试验复位闪光信号（CRT/ACP）。

7）MSV/GV-R（L）试验复位信号 10s（CRT）。

8）MSV/GV-R（L）试验复位 10s 闪光信号（CRT）。

9）各阀门全开及全关信号（CRT）。

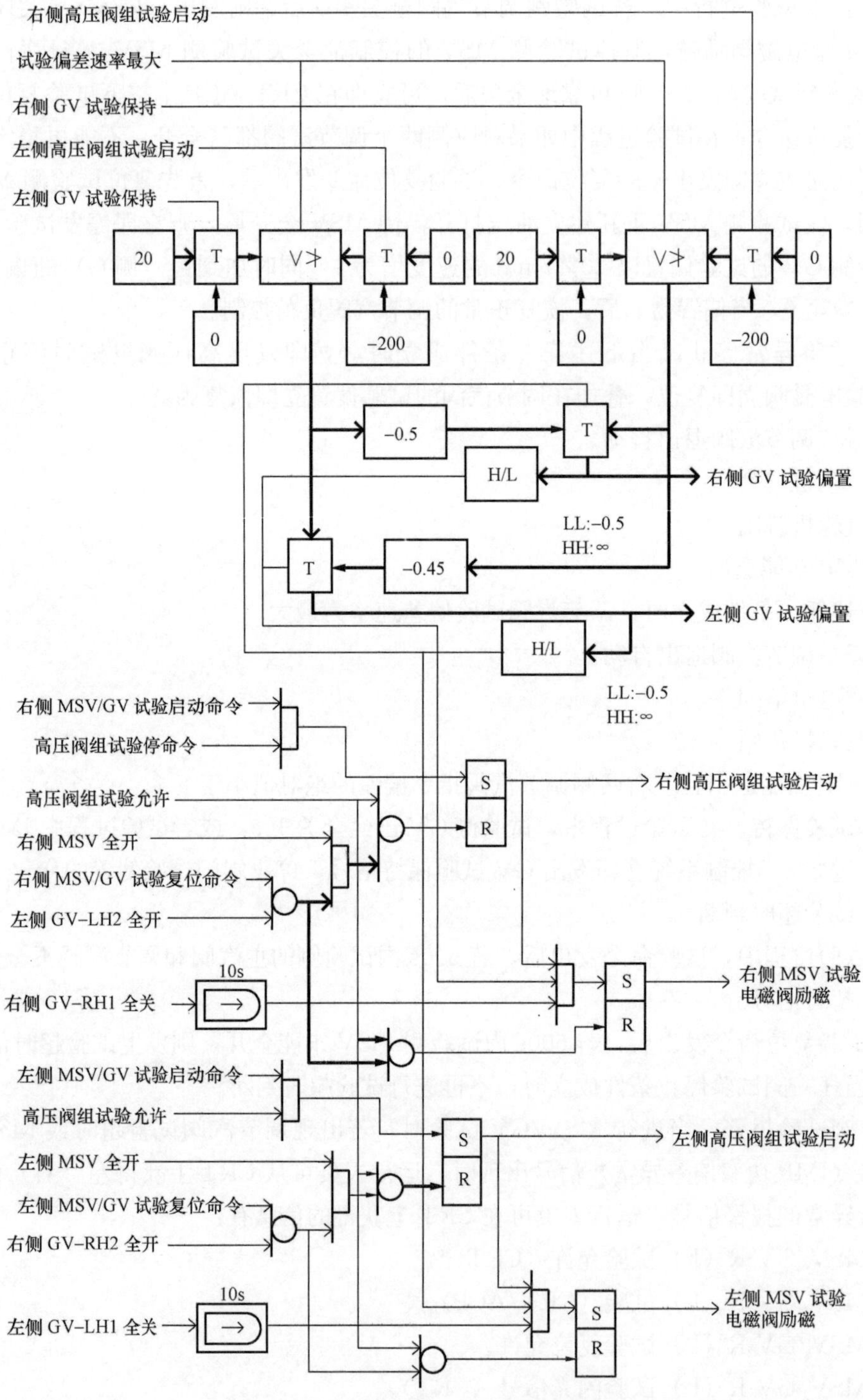

图 4-17　高压阀组试验控制回路图

10）MSV/GV-R（L）试验保持报警。

11）GV-L（R）阀门试验异常（CRT）。

12）阀门试验失败（CRT）。

2. 中压阀组试验

（1）试验允许条件。当下列条件全部满足时，允许进行中压阀组试验。

1）发电机负荷在23%～75%额定负荷之间。

2）未有阀试验在进行中。

3）汽轮机主控器没投入自动。

4）IMP未投入。

5）ICV-RH全开。

6）ICV-LH全开。

7）RSV-LH全开。

8）RSV-RH全开。

（2）试验过程。中压阀组试验控制回路如图4-18所示。当中压阀组试验允许条件成立后，运行人员可以从CRT/ACP上按下试验按钮进行中压阀组试验。

中压阀组试验命令发出后，首先对ICV试验电磁阀进行励磁，关闭试验侧ICV，待试验侧ICV全关3s后，对RSV试验电磁阀进行励磁，全关试验侧RSV。

运行人员观察到试验侧RSV可靠地全关后，可在CRT/ACP上按下试验复位按钮，首先复位RSV电磁阀，全开试验侧RSV，待试验侧RSV全开后，复位ICV试验电磁阀，使试验侧ICV全开。至此中压阀组试验完毕。

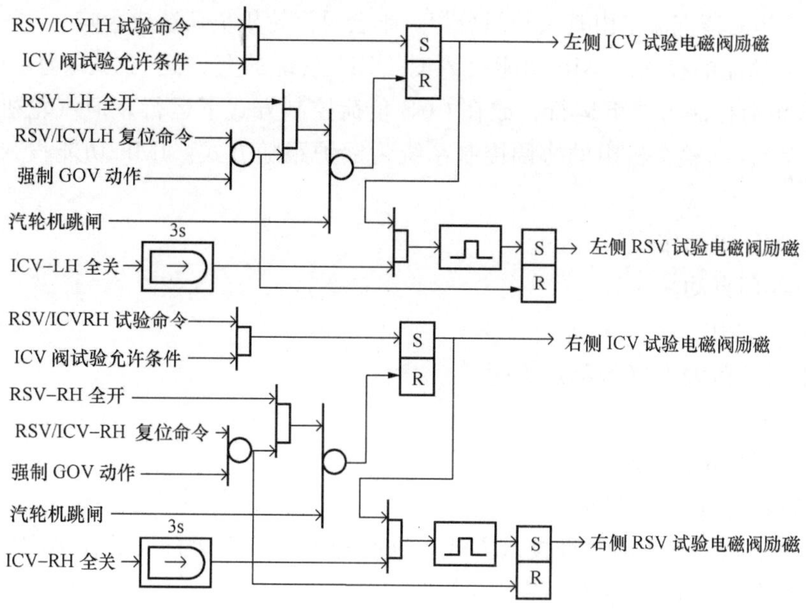

图4-18 中压阀组试验控制回路图

（3）试验异常停止。中压阀组试验过程中，如果发生汽轮机跳闸，则立即复位试验开始命令，复位试验侧ICV、RSV试验电磁阀。

如果强制GOV信号（52G“OFF”或任一高调节汽阀退出自动或OPC动作后30s内）发出时，则首先复位RSV试验电磁阀，待试验侧RSV全开后，再复位ICV试验电磁阀，停止进行该侧试验。

(4) 试验异常的判断。

1) 试验开始命令发出后，在60s内若试验侧ICV未能全关时，发出试验异常信号。

2) 试验复位命令发出后，在60s内若试验侧RSV未能全开时，发出试验异常信号。

3) 当强制GOV信号发出时，不再进行试验异常判断。

(5) 阀试验报警信息。运行人员可在CRT/ACP上获得的信息有：

1) RSV/ICV-L (R) H阀试验复位 (CRT/ACP)。

2) RSV/ICV-L (R) H阀试验复位允许 (CRT)。

3) RSV/ICV-L (R) H阀试验 (CRT/ACP)。

4) RSV/ICV-L (R) H阀试验复位闪光信号 (CRT)。

5) RSV/ICV-L (R) H阀试验复位 (ACP)。

6) 所有RSV，ICV全开全关指示信号 (CRT)。

7) RSV/ICV-L (R) H阀试验异常 (CRT)。

8) 阀试验失败报警 (CRT)。

3. 调节级后压力控制功能

调节级后压力控制 (IMP)，实质是防止阀门试验过程中负荷发生过大波动。由于阀门在线试验是在汽轮机带负荷下进行的，电调系统负荷控制回路已投入工作，DEH系统在高压调节汽阀活动试验中，为了稳定机组负荷，设置了IMP功能，使得被试验阀门关闭后，其所承担的蒸汽流量由其余阀门分担，不会对汽轮机负荷造成影响。

(1) IMP功能的投入。IMP功能投入时DEH系统的允许运行方式为，DEH系统不能在CCS负荷控制方式下运行，或在CCS负荷控制方式下运行，但汽轮机主控器必须退出"自动"。即整个机组的协调控制系统为锅炉跟随方式。IMP功能投入时的条件为：

1) IPR/VU未动作。

2) 所有阀门自动。

3) OPC未动作。

4) 发电机负荷大于20%额定负荷。

5) 52G "ON"。

6) IMP功率偏差小于30%。

7) 调节级蒸汽压力信号正常。

IMP功能有自动和手动两种投入方式。这两种方式可由运行人员在ACP/CRT上通过IMP A/M按钮切换。

当按下"IMP自动"按钮后，若上述投入条件和运行方式满足，且GOV/LL回路未反转时，从ACP/CRT上按下"MSV/GV-RH (LH)"试验按钮后，可自动投入IMP。

当按下"IMP手动"按钮后，若上述投入条件和运行方式满足，且GOV/LL回路未反转时，运行人员从ACP/CRT上按下"IMP IN"按钮，可手动投入IMP。

(2) IMP功能投入后的作用。

1) IMP投入后，由IMP PI控制回路代替GOV/LL回路对负荷进行控制。

2) 禁止进行中压阀组试验。

3）退出 DEH 系统负荷控制方式。

4）禁止 GOV/LL 回路控制方式切换。

5）CCS 中 GOV/LL 回路设定附加值为 0。

6）DEH 系统中 GOV/LL 回路设定附加值为 0。

（3）IMP 功能的退出。IMP 控制的退出也有两种方式。

1）IMP 手动方式下，运行人员在 ACP/CRT 上按下“IMP OUT”按钮，退出 IMP。

2）IMP 自动方式下，高压阀组不在试验进行中已达 60s 以上时，自动退出 IMP。

如果 IMP 投入条件不满足时，强制退出 IMP。

（4）IMP 控制回路。

1）调节级压力信号的测量与处理。IMP 控制回路的测量值为调节级压力折算出的功率百分数。控制回路有 A、B、C 三个调节级压力信号，正常情况下，选取三个信号的中值作为控制回路使用的测量值，运行人员也可以选取 A、B、C 信号中任意信号作为测量值。当调节级压力信号异常时，IMP 功能退出。

2）IMP 控制回路设定值。在 GOV 或者 LL 控制方式下投入 IMP 功能时，若回路其他部分为正常则在 2s 内 Droop GOV 设定值或 LL 设定值强制为当前实际负荷（由调节级压力折算出功率百分数），2s 后 Droop GOV 设定值或 LL 设定值被保持，被保持的 Droop GOV 设定值或 LL 设定值作为 IMP PI 控制回路的设定值，IMP 控制回路就是以此为目标值控制负荷的。

3）IMP PI 运算回路。控制回路如图 4-19 所示，IMP 功能投入前，IMP PI 调节器跟

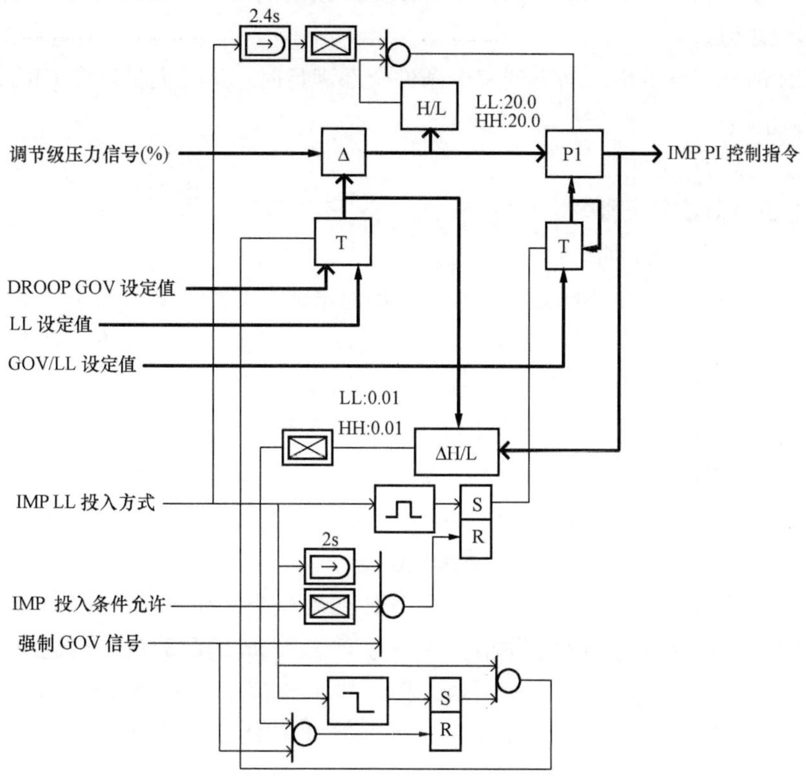

图 4-19 IMP PI 控制回路图

踪GOV/LL设定值，当IMP功能投入后，IMP PI调节器输出保持为IMP功能投入瞬间的GOV/LL设定值，IMP PI调节器就在此基础上进行调节，IMP投入2.4s后设定值和测量值偏差不超过±20.0，IMP PI调节器根据设定值和测量值偏差开始运算。PI调节器参数为：$K=0.8$，$I=18.0$，调节器的输出上限正常条件下为130，由于IMP回路计算过程中，可能发生GOV/LL回路反转，反转时PI调节器的输出上限即为当前值，输出保持不能增加，PI调节器的下限为0。

IMP功能投入运行时，GOV/LL回路跟踪IMP PI输出，当发出IMP功能退出指令时，首先强制GOV/LL设定值跟踪IMP功能退出瞬间IMP PI控制回路输出值，当IMP PI输出和Droop GOV设定值或LL设定值偏差在±0.01范围内，IMP控制回路退出，GOV/LL回路退出跟踪状态，恢复自动控制。

（六）异常工况下的保护功能

当发生工质参数越线或者机组运行出现异常时，为了保障设备的安全，要求电调控制系统具有异常工况下的保护功能。

1. 初始压力调节器（IPR）

单元机组运行中，为了协调锅炉和汽轮机两者在能量供需方面的关系，通常在汽轮机控制系统中引入反映锅炉运行工况的机前压力信号。汽轮机改变负荷必然引起机前压力变化，如果机前压力过低，依靠锅炉自身很难迅速恢复主蒸汽压力，此时必须对汽轮机的负荷进行限制以加速机前压力的恢复过程。在电调系统中设置IPR回路，使汽轮机的负荷不再受功率控制回路的控制而受主蒸汽压力限制回路的控制，降低汽轮机的负荷以协助锅炉恢复主蒸汽压力。

（1）IPR的投用与退出。当下列三个条件全部满足时，运行人员可在CRT或ACP盘上投入IPR功能。

1）主蒸汽压力信号正常。

2）发电机负荷信号正常。

3）CCS接收信号无异常。

当上述三个条件有一个不满足时，IPR自动退出或在CRT/ACP盘上手动退出。

（2）IPR控制回路。控制回路如图4-20所示。CCS在MS控制方式时的IPR功能：CCS在MS控制方式时，负荷目标值跟踪实发功率，维持主蒸汽压力稳定，Fx1为IPR的动作值，实测主蒸汽压力与Fx1值比较，偏差如小于0，说明主蒸汽压力低需要降低负荷。Fx2为IPR动作复位值，实测主蒸汽压力p_{ms}和Fx2值比较，偏差大于0，即在压力回升0.3MPa时，复位IPR动作信号；GOV控制信号低于25%，发电机负荷低于25%时或IPR退出信号存在时，则发出IPR动作复位信号。

CCS不在MS控制方式时的IPR功能：IPR的动作与复位由四个Fx的函数值确定，机组处于定压方式时，动作值和复位值分别参考Fx3、Fx5的函数值；当机组处于非定压方式时，动作值和复位值分别参考Fx4、Fx6的函数值。当CCS切到MS控制方式，GOV控制信号低于25%、发电机负荷低于25%时或IPR退出信号存在时，则发出IPR动作复位信号。

图4-20中函数关系如表4-10。

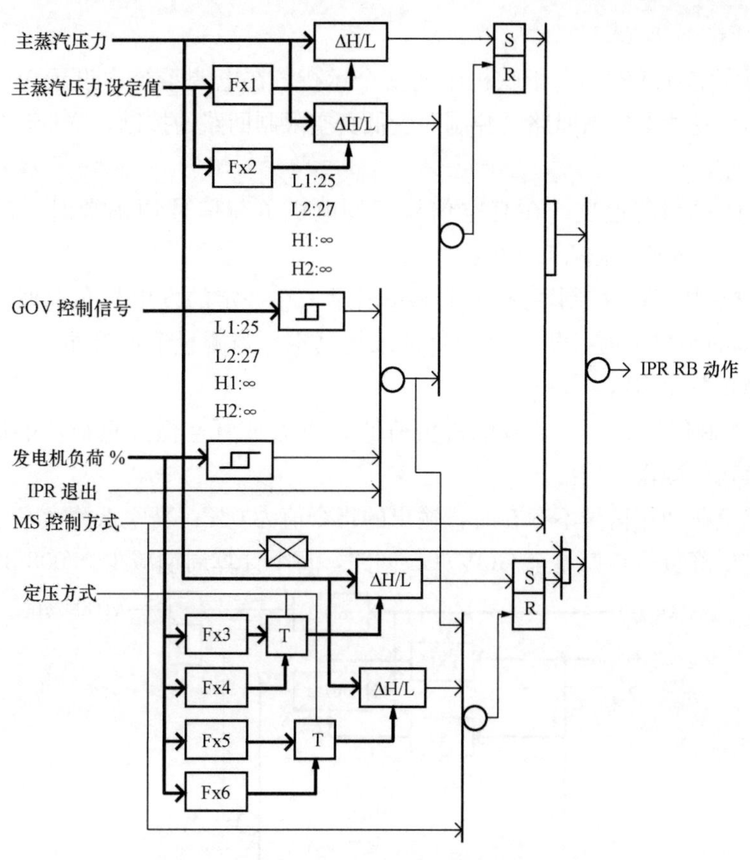

图 4-20 IPR RB控制回路图

表 4-10 图 4-20 中函数关系

Fx1	主蒸汽压力设定值（MPa）	0.0	5.0	10.0	15.0	20.0	25.0
	函数输出值	0.0	4.5	9.0	13.5	18.0	22.0
Fx2	主蒸汽压力设定值（MPa）	0.0	5.0	10.0	15.0	20.0	25.0
	函数输出值	0.0	4.8	9.3	13.8	18.3	22.3
Fx3	发电机负荷（%）	0.0	25.0	100.0	—	150.0	—
	函数输出值	13.3	13.3	14.99	—	14.99	—
Fx4	发电机负荷（%）	0.0	69.0	90.0	—	150.0	—
	函数输出值	11.09	11.09	14.94	—	14.94	—
Fx5	发电机负荷（%）	0.0	25.0	100.0	—	150.0	—
	函数输出值	13.6	13.6	15.36	—	15.36	—
Fx6	发电机负荷（%）	0.0	69.0	90.0	—	150.0	—
	函数输出值	11.42	11.42	15.27	—	15.27	—

无论是否在 MS 控制方式，IPR 减负荷动作时，IPR 回路输出负偏差信号叠加在 GOV/LL 设定附加值回路中以降低机组负荷，每个计算周期减少 0.083 35；在 IPR 动作信号没有发出时，输出强制为 0。

2. 真空低降负荷（VU）

当凝汽器真空过低时，会影响机组的安全运行，在电调系统中设置VU功能，使汽轮机的负荷不再受功率控制回路的控制而受低真空限制回路的控制，降低汽轮机的负荷以恢复凝汽器真空。

（1）VU的投用与退出。在真空信号和发电机负荷信号均正常时，运行人员可在ACP或CRT上投入或退出VU功能。

（2）VU控制回路。控制回路如图4-21所示，在一定的发电机负荷时，真空压力测量值小于Fx1的函数值时，机组将降负荷维持真空，当测量值回升至Fx2的函数值时，复位真空低降负荷动作信号。

当GOV控制信号低于25，发电机负荷低于25%或真空低降负荷功能退出时，则停止真空低降负荷的操作。

真空低降负荷动作信号不存在时，输出的指令值为0%；真空低降负荷动作信号发出时，输出真空低降负荷负偏差至GOV/LL回路，每个计算周期减少0.008 335。

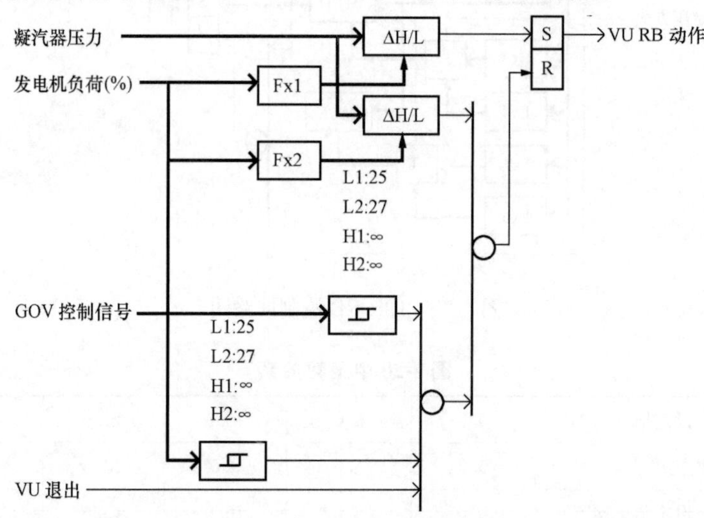

图4-21 VU RB控制回路图

图4-21中函数关系如表4-11所示。

表4-11 图4-21中函数关系

Fx1	发电机负荷（%）	0	25	100	150
	函数输出值	−73.45	−73.45	−86.81	−86.81
Fx2	发电机负荷（%）	0	25	100	150
	函数输出值	−77.45	−77.45	−90.81	−90.81

3. OPC（over speed control）控制回路

当机组与电网解列或因其他原因大幅度甩负荷时，由于汽轮机的惯性很大，汽轮机会在DEH系统速度调节回路动作之前瞬时超速，为了防止在这种情况下汽轮机转速达到保护值而掉机，DEH系统特别设计了OPC回路，其动作过程为：当汽轮机与发电机功率不平衡值与汽轮机转速值之和（二者已转化为同一量纲）达到107%额定转速时，高、中压

调节汽阀的 OPC 电磁阀动作，卸掉高、中压调节汽阀的控制油，高、中压调节汽阀迅速关闭，等待一段时间（1s）后，OPC 电磁阀释放，重新开启高、中压调节汽阀恢复负荷。

OPC 控制回路如图 4-22 所示，测取发电机电流代表发电机有功功率，中压缸入口蒸汽压力代表汽轮机输出功率，将汽轮机输出功率与发电机功率相比较计算出发电机功率不平衡值（ΔN）。

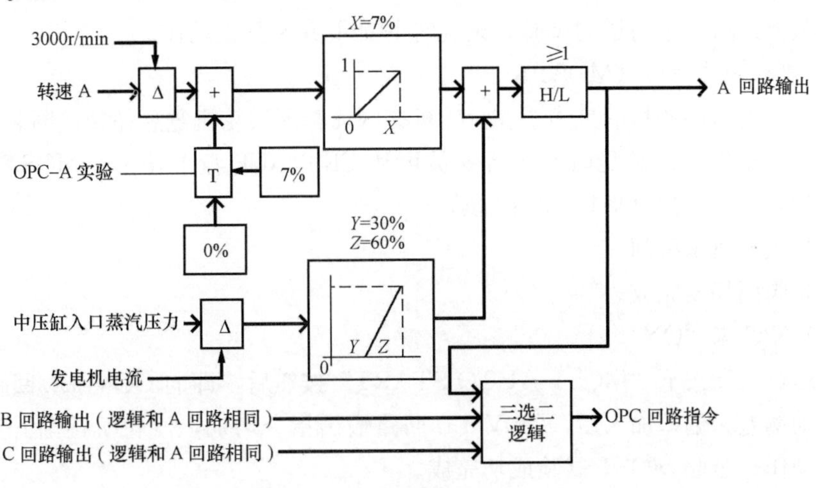

图 4-22 OPC 保护回路图

OPC 动作可分为几种情况：

（1）汽轮机和发电机的不平衡功率小于 30%时，OPC 在汽轮机实际转速大于 107%时发出动作信号。

（2）汽轮机和发电机的不平衡功率在 30%～60%时，OPC 的动作转速计算式为

$$-\frac{7\%}{30\%}\times\Delta N+114\%$$

当汽轮机实际转速大于上式计算的 OPC 动作转速时，OPC 动作。

（3）汽轮机和发电机的不平衡功率大于 60%时，OPC 在汽轮机转速大于 100%额定转速时动作。

由于 OPC 为超速保护功能，要求有很高的动作速度，这是常规过程控制站难以胜任的，因此在 DEH 系统中专设了 OPC 卡件，用硬件实现 OPC 功能。OPC 卡件为三重冗余设置，三路汽轮机转速信号、发电机电流信号、中压缸入口汽压信号分别输入到三个 OPC 卡件中进行逻辑判断，三个 OPC 卡件的输出信号进行三取二冗余判断后，经继电器输出到汽轮机保护柜，再由汽轮机保护柜输出至高、中压调节汽阀的 OPC 电磁阀，直接泄掉高、中压调节汽阀的控制油，快速关闭高、中压调节汽阀。

OPC 回路具有试验功能，试验的目的是为了分别确认 OPC 回路动作的可靠性，但试验时 OPC 并不真正动作。三个 OPC 通道的试验分别进行，每个时刻只能进行一个通道的试验。

4. 电超速控制（EOST）

EOST 为汽轮机超速的最后一道保护，其设置目的是作为 MOST 的后备保护。一般情况下，EOST 的动作转速为 111%额定转速。

出于和 OPC 同样的原因，EOST 的实现也未经过过程控制站的计算，而是使用硬件直接实现。EOST 也为三重冗余设置，三路汽轮机转速信号分别送到三块转速测量卡件中进行判断，当汽轮机实际转速已大于 111％额定转速时，三个卡件的动作信号通过继电器送到汽轮机保护柜进行三取二冗余判断。

为了分别确认 EOST 回路动作的可靠性，DEH 系统提供了 EOST 通道试验功能，每个时刻只能进行一个通道的试验，试验时 EOST 并不真正动作。

5. 机械超速试验（MOST）

机械超速试验的目的是为了在汽轮机并网前验证汽轮机危急超速遮断装置的动作可靠性。当下列条件全部满足时，运行人员可从 CRT/ACP 盘上按下“MOST 试验”按钮，即发出最长 900s 的 MOST 试验状态命令。

（1）汽轮机未跳闸。

（2）阀门切换完成。

（3）52G 未“ON”。

在运行人员按下“MOST AUTO START”按钮后，即向 GOV/LL 回路加入 MOST 试验自动偏差。偏差加入后，GOV/LL 回路输出指令增加，汽轮机逐渐升速，直至危机遮断器动作，至此 MOST 试验成功完成。

汽轮机超速保护为三级：第一级为 OPC，防止汽轮机跳闸，其最大动作转速为 107％额定转速；第二级为机械危机遮断器，当汽轮机转速达到 110％额定转速时，打闸汽轮机；第三级为电超速保护，其动作值为 111％额定转速。

显然 MOST 试验时，为了确实验证 MOST 装置的可靠动作，首先需要禁止 OPC 动作，因此 MOST 试验状态下专门输出一路信号禁止 OPC 动作。

另外，由于 MOST 为机械装置，其动作转速的整定精度为±1％额定转速，某种情况下可能造成 EOST 首先动作，而不能达到验证 MOST 装置动作可靠性的目的，因此 MOST 试验状态下输出一路信号将 EOST 的动作值抬至 112％额定转速，试验完毕后恢复。

（七）自动汽轮机启动（ATS）

汽轮机自启停控制是个大范围的自动控制系统，ATS 把汽轮机的启动过程分为三个阶段：升速；同期并网；阀门切换。运行人员可以选择目标断点，直至阀切换完成后，ATS 退出。

1. ATS 方式投入和退出

运行人员可 ACP/CRT 上投入和退出 ATS 方式。当下列条件之一出现时，立即复位 ATS 投入信号，退出 ATS 方式。

（1）汽轮机跳闸。

（2）ATS 启动完成 20s 后。

（3）任一阀门退出自动方式。

（4）发电机负荷大于 15％且达到 30s 以上。

（5）ATS 发出启动完成的信号。

2. ATS 启动方式选择

(1) 汽轮机复位后，ATS 可根据汽轮机调节级金属温度来判断汽轮机启动方式。

1) 调节级金属温度小于 165℃处于冷态。

2) 调节级金属温度大于 165℃，小于 300℃处于温态。

3) 调节级金属温度大于 300℃，小于 380℃处于热态。

4) 调节级金属温度大于 380℃处于极热态。

(2) ATS 对各种启动方式下汽轮机的冲转蒸汽参数做了以下规定。

1) 冷态时，主蒸汽温度为 310～430℃，主蒸汽压力大于 5.684MPa。

2) 温态时，主蒸汽温度大于 410℃，主蒸汽压力大于 7.645MPa。

3) 热态和极热态时，主蒸汽温度大于 440℃，主蒸汽压力大于 8.624MPa。

上述冷态和温态启动方式下，同时要求主蒸汽温度至少保证有 55℃的过热度。其中当汽轮机为热态或极热态启动时，只要保证主蒸汽温度有 55℃以上的过热度即可。

3. ATS 汽轮机升速

ATS 投入，而 APS 未投入时，若汽轮机进汽允许和升速运行条件满足，则可进行冲转升速。此时运行人员可从 CRT 上按下升速按钮，或从 ACP 盘上按下升速按钮，选择目标转速 500r/min。汽轮机升速至 500r/min 后，可由运行人员在 CRT/ACP 盘上按下“摩擦检查”按钮，进行检查，检查完毕后，运行人员可通过 CRT/ACP 盘上的“摩擦检查退出”功能来退出。汽轮机重新升速至 500r/min 达 300s 后，发出 ATS 汽轮机转速 500r/min 完成信号。

随后发出 ATS 目标转速 2000r/min 命令，若实际转速设定值小于 2000r/min，则向汽轮机转速控制回路发出 ATS 转速设定 2000r/min 信号。汽轮机若为冷态，则在 2000r/min 暖机 2h 后发出 2000r/min 完成信号；汽轮机若为温态，则在 2000r/min 暖机 30min 后发出 2000r/min 完成信号；若为热态和极热态方式，则在汽轮机转速参考值大于 1899r/min 且实际转速大于 1870r/min 时，发出 ATS 升速 2000r/min 完成信号。

随即发出目标转速 3000r/min 命令信号，若实际转速设定值小于 3000r/min，则将汽轮机转速目标值设定为 3000r/min。当汽轮机参考转速大于 2999r/min 超过 30s 后且实际转速大于 2970r/min 时，发出 ATS 3000r/min 升速完成信号。

4. ATS 同期并网

如果 ATS 汽轮机冲转升速已经完成，则可从 ACP 或 CRT 上投入 ATS 自动同期功能，在 CRT 上出现闪光显示。

ATS 同期并网功能投入后，进行初负荷设置，如果汽轮机启动方式为冷态或温态，ATS 选择初负荷为 5.714%额定负荷，如果汽轮机启动方式为热态或极热态，ATS 选择的初负荷为 10%额定负荷。初负荷完成或 52G 跳闸后，此二者均选择复位。

在 ATS 初负荷设定完成后，则发出 41E “ON” 命令，从励磁柜返回 41E 已经合信号后，发出 “AVR 自动” 命令。AVR 投入自动后，如果下列条件成立，则发出 ATS ASS 允许信号。

(1) AVR 为自动方式。

(2) 从 ASP 盘上选择了自动同期方式。

(3) ASS 投入自动允许。

(4) ATS方式。

(5) ATS同期信号发出。

在ACP盘上投入ASS自动方式后，由ASS装置调节汽轮机转速，并由AVR调整发电机出口电压。当各条件满足同期并网的要求后，由ASS装置发出52G合的命令，经汽轮发电机组并入电网运行。52G合上后，ATS即发出“断点2完成”信号。

5. ATS阀门切换

发电机并网后，DEH系统按照初负荷控制的算法给汽轮发电机组加上初负荷，冷态启动时，初负荷控制30min（温态5min，热态和极热态3min）后，ATS认为ATS初负荷控制已完成，可以进行阀切换。

当ATS发出“断点2完成”和“初负荷完成”信号后，运行人员可看到ATS断点3已允许投入。

运行人员在CRT/ACP上按下阀切换按钮后，即发出ATS阀切换信号。

运行人员在ATS阀切换过程中可观察到CRT上闪光指示“ATS断点3启动”，阀切换完成后，平光显示“ATS断点3完成”。切换过程中CRT上闪光显示“GV控制”，切换完毕后平光显示“GV控制”；切换过程中CRT上闪光显示“MSV在打开”，切换完毕后平光显示“MSV已全开”。

二、300MW机组DEH系统功能

（一）设备组成和功能

DEH系统的基本控制是DEH系统的核心，它提供与转速和负荷控制相关的逻辑、调节回路，所有闭环控制的PID调节器和伺服阀接口均通过一对冗余的控制器实现。该部分还包括设定值/变化率发生器、限值设定、阀门切换、阀门管理、阀门试验、控制回路切换及阀门校验等。

汽轮机自启停（ATC）是以转子应力计算为基础，控制并监视汽轮机从盘车、升速、并网到带负荷全过程。基本的ATC逻辑由转子应力计算、监视和启动步骤两部分组成。这两部分相辅相成，共同组成一套使汽轮机自动完成从盘车到带负荷整个过程的平稳、高效的控制系统。ATC功能由一对冗余的控制器完成。

（二）控制逻辑分析

1. DEH系统基本控制

(1) 远方挂闸/ETS复位。导致汽轮机跳闸的原因总结起来有两个：一个是汽轮机危急保安装置动作后保安油压消失，薄膜阀动作后将AST母管内EH抗燃油排泄掉，所有阀门关闭；另外一个是AST跳闸块上AST电磁阀动作后直接将抗燃油泄掉引起阀门全部关闭。

远方挂闸的作用就是复位危急保安机构，即DEH系统通过控制安装在汽轮机前箱附近的板式气动挂闸电磁阀20/RS使得保安油压重新建立起来；DEH系统挂闸前ETS系统必须使AST跳闸电磁阀恢复带电状态，从而恢复AST母管油压。

远方挂闸操作是时间长度为25s的脉冲信号，即命令发出25s后自动消失，见逻辑图（见图4-23）中的DEH-LATCH2信号，挂闸状态信号是从逻辑图中的DEH-ASL读取。

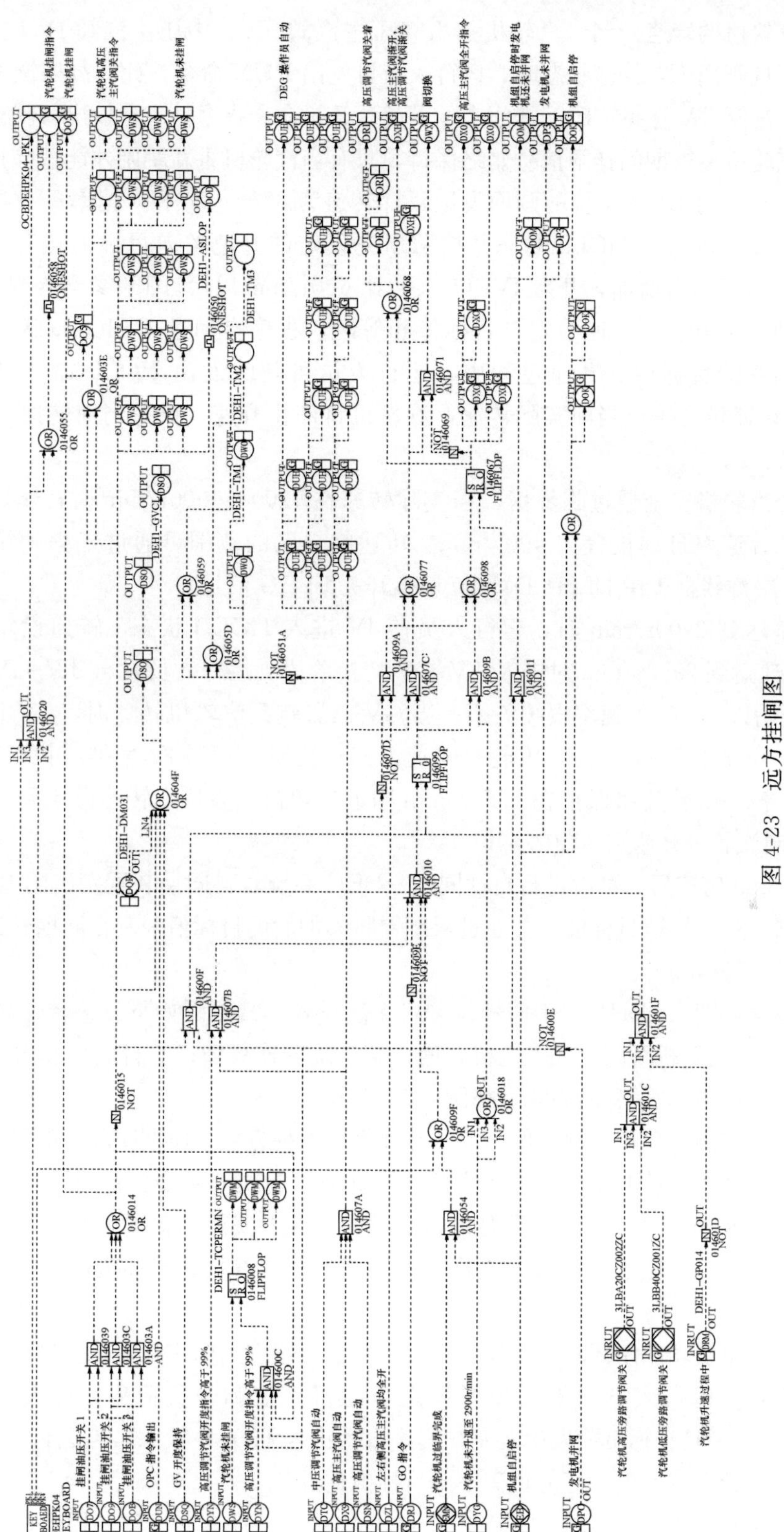

图 4-23 远方挂闸图

(2) 汽轮机的转速控制。汽轮机是由高压主汽阀TV、中压主汽阀IV控制冲转的。汽轮机挂闸且阀门不在校验状态时，运行人员可发出RUN命令，此时高压调汽阀GV全开，高压主汽阀TV保持关闭。挂闸实际上就是开机命令指令，一旦发出，就意味着冲转开始；在汽轮机运行期间挂闸信号始终保持，只有当汽轮机重新跳闸才能清除掉。

运行人员通过DEH系统的画面设定目标转速为600r/min和升速率；一旦目标值发生改变，程序自动进入HOLD状态并按照事先设定的升速率向目标值爬升，转速PID在偏差的作用下输出增加，开启IV/TV（转速600r/min以后，TV参与控制），汽轮机实际转速随之上升。当转速给定与目标值相等时，程序自动进入HOLD状态，等待运行人员发出新的目标值。升速过程中，运行人员可随时发出HOLD命令（临界区除外），此时转速给定等于当前实际转速，汽轮机将停止升速，保持当前转速，见图4-24中虚线框1、2。

为保证汽轮机安全通过临界区，当实际转速在1200～1900r/min时，转速进入临界区，此时，升速率自动设置为400r/min。转速临界区的范围可通过工程师站在线修改（见图4-25中虚线框1中DEH1-DM020切换开关FLAG信号）。

当转速达到2900r/min时，运行人员使IV进入HOLD状态，转速设定到2950r/min，当转速达到2950r/min时进入TV/GV切换阶段。运行人员发出TV/GV切换命令后，GV开始以1%/s的速率缓缓关闭；当GV已影响到汽轮机转速时，TV以2%/s开启。当TV开度达到100%时，汽轮机转速由GV控制，TV/GV切换结束。TV/GV切换过程中，汽轮机转速将保持在2950r/min附近。切换结束后，转速设定到3000r/min，GV/IV控制汽轮机升速到3000r/min。

3000r/min定速后，可以进行自动同期。DEH系统对自同期装置发出的增/减脉冲指令进行累加，产生转速目标值，并通过限幅器将累加后的目标值限制在同期转速允许范围内（2985～3015r/min）。

如果自动同期（DEH1-AS1信号）方式无法投入，其原因如下：①转速超过2985～3015r/min；②汽轮机跳闸；③发电机并网；④系统转速故障；⑤自同期装置未发出允许信号；⑥自同期增/减信号品质坏。如图4-26所示。

(3) 负荷控制。负荷控制一般分为开环和闭环两种方式。所谓闭环指的是控制过程引入发电机有功功率反馈或者调节级压力反馈，此时汽轮机GV受负荷PID或者调节级压力PID的控制调节；开环方式则需要运行人员随时注意实际负荷的变化，目标负荷与实际负荷的近似程度依赖于GV阀门流量曲线和当前蒸汽参数。开环负荷控制也称为阀位方式。

刚投入发电机功率闭环时，目标负荷和负荷给定跟踪当前实际负荷，以便保证功率闭环投入时无扰。运行人员可根据需要设定负荷目标值和升负荷率，最大升负荷率为100MW/min。一旦目标负荷发生改变，程序自动进入HOLD状态，当运行人员发出GO命令后，负荷给定按照设定好的负荷率向目标值逼近。

当负荷给定等于目标值时，重新进入HOLD状态。投入功率闭环回路的允许条件如下：①有功功率变送器没有故障；②网频波动在50Hz±0.5Hz范围以内；③调节级压力闭环未投入；④阀位限制未动作；⑤负荷高限未动作；⑥主蒸汽压力限制未动作；⑦RUN-

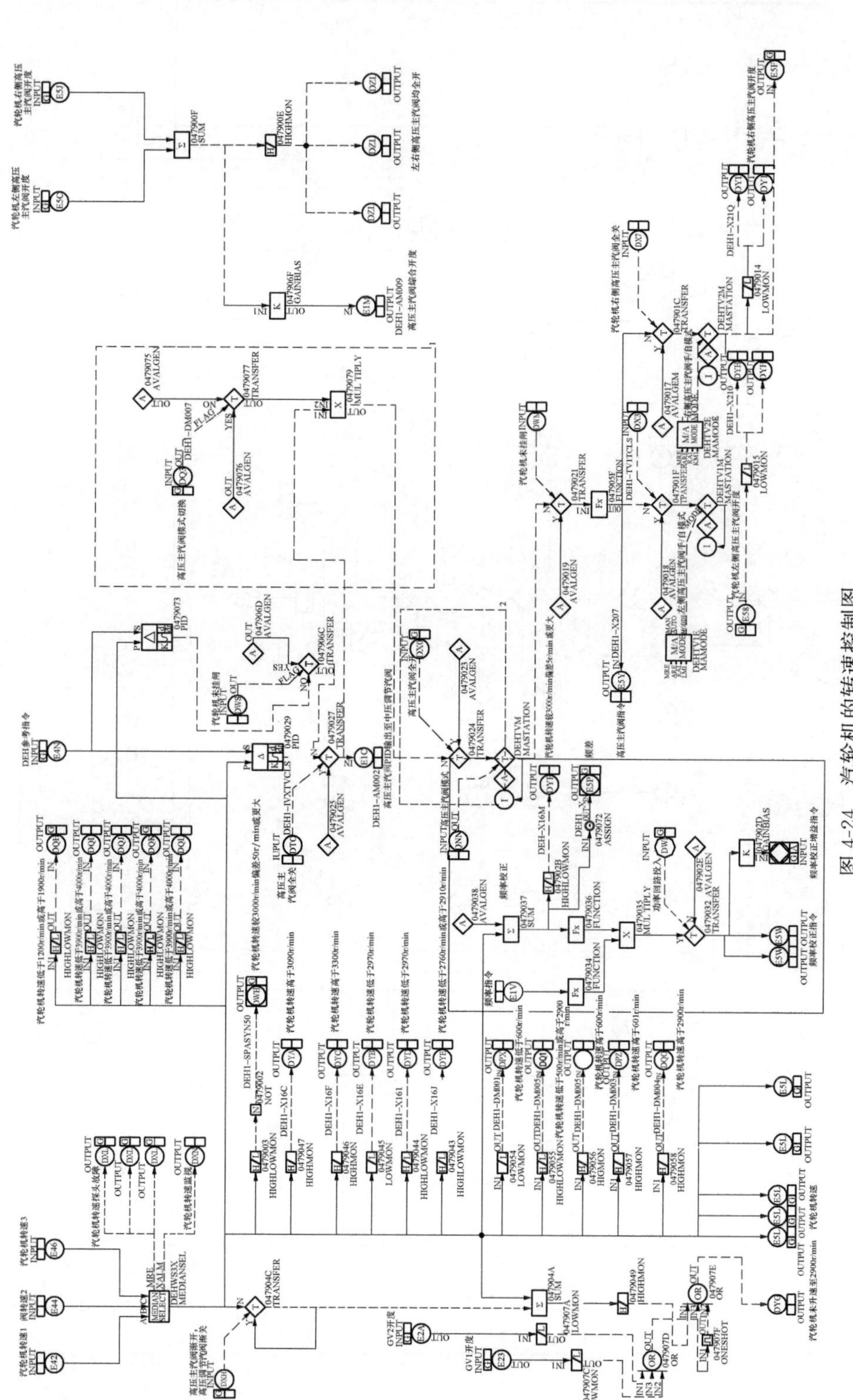

图 4-24 汽轮机的转速控制图

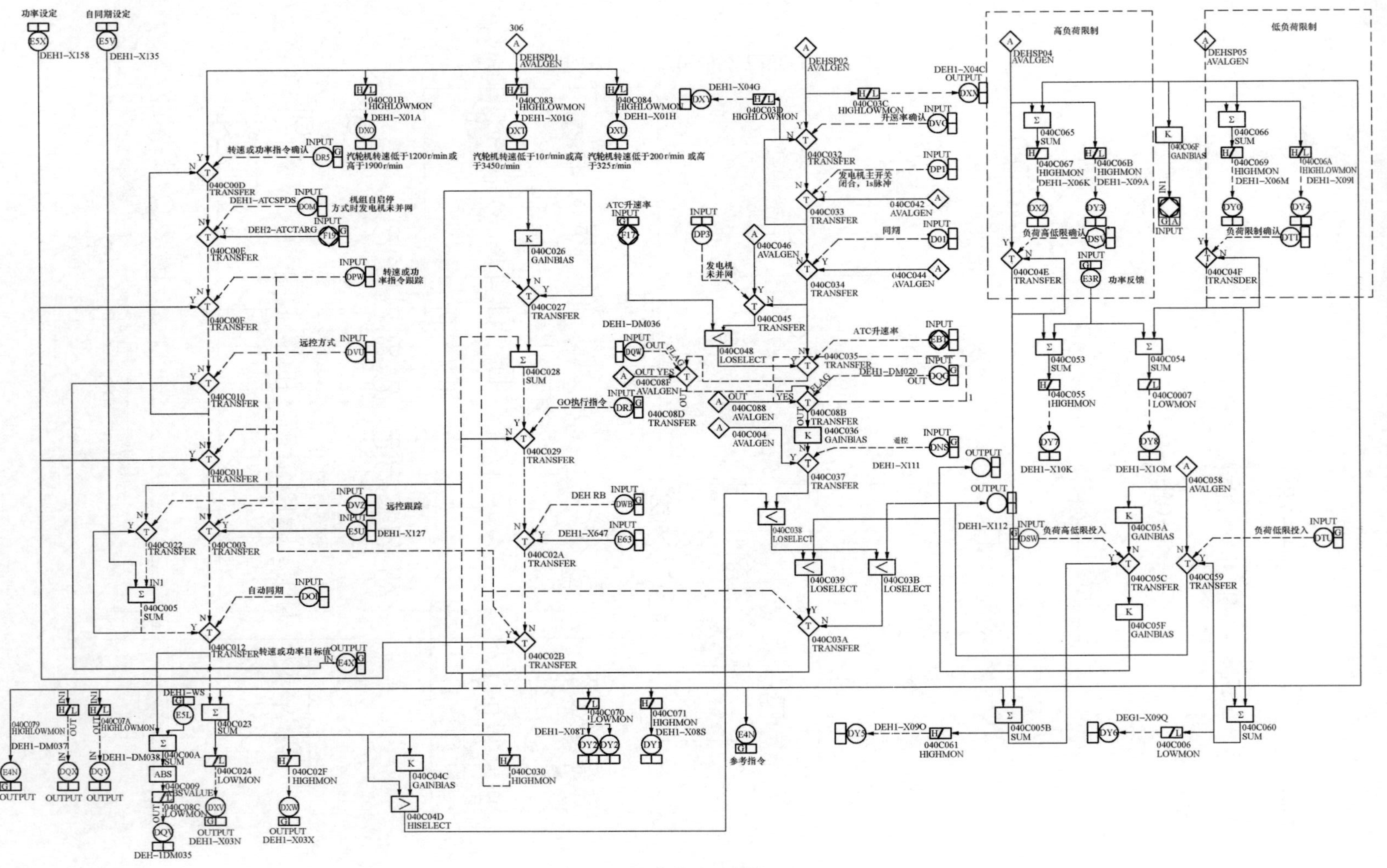

图 4-25　转速或功率设定图

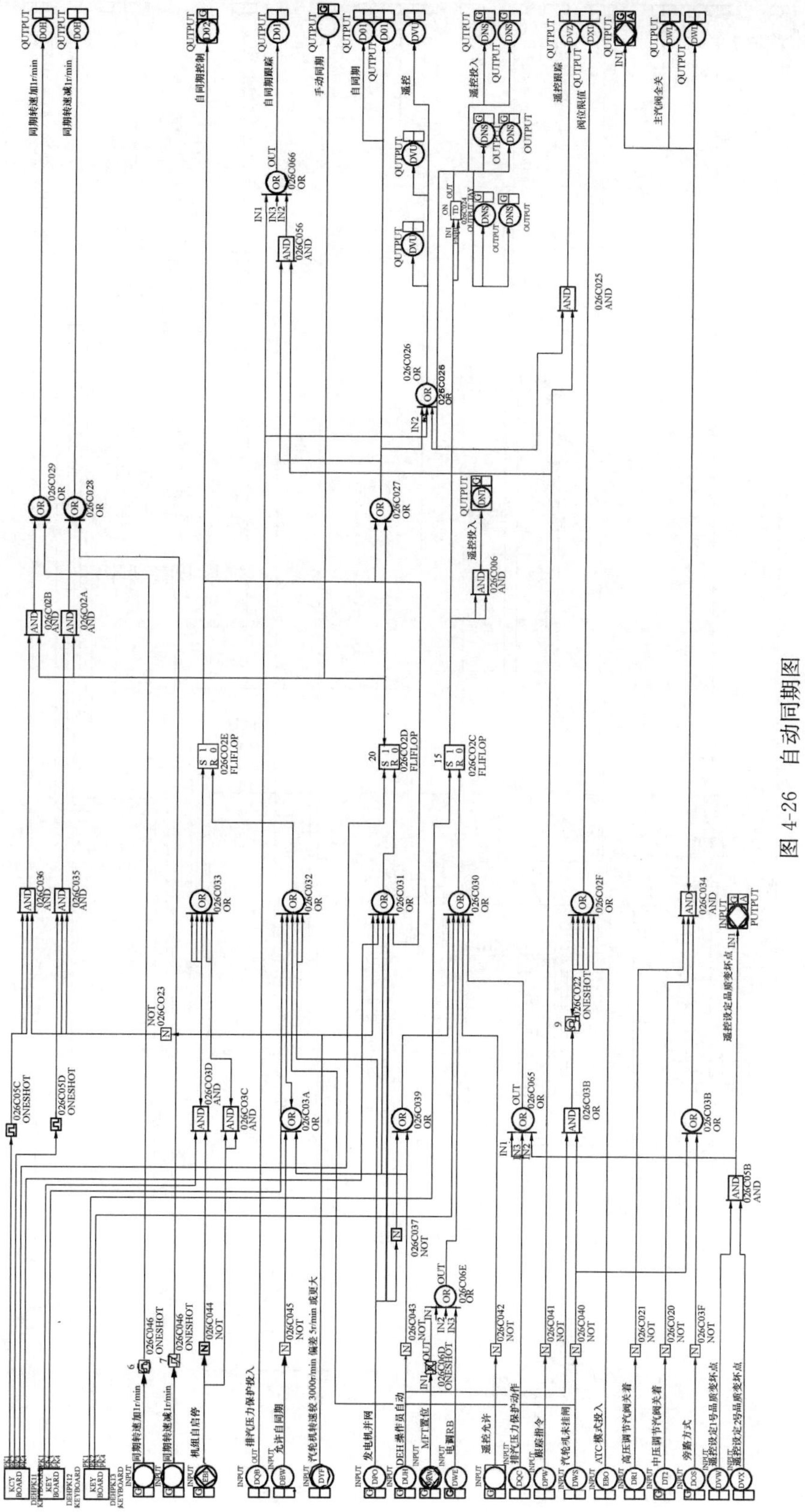

图 4-26 自动同期图

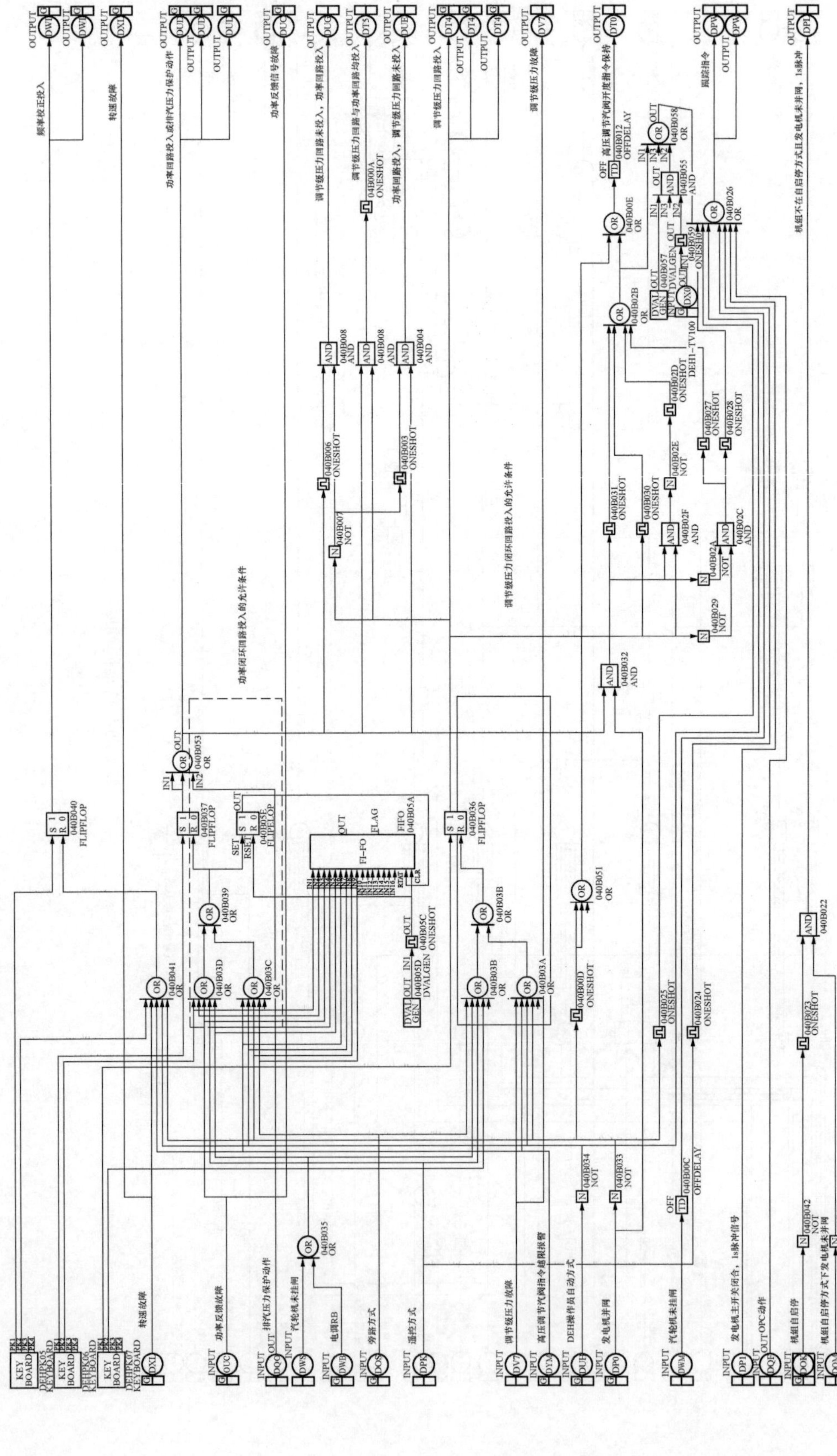

图 4-27 调节级压力、功率回路投入条件图

BACK 未发生；⑧汽轮机未跳闸；⑨油开关合闸，如图 4-27 所示。

调节级压力与进入汽轮机的蒸汽流量近似成正比关系，因此只有在进行阀门活动试验和在线阀门校验时才投入，其他带负荷正常运行工况下一般不推荐投调节级压力闭环。刚投入调节级压力闭环时，负荷给定跟踪实际调节级压力，以保证调节级压力闭环无扰切换；调节级压力闭环方式下目标值和变化率均对应于额定参数下的百分比。

调节级压力闭环投入的允许条件有：①调节级压力变送器没有故障；②调节级压力在 2～11MPa 之间；③网频波动在 50Hz±0.5Hz 范围以内；④功率闭环未投入；⑤阀位限制未动作；⑥负荷高限未动作；⑦主蒸汽压力限制未动作；⑧RUNBACK 未发生；⑨锅炉自动方式未投入；⑩汽轮机未跳闸；⑪油开关合闸；⑫负荷给定与实际负荷偏差小于 20%。如图 4-27 中的虚线框所示。

（4）主蒸汽压力限制/保护（TPR）。主蒸汽压力限制功能投入后，当机前压力降低到保护限值以下时，GV 将以 0.1%/s 的速率关闭，直到机前压力恢复到限值之上 0.07MPa 或 GV 参考值小于 20%为止。DEH 系统的汽压保护功能主要用于单元制机组在锅炉异常运行工况时恢复稳定燃烧，有助于防止锅炉灭火事故的发生；汽压保护动作过程中，由于 GV 关闭，主蒸汽压力将得以回升，但汽轮机负荷也会随之下降，因此建议机组在接近额定参数下运行时投入。

投入汽压保护功能必须满足以下条件：①实际主蒸汽压力要大于运行人员设定值；②主蒸汽压力变送器工作正常；③主蒸汽压力大于 90%额定值；④主蒸汽压力大于其保护限值 0.35MPa；⑤油开关合闸；⑥自动控制方式；⑦遥控主蒸汽压力限制未投入；⑧控制方式转换（自动切到手动）将引起 TPL 退出。

（5）负荷限制。负荷限制功能分为高负荷限制和低负荷限制。允许运行人员设定负荷最大值，当设定值超过负荷高限时，发出高限报警并使设定值不再增加。所设定的限值不得低于当前实际负荷、提高高负荷限制或降低实际负荷可消除高限报警。低负荷限制则是保证实际负荷不低于运行人员设定的负荷最小值，低负荷限制起作用时，DEH 系统发出低限报警并使设定值不再减小，负荷恢复必须由人工完成。负荷低限的设定不得高于当前实际负荷。降低低负荷限制或提高实际负荷可消除低限报警。高、低负荷限制功能只有在并网后才起作用，如图 4-25 所示。

（6）频率校正。频率校正实际上就是机组参加电网的一次调频。只要系统转速没有故障，就可以在并网后参加调频。为了机组稳定运行，不希望机组因为网频变化频繁调节，因此设置了±2r/min 的死区（可调）。汽轮机一次调频不等率为 4.5%连续可调，如图 4-24 所示。

（7）RUNBACK。当接收到外部系统 RUNBACK 命令后，按照预先设定好的速率减负荷，直到 RUNBACK 命令消失或者达到减负荷目标终值。DEH 系统提供三挡 RUNBACK 接口，分别是：

1）RB1：以 25%/s 的速率减负荷至 20%。

2）RB2：以 50%/s 的速率减负荷至 20%。

3）RB3：以 50%/s 的速率减负荷至 10%。

这三挡 RUNBACK 速率和目标值均可根据实际要求进行修改。

（8）单阀/顺序阀切换。单阀/顺序阀切换的目的是为了提高机组的经济性和快速性，实质是通过喷嘴的节流配汽（单阀控制）和喷嘴配汽（顺序阀控制）的无扰切换，解决变负荷过程中均匀加热与部分负荷经济性的矛盾。单阀方式下，蒸汽通过高压调节汽阀和喷嘴室，在360°全周进入调节级动叶，调节级叶片加热均匀，有效地改善了调节级叶片的应力分配，使机组可以较快改变负荷；但由于所有调节汽阀均部分开启，节流损失较大。

顺序阀方式则是让调节汽阀按照预先设定的次序逐个开启和关闭，在一个调节汽阀完全开启之前，另外的调节汽阀保持关闭状态，蒸汽以部分进汽的形式通过调节汽阀和喷嘴室，节流损失大大减小，机组运行的热经济性得以明显改善，但同时对叶片存在产生冲击，容易形成部分应力区，机组负荷改变速度受到限制。

机组冷态启动或低参数下变负荷运行期间，采用单阀方式能够加快机组的热膨胀，减小热应力，延长机组寿命；额定参数下变负荷运行时，机组的热经济性是电厂运行水平的考核目标，采用顺序阀方式能有效地减小节流损失，提高汽轮机热效率。

对于定压运行带基本负荷的工况，调节汽阀接近全开状态，此时节流调节和喷嘴调节的差别很小，单阀/顺序阀切换的意义不大。对于滑压运行调峰的变负荷工况，部分负荷对应于部分压力，调节汽阀也近似于全开状态，此时阀门切换的意义也不大。对于定压运行变负荷工况，在变负荷过程中希望用节流调节改善均热过程，而当均热完成后，又希望用喷嘴调节来改善机组效率，因此该工况下要求运行方式采用单阀/顺序阀切换来实现两种调节方式的无扰切换。

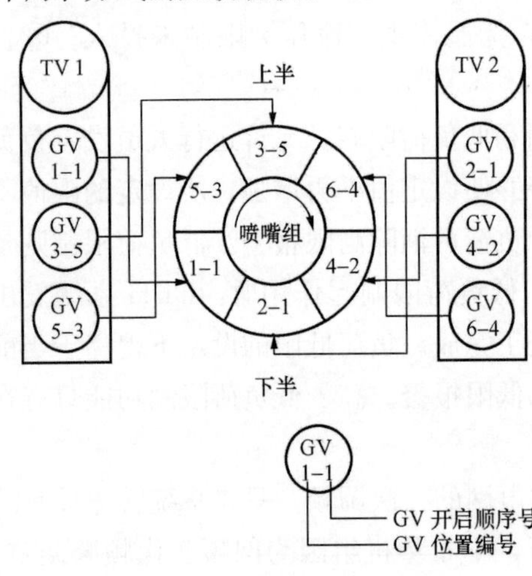

图4-28　汽轮机阀门、喷嘴布置图

汽轮机高压调节汽阀的开启顺序为GV1/GV2→GV4→GV5→GV6→GV3，即GV1和GV2同时开启，然后是GV4、GV5、GV6，GV3最后开启。关闭顺序与此相反。单阀/顺序阀切换时间为10min（可调），如图4-28所示。

在单阀向顺序阀切换过程中或阀门已处于顺序阀方式时，如果汽轮机跳闸或出现任一个GV紧急状态，即实际阀位和阀定位卡的阀位指令之间偏差大于设定的限值，则强行将阀门置于单阀方式，该情况下强制成单阀方式可以减小负荷扰动。

（9）阀门试验。阀门试验分为阀门严密性试验和活动试验两部分。

阀门严密性试验在3000r/min定速后油开关合闸前进行，其目的是检验主汽阀和调节阀的严密程度，保证事故工况下阀门能可靠地关闭，截断蒸汽进入汽缸，防止超速。严密性试验分别对主汽阀（TV/RSV）和调节汽阀（GV/IV）进行试验。主汽阀严密性试验开始时，DEH系统将TV阀位指令设置为0，同时使RSV试验电磁阀带电，TV/RSV关闭；主汽阀关闭后造成汽轮机转速下降，而目标转速仍为3000r/min，因此产生了转速偏差，转速PID在该偏差的作用下输出增加至100%，使GV和IV全开。调节汽阀严密性试验时，TV/GV已经在3000r/min定速前完成切换，因此TV始终保持全开；RSV试验电磁阀处于失电状态，RSV也是打开的，DEH系统将GV/IV阀位指令设置为0，关闭GV/IV。无论是主汽阀严密性试验还是调节汽阀严密性试验，由于未试验的阀门在全开位置，因此试验结束后，为保证安全运行，防止汽轮机超速，DEH系统虽未发出跳闸指令，但建议人工打闸，这就意味着每次严密性试验结束后汽轮机都需要重新挂闸、升速。

汽轮机并网后，TV、RSV和IV全部开启，因此必须定期对阀门做活动试验，以防止卡涩。按照厂家300MW汽轮机运行规定，阀门活动试验单侧分组进行：TV1和GV1/GV3/GV5，TV2和GV2/GV4/GV6，RSV1和ICV1，RSV2和IV2一共四组，任何时候只有一组试验有效，即阀门活动试验必须单侧进行。

高压主汽阀活动试验开始时，处于所试验TV侧的三个GV先以1%/s的速度关闭。当所有三个GV全关后，TV才开始以1.25%/s速度关闭。TV全关5s后或者TV关闭的过程中人为中止试验时，TV重新以3%/s的速率开启；当TV全开后，该侧三个GV再以1%/s的速率恢复打开。当GV再次开启并恢复到试验前的阀位时，试验结束。

TV/GV活动试验必须满足以下条件：①RSV/IV全开；②没有阀门进行活动试验；③没有阀门进行在线校验；④阀门试验已经结束；⑤汽轮机处于单阀运行方式；⑥协调控制方式已经退出；⑦TV/GV伺服卡件工作正常；⑧汽轮机负荷在小于180MW。

中压主汽阀活动试验开始时，处于所试验RSV侧的IV先以1%/s的速度关闭。当IV全关后，RSV试验电磁阀带电，RSV关闭；RSV关闭5s后电磁阀断电，RSV重新开启，然后IV再以1%/s的恢复速度打开。当IV再次全开后，试验结束。

RSV/IV活动试验必须满足以下条件：①RSV/IV全开；②没有阀门进行活动试验；③没有阀门进行在线校验；④阀门试验已经结束；⑤汽轮机处于单阀运行方式；⑥协调控制方式已经退出；⑦IV伺服卡件工作正常；⑧汽轮机负荷在小于180MW。

阀门活动试验过程中，如果投入功率闭环或级压力闭环，当试验侧阀门缓缓关闭时，由于反馈的作用，使调节汽阀指令增大，从而使未试验侧的阀门慢慢开启，以弥补试验侧阀门关闭引起的负荷下降，这样就可基本维持试验过程中负荷不至于变动太大。当然由于阀门试验要降负荷，而调节过程又要维持负荷，这两种要求的匹配合理与否决定了负荷扰动的大小。如果投入闭环控制，则试验过程中未试验侧的阀门开度保持不变，汽轮机负荷随着试验侧的阀门关闭而逐渐减小。

（10）阀门校验。阀门校验就是当液压系统正常工作后，通过调节阀定位模块的阀位控制精确并具有尽可能好的动态响应，因此阀门校验分为阀位校验和控制参数整定两部分。系统初次使用或者在线更换了阀定位模块及LVDT时，必须对相应阀定位模块的进行校验，否则阀定位模块将不能正常工作。DEH系统中需要校验的阀门是2个TV，6个GV和2个IV，一共有10块阀定位模块需要校验。

影响控制器响应的因素很多，如伺服阀、LVDT，以及液压执行机构的特性、系统非线性度、闭环系统延迟时间等。确定控制器增益首先要考虑系统响应时间及稳定性，模拟控制器调整的目标就是在保证系统稳定性的前提下获得较高的频响特性。

（11）协调控制方式。锅炉稳定燃烧后DEH系统可转入遥控方式（协调控制方式）。在遥控方式下，DEH系统的TARGET和SETPOINT是遥控系统输入信号来调整，

DEH 系统接收来自机炉主控器的 CCS 综合阀位指令，此时 DEH 系统将阀位控制权交给 CCS，DEH 系统只作为执行机构，DEH 系统的各控制回路跟踪 CCS 综合阀位。

选择遥控方式（协调控制方式）必须满足的条件有：①必须在操作员自动方式；②发电机必须是并网带负荷；③遥控信号必须有效；④遥控允许触点必须闭合；⑤操作人员选择进入该方式；⑥阀位限制未动作；⑦负荷限制未动作；⑧主蒸汽压力限制未动作；⑨ RUNBACK 未发生。

在协调控制方式运行期间，不允许运行人员输入 TARGET 或 RATE。

运行人员可以选择把协调控制切换到操作员自动方式。

如果控制系统已转到 TURBINE MANUAL 时，协调控制方式将自动被切除。当发电机开关主断路器打开，或协调控制信号无效时，控制器也回复到 OPER AUTO。

（12）背压控制和保护。

当机组功率 $N\leqslant 0.2$ 时，背压 $p_k\geqslant 20$kPa 报警，背压 $p_k\geqslant 25$kPa 保护动作；

当机组功率 $N\geqslant 0.8$ 时，背压 $p_k\geqslant 80$kPa 报警，背压 $p_k\geqslant 65$kPa 保护动作；

当机组功率 $0.2\leqslant N\leqslant 0.8$ 时，若工况点在报警线和停机线之间，可通过适当的增减机组功率使工况点回到报警线以下，否则立即停机。

实际上控制机组背压主要是由空冷凝汽器控制系统调整风机的冷却效果来完成。

2. 超速保护

超速保护部分的主要作用是提供转速三选二、发电机断路器闭合信号及汽轮机自动停机挂闸（ASL）状态三选二、超速保护逻辑、超速试验选择逻辑，以及 DEH 系统跳闸逻辑，其控制着 OPC 电磁阀，同时汇总 DEH 系统中相关跳闸信号后通过硬接线送 ETS。

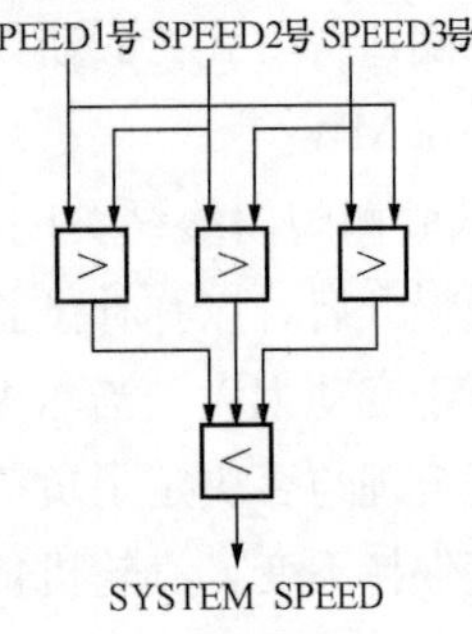

图 4-29　转速三选二逻辑图

（1）系统转速选择。转速三选二实际上是三取中逻辑，如图 4-29 所示，即由三路转速信号中的两路先分别取大信号，然后再对三个结果进行比较取小信号。

当出现以下情况时认为系统转速信号故障：

1）任意两路转速故障。

2）一路转速故障，另外两路转速偏差大。

3）三路转速互不相同。

（2）发电机并网信号 DEH1-BRA。DEH 系统中判断机组是否并网的唯一根据是发电机主开关状态，因此该信号的重要性不言而喻。DEH 系统程序对并网信号采取三取二逻辑，即只有当至少两路发电机主开关闭合信号同时存在时，DEH 系统才认为机组真正并网了。

（3）超速保护（OPC）通过控制 OPC 电磁阀快速关闭 GV 和 IV，有效防止汽轮机转速飞升，并将转速维持在 3000r/min。OPC 实际上由并网前转速大于 103%保护和并网后甩负荷预感器（LDA）两部分组成。

并网前以下条件引起 OPC 保护动作：①未进行电气超速或者机械超速试验转速超过 3090r/min；②甩负荷发电机断路器解列后转速大于 2900r/min 时转速飞升过快（加速度）。

（4）DEH 系统跳闸。汽轮机跳闸功能是由 ETS 控制的 AST 电磁阀实现的，DEH 系统中只汇总以下的跳闸条件，并不控制 AST 跳闸电磁阀。

1）并网前系统转速故障或者超速（大于 3300r/min），判断逻辑如图 4-30 所示。

2）控制器故障（包含 DEH 系统失电），判断逻辑如图 4-31 所示。

3）背压超限，判断逻辑如图 4-32 所示。

（5）超速试验。超速试验必须在 3000r/min 定速（转速大于 2950r/min）、油开关未合闸的情况下进行，包括 OPC 超速试验（103%）、电气超速试验（110%）和机械超速试验（111%～112%）。这三项试验在逻辑上相互闭锁，即任何时候只有一项超速试验有效。

3. 汽轮机自启停

汽轮机自启停（ATC）控制并监视汽轮机从盘车、升速、并网到带负荷全过程。基本的 ATC 逻辑包括有轴承金属温度高高自动跳机与轴振动高高自动跳机。

（1）轴承金属温度高高自动跳机逻辑如图 4-33 所示。

任一轴承金属温度 1、温度 2 同时高于 113℃时，发出跳机信号。

（2）轴振动高高自动跳机逻辑如图 4-34、图 4-35 所示。

任意一轴承振动值高于 125μm，同时其余 5 个轴承振动中至少有一个轴承振动值高于 254μm，DEH 系统发出跳机信号。

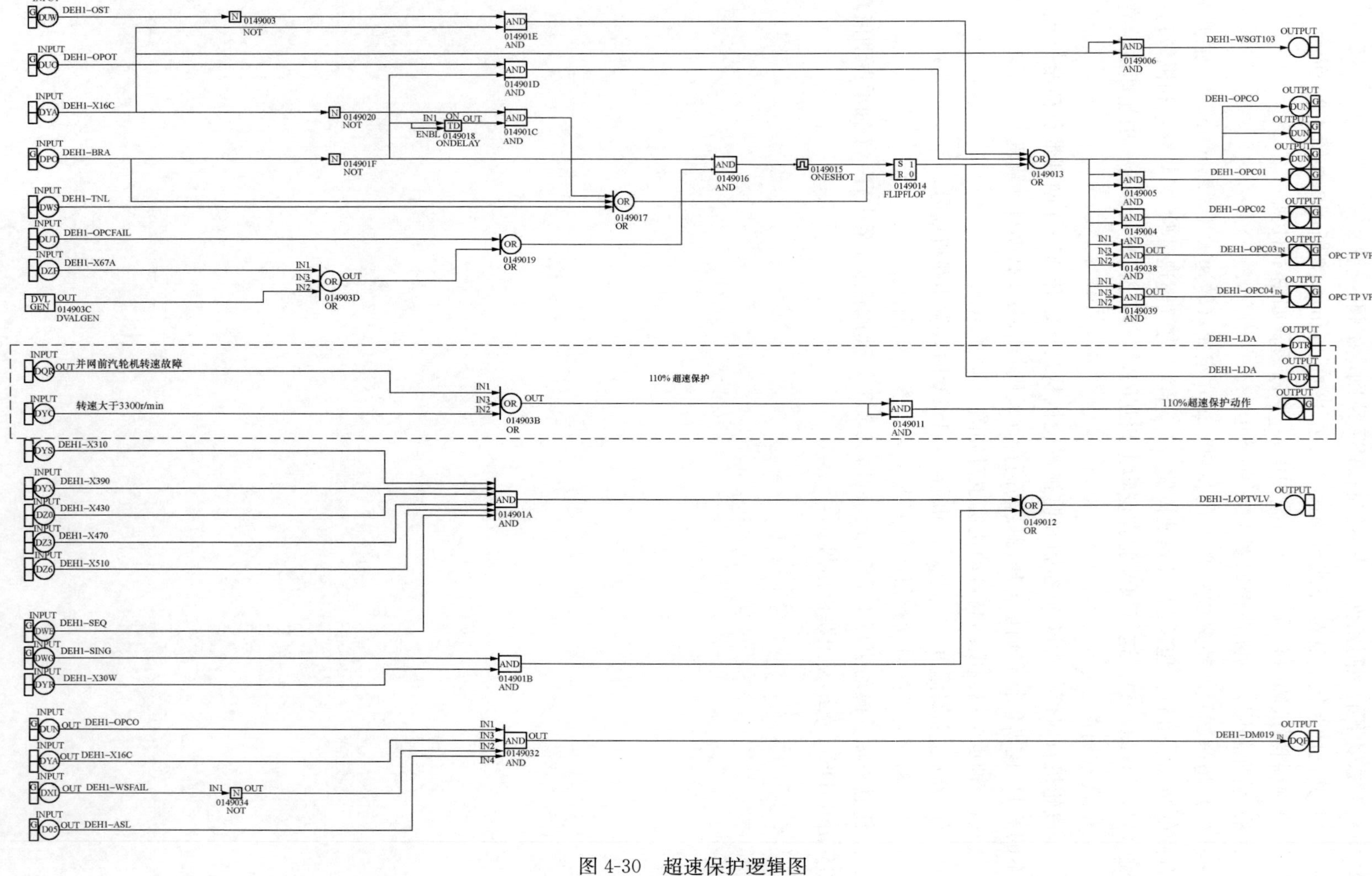

图 4-30 超速保护逻辑图

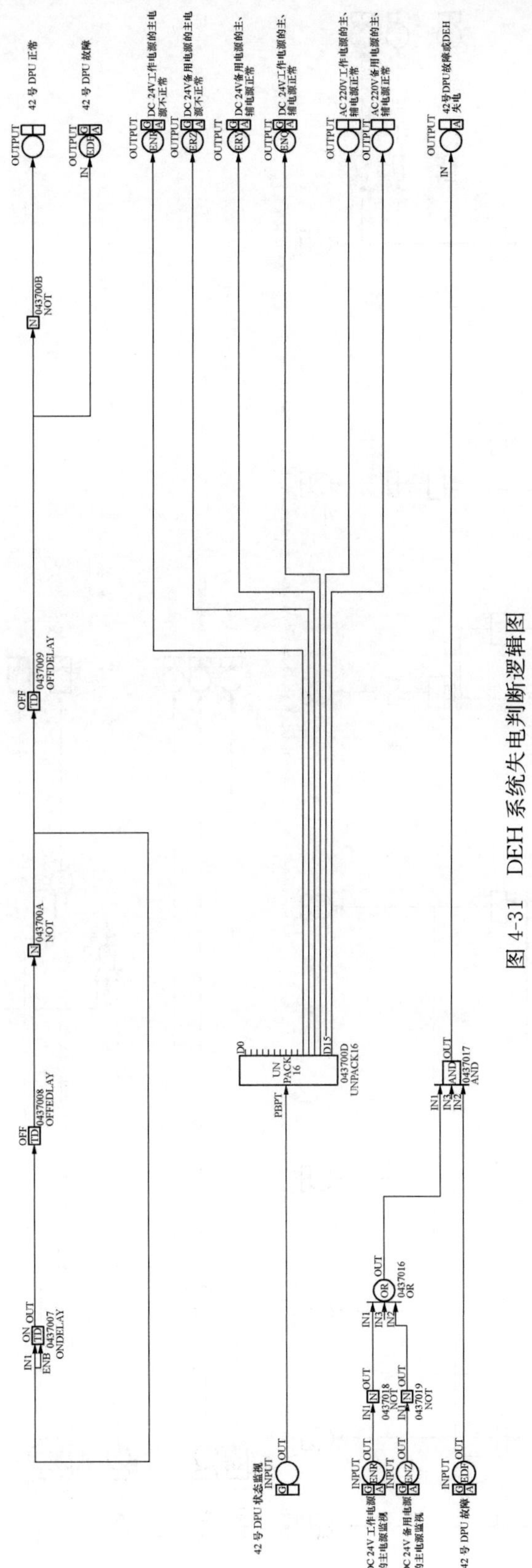

图 4-31　DEH 系统失电判断逻辑图

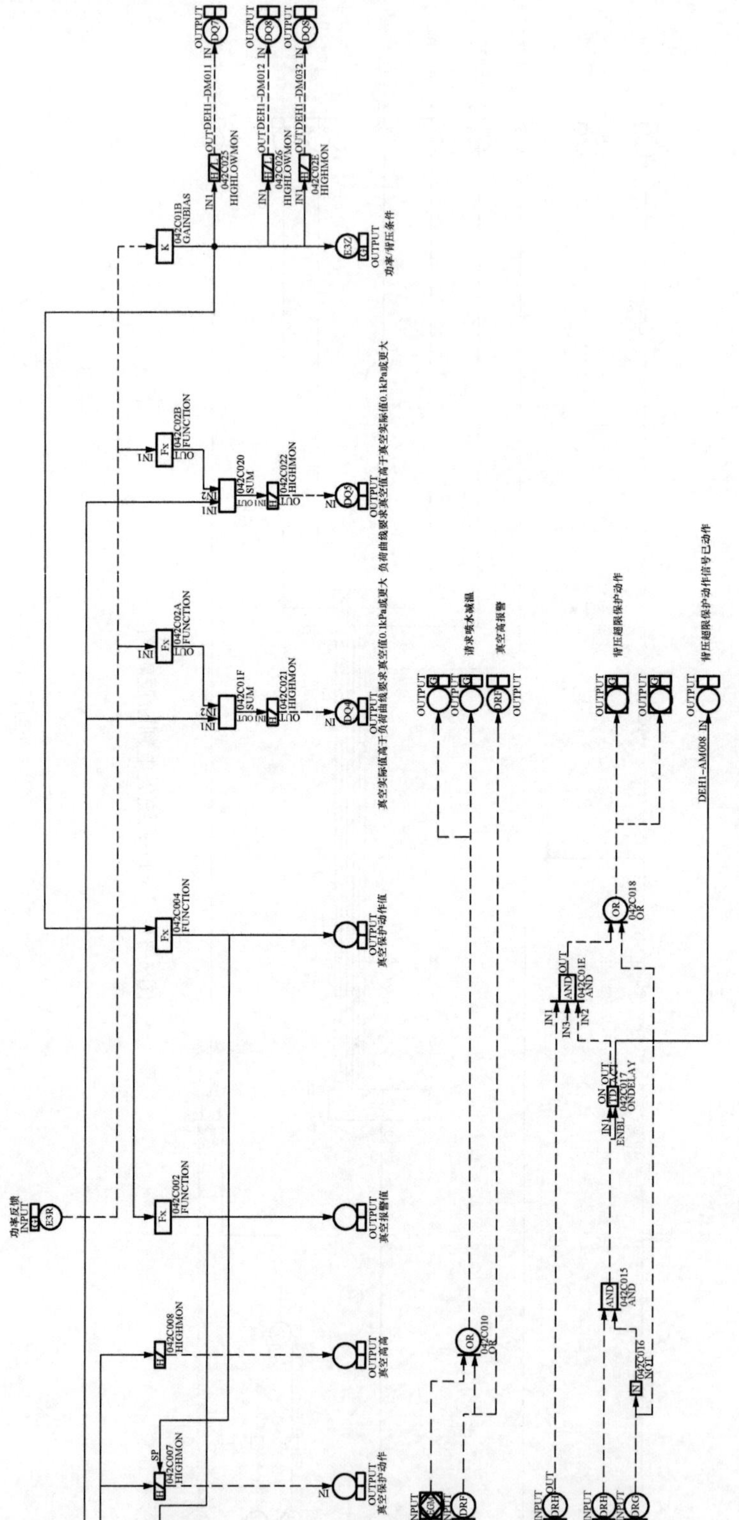

图 4-32 背压超限逻辑图

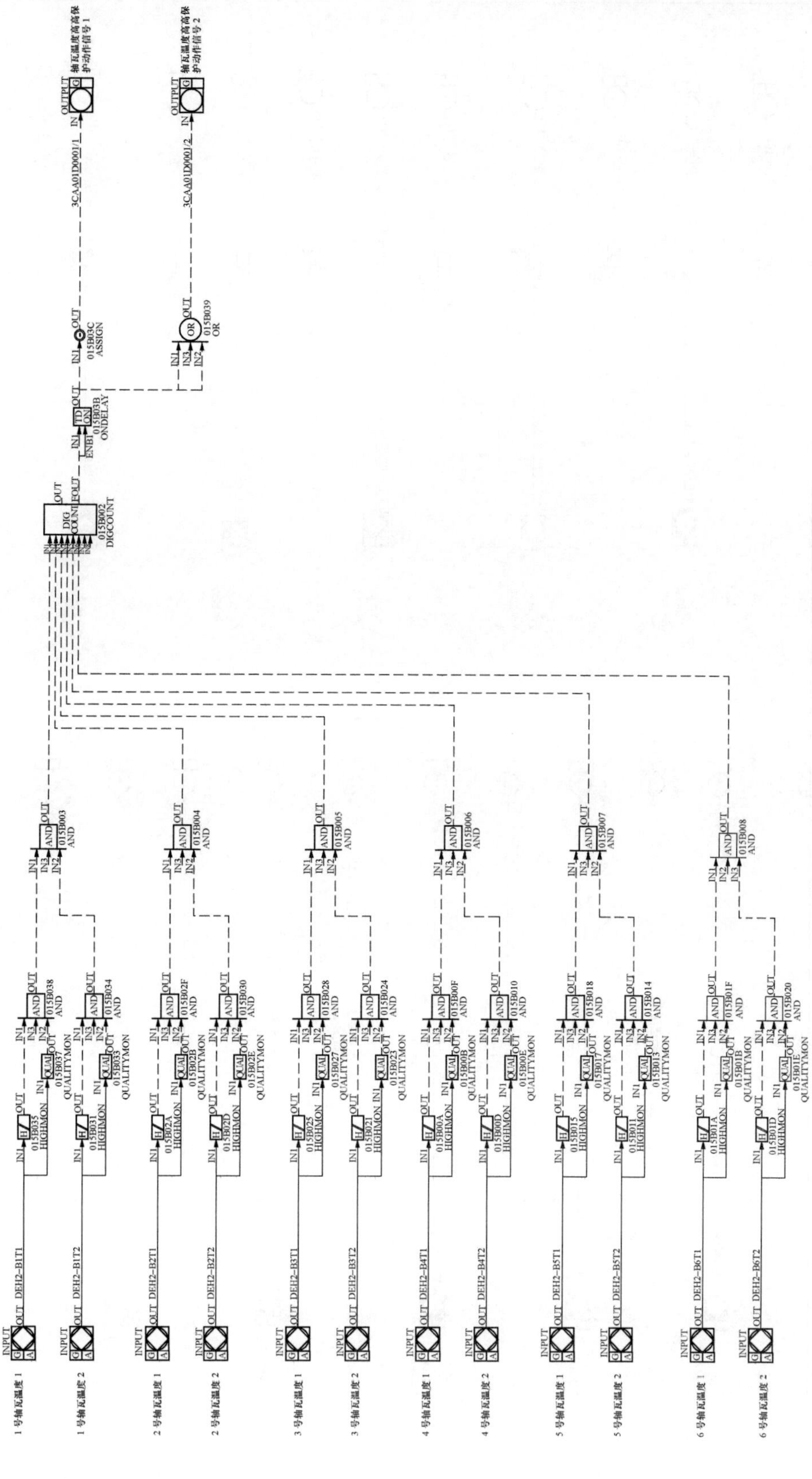

图 4-33　轴承金属温度高高自动跳机逻辑图

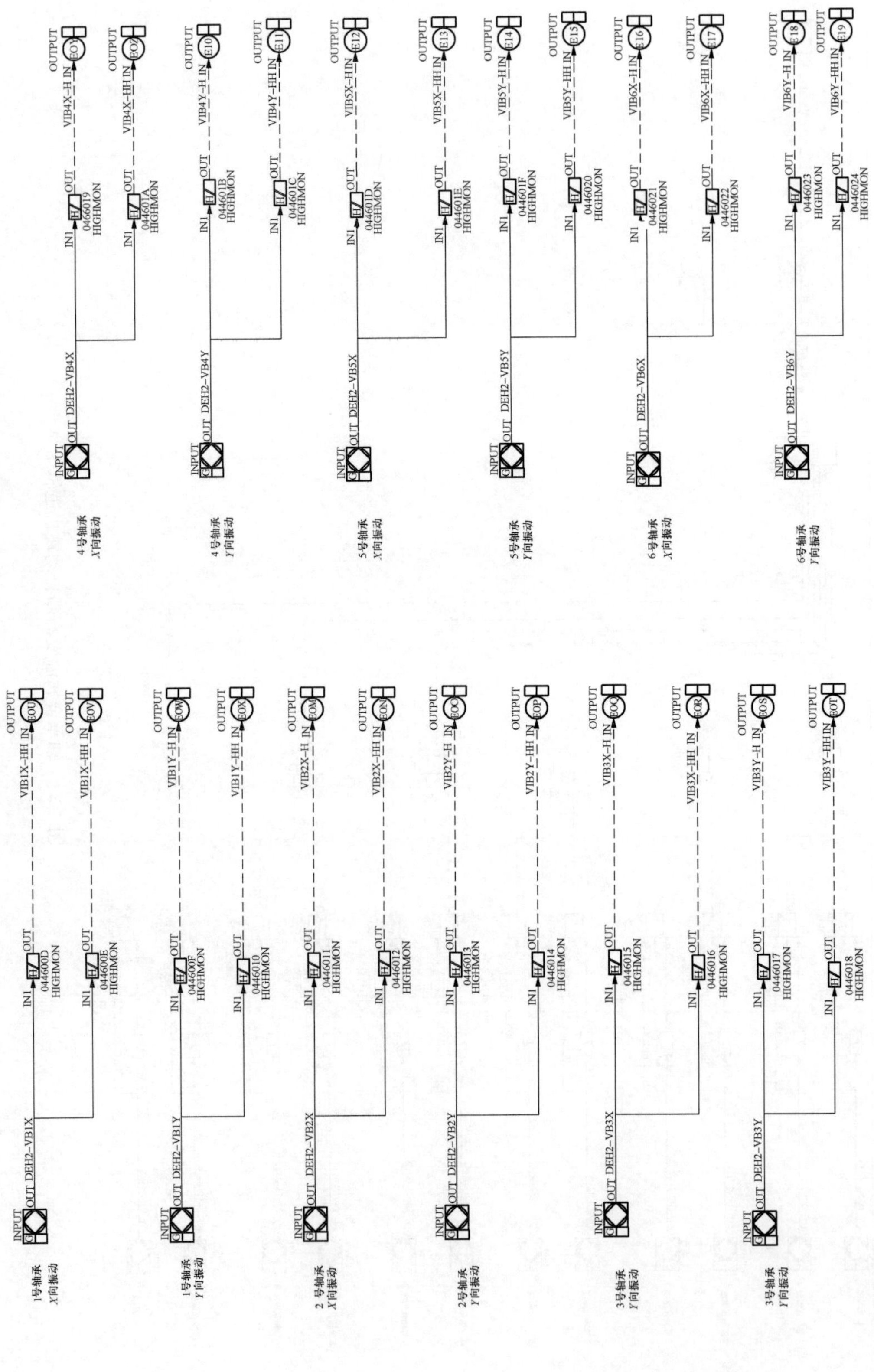

图 4-34　轴振动高高自动跳机逻辑图（一）

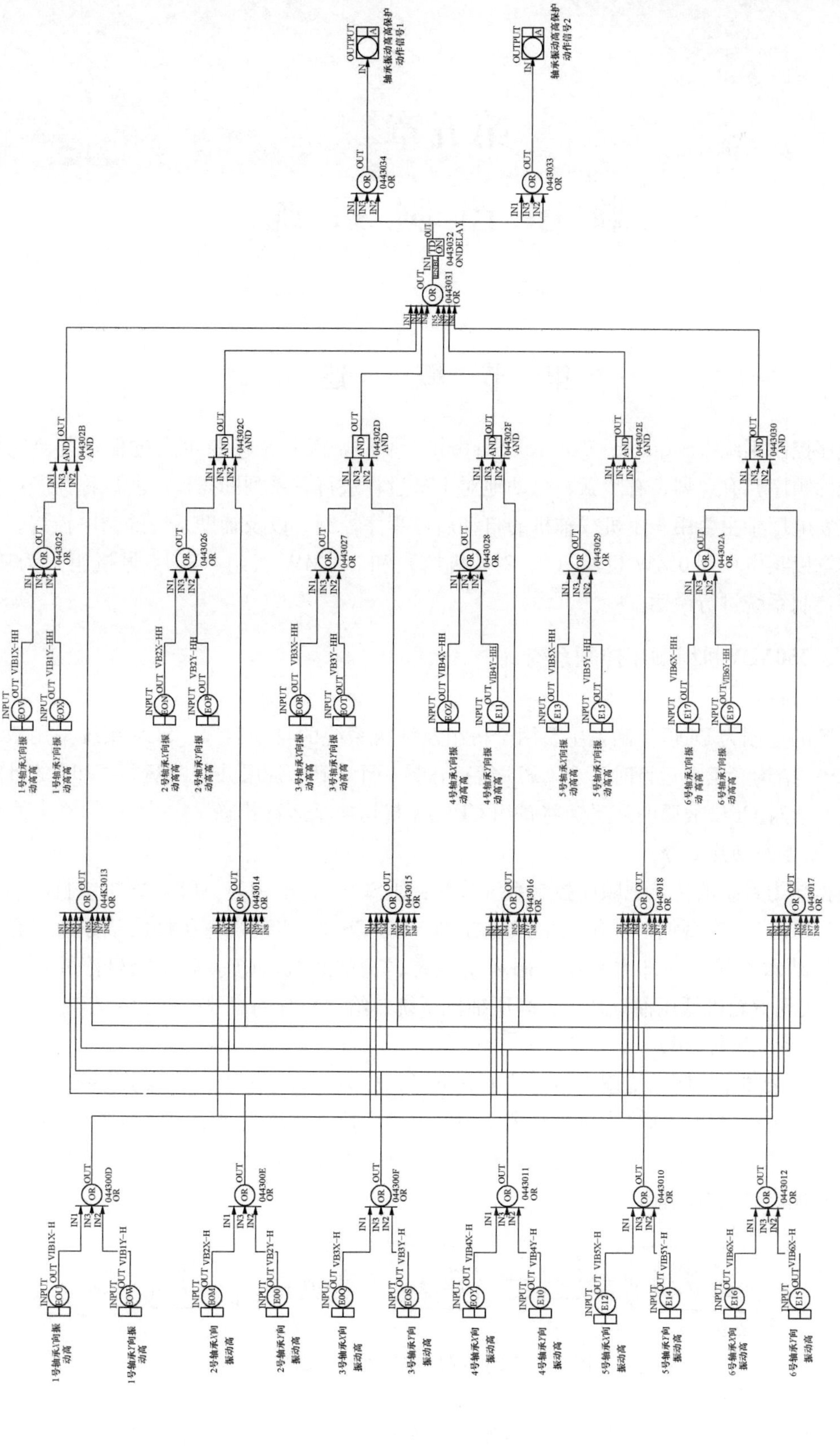

图 4-35　轴振动高高自动跳机逻辑图（二）

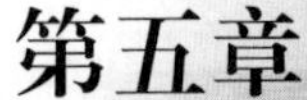

第五章 顺序控制系统

第一节 概　　述

顺序控制系统（Sequence Control System，SCS），因其是按照生产过程工艺要求预先拟定的顺序，有计划、有步骤、自动地对生产过程进行一系列的操作，所以称为顺序控制。在发电厂中主要用于主机或辅机的自动启停程序控制，以及辅助系统的顺序控制。

本章以某电厂350MW机组（1、2号机组）和300MW机组（3、4号机组）为例，对顺序控制系统进行说明。

一、350MW机组顺序控制系统

（一）简述

SCS的控制为DDC控制，主要用于机组及辅机系统的自动启停。SCS系统采用双重冗余CPU结构，正常运行时一个CPU运行，另一个CPU备用并跟踪运行CPU的计算数据，当运行CPU故障时，迅速将备用CPU无扰切换至运行状态。

（二）系统功能划分

根据热力系统的特点把顺序控制系统分为：①SCS-1，也称为APS，即机组自动启停系统；②SCS-2，实现锅炉侧辅机的启停控制；③SCS-3，实现汽轮机润滑油系统、盘车系统、凝结水系统、冷却水系统、循环水系统、真空系统、疏水系统的启停控制；④SCS-4，实现汽轮机低压抽汽系统、高压抽汽系统、给水系统的启停控制。

（三）系统逻辑结构

对于复杂顺序控制系统逻辑结构从上到下可以分为：功能组级、功能子组级、驱动设备级三级，三级之间是通过步序逻辑来实现的。顺序控制系统逻辑结构如图5-1所示，功能子组级并非顺序控制系统必备结构，对于事件型顺序控制系统，用功能组级和驱动设备级就能实现启停控制功能。

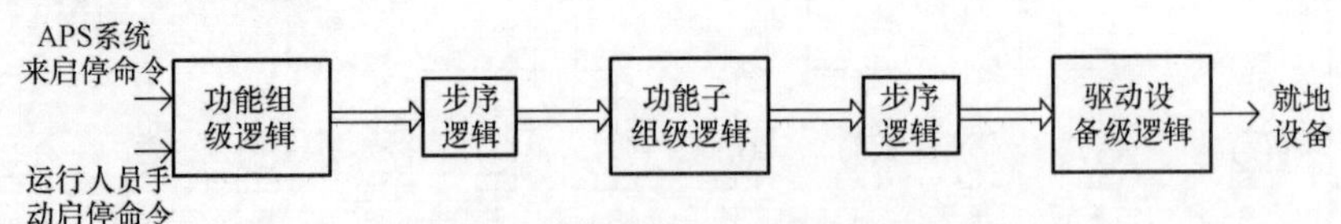

图5-1　顺序控制系统逻辑结构图

（四）常用术语介绍

(1) 顺序控制。按一定次序、条件和时间要求，对工艺系统中各有关对象进行自动控制的一种技术。采用顺序控制就是将生产过程划分为若干个局部可控系统，利用适当的顺序控制装置，通过指令机构发出综合指令，使某个局部系统的有关被控对象按预定的顺序和要求自动完成操作。

（2）功能组。对发电厂来说，将机组热力系统中关系密切的某一部分操作项目联系在一起，按照机组启停和运行操作规律，自动依次进行全部操作。对于组合在一起关系密切的该部分操作项目就称为一个功能组。

（3）功能子组。大的功能组可以分为若干个小的功能组，称为功能子组。

（4）步序。工业生产过程都是根据一定的操作规律、有步骤的进行，这种生产过程中的每一操作要求和步骤称为步序。

（5）联锁条件。在被控对象的控制逻辑中可以接入联锁条件，其是被控对象进行操作的条件，一旦联锁条件存在，应立即操作被控对象。

（6）闭锁条件。在被控对象的控制逻辑中可以接入闭锁条件，其是不允许被控对象进行操作的条件，一旦闭锁条件存在，应不能操作被控对象。

（7）一次判据。某一程序动作前应具备的各种先决条件。

（8）二次判据。某一步程序动作时，被控对象完成该步操作后，返回的反馈信号。二次判据也可作为下一步程序的一次判据。

一个顺序控制系统应具备：①按程序执行所规定的操作项目和操作量；②在一个程序步完成后，进行程序步的转换两种基本功能。

二、300MW 机组顺序控制系统

（一）简述

SCS 系统每台机组共布置 4 个控制站和 8 个机柜，分别是 DROP6 和 DROP7 汽轮机顺序控制系统控制站及 DROP8 和 DROP9 锅炉顺序控制系统控制站。SCS 系统的控制范围包括机组所有辅机、阀门及挡板等。对于一台 300MW 机组，SCS 系统控制的设备多达 400 多台。

（二）系统的构成

顺序控制系统由状态检测设备、控制设备、驱动设备三部分构成。

1. 状态检测设备

主要用于检测被控设备的状态，如设备是否运行，是否全开或全关。状态检测设备包括继电器触点、差压开关、流量开关、液位开关、位置开关、压力开关、温度开关等。

2. 控制设备

用来实现状态检查、逻辑判断（即进行逻辑运算）、产生控制命令。机组控制设备包括下列三种：

（1）继电器型。由继电器构成，主要用于引风机油站控制柜等。

（2）PLC 型。由可编程控制器组成，主要用于吹灰控制、氢冷干燥器控制等。

（3）DCS 型。由微机分散控制系统构成。

3. 驱动设备

包括电动机的驱动及控制电路、阀门/挡板的驱动及控制电路。

（三）系统结构

大型火电机组的顺序控制系统越来越复杂，整个机组的控制逐步形成分级分层控制结构。顺序控制系统大致可分成系统级、功能组级和设备级三级控制，如图5-2所示。

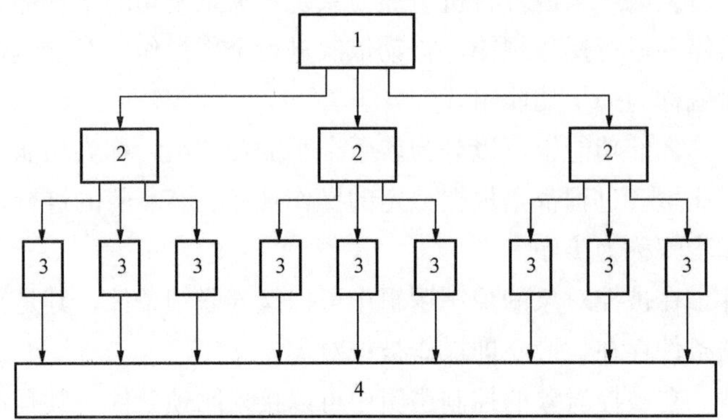

图5-2 顺序控制系统层次结构示意图
1—系统级；2—功能组级；3—设备级；4—生产过程

1. 系统级控制

系统级是较高级的顺序控制，能在少量人工干预下自动实现一个较大系统的启停甚至整台机组的启停。SCS系统级程序在接受系统启动指令后，可以按照一定的顺序，将一个系统（例如风烟系统）中的若干台设备安全地启动。在系统级顺序控制的基础上，还可实现整台机组的顺序控制，即在发出机组顺序启动指令后，将机组从起始状态带到某个负荷，甚至100%负荷，中间只有少量断点，需要由运行人员干预将程序继续进行下去。实现系统级控制时，各功能组必须均处在自动方式，每个功能组程序执行完毕时，应向系统级程序发出完成信号，系统级程序再发出指令启动下一个功能组。

2. 功能组级控制

顺序控制系统将整个辅机系统划分为若干个功能组（Function Group），所谓功能组（或称为子组）就是将属于同一系统、相关联的设备组合在一起，一般是以某一台重要辅机为中心，如引风机功能组就包括了引风机、引风机轴承冷却风机、润滑油泵、引风机进口挡板、出口挡板等。

3. 设备级控制

设备级是SCS的基础级，可以在操作员工作站的计算机键盘上进行操作或通过BTG盘上的按钮对各台设备分别进行操作，通过CRT屏幕监视现场设备，实现单台设备的启停。

针对机组可控性水平实际情况，顺序控制系统只设计了功能组级顺序控制和设备级控制两种模式。

机组功能组共19项内容，分别为A引风机功能组、B引风机功能组、A送风机功能组、B送风机功能组、A一次风机功能组、B一次风机功能组、空气预热器A功能组、B空气预热器功能组、定排功能组、A磨功能组、B磨功能组、C磨功能组、高压加热器（HP）功能组、A给水泵功能组、B给水泵功能组、C给水泵功能组、A侧风烟系统功能组、B侧风烟系统功能组、低压加热器（LP）功能组。

(四) 顺序控制系统的设计原则

DCS采用西屋Ovation系统，SCS系统采用以下设计原则。

(1) 对于双作用电磁阀、电动执行机构、大型电动机等设备的控制，采用脉冲式操作指令，而对于单作用电磁阀，则采用持续的操作指令。

(2) 对于所有的控制输出，均采用继电器输出，即经DPU进行逻辑判断后的输出，经DO卡件输出至就地设备。就地设备采用220V交流电源，由设在电子间的热控电源柜统一供电，DO卡件通道只负责提供干触点。

(3) 有些设备已被指定是主设备或备用设备，备用设备的联锁关系设计成由人工选择是否投入或退出，重要备用设备的联锁必须强制投入。

(4) 将保护信号置于最高级，它可以优先允许条件直接发出启动或停止命令。

(5) 一般设备的状态信号（如是否开到位、是否关闭）取自现场一次信号，而电动机（如送风机、引风机等）的运行或停止状态信号，则取自电气控制回路的接触器的辅助触点。

(6) 电动机的反馈信号，一般分为运行、停止、故障等三种。故障信号来自于就地电动执行机构或者配电柜。

(7) SCS系统只设计了设备级和功能组级两级。功能组级设计了该组内所有设备的联锁关系。设备级控制设备分为：6kV开关类、电动机驱动的阀门和挡板、电磁阀三类。

第二节 机组自动启停系统

机组自动启停系统，(Auto Plant Start-up Shut-down System，APS)，从DCS系统逻辑结构分析，APS是机组顶级指令处理中心，通过DCS网络与其他系统交换信息实现机组启停控制。本节主要对350MW机组APS系统启动过程和停机过程进行简单介绍(300MW机组没有APS系统)。

一、APS系统的设计特点

APS系统能根据机组不同工况实现冷态、温态、热态和极热态四种启动方式，将机组从启动升至满负荷；停机时，则依据停机条件，可以使机组从满负荷安全停运。APS系统有以下优点：①APS系统可以减轻操作员的工作强度，最大限度的防止人员误操作；②APS系统通过控制系统合理的参数设计，向整台机组提供可靠的、经济的启停指令。

二、APS系统启停方式选择

(一) 启动方式确定

由MT-DEH系统根据汽轮机调节级金属温度判断汽轮机的启动方式，并将启动方式报告给APS系统。当调节级金属温度小于165℃时为冷态启动方式；调节级金属温度大于165℃且小于300℃为温态启动方式；调节级金属温度大于300℃且小于380℃为热态启动方式；调节级金属温度大于380℃为极热态启动方式。

根据不同的启动方式，APS系统给出了相应的升速率、中速暖机保持时间、初始负荷、初始负荷保持时间，具体参数见表5-1。

表5-1　　负荷转速对应时间表

升速及初始负荷＼启动方式	冷态	温态	热态	极热态
0～500r	150r/min	300r/min	300r/min	300r/min
500r摩擦检查	进行	进行	进行	进行
500～1900r	150r/min	300r/min	300r/min	300r/min
1900r中速暖机	180min	30min	0min	0min
1900～3000r	150r/min	300r/min	300r/min	300r/min
3000r保持时间	0min	0min	0min	0min
初始负荷	20MW	35MW	35MW	35MW
初始负荷保持时间	10min	5min	3min	3min

（二）停机方式确定

APS系统为机组提供了正常的停机方式，该方式下锅炉自然通风，汽轮机为热态。

三、APS系统启停功能实现方式

APS系统启动与停止都是通过断点操作来进行。断点（Break Point）可以理解为时间点，APS系统把启、停机过程分成许多断点，每个断点下包括几个相关的功能组。

APS系统检查每个断点的预操作条件，通过各相关控制系统反馈信号判断每个断点的执行情况及状态，并为进入下一个断点作好准备。

四、APS系统启动过程

APS系统启动分为九个断点（Break Point）。

（1）机组启动准备（断点1）。APS系统向SCS-4的低压抽汽功能组、高压抽汽功能组以及SCS-3的凝结水功能组发送启动指令。启动指令发到SCS-4低压抽汽功能组时，如果低压抽汽功能组自动条件满足，7号或8号低压加热器水位没有达到高高值，低压抽汽功能组发出启动命令控制组内设备启停。启动指令发到SCS-4高压抽汽功能组时，如果高压抽汽功能组自动条件满足，1、2、3号高压加热器水位没有达到高高值，高压抽汽功能组发出启动命令控制组内设备启停。启动指令发送到SCS-3的凝结水功能组时，如果凝结水功能组自动条件满足，冷却水启动完成，凝结水功能组发出启动命令控制组内设备启停。当以上三个功能组启动完成后，锅炉（断点2）允许启动。

（2）锅炉启动准备（断点2）。APS系统向SCS-4的电泵功能组发出启动指令，如果电泵功能组自动条件满足，且除氧器水位高于低值、电泵最小流量阀已开、冷却水已完成，电泵功能组发出启动命令控制功能组内设备的启停；APS系统向锅炉疏水功能组发出启动指令，如果锅炉疏水功能组自动条件满足，功能组发出启动命令控制组内设备启停。APS系统收到电泵功能组和锅炉疏水功能组启动完成回报信号后，向CCS-1系统发出“汽包水位＋100mm”指令，CCS-1系统根据给定值与汽包实际水位的差值，给出一个变化率为100mm/min的给水指令，使汽包水位达到＋100mm。APS系统收到“汽包水

位达到+100mm”回报信号后，要求炉水循环泵功能组（SCS-2）启动，如果三个炉水泵功能组都在自动方式，且汽包水位高于低值和闭式冷却水已启动完成两个条件全部满足，炉水泵功能组将启动A、C炉水泵功能组。

APS系统接收到炉水泵功能组启动完成的信息后，向CCS-1系统发送“汽包水位－100mm”的指令，CCS-1系统根据给定值与汽包实际水位的差值，给出一个变化率为100mm/min的给水指令，使汽包水位达到－100mm。

APS系统收到“汽包水位达到－100mm”回报信号后，向风烟系统功能组发出启动指令，如果风烟系统功能组自动条件满足，且冷却水启动完成、A/B送风机油箱油位不低，风烟系统功能组开始启动。然后APS系统向BMS-1系统发出“炉膛吹扫/泄漏试验”命令，在炉膛吹扫前，对燃油系统阀门的严密性进行试验，试验成功后进行炉膛吹扫。炉膛吹扫5min后断点2启动结束，锅炉点火（断点3）允许启动。

（3）锅炉点火（断点3）。APS系统向SCS-2的辅助蒸汽功能组发出启动命令，再热蒸汽冷端供汽电动阀、四段抽汽供汽电动阀依据条件相继打开。APS系统向BMS-1发出燃油回油阀在点火位置命令，如果回油阀开度小于55%则让其开启，回油阀开度大于65%则让其关闭，使回油阀开度维持在55%～65%之间。随后APS系统发出锅炉点火命令，BMS-1系统先点燃AB层的1、3号油枪，5s后点AB层的2、4号油枪。

（4）汽轮机启动准备阶段（断点4）。APS系统向SCS-3的汽轮机润滑油功能组发出启动命令，润滑油功能组发出盘车油泵启动命令，建立润滑油压；APS系统向盘车功能组发出启动命令启动盘车电动机及盘车啮合电磁阀，投入主机盘车；APS系统向汽轮机疏水功能组发出启动命令，使汽轮机疏水功能组打开和关闭相关的就地设备；APS系统向A/B汽动给水泵的润滑油子组发出启动命令启动汽泵润滑油系统；APS系统向真空功能组发出启动命令启动真空系统。以上功能组启动完成后APS系统向DEH系统发出汽轮机复位命令，关闭高压主汽阀及中压调节汽阀，打开高压调节汽阀及中压主汽阀。

（5）升速（断点5）。APS系统向DEH系统发出升速-1命令，DEH系统将升速命令设定到500r。在升速过程中，根据不同的启动方式（冷态、温态、热态、极热态）选择不同升速率。当汽轮机转速达到500r后，APS系统向DEH系统发出摩擦检查命令，关闭汽轮机所有进汽阀，对汽轮机进行摩擦检查。摩擦检查完成后，再次设定500r的升速命令，升速至500r。APS系统向DEH系统发出升速-2命令，DEH系统将升速命令设定到1900r，在升速时同样根据不同的启动方式设定不同的升速率（需要注意的是在升速过程中，当汽轮机转速在临界转速范围内时，不允许保持汽轮机转速，汽轮机临界转速范围是：800～1000r/min、1160～1800r/min、2000～2820r/min）。

在汽轮机升速至1900r后，如果是冷态启动需要定速3h进行暖机；如果是温态启动需要暖机30min；热态启动或极热态启动不需要暖机。当暖机完成后，APS系统向DEH系统发出升速-3命令，DEH系统控制汽轮机升速到3000r。

（6）同期与初负荷（断点6）。汽轮机转速达到3000r后，APS系统向DEH系统发出初负荷设定命令，若机组运行正常且并网条件具备，在投入“ASS”自动同期装置自动后，由ASS向AVR装置和DEH系统发出命令，调整发电机出口电压和汽轮机转速，待发电机出口电压的大小、频率及相位达到并网要求后，ASS立即发出52G“ON”命令，机组并网运行接带初负荷。不同的启动方式初负荷大小和维持时间是不同的（冷态为 20MW，10min；温态为 35MW，5min；热态和极热态 35MW，3min）。在机组并网后，APS 系统向 SCS-2 发出一次风功能组启动命令启动一次风系统。

（7）阀切换（断点 7）。机组初负荷运行时，由高压主汽阀和中压调节汽阀控制汽轮机进汽，此时汽轮机进汽方式是全周进汽。当 DEH 系统接到 APS 系统的阀切换命令后，高压调节汽阀/高压主汽阀进行控制切换，将高压调节汽阀的开度偏差以一定的速率下降，达到一定的值后，高压主汽阀的开度偏差增加最终实现阀门切换。

（8）升负荷—1（断点 8）。APS 系统向 CCS-1 系统发送目标负荷 30%设定命令；在升负荷过程中，APS 系统向 BMS-2 系统发送 B 层煤燃烧器启动命令；向 SCS-4 系统发出启动第一台汽动给水泵命令；向 CCS-1 系统发出电动给水泵与汽动给水泵切换命令；向 CCS-1 系统发送目标负荷 45%设定命令并同时发出停电动给水泵及启动 C 层煤燃烧器命令。

（9）升负荷—2（断点 9）。APS 系统向 SCS-4 系统发出启动第二台汽动给水泵命令；向 CCS-1 系统发送目标负荷 100%设定命令，依次投入 D 层、A 层煤燃烧器。至此机组启动过程结束。

五、APS 系统停机过程

APS 系统停机时分为五个断点（Break Point）。

（1）降负荷（断点 1）。来自 CCS-1 系统的回报信号“负荷设定允许且负荷控制方式为协调方式”满足时，降负荷断点可以停止。APS 系统向 SCS-2 系统的锅炉疏水功能组和辅助蒸汽功能组向 SCS-3 系统的汽轮机疏水功能组、SCS-4 系统的低压抽汽功能组和高压抽汽功能组发出自动命令；向 CCS-1 系统发出降负荷目标设定值命令（5%额定负荷）；向 CCS-1 系统发出第二台汽泵退出运行命令；向 SCS-4 系统发出电泵子组启动命令；向 CCS-1 系统发出汽泵电泵切换命令；向 SCS-4 系统发出 A 汽泵功能组和 B 汽泵功能组停止命令。此时，在任一对油燃烧器点火、所有煤燃烧器灭火、负荷指令小于 5%、汽轮机疏水功能组疏水阀门全部打开、1～6 号加热器抽汽电动阀关闭、电泵运行、A/B 汽泵停止、A/B 省煤器再循环阀门打开等条件全部满足时降负荷断点停止结束。

（2）发电机解列（断点 2）。当负荷指令小于 5%时发电机解列断点可以停止。APS 系统向 SCS-3 系统的汽轮机润滑油功能组和汽轮机盘车功能组发出自动命令；向 DEH 系统发出 52G 断开命令；向 DEH 系统发出汽轮机跳闸命令；向 SCS-2 系统发出一次风功能组停止命令。此时，在发电机出口开关 52G 断开、汽轮机跳闸 5s、一次风功能组停止等条件满足时发电机解列断点停止结束。

（3）燃烧器停运（断点 3）。汽轮机跳闸后转速下降到 1000r/min 以下时燃烧器停运断点可以停止。APS 系统向 BMS-1 系统发出油燃烧器停止命令，停止命令发送到 BMS-1 系统后，先停止 AB 层油枪，顺序为先停止 2、4 号油枪再停止 1、3 号油枪，120s 后再停止 CD 层油枪，顺序为先停止 2、4 号油枪再停止 1、3 号油枪。

（4）汽轮机停运（断点 4）。锅炉 MFT 后汽轮机停运断点可以停止。APS 系统向 SCS-3 系统发出汽轮机真空组停止命令。

(5) 锅炉停运（断点 5）。锅炉 MFT 后锅炉停运断点可以停止。APS 系统向 SCS-4 系统的电动给水泵功能组向 SCS-2 系统的炉水循环泵功能组和风烟系统功能组发出停止命令；向 SCS-3 系统凝结水功能组发出停止命令，至此整台机组停机过程结束。

六、APS 人机接口（APS MMI）

(1) 颜色定义。APS 系统操作画面上各种颜色用于表示投退的状态。绿色表示退出运行；红色表示断点或各组级完成；红闪表示断点或组级正处在进行过程中；橙色表示断点超时；天蓝色表示目标断点；蓝绿色表示断点允许条件。

(2) APS 系统投入方式及自动退出条件。机组启停操作前，运行人员在 APS 系统主画面依次点击 APS "IN"、APS "BP 启动"（或"BP 停止"）目标断点即可投入 APS 方式；APS 启停机过程中发生汽轮机跳闸，RB、FCB、MFT、APS 手动退出，APS 系统启动或停止完成，控制系统（SCS、CCS、MT-DEH 等），及以太网故障任意一种情况时，APS 系统将自动退出。

第三节　风烟系统功能组

锅炉风烟系统也称为通风系统，是锅炉重要的辅助系统。其作用是连续不断的给锅炉燃烧提供空气，并按燃烧的要求分配风量，同时使燃烧生成的含尘烟气流经各受热面和烟气净化装置后，最终由烟囱排至大气。风烟系统功能组主要控制风烟系统内设备启停、联锁保护等。

一、350MW 机组风烟系统功能组

（一）设备组成和功能

风烟系统功能组由输入信号、控制逻辑、输出信号等组成。

1. 输入信号

风烟系统功能组输入信号包括压力开关信号、温度开关信号、液位开关信号、限位开关信号、热电偶信号等具体见表 5-2。

表 5-2　　风烟系统功能组输入信号

序号	设备名称	规格及型号	编码	安装位置
1	A 送风机控制油压力低压力开关	CQ30-2M3	PS-07103A	BLP-115
2	A 送风机润滑油压力低压力开关	CQ51-4M3	PS-07107A	BLP-115
3	B 送风机控制油压力低压力开关	CQ30-2M3	PS-07103B	BLP-116
4	B 送风机润滑油压力低压力开关	CQ51-4M3	PS-07107B	BLP-116
5	A 空气预热器入口烟温热电偶	E	TE-07801A	A 空气预热器入口烟道
6	B 空气预热器入口烟温热电偶	E	TE-07801B	B 空气预热器入口烟道
7	A 送风机润滑油压力低低压力开关	CQ51-4M3	PS-07108A	BLP-115
8	A 送风机控制油压力低低压力开关	CQ30-2M3	PS-07104A	BLP-115
9	A 送风机润滑油压力正常压力开关	CQ51-4M3	PS-07105A	BLP-115

续表

序号	设备名称	规格及型号	编码	安装位置
10	A 送风机控制油压力正常压力开关	CQ30-2M3	PS-07101A	BLP-115
11	B 送风机润滑油压力低低压力开关	CQ51-4M3	PS-07108B	BLP-116
12	B 送风机控制油压力低低压力开关	CQ30-2M3	PS-07104B	BLP-116
13	B 送风机润滑油压力正常压力开关	CQ51-4M3	PS-07105B	BLP-116
14	B 送风机控制油压力正常压力开关	CQ30-2M3	PS-07101B	BLP-116
15	A 送风机油箱油位低液位开关	FR30B-1P	LS-07101A	A 送风机油箱上部
16	B 送风机油箱油位低液位开关	FR30B-1P	LS-07101B	B 送风机油箱上部
17	电视冷却风炉膛差压低差压开关	CL36 1947-7040-00	PDS-07403	BLP-511
18	火焰检测冷却风炉膛差压低差压开关	CL36 1947-7040-00	PDS-07401A	BLP-510
19	烟温探针冷却风压力低压力开关	CQ30-2M3	PS-09802	BLP-506

2. 就地设备

就地设备处于功能组的最底层，对应现场具体的设备。功能组就地设备有 30 台，见表 5-3。

表 5-3　　风烟系统功能组就地设备

序号	设备名称	规格及型号	编码	备注
1	A 送风机	—	SCS2-F101A	—
2	A1 送风机控制油泵	—	SCS2-P101A	—
3	A2 送风机控制油泵	—	SCS2-P102A	—
4	A 送风机出口挡板电磁阀	MVD801K-03-15A，DC 110V	MV-07101A	—
5	B 送风机	—	SCS2-F101B	—
6	B1 送风机控制油泵	—	SCS2-P101B	—
7	B2 送风机控制油泵	—	SCS2-P102B	—
8	B 送风机出口挡板电磁阀	MVD801K-03-15A，DC 110V	MV-07101B	—
9	A 引风机	—	SCS2-F102A	—
10	A 引风机入口挡板电磁阀	MVD801K-03-15A，DC 110V	MV-07902A	—
11	A 引风机出口挡板电磁阀	MVD801K-03-15A，DC 110V	MV-07903A	—
12	B 引风机		SCS2-F102B	—
13	B 引风机入口挡板电磁阀	MVD801K-03-15A，DC 110V	MV-07902B	—
14	B 引风机出口挡板电磁阀	MVD801K-03-15A，DC 110V	MV-07903B	—
15	A 空气预热器电动马达	—	SCS2-M101A	—
16	A 空气预热器气动马达	B6，DC 110V	—	电磁阀
17	A 空气预热器出口二次风挡板电磁阀	MVD801K-03-15A，DC 110V	MV-07504A	—
18	A 省煤器出口烟气挡板电磁阀	MVD801K-03-15A，DC 110V	MV-07301A	—
19	B 空气预热器电动马达	—	SCS2-M101B	—

续表

序号	设备名称	规格及型号	编码	备注
20	B空气预热器气动马达	B6，DC 110V	—	电磁阀
21	B空气预热器出口二次风挡板电磁阀	MVD801K-03-15A，DC 110V	MV-07504B	—
22	B省煤器出口烟气挡板电磁阀	MVD801K-03-15A，DC 110V	MV-07301B	—
23	交流冷却风机	—	SCS2-F103	—
24	直流冷却风机	—	SCS2-F104	—
25	密封风冷却风供气关断阀电磁阀	4F310E-08-K，DC 110V	CV-07401	—
26	炉膛烟温探针	—	TE-07601	—
27	A送风机出口密封风挡板电磁阀	453D203C-W4-030283，DC 110V	MV-07103A	—
28	B送风机出口密封风挡板电磁阀	453D203C-W4-030283，DC 110V	MV-07103B	—
29	送风机出口公用挡板电磁阀	MVD801K-03-15A，DC 110V	MV-07102	—
30	引风机入口公用挡板电磁阀	MVD801K-03-15A，DC 110V	MV-07901	—

（二）控制逻辑分析

设备启停先后次序、设备间联锁保护都在控制逻辑中实现。风烟系统功能组有6个功能组，它们是A空气预热器功能组、B空气预热器功能组、A送风机功能组、B送风机功能组、A引风机功能组、B引风机功能组，见表5-4。

表5-4　风烟系统功能组控制结构

<table>
<tr><td>功能组级</td><td colspan="6">风烟系统功能组</td></tr>
<tr><td>功能子组级</td><td>A空气预热器子组</td><td>B空气预热器子组</td><td>A送风机子组</td><td>B送风机子组</td><td>A引风机子组</td><td>B引风机子组</td></tr>
<tr><td rowspan="4">设备驱动级1（能够进入子组控制的设备）</td><td>A空气预热器电动马达</td><td>B空气预热器电动马达</td><td>A送风机</td><td>B送风机</td><td>A引风机</td><td>B引风机</td></tr>
<tr><td>A空气预热器气动马达</td><td>B空气预热器气动马达</td><td>A1送风机控制油泵</td><td>B1送风机控制油泵</td><td>A引风机入口挡板</td><td>B引风机入口挡板</td></tr>
<tr><td>A空气预热器出口二次风挡板</td><td>B空气预热器出口二次风挡板</td><td>A2送风机控制油泵</td><td>B2送风机控制油泵</td><td rowspan="2">A引风机出口挡板</td><td rowspan="2">B引风机出口挡板</td></tr>
<tr><td>A省煤器出口烟气挡板</td><td>B省煤器出口烟气挡板</td><td>A送风机出口挡板</td><td>B送风机出口挡板</td></tr>
<tr><td rowspan="2">设备驱动级2（不能进入子组控制的设备）</td><td>交流冷却风机</td><td>直流冷却风机</td><td>密封风冷却风供气关断阀</td><td>炉膛烟温探针</td><td>A送风机出口密封风挡板</td><td>B送风机出口密封风挡板</td></tr>
<tr><td>送风机出口公用挡板</td><td>引风机入口公用挡板</td><td>—</td><td>—</td><td>—</td><td>—</td></tr>
</table>

1. 风烟系统功能组控制逻辑分析

风烟系统功能组控制逻辑包含启动控制逻辑和停止控制逻辑。

（1）风烟系统功能组启动控制逻辑。风烟系统功能组的启动命令可以来自APS（机组自动启动停止）系统，也可以由运行人员从操作员站上手动发出。在满足如图5-3所示的启动允许条件后，风烟系统功能组开始启动。首先启动交流冷却风机，随后A/B空气预热器子组依次启动、然后A侧引风机子组和送风机子组顺序启动、最后B侧引风机子组和送风机子组顺序启动。

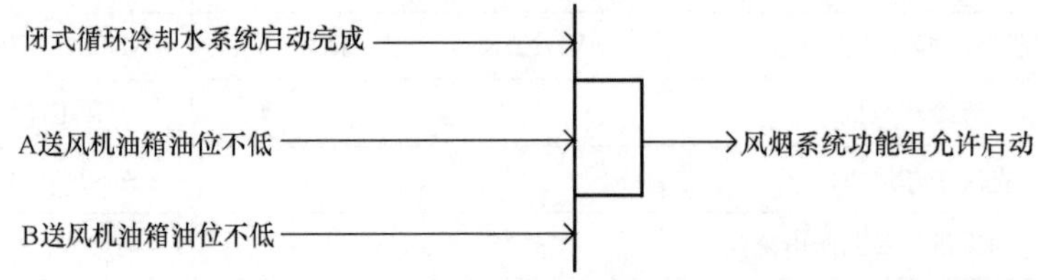

图5-3 风烟系统功能组启动允许条件图

（2）风烟系统功能组停止控制逻辑。风烟系统功能组停止命令可以来自APS（机组自动启动停止）系统，也可以由运行人员从操作员站手动发出。锅炉发生MFT即主燃料跳闸（MASTER FUEL TRIP，MFT）5min后，风烟系统允许停止。首先B送风机子组和引风机子组依次停止，然后A送风机子组和引风机子组顺序停止。

2. 风烟系统功能子组控制逻辑

风烟系统功能子组控制逻辑包含空气预热器子组控制逻辑、引风机子组控制逻辑、送风机子组控制逻辑、就地设备启停逻辑等。

（1）A空气预热器子组控制逻辑（A、B相同，只介绍A）。

1）A空气预热器子组启动控制逻辑。A空气预热器子组启动命令可以来自风烟系统功能组，也可以由运行人员从操作员站手动发出。如果循环水功能组启动完成并且有一台闭式冷却水泵启动，A空气预热器子组可以启动。首先启动A空气预热器电动机，然后打开A空气预热器二次风出口挡板和A省煤器出口烟气挡板。

2）A空气预热器子组停止控制逻辑。A空气预热器子组停止命令可以来自风烟系统功能组，也可以由运行人员从操作员站手动发出。在图5-4中的条件全部满足时，A空气预热器子组开始停止。此时只需停止A空气预热器电动马达。

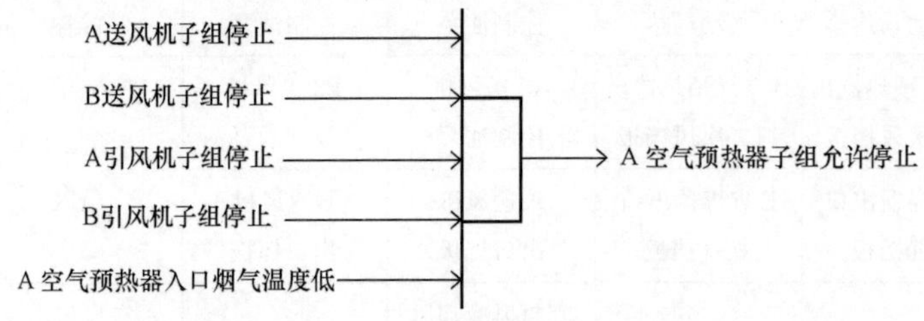

图5-4 A空气预热器子组停止允许条件图

3）A空气预热器子组就地设备控制逻辑。A空气预热器子组就地设备包括A空气预热器电动马达、A空气预热器气动马达、A空气预热器出口二次风挡板、A省煤器出口烟气挡板。

a. A空气预热器电动马达控制逻辑。当循环水泵功能组启动完成且任意一台闭式冷却水泵启动后，A空气预热器电动马达允许启动。在机组厂用电失去后，A空气预热器

电动马达停止，当柴油发电机启动后，A 空气预热器电动马达立即联启。

b. A 空气预热器气动马达控制逻辑。当循环水泵功能组启动完成并且任意一台闭式冷却水泵启动后 A 空气预热器气动马达允许启动。当 A 空气预热器电动马达跳闸后 A 空气预热器气动马达立即联启。

c. A 空气预热器出口二次风挡板控制逻辑。如果 A 省煤器出口烟气挡板关闭，A 空气预热器二次风出口挡板可以关闭。A 空气预热器出口二次风挡板保护逻辑如图 5-5 所示。

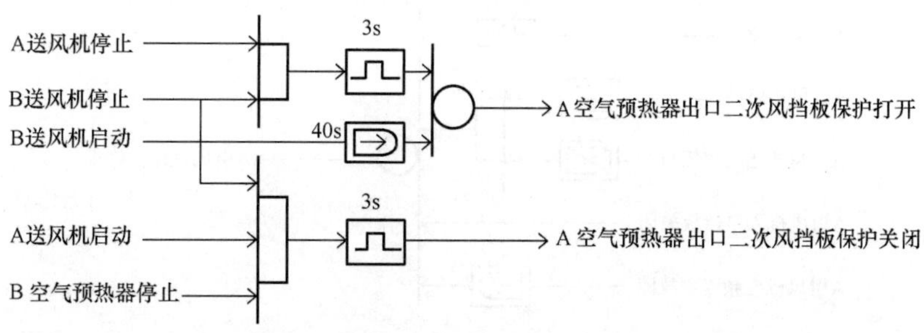

图 5-5　A 空气预热器出口二次风挡板保护逻辑图

d. A 省煤器出口烟气挡板控制逻辑。A 省煤器出口烟气挡板保护逻辑如图 5-6 所示。

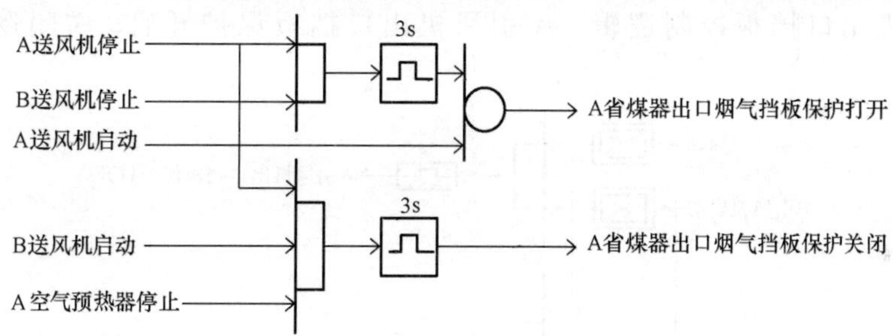

图 5-6　A 省煤器出口烟气挡板保护逻辑图

（2）A 引风机子组控制逻辑（A、B 相同，只介绍 A）。

1）A 引风机子组启动控制逻辑。A 引风机子组启动命令可以来自风烟系统功能组，也可以由运行人员从操作员站手动发出。在 A 空气预热器子组和循环水泵功能组启动结束后，A 引风机子组开始启动。首先关闭 A 引风机出口挡板和 A 引风机入口静叶，然后启动 A 引风机，最后打开 A 引风机出口挡板。

2）A 引风机子组停止控制逻辑。A 引风机子组停止命令可以来自风烟系统功能组，也可以由运行人员从操作员站手动发出。无论何种运行工况，运行人员可以选择停止 A 引风机子组。首先关闭 A 引风机入口静叶，然后停止 A 引风机，最后关闭 A 引风机出口挡板。

3）A 引风机子组就地设备控制逻辑。A 引风机子组就地设备包括 A 引风机、A 引风机入口挡板、A 引风机出口挡板。

a. A 引风机控制逻辑。A 引风机启动允许条件如图 5-7 所示，A 引风机保护停止逻辑如图 5-8 所示。

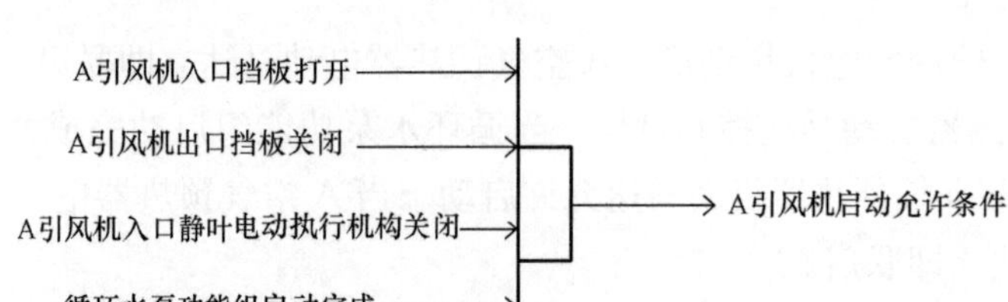

图 5-7　A 引风机启动允许条件图

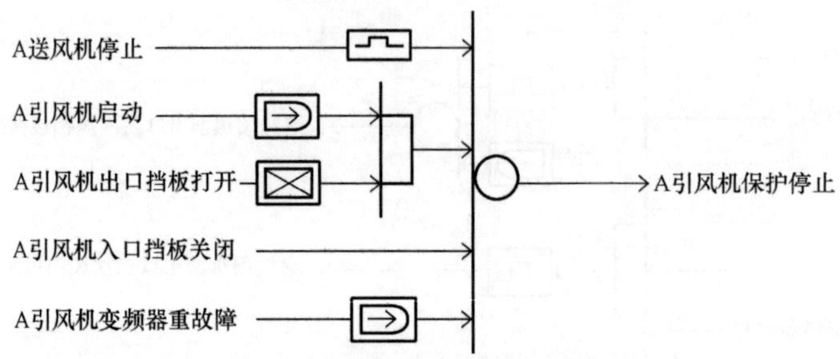

图 5-8　A 引风机保护停止逻辑图

b. A 引风机入口挡板关闭允许条件。A 引风机停止后其入口挡板允许关闭。

c. 引风机出口挡板控制逻辑。A 引风机出口挡板保护开启、关闭逻辑如图 5-9 所示。

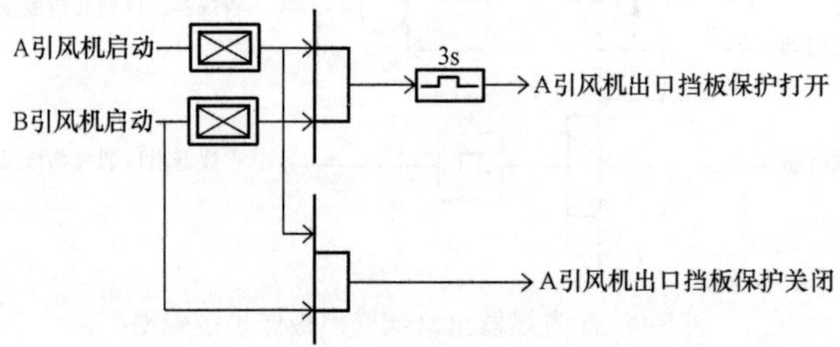

图 5-9　A 引风机出口挡板保护逻辑图

（3）A 送风机子组控制逻辑（A、B 相同，只介绍 A）。

1）A 送风机子组启动控制逻辑。A 送风机子组启动命令可以来自风烟系统功能组，也可以由运行人员从操作员站手动发出。如图 5-10 所示，条件全部满足后，A 送风机子组开始启动。首先选择启动一台控制油泵，随后关闭 A 送风机出口挡板和 A 送风机入口动叶，然后启动 A 送风机，最后打开 A 送风机出口挡板。

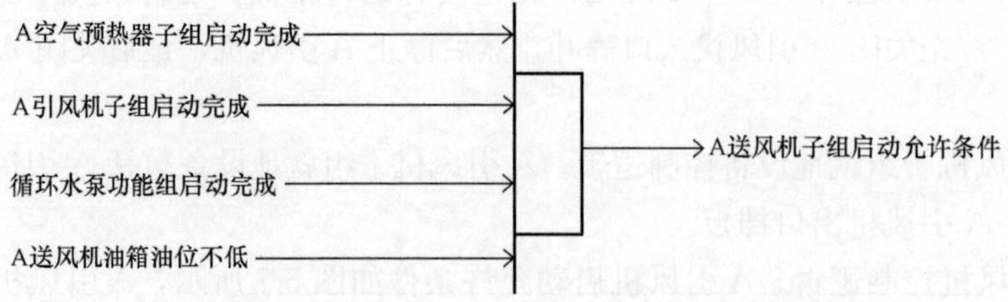

图 5-10　A 送风机子组启动允许条件图

2）A送风机子组停止控制逻辑。A送风机子组停止命令可以来自风烟系统功能组，也可以由运行人员从操作员站手动发出。无论何种运行工况，运行人员可以选择停止A送风机子组。首先停止A送风机，然后关闭A送风机出口挡板。

3）A送风机子组就地设备控制逻辑。A送风机子组就地设备包括A送风机、A1送风机控制油泵、A2送风机控制油泵、A送风机出口挡板。

a. 送风机控制逻辑。A送风机启动允许条件如图5-11所示，A送风机保护停止逻辑如图5-12所示。

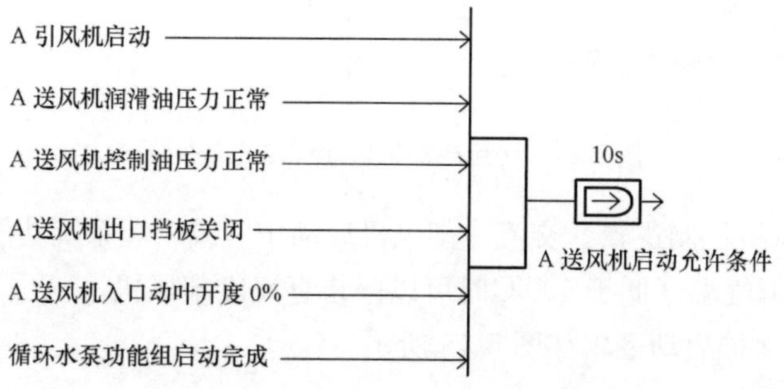

图5-11　A送风机启动允许条件图

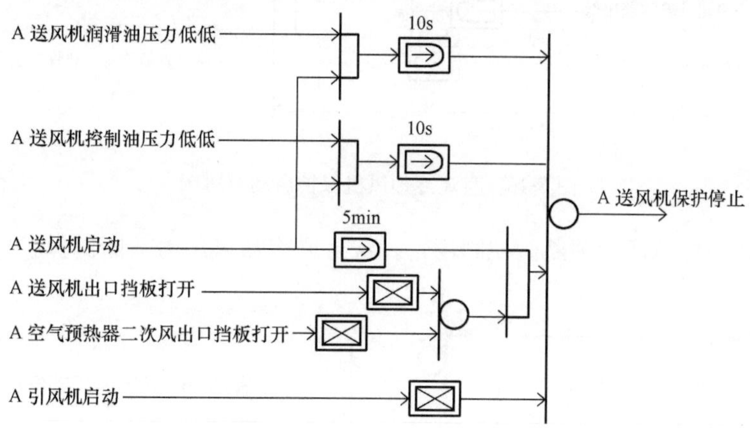

图5-12　A送风机保护停止逻辑图

b. A1送风机控制油泵控制逻辑（A1、A2、B1、B2相同，只介绍A1）。A送风机油箱油位不低，可以启动A1送风机控制油泵；如果A送风机启动后A2送风机控制油泵处于停止状态立即联启A1送风机控制油泵；如果机组厂用电失去，柴油发电机启动5s后联启A1送风机控制油泵。

c. A送风机出口挡板控制逻辑。A送风机出口挡板允许关闭条件是A送风机停止，A送风机出口挡板保护逻辑如图5-13所示。

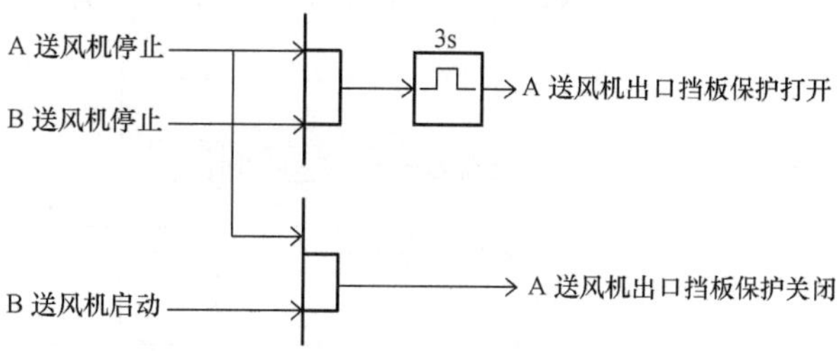

图5-13　A送风机出口挡板保护逻辑图

（4）其他就地设备控制逻辑。风烟系统功能组就地设备除子组内就地设备外，还有一部分设备因为在热力系统上和各个子组联系不紧密，无法归入子组控制，只能分别单独控制。这些就地设备包括交流冷却风机、直流冷却风机、密封风冷却风压力关断阀、炉膛烟温探针、送风机出口密封风挡板、送风机出口联络挡板、引风机入口联络挡板等。

1）交流冷却风机控制逻辑。交流冷却风机允许停止条件如图 5-14 所示。

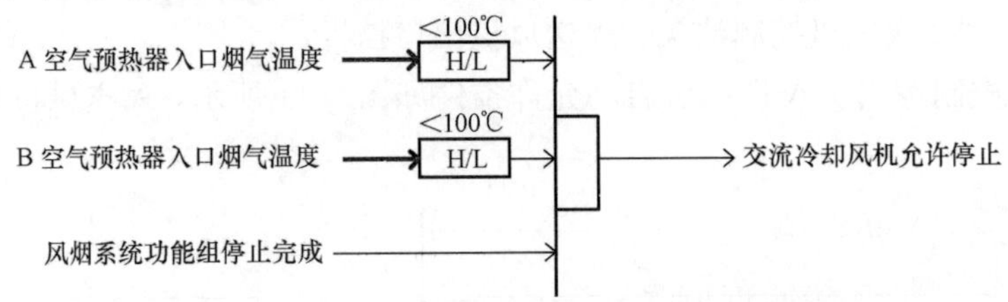

图 5-14　交流冷却风机允许停止条件图

2）直流冷却风机控制逻辑。交流冷却风机启动 10s 或风烟系统功能组停止完成且 A/B 空气预热器入口烟气温度低于 100℃时可以停止直流冷却风机。

直流冷却风机保护启动逻辑如图 5-15 所示。

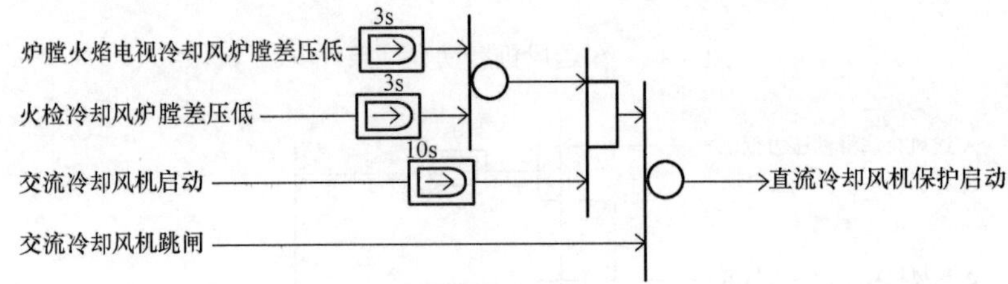

图 5-15　直流冷却风机保护启动逻辑图

3）密封风冷却风压力关断阀控制逻辑。密封风冷却风压力关断阀保护关闭逻辑如图 5-16 所示。

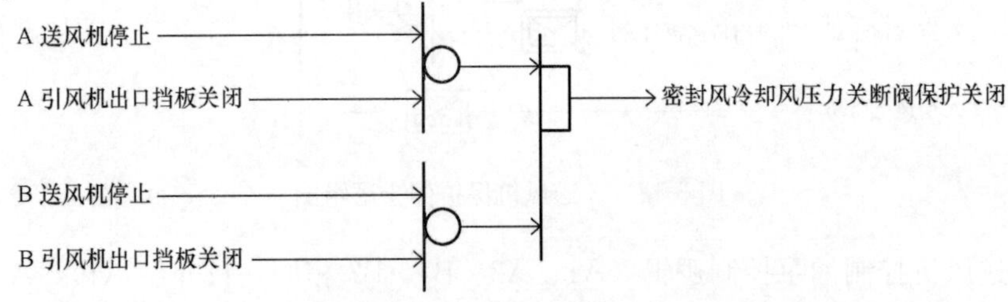

图 5-16　密封风冷却风压力关断阀保护关闭逻辑图

4）炉膛烟温探针控制逻辑。炉膛烟温探针保护退出逻辑如图 5-17 所示。

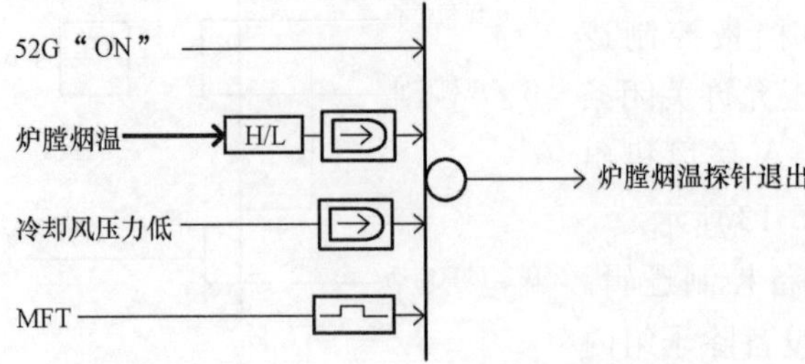

图 5-17　炉膛烟温探针保护退出逻辑图

5）送风机出口密封风挡板控制逻辑（A、B 相同，只介绍 A）。A 送风机出口密封风挡板开启命令在 A 送风机启动且出口挡板关限位脱开后发出。

6）送风机出口联络挡板控制逻辑。在 A/B 送风机启动 120s 后、A/B 引风机启动 120s 后、A/B 一次风机启动 120s 后，送风机出口联络挡板开启命令自动发出。运行人员也可以根据运行工况在操作员站手动开启送风机出口联络挡板。

送风机出口联络挡板关闭允许条件如图 5-18 所示。

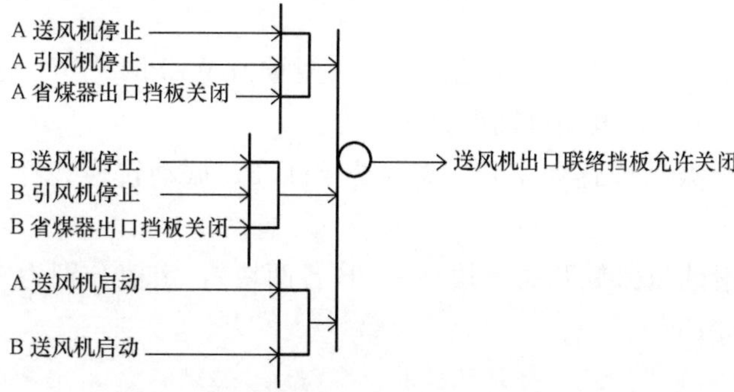

图 5-18　送风机出口联络挡板关闭允许条件图

送风机出口联络挡板保护逻辑在以下两个条件任意一台满足后，送风机出口联络挡板保护打开。①A 送风机、A 引风机任意一台停止且 A 省煤器出口挡板未关闭；②B 送风机 B 引风机任意一台停止且 B 省煤器出口挡板未关闭。

7）引风机入口联络挡板控制逻辑。在 A/B 送风机启动 120s 后、A/B 引风机启动 120s 后、A/B 一次风机启动 120s 后，引风机入口联络挡板开启命令自动发出。运行人员也可以根据运行工况在操作员站手动开启引风机入口联络挡板。

引风机入口联络挡板关闭允许条件如图 5-19 所示。

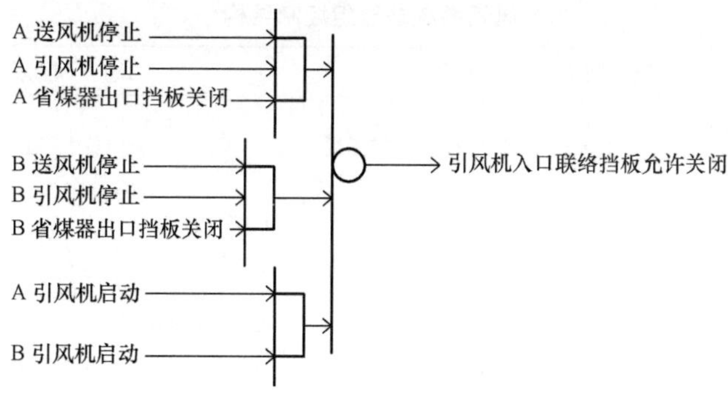

图 5-19　引风机入口联络挡板关闭允许条件图

引风机入口联络挡板保护逻辑在以下两个条件任意一条满足后，引风机入口联络挡板保护打开。①A 送风机、A 引风机任意一台停止且 A 省煤器出口挡板未关闭；②B 送风机、B 引风机任意一台停止且 B 省煤器出口挡板未关闭。

二、300MW 机组风烟系统功能组

（一）设备组成和功能

风烟系统顺序控制回路由就地测点、执行机构、控制逻辑等组成。

1. 就地测点

单台机组风烟系统共布置有以下就地测点：

(1) 空气预热器轴承温度PT100热电阻4支，布置地点为炉16m，用于高温报警。

(2) 引风机轴承温度PT100热电阻12支，引风机电动机线圈温度PT100热电阻12支，引风机电动机轴承温度4支。

(3) 引风机轴承振动探头4套，型号为ZHJ-2；振动转换装置2套，型号为JM-B-3L。

(4) 送风机轴承温度PT100热电阻12支，型号为WZPM2-201。送风机电动机线圈温度PT100热电阻12支，电动机轴承温度4支。

(5) 送风机轴承振动传感器4套，型号为ZHJ-2；振动转换装置2套，型号为JM-B-6L。

(6) 送风机润滑油压力低开关4块（A、B各两块），定值分别为0.8、2.5MPa，型号为5AC-AD45-M2-FIA。

2. 执行机构

本系统所包含电动执行机构全部为关断型电动执行机构，属于电气专业设备，本章不做介绍。主要包括A/B送风机出口挡板、送风机出口联络挡板、A/B引风机出口挡板、A/B引风机入口挡板、引风机入口联络挡板、A/B空气预热器一次风出口挡板、A/B空气预热器二次风出口挡板、A/B空气预热器烟气入口挡板等。

(二) 控制逻辑分析

风烟系统功能组分为A侧风烟功能组和B侧风烟功能组，下辖6个功能子组。功能子组包括A空气预热器子组、B空气预热器子组、A送风机子组、B送风机子组、A引风机子组、B引风机子组。功能组控制结构见表5-5。

表5-5 风烟系统功能组控制结构

功能组级	A侧风烟系统功能组			B侧风烟系统功能组		
功能子组级	A空气预热器子组	A引风机子组	A送风机子组	B空气预热器子组	B引风机子组	B送风机子组
设备驱动级	A空气预热器主电动机	引风机A	送风机A	B空气预热器主电动机	引风机B	送风机B
	A空气预热器辅助电动机	引风机A入口烟气挡板A/B	送风机A1号油泵	B空气预热器辅助电动机	引风机B入口烟气挡板A/B	送风机B1号油泵
	空气预热器A出口二次风挡板A/B	引风机A出口烟气挡板A/B	送风机A2号油泵	空气预热器B出口二次风挡板A/B	引风机B出口烟气挡板A/B	送风机B2号油泵
	空气预热器A入口烟气挡板	引风机A/B出口联络挡板	送风机A出口挡板A/B	空气预热器B入口烟气挡板	—	送风机B出口挡板A/B
	—	—	送风机A/B出口联络挡板	—	—	—

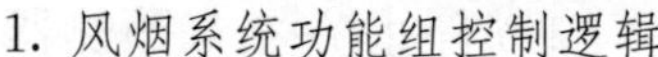

1. 风烟系统功能组控制逻辑

风烟系统功能组控制逻辑包含启动步序、停止步序等。由于两侧风烟系统逻辑相同，下面以A侧为例进行说明。

(1) A侧风烟系统功能组启动步序。A侧风烟系统功能组的启动命令由运行人员手动发出。运行人员可以根据现场实际情况决定是手动启动风烟系统功能组还是手动启动各个功能子组，启动步序如表5-6所示。

(2) A侧风烟系统功能组停止步序。A侧风烟系统功能组停止命令由运行人员手动发出，停止步序如表5-7所示。

表5-6　A侧风烟系统功能组启动步序

步序序号	步序指令
第一步（S1）	A空气预热器子组启动
第二步（S2）	A引风机子组启动
第三步（S3）	A送风机子组启动

表5-7　A侧风烟系统功能组停止步序

步序序号	步序指令
第一步（S1）	A送风机子组停止
第二步（S2）	A引风机子组停止

2. 风烟系统功能子组控制逻辑

风烟系统功能子组控制逻辑包含空气预热器子组控制逻辑、引风机子组控制逻辑、送风机子组控制逻辑、就地设备启停逻辑等。

(1) A空气预热器子组控制逻辑（A、B相同，只介绍A）。

1) A空气预热器子组启动步序。A空气预热器子组启动命令可以来自风烟系统功能组，也可以由运行人员手动发出。启动步序如表5-8所示。

2) A空气预热器子组停止步序。A空气预热器子组停止命令可以来自风烟系统功能组，也可以由运行人员手动发出。停止步序如表5-9所示。

表5-8　A空气预热器子组启动步序

步序序号	步序指令
第一步（S1）	A空气预热器二次风出口挡板打开 A空气预热器入口烟气挡板关闭
第二步（S2）	A空气预热器主电动机启动

表5-9　A空气预热器子组停止步序

步序序号	步序指令
第一步（S1）	A空气预热器主电动机停止
第二步（S2）	A空气预热器出口一次风挡板关闭
第三步（S3）	A空气预热器出口挡板关闭 A空气预热器入口挡板关闭

3) A空气预热器子组就地控制设备控制逻辑。A空气预热器子组就地控制设备包括A空气预热器主电动机、A空气预热器辅助电动机、A空气预热器入口烟气挡板、A空气预热器出口二次风挡板、A空气预热器出口一次风挡板。

a. 空气预热器A主电动机控制逻辑。

(a) 允许停止逻辑：当入口烟温小于100℃、对应侧引风机跳闸并且对应侧送风机跳闸三个条件同时满足时，A空气预热器主电动机允许停止。

(b) 允许启动逻辑：当出口二次风挡板关到位、入口烟气挡板关到位、轴承油温小于70℃且备用电动机未运行四个条件同时满足时，A空气预热器主电动机允许启动。

(c) 自动启动逻辑：当来自功能组启动指令发出后，自动启动A空气预热器主电动机。

（d）自动停止逻辑：当来自功能组停止指令发出后，自动停止A空气预热器主电动机。

（e）联锁启动逻辑：当A空气预热器辅助电动机跳闸后，立即联启A空气预热器主电动机。

b. A空气预热器辅助电动机控制逻辑。

（a）允许启动逻辑：当轴承油温小于70℃、主电动机未运行、空气预热器出口挡板关到位且空气预热器入口烟气挡板关到位四个条件同时满足时，A空气预热器辅助电动机允许启动。

（b）自动停止逻辑：当来自功能组停止指令发出后，自动停止A空气预热器辅助电动机。

（c）联锁启动逻辑：当A空气预热器主电动机跳闸后，立即联启A空气预热器辅助电动机。

c. A空气预热器一次风出口挡板控制逻辑。自动打开逻辑：当功能组送来打开指令或空气预热器A和B全停后，自动打开A空气预热器一次风出口挡板（所谓空气预热器停止是指主辅机电动机都停止）。

d. A空气预热器入口烟气挡板控制逻辑。A空气预热器入口烟气挡板由3只电动头驱动，3个电动头逻辑相似。

（a）自动关闭逻辑：当来自功能组关闭指令发出后，自动关闭A空气预热器入口烟气挡板。

（b）联锁打开逻辑：当空气预热器主电动机运行且不在低速水冲洗状态时，或空气预热器备用电动机运行且不在低速水冲洗状态时，联锁打开A空气预热器入口烟气挡板。

（c）联锁关闭逻辑：当空气预热器主、辅电动机全部跳闸后延时12s联锁关闭A空气预热器入口烟气挡板。

e. A空气预热器出口二次风挡板控制逻辑。A空气预热器出口二次风挡板由2只电动头驱动，A、B逻辑相似。

（a）自动打开逻辑：当来自功能组打开指令发出后，自动打开A空气预热器出口二次风挡板。

（b）自动关闭逻辑：当来自功能组关闭指令发出后，自动关闭A空气预热器出口二次风挡板。

（c）联锁打开逻辑：当空气预热器主电动机运行且不在低速水冲洗状态时，或空气预热器备用电动机运行且不在低速水冲洗状态时，联锁打开A空气预热器出口二次风挡板。

（d）联锁关闭逻辑：当空气预热器主、辅电动机全部跳闸后延时12s联锁关闭A空气预热器出口二次风挡板。

（2）A引风机子组控制逻辑（A、B相同，只介绍A）。

1）A引风机子组启动步序。A引风机子组启动命令可以来自风烟系统功能组，也可以由运行人员手动发出。启动步序如表5-10所示。

2）A引风机子组停止步序。A引风机子组停止命令可以来自风烟系统功能组，也可以由运行人员手动发出。停止步序如表5-11所示。

表 5-10　A 引风机子组启动步序

步序序号	步序指令
第一步（S1）	A 引风机油站启动
第二步（S2）	A 引风机轴承冷却风机启动
第三步（S3）	A 引风机入口静叶关闭
第四步（S4）	A 引风机入口挡板关闭
第五步（S5）	A 引风机出口挡板打开
第六步（S6）	A 引风机启动

表 5-11　A 引风机子组停止步序

步序序号	步序指令
第一步（S1）	A 引风机入口静叶关闭
第二步（S2）	A 引风机停止
第三步（S3）	A 引风机入口挡板关闭
第四步（S4）	A 引风机轴承冷却风机停止

3）A 引风机子组就地控制设备控制逻辑。A 引风机子组就地控制设备包括 A 引风机冷却风机、A 引风机入口挡板、A 引风机出口挡板、A 引风机电动机、A 引风机润滑油泵、A 引风机电加热器。

a. A 引风机冷却风机控制逻辑。A 引风机设有 A、B 2 台冷却风机，用于引风机轴承冷却。因为引风机抽吸的是高温烟气，所以轴承冷却显得非常重要。

（a）自动启动逻辑：当来自功能组启动指令发出后，自动启动 A 冷却风机。

（b）联锁启动逻辑：在 A 引风机运行时，如果 B 冷却风机跳闸则联锁 A 冷却风机启动。

（c）自动停止逻辑：当来自功能组停止指令发出后，自动停止 A 冷却风机。

b. A 引风机入口烟气挡板控制逻辑。A 引风机入口烟气挡板由 2 只电动头驱动，2 个电动头逻辑相同。

（a）自动打开逻辑：当来自功能组打开指令发出后，自动打开 A 引风机入口烟气挡板。

（b）联锁关闭逻辑：当引风机停运后，用一个脉冲信号联锁关闭入口烟气挡板。

（c）允许关闭逻辑：当 A 引风机停运后，允许入口烟气挡板关闭。

c. A 引风机出口挡板控制逻辑。A 引风机出口烟气挡板由 2 只电动头驱动，2 个电动头逻辑相同。

（a）允许关闭逻辑：当 A 引风机停运后，允许 A 引风机出口挡板关闭。

（b）联锁关闭逻辑：当 2 台引风机全停时，联锁关闭 A 引风机出口挡板。

（c）自动关闭逻辑：当来自功能组关闭指令发出后，自动关闭 A 引风机出口挡板。

d. A 引风机控制逻辑。

（a）允许启动逻辑：必须同时满足：①A 引风机轴承温度小于 85℃；②电动机轴承温度小于 80℃；③电动机线圈温度小于 110℃；④轴承振动小于 63℃；⑤润滑油站正常；⑥至少一台空气预热器运行；⑦至少一台冷却风机运行；⑧引风机入口挡板开（2 只都开）；⑨引风机出口挡板关（2 只都关）；⑩引风机静叶挡板开度小于 4%（要求上述挡板关闭的目的是防止大的启动电流持续时间过长）；⑪脱硫入口挡板开或旁路挡板开到位；⑫电气保护动作信号消失；⑬引风机跳闸条件消失共 13 项条件后，方才允许 A 引风机启动。

（b）保护停止逻辑：在 A 引风机正常运行时，如果满足以下任一条件，即：①大联锁投入时如果对应侧的送风机跳闸后延时 5s；②A 引风机启动 30s 后其出口电动关断挡板（HNA10AA703/HNA20AA703）仍未打开；③引风机轴承冷却风机全停并延时 120s；④引风机电动机油站故障后延时 3s；⑤2 台送风机全部跳闸；⑥电气保护动作，则联锁跳闸 A 引风机。

（3）A 送风机子组控制逻辑（A、B 相同，只介绍 A）。

1）A 送风机子组启动步序。A 送风机子组启动命令可以来自风烟系统功能组，也可以由运行人员手动发出。启动步序如表 5-12 所示。

2）A 送风机子组停止步序。A 送风机子组停止命令可以来自风烟系统功能组，也可以由运行人员手动发出。停止步序如表 5-13 所示。

表 5-12　A 送风机子组启动步序

步序序号	步序指令
第一步（S1）	A 送风机控制油泵启动
第二步（S2）	A 送风机出口挡板关闭 A 送风机入口动叶关闭
第三步（S3）	A 送风机启动
第四步（S4）	A 送风机出口挡板打开

表 5-13　A 送风机子组停止步序

步序序号	步序指令
第一步（S1）	A 送风机入口动叶关闭
第二步（S2）	A 送风机停止
第三步（S3）	A 送风机出口挡板关闭

3）A 送风机子组就地控制设备控制逻辑。A 送风机子组就地控制设备包括 A1 送风机润滑油泵、A2 送风机润滑油泵、A 送风机出口挡板、A 送风机动叶、A 送风机出口联络挡板、A 送风机等。

a. A 送风机 A 润滑油泵控制逻辑（每台送风机都设有 A、B 2 台油泵）。

（a）允许启动逻辑：当送风机油站油位正常时，允许 A 油泵启动。

（b）联锁启动逻辑：当 A 油泵为备用泵时，如果出现 B 泵停止或油压低信号，则联锁启动 A 油泵。

（c）允许停止逻辑：当 A 送风机运行且 B 油泵未跳闸时，允许 A 油泵停止。

b. A 送风机出口挡板控制逻辑。A 送风机出口挡板由 2 个电动头驱动，2 个电动头逻辑相同。

（a）允许关闭逻辑：当 A 送风机停止后，允许出口挡板关闭。

（b）保护关闭逻辑：当 2 台送风机全停或 A 送风机跳闸后延时 15s 保护关闭出口挡板。

c. A 送风机动叶控制逻辑。当 B 在运行且 A 已停时，SCS（顺序控制系统）发出指令给 CCS（协调控制系统），由 CCS（协调控制系统）发出指令去操作动叶。

d. A 送风机出口联络挡板控制逻辑。联锁关闭逻辑：当 2 台送风机全停时联锁关闭出口联络挡板。

e. A 送风机控制逻辑。

（a）启动允许逻辑：①当送风机动叶开度小于 4%；②送风机出口挡板全关；③润滑油压正常；④空气预热器主电动机运行；⑤油箱油位不低；⑥润滑油流量不低；⑦风机轴承温度小于 85℃；⑧电动机轴承温度小于 80℃；⑨电动机线圈温度小于 110℃共 9 项条件全部满足时，允许 A 送风机启动。

（b）保护停止逻辑：当以下任一信号触发时，即①2 台油泵均运行且润滑油压力低于 0. 1MPa 延时 30s 仍未复位；②2 台油泵全停延时 15s；③大联锁投入时对应侧引风机跳闸延时 10s；④送风机运行后延时 40s 其出口电动关断挡板未开启；⑤2 台引风机全部跳闸共 5 项内容，保护停止 A 送风机。

第四节 一次风系统功能组

一次风系统提供冷一次风和热一次风，冷、热一次风混合后进入磨煤机携带煤粉。一次风功能组主要控制一次风机启停、联锁保护等。本节主要分析一次风功能组设备构成及控制过程，同时对功能组所属设备的维护和检修进行简要说明。

一、350MW机组一次风系统功能组

（一）设备组成和功能

一次风功能组由输入信号、控制逻辑、输出信号等组成。

1. 输入信号

一次风功能组输入信号有挡板限位开关信号、电动机启停信号等。

2. 就地设备

就地设备处于功能组的最底层，对应现场具体的设备。一次风功能组就地设备清单见表5-14。

表5-14 一次风功能组就地设备

序号	设备名称	规格及型号	编码
1	A一次风机	—	SCS2-F105A
2	A一次风机出口挡板电磁阀	MVD801K-03-15A，DC 110V	MV-07501A
3	A空气预热器一次风入口挡板电磁阀	MVD801K-03-15A，DC 110V	MV-07502A
4	A空气预热器一次风出口挡板电磁阀	MVD801K-03-15A，DC 110V	MV-07503A
5	B一次风机	—	SCS2-F105B
6	B一次风机出口挡板电磁阀	MVD801K-03-15A，DC 110V	MV-07501B
7	B空气预热器一次风入口挡板电磁阀	MVD801K-03-15A，DC 110V	MV-07502B

（二）控制逻辑分析

一次风功能组有2个功能子组，包括A一次风机子组、B一次风机子组，见表5-15。

表5-15 一次风功能组控制结构

功能组级	一次风功能组			
功能子组级	A一次风机子组		B一次风机子组	
驱动设备级1 （能够进入子组控制的设备）	A一次风机		B一次风机	
	A一次风机出口挡板		B一次风机出口挡板	
驱动设备级2 （不能进入子组控制的设备）	A空气预热器一次风入口挡板	A空气预热器一次风出口挡板	B空气预热器一次风入口挡板	B空气预热器一次风出口挡板

1. 一次风功能组控制逻辑

一次风功能组控制逻辑包含启动控制逻辑和停止控制逻辑。

（1）一次风功能组启动控制逻辑。一次风功能组的启动命令可以来自APS（机组自动启动停止）系统，也可以由运行人员从操作员站上手动发出。在循环水泵功能组启动

后，一次风功能组允许启动。

(2) 一次风功能组停止控制逻辑。一次风功能组停止命令可以来自 APS（机组自动启动停止）系统，也可以由运行人员从操作员站手动发出。在锅炉 4 台磨煤机停止后，一次风系统可以停止。

2. 一次风机功能子组控制逻辑

一次风机功能子组控制逻辑包含 A/B 一次风机子组控制逻辑、就地设备启停逻辑等。

(1) A 一次风机子组控制逻辑（A、B 相同，只介绍 A）。

1) A 一次风机子组启动控制逻辑。A 一次风机子组启动命令可以来自一次风功能组，也可以由运行人员从操作员站手动发出。如果循环水功能组启动完成且 A 送风机子组启动完成，A 一次风机子组可以启动。启动开始后，首先关闭 A 一次风机出口挡板和入口静叶，然后启动 A 一次风机，最后打开 A 一次风机出口挡板。

2) A 一次风机子组停止控制逻辑。A 一次风机子组停止命令可以来自一次风功能组，也可以由运行人员从操作员站手动发出。运行人员可以根据现场情况随时停止 A 一次风机子组，首先关闭 A 一次风机入口静叶，然后停止 A 一次风机，最后关闭 A 一次风机出口挡板。

(2) A 一次风机子组就地设备控制逻辑。A 一次风机子组就地设备包括 A 一次风机、A 一次风机出口挡板。

1) A 一次风机控制逻辑。A 一次风机启动允许条件见图 5-20，A 一次风机保护逻辑见图 5-21。

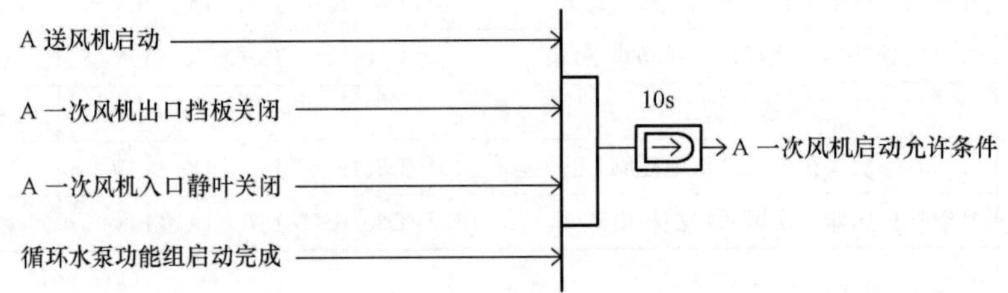

图 5-20　A 一次风机启动允许条件图

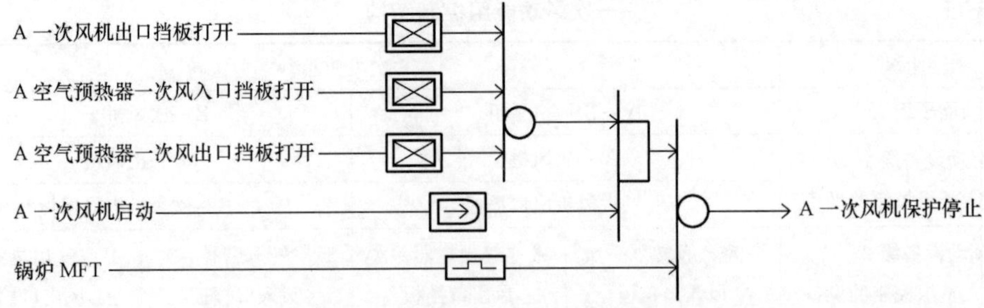

图 5-21　A 一次风机保护控制逻辑图

2) A 一次风机出口挡板控制逻辑。如果 A/B 一次风机全停，A 一次风机出口挡板要打开；如果 A 一次风机停止 B 一次风机启动，A 一次风机出口挡板立即关闭。

(3) 其他就地设备控制逻辑。锅炉一次风功能组就地设备除子组内设备外，还有一部

分设备因为在热力系统上和子组联系不紧密，无法归入子组控制，设为单独控制。包括A/B空气预热器一次风入口挡板、A/B空气预热器一次风出口挡板。

1）A空气预热器一次风入口挡板控制逻辑（A、B相同，只介绍A）。当A一次风机启动60s后发出A空气预热器一次风入口挡板开启命令，A一次风机启动120s后A空气预热器一次风入口挡板保护打开；如果A一次风机停止B一次风机启动则A空气预热器一次风入口挡板立即关闭。

2）A空气预热器一次风出口挡板控制逻辑（A、B相同，只介绍A）。A空气预热器一次风出口挡板控制逻辑同A空气预热器一次风入口挡板控制逻辑。

二、300MW机组一次风系统功能组

（一）设备组成和功能

一次风系统功能组由输入信号、控制逻辑、输出信号等组成。

1. 输入信号

一次风系统功能组输入信号除包含有电动挡板位置信号、电动机启停信号以外还涉及以下信号。

（1）一次风机轴承温度PT100热电阻4支，型号为WZPT-31；一次风机电动机线圈温度PT100热电阻12支，电动机轴承温度4支。

（2）一次风机轴承振动传感器8套，型号为ZHJ-2；振动转换装置2套，型号为JM-B-6L。

2. 就地控制设备

就地控制设备处于功能组的最底层，对应现场具体的设备。一次风系统功能组就地控制设备有7台，设备清单见表5-16。

表5-16　　一次风系统功能组就地控制设备

序号	设备名称	规格及型号	编　码	备注
1	A一次风机	—	3HFD10AN001	—
2	A一次风机出口挡板	—	3HFE10AA700	—
3	A空气预热器出口一次风挡板	—	3HFE12AA700	—
4	B一次风机	—	3HFD20AN001	—
5	B一次风机出口挡板	—	3HFE20AA700	—
6	B空气预热器出口一次风挡板	—	3HFE22AA700	—
7	A、B一次风机出口联络阀	—	3HFE30AA700	—

（二）控制逻辑分析

控制逻辑是功能组的主体，设备启停先后次序、设备间联锁保护都在控制逻辑中实现。控制逻辑分析包括功能组控制逻辑分析和功能子组控制逻辑分析。一次风系统功能组下辖2个功能子组，包括A一次风机子组、B一次风机子组。功能组控制结构见表5-17。

表 5-17　　一次风系统功能组控制结构

功能组级	一次风系统功能组	
功能子组级	A 一次风机子组	B 一次风机子组
驱动设备级	A 一次风机	B 一次风机
	A 一次风机出口挡板	B 一次风机出口挡板
	A 空气预热器出口一次风挡板	B 空气预热器出口一次风挡板
	A、B 一次风机出口联络阀	

1. A 一次风机子组控制逻辑（A、B 相同，只介绍 A）。

（1）A 一次风机子组启动步序。A 一次风机子组启动命令可以来自风烟系统功能组，也可以由运行人员手动发出。启动步序如表 5-18 所示。

（2）A 一次风机子组停止步序。A 一次风机子组停止命令可以来自风烟系统功能组，也可以由运行人员手动发出。停止步序如表 5-19 所示。

表 5-18　A 一次风机子组启动步序

步序序号	步序指令
第一步（S1）	A 一次风机入口动叶关闭
第二步（S2）	A 一次风机出口挡板关闭
第三步（S3）	A 一次风机启动
第四步（S4）	A 一次风机出口挡板打开

表 5-19　A 一次风机子组停止步序

步序序号	步序指令
第一步（S1）	A 一次风机入口动叶关闭
第二步（S2）	A 一次风机停止
第三步（S3）	A 一次风机出口挡板关闭

2. A 一次风机子组就地控制设备控制逻辑

A 一次风机子组就地控制设备包括 A 一次风机、A 一次风机出口挡板、A 一次出口联络挡板。

（1）A 一次风机出口挡板控制逻辑。

1）自动打开逻辑：当来自功能组打开指令发出后，自动打开 A 一次风机出口挡板。

2）自动关闭逻辑：当来自功能组关闭指令发出后，自动关闭 A 一次风机出口挡板。

3）联锁打开逻辑：当 A 一次风机运行后 15s，联锁打开 A 一次风机出口挡板。

4）联锁关闭逻辑：当 A 一次风机跳闸后或 A/B 一次风机全部停止时，联锁关闭 A 一次风机出口挡板。

5）允许打开逻辑：当 A/B 任意一台一次风机运行后，允许 A 一次风机出口挡板打开。

6）允许关闭逻辑：当 A 一次风机停止后，允许 A 一次风机出口挡板关闭。

（2）A、B 一次风机出口联络挡板控制逻辑。

1）联锁打开逻辑：只要有任意一台一次风机运行，则联锁打开一次风机出口联络挡板。

2）自动关闭逻辑：当以下任一条件满足，则自动关闭一次风机出口联络挡板。即①A 一次风机功能子组启动且 B 一次风机未运行；②B 一次风机功能子组启动且 A 一次风机未运行；③B 一次风机功能组停止指令发出。

（3）A 一次风机控制逻辑。

1）允许启动逻辑：当同时满足下列所有条件时，即：①入口挡板开度小于5%；②无MFT跳闸信号；③出口挡板关闭；④空气预热器出口一次风挡板开；⑤出口冷风挡板开；⑥出口联络阀关；⑦磨煤机入口总风挡板全关；⑧A空气预热器任意一台电动机运行；⑨A送风机运行或B送风机运行同时送风机出口联络阀开；⑩风机轴承温度小于70℃；⑪电动机线圈温度小于110℃；⑫电动机轴承温度小于80℃；⑬风机振动小于6.3共计13项内容同时满足，允许一次风机启动。

2）自动启动逻辑：当来自功能组启动指令发出后，自动启动A一次风机。

3）自动停止逻辑：当来自功能组停止指令发出后，自动停止A一次风机。

4）允许停止逻辑：当B一次风机运行或者磨煤机全停时，允许A一次风机停止。

5）保护停止逻辑：当MFT动作或者大联锁投入时2台送风机跳闸，或一次风机运行30s后，其出口挡板仍未开启延时5s三个条件任一满足时，保护停止A一次风机。

第五节 辅助蒸汽系统功能组

单元制机组均设置了辅助蒸汽系统。辅助蒸汽系统的作用是保证机组安全可靠地启动合停机，以及在低负荷和异常工况下提供必要参数和数量都符合要求的汽源，同时向有关设备提供生产加热用汽。

一、350MW机组辅助蒸汽系统

（一）设备组成和功能

辅助蒸汽功能组由输入信号、控制逻辑、输出信号等组成。

1. 输入信号

辅助蒸汽功能组输入信号，见表5-20。

表5-20 辅助蒸汽功能组输入信号

序号	设备名称	规格及型号	编码	安装位置
1	锅炉冷端再热器蒸汽压力正常压力开关	CQ30-2M3	PS-08201	BLP-220
2	汽轮机四段抽汽压力正常压力开关	CQ30-2M3	PS-08301	TLP-405

2. 就地设备

辅助蒸汽功能组就地设备见表5-21。

表5-21 辅助蒸汽功能组就地设备

序号	设 备 名 称	规格及型号	编码	备注
1	再热蒸汽冷端供汽电动阀	—	MV-08201	—
2	四段抽汽供汽电动阀	—	MV-08301	—
3	辅助蒸汽（0.8MPa过热蒸汽）联箱疏水关断阀	J320G186 DC 110V	XV-08302	—
4	辅助蒸汽（0.8MPa饱和蒸汽）联箱疏水关断阀	J320G186 DC 110V	XV-08303	—
5	辅助蒸汽（2.1MPa过热蒸汽）联箱疏水关断阀	J320G186 DC 110V	XV-08201	—
6	暖风器蒸汽供汽电动阀	—	MV-08202	—

（二）控制逻辑分析

控制逻辑是功能组的主体，设备启停、联锁保护都在控制逻辑中实现。辅助蒸汽功能控制结构见表5-22。

表5-22　辅助蒸汽功能组控制结构

功能组级	辅助蒸汽功能组					
驱动设备级	再热蒸汽冷端供汽电动阀	四段抽汽供汽电动阀	辅助蒸汽（0.8MPa过热蒸汽）联箱疏水关断阀	辅助蒸汽（0.8MPa饱和蒸汽）联箱疏水关断阀	辅助蒸汽（2.1MPa过热蒸汽）联箱疏水关断阀	暖风器蒸汽供汽电动阀

1. 辅助蒸汽功能组控制逻辑

辅助蒸汽功能组采用事件型宏逻辑，该宏逻辑有自动和手动两种方式。辅助蒸汽功能组自动方式命令可以来自APS（机组自动启动停止）系统，也可以由运行人员从操作员站上手动发出。

2. 辅助蒸汽功能组就地设备控制逻辑

辅助蒸汽功能组就地设备包括再热蒸汽冷端供汽电动阀、四段抽汽供汽电动阀等。

（1）再热蒸汽冷端供汽电动阀控制逻辑。辅助蒸汽功能组在自动方式，锅炉冷端再热器蒸汽压力正常，机组负荷指令大于40%时发出再热蒸汽冷端供汽电动阀开命令。

（2）四段抽汽供汽电动阀控制逻辑。辅助蒸汽功能组在自动方式，四段抽汽压力正常，机组负荷指令大于95%时发出四段抽汽供汽电动阀开命令；如果四段抽汽压力不正常或机组负荷指令小于95%时发出四段抽汽供汽电动阀关命令。

二、300MW机组辅助蒸汽系统

300MW机组辅助蒸汽汽源包括：350MW机组、冷端再热器蒸汽、四段抽汽。350MW机组和冷端再热器蒸汽供应高压辅助蒸汽，低压辅助蒸汽则由高压辅助蒸汽供给。高压辅助蒸汽的用户主要是空气预热器吹灰用汽及低压辅助蒸汽联箱，高压辅助蒸汽联箱的压力由气动调节阀通过调节进入高压联箱的冷端再热器蒸汽量来控制。低压辅助蒸汽由高压辅助蒸汽供应，当四段抽汽压力适当后，可由四段抽汽提供。低压辅助蒸汽的压力可由连接高压和低压辅助蒸汽母管之间的管道上的气动调节阀调节，低压辅助蒸汽的用户有轴封系统、磨煤机消防系统、发电机密封油加热系统、燃油加热系统等。

（一）设备组成和功能

辅助蒸汽系统由输入信号、控制逻辑、输出信号等组成。

1. 输入信号

辅助蒸汽功能组输入信号有压力开关信号等，输入信号清单见表5-23。

表5-23　辅助蒸汽功能组输入信号

序号	设备名称	规格及型号	编码	安装位置
1	中压辅助蒸汽至燃油吹扫伴热用汽温度	WRER2-14	3LBG60CT001	—
2	中压辅助蒸汽至主厂房采暖用汽温度	WRER2-14	3LBG20CT002	—

续表

序号	设备名称	规格及型号	编码	安装位置
3	磨煤机消防用汽蒸汽温度	WRER2-14	3LBG70CT001	—
4	中压辅助蒸汽母管温度	WRER2-13	3LBG20CT001	—
5	中压辅助蒸汽母管压力	EJA430-DAS5A-62DC	3LBG20CP001	—
6	中压辅助蒸汽联箱温度	WRER2-13	3LBG01CT001	—
7	中压辅助蒸汽联箱压力	EJA430-DAS5A-62DC	3LBG01CP001	—
8	老厂来辅助蒸汽蒸汽温度	WRER2-13	3LBG10CT001	—
9	高压辅助蒸汽母管温度	WRER2-13	3LBG10CT002	—
10	老厂来辅助蒸汽压力	EJA430A-DAS5A-62DC	3LBG10CP001	—
11	高压辅助蒸汽母管压力	EJA430A-DAS5 A-62DC	3LBG10CP002	—
12	冷端至高压辅助蒸汽母管压力	EJA430A-DAS5A-62DC	3LBG13CP001	—
13	冷端至高压辅助蒸汽母管温度	WRER2-13	3LBG13CT001	—
14	老厂至高压辅助蒸汽母管流量变送器	EJA110A-DHS5A-62DC	3LBG10DP001	—
15	冷端至高压辅助蒸汽母管流量变送器	EJA110A-DHS5A-62DC	3LBG13DP001	—

2. 就地控制设备

就地控制设备处于功能组的最底层，对应现场具体的设备。辅助蒸汽功能组就地控制设备有 7 台，设备清单见表 5-24。

表 5-24　　辅助蒸汽功能组就地控制设备

序号	设备名称	规格及型号	编码	备注
1	冷端至高压辅助蒸汽前电动阀	—	3LBG13AA130	—
2	中压辅助蒸汽联箱入口电动阀	—	3LBG21AA130	—
3	高压辅助蒸汽母管至 4 号机高压辅助蒸汽电动阀	—	3LBG10AA130	—
4	中压辅助蒸汽至除氧器前电动阀	—	3LBG90AA200	—
5	中压辅助蒸汽至除氧器后电动阀	—	3LBG90AA201	—
6	中压辅助蒸汽至轴封系统电动阀	—	3LBG80AA130	—
7	高压辅助蒸汽至中压辅助蒸汽前电动阀	—	3LBG12AA130	—

（二）控制逻辑分析

辅助蒸汽系统未设计功能组逻辑，单台设备启停、联锁保护控制逻辑分析如下：

（1）冷端再热器至辅助蒸汽电动阀控制逻辑。当 MFT 动作时，紧急关闭冷端再热器至辅助蒸汽电动阀。

（2）高压辅助蒸汽至中压辅助蒸汽电动阀控制逻辑。高压辅助蒸汽至中压辅助蒸汽电动阀只设计有手动开、关功能。

（3）除氧器压力调节阀前电动阀（调节汽阀后电动阀逻辑相同）控制逻辑。除氧器压力调整阀前后电动阀只设计有手动开、关功能。

（4）辅助蒸汽至汽轮机轴封系统电动阀控制逻辑。辅助蒸汽至汽轮机轴封系统电动阀只设计有手动开、关功能。

(5) 高压母管至4号机高压辅助蒸汽电动阀控制逻辑。高压母管至4号机高压辅助蒸汽电动阀只设计有手动开、关功能。

(6) 中压辅助蒸汽联箱入口电动阀控制逻辑。中压辅助蒸汽联箱入口电动阀控制逻辑只设计有手动开、关功能。

第六节　润滑油系统功能组

主机供油系统主要是指汽轮发电机组的润滑油系统、顶轴油系统、调节保安油系统，是保证机组安全稳定运行的重要系统。润滑油系统包括主油泵、交流润滑油泵、直流润滑油泵、密封油泵、顶轴油泵等设备，润滑油系统主要用于提供汽轮机启动、正常运行、停机用润滑油和控制油。

一、350MW机组润滑油系统

(一) 设备组成和功能

润滑油功能组由输入信号、控制逻辑、输出信号等组成。

1. 输入信号

润滑油功能组输入信号有压力开关信号等，见表5-25。

表5-25　润滑油功能组输入信号

序号	设备名称	规格及型号	编码	安装位置
1	主油箱油位低液位开关	B40-5C20-CNB	LS-04701B	主油箱附近
2	汽轮机AOP自启动油压压力开关	CQ30-2M3	PS-04701	TLP-220
3	汽轮机TOP自启动油压压力开关	CQ30-2M3	PS-04702	TLP-220
4	汽轮机EOP自启动油压压力开关	CQ30-2M3	PS-04703	TLP-220

2. 就地设备

润滑油功能组就地设备见表5-26。

表5-26　润滑油功能组就地设备

序号	设备名称	规格及型号	编码	备注
1	汽轮机辅助油泵	—	SCS3-P107	—
2	汽轮机盘车油泵	—	SCS3-P108	—
3	汽轮机事故油泵	—	SCS3-P109	—
4	汽轮机主油箱A排烟风机	—	SCS3-F106A	—
5	汽轮机主油箱B排烟风机	—	SCS3-F106B	—
6	发电机空侧密封油泵	—	—	—
7	发电机氢侧密封油泵	—	—	—

(二) 控制逻辑分析

控制逻辑是功能组的主体，设备启停、联锁保护都在控制逻辑中实现，润滑油功能组控制结构见表 5-27。

表 5-27　润滑油功能组控制结构

功能组级	汽轮机润滑油功能组				
驱动设备级	汽轮机辅助油泵（AOP）	汽轮机盘车油泵（TOP）	汽轮机事故油泵（EOP）	主油箱 A 排烟风机	主油箱 B 排烟风机
	发电机空侧密封油泵	发电机氢侧密封油泵	—	—	—

1. 润滑油功能组控制逻辑

润滑油功能组采用事件型宏逻辑，该宏逻辑有自动和手动两种方式。润滑油功能组自动方式命令可以来自 APS（机组自动启动停止）系统，也可以由运行人员从操作员站上手动发出。

2. 润滑油功能组就地设备控制逻辑

润滑油功能组就地设备包括汽轮机辅助油泵（AOP）、汽轮机盘车油泵（TOP）、汽轮机事故油泵（EOP）、主油箱 A 排烟风机、主油箱 B 排烟风机、发电机空侧密封油泵、发电机氢侧密封油泵等。

（1）汽轮机辅助油泵（AOP）控制逻辑。润滑油功能组在自动方式，锅炉 MFT 复位，凝汽器真空大于 70mmHg（9.3324×10^3Pa）时发出辅助油泵启动短信号；汽轮机复位后又发生汽轮机跳闸，当汽轮机转速大于 2950r/min 后发出辅助油泵启动长信号；汽轮机复位后冲转，当汽轮机转速大于 2950r/min 后发出辅助油泵停止信号；汽轮机跳闸，盘车油泵启动延时 10s，锅炉 MFT 或汽轮机破坏真空，当汽轮机转速小于 50r/min 时发出辅助油泵停止信号。

汽轮机跳闸或 AOP 润滑油压力低时辅助油泵立即联动。汽轮机辅助油泵启停控制逻辑如图 5-22 所示。

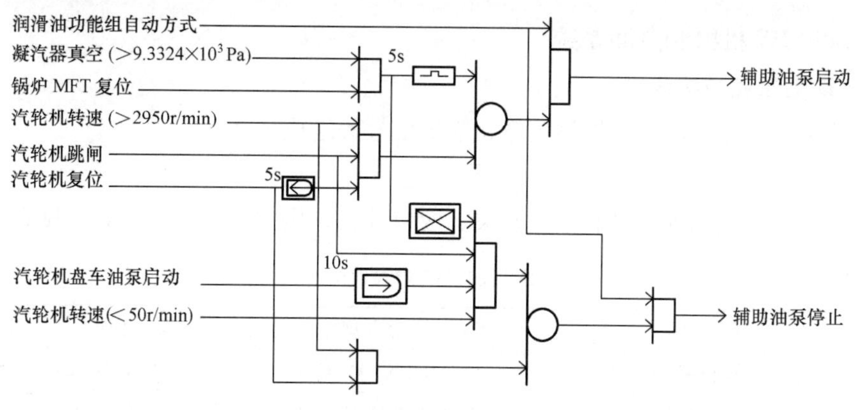

图 5-22　辅助油泵启停控制逻辑图

（2）汽轮机盘车油泵（TOP）控制逻辑。润滑油功能组在自动方式，汽轮机跳闸 10s 后辅助油泵未启动，当汽轮机转速小于 2900r/min 时发出盘车油泵启动命令；润滑油功能组在自动方式，汽轮机跳闸后当汽轮机转速小于 50r/min 时发出盘车油泵启动命令，这一启动命令维持 60s 后消失。

润滑油功能组在自动方式，辅助油泵和盘车油泵共同运行 20s，凝汽器真空大于 70mmHg 后发出盘车油泵停止命令。

当 TOP 润滑油压力低、AOP 联动命令发出后 AOP 未启动、AOP 跳闸、柴油发电机启动后，盘车油泵立即联动。盘车油泵控制逻辑如图 5-23 所示。

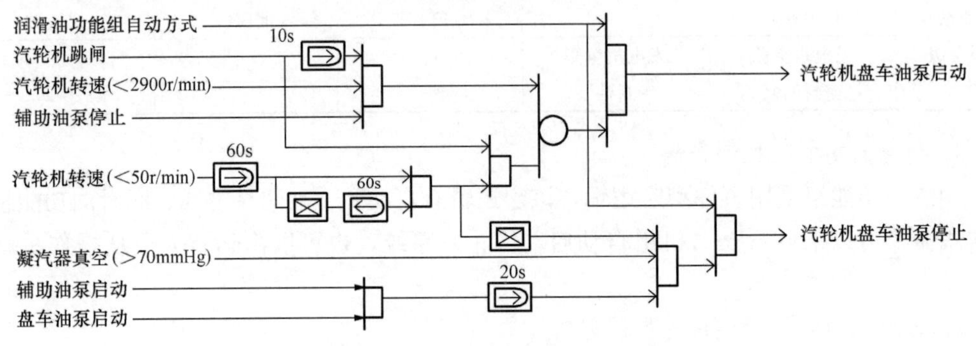

图 5-23　盘车油泵启停控制逻辑图

(3) 汽轮机事故油泵（EOP）控制逻辑。EOP 润滑油压力低或 TOP 跳闸，事故油泵立即联动。

(4) 主油箱 A 排烟风机控制逻辑（A、B 相同，只介绍 A）。只要润滑油功能组在自动方式，主油箱排烟风机就启动；当汽轮机跳闸后辅助油泵、盘车油泵、事故油泵全部停止 30min 后主油箱 A 排烟风机立即停止。

(5) 发电机空侧密封油泵控制逻辑。发电机空侧密封油泵的控制功能在发电机密封油控制柜中实现。

(6) 发电机氢侧密封油泵控制逻辑。发电机氢侧密封油泵的控制功能在发电机密封油控制柜中实现。

二、300MW 机组润滑油系统

(一) 设备组成和功能

润滑油系统由输入信号、控制逻辑、输出信号等组成。

1. 输入信号

润滑油控制系统输入信号有压力开关、液位开关、压力变送器等，具体见表 5-28。

表 5-28　　润滑油系统输入信号

序号	设备名称	规格及型号	编码	安装位置
1	直流事故油泵出口压力低	4RN-K5-M4-CIA	3MAV10CP201	—
2	直流事故油泵出口压力	EJA430A-DAS5A-62DC	3MAV10CP001	—
3	交流润滑油泵出口压力低	4RN-K5-M4-CIA	3MAV10CP202	—
4	交流润滑油泵出口压力	EJA430A-DAS5A-62DC	3MAV10CP002	—
5	汽轮机润滑油箱油温	Pt100，0～150℃	3MAV10CT351	—
6	汽轮机润滑油箱压力 1	52RN-K116-N4-CIA	3MAV10CT203	—
7	汽轮机润滑油箱压力 2	52RN-K116-N4-CIA	3MAV10CT204	—

续表

序号	设备名称	规格及型号	编码	安装位置
8	主油箱液位 1	732A-FBC4P-A2-N4-TTX371	3MAV10CL201	—
9	主油箱液位 2	732A-FBC4P-A2-N4-TTX371	3MAV10CL202	—
10	汽轮机润滑油压力	EJA430A-DAS5A-62DC	3MAV10CP003	—
11	润滑油压力低 1	4RN-EE5-M4-CIA	3MAV10CP211	—
12	润滑油压力低 2	4RN-EE5-M4-CIA	3MAV10CP212	—
13	润滑油压力低 3	4RN-EE5-M4-CIA	3MAV10CP213	—
14	润滑油压力低 4	4RN-EE5-M4-CIA	3MAV10CP214	—
15	汽轮机润滑油压力 1	4RN-EE5-M4-CIA	3MAV10CP207	—
16	汽轮机润滑油压力 2	4RN-EE5-M4-CIA	3MAV10CP208	—
17	汽轮机润滑油压力 3	4RN-EE5-M4-CIA	3MAV10CP215	—
18	汽轮机润滑油压力 4	4RN-EE5-M4-CIA	3MAV10CP216	—
19	A 顶轴油泵入口压力低	44V1-K4-N4-BIA-X371	3MAF10CP201	—
20	B 顶轴油泵入口压力低	44V1-K4-N4-BIA-X371	3MAF20CP201	—
21	顶轴油母管压力低	9NN-K45-N4-02A-TT	3MAF30CP201	—
22	发电机 1 号轴承顶轴油压力低 1	1NN-EE45-N4-FIA-X371	3MAF41CP201	—
23	发电机 2 号轴承顶轴油压力低 2	1NN-EE45-N4-FIA-X371	3MAF42CP201	—
24	发电机 3 号轴承顶轴油压力低 3	1NN-EE45-N4-FIA-X371	3MAF43CP201	—
25	发电机 4 号轴承顶轴油压力低 4	1NN-EE45-N4-FIA-X371	3MAF44CP201	—

2. 就地控制设备

就地控制设备处于功能组的最底层，对应现场具体的设备。润滑油控制系统就地控制设备有 7 台，设备具体见表 5-29。

表 5-29　润滑油控制系统就地控制设备

序号	设备名称	规格及型号	编码	备注
1	交流油泵	—	3MAV10AP002	—
2	直流油泵	—	3MAV10AP001	—
3	密封油泵	—	3MAV10AP011	—
4	A 顶轴油泵	—	3MAF10AP001	—
5	B 顶轴油泵	—	3MAF20AP001	—
6	A 排烟风机	—	3MAV10AN001	—
7	B 排烟风机	—	3MAV10AN002	—

（二）控制逻辑分析

润滑油系统未设计功能组逻辑，单台设备有以下控制逻辑。

1. 交流油泵控制逻辑

（1）联锁启动逻辑：当交流润滑油泵处于备用状态时，若润滑油压低于 0.08MPa，联锁启动交流润滑油泵。

(2) 保护启动逻辑：当汽轮机转速低于2850r/min或汽轮机跳闸后，启动交流油泵。

(3) 允许停止逻辑：当汽轮机转速大于2990r/min且润滑油压力不低，或在汽轮机跳闸后盘车未运行前顶轴油泵全部运行的情况下，且转速小于1r/min，允许交流油泵停止。

2. 直流油泵（事故油泵）控制逻辑

(1) 允许停止逻辑：当交流油泵运行时或汽轮机转速大于2990r/min且润滑油压力不低，允许停止直流油泵。

(2) 保护启动逻辑：当直流油泵处于备用状态时，若交流油泵运行同时润滑油压低于0.07MPa或者交流油泵未运行且润滑油压低于0.07MPa，自动启动直流油泵。

3. 密封油泵控制逻辑

(1) 允许停止逻辑：当汽轮机跳闸后转速低于1r/min且盘车未启动时，允许停止密封油泵。

(2) 保护启动逻辑：当汽轮机转速低于2850r/min或汽轮机跳闸时，保护启动密封油泵。

(3) 联锁启动逻辑：当空侧备用密封油压低或汽轮机润滑油压低时，联锁启动密封油泵。

4. 顶轴油泵控制逻辑

(1) 允许启动逻辑：当顶轴油泵入口滤网差压不高且交、直流油泵未运行时，允许启动顶轴油泵。

(2) 允许停止逻辑：当汽轮机转速大于600r/min时允许停止A顶轴油泵；当汽轮机跳闸后转速小于1r/min且盘车未启动的情况或B顶轴油泵运行时，允许停止A顶轴油泵。

(3) 保护停止逻辑：当发生汽轮机转速大于600r/min、A顶轴油泵入口滤网压力低低、交/直流油泵未运行或事故跳闸（电气信号）任一情况发生时，保护停止A顶轴油泵。

(4) 联锁启动逻辑：当B顶轴油泵运行时如果顶轴油母管压力低则联锁启动A顶轴油泵，或汽轮机转速低于200r/min且B顶轴油泵未运行时联锁启动A顶轴油泵。

5. 排烟风机控制逻辑

(1) 联锁启动逻辑：A排烟风机处于备用方式时，当油箱压力高或B排烟风机停运联锁启动A排烟风机。

(2) 保护停止逻辑：当电气事故跳闸信号触发时，A排烟风机跳闸。

第七节 盘车系统功能组

盘车系统在汽轮机启动、停机时盘动汽轮机转子，保证转子均匀加热、冷却。盘车功能组采用事件型宏逻辑控制相关设备的启停、联锁。本节主要分析盘车功能组设备构成及控制过程，同时对功能组所属设备的维护和检修进行简要说明。

一、350MW机组盘车系统

（一）设备组成和功能

盘车功能组由输入信号、控制逻辑、输出信号等组成。

1. 输入信号

盘车功能组输入信号有压力开关信号等，具体见表5-30。

表5-30　　　　盘车功能组输入信号

序号	设备名称	规格及型号	编码	安装位置
1	汽轮机零转速探头	—	SE-04202	汽轮机前轴承箱内部
2	盘车润滑油压力低压力开关	CQ30-2M3	PS-04704	TLP-220
3	盘车齿轮齿连接限位开关	—	ZS-04209	盘车电动机下方控制箱

2. 就地设备

盘车功能组就地设备见表5-31。

表5-31　　　　盘车功能组就地设备

序号	设备名称	规格及型号	编码	备注
1	盘车电动机	—	SCS3-M102	—
2	盘车齿轮啮合/脱开电磁阀	FV-210-335 DC 110V CATALOG No.：8318D19	SV-04211 SV-04212	—
3	盘车供油电磁阀	S211KF98N8DG4 DC 110V	SV-04210	—
4	发电机空侧事故密封油泵	—	—	—
5	发电机氢侧事故密封油泵	—	—	—

（二）控制逻辑分析

控制逻辑是功能组的主体，设备启停、联锁保护都在控制逻辑中实现。盘车功能组控制结构见表5-32。

表5-32　　　　盘车功能组控制结构

功能组级	汽轮机盘车功能组				
驱动设备级	盘车电动机	盘车齿轮啮合/脱开电磁阀	盘车供油电磁阀	发电机空侧事故密封油泵	发电机氢侧事故密封油泵

1. 盘车功能组控制逻辑

盘车功能组采用事件型宏逻辑，该宏逻辑有自动和手动两种方式。盘车功能组自动方式命令可以来自APS（机组自动启动停止）系统，也可以由运行人员从操作员站上手动发出。

2. 盘车功能组就地设备控制逻辑

盘车功能组就地设备包括盘车电动机、盘车齿轮啮合/脱开电磁阀、盘车供油电磁阀、发电机空侧事故密封油泵、发电机氢侧事故密封油泵等。

（1）盘车电动机控制逻辑：盘车功能组在自动方式，盘车不在点动方式，盘车齿轮啮合或齿连接，汽轮机跳闸，汽轮机转速小于2r/min延时3s发出盘车电动机启动命令；盘车功能组在自动方式，盘车不在点动方式，汽轮机转速大于10r/min后发出盘车电动机停止命令。

如果盘车在点动方式且点动按钮按下，此时盘车润滑油压力和发电机密封油差压都不低，盘车电动机立即联动；如果盘车润滑油压力低或发电机密封油差压低信号存在，盘车电动机立即联停。盘车电动机启停控制逻辑如图 5-24 所示。

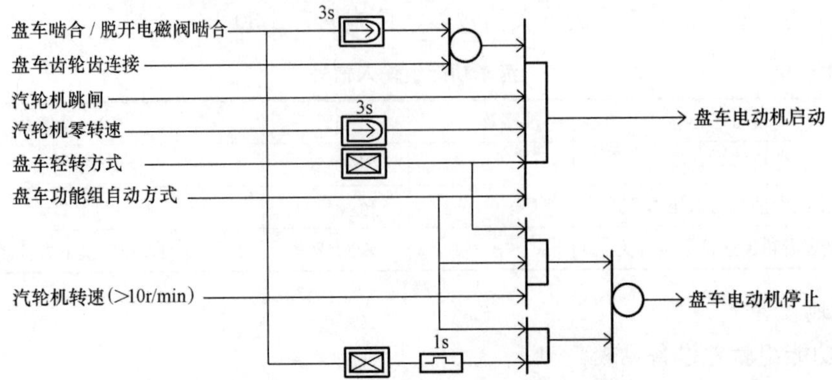

图 5-24　盘车电动机启停控制逻辑图

（2）盘车齿轮啮合/脱开电磁阀控制逻辑：盘车功能组在自动方式，盘车不在点动方式，盘车供油电磁阀打开，汽轮机跳闸，汽轮机转速小于 100r/min，且当汽轮机转速小于 2r/min 延时 10s 发出盘车齿轮啮合/脱开电磁阀啮合命令，该命令为一短信号；盘车功能组在自动方式，盘车不在点动方式，汽轮机转速大于 10r/min 时发出盘车齿轮啮合/脱开电磁阀脱开命令；如果盘车电动机停止，立即发出盘车齿轮啮合/脱开电磁阀脱开命令。盘车齿轮啮合/脱开电磁阀控制逻辑如图 5-25 所示。

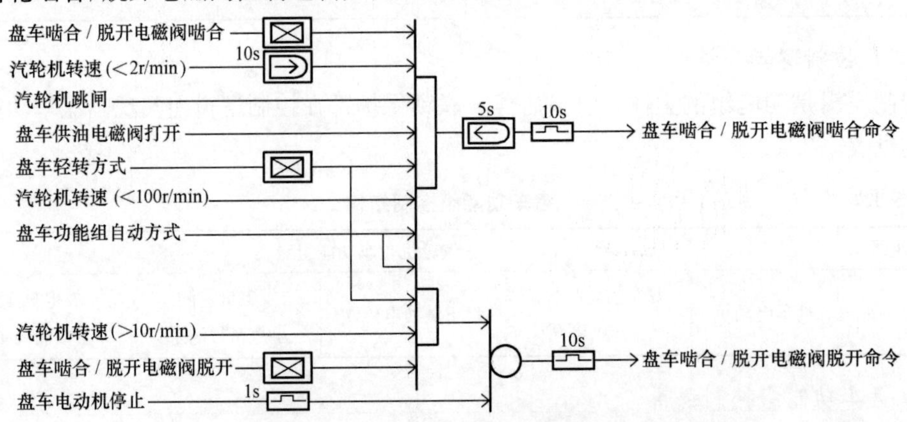

图 5-25　盘车齿轮啮合/脱开电磁阀控制逻辑图

（3）盘车供油电磁阀控制逻辑：如果汽轮机转速小于 100r/min，AOP、TOP、EOP 任一启动时发出盘车供油电磁阀打开命令；如果汽轮机转速大于 100r/min，盘车电动机停止，盘车齿轮啮合/脱开电磁阀脱开，发出盘车供油电磁阀关闭命令。

二、300MW 机组盘车系统

（一）设备组成和功能

盘车控制系统由输入信号、控制逻辑、输出信号等组成，未设计功能组逻辑。

1. 输入信号

盘车控制系统输入信号有压力开关、位置指示信号等。输入信号清单见表 5-33。

表 5-33 盘车控制系统输入信号

序号	信号名称	规格及型号	编码	安装位置
1	盘车润滑油压力低	4RN-K5-M4-CIA	3MAV10CP209	盘车控制箱内
2	啮合放气压力	HERION	3MAV10CP210	盘车控制箱内
3	盘车控制在自动位置限位	—	3CXC71DI002	盘车电动机处
4	盘车控制在手动位置限位	—	3CXC71DI001	盘车电动机处
5	盘车手柄位置啮合行程开关	—	3MAV10CZ001ZC	盘车电动机处
6	盘车手柄位置脱开行程开关	—	3MAV10CZ001ZO	盘车电动机处

2. 就地控制设备

就地控制设备处于功能组的最底层，对应现场具体的设备。盘车控制系统就地控制设备有 4 台，设备清单见表 5-34。

表 5-34 盘车控制系统就地控制设备

序号	设备名称	规格及型号	编码	备注
1	盘车控制装置	SXPC 0.2-1.0MPa	电磁阀（TGD）	—
2	盘车控制装置	SXPC 0.2-1.0MPa	电磁阀（TGE）	—
3	喷油电磁阀	—	3MAV10AS001	—
4	盘车	—	3CXC71DI005	—

（二）控制逻辑分析

控制逻辑是功能组的主体，设备启停、联锁保护都在控制逻辑中实现。

（1）允许启动逻辑：当同时满足轴承顶轴油压符合条件、盘车曲柄端保护盖为退出状态且盘车电动机未报故障、盘车手柄啮合开关啮合到位或盘车在自动位置且转速低于 1r/min 且啮合电磁阀打开、啮合到位信号返回等条件时，允许盘车启动。

（2）联锁启动逻辑：盘车控制方式在自动位置时，如果 TSI 转速小于 1r/min 且 DEH 系统中转速小于 200r/min，联锁启动盘车。

（3）保护停止逻辑：当以下任一条件满足时，发出盘车停止指令，条件包括轴承顶轴油压低（四取二）延时 3s 条件、顶轴油母管压力低信号延时 3s 条件、盘车润滑油压力低条件、电气来盘车故障条件、盘车手柄啮合开关脱开条件共 5 项内容。

第八节 凝结水系统功能组

凝结水系统将凝汽器内凝结水输送到除氧器并维持凝汽器内水位恒定。凝结水功能组主要控制凝结水泵系统启停、联锁保护等。本节主要分析凝结水功能组设备构成及控制过程，同时对功能组所属设备的维护和检修进行简要说明。

一、350MW 机组凝结水系统

（一）设备组成和功能

凝结水功能组由输入信号、控制逻辑、输出信号等组成。

1. 输入信号

凝结水功能组输入信号包括压力开关信号、差压开关信号、温度开关信号、流量开关信号、液位开关信号、热电偶信号等，具体见表5-35。

表5-35　凝结水系统功能组输入信号

序号	设备名称	规格及型号	编码	安装位置
1	A凝结水泵出口压力低压力开关	CQ30-2M3	PS-02303A	TLP-119
2	凝汽器热井水位低低液位开关	B40-5C20-CNB	LS-01901B	凝汽器侧
3	凝汽器热井水位低液位开关	B40-5C20-CNB	LS-01901A	凝汽器侧
4	凝汽器热井水位高液位开关	B40-5C20-CNB	LS-01901C	凝汽器侧
5	闭式冷却水箱液位低低液位开关	B40-5C20-CNB	LS-09202	汽轮机23m闭式水箱侧
6	凝结水箱液位低低液位开关	B40-5C20-CNB	LS-09203	汽轮机0m凝结水收集箱上部
7	B凝结水泵出口压力低压力开关	CQ30-2M3	PS-02303B	TLP-119
8	汽轮机低压缸排汽水帘喷水温度（调节器侧）高温度开关	TF56-10D	TS-01902A	汽轮机低压缸右侧
9	汽轮机低压缸排汽水帘喷水温度（发电机侧）高温度开关	TF56-10D	TS-01902B	汽轮机低压缸右侧

2. 就地设备

凝结水系统功能组就地设备见表5-36。

表5-36　凝结水系统功能组就地设备

序号	设备名称	规格及型号	编码	备注
1	A凝结水泵	—	SCS3-P112A	—
2	A凝结水泵入口电动阀	—	MV-02301A	—
3	A凝结水泵出口电动阀	—	MV-02302A	—
4	B凝结水泵	—	SCS3-P112B	—
5	B凝结水泵入口电动阀	—	MV-02301B	—
6	B凝结水泵出口电动阀	—	MV-02302B	—
7	除氧器水位调节阀出口电动阀	—	MV-02303	—
8	除氧器水位调节阀旁路电动阀	—	MV-02304	—
9	汽轮机低压缸排汽喷水关断阀电磁阀	J320G186，DC 110V	CV-01901	—
10	凝汽器水帘喷水关断阀电磁阀	J320G186，DC 110V	XV-01902	—
11	凝汽器溢流调节阀电磁阀	J320G186，DC 110V	CV-01905	—
12	凝结水输送泵	—	SCS3-P113	—

（二）控制逻辑分析

凝结水系统功能组有A凝结水泵子组和B凝结水泵子组2个功能子组。

表 5-37 凝结水系统功能组控制结构

功能组级	凝结水功能组					
功能子组级	A 凝结水泵子组			B 凝结水泵子组		
驱动设备级 1（能够进入子组控制的设备）	A 凝结水泵	A 凝结水泵入口电动阀	A 凝结水泵出口电动阀	B 凝结水泵	B 凝结水泵入口电动阀	B 凝结水泵出口电动阀
驱动设备级 2（不能进入子组控制的设备）	除氧器水位调节阀出口电动阀	除氧器水位调节阀旁路电动阀	汽轮机低压缸排汽喷水关断阀	凝汽器水帘喷水关断阀	凝汽器溢流调节阀	凝结水输送泵

1. 凝结水功能组控制逻辑

凝结水功能组控制逻辑包含启动控制逻辑和停止控制逻辑。

（1）凝结水功能组启动控制逻辑：凝结水功能组的启动命令可以来自 APS（机组自动启动停止）系统，也可以由运行人员从操作员站上手动发出。在凝汽器水位正常，任意一台循环水泵、开式冷却水泵启动后，凝结水功能组将启动命令发送到凝结水泵两选逻辑，由两选逻辑控制凝结水泵子组的启动。

（2）凝结水功能组停止控制逻辑：凝结水功能组停止命令可以来自 APS（机组自动启动停止）系统，也可以由运行人员从操作员站手动发出。在给水功能组停止完成且凝汽器真空下降后，凝结水功能组将停止命令发送到凝结水泵两选逻辑，由两选逻辑控制凝结水泵子组的停止。

2. 凝结水泵子组控制逻辑

凝结水泵子组控制逻辑包含 A 凝结水泵子组控制逻辑、B 凝结水泵子组控制逻辑、就地设备启停逻辑等。

（1）A 凝结水泵子组控制逻辑（A、B 相同，只介绍 A）。

1）A 凝结水泵子组启动控制逻辑：A 凝结水泵子组启动命令可以来自凝结水功能组两选逻辑，也可以由运行人员从操作员站手动发出。在凝汽器水位正常，任意一台循环水泵、开式冷却水泵启动后，A 凝结水泵子组可以启动。首先打开 A 凝结水泵入口电动阀、关闭 A 凝结水泵出口电动阀，然后启动 A 凝结水泵，最后打开 A 凝结水泵出口电动阀。

2）A 凝结水泵子组停止控制逻辑：A 凝结水泵子组停止命令可以来自凝结水功能组两选逻辑，也可以由运行人员从操作员站手动发出。在给水功能组停止且凝汽器真空下降或 B 凝结水泵子组启动后可以停止 A 凝结水泵子组。首先关闭 A 凝结水泵出口电动阀，最后停止 A 凝结水泵。

（2）两台凝结水泵同时运行控制逻辑：在 A 凝结水泵子组启动后，如果机组发生 FCB 则联动 B 凝结水泵子组。同样如果 B 凝结水泵子组运行，发生 FCB 时联启 A 凝结水泵子组。

（3）A 凝结水泵子组就地设备控制逻辑（A、B 相同，只介绍 A）。A 凝结水泵子组就地设备包括 A 凝结水泵、A 凝结水泵入口电动阀、A 凝结水泵出口电动阀。

1）A 凝结水泵控制逻辑：A 凝结水泵启动允许条件见图 5-26；A 凝结水泵保护停止逻辑见图 5-27。

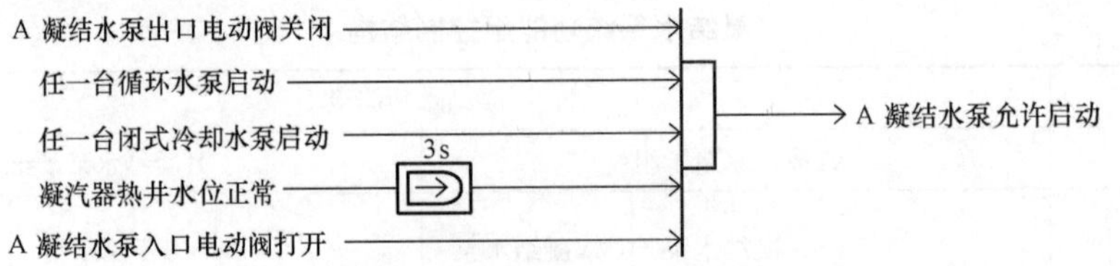

图 5-26　A 凝结水泵启动允许条件图

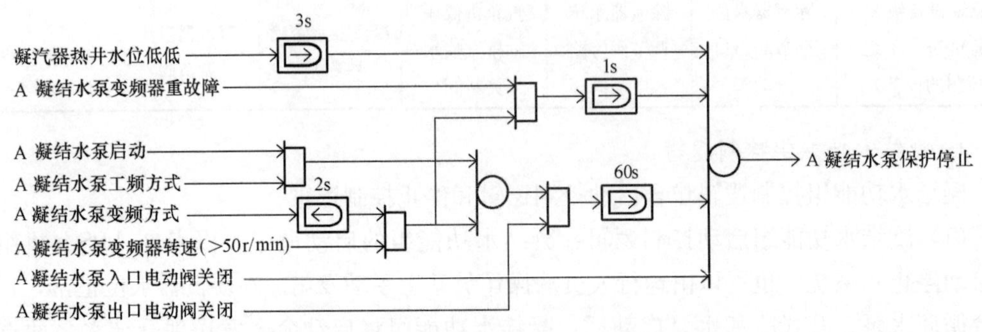

图 5-27　A 凝结水泵保护停止逻辑图

2）A 凝结水泵入口电动阀控制逻辑：在 A 凝结水泵停止后方可关闭 A 凝结水泵入口电动阀。

3）A 凝结水泵出口电动阀控制逻辑：在 A 凝结水泵跳闸后，联关 A 凝结水泵出口电动阀。

（4）其他就地设备控制逻辑。凝结水功能组就地设备除子组内设备外，还有一部分设备因为在热力系统上和子组联系不紧密，设为单独控制。其中包括汽轮机低压缸排汽喷水关断阀、凝汽器水帘喷水关断阀、凝汽器溢流调节阀、凝结水输送泵等。

1）汽轮机低压缸排汽喷水关断阀控制逻辑：汽轮机低压缸排汽喷水关断阀联开控制逻辑如图 5-28 所示。

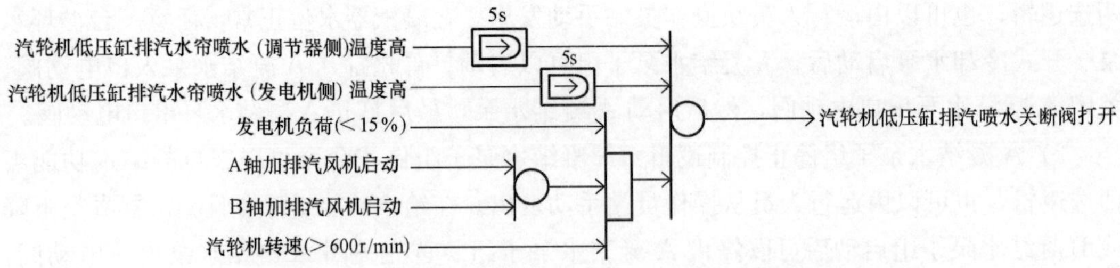

图 5-28　汽轮机低压缸排汽喷水关断阀联开控制逻辑图

2）凝汽器水帘喷水关断阀控制逻辑：凝汽器水帘喷水关断阀打开分两种情况，一种和汽轮机低压缸排汽喷水关断阀联开控制逻辑相同；另一种是汽轮机低压旁路压力调节阀打开。

3）凝汽器溢流调节阀控制逻辑：如果凝汽器热井水位高则联开凝汽器溢流调节阀。

4）凝结水输送泵控制逻辑：如果凝结水箱液位不在低低位置，此时若闭式冷却水箱液位低低延时 3s 联启凝结水输送泵；如果凝结水箱液位低低或凝汽器真空大于 92.48kPa 联停凝结水输送泵。

二、300MW机组凝结水系统

（一）设备组成和功能

凝结水系统由输入信号、控制逻辑、输出信号等组成。

1. 输入信号

凝结水系统功能组输入信号有压力开关、液位开关、温度开关信号等，见表5-38。

表5-38　　凝结水系统功能组输入信号

序号	名称	规格及型号	编码	安装位置
1	低压缸喷水压力低1	5NN-K45-A4-CIA	3LCC21CP201	—
2	低压缸喷水压力低2	5NN-K45-A4-CIA	3LCC21CP202	—
3	低压缸排汽装置热井水位1	EJA118W-DMSG2AA-BAZ-92DA	3MAG10CL001	—
4	低压缸排汽装置热井水位2	EJA118W-DMSG2AA-BAZ-92DA	3MAG10CL002	—
5	低压缸排汽装置热井水位1	SOR	3MAG10CL201	—
6	低压缸排汽装置热井水位2	SOR	3MAG10CL202	—
7	低压缸排汽装置热井水位3	SOR	3MAG10CL203	—
8	低压缸排汽装置热井水位4	SOR	3MAG10CL204	—
9	热井出口凝结水压力	EJA430A-DAS5A-62DC	3LCA10CP001	—
10	热井出口凝结水温度	WZP2-230	3LCA10CT351	—
11	凝结水泵A出口压力低	SOR	3LCA10CP201	—
12	凝结水泵B出口压力低	SOR	3LCA10CP202	—
13	凝结水泵A入口滤网差压高	SOR	3LCA10DP201	—
14	凝结水泵B入口滤网差压高	SOR	3LCA10DP202	—
15	凝结水泵A轴承冷却水压力1	SOR	3LCE01CP201	—
16	凝结水泵A轴承冷却水压力2	SOR	3LCE01CP202	—
17	凝结水泵B轴承冷却水压力1	SOR	3LCE02CP201	—
18	凝结水泵B轴承冷却水压力2	SOR	3LCE02CP202	—
19	凝结水泵A密封水压力正常	SOR	3LCE30CP203	—
20	凝结水泵A密封水压力低	SOR	3LCE30CP204	—
21	凝结水泵B密封水压力正常	SOR	3LCE30CP205	—
22	凝结水泵B密封水压力低	SOR	3LCE30CP206	—
23	凝结水至空冷除氧器流量	EJA110A-DMS5A-62DC	3LCB10DP001	—
24	空冷除氧器补水泵入口滤网差压高	SOR	3LCB10DP202	—
25	凝结水精处理装置入口温度	WZP2-230	3LCA30CT351	—
26	凝结水精处理装置入口压力	EJA430A-DAS5A-62DC	3LCA30CP001	—
27	凝结水精处理装置前后差压高	EJA110A-DHS5A-62DC	3LDF10DP001	—
28	凝结水再循环流量	EJA110A-DHS5A-62DC	3LCG10DP001	—
29	轴封冷却器凝结水入口温度	WZP2-230	3LCA11CT351	—
30	轴封冷却器凝结水出口温度	WZP2-230	3LCA11CT352	—
31	7号低压加热器凝结水进口温度	WZP2-230	3LCA11CT353	—

续表

序号	名称	规格及型号	编码	安装位置
32	7 号低压加热器凝结水出口温度	WZP2-230	3LCA11CT354	—
33	凝结水主流量 1	EJA110A-DMS5A-62DC	3LCA11DP001	—
34	凝结水主流量 2	EJA110A-DMS5A-62DC	3LCA11DP002	—
35	凝结水主流量 3	EJA110A-DMS5A-62DC	3LCA11DP003	—
36	6 号低压加热器进口凝结水温度	WZP2-230	3LCA11CT355	—
37	6 号低压加热器出口凝结水温度	WZP2-230	3LCA11CT356	—
38	5 号低压加热器进口凝结水温度	WZP2-230	3LCA11CT357	—
39	5 号低压加热器出口凝结水温度	WZP2-230	3LCA11CT358	—
40	除氧器入口凝结水温度	WZP2-230	3LCA11CT359	—
41	除氧器水箱液位 1	SOR	3LBD40CL201	—
42	除氧器水箱液位 2	SOR	3LBD40CL202	—
43	除氧器水箱液位 3	SOR	3LBD40CL203	—
44	除氧器水箱液位 4	SOR	3LBD40CL204	—
45	本体疏水扩容器温度	WZP2-230	3LEH01CT351	—
46	本体疏水扩容器温度	PT100	3LEH01CT501	—
47	高压加热器事故疏水扩容器温度	WZP2-230	3LEH02CT351	—
48	高压加热器事故疏水扩容器温度	PT100	3LEH02CT501	—

2. 就地控制设备

就地控制设备处于功能组的最底层，对应现场具体的设备。系统中由顺序控制系统控制的设备主要包括：A、B凝结水泵，凝泵出口阀，7 号低压加热器出口及旁路阀，除氧器水位调整旁路阀，5 号低压加热器出口阀、疏水阀，设备清单见表 5-39。

表 5-39　　凝结水控制系统就地控制设备

序号	设备名称	规格及型号	编码	备注
1	A 凝结水泵	—	3LCE01AP001	—
2	B 凝结水泵	—	3LCE02AP001	—
3	A 凝结水泵出口电动阀	—	3LCA11AA130	—
4	凝结水流量调整旁路阀	—	3LCA11AA133	—
5	7 号低压加热器入口阀	—	3LCA11AA135	—
6	6 号低压加热器入口阀	—	3LCA11AA137	—
7	5 号低压加热器入口阀	—	3LCA11AA140	—
8	7 号低压加热器出口阀	—	3LCA11AA136	—
9	6 号低压加热器入口阀	—	3LCA11AA138	—
10	5 号低压加热器入口阀	—	3LCA11AA141	—
11	7 号低压加热器旁路阀	—	3LCA11AA134	—
12	6 号低压加热器旁路阀	—	3LCA11AA139	—

续表

序号	设备名称	规格及型号	编码	备注
13	5 号低压加热器旁路阀	—	3LCA11AA142	—
14	凝结水至 7 号低压加热器关断电动阀	—	3LCA11AA132	—
15	5 号低压加热器至循环水排水系统电动阀	—	3LCA12AA130	—
16	低压旁减温水关断阀	—	3LCA13AA130	—
17	高压加热器事故疏水箱减温水电动阀	—	3LCC12AA130	—
18	本体疏水箱减温水关断阀	—	3LCC11AA130	—

（二）控制逻辑分析

凝结水系统除低压加热器外其余均未设计功能组逻辑，单台设备启停、联锁保护都在控制逻辑中实现。

1. A 凝结水泵

系统共有 A、B 两台凝泵，一般为一台运行，另一台备用。两泵的控制逻辑相似。

（1）允许启动逻辑：当 A 凝结水泵的出口阀打开，同时凝汽器水位不低且 B 凝结水泵未运行时，允许 A 凝结水泵启动。

（2）联锁启动逻辑：A 凝结水泵为备用泵的情况下，如果 B 凝结水泵跳闸或凝结水母管压力低时，则自动启动 A 凝结水泵；当 B 凝结水泵运行时如果 A 凝结水泵出口阀打开而精处理装置入口压力发低报警，联锁启动 A 凝结水泵。

（3）紧急停止逻辑：当凝汽器热井水位低于 1700mm 时，保护停止 A 凝结水泵；或当 A 凝结水泵运行状态信号返回 1min 后，A 凝结水泵出口阀仍未打开，也应紧急停止 A 凝结水泵。

2. A 凝泵出口阀

（1）联锁打开逻辑：当 A 凝结水泵运行状态返回后，联锁打开 A 凝泵出口阀。

（2）联锁关闭逻辑：当 A 凝结水泵跳闸时或手动停止 A 凝结水泵的情况下，联锁关闭 A 凝泵出口阀。

3. 凝结水流量调节阀的旁路阀（即除氧器水位调节阀的旁路阀）

该阀是设计用来在动态过程中或高负荷时，协助除氧器水位调节阀控制进入除氧器的凝结水流量的。只设计有手动操作逻辑。

4. 7 号低压加热器入口阀

联锁关闭逻辑：当低压加热器旁路阀打开时，联锁关闭 7 号低压加热器入口阀。

5. 7 号低压加热器出口阀

联锁关闭逻辑：当低压加热器旁路阀打开时，联锁关闭 7 号低压加热器出口阀。

6. 7 号低压加热器旁路阀

（1）允许关闭逻辑：当 7 号低压加热器出口阀打开且入口阀打开的情况下，7 号低压加热器旁路阀关闭。

（2）自动打开逻辑：当功能组来停止低压加热器系统指令时，自动打开 7 号低压加热器旁路阀。

(3) 自动关闭逻辑：当功能组来启动低压加热器系统指令时，自动关闭 7 号低压加热器旁路阀。

(4) 联锁打开逻辑：当以下任一信号返回时，联锁打开 7 号低压加热器旁路阀，其中包括 7 号低压加热器入口阀关闭信号、7 号低压加热器出口阀关闭信号、7 号低压加热器水位高三值信号发出后延时 3s。

5 号、6 号低压加热器出入口电动阀及旁路阀逻辑同 7 号低压加热器逻辑。

7. 5 号低压加热器至循环水排水系统电动阀

5 号低压加热器至循环水排水系统电动阀只设计手动控制功能。

8. 低压旁路减温水关断阀

(1) 自动打开逻辑：当低压旁路减温水调节阀打开后，延时 3s 联锁打开低压旁路减温水关断阀。

(2) 自动关闭逻辑：当低压旁路阀关闭且低压旁路减温水调节阀关闭时，自动关闭低压旁路减温水关断阀。

9. 高压加热器事故疏水箱减温水电动阀

(1) 联锁打开逻辑：当事故疏水扩容器温度高于 80℃时，延时 60s 联锁打开高压加热器事故疏水箱减温水电动阀。

(2) 联锁关闭逻辑：当事故疏水扩容器温度低于 80℃时，联锁关闭高压加热器事故疏水箱减温水电动阀。

10. 本体疏水箱减温水电动阀

(1) 联锁打开逻辑：当本体疏水扩容器温度高于 80℃时，延时 10s 联锁打开本体疏水箱减温水电动阀。

(2) 联锁关闭逻辑：当本体疏水扩容器温度低于 80℃且减温水电动阀打开时，联锁关闭本体疏水箱减温水电动阀。

11. 低压加热器功能组逻辑

(1) 顺序控制启动低压加热器逻辑步骤如下：

第一步：打开 7 号低压加热器入口阀；

第二步：打开 7 号低压加热器出口阀；

第三步：关闭 7 号低压加热器旁路阀；

第四步：打开 6 号低压加热器入口阀、出口阀；

第五步：关闭 6 号低压加热器旁路阀；

第六步：打开 5 号低压加热器出口阀、入口阀；

第七步：关闭 5 号低压加热器旁路阀；

第八步：打开 6 号段抽汽止回阀；

第九步：打开 6 号段抽汽电动阀；

第十步：打开 5 号段抽汽止回阀；

第十一步：打开 5 号段抽汽电动阀。

(2) 顺序控制停止低压加热器逻辑步骤如下：

第一步：关闭 5 号段抽汽电动阀；

第二步：关闭 5 号段抽汽止回阀；

第三步：关闭 6 号段抽汽电动阀；

第四步：关闭 6 号段抽汽止回阀；

第五步：打开 5 号低压加热器旁路阀；

第六步：关闭 5 号低压加热器入口阀、出口阀；

第七步：打开 6 号低压加热器旁路阀；

第八步：关闭 6 号低压加热器入口阀、出口阀；

第九步：打开 7 号低压加热器旁路阀；

第十步：关闭 7 号高压加热器入口阀、出口阀。

第九节 给水系统功能组

给水系统主要有除氧器、给水泵组、高压加热器系统三大部分组成。其作用主要是将凝结水经过除氧器除氧后，经给水泵升压，再通过高压加热器加热给水，向锅炉提供具有一定压力、温度的给水，同时提供高压旁路减温水、过热器减温水和再热器减温水。

一、350MW 机组给水系统功能组

机组给水系统主要包括：炉水循环泵组、给水系统组、给水泵汽轮机系统组。

（一）炉水循环泵组

炉水循环泵可维持锅炉水冷壁良好的水循环。炉水循环泵组主要控制三台炉水循环泵启停、联锁保护等。

1. 设备组成和功能

炉水循环泵功能组由输入信号、控制逻辑、输出信号等组成。

(1) 输入信号。炉水循环泵功能组输入信号有温度开关信号、流量开关信号等。输入信号清单见表 5-40。

表 5-40　　炉水循环泵功能组输入信号

序号	设备名称	规格及型号	编码	安装位置
1	A 炉水循环泵电动机腔室温度高高温度开关	ME4B-3-GS-S	TIS-00102A	A 炉水循环泵旁仪表架
2	A 炉水循环泵电动机冷却水流量低流量开关	FCD-FR-MS	FS-09201A	A 炉水循环泵管路
3	A 炉水循环泵电动机腔室温度高温度开关	ME4B-3-GS-S	TIS-00101A	A 炉水循环泵旁仪表架
4	A 炉水循环泵隔热栅冷却水流量低流量开关	FCD-FR-MS	FS-09202A	A 炉水循环泵管路
5	B 炉水循环泵电动机腔室温度高高温度开关	ME4B-3-GS-S	TIS-00102B	B 炉水循环泵旁仪表架
6	B 炉水循环泵电动机冷却水流量低流量开关	FCD-FR-MS	FS-09201B	B 炉水循环泵管路

续表

序号	设备名称	规格及型号	编码	安装位置
7	B炉水循环泵电动机腔室温度高温度开关	ME4B-3-GS-S	TIS-00101B	B炉水循环泵旁仪表架
8	B炉水循环泵隔热栅冷却水流量低流量开关	FCD-FR-MS	FS-09202B	B炉水循环泵管路
9	C炉水循环泵电动机腔室温度高高温度开关	ME4B-3-GS-S	TIS-00102C	C炉水循环泵旁仪表架
10	C炉水循环泵电动机冷却水流量低流量开关	FCD-FR-MS	FS-09201C	C炉水循环泵管路
11	C炉水循环泵电动机腔室温度高温度开关	ME4B-3-GS-S	TIS-00101C	C炉水循环泵旁仪表架
12	C炉水循环泵隔热栅冷却水流量低开关	FCD-FR-MS	FS-09202C	C炉水循环泵管路

（2）就地设备。炉水循环泵功能组就地设备见表5-41。

表5-41　　炉水循环泵功能组就地设备

序号	设备名称	规格及型号	编码	备注
1	A炉水循环泵	—	SCS2-P105A	—
2	A炉水循环泵出口阀电磁阀	46B-B00-41B0 DC 110V	MV-00102A	—
3	B炉水循环泵	—	SCS2-P105B	—
4	B炉水循环泵出口阀电磁阀	46B-B00-41B0 DC 110V	MV-00102B	—
5	C炉水循环泵	—	SCS2-P105C	—
6	C炉水循环泵出口阀电磁阀	46B-B00-41B0 DC 110V	MV-00102C	—

2. 控制逻辑分析

炉水循环泵功能组有3个功能子组：A炉水循环泵子组、B炉水循环泵子组、C炉水循环泵子组。功能组控制结构见表5-51。

表5-42　　炉水循环泵功能组控制结构

功能组级	炉水循环泵功能组		
功能子组级	A炉水循环泵子组	B炉水循环泵子组	C炉水循环泵子组
驱动设备级（能够进入子组控制的设备）	A炉水循环泵	B炉水循环泵	C炉水循环泵
	A炉水循环泵出口阀	B炉水循环泵出口阀	C炉水循环泵出口阀

（1）炉水循环泵功能组控制逻辑。炉水循环泵功能组控制逻辑包含启动控制逻辑和停止控制逻辑。炉水循环泵功能组的启动、停止命令可以来自APS（机组自动启动停止）系统，也可以由运行人员从操作员站上手动发出。在循环水泵功能组启动、一台闭式冷却水泵启动、锅炉汽包水位正常等条件满足后，炉水循环泵功能组开始启动。启动、停止命令从组级启动/停止宏逻辑发送到炉水泵两选控制逻辑，由两选逻辑控制A炉水循环泵子

组和C炉水循环泵子组的启动和停止。B炉水循环泵子组的启停控制在子组控制逻辑中进行分析。

（2）炉水循环泵功能子组控制逻辑。炉水循环泵功能子组控制逻辑包含A炉水循环泵子组控制逻辑、B炉水循环泵子组控制逻辑、C炉水循环泵子组控制逻辑、就地设备启停逻辑等。

1）A炉水循环泵子组控制逻辑（A、C相同，只介绍A）。

a. A炉水循环泵子组启动控制逻辑。A炉水循环泵子组启动命令可以来自炉水循环泵功能组，也可以由运行人员从操作员站手动发出。在循环水泵功能组启动、一台闭式冷却水泵启动、锅炉汽包水位正常等条件满足后，A炉水循环泵子组开始启动，首先打开A炉水循环泵出口阀，然后启动A炉水循环泵。

b. A炉水循环泵子组停止控制逻辑。A炉水循环泵子组停止命令可以来自炉水循环泵功能组，也可以由运行人员从操作员站手动发出。锅炉MFT或B/C炉水循环泵子组启动完成后可以停止A炉水循环泵子组，停止时仅需停止A炉水循环泵。

2）B炉水循环泵子组控制逻辑。B炉水循环泵子组启动命令逻辑见图5-29。

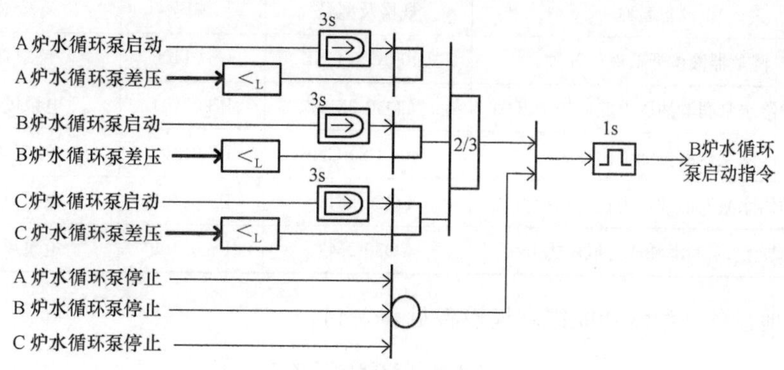

图5-29　B炉水循环泵子组启动命令图

3）A炉水循环泵子组就地设备控制逻辑。A炉水循环泵子组就地设备包括A炉水循环泵、A炉水循环泵出口阀。

a. A炉水循环泵控制逻辑。A炉水循环泵启动允许条件见图5-30，A炉水循环泵保护逻辑见图5-31。

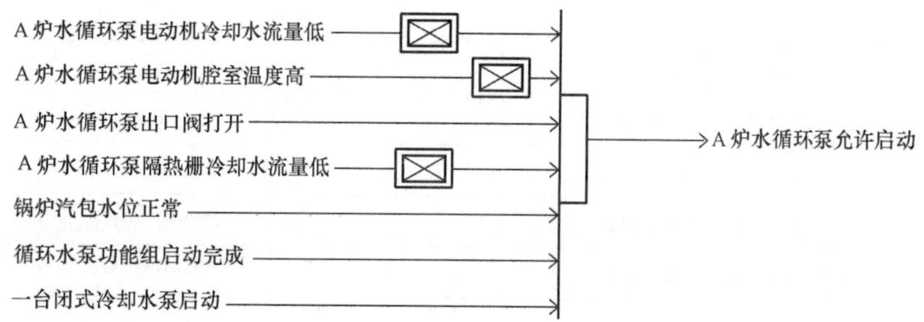

图5-30　A炉水循环泵启动允许条件图

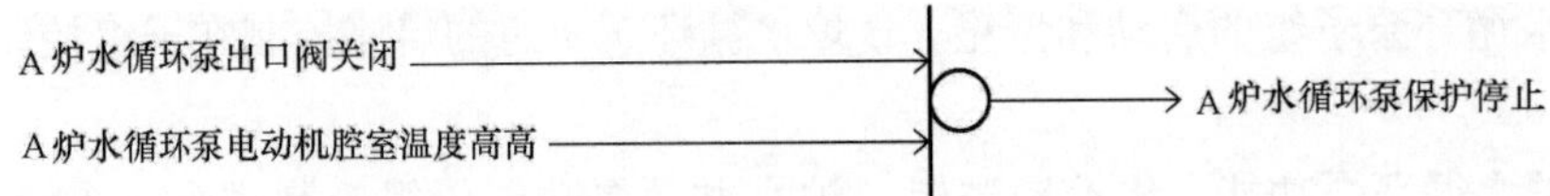

图5-31 A炉水循环泵保护控制逻辑图

b. A炉水循环泵出口阀控制逻辑。如果A炉水循环泵停止，A炉水循环泵出口阀可以关闭；如果A炉水循环泵启动，发出A炉水循环泵出口阀打开命令。

（二）给水系统组

给水系统组把除氧器中凝结水加热升压后输送到锅炉省煤器，提供锅炉所需给水。

1. 设备组成和功能

给水功能组由输入信号、控制逻辑、输出信号等组成。

（1）输入信号。给水功能组输入信号包括压力开关信号、液位开关信号等，具体见表5-43。

表5-43　　给水功能组输入信号

序号	设备名称	规格及型号	编码	安装位置
1	除氧器液位低低液位开关	B40-5C20-CNB	LS-01406	除氧器水箱旁
2	电动给水泵润滑油压力低低压力开关	CQ30-2M3	PS-02104	电泵风机仪表架
3	除氧器液位低液位开关	B40-5C20-CNB	LS-01402	除氧器水箱旁
4	电动给水泵润滑油压力正常压力开关	CQ30-2M3	PS-02107	电泵风机仪表架
5	电动给水泵润滑油压力低压力开关	CQ30-2M3	PS-02106	电泵风机仪表架

（2）就地设备。给水功能组就地设备见表5-44。

表5-44　　给水功能组就地设备

序号	设备名称	规格及型号	编码	备注
1	电动给水泵	—	SCS4-P119	—
2	电动给水泵辅助油泵	—	SCS4-P120	—
3	电动给水泵入口电动阀	—	MV-02201C	—
4	电动给水泵出口电动阀	—	MV-02101C	—
5	A汽动给水泵前置泵	—	SCS4-P121A	—
6	A汽动给水泵入口电动阀	—	MV-02201A	—
7	A汽动给水泵出口电动阀	—	MV-02101A	—
8	B汽动给水泵前置泵	—	SCS4-P121B	—
9	B汽动给水泵入口电动阀	—	MV-02201B	—
10	B汽动给水泵出口电动阀	—	MV-02101B	—
11	省煤器入口可动喷嘴	—	MV-02107	—
12	省煤器入口给水电动阀	—	MV-02108	—
13	除氧器再循环泵电动机	—	SCS4-P122	—

续表

序号	设备名称	规格及型号	编码	备注
14	过热器喷水电动阀	—	MV-02106	—
15	再热器喷水关断阀	J320G186，DC 110V	XV-00601	—
16	A-1 喷水调节阀出口电动阀	—	MV-02109A	—
17	A-2 喷水调节阀出口电动阀	—	MV-02109B	—
18	B-1 喷水调节阀出口电动阀	—	MV-02110A	—
19	B-2 喷水调节阀出口电动阀	—	MV-02110B	—

2. 控制逻辑分析

给水功能组有电动给水泵子组、A 汽动给水泵子组、B 汽动给水泵子组 3 个功能子组。其控制结构见表 5-45。

表 5-45　　给水功能组控制结构

功能组级	给水功能组				
功能子组级	电动给水泵子组		A 汽动给水泵子组		B 汽动给水泵子组
驱动设备级 1（能够进入子组控制的设备）	电动给水泵		A 汽动给水泵前置泵		B 汽动给水泵前置泵
	电动给水泵辅助油泵		A 汽动给水泵入口电动阀		B 汽动给水泵入口电动阀
	电动给水泵入口电动阀		A 汽动给水泵出口电动阀		B 汽动给水泵出口电动阀
	电动给水泵出口电动阀				
驱动设备级 2（不能进入子组控制的设备）	省煤器入口可动喷嘴	省煤器入口给水电动阀	除氧器再循环泵	过热器喷水电动阀	再热器喷水关断阀
	A-1 喷水调节阀出口电动阀	A-2 喷水调节阀出口电动阀	B-1 喷水调节阀出口电动阀		B-2 喷水调节阀出口电动阀

（1）电动给水泵子组控制逻辑。电动给水泵子组控制逻辑包含启动控制逻辑和停止控制逻辑。

1）电动给水泵子组启动控制逻辑。电动给水泵子组的启动命令可以来自 APS，也可以从操作员站上手动发出。在满足如图 5-32 所示的启动允许条件后，电动给水泵子组允许启动。首先启动电动给水泵辅助油泵、打开电动给水泵入口电动阀，随后关闭电动给水泵出口电动阀，然后启动电动给水泵，最后打开电动给水泵出口电动阀。

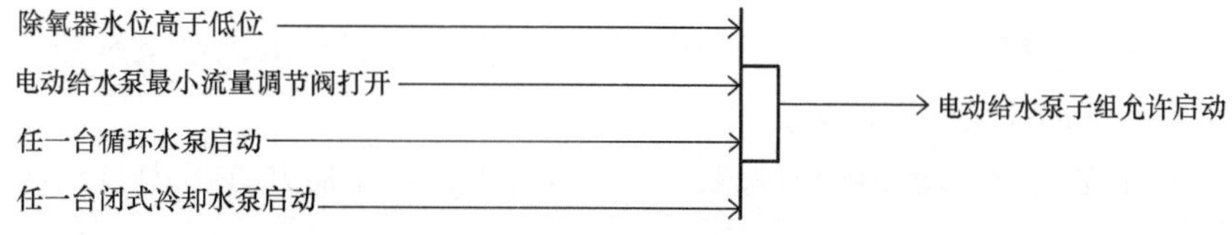

图 5-32　电动给水泵子组启动允许条件图

2）电动给水泵子组停止控制逻辑。电动给水泵子组停止命令可以来自 APS，也可以从操作员站手动发出。在满足如图 5-33 所示停止允许条件后，电动给水泵子组允许停止。

首先关闭电动给水泵出口电动阀和电动给水泵液联，然后启动电动给水泵辅助油泵，最后停止电动给水泵。

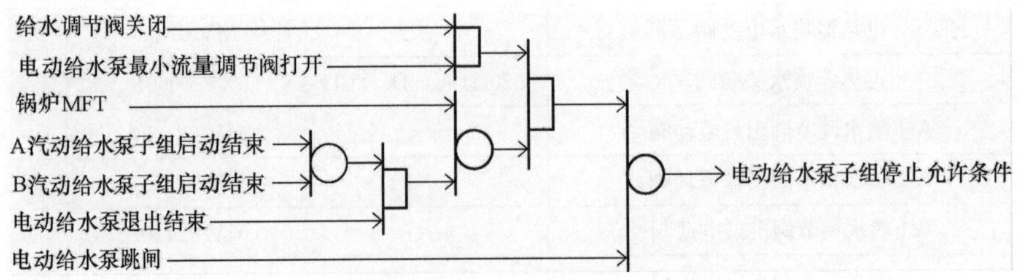

图 5-33　电动给水泵子组停止允许条件图

3）电动给水泵子组就地设备控制逻辑。电动给水泵子组就地设备包括电动给水泵、电动给水泵辅助油泵、电动给水泵入口电动阀、电动给水泵出口电动阀等。

a. 电动给水泵控制逻辑。电动给水泵启动允许条件如图 5-34 所示，电动给水泵保护停止逻辑如图 5-35 所示。

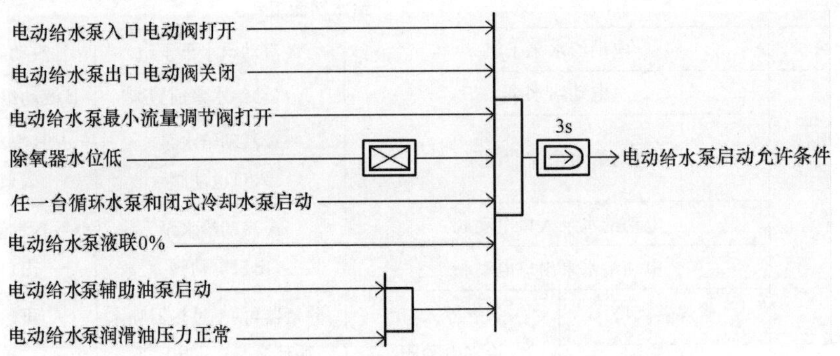

图 5-34　电动给水泵启动允许条件图

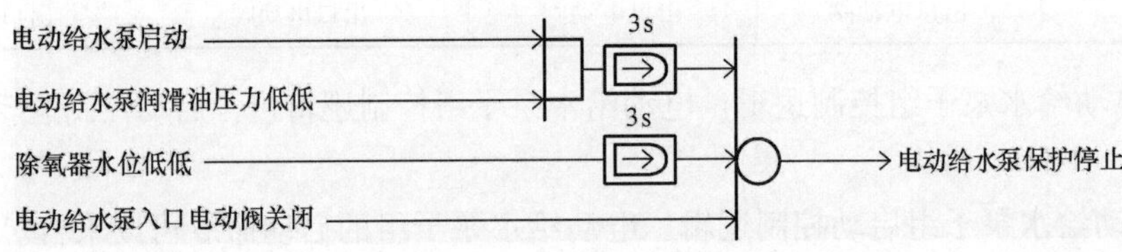

图 5-35　电动给水泵保护停止逻辑图

b. 电动给水泵辅助油泵控制逻辑。电动给水泵停止后或电动给水泵运行中润滑油压力正常辅助油泵停运。

在电动给水泵运行中出现润滑油压力低发出后延时 3s 联启电动给水泵辅助油泵；电动给水泵跳闸后辅助油泵立即联启。

c. 电动给水泵入口电动阀控制逻辑。当电动给水泵停止后允许关闭电动给水泵入口电动阀。

d. 电动给水泵出口电动阀控制逻辑。当电动给水泵跳闸后联关电动给水泵出口电动阀。

（2）A 汽动给水泵子组控制逻辑（A、B 相同，只介绍 A）。A 汽动给水泵子组控制逻辑包含启动控制逻辑和停止控制逻辑。

1）A汽动给水泵子组启动控制逻辑。A汽动给水泵子组的启动命令可以来自APS（机组自动启动停止）系统，也可以由运行人员从操作员站上手动发出。在满足如图5-36所示的启动允许条件后，A汽动给水泵子组允许启动。首先启动A给水泵汽轮机蒸汽子组、打开A汽动给水泵入口电动阀，随后关闭A汽动给水泵出口电动阀，启动A汽动给水泵前置泵，A给水泵汽轮机复位，A给水泵汽轮机900r/min，A给水泵汽轮机4500r/min，最后打开A汽动给水泵出口电动阀。

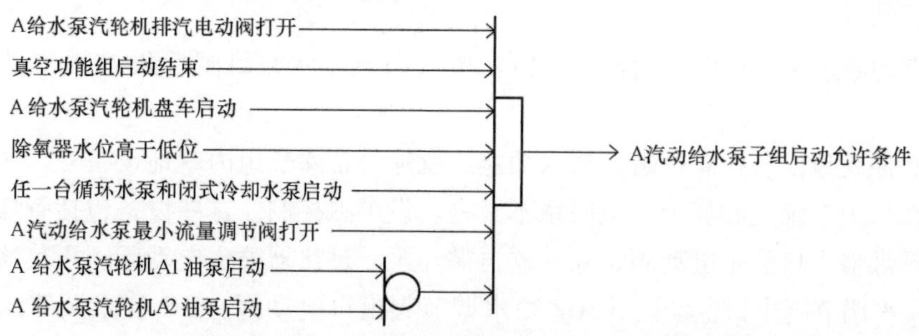

图5-36　A汽动给水泵子组启动允许条件图

2）A汽动给水泵子组停止控制逻辑。A汽动给水泵子组停止命令可以来自APS（机组自动启动停止）系统，也可以由运行人员从操作员站手动发出。在满足如图5-37所示停止允许条件后，A汽动给水泵子组允许停止。首先关闭A汽动给水泵出口电动阀，然后停止A汽动给水泵前置泵、A给水泵汽轮机跳闸，最后停止A汽动给水泵蒸汽子组。

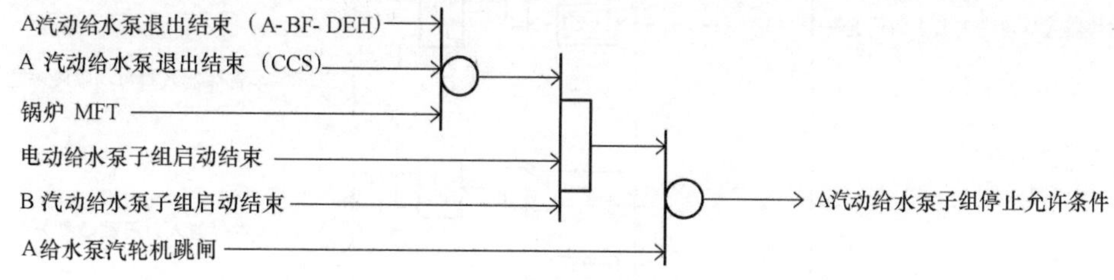

图5-37　A汽动给水泵子组停止允许条件图

3）A汽动给水泵子组就地设备控制逻辑。A汽动给水泵子组就地设备包括A汽动给水泵前置泵、A汽动给水泵入口电动阀、A汽动给水泵出口电动阀等。

a. A汽动给水泵前置泵控制逻辑。A汽动给水泵前置泵启动允许条件如图5-38所示，保护停止逻辑如图5-39所示。

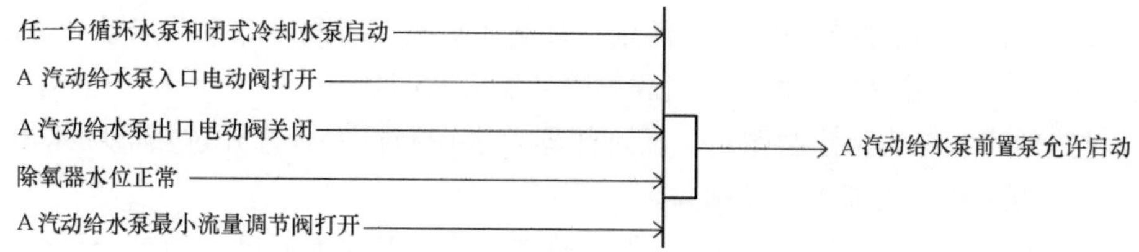

图5-38　A汽动给水泵前置泵启动允许条件图

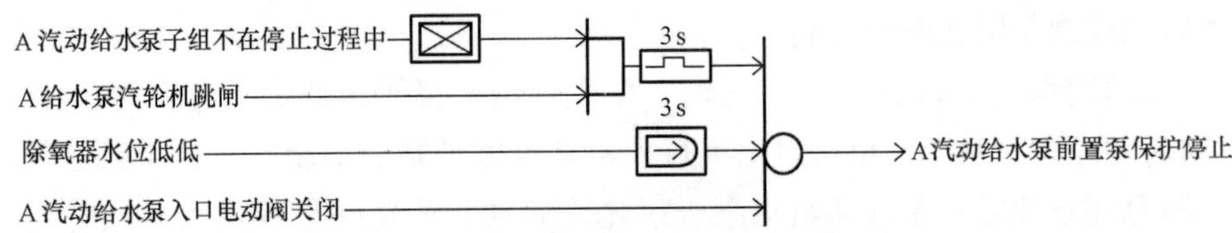

图5-39 A汽动给水泵前置泵保护停止逻辑图

b. A汽动给水泵入口电动阀控制逻辑。当A汽动给水泵停止后允许关闭A汽动给水泵入口电动阀。

c. A汽动给水泵出口电动阀控制逻辑。当A汽动给水泵跳闸后联关A汽动给水泵出口电动阀。

(3) 其他就地设备控制逻辑。给水功能组就地设备除子组内就地设备外，还有一部分设备因为在热力系统上和各个子组联系不紧密，设单独控制。这些设备包括省煤器入口可动喷嘴、省煤器入口给水电动阀、除氧器再循环泵、过热器喷水电动阀、再热器喷水关断阀、A-1喷水调节阀出口电动阀、A-2喷水调节阀出口电动阀、B-1喷水调节阀出口电动阀、B-2喷水调节阀出口电动阀等。

1) 省煤器入口可动喷嘴控制逻辑。省煤器入口可动喷嘴开关控制逻辑如图5-40所示。

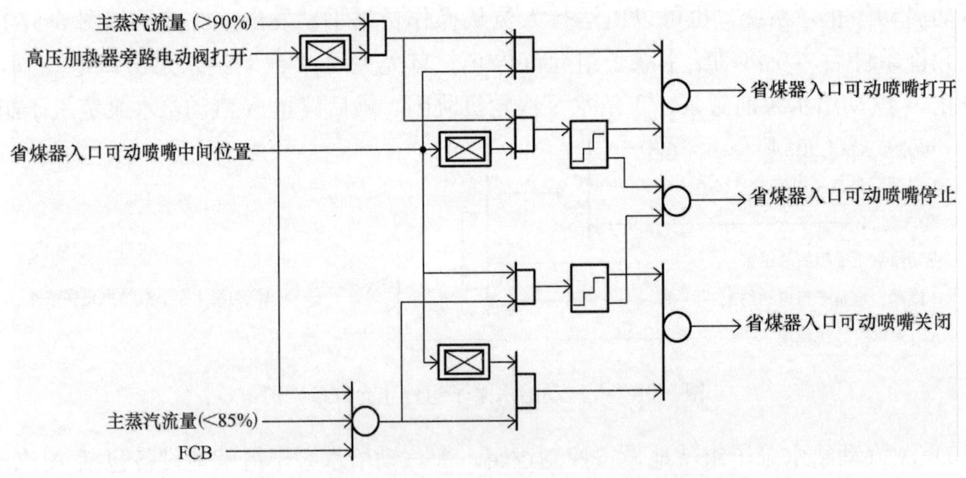

图5-40 省煤器入口可动喷嘴开关控制逻辑图

2) 省煤器入口给水电动阀控制逻辑。在给水功能组全部停止后才能关闭省煤器入口给水电动阀。

3) 除氧器再循环泵控制逻辑。当任意一台循环水泵、闭式冷却水泵启动后才能启动除氧器再循环泵，当除氧器液位低低时联停除氧器再循环泵。

4) 过热器喷水电动阀控制逻辑。在过热器喷水控制投入后打开过热器喷水电动阀；锅炉MFT后联关过热器喷水电动阀。

5) 再热器喷水关断阀控制逻辑。只要再热器喷水调节阀有开度就须打开再热器喷水关断阀；在主蒸汽流量小于20%、锅炉MFT及FCB任意一条件存在时联关再热器喷水关断阀。

6）A-1 喷水调节阀出口电动阀控制逻辑（A-2、B-1、B-2 同 A-1）。发电机并网后打开 A-1 喷水调节阀出口电动阀。

（三）给水泵汽轮机系统组

两台汽动给水泵各配置一台给水泵汽轮机，用来驱动汽动给水泵完成给水的输送。给水泵汽轮机功能组主要控制给水泵汽轮机蒸汽子组和润滑油子组的启停、联锁保护等。

1. 设备组成和功能

给水泵汽轮机功能组由输入信号、控制逻辑、输出信号等组成。

（1）输入信号。给水泵汽轮机功能组输入信号包括压力开关信号、液位开关信号、限位开关信号等。

表 5-46　　给水泵汽轮机功能组输入信号

序号	设备名称	规格及型号	编码	安装位置
1	A 给水泵汽轮机润滑油压力低压力开关	CQ30-2M3	PS-04709A	TLP-217
2	B 给水泵汽轮机润滑油压力低压力开关	CQ30-2M3	PS-04709B	TLP-223
3	A 给水泵汽轮机 EOP 启动压力开关	CQ30-2M3	PS-04711A	TLP-217
4	B 给水泵汽轮机 EOP 启动压力开关	CQ30-2M3	PS-04711B	TLP-223
5	A 给水泵汽轮机盘车润滑油压力低压力开关	CQ30-2M3	PS-04605A	TLP-216
6	B 给水泵汽轮机盘车润滑油压力低压力开关	CQ30-2M3	PS-04605B	TLP-222
7	A 给水泵汽轮机疏油箱油位高液位开关	FS-115W	LS-04705A	A 给水泵汽轮机油箱上部
8	A 给水泵汽轮机疏油箱油位低液位开关	FS-115W	LS-04705B	A 给水泵汽轮机油箱上部
9	A 给水泵汽轮机疏油箱油位低低液位开关	FS-115W	LS-04705C	A 给水泵汽轮机油箱上部
10	B 给水泵汽轮机疏油箱油位高液位开关	FS-115W	LS-04706A	B 给水泵汽轮机油箱上部
11	B 给水泵汽轮机疏油箱油位低液位开关	FS-115W	LS-04706B	B 给水泵汽轮机油箱上部
12	B 给水泵汽轮机疏油箱油位低低液位开关	FS-115W	LS-04706C	B 给水泵汽轮机油箱上部
13	A 给水泵汽轮机排汽压力高高压力开关	CQ30-2M3	PS-01906A	TLP-306
14	A 给水泵汽轮机润滑油压力低低压力开关	CQ30-2M3	PS-04606A	TLP-216
15	A 给水泵汽轮机紧急跳闸装置复位压力开关	CQ30-2M3	PS-04713A	TLP-217
16	A 给水泵汽轮机紧急跳闸装置动作压力开关	CQ30-2M3	PS-04712A	TLP-217
17	A 给水泵汽轮机试验拉杆试验位置限位开关	—	ZS-04220A	A 给水泵汽轮机机头
18	A 给水泵汽轮机高压调节汽阀全关限位开关	—	ZS-04213A	A 给水泵汽轮机高压调节汽阀旁
19	A 给水泵汽轮机低压调节汽阀全关限位开关	—	ZS-04217A	A 给水泵汽轮机低压调节汽阀旁
20	B 给水泵汽轮机排汽压力高高压力开关	CQ30-2M3	PS-01906B	TLP-307
21	B 给水泵汽轮机润滑油压力低低压力开关	CQ30-2M3	PS-04606B	TLP-222
22	B 给水泵汽轮机紧急跳闸装置复位压力开关	CQ30-2M3	PS-04713B	TLP-223
23	B 给水泵汽轮机紧急跳闸装置动作压力开关	CQ30-2M3	PS-04712B	TLP-223
24	B 给水泵汽轮机试验拉杆试验位置限位开关	—	ZS-04220B	B 给水泵汽轮机机头
25	B 给水泵汽轮机高压调节汽阀全关限位开关	—	ZS-04213B	B 给水泵汽轮机高压调节汽阀旁
26	B 给水泵汽轮机低压调节汽阀全关限位开关	—	ZS-04217B	B 给水泵汽轮机低压调节汽阀旁

(2) 就地设备。给水泵汽轮机功能组就地设备见表5-47。

表5-47　给水泵汽轮机功能组就地设备

序号	设备名称	规格及型号	编码	备注
1	A给水泵汽轮机高压蒸汽入口电动阀	—	MV-00406A	—
2	A给水泵汽轮机低压蒸汽入口电动阀	—	MV-00402A	—
3	A给水泵汽轮机高压蒸汽疏水关断阀（调节汽阀后）	J321G1，DC 110V	—	—
4	A给水泵汽轮机高压蒸汽疏水关断阀（调节汽阀前）	J321G1，DC 110V	—	—
5	A给水泵汽轮机低压蒸汽疏水关断阀	J320G186，DC 110V	—	—
6	A1油泵	—	SCS4-P123A	—
7	A2油泵	—	SCS4-P124A	—
8	A给水泵汽轮机事故油泵	—	SCS4-P125A	—
9	A给水泵汽轮机盘车	—	SCS4-M103A	—
10	A给水泵汽轮机油箱排烟风机	—	SCS4-F108A	—
11	A给水泵汽轮机油输送泵	—	SCS4-P126A	—
12	B给水泵汽轮机高压蒸汽入口电动阀	—	MV-00406B	—
13	B给水泵汽轮机低压蒸汽入口电动阀	—	MV-01402B	—
14	B给水泵汽轮机高压蒸汽疏水关断阀（调节汽阀后）	J321G1，DC 110V	—	—
15	B给水泵汽轮机高压蒸汽疏水关断阀（调节汽阀前）	J321G1，DC 110V	—	—
16	B给水泵汽轮机低压蒸汽疏水关断阀	J320G186，DC 110V	—	—
17	B1油泵	—	SCS4-P123B	—
18	B2油泵	—	SCS4-P124B	—
19	B给水泵汽轮机事故油泵	—	SCS4-P125B	—
20	B给水泵汽轮机盘车	—	SCS4-M103B	—
21	B给水泵汽轮机油箱排烟风机	—	SCS4-F108B	—
22	B给水泵汽轮机油输送泵	—	SCS4-P126B	—
23	给水泵汽轮机抽汽止回阀	HB8316G46，DC 110V	1-5V-46	—
24	A给水泵汽轮机低压跳闸电磁阀	CAT. No. EF8210B26，DC 110V	1SV-04214A	—
25	A给水泵汽轮机低压主汽阀开关电磁阀	CAT. No. EF8210B26，DC 110V	1SV-04218A	—
26	A给水泵汽轮机低远方复位电磁阀	CAT. No. EF8210B26，DC 110V	1SV-04219A	—
27	A给水泵汽轮机高压跳闸电磁阀	CAT. No. EF8210B26，DC 110V	1SV-04213A	—
28	A给水泵汽轮机高压主汽阀开关电磁阀	CAT. No. EF8210B26，DC 110V	1SV-04217A	—
29	B给水泵汽轮机低压跳闸电磁阀	CAT. No. EF8210B26，DC 110V	1SV-04214B	—
30	B给水泵汽轮机低压主汽阀开关电磁阀	CAT. No. EF8210B26，DC 110V	1SV-04218B	—
31	B给水泵汽轮机低远方复位电磁阀	CAT. No. EF8210B26，DC 110V	1SV-04219B	—
32	B给水泵汽轮机高压跳闸电磁阀	CAT. No. EF8210B26，DC 110V	1SV-04213B	—
33	B给水泵汽轮机高压主汽阀开关电磁阀	CAT. No. EF8210B26，DC 110V	1SV-04217B	—

2. 控制逻辑分析

给水泵汽轮机功能组有A给水泵汽轮机蒸汽子组、A给水泵汽轮机润滑油子组、B给水泵汽轮机蒸汽子组、B给水泵汽轮机润滑油子组4个功能子组。

表 5-48　　给水泵汽轮机功能组控制结构

功能组级	A 给水泵汽轮机功能组		B 给水泵汽轮机功能组	
功能子组级	A 给水泵汽轮机蒸汽子组	A 给水泵汽轮机润滑油子组	B 给水泵汽轮机蒸汽子组	B 给水泵汽轮机润滑油子组
驱动设备级 1（能够进入子组控制的设备）	A 给水泵汽轮机高压蒸汽入口电动阀	A1 油泵	B 给水泵汽轮机高压蒸汽入口电动阀	B1 油泵
	A 给水泵汽轮机低压蒸汽入口电动阀	A2 油泵	B 给水泵汽轮机低压蒸汽入口电动阀	B2 油泵
	A 给水泵汽轮机高压蒸汽疏水关断阀（调节汽阀后）	A 给水泵汽轮机事故油泵	B 给水泵汽轮机高压蒸汽疏水关断阀（调节汽阀后）	B 给水泵汽轮机事故油泵
	A 给水泵汽轮机高压蒸汽疏水关断阀（调节汽阀前）	A 给水泵汽轮机盘车	B 给水泵汽轮机高压蒸汽疏水关断阀（调节汽阀前）	B 给水泵汽轮机盘车
	A 给水泵汽轮机低压蒸汽疏水关断阀	A 给水泵汽轮机油箱排烟风机	B 给水泵汽轮机低压蒸汽疏水关断阀	B 给水泵汽轮机油箱排烟风机
驱动设备级 2（不能进入子组控制的设备）	A 给水泵汽轮机油输送泵	B 给水泵汽轮机油输送泵	给水泵汽轮机抽汽止回阀	

（1）给水泵汽轮机功能子组指令来源。在给水泵汽轮机功能组中无功能组级控制逻辑，给水泵汽轮机蒸汽子组自动控制命令来自汽动给水泵子组，给水泵汽轮机润滑油子组自动控制命令来自 APS（机组自动启动停止）系统。

（2）A 给水泵汽轮机蒸汽子组控制逻辑（A、B 相同，只介绍 A）。A 给水泵汽轮机蒸汽子组控制逻辑包含启动控制逻辑和停止控制逻辑。

1）A 给水泵汽轮机蒸汽子组启动控制逻辑。A 给水泵汽轮机蒸汽子组的启动命令可以来自 A 汽动给水泵子组，也可以由运行人员从操作员站上手动发出。运行人员可以根据现场情况随时启动 A 给水泵汽轮机蒸汽子组。首先打开 A 给水泵汽轮机高压蒸汽管道和低压蒸汽管道疏水阀（A 给水泵汽轮机调节汽阀后高压蒸汽疏水关断阀、A 给水泵汽轮机调节汽阀前高压蒸汽疏水关断阀、A 给水泵汽轮机低压蒸汽疏水关断阀），最后打开 A 给水泵汽轮机高压蒸汽入口电动阀和 A 给水泵汽轮机低压蒸汽入口电动阀。

2）A 给水泵汽轮机蒸汽子组停止控制逻辑。A 给水泵汽轮机蒸汽子组停止命令可以来自 A 汽动给水泵子组，也可以由运行人员从操作员站手动发出。在 A 给水泵汽轮机跳闸后，A 给水泵汽轮机蒸汽子组开始停止。首先关闭 A 给水泵汽轮机高压蒸汽入口电动阀和 A 给水泵汽轮机低压蒸汽入口电动阀，最后打开 A 给水泵汽轮机高压蒸汽管道和低压蒸汽管道疏水阀（A 给水泵汽轮机调节汽阀后高压蒸汽疏水关断阀、A 给水泵汽轮机调节汽阀前高压蒸汽疏水关断阀、A 给水泵汽轮机低压蒸汽疏水关断阀）。

3）A 给水泵汽轮机蒸汽子组就地设备控制逻辑。A 给水泵汽轮机蒸汽子组就地设备包括 A 给水泵汽轮机高压蒸汽入口电动阀、A 给水泵汽轮机低压蒸汽入口电动阀、A 给水泵汽轮机高压蒸汽疏水关断阀（调节汽阀后）、A 给水泵汽轮机高压蒸汽疏水关断阀

（调节汽阀前）、A 给水泵汽轮机低压蒸汽疏水关断阀等。

a. A 给水泵汽轮机高压蒸汽入口电动阀控制逻辑。A 给水泵汽轮机跳闸后可以关闭 A 给水泵汽轮机高压蒸汽入口电动阀。

b. A 给水泵汽轮机低压蒸汽入口电动阀控制逻辑。A 给水泵汽轮机跳闸后可以关闭 A 给水泵汽轮机低压蒸汽入口电动阀。

（3）A 给水泵汽轮机润滑油子组控制逻辑（A、B 相同，只介绍 A）。

1）A 给水泵汽轮机润滑油子组启动控制逻辑。A 给水泵汽轮机润滑油子组采用事件型宏逻辑，该宏逻辑有自动和手动两种方式。A 给水泵汽轮机润滑油子组自动方式命令可以来自 APS（机组自动启动停止）系统，也可以由运行人员从操作员站上手动发出。

2）A 给水泵汽轮机润滑油子组就地设备控制逻辑。A 给水泵汽轮机润滑油子组就地设备包括 A1 油泵、A2 油泵、A 给水泵汽轮机事故油泵、A 给水泵汽轮机盘车、A 给水泵汽轮机油箱排烟风机等。

a. A1 油泵控制逻辑（A1、A2 相同，只介绍 A1）。A1 油泵启停命令来自给水泵汽轮机油泵两选逻辑。在一台油泵运行时，如果 A 给水泵汽轮机润滑油压力低压力开关（PS-04709A）信号发出，联启另一台油泵。

b. A 给水泵汽轮机事故油泵控制逻辑。在 A 给水泵汽轮机运行时如果 A 给水泵汽轮机 EOP 启动压力开关（PS-04711A）信号发出立即联动 A 给水泵汽轮机事故油泵。

c. A 给水泵汽轮机盘车控制逻辑。A 给水泵汽轮机润滑油子组自动方式，A 给水泵汽轮机盘车润滑油压力低压力开关（PS-04605A）信号未发，A 给水泵汽轮机零转速信号发出，延时 3s 启动 A 给水泵汽轮机盘车；A 给水泵汽轮机润滑油子组自动方式，A 给水泵汽轮机转速大于 20r/min 后停止 A 给水泵汽轮机盘车。

d. A 给水泵汽轮机油箱排烟风机控制逻辑。A 给水泵汽轮机润滑油子组自动方式，A1 油泵、A2 油泵、A 给水泵汽轮机事故油泵任一运行，启动 A 给水泵汽轮机油箱排烟风机；A 给水泵汽轮机润滑油子组自动方式，A1 油泵、A2 油泵、A 给水泵汽轮机事故油泵全停 30min 后停止 A 给水泵汽轮机油箱排烟风机。事故柴油发电机启动后联启 A 给水泵汽轮机油箱排烟风机。

3）其他就地设备控制逻辑。给水功能组就地设备除子组内就地设备外，还有一部分设备因为在热力系统上和各个子组联系不紧密，设为单独控制。这些设备包括 A 给水泵汽轮机油输送泵、B 给水泵汽轮机油输送泵、给水泵汽轮机抽汽止回阀等。

a. A 给水泵汽轮机油输送泵控制逻辑（A、B 相同，只介绍 A）。A 给水泵汽轮机疏油箱油位高时启动 A 给水泵汽轮机油输送泵，油位低时停止 A 给水泵汽轮机油输送泵，油位低低时联停 A 给水泵汽轮机油输送泵。只有 A 给水泵汽轮机疏油箱油位不在低位才能启动 A 给水泵汽轮机油输送泵。

b. 给水泵汽轮机抽汽止回阀控制逻辑。在 A、B 给水泵汽轮机低压蒸汽入口电动阀全关后联关给水泵汽轮机抽汽止回阀。

4）A 给水泵汽轮机保护控制逻辑（A、B 相同，只介绍 A）。A 给水泵汽轮机保护逻辑如图 5-41 所示。

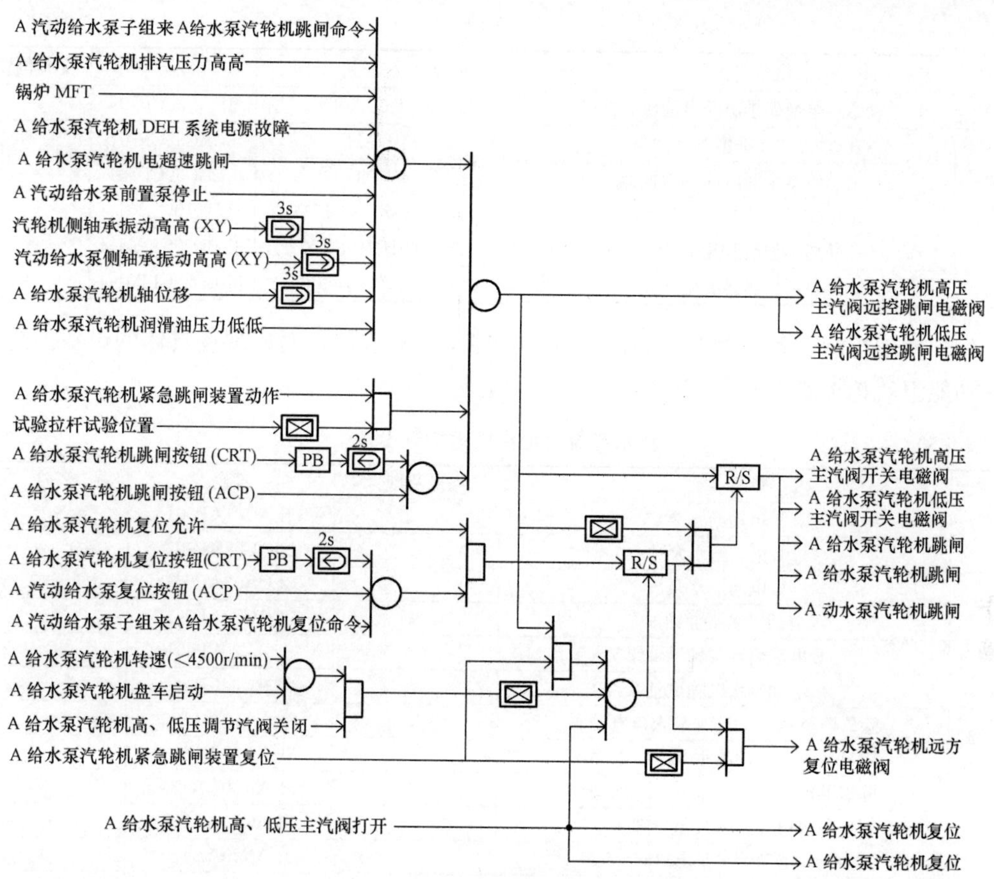

图5-41　A给水泵汽轮机保护逻辑图

二、300MW机组给水系统功能组

给水系统主要包括：除氧器、电动给水泵、高压加热器。

1. 设备组成和功能

给水系统功能组由输入信号、控制逻辑、输出信号等组成。

（1）输入信号。给水系统功能组输入信号有压力开关、液位开关信号等。输入信号清单见表5-49。

表5-49　　　给水系统功能组输入信号

序号	设备名称	规格及型号	编码	安装位置
1	A电动给水泵液偶排出润滑油压力低	6L-A3-N4-C1A-TT	3LAC10CP201	—
2	A电动给水泵液偶排出润滑油压力低低	6L-A3-N4-C1A-TT	3LAC10CP202	—
3	A电动给水泵润滑油压力低	FF4-4 DAH	3LAC10CP201	—
4	A电动给水泵润滑油压力低低	FF4-4 DAH	3LAC10CP201	—
5	B电动给水泵液偶排出润滑油压力低	6L-A3-N4-C1A-TT	3LAC20CP201	—
6	B电动给水泵液偶排出润滑油压力低低	6L-A3-N4-C1A-TT	3LAC20CP202	—
7	B电动给水泵润滑油压力低	FF4-4 DAH	3LAC20CP201	—
8	B电动给水泵润滑油压力低低	FF4-4 DAH	3LAC20CP201	—
9	C电动给水泵液偶排出润滑油压力低	6L-A3-N4-C1A-TT	3LAC30CP201	—

续表

序号	设备名称	规格及型号	编码	安装位置
10	C电动给水泵液偶排出润滑油压力低低	6L-A3-N4-C1A-TT	3LAC30CP202	—
11	C电动给水泵润滑油压力低	FF4-4 DAH	3LAC30CP201	—
12	C电动给水泵润滑油压力低低	FF4-4 DAH	3LAC30CP201	—
13	1号高压加热器液位开关	20BA-EIB-F-Z4-N4-ETX	3LBD10CL201-4	—
14	2号高压加热器液位开关	205A-AIB-B-Z4-N4-X	3LBD20CL201-4	—
15	3号高压加热器液位开关	203A-A1B-B-Z4-N4-ETX	3LBD30CL201-4	—

（2）就地控制设备。就地控制设备处于功能组的最底层，对应现场具体的设备。给水系统功能组就地控制设备有15台，设备清单见表5-50。

表5-50　给水系统功能组就地控制设备

序号	设备名称	规格及型号	编码	备注
1	A电动给水泵	—	3LAC01AP001	—
2	B电动给水泵	—	3LAC02AP001	—
3	C电动给水泵	—	3LCA03AP001	—
4	A电动给水泵辅助油泵	—	3LAC10AP001	—
5	B电动给水泵辅助油泵	—	3LAC20CP001	—
6	C电动给水泵辅助油泵	—	3LAC30CP001	—
7	除氧器至A电动给水泵入口电动阀	—	3LAA10AA130	—
8	除氧器至B电动给水泵入口电动阀	—	3LAA20AA130	—
9	除氧器至C电动给水泵入口电动阀	—	3LAA30AA130	—
10	A电动给水泵出口阀	—	3LAC10AA130	—
11	B电动给水泵出口阀	—	3LAC20AA130	—
12	C电动给水泵出口阀	—	3LAC30AA130	—
13	高压加热器入口阀	—	3LAC40AA130	—
14	高压加热器出口阀	—	3LAC40AA131	—
15	高压加热器旁路电动阀	—	3LAC60AA130	—

2. 控制逻辑分析

控制逻辑是功能组的主体，设备启停先后次序、联锁保护都在控制逻辑中实现。控制逻辑分析包括功能组及子组控制逻辑分析。给水系统功能组包括A/B/C电动给水泵子组、高压加热器子组4个功能子组。功能组控制结构见表5-51。

表5-51　给水系统功能组控制结构

功能组级	给水功能组			
功能子组级	高压加热器子组	A电动给水泵子组	B电动给水泵子组	C电动给水泵子组
驱动设备级	高压加热器入口阀	A电动给水泵	B电动给水泵	C电动给水泵
	高压加热器出口阀	A电动给水泵入口阀	B电动给水泵入口阀	C电动给水泵入口阀
	高压加热器旁路阀	A电动给水泵出口阀	B电动给水泵出口阀	C电动给水泵出口阀

（1）A电动给水泵功能子组逻辑（B/C相同）。

1）A电动给水泵启动控制逻辑。A电动给水泵子组启动命令由运行人员手动发出。启动步序如表5-52所示。

2）A电动给水泵子组停止控制逻辑。A电动给水泵子组停止命令由运行人员手动发出。停止步序如表5-53所示。

表 5-52 A 电动给水泵子组启动步序

步序序号	步序指令
第一步(S1)	A 电动给水泵辅助油泵启动
第二步(S2)	除氧器至 A 电动给水泵电动阀打开
第三步(S3)	A 电动给水泵最小流量阀强关
第四步(S4)	A 电动给水泵至高压加热器入口电动阀打开
第五步(S5)	A 电动给水泵启动

表 5-53 A 电动给水泵子组停止步序

步序序号	步序指令
第一步（S1）	A 电动给水泵辅助油泵启动
第二步（S2）	A 电动给水泵最小流量阀打开
第三步（S3）	A 电动给水泵出口电动阀关闭
第四步（S4）	A 电动给水泵停止

3）A 电动给水泵子组就地设备控制逻辑。

a. 除氧器至电动给水泵入口电动阀自动打开逻辑。当来自功能组关闭指令发出后，自动打开除氧器至电动给水泵入口电动阀。

b. A 电动给水泵出口阀联锁关闭逻辑。当 A 电动给水泵反转信号动作或 A 电动给水泵跳闸时，联锁关闭 A 电动给水泵出口阀。

自动打开逻辑。当来自功能组打开指令发出后，自动打开 A 电动给水泵出口阀。

自动关闭逻辑。当来自功能组关闭指令发出后，自动关闭 A 电动给水泵出口阀。

c. A 电动给水泵允许启动逻辑。当以下条件全部满足时，允许启动 A 电动给水泵。条件包括吐出端上下壳体温差小于 30℃、吸入端上下壳体温差小于 30℃、除氧器至电动给水泵入口阀开、电动给水泵至除氧器再循环调节阀开度大于 85%、A 电动给水泵至高压加热器电动阀关、A 电动给水泵辅助油泵运行、除氧器水位高于 600mm、润滑油压正常、任一凝泵运行或凝结水输送泵运行，共 10 项。

允许停止逻辑。当辅助油泵运行时，如果 MFT 跳闸信号动作，则允许 A 电动给水泵停运，或当辅助油泵运行时，如果 B、C 电动给水泵任一运行，也允许 A 电动给水泵停运。

保护停止逻辑。当以下任一条件动作时，保护停止 A 电动给水泵。条件包括电动给水泵入口电动阀关闭、电动给水泵润滑油压低于 0.08MPa、电动给水泵工作油冷却器进油温度高于 130℃、电动给水泵液力联轴器轴承任一温度高于 90℃，延时 0.5s、除氧器 3 个水位变送器显示均低于 550mm、流量小于 128t/h 且电动给水泵再循环阀开度小于 88%，共 6 项。

联锁启动逻辑。当 B、C 电动给水泵同时跳闸时联锁启动 A 电动给水泵，或当负荷大于 120MW 时 C 电动给水泵跳闸也联锁启动 A 电动给水泵。

d. 辅助油泵。在电动给水泵正常运行之前，提供润滑油，若正常运行中润滑油压低，也要启动该油泵。

保护启动逻辑。当 A 电动给水泵运行时，若润滑油压低于 0.15MPa 或 A 电动给水泵跳闸，保护启动辅助油泵。

保护停止逻辑。当电气来辅助油泵事故跳闸信号时，保护停止辅助油泵。

联锁停止逻辑。当 A 电动给水泵运行时，电动给水泵润滑油压高于 0.22MPa 延时 30s 后联锁停止辅助油泵。

自动启动逻辑。当来自功能组启动指令发出后，自动启动 A 电动给水泵辅助油泵。

（2）高压加热器功能子组控制逻辑分析。

1）高压加热器子组启动控制逻辑。高压加热器子组启动命令由运行人员手动发出。启动步序如表5-54所示。

表5-54　　高压加热器子组启动步序

步序序号	步序指令
第一步（S1）	高压加热器出口电动阀打开
第二步（S2）	高压加热器入口电动阀打开
第三步（S3）	高压加热器旁路电动阀关闭
第四步（S4）	3号段抽汽止回阀打开
第五步（S5）	3号段抽汽止回阀前电动阀打开
第六步（S6）	2号段抽汽止回阀打开
第七步（S7）	2号段抽汽止回阀前电动阀打开
第八步（S8）	1号段抽汽止回阀打开
第九步（S9）	1号段抽汽止回阀前电动阀打开

2）高压加热器子组停止控制逻辑。高压加热器子组停止命令由运行人员手动发出。停止步序如表5-55所示。

表5-55　　高压加热器子组停止步序

步序序号	步序指令
第一步（S1）	1号段抽汽止回阀前电动阀关闭
第二步（S2）	1号段抽汽止回阀关闭
第三步（S3）	2号段抽汽止回阀前电动阀关闭
第四步（S4）	2号段抽汽止回阀关闭
第五步（S5）	3号段抽汽止回阀前电动阀关闭
第六步（S6）	3号段抽汽止回阀关闭
第七步（S7）	高压加热器入口电动阀关闭
第八步（S8）	高压加热器旁路电动阀打开
第九步（S9）	高压加热器出口电动阀关闭

3）高压加热器子组就地设备控制逻辑。

a. 高压加热器入口阀允许关闭逻辑。当高压加热器旁路电动阀打开后允许关闭高压加热器入口阀。

联锁关闭逻辑。当高压加热器旁路电动阀打开状态信号返回后联锁关闭高压加热器入口阀。

自动关闭逻辑。当高压加热器旁路阀打开时如果功能组发出关闭指令，则自动关闭高压加热器入口阀。

自动打开逻辑。当来自功能组打开指令发出后，自动打开高压加热器入口阀。

b. 高压加热器出口阀允许关闭逻辑。当高压加热器旁路电动阀打开后允许关闭高压加热器出口阀。

联锁关闭逻辑。当高压加热器旁路电动阀打开状态信号返回后联锁关闭高压加热器出口阀。

自动打开逻辑。当来自功能组打开指令发出后，自动打开高压加热器出口阀。

自动关闭逻辑。当来自功能组关闭指令发出后，自动关闭高压加热器出口阀。

c. 高压加热器旁路电动阀允许关闭逻辑。当高压加热器出、入阀电动阀均打开时，允许高压加热器旁路电动阀关闭。

联锁打开逻辑。当 1、2、3 号高压加热器任一水位高三值动作时，联锁打开高压加热器旁路电动阀。

自动打开逻辑。当来自功能组打开指令发出后，自动打开高压加热器旁路电动阀。

自动关闭逻辑。当来自功能组关闭指令发出后，自动关闭高压加热器旁路电动阀。

第十节 抽汽系统功能组

一、350MW 机组抽汽系统功能组

（一）低压抽汽功能组

低压抽汽系统抽取汽轮机低压蒸汽加热凝结水，将凝结水逐级加热后送往除氧器。低压抽汽功能组采用事件型宏逻辑控制功能组内设备的启停、联锁。

1. 设备组成和功能

低压抽汽功能组由输入信号、控制逻辑、输出信号等组成。

（1）输入信号。低压抽汽功能组输入信号有压力开关信号、液位开关信号等。

表 5-56　　低压抽汽功能组输入信号

序号	设备名称	规格及型号	编码	安装位置
1	8 号低压加热器水位高高液位开关	B40-5C20-CNB	LS-01704	8 号低压加热器旁
2	7 号低压加热器水位高高液位开关	B40-5C20-CNB	LS-01701	7 号低压加热器旁
3	6 号低压加热器水位高高液位开关	B40-5C20-CNB	LS-01601	6 号低压加热器旁
4	5 号低压加热器水位高高液位开关	B40-5C20-CNB	LS-01501	5 号低压加热器旁
5	除氧器水位高高液位开关	B40-5C20-CNB	LS-01401	除氧器水箱旁
6	除氧器抽汽疏水罐水位高液位开关	B40-5C20-CNB	LS-01407	汽轮机 12.5m 四段抽汽管道上
7	除氧器水位高液位开关	B40-5C20-CNB	LS-01404	除氧器水箱旁
8	除氧器水位正常液位开关	B40-5C20-CNB	LS-01403	除氧器水箱旁
9	除氧器压力高压力开关	CQ30-2M3	PS-01402	
10	低压加热器疏水箱水位低低液位开关	B40-5C20-CNB	LS-01708	低压加热器疏水箱旁
11	凝结水收集箱水位高高/低低液位开关	B40-5C20-CNB	LS-01902	凝结水收集箱上部
12	7 号低压加热器水位高液位开关	B40-5C20-CNB	LS-01703	7 号低压加热器旁
13	7 号低压加热器水位低液位开关	B40-5C20-CNB	LS-01702	7 号低压加热器旁
14	6 号低压加热器水位高液位开关	B40-5C20-CNB	LS-01603	6 号低压加热器旁
15	6 号低压加热器水位低液位开关	B40-5C20-CNB	LS-01602	6 号低压加热器旁
16	低压加热器疏水箱水位高液位开关	B40-5C20-CNB	LS-01706	低压加热器疏水箱旁
17	低压加热器疏水箱水位低液位开关	B40-5C20-CNB	LS-01707	低压加热器疏水箱旁

（2）就地设备。低压抽汽功能组就地设备见表5-57。

表5-57　　低压抽汽功能组就地设备

序号	设备名称	规格及型号	编码	备注
1	7、8号低压加热器入口电动阀	—	MV-02305	—
2	7、8号低压加热器出口电动阀	—	MV-02306	—
3	7、8号低压加热器旁路电动阀	—	MV-02307	—
4	5、6号低压加热器入口电动阀	—	MV-02308	—
5	5、6号低压加热器出口电动阀	—	MV-02310	—
6	5、6号低压加热器旁路电动阀	—	MV-02311	—
7	6号抽汽电动阀	—	MV-01601	—
8	6号抽汽止回阀	HB8316G46，DC 110V	1-5V-69	—
9	6号抽汽止回阀入口疏水关断阀	J320G186，DC 110V	XV-01601	—
10	6号抽汽止回阀出口疏水关断阀	J320G186，DC 110V	XV-01602	—
11	5号抽汽电动阀	—	MV-01501	—
12	5号抽汽止回阀	HB8316G46，DC 110V	1-5V-60	—
13	5号抽汽止回阀入口疏水关断阀	J320G186，DC 110V	XV-01501	—
14	5号抽汽止回阀出口疏水关断阀	J320G186，DC 110V	XV-01502	—
15	4号抽汽电动阀	—	MV-01401	—
16	4号抽汽一次止回阀	HB8316G46，DC 110V	1-5V-35	—
17	4号抽汽一次止回阀入口疏水关断	J320G186，DC 110V	XV-01405	—
18	4号抽汽二次止回阀	HB8316G46，DC 110V	1-5V-38	—
19	4号抽汽二次止回阀入口疏水关断阀	J320G186，DC 110V	XV-1406	—
20	除氧器抽汽管道疏水罐疏水关断阀	J320G186，DC 110V	XV-1404	—
21	除氧器溢流关断阀旁路电动阀	—	MV-01403	—
22	除氧器溢流关断阀	J320G186，DC 110V	CV-01401	—
23	除氧器排空关断阀旁路关断阀	J320G186，DC 110V	XV-01402	—
24	除氧器排空关断阀	J320G186，DC 110V	XV-01403	—
25	A低压加热器疏水泵	—	SCS4-P117A	—
26	B低压加热器疏水泵	—	SCS4-P117B	—
27	低压加热器疏水管道电动阀	—	MV-01702	—
28	低压加热器疏水管道排污电动阀	—	MV-01701	—
29	凝结水管道冲洗电动阀	—	MV-02309	—
30	凝结水收集泵	—	SCS4-P118	—
31	凝结水收集箱水位调节阀	J320G174，DC 110V	CV-01906	—
32	6号低压加热器水位调节阀	J320G174，DC 110V	CV-01601A	—
33	5号低压加热器水位调节阀	J320G174，DC 110V	CV-01501A	—
34	低压加热器疏水箱水位调节阀	J320G174，DC 110V	CV-01702A	—
35	5号低压加热器加热蒸汽压力调节阀	J320G174，DC 110V	CV-08305	—
36	7号低压加热器水位调节阀	J320G174，DC 110V	CV-01701A	—

2. 控制逻辑分析

控制逻辑是功能组的主体，设备启停、联锁保护都在控制逻辑中实现，低压抽汽功能组控制结构见表 5-58。

表 5-58　　低压抽汽功能组控制结构

功能组级	低压抽汽功能组					
驱动设备级	7、8 号低压加热器入口电动阀	7、8 号低压加热器出口电动阀	7、8 号低压加热器旁路电动阀	5、6 号低压加热器入口电动阀	5、6 号低压加热器出口电动阀	5、6 号低压加热器旁路电动阀
	6 号抽汽电动阀	6 号抽汽止回阀	6 号抽汽止回阀入口疏水关断阀	6 号抽汽止回阀出口疏水关断阀	5 号抽汽电动阀	5 号抽汽止回阀
	5 号抽汽止回阀入口疏水关断阀	5 号抽汽止回阀出口疏水关断阀	4 号抽汽电动阀	4 号抽汽一次止回阀	4 号抽汽一次止回阀入口疏水关断阀	4 号抽汽二次止回阀
	4 号抽汽二次止回阀入口疏水关断阀	除氧器抽汽管道疏水罐疏水关断阀	除氧器溢流关断阀旁路电动阀	除氧器溢流关断阀	除氧器排空关断阀旁路关断阀	除氧器排空关断阀
	A 低压加热器疏水泵	B 低压加热器疏水泵	低压加热器疏水管道电动阀	低压加热器疏水管道排污电动阀	凝结水管道冲洗电动阀	凝结水收集泵
	凝结水收集箱水位调节阀	6 号低压加热器水位调节阀	5 号低压加热器水位调节阀	低压加热器疏水箱水位调节阀	5 号低压加热器加热蒸汽压力调节阀	7 号低压加热器水位调节阀

（1）低压抽汽功能组控制逻辑。低压抽汽功能组采用事件型宏逻辑，该宏逻辑有自动和手动两种方式。低压抽汽功能组自动方式命令可以来自 APS（机组自动启动停止）系统，也可以由运行人员从操作员站上手动发出。

（2）低压抽汽功能组就地设备控制逻辑。

1）低压加热器水侧阀门投入控制逻辑。低压抽汽功能组在自动方式，7、8 号低压加热器出口电动阀打开，7、8 号低压加热器入口电动阀打开，7、8 号低压加热器旁路电动阀关闭；7、8 号低压加热器水侧投入后 5、6 号低压加热器出口电动阀打开，5、6 号低压加热器入口电动阀打开，5、6 号低压加热器旁路电动阀关闭。

2）低压加热器汽侧阀门投入控制逻辑。低压抽汽功能组在自动方式，6 号抽汽止回阀入口疏水关断阀和 6 号抽汽止回阀出口疏水关断阀打开，当机组负荷指令大于 20%后 6 号抽汽电动阀打开；6 号低压加热器汽侧投入后，当 5 号抽汽止回阀入口疏水关断阀和 5 号抽汽止回阀出口疏水关断阀打开时 5 号抽汽电动阀打开；在 5 号低压加热器汽侧投入后，当 4 号抽汽一次止回阀入口疏水关断阀、4 号抽汽二次止回阀入口疏水关断阀和除氧器抽汽管道疏水罐疏水关断阀打开后，4 号抽汽电动阀打开。在 6 号抽汽电动阀打开后 6 号抽汽止回阀入口疏水关断阀和 6 号抽汽止回阀出口疏水关断阀可以关闭；在 5 号抽汽电动阀打开后 5 号抽汽止回阀入口疏水关断阀和 5 号抽汽止回阀出口疏水关断阀可以关闭；在 4 号抽汽电动阀打开后 4 号抽汽一次止回阀入口疏水关断阀、4 号抽汽二次止回阀入口疏水关断阀和除氧器抽汽管道疏水罐疏水关断阀可以关闭。

3）低压加热器汽侧阀门退出控制逻辑。低压抽汽功能组在自动方式下，机组负荷指令小于 20%且高压抽汽已经退出，低压抽汽开始退出。4 号抽汽电动阀、5 号抽汽电动阀、6 号抽汽电动阀依次关闭，4 号抽汽管道疏水阀（4 号抽汽一次止回阀入口疏水关断阀、4 号抽汽二次止回阀入口疏水关断阀、除氧器抽汽管道疏水罐疏水关断阀）、5 号抽汽管道疏水阀（5 号抽汽止回阀入口疏水关断阀、5 号抽汽止回阀出口疏水关断阀）、6 号抽汽管道疏水阀（6 号抽汽止回阀入口疏水关断阀、6 号抽汽止回阀出口疏水关断阀）依次打开。

4）低压加热器水侧、汽侧阀门保护控制逻辑。在低压抽汽系统运行过程中，如果 7 号低压加热器水位高高或 8 号低压加热器水位高高信号发出，首先打开 7、8 号低压加热器旁路电动阀，然后关闭 7、8 号低压加热器入口电动阀和 7、8 号低压加热器出口电动阀；如果 5 号低压加热器水位高高、6 号低压加热器水位高高、汽轮机跳闸信号任意一条发出，首先打开 5、6 号低压加热器旁路电动阀，然后关闭 5、6 号低压加热器入口电动阀和 5、6 号低压加热器出口电动阀，最后关闭 5 号抽汽电动阀和 6 号抽汽电动阀，同时打开五段抽汽和六段抽汽管道疏水阀；如果除氧器水位高高或汽轮机跳闸信号发出，关闭 4 号抽汽电动阀，打开四段抽汽管道疏水阀。

（二）高压抽汽功能组

高压抽汽系统抽取汽轮机高压蒸汽加热给水，使给水逐级加热后送往锅炉省煤器。高压抽汽功能组采用事件型宏逻辑控制功能组内设备的启停、联锁。

1. 设备组成和功能

高压抽汽功能组由输入信号、控制逻辑、输出信号等组成。

（1）输入信号。高压抽汽功能组输入信号有液位开关信号等，具体见表 5-59。

表 5-59　　高压抽汽功能组输入信号

序号	设备名称	规格及型号	编码	安装位置
1	3 号高压加热器水位高高液位开关	B40-1B60-LDM	LS-01301	3 号高压加热器旁
2	2 号高压加热器水位高高液位开关	B40-1B60-LDM	LS-01201	2 号高压加热器旁
3	1 号高压加热器水位高高液位开关	B40-1B60-LDM	LS-01201	1 号高压加热器旁
4	3 号高压加热器水位高液位开关	B40-1B60-LDM	LS-01303	3 号高压加热器旁
5	3 号高压加热器水位低液位开关	B40-1B60-LDM	LS-01302	3 号高压加热器旁
6	2 号高压加热器水位高液位开关	B40-1B60-LDM	LS-01203	2 号高压加热器旁
7	2 号高压加热器水位低液位开关	B40-1B60-LDM	LS-01202	2 号高压加热器旁

（2）就地设备。高压抽汽功能组就地设备见表 5-60。

表 5-60　　　　高压抽汽功能组就地设备

序号	设备名称	规格及型号	编码	备注
1	高压加热器入口电动阀	—	MV-02102	—
2	高压加热器出口电动阀	—	MV-02104	—
3	高压加热器旁路电动阀	—	MV-02105	—
4	3 号抽汽电动阀	—	MV-01301	—
5	3 号抽汽止回阀	HB8316G46，DC 110V	1-5V-27	—
6	3 号抽汽止回阀入口疏水关断阀	J320G186，DC 110V	XV-01301	—
7	3 号抽汽止回阀出口疏水关断阀	J320G186，DC 110V	XV-01302	—
8	2 号抽汽电动阀	—	MV-01201	—
9	2 号抽汽止回阀	HB8316G46，DC 110V	1-5V-14	—
10	2 号抽汽止回阀出口疏水关断阀	J320G186，DC 110V	XV-01201	—
11	1 号抽汽电动阀	—	MV-01101	—
12	1 号抽汽止回阀	HB8316G46，DC 110V	1-5V-6	—
13	1 号抽汽止回阀入口疏水关断阀	J320G186，DC 110V	XV-01101	—
14	1 号抽汽止回阀出口疏水关断阀	J320G186，DC 110V	XV-01102	—
15	3 号高压加热器水位调节阀	J320G174，DC 110V	CV-01301A	—
16	2 号高压加热器水位调节阀	J320G174，DC 110V	CV-01201A	—
17	1 号高压加热器水位调节阀	J320G174，DC 110V	CV-01101A	—
18	高压加热器入口电动阀旁路电动阀	—	MV-02103	—

2. 控制逻辑分析

控制逻辑是功能组的主体，设备启停、联锁保护都在控制逻辑中实现，高压抽汽功能组控制结构见表 5-61。

表 5-61　　　　高压抽汽功能组控制结构

功能组级	高压抽汽功能组					
驱动设备级（不能进入子组控制的设备）	高压加热器入口电动阀	高压加热器出口电动阀	高压加热器旁路电动阀	3 号抽汽电动阀	3 号抽汽止回阀	3 号抽汽止回阀入口疏水关断阀
	3 号抽汽止回阀出口疏水关断阀	2 号抽汽电动阀	2 号抽汽止回阀	2 号抽汽止回阀出口疏水关断阀	1 号抽汽电动阀	1 号抽汽止回阀
	1 号抽汽止回阀入口疏水关断阀	1 号抽汽止回阀出口疏水关断阀	3 号高压加热器水位调节阀	2 号高压加热器水位调节阀	1 号高压加热器水位调节阀	高压加热器入口电动阀旁路电动阀

（1）高压抽汽功能组控制逻辑。高压抽汽功能组采用事件型宏逻辑，该宏逻辑有自动和手动两种方式。高压抽汽功能组自动方式命令可以来自 APS（机组自动启动停止）系统，也可以由运行人员从操作员站上手动发出。

（2）高压抽汽功能组就地设备控制逻辑。

1）高压加热器水侧阀门投入控制逻辑。高压抽汽功能组在自动方式且机组负荷指令大于10%，高压加热器入口电动阀旁路电动阀就打开60s后，高压加热器入口电动阀打开，然后高压加热器出口电动阀打开，最后高压加热器旁路电动阀关闭。

2）高压加热器汽侧阀门投入控制逻辑。高压抽汽功能组在自动方式，3号抽汽止回阀入口疏水关断阀和3号抽汽止回阀出口疏水关断阀打开，低压抽汽功能组启动结束，当机组负荷指令大于25%延时10s后3号抽汽电动阀打开；3号高压加热器汽侧投入后，当2号抽汽止回阀出口疏水关断阀打开延时10s后2号抽汽电动阀打开；在2号高压加热器汽侧投入后，当1号抽汽止回阀入口疏水关断阀和1号抽汽止回阀出口疏水关断阀打开延时10s后1号抽汽电动阀打开。

在3号抽汽电动阀打开后3号抽汽止回阀入口疏水关断阀和3号抽汽止回阀出口疏水关断阀可以关闭；在2号抽汽电动阀打开后2号抽汽止回阀出口疏水关断阀可以关闭；在1号抽汽电动阀打开后1号抽汽止回阀入口疏水关断阀和1号抽汽止回阀出口疏水关断阀可以关闭。

3）高压加热器汽侧阀门退出控制逻辑。高压抽汽功能组在自动方式下，机组负荷指令小于25%，高压抽汽开始退出。1号抽汽电动阀、2号抽汽电动阀、3号抽汽电动阀依次关闭，1号抽汽管道疏水阀（1号抽汽止回阀入口疏水关断阀、1号抽汽止回阀出口疏水关断阀）、2号抽汽管道疏水阀（2号抽汽止回阀出口疏水关断阀）、3号抽汽管道疏水阀（3号抽汽止回阀入口疏水关断阀、3号抽汽止回阀出口疏水关断阀）依次打开。

4）高压加热器水侧、汽侧阀门保护控制逻辑。在高压抽汽系统运行过程中，如果1号高压加热器水位高高、2号高压加热器水位高高、3号高压加热器水位高高信号任一发出，首先打开高压加热器旁路电动阀，然后关闭高压加热器入口电动阀和高压加热器出口电动阀；关闭1号抽汽电动阀、2号抽汽电动阀和3号抽汽电动阀，同时打开一段抽汽、二段抽汽和三段抽汽管道疏水阀。

二、300MW机组抽汽系统功能组

抽汽系统共布置七段抽汽，分别为1、2、3号高压加热器、除氧器及5、6、7号低压加热器供汽。由于抽汽系统未设计功能组级逻辑，本节主要分析抽汽系统所属各抽汽止回阀及前后隔离门等就地设备的控制逻辑。

1. 设备组成和功能

抽汽系统功能组由输入信号、控制逻辑、输出信号等组成。

（1）输入信号。抽汽系统功能组输入信号有限位开关信号等。输入信号清单见表5-62。

表5-62　抽汽系统功能组输入信号

序号	设备名称	规格及型号	编码	安装位置
1	一段抽汽止回阀开状态	SNAP-LOCK SWITCH EA-170-21100	3LBD10CZ430VO	—
2	一段抽汽止回阀关状态	SNAP-LOCK SWITCH EA-170-21100	3LBD10CZ430VC	—

续表

序号	设备名称	规格及型号	编码	安装位置
3	二段抽汽止回阀开状态	SNAP-LOCK SWITCH EA-170-21100	3LBD20CZ430ZO	—
4	二段抽汽止回阀关状态	SNAP-LOCK SWITCH EA-170-21100	3LBD20CZ430ZC	—
5	三段抽汽止回阀开状态	SNAP-LOCK SWITCH EA-170-21100	3LBD30CZ430ZO	—
6	三段抽汽止回阀关状态	SNAP-LOCK SWITCH EA-170-21100	3LBD30CZ430ZC	—
7	四段抽汽止回阀一开状态	SNAP-LOCK SWITCH EA-170-21100	3LBD40CZ430ZO	—
8	四段抽汽止回阀一关状态	SNAP-LOCK SWITCH EA-170-21100	3LBD40CZ430ZC	—
9	四段抽汽止回阀二开状态	SNAP-LOCK SWITCH EA-170-21100	3LBD40CZ431ZO	—
10	四段抽汽止回阀二关状态	SNAP-LOCK SWITCH EA-170-21100	3LBD40CZ431ZC	—
11	五段抽汽止回阀开状态	SNAP-LOCK SWITCH EA-170-21100	3LBD50CZ430VO	—
12	五段抽汽止回阀关状态	SNAP-LOCK SWITCH EA-170-21100	3LBD50CZ430ZC	—
13	六段抽汽止回阀开状态	SNAP-LOCK SWITCH EA-170-21100	3LBD60CZ430VO	—
14	六段抽汽止回阀关状态	SNAP-LOCK SWITCH EA-170-21100	3LBD60CZ430ZC	—

（2）就地控制设备。就地控制设备处于功能组的最底层，对应现场具体的设备。抽汽功能组就地控制设备有 16 台，设备清单见表 5-63。

表 5-63　抽汽系统功能组就地控制设备

序号	设备名称	规格及型号	编码	备注
1	一段抽汽止回阀	MC-P-082	3LBD10AA130	—
2	一段抽汽止回阀前电动隔离阀	—	3LBD10AA430	—
3	二段抽汽止回阀	MC-P-082	3LBD20AA130	—
4	二段抽汽止回阀前电动隔离阀	—	3LBD20AA430	—
5	三段抽汽止回阀	MC-P-082	3LBD30AA130	—
6	三段抽汽止回阀前电动隔离阀	—	3LBD30AA430	—
7	四段抽汽止回阀一	MC-P-082	3LBD40AA430	—
8	四段抽汽止回阀前电动隔离阀	—	3LBD40AA130	—

续表

序号	设备名称	规格及型号	编码	备注
9	四段抽汽止回阀二	MC-P-082	3LBD40AA431	—
10	四段抽汽到辅助蒸汽电动隔离阀	—	3LBD41AA130	—
11	四段抽汽到除氧器电动隔离阀	—	3LBD40AA131	—
12	五段抽汽止回阀	MC-P-082	3LBD50AA430	—
13	五段抽汽止回阀前电动隔离阀	—	3LBD50AA130	—
14	六段抽汽止回阀	MC-P-082	3LBD60AA430	—
15	六段抽汽止回阀前电动隔离阀	—	3LBD50AA130	—
16	高压排汽止回阀	—	3LBC10AA430	—

2. 控制逻辑分析

控制逻辑是功能组的主体，设备启停先后次序、联锁保护都在控制逻辑中实现。汽轮机抽汽系统主要受控设备包括：各抽汽截止阀（电动隔离阀）、抽汽止回阀。单台设备有以下控制逻辑。

（1）一段抽汽止回阀前电动阀。

1）允许打开逻辑。当1号高压加热器给水入口阀、出口阀均打开且1号高压加热器旁路阀关闭时，允许打开一段抽汽止回阀前电动阀。

2）联锁关闭逻辑。当汽轮机跳闸或者OPC跳闸时联锁关闭一段抽汽止回阀前电动阀，或当任一高压加热器水位高三值动作时，联锁关闭该电动阀。

（2）一段抽汽止回阀。

1）允许打开逻辑。当1号高压加热器给水入口阀、出口阀均打开且1号高压加热器旁路阀关闭时，允许打开一段抽汽止回阀。

2）联锁关闭逻辑。当汽轮机跳闸或发电机跳闸或OPC跳闸时联锁关闭一段抽汽止回阀，或当任一高压加热器水位高三值时，也联锁关闭该止回阀。

此外，二段抽汽止回阀、二段抽汽止回阀前电动阀、三段抽汽止回阀、三段抽汽止回阀前电动阀逻辑与此相似。

（3）四段抽汽止回阀前电动阀联锁关闭逻辑。当汽轮机跳闸或OPC跳闸时联锁关闭四段抽汽止回阀前电动阀。

（4）四段抽汽止回阀联锁关闭逻辑。当汽轮机跳闸或发电机跳闸或OPC跳闸时，联锁关闭四段抽汽止回阀，或当除氧器水位高三值或除氧器压力高时也联锁关闭该止回阀。

四段抽汽止回阀逻辑与此相似。

（5）四段抽汽至除氧器电动阀。

1）联锁打开逻辑。当除氧器水位正常且负荷大于90MW时，联锁打开四段抽汽至除氧器电动阀。

2）联锁关闭逻辑。当汽轮机跳闸后联锁关闭四段抽汽至除氧器电动阀，当除氧器水位高三值或除氧器压力高时联锁关闭该电动阀。

（6）四段抽汽到辅助蒸汽电动隔离阀只设计了手动开关功能。

（7）五段抽汽止回阀。

1）允许打开逻辑。当同时满足5号低压加热器入口阀、出口阀打开且5号低压加热器旁路阀关闭三个条件时，允许打开五段抽汽止回阀。

2）保护关闭逻辑。当汽轮机跳闸或OPC跳闸时联锁关闭五段抽汽止回阀，当5号低压加热器水位高高开关动作时联锁关闭该止回阀。

六段抽汽止回阀与五段抽汽止回阀逻辑相似。

（8）五段抽汽止回阀前电动阀。

1）允许打开逻辑。当5号高压加热器给水入口阀、出口阀均打开且5号低压加热器旁路阀关闭的情况下，允许打开五段抽汽止回阀前电动阀。

2）联锁关闭逻辑。当汽轮机跳闸或OPC跳闸时联锁关闭五段抽汽止回阀前电动阀，或任一低压加热器水位高三值时，联锁关闭该电动阀。

六段抽汽止回阀前电动阀与五段抽汽止回阀前电动阀逻辑相同。

（9）高压排汽止回阀。

1）自动打开逻辑。当汽轮机运行时自动打开高压排汽止回阀。

2）保护关闭逻辑。当汽轮机跳闸时保护关闭高压排汽止回阀。

第十一节　疏水系统功能组

一、350MW机组疏水系统功能组

（一）锅炉疏水功能组

1. 设备组成和功能

锅炉疏水功能组由输入信号、控制逻辑、输出信号等组成。

（1）输入信号。锅炉疏水功能组输入信号有温度开关信号、压力开关信号、液位开关信号等，具体见表5-64。

表5-64　锅炉疏水功能组输入信号

序号	设备名称	规格及型号	编码	安装位置
1	单元废水箱水位低液位开关	B40-5C20-CNB	LS-09504	单元废水箱旁
2	单元废水箱水位高液位开关	B40-5C20-CNB	LS-09503	单元废水箱旁
3	单元废水箱水位低低液位开关	B40-5C20-CNB	LS-09505	单元废水箱旁
4	定排扩容器出口水温不高温度开关	TF56-10D	TIS-09501	BLP-109
5	单元废水箱疏水温度高温度开关	TF56-10D	TIS-09502	BLP-110
6	三级过热器出口蒸汽压力高高压力开关	SZ-210PF-C	PS-00301A	BLP-507
7	三级过热器出口蒸汽压力高高压力开关	SZ-210PF-C	PS-00301B	BLP-513

（2）就地设备。锅炉疏水功能组就地设备见表5-65。

表 5-65　　锅炉疏水功能组就地设备

序号	设备名称	规格及型号	编码	备注
1	A省煤器再循环电动阀	—	MV-00101A	—
2	B省煤器再循环电动阀	—	MV-00101B	—
3	汽包排空气电动阀	—	MV-00103	—
4	汽包连排电动阀	—	MV-00104	—
5	汽包定排电动阀	—	MV-00105	—
6	环形联箱疏水电动阀	—	MV-00201	—
7	一级过热器入口管道疏水电动阀	—	MV-00202	—
8	三级过热器出口联箱疏水电动阀	—	MV-00203	—
9	高压旁路压力调节阀入口电动阀	—	MV-00302	—
10	高压旁路喷水关断阀电磁阀	J320G186，DC 110V	XV-00301	—
11	A单元废水泵	—	SCS2-P106A	—
12	B单元废水泵	—	SCS2-P106B	—
13	连排扩容器排污电动阀	—	MV-08403	—
14	连排扩容器出口电动阀	—	MV-08402	—
15	定排水温度调节阀电磁阀	J320G174，DC 110V	CV-09502	—
16	A主蒸汽管道疏水电动阀	—	MV-00301A	—
17	B主蒸汽管道疏水电动阀	—	MV-00301B	—
18	高压旁路/低压旁路压力调节阀快开电磁阀	J320G186，DC 110V	—	—
19	PCV-1	CR9503213CAT34	1-1V-11	—
20	PCV-2	CR9503213CAT34	1-1V-13	—

2. 控制逻辑分析

控制逻辑是功能组的主体，设备启停、联锁保护都在控制逻辑中实现，锅炉疏水功能组控制结构见表5-66。

表 5-66　　锅炉疏水功能组控制结构

功能组级	锅炉疏水功能组					
驱动设备级	A省煤器再循环电动阀	B省煤器再循环电动阀	汽包排空电动阀	汽包连续排污电动阀	汽包定期排污电动阀	环形联箱疏水电动阀
	一级过热器入口管道疏水电动阀	三级过热器出口联箱疏水电动阀	高压旁路调节阀入口电动阀	高压旁路喷水关断阀	A废水泵	B废水泵
	连排扩容器出口排污电动阀	连排扩容器出口电动阀	定期排污温度调节阀	A主汽管道疏水电动阀	B主汽管道疏水电动阀	高压旁路调节阀保护开电磁阀
	低压旁路调节阀保护开电磁阀	PCV-1		PCV-2		

（1）锅炉疏水功能组控制逻辑。锅炉疏水功能组采用事件型宏逻辑，该宏逻辑有自动和手动两种方式。自动方式命令可以来自APS（机组自动启动停止）系统，也可以由运行人员从操作员站上手动发出。

（2）锅炉疏水功能组就地设备控制逻辑。锅炉疏水功能组就地设备包括汽包排空电动阀、环形联箱疏水电动阀、一级过热器入口管道疏水电动阀、高压旁路调节阀入口电动阀、汽包定期排污电动阀、三级过热器出口联箱疏水电动阀、A/B主汽管道疏水电动阀、A/B省煤器再循环电动阀、高压旁路喷水关断阀等。

1）汽包排空电动阀控制逻辑。锅炉疏水功能组在自动方式时，汽包压力小于0.2MPa延时5s后发出汽包排空电动阀开命令；汽包压力大于0.2MPa后发出汽包排空电动阀关命令。

2）环形联箱疏水电动阀、一级过热器入口管道疏水电动阀控制逻辑。锅炉疏水功能组在自动方式时锅炉开始点火，汽包压力小于0.2MPa延时300s后发出环形联箱疏水电动阀开命令；汽包压力大于0.2MPa后发出环形联箱疏水电动阀关命令。

3）高压旁路调节阀入口电动阀控制逻辑。锅炉疏水功能组在自动方式下，锅炉MFT已经复位，给水系统有一台给水泵启动，当凝汽器真空大于620mmHg（8.266×10^4Pa）后发出高压旁路调节阀入口电动阀开命令。

4）汽包定期排污电动阀控制逻辑。锅炉疏水功能组在自动方式下，汽包水位正常，发电机未并网，汽包压力小于0.5MPa时发出汽包定期排污电动阀开100%命令；汽包压力大于0.5MPa后发出汽包定期排污电动阀开50%命令；发电机并网后发出汽包定期排污电动阀开0%命令。

5）三级过热器出口联箱疏水电动阀控制逻辑。锅炉疏水功能组在自动方式下，锅炉MFT复位，发电机没有并网，汽包压力大于0.5MPa延时5s且小于1MPa时发出三级过热器出口联箱疏水电动阀开50%命令；汽包压力大于1MPa延时5s且小于4MPa时发出三级过热器出口联箱疏水电动阀开15%命令；汽包压力大于4MPa或发电机并网后发出三级过热器出口联箱疏水电动阀开0%命令。

6）A主汽管道疏水电动阀控制逻辑（A、B相同，只介绍A）。锅炉疏水功能组在自动方式下，锅炉MFT复位，汽包压力小于0.2MPa延时5s，如果汽轮机入口蒸汽温度相比锅炉三级过热器出口蒸汽温度低1℃时延时60s发出A主汽管道疏水电动阀开100%命令；当汽包压力大于0.2MPa且小于1.47MPa时发出A主汽管道疏水电动阀开50%命令；当汽包压力大于1.47MPa延时5s发出A主汽管道疏水电动阀开20%命令；当发电机并网后发出A主汽管道疏水电动阀开0%命令。

7）A省煤器再循环电动阀控制逻辑（A、B相同，只介绍A）。锅炉疏水功能组在自动方式下，当给水流量小于25%时发出A省煤器再循环电动阀开命令；当给水流量大于30%时发出A省煤器再循环电动阀关命令。

8）高压旁路喷水关断阀控制逻辑。锅炉疏水功能组在自动方式下，高压旁路压力调节阀和高压旁路喷水调节阀任一阀门打开，发出高压旁路喷水关断阀开命令；高压旁路压力调节阀和高压旁路喷水调节阀全部关闭延时30s后发出高压旁路喷水关断阀关命令。

（二）汽轮机疏水功能组

汽轮机在启动和停机时需要排出高中压缸、低压缸、蒸汽管道等系统的冷凝水，汽轮机疏水功能组采用事件型宏逻辑控制功能组内设备的启停、联锁。

1. 设备组成和功能

汽轮机疏水功能组由输入信号、控制逻辑、输出信号等组成。

（1）输入信号。汽轮机疏水功能组输入信号有温度开关信号、压力开关信号、液位开关信号等，具体见表5-67。

表5-67　汽轮机疏水功能组输入信号

序号	设备名称	规格及型号	编码	安装位置
1	凝汽器地坑水位低液位开关	B15-1H3B-B08	LS-09601	凝汽器底部
2	凝汽器地坑水位高液位开关	B15-1H3B-B08	LS-09601	凝汽器底部
3	冷端再热器蒸汽管道疏水罐液位低液位开关	B40-5C20-CNB	LS-00602	A给水泵汽轮机润滑油箱附近
4	冷端再热器蒸汽管道疏水罐液位高液位开关	B40-5C20-CNB	LS-00601	A给水泵汽轮机润滑油箱附近

（2）就地设备。汽轮机疏水功能组就地设备见表5-68。

表5-68　汽轮机疏水功能组就地设备

序号	设备名称	规格及型号	编码	备注
1	高压内缸疏水电动阀	—	MV-00404	—
2	再热蒸汽导管疏水电动阀	—	MV-00502	—
3	高压外缸疏水电动阀	—	MV-00405	—
4	高压主汽阀泄漏排污电动阀	—	MV-00402	—
5	高压主汽阀泄漏电动阀	—	MV-00401	—
6	再热主汽阀疏水电动阀	—	MV-00504	—
7	主蒸汽入口导管疏水电动阀	—	MV-00403	—
8	通风蒸汽电动阀	—	MV-00501	—
9	热再热蒸汽管道疏水电动阀	—	MV-00701	—
10	A主蒸汽管道排汽止回阀	HB8316G46，DC 110V	1-2V-12A	—
11	B主蒸汽管道排汽止回阀	HB8316G46，DC 110V	1-2V-12B	—
12	冷端再热器蒸汽管道疏水灌疏水关断阀	J320G186，DC 110V	XV-00602	—
13	低压旁路调节阀入口电动阀	—	MV-00702	—
14	低压旁路喷水关断阀	J320G186，DC 110V	XV-00501	—
15	凝汽器通风蒸汽减温器喷水关断阀	J320G186，DC 110V	CV-01908	—
16	A凝汽器地坑排污泵	—	—	—
17	B凝汽器地坑排污泵	—	—	—

2. 控制逻辑分析

控制逻辑是功能组的主体，设备启停、联锁保护都在控制逻辑中实现，汽轮机疏水功能组控制结构见表5-69。

表 5-69 汽轮机疏水功能组控制结构

功能组级	汽轮机疏水功能组					
驱动设备级	高压内缸疏水电动阀	再热蒸汽导管疏水电动阀	高压外缸疏水电动阀	高压主汽阀泄漏排污电动阀	高压主汽阀泄漏电动阀	再热主汽阀疏水电动阀
	主蒸汽入口导管疏水电动阀	通风蒸汽电动阀	热再热蒸汽管道疏水电动阀	A主蒸汽管道排汽止回阀	B主蒸汽管道排汽止回阀	冷端再热器蒸汽管道疏水灌疏水关断阀
	低压旁路调节阀入口电动阀	低压旁路喷水关断阀	凝汽器通风蒸汽减温器喷水关断阀	A凝汽器地坑排污泵	B凝汽器地坑排污泵	

（1）汽轮机疏水功能组控制逻辑。汽轮机疏水功能组采用事件型宏逻辑，该宏逻辑有自动和手动两种方式。汽轮机疏水功能组自动方式命令可以来自 APS（机组自动启动停止）系统，也可以由运行人员从操作员站上手动发出。

（2）汽轮机疏水功能组就地设备控制逻辑。汽轮机疏水功能组就地设备包括高压内缸疏水电动阀、再热蒸汽导管疏水电动阀、高压外缸疏水电动阀、高压主汽阀泄漏排污电动阀、高压主汽阀泄漏电动阀、再热主汽阀疏水电动阀、主蒸汽入口导管疏水电动阀、通风蒸汽电动阀、再热蒸汽管道疏水电动阀、主蒸汽管道排汽止回阀、冷端再热器蒸汽管道疏水灌疏水关断阀、低压旁路调节阀入口电动阀、低压旁路喷水关断阀、凝汽器通风蒸汽减温器喷水关断阀、凝汽器地坑排污泵等。

1）高压内缸疏水电动阀、再热蒸汽导管疏水电动阀、高压外缸疏水电动阀、再热主汽阀疏水电动阀、主蒸汽入口导管疏水电动阀、热再热蒸汽管道疏水电动阀、冷端再热器蒸汽管道疏水罐疏水关断阀控制逻辑。汽轮机疏水功能组在自动方式如果发电机负荷小于20%则高压内缸疏水电动阀、再热蒸汽导管疏水电动阀、高压外缸疏水电动阀、再热主汽阀疏水电动阀、主蒸汽入口导管疏水电动阀、热再热蒸汽管道疏水电动阀、冷端再热器蒸汽管道疏水罐疏水关断阀打开；汽轮机疏水功能组在自动方式，如果发电机负荷大于20%则高压内缸疏水电动阀、再热蒸汽导管疏水电动阀、高压外缸疏水电动阀、再热主汽阀疏水电动阀、主蒸汽入口导管疏水电动阀、热再热蒸汽管道疏水电动阀、冷端再热器蒸汽管道疏水罐疏水关断阀关闭。

2）高压主汽阀泄漏电动阀控制逻辑。汽轮机疏水功能组在自动方式时发电机并网前高压主汽阀泄漏电动阀关闭，发电机并网后高压主汽阀泄漏电动阀打开。

3）高压主汽阀泄漏排污电动阀控制逻辑。与高压主汽阀泄漏电动阀控制逻辑相反即高压主汽阀泄漏电动阀打开时高压主汽阀泄漏排污电动阀关闭，反之高压主汽阀泄漏排污电动阀打开。

4）通风蒸汽电动阀控制逻辑。汽轮机疏水功能组在自动方式下，凝汽器真空大于550mmHg（1mmHg=133.322 4Pa），机组负荷指令小于10%时发出通风蒸汽电动阀开命令。

5）低压旁路调节阀入口电动阀控制逻辑。汽轮机疏水功能组在自动方式下，锅炉

MFT 复位，凝结水泵功能组启动完成，凝汽器真空大于 590mmHg（1mmHg=133.3224Pa）时发出低压旁路调节阀入口电动阀开命令。

6）A 主蒸汽管道排汽止回阀控制逻辑（A、B 相同，只介绍 A）。只要两个中压调节汽阀没有全部关闭 A 主蒸汽管道排汽止回阀立即打开，一旦两个中压调节汽阀关闭 A 主蒸汽管道排汽止回阀立即关闭。

7）A 凝汽器地坑排污泵控制逻辑（A、B 相同，只介绍 A）。如果凝汽器地坑水位高，A 凝汽器地坑排污泵自动启动；如果凝汽器地坑水位低，A 凝汽器地坑排污泵自动停止。

二、300MW 机组疏水系统功能组

（一）锅炉疏水功能组

1. 设备组成和功能

锅炉疏水系统功能组由输入信号、控制逻辑、输出信号等组成。

所涉及到的设备有省煤器入口给水电动阀、给水旁路调节阀、旁路阀前后的电动阀；过热器减温水总阀、各级减温水关断阀，再热蒸汽减温水关断阀，连排关断阀、定排关断阀等。

由于 300MW 机组关断挡板设计为电动关断型，开关位置反馈信号和执行机构为一体设计，不同于 350MW 机组单独的限位开关安装，因此涉及位置反馈信号的部分不再叙述。

就地控制设备处于功能组的最底层，对应现场具体的设备。锅炉疏水系统功能组就地控制设备有 17 台，设备清单见表 5-70。

表 5-70　锅炉疏水系统就地控制设备

序号	设备名称	规格及型号	编码	备注
1	省煤器入口给水调节阀	—	3LAC70AA001	—
2	省煤器入口给水调节阀前电动阀	—	3LAC70AA130	—
3	省煤器入口给水调节阀后电动阀	—	3LAC70AA131	—
4	省煤器入口给水旁路电动阀	—	3LAC40AA132	—
5	省煤器再循环电动阀	—	3HAG10AA230	—
6	给水来过热器减温水电动阀	—	3LAD60AA130	—
7	过热器一级减温水关断阀	—	3LAD70AA160	—
8	过热器一级减温水电动阀	—	3LAD70AA130	—
9	右侧过热器二级减温水关断阀	—	3LAD90AA160	—
10	右侧过热器二级减温调节阀后电动阀	—	3LAD90AA130	—
11	左侧过热器二级减温水关断阀	—	3LAD80AA160	—
12	左侧过热器二级减温调节阀后电动阀	—	3LAD80AA130	—
13	给水泵抽头来再热器减温水关断阀	—	3LAD40AA160	—
14	左侧再热减温水调节阀后电动阀	—	3LAD41AA130	—
15	右侧再热减温水调节阀后电动阀	—	3LAD42AA130	—
16	连排扩容器入口调节阀前电动阀	—	3HAN14AA230	—
17	定排扩容器入口调节阀前电动阀	—	3HAN15AA230	—

2. 控制逻辑分析

控制逻辑是功能组的主体，设备启停、联锁保护都在控制逻辑中实现。疏水系统未设

计功能组级的逻辑，只设计有就地设备控制逻辑。

(1) 省煤器入口给水电动阀控制逻辑。正常运行过程中保持全开，只设计有手动操作功能。

(2) 旁路控制阀前后的电动阀控制逻辑。当旁路控制阀全关时自动关闭旁路阀前后电动阀，当旁路控制阀全开时自动打开旁路阀前后电动阀。

(3) 省煤器再循环阀控制逻辑。低负荷时，由于给水流量较小，省煤器得不到很好冷却，为保护省煤器，将下降管与省煤器入口相联通，构成自然循环回路。

1) 允许打开逻辑。当主汽流量小于 300t/h 时，允许打开省煤器再循环阀。

2) 保护关闭逻辑。当主汽流量大于 300t/h 时，保护关闭省煤器再循环阀。

(4) 顶棚、再热器、省煤器疏水阀控制逻辑。只设计了手动开、关功能。

(5) 连排入口电动调节阀控制逻辑。连排入口电动调节阀可以进行手动操作。

(6) 汽包事故放水阀（2 只串联）控制逻辑。

1) 自动打开逻辑。当汽包水位高于高二值时（大于 140mm），自动打开汽包事故放水阀。

2) 自动关闭逻辑。当汽包水位低于低二值时（小于 50mm），自动关闭汽包事故放水阀。

过热器减温系统设计为二级减温，共有 3 个减温水调节阀。因为减温水调节阀工作压力较高，且前后差压较大，为防止漏流，设计有减温水总阀和一二级减温水关断阀。

对于减温水总阀来说，除了可用手动开、关按钮控制外，还设计了自动联锁逻辑，当 MFT 信号触发时，紧急保护关闭减温水总阀。

(7) 一级减温水关断阀控制逻辑。当减温水调节阀开度指令达到一定值时，联锁打开关断阀进行喷水减温。当 MFT 信号触发时，紧急保护关闭一级减温水关断阀。

二级减温水左、右侧关断阀逻辑与上述一级减温水左右侧关断阀的控制逻辑相似。

(二) 汽轮机疏水功能组

汽轮机疏水系统逻辑主要涉及各蒸汽管道疏水阀的控制功能，包括再热蒸汽管道疏水、主蒸汽管道疏水、各抽汽管道疏水、汽轮机本体疏水、加热器疏水等。

1. 设备组成和功能

汽轮机疏水功能组由输入信号、控制逻辑、输出信号等组成。

(1) 输入信号。汽轮机疏水系统功能组输入信号有温度开关信号、压力开关信号、液位开关信号等。输入信号清单见表 5-71。

表 5-71　　汽轮机疏水功能组输入信号

序号	设备名称	规格及型号	编码	安装位置
1	高压缸排汽止回阀前疏水罐水位	SOR	3LBC11CL201	—
2	高压缸排汽止回阀前疏水罐水位高高	SOR	3LBC11CL202	—
3	高压缸排汽止回阀后疏水罐水位高	SOR	3LBC12CL201	—
4	高压缸排汽止回阀后疏水罐水位高高	SOR	3LBC12CL202	—
5	辅助蒸汽疏水扩容器水位高高	SOR	3LBG01CL201	—
6	辅助蒸汽疏水扩容器水位高	SOR	3LBG01CL202	—
7	辅助蒸汽疏水扩容器水位低	SOR	3LBG01CL203	—

（2）就地控制设备。就地控制设备处于功能组的最底层，对应现场具体的设备。汽轮机疏水功能组就地控制设备有38台，设备清单见表5-72。

表5-72　汽轮机疏水功能组就地控制设备

序号	设备名称	规格及型号	编码	备注
1	主蒸汽管道疏水阀	WT8551A1MS	3LBA15AA560	—
2	左侧主汽阀前疏水阀	WT8551A1MS	3LBA31AA560	—
3	右侧主汽阀前疏水阀	WT8551A1MS	3LBA41AA560	—
4	高压旁路阀前疏水阀	WT8551A1MS	3LBA21AA560	—
5	高压外缸疏水阀	WT8551A1MS	3MAZ82AA560	—
6	左侧中压主汽阀前疏水阀	WT8551A1MS	3LBA21AA560	—
7	右侧中压主汽阀前疏水阀	WT8551A1MS	3LBA31AA560	—
8	低压旁路阀前疏水阀	WT8551A1MS	3LBB41AA560	—
9	高压排汽止回阀后疏水阀	WT8551A1MS	3LBC12AA560	—
10	高压排汽止回阀前疏水阀	WT8551A1MS	3LBC11AA560	—
11	一段抽汽止回阀前疏水阀	AV7019-9ABC	3LBD11AA560	—
12	一段抽汽止回阀后疏水阀	AV7019-9ABC	3LBD13AA560	—
13	三段抽汽止回阀前疏水阀	AV7019-9ABC	3LBD31AA560	—
14	三段抽汽止回阀后疏水阀	AV7019-9ABC	3LBD32AA560	—
15	四段抽汽止回阀前疏水阀	AV7019-9ABC	3LBD43AA560	—
16	四段抽汽止回阀后疏水阀	MP-C-025	3LBD44AA560	—
17	五段抽汽止回阀前疏水阀	AV7019-9ABC	3LBD51AA560	—
18	五段抽汽止回阀后疏水阀	MP-C-025	3LBD52AA560	—
19	六段抽汽止回阀前疏水阀	AV7019-9ABC	3LBD61AA560	—
20	六段止回阀后疏水阀	AV7019-9ABC	3LBD62AA560A	—
21	左侧主汽导管放气阀	WT8551A1MS	3MAZ71AA560	—
22	右侧主汽导管放气阀	WT8551A1MS	3MAZ73AA560	—
23	左侧主汽导管疏水阀	WT8551A1MS	3MAZ72AA560	—
24	右侧主汽导管疏水阀	WT8551A1MS	3MAZ74AA560	—
25	左侧再热导管疏水阀	WT8551A1MS	3MAZ91AA560	—
26	右侧再热导管疏水阀	WT8551A1MS	3MAZ92AA560	—
27	1号高压加热器疏水阀	ASCO	3LEA10AA060	—
28	1号高压加热器事故疏水阀	ASCO	3LEA11AA060	—
29	2号高压加热器疏水阀	ASCO	3LEA20AA060	—
30	2号高压加热器事故疏水阀	ASCO	3LEA21AA060	—
31	3号高压加热器疏水阀	ASCO	3LEA30AA060	—
32	3号高压加热器事故疏水阀	ASCO	3LEA31AA060	—
33	5号低压加热器疏水阀	ASCO	3LED11AA060	—
34	5号低压加热器事故疏水阀	ASCO	3LED10AA060	—
35	6号低压加热器疏水阀	ASCO	3LED21AA060	—
36	6号低压加热器事故疏水阀	ASCO	3LED20AA060	—
37	7号低压加热器疏水阀	ASCO	3LED30AA060	—
38	7号低压加热器事故疏水阀	ASCO	3LED31AA060	—

2. 控制逻辑分析

控制逻辑是功能组的主体，设备启停、联锁保护都在控制逻辑中实现。本系统未设计功能组级逻辑，单台设备的控制逻辑为：

(1) 主蒸汽管道疏水阀。主蒸汽管道疏水阀只设计手动开关功能。

(2) 左侧主汽阀前疏水阀。

1) 联锁打开逻辑。当汽轮机跳闸或负荷低于30MW时,联锁打开左侧主汽阀前疏水阀。

2) 联锁关闭逻辑。当汽轮机并网后或负荷大于30MW延时10s联锁关闭左侧主汽阀前疏水阀。

(3) 高压外缸疏水阀。

1) 联锁打开逻辑。当汽轮机跳闸或负荷低于30MW时，联锁打开高压外缸疏水阀。

2) 联锁关闭逻辑。当汽轮机并网后或负荷大于30MW后延时10s，联锁关闭高压外缸疏水阀。

此外高压内缸疏水阀逻辑与此相似。

(4) 高压旁路阀前疏水阀。高压旁路阀前疏水阀只设计手动开关功能。

(5) 左侧中压主汽阀前疏水阀。

1) 联锁打开逻辑。当汽轮机跳闸或负荷低于60MW后，联锁打开左侧中压主汽阀前疏水阀。

2) 联锁关闭逻辑。当汽轮机运行时或当负荷大于60MW后，联锁关闭左侧中压主汽阀前疏水阀。

右侧中压主汽阀前疏水阀逻辑与此相同。

(6) 低压旁路阀前疏水阀。低压旁路阀前疏水阀只设计手动开关功能。

(7) 高压排汽止回阀后疏水阀。

1) 联锁打开逻辑。当高压排汽止回阀后疏水罐水位高二值或高一值动作后，联锁打开高压排汽止回阀后疏水阀。

2) 联锁关闭逻辑。当高压排汽止回阀后疏水罐水位正常时，联锁关闭高压排汽止回阀后疏水阀。

高压排汽止回阀前疏水阀逻辑与此相似。

(8) 一段抽汽止回阀前疏水阀。

1) 联锁打开逻辑。当汽轮机跳闸时或负荷低于30MW后延时30s，联锁打开一段抽汽止回阀前疏水阀。

2) 联锁关闭逻辑。当负荷高于30MW后延时30s，同时一段抽汽止回阀前电动阀打开且一段抽汽止回阀打开时，联锁关闭一段抽汽止回阀前疏水阀。

(9) 一段抽汽止回阀后疏水阀。

1) 联锁打开逻辑。当以下条件任一满足时，联锁打开一段抽汽止回阀后疏水阀。条件包括汽轮机跳闸、负荷小于30MW延时30s、1号、2号、3号高压加热器水位高三值延时3s、一段抽汽止回阀前电动阀关、一段抽汽止回阀关闭，共5个。

2) 联锁关闭逻辑。当负荷高于30MW延时30s后，如果一段抽汽止回阀前电动阀及一段抽汽止回阀都打开时，联锁关闭一段抽汽止回阀后疏水阀。

此外，三段抽汽、四段抽汽、六段抽汽止回阀前后疏水阀逻辑与此相似。

(10) 左侧主汽导管放气阀（右侧主汽导管放气阀相同）。

1) 联锁打开逻辑。当汽轮机跳闸且转速大于 400r/min 时，联锁开左侧主汽导管放气阀。

2) 联锁关闭逻辑。当汽轮机转速低于 400r/min 时，联锁关闭左侧主汽导管放气阀。

(11) 左侧主汽导管疏水阀（右侧主汽导管疏水阀相同）。左侧主汽导管疏水阀只设计手动开关功能。

(12) 1 号高压加热器疏水阀。

1) 自动打开逻辑。当 2 号高压加热器水位不高时延时 3s，同时高压加热器旁路阀未打开，自动打开 1 号高压加热器疏水阀。

2) 自动关闭逻辑。当 2 号高压加热器水位高或高压加热器旁路阀打开时，自动关闭 1 号高压加热器疏水阀。

(13) 1 号高压加热器事故疏水阀。

1) 自动关闭逻辑。当 1 号高压加热器水位高二值与高三值信号均未触发时延时 3s，自动关闭 1 号高压加热器事故疏水阀。

2) 自动打开逻辑。当 1 号高压加热器水位高二值或高三值信号触发后，自动打开 1 号高压加热器事故疏水阀。

此外，2 号高压加热器事故疏水阀，3 号高压加热器事故疏水阀与 1 号高压加热器事故疏水阀逻辑相似。

(14) 5 号低压加热器正常疏水阀。

1) 联锁关闭逻辑。当以下条件任一动作时，联锁关闭 5 号低压加热器正常疏水阀。条件包括 6 号低压加热器水位高高、6 号低压加热器旁路阀开、5 低号压加热器旁路阀开、5 号低压加热器水位高高，共 4 个。

2) 联锁打开逻辑。当联锁关闭信号全部复位时，联锁打开 5 号低压加热器正常疏水阀。

(15) 5 号低压加热器紧急疏水阀。

1) 联锁关闭逻辑。当 5 号低压加热器水位正常时，联锁关闭 5 号低压加热器紧急疏水阀。

2) 联锁打开逻辑。当 5 号低压加热器水位高一值或高二值信号动作后，联锁打开 5 号低压加热器紧急疏水阀。

此外，6 号、7 号低压加热器紧急疏水阀逻辑与此相同。

第十二节 真空系统功能组

一、350MW 机组真空系统功能组

真空系统在汽轮机冲转前建立机组真空。真空功能组主要控制真空泵系统启停、联锁保护等。本节主要分析真空功能组设备构成及控制过程，同时对功能组所属设备的维护和

检修进行简要说明。

（一）设备组成和功能

真空功能组由输入信号、控制逻辑、输出信号等组成。

1. 输入信号

真空功能组输入信号有压力开关信号、差压开关信号、温度开关信号、流量开关信号、液位开关信号、热电偶信号等，具体见表 5-73。

表 5-73　真空功能组输入信号

序号	设备名称	规格及型号	编码	安装位置
1	轴封蒸汽联箱温度热电偶	E	TE-01804	轴封蒸汽联箱上
2	轴封蒸汽联箱压力低压力开关	CQ51	PS-01801	TLP-228
3	轴封加热器入口真空高压力开关	CL36 1947-7040-00	PS-02301	TLP-225
4	A 真空泵系统压力低压力开关	CB13-173	PS-01904A	汽轮机 6.5m 励磁变压器附近
5	B 真空泵系统压力低压力开关	CB13-173	PS-01904B	汽轮机 6.5m 励磁变压器附近
6	A 真空泵入口差压低差压开关	SZ-01BSDF-C	PDS-01901A	汽轮机 6.5m 励磁变压器附近
7	B 真空泵入口差压低差压开关	SZ-01BSDF-C	PDS-01901B	汽轮机 6.5m 励磁变压器附近
8	A 真空泵密封水流量低流量开关	F98-400846-2-2	FS-01901A	A 真空泵系统
9	B 真空泵密封水流量低流量开关	F98-400846-2-2	FS-01901B	B 真空泵系统
10	A 真空泵抽气器压力高压力开关	CB13-173	PS-01903A	汽轮机 6.5m 励磁变压器附近
11	B 真空泵抽气器压力高压力开关	CB13-173	PS-01903B	汽轮机 6.5m 励磁变压器附近
12	A 真空泵区域环境温度低温度开关	—	TS-01903A	A 真空泵系统
13	B 真空泵区域环境温度低温度开关	—	TS-01903B	B 真空泵系统
14	8 号低压加热器液位高液位开关	B40-5C20-CNB	LS-01705	8 号低压加热器附近

2. 就地设备

表 5-74　真空功能组就地设备

序号	设备名称	规格及型号	编码
1	A 轴封加热器排汽风机	—	SCS3-F107A
2	B 轴封加热器排汽风机	—	SCS3-F107B
3	A 真空泵	—	SCS3-P110A
4	A 真空泵空气入口阀电磁阀	MB15G-10-DE12PU，DC 110V	CV-01909A
5	A 真空泵抽气器旁路和入口阀电磁阀	M15G-10-D12PG，DC 110V	CV-01907A XV-01903A
6	A 真空泵抽气器加热器	—	—
7	A 真空泵密封水泵	—	SCS3-P111A
8	B 真空泵	—	SCS3-P110B
9	B 真空泵空气入口阀电磁阀	MB15G-10-DE12PU，DC 110V	CV-01909B
10	B 真空泵抽气器旁路和入口阀电磁阀	M15G-10-D12PG，DC 110V	CV-01907B XV-01903B

续表

序号	设备名称	规格及型号	编码
11	B真空泵抽气器加热器	—	—
12	B真空泵密封水泵	—	SCS3-P111B
13	凝汽器真空破坏电动阀	—	MV-00503
14	轴封蒸汽供汽电动阀	—	MV-08303
15	轴封蒸汽联箱疏水关断阀电磁阀	J320G186，DC 110V	XV-01801
16	轴封蒸汽联箱溢流到8号低压加热器压力调节阀	J320G174，DC 110V	CV-01802A
17	A给水泵汽轮机排汽电动阀	—	MV-01403A
18	A给水泵汽轮机轴封蒸汽入口关断阀电磁阀	J320G186，DC 110V	XV-01904A
19	B给水泵汽轮机排汽电动阀	—	MV-01403B
20	B给水泵汽轮机轴封蒸汽入口关断阀电磁阀	J320G186，DC 110V	XV-01904B

（二）控制逻辑分析

真空功能组有A真空泵子组和B真空泵子组2个功能子组。

表5-75　　真空功能组控制结构

<table>
<tr><td>功能组级</td><td colspan="6">真空功能组</td></tr>
<tr><td>功能子组级</td><td colspan="3">A真空泵子组</td><td colspan="3">B真空泵子组</td></tr>
<tr><td rowspan="2">驱动设备级1
（能够进入子组控制的设备）</td><td>A真空泵电动机</td><td>A真空泵空气入口阀</td><td>A真空泵抽气器旁路和入口阀</td><td>B真空泵电动机</td><td>B真空泵空气入口阀</td><td>B真空泵抽气器旁路和入口阀</td></tr>
<tr><td>A真空泵抽气器加热器</td><td colspan="2">A真空泵密封水泵</td><td>B真空泵抽气器加热器</td><td colspan="2">B真空泵密封水泵</td></tr>
<tr><td rowspan="2">驱动设备级2
（不能进入子组控制的设备）</td><td>A轴封加热器排汽风机</td><td>B轴封加热器排汽风机</td><td>凝汽器真空破坏阀</td><td>轴封蒸汽供汽电动阀</td><td>辅助蒸汽供轴封蒸汽联箱疏水关断阀</td><td>轴封蒸汽联箱溢流（去8号低压加热器）调节阀</td></tr>
<tr><td>A给水泵汽轮机排汽电动阀</td><td>A给水泵汽轮机轴封蒸汽入口阀</td><td>B给水泵汽轮机排汽电动阀</td><td>B给水泵汽轮机轴封蒸汽入口阀</td><td></td><td></td></tr>
</table>

1. 真空功能组控制逻辑

真空功能组控制逻辑包含启动控制逻辑和停止控制逻辑。

（1）真空功能组启动控制逻辑。真空功能组的启动命令可以来自APS（机组自动启动停止）系统，也可以由运行人员从操作员站上手动发出。在预操作条件和允许条件满足后，真空功能组允许启动。首先打开凝汽器真空破坏电动阀，其次启动轴封加热器排汽风机，打开主机轴封蒸汽供汽电动阀和A/B给水泵汽轮机轴封蒸汽入口阀，启动真空泵，最后关闭凝汽器真空破坏电动阀。真空功能组启动预操作条件如图5-42所示，启动允许条件如图5-43所示。

（2）真空功能组停止控制逻辑。真空功能组停止命令可以来自APS（机组自动启动

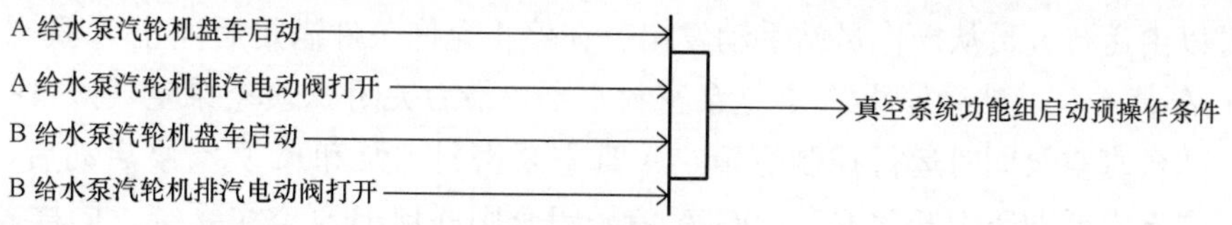

图 5-42　真空功能组启动预操作条件图

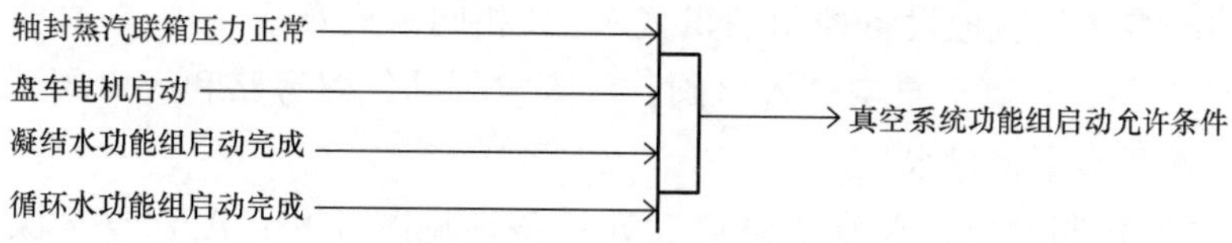

图 5-43　真空功能组启动允许条件图

停止）系统，也可以由运行人员从操作员站手动发出。在停止允许条件满足后，真空系统可以停止。首先停止真空泵，其次打开凝汽器真空破坏电动阀，关闭主机轴封蒸汽供汽电动阀和 A/B 给水泵汽轮机轴封蒸汽入口阀，最后停止轴封加热器排汽风机。真空功能组停止允许条件如图 5-44 所示。

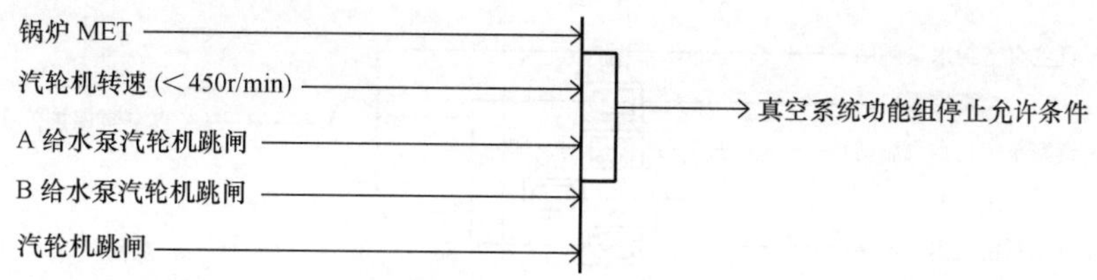

图 5-44　真空功能组停止允许条件图

2. 真空泵功能子组控制逻辑

真空泵功能子组控制逻辑包含 A 真空泵子组控制逻辑、B 真空泵子组控制逻辑、就地设备启停逻辑等。

(1) A 真空泵子组控制逻辑（A、B 相同，只介绍 A）。

1) A 真空泵子组启动控制逻辑。A 真空泵子组启动命令可以来自真空功能组两选逻辑，也可以由运行人员从操作员站手动发出。在启动允许条件满足后，A 真空泵子组可以启动。首先启动 A 真空泵密封水泵，然后启动 A 真空泵，最后打开 A 真空泵空气入口阀。A 真空泵子组启动允许条件如图 5-45 所示。

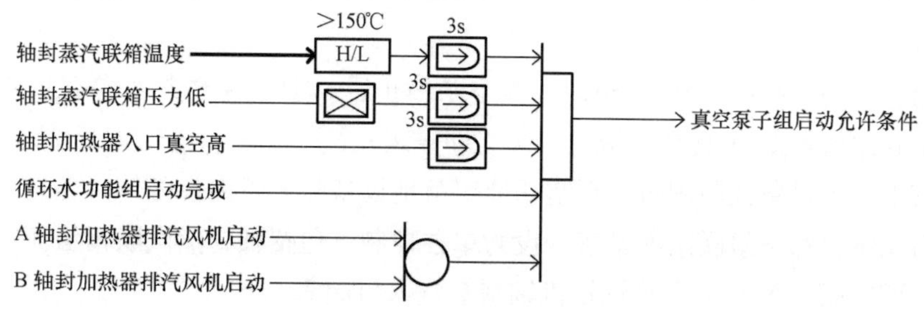

图 5-45　A 真空泵子组启动允许条件图

2) A 真空泵子组停止控制逻辑。A 真空泵子组停止命令可以来自真空功能组两选逻辑，也可以由运行人员从操作员站手动发出。在停止允许条件满足后停止 A 真空泵子组，首先停止 A 真空泵，然后停止 A 真空泵密封水泵，最后关闭 A 真空泵空气入口阀。

(2) 两台真空泵同时运行控制逻辑。A 真空泵密封水泵和 A 真空泵启动后，如果 A 真空泵系统真空低即压力开关 PS-01904A 信号闭合则联启 B 真空泵系统。同样若 B 真空泵系统运行，发生 B 真空泵系统真空低时联启 A 真空泵系统。

(3) A 真空泵子组就地设备控制逻辑（A、B 相同，只介绍 A)。A 真空泵子组就地设备包括 A 真空泵、A 真空泵空气入口阀、A 真空泵抽气器旁路和入口阀、A 真空泵抽气器加热器、A 真空泵密封水泵。

1) A 真空泵控制逻辑。A 真空泵启动允许条件见图 5-46；A 真空泵保护逻辑见图 5-47。

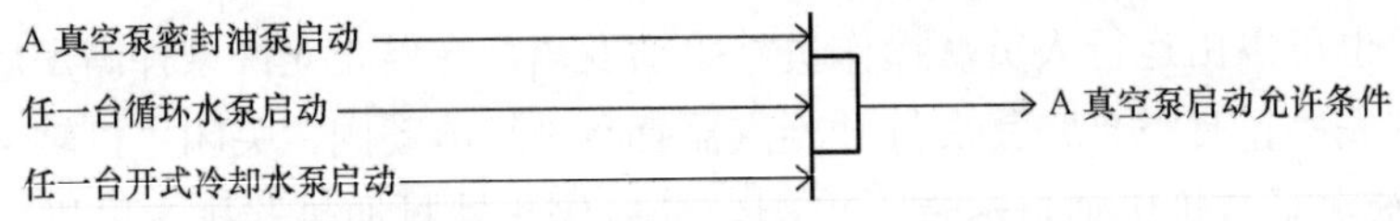

图 5-46　A 真空泵启动允许条件图

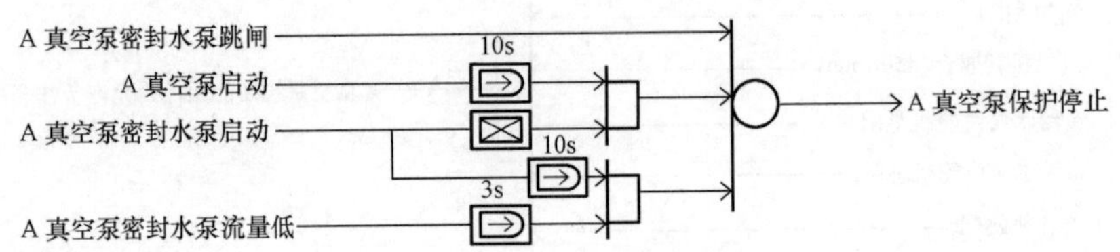

图 5-47　A 真空泵保护控制逻辑图

2) A 真空泵空气入口阀控制逻辑。A 真空泵启动后，应保持其正常运行，待 A 真空泵空气入口阀前后差压小于 25.4mmHg 后方可打开 A 真空泵空气入口阀。

3) A 真空泵抽气器旁路和入口阀控制逻辑。A 真空泵启动后，待压力开关 PS-01903A 闭合即 A 真空泵抽气器真空大于 84kPa 时，A 真空泵抽气器入口阀立即打开。即当 A 真空泵抽气器真空小于 84kPa 时，A 真空泵抽气器旁路阀打开，此时抽气器未投入；当 A 真空泵抽气器真空大于 84kPa 时，A 真空泵抽气器入口阀打开，抽气器投入运行。

4) A 真空泵抽气器加热器控制逻辑。A 真空泵启动后若入口空气温度小于 10℃，A 真空泵抽气器加热器立即联启；当入口空气温度大于 10℃，5s 后，A 真空泵抽气器加热器停止运行。

5) A 真空泵密封水泵控制逻辑。A 真空泵停止后 A 真空泵密封水泵允许停止，如果 A 真空泵密封水流量低 A 真空泵密封水泵立即停运。

(4) 其他就地设备控制逻辑。真空功能组就地设备除子组内设备外，还有一部分设备因为在热力系统上和子组联系不紧密，设为单独控制。包括轴封蒸汽联箱溢流（去 8 号低压加热器）调节阀、A/B 给水泵汽轮机轴封蒸汽入口阀等。

1) 轴封蒸汽联箱溢流（去 8 号低压加热器）调节阀控制逻辑。8 号低压加热器水位高信号发出后延时 3s 关闭轴封蒸汽联箱溢流（去 8 号低压加热器）调节阀，不能再向 8 号低压加热器溢流轴封蒸汽。

2）A 给水泵汽轮机轴封蒸汽入口阀控制逻辑（A、B 相同，只介绍 A）。A 给水泵汽轮机盘车启动或 A 给水泵汽轮机转速大于 20r/min，A 给水泵汽轮机轴封蒸汽入口阀允许打开；当 A 给水泵汽轮机跳闸后 A 给水泵汽轮机轴封蒸汽入口阀允许关闭。

二、300MW 机组真空系统功能组

轴封系统在汽轮机正常运行中可实现自密封，但在启动阶段，则需要由外部供汽，汽源可以是辅助蒸汽或冷端再热器蒸汽。轴封蒸汽的压力由各路来汽管道上的调节器调节，轴封系统未设计功能组级控制功能，本节主要分析系统所属就地设备的控制逻辑。

（一）设备组成和功能

轴封系统功能组由输入信号、控制逻辑、输出信号等组成。

1. 输入信号

轴封系统功能组输入信号有温度信号、压力变送器信号、液位开关信号等。输入信号清单见表 5-76。

表 5-76　　轴封系统功能组输入信号

序号	设备名称	规格及型号	编码	安装位置
1	轴封冷却器液位	221A-A1B-B-A4-N4-X	3MAW10CL201	—
2	轴封冷却器压力	EJA430A-DAS5A-62DC	3MAW10CP011	—
3	汽轮机轴封蒸汽减温器前管壁温度	WRER2-15	3MAW50CT001-2	—
4	汽轮机轴封蒸汽减温器后管壁温度	WRER2-15	3MAW50CT004-5	—
5	汽轮机轴封蒸汽减温器后温度	WRER2-15	3XAW50CT003	—
6	冷端至轴封蒸汽压力	EJA430A-DAS5A-62DC	3MAW30CP001	—
7	辅助蒸汽联箱至轴封蒸汽压力	EJA430A-DAS5A-62DC	3MAW11CP001	—
8	轴封汽溢流调节阀前蒸汽压力	EJA430A-DAS5A-62DC	3MAW21CP001	—

2. 就地控制设备

就地控制设备处于功能组的最底层，对应现场具体的设备。锅炉疏水功能组就地控制设备有 7 台，设备清单见表 5-77。

表 5-77　　轴封系统就地控制设备

序号	设备名称	规格及型号	编码	备注
1	辅助蒸汽至轴封蒸汽母管旁路电动阀	—	3MAW12AA230	—
2	冷端至轴封蒸汽调节阀前电动阀	—	3MAW30AA230	—
3	辅助蒸汽至轴封调节阀前电动阀	—	3MAW11AA230	—
4	轴封溢流调节阀前电动阀	—	3MAW21AA230	—
5	轴封溢流调节阀旁路阀	—	3MAW22AA230	—
6	轴加风机 A	—	3MAW11AN001	—
7	轴加风机 B	—	3MAW12AN001	—

（二）控制逻辑分析

控制逻辑是功能组的主体，设备启停、联锁保护都在控制逻辑中实现。以下分别介绍单台设备的逻辑。

1. 辅助蒸汽至轴封蒸汽母管旁路电动阀

辅助蒸汽至轴封蒸汽母管旁路电动阀只设计手动开关功能。

2. 辅助蒸汽至轴封调节阀前电动阀

辅助蒸汽至轴封调节阀前电动阀只设计手动开关功能。

3. 轴封溢流调节阀前电动阀

轴封溢流调节阀前电动阀只设计手动开关功能。

4. 轴封溢流调节阀旁路阀

（1）联锁打开逻辑：当轴封蒸汽母管压力大于60kPa时联锁打开轴封溢流调节阀旁路阀。

（2）联锁关闭逻辑：当轴封蒸汽母管压力低于60kPa时联锁关闭轴封溢流调节阀旁路阀。

5. A轴加风机（B相同）

（1）联锁启动逻辑：当A轴加风机为备用状态时，如果B轴加风机跳闸且轴封加热器水位不高时，联锁启动A轴加风机。

（2）联锁停止逻辑：当轴封加热器水位高时，联锁跳闸A轴加风机。

（3）保护停止逻辑：当电气来事故跳闸信号时，保护停止A轴加风机。

第六章

炉膛安全监控系统

第一节　概　　述

炉膛安全监控系统（Furnace Safeguard Supervisory System，FSSS），也可称为燃烧器管理系统（Burner Management System，BMS），作为大型火电机组自动保护和自动控制系统的一个重要组成部分，其主要功能是实现炉膛安全监控、避免炉膛发生爆炸事故，对汽、油、煤燃烧器进行程控管理。FSSS在锅炉正常运行和启停等各种运行方式下，密切监视燃烧系统的参数和状态，防止在锅炉的任何部位积聚燃料和空气混合物，引发炉膛爆炸。系统进行逻辑运行和判断，当某一运行状态可能对设备和人身安全造成危害时发出主燃料跳闸信号（MFT）；同时利用各种联锁和顺序控制装置使燃烧系统中的有关设备严格按照一定的逻辑顺序进行操作和处理，以保证锅炉燃烧系统的安全。另外，当发生MFT时，提供首次跳闸的有关信息，以便事故查找和分析。

FSSS在锅炉运行中起着重要作用，按照一系列合理、严格的安全联锁顺序来动作。FSSS对燃烧设备的参数和状态进行严密和连续的监视，并按照预定的安全顺序对其进行判断和逻辑运算，发出动作指令，自动动作有关设备并发出报警，提示运行人员通过手动操作去动作有关设备。在锅炉启动、机组正常运行和停炉（包括紧急情况下发出紧急停炉指令、自动停炉或停某些设备）时，FSSS用来防止在炉膛和尾部烟道及燃烧系统内形成危险的可燃物，以确保机组安全运行。

虽然FSSS不参加燃料量和风量的调节，但是其安全联锁功能优先级高于运行人员和过程控制系统。例如，如果燃料控制系统将风量降低到启动期间允许风量的最低值以下（典型的为30%全负荷风量，NFPA规定此值不低于25%全负荷风量），系统将自动切除燃料，同时禁止运行人员在不遵守上述安全顺序的情况下启动设备。

本章以某电厂350MW机组（1、2号机组）和300MW机组（3、4号机组）为例，对炉膛安全监控系统进行说明。

一、炉膛爆燃原因

为了更好地理解FSSS的设计思想，有必要对形成炉膛爆燃的相关原理进行说明。

（一）形成炉膛爆燃的机理分析

炉膛是指锅炉炉膛到烟囱的整个烟气通道部分，包括有关的锅炉部件、烟道、风箱和风机在内。燃料在炉膛内燃烧，进行能量转换。当燃烧不稳易灭火时，如进一步操作不当，则易发生爆燃。

炉膛爆燃是指在锅炉的炉膛、烟道和通风管道内积存的可燃物突然同时被点燃，释放出大量的热能，生成烟气后容积突然增加，一时来不及由炉膛排出，因而使炉膛压力骤增，此现象即为爆燃，严重的爆燃即为爆炸。爆燃所产生的爆炸力量，据现场记录，压力可达 150kPa，远大于炉墙所能承受的压力，故爆燃对锅炉本体的损坏可能是毁灭性的。在锅炉炉膛内产生爆燃，炉内气体猛烈膨胀，使烟气侧压力升高，其作用力将炉墙推向外侧，称为外爆。当炉膛内突然灭火，炉内气体由于火焰熄灭，温度剧烈下降而猛烈收缩，炉外大气压力将炉墙推向内侧，称为内爆。为了防止炉膛内爆，在燃烧控制系统的设计中应注意以下几点。

（1）锅炉甩负荷时，向炉膛的送风量必须维持在甩负荷前的数值。

（2）机组甩负荷后，应尽可能地减少炉膛中的可燃物。

（3）若能在 5～10s 的期限内（不是立即的）消除掉炉膛中燃料，则机组甩负荷后，炉膛压力偏离的幅度就可能缩小。

炉膛爆燃可分冷态爆燃、热态爆燃、穿透性爆燃和局部爆燃，其中危害最大的是冷态爆燃和穿透性爆燃。

在正常情况下，进入炉膛的燃料立即被点燃，燃烧后产生的烟气也随之排出，炉膛和烟道内没有可燃物积存，因而也就不会发生爆炸。如果运行人员操作顺序不当、设备或控制系统设计不合理，或设备和控制系统出现故障等，就有可能发生爆燃。从理论分析可知，只有在符合下列三个条件时才能产生爆燃，即：

（1）炉膛或烟道内有燃料和助燃空气积存。

（2）积存的燃料和空气混合物是爆炸性的并达到爆炸浓度。

（3）具有足够的点火能源。

三个条件中如有一个不存在时，就不会发生爆燃。所谓爆炸性混合物也就是炉膛中可以点燃的混合物。在锅炉运行时存在可燃混合物，也存在点火能源，因此防止爆燃主要是设法防止可燃混合物积存在炉膛和烟道中。

燃料与空气按一定比例混合时才能形成可燃混合物。正在燃烧的火焰如果熄灭，燃料和空气混合物将积存在炉膛，持续时间越长，炉内积存的可燃物就越多。当积存的可燃混合物被点燃时，由于火焰的传播速度很快，可燃混合物同时被点燃，烟气容积突然增大，来不及由炉膛出口排出，使得炉膛压力骤增，造成危险。

（二）可能造成炉膛爆燃的危险情况

（1）锅炉燃烧煤种的多变。

（2）燃料、空气或点火能量中断，造成炉膛内瞬间失去火焰，形成可燃物堆积，如果再点火或火焰恢复时，就可能引起爆燃和打炮。

（3）在多个燃烧器正常运行时，一个或几个燃烧器突然失去火焰，造成可燃混合物的堆积。

（4）整个炉膛灭火，造成燃料和空气混合物的集聚，随后再次点火或存在其他点火源时，使可燃混合物点燃。

（5）在停炉检修过程中，燃料漏入停用的炉膛中。

（6）给粉不均匀，时断时续造成喷燃器火焰瞬间消失又重新点火。

（7）主设备存在严重缺陷，如喷口布置不合理，风机挡板可调性差等，无法形成火焰中心。油枪雾化不好也可能造成火焰瞬时中断后又重新点燃。

（8）燃料中含有大量不可燃杂质。

上述危险情况，对于燃用不同燃料的锅炉都是相同的。

二、防止炉膛爆燃

理论和实践证明，炉膛火焰和压力的变化是炉膛内燃烧不稳定和造成炉膛爆炸的主要原因，因此通过正确检测炉膛火焰，确定炉膛压力整定值，采取相应的炉膛防爆措施，就能防止炉膛爆炸。经验证明，大多数炉膛爆燃发生在点火和暖炉期间，在低负荷运行时，因燃料品质低劣容易发生灭火，造成爆燃，对于不同运行情况要采用不同的防止爆燃的方法。

（一）防止炉膛爆燃的原则性措施

（1）在燃料与空气混合物进口处要有足够的点火能源，点火器的火焰要稳定，具有一定的能量而且位置要恰当，能将燃料点燃。

（2）当有未点燃的燃料进入炉膛时，未点火时间应尽可能缩短，使积存的可燃物容积只占炉膛容积的极小部分。

（3）对于已进入炉膛的可燃混合物应尽快冲淡，使浓度不在可燃范围内，并不断地将其吹扫出炉膛。

（4）当进入的燃料只有部分燃烧时，应继续冲淡，甚至成为不可燃混合物。

（5）注意燃料品种变化，及时调整风速和风煤比例，对于四角喷燃锅炉，应保持燃烧中心的温度和各角火焰的稳定。

（6）有良好的制粉系统来保证煤粉细度，防止炉膛燃烧不稳和灭火。

（7）安装锅炉炉膛安全监控装置，加强对炉膛火焰、压力、温度等参数的监视，提高锅炉的自动控制水平。

（8）设计并安装炉膛负压控制系统，以实现 MFT 后炉膛负压的自动调整，避免炉膛压力超出允许范围。

防止爆燃的发生，关键是防止可燃混合物的积存。

（二）在点火、暖炉期间防止爆燃的措施

（1）点火前、吹扫炉膛和烟道，换气量大于或等于炉膛容积的 4 倍，空气流量大于或等于 25%～40%额定负荷空气量，吹扫时间约为 5min。

（2）点火前输送的燃料量不大于 10%额定负荷的燃料量。

（3）在点火或暖炉期间，要求燃烧器要少，要集中使用，但在此同时应考虑炉膛加热均匀，燃烧器应对称使用。

（4）要尽量缩短主燃烧器点火时间（如不大于 10s），一旦超时，应立即切断燃料，再次吹扫后，重新点火。

（5）严禁利用所谓的“余热”再点火（在炉膛灭火后，再次投油投粉利用炉膛熄火瞬间的余热进行点火）。

（6）在点火初期应保证有一定的混合物浓度及流量，而且流量应逐渐增大，以保证炉膛压力稳定（炉膛压力不稳说明存在局部燃烧）。

（三）火焰中断时，防止爆燃的措施

（1）只要熄火，就应立即切断燃料（哪个火嘴熄火，就应切断对应的燃料供应）。

（2）锅炉在设计时尽量缩短燃料阀至火嘴之间管道长度。

（3）要经常维护燃料阀，保持严密性。

通过安装锅炉联锁和保护装置，合理设计控制系统，保证运行人员正确操作，就能有效避免炉膛发生爆炸事故，减少锅炉实际运行中发生事故的危险性。

第二节 油燃烧器控制

燃油控制逻辑主要包括炉膛吹扫、燃油泄漏试验、油枪启停逻辑、相关设备的控制功能及事故情况下的保护动作功能等。

一、350MW机组

油燃烧器管理系统是DCS的一个独立工作站，系统内名称为BMS-1，对锅炉AB、CD两层共八只油枪进行程序控制。

（一）设备组成和功能

系统由各类输入信号、控制逻辑、就地设备等组成。

（1）输入信号如表6-1所示。

表6-1　BMS-1系统输入信号清单

序号	设备（信号）名称	规格及型号	编码	安装位置
1	供油压力正常压力开关	CQ30-2M3	PDS -02402	BLP-104
2	雾化蒸汽压力低压力开关	CQ30-2M3	PS -02801	BLP-107
3	火焰检测冷却风压力正常	CL36-Z12	PDS -07401B	BLP-510
4	油枪角阀限位开关	MICRO NK82T605 VCX-5001-R	—	AB、CD层 油枪各角
5	雾化蒸汽关断阀 限位开关	MICRO NK 82T605 VCX-5001-R	—	AB、CD层 油枪各角
6	吹扫蒸汽关断阀 限位开关	MICRO NK 82T605 VCX-5001-R	—	AB、CD层 油枪各角
7	油枪进退 限位开关	MICRO 1LS244-J	—	AB、CD层 油枪各角
8	点火器 限位开关	L4-101/201 AC100/200V	—	AB、CD层 油枪各角
9	MFT条件不存在	SRD-N4（2a2b）	B092X（DI00033）	来自锅炉 保护柜
10	MFT	SRD-N8SA（8a）	B101X1（DI00034）	来自锅炉 保护柜

续表

序号	设备（信号）名称	规格及型号	编码	安装位置
11	MFT 复位	SRD -N4（4a）	B102X（DI00035）	来自锅炉保护柜
12	FCB 命令	SRD -N4（7a1b）	B084X（DI00041）	来自锅炉保护柜

（2）就地控制设备如表 6-2 所示。

表 6-2　BMS-1 系统就地控制设备

序号	设备名称	规格及型号	编码	备注
1	燃油关断阀电磁阀	ASCO	XV-02401	炉 12.5m
2	燃油回油电动阀	LimiTorque	35V-233	炉 12.5m
3	AB1 燃油角阀电磁阀	ME92DKNO	XV-02402A	DC 110V
4	AB1 燃油雾化阀电磁阀	ME92DKNO	XV-02801A	DC 110V
5	AB1 燃油吹扫阀电磁阀	M32SNO	XV-02802A	DC 110V
6	AB1 油枪进退电磁阀	M9DKNO	—	DC 110V
7	AB1 点火器进退电磁阀	MVD810K-03-15A	—	DC 110V
8	AB2 燃油角阀电磁阀	ME92DKNO	XV-02402B	DC 110V
9	AB2 燃油雾化阀电磁阀	ME92DKNO	XV-02801B	DC 110V
10	AB2 燃油吹扫阀电磁阀	M32SNO	XV-02802B	DC 110V
11	AB2 油枪进退电磁阀	M9DKNO	—	DC 110V
12	AB2 点火器进退电磁阀	MVD810K-03-15A	—	DC 110V
13	AB3 燃油角阀电磁阀	ME92DKNO	XV-02402C	DC 110V
14	AB3 燃油雾化阀电磁阀	ME92DKNO	XV-02801C	DC 110V
15	AB3 燃油吹扫阀电磁阀	M32SNO	XV-02802C	DC 110V
16	AB3 油枪进退电磁阀	M9DKNO	—	DC 110V
17	AB3 点火器进退电磁阀	MVD810K-03-15A	—	DC 110V
18	AB4 燃油角阀电磁阀	ME92DKNO	XV-02402D	DC 110V
19	AB4 燃油雾化阀电磁阀	ME92DKNO	XV-02801D	DC 110V
20	AB4 燃油吹扫阀电磁阀	M32SNO	XV-02802D	DC 110V
21	AB4 油枪进退电磁阀	M9DKNO	—	DC 110V
22	AB4 点火器进退电磁阀	MVD810K-03-15A	—	DC 110V
23	CD1 燃油角阀电磁阀	ME92DKNO	XV-02403A	DC 110V
24	CD1 燃油雾化阀电磁阀	ME92DKNO	XV-02803A	DC 110V
25	CD1 燃油吹扫阀电磁阀	M3SNO	XV-02804A	DC 110V
26	CD1 油枪进退电磁阀	M9DKNO	—	DC 110V
27	CD1 点火器进退电磁阀	MVD810K-03-15A	—	DC 110V

续表

序号	设备名称	规格及型号	编码	备注
28	CD2 燃油角阀电磁阀	ME92DKNO	XV-02403B	DC 110V
29	CD2 燃油雾化阀电磁阀	ME92DKNO	XV-02803B	DC 110V
30	CD2 燃油吹扫阀电磁阀	M32SNO	XV-02804B	DC 110V
31	CD2 油枪进退电磁阀	M9DKNO	—	DC 110V
32	CD2 点火器进退电磁阀	MVD810K-03-15A	—	DC 110V
33	CD3 燃油角阀电磁阀	ME92DKNO	XV-02403C	DC 110V
34	CD3 燃油雾化阀电磁阀	ME92DKNO	XV-02803C	DC 110V
35	CD3 燃油吹扫阀电磁阀	M32SNO	XV-02804C	DC 110V
36	CD3 油枪进退电磁阀	M9DKNO	—	DC 110V
37	CD3 点火器进退电磁阀	MVD810K-03-15A	—	DC 110V
38	CD4 燃油角阀电磁阀	ME92DKNO	XV-02403D	DC 110V
39	CD4 燃油雾化阀电磁阀	ME92DKNO	XV-02803D	DC 110V
40	CD4 燃油吹扫阀电磁阀	M32SNO	XV-02804D	DC 110V
41	CD4 油枪进退电磁阀	M9DKNO	—	DC 110V
42	CD4 点火器进退电磁阀	MVD810K-03-15A	—	DC 110V

（二）控制逻辑分析

BMS-1 系统内控制逻辑主要包括：炉膛吹扫及燃油泄漏试验程序、对角油枪启动程序、对角油枪停止程序、FCB 及 RB 动作后的联动程序、油枪火焰检测监视程序。

（1）燃油泄漏试验程序。燃油泄漏试验程序是为了测试燃油系统的各个阀门及管路有无泄漏点，保证在 MFT 情况下没有燃油可以进入炉膛。在炉膛吹扫程序之前可以单独进行燃油泄漏试验，泄漏试验和炉膛吹扫也可以合并为一个程序进行。

进行燃油泄漏试验的允许条件为：送风量大于 30%、燃油调节阀未全关、所有燃油角阀在关闭位置、燃油关断阀关闭、供油压力正常大于 1.2MPa；开始泄漏试验后，开启燃油关断阀 80s 向管道充油，然后关闭快关阀，在 3min 之内，如果阀后燃油压力大于 1.0MPa，表明燃油泄漏试验成功，否则试验失败报警。

（2）炉膛吹扫程序。在锅炉点火前或停炉后，用合适的风量，扫清炉膛及烟道中可能积聚的可燃物质，以避免锅炉爆燃或爆炸事故的发生。一般采用 25%的额定风量，吹扫 5min，保证有足够的空气流量将可能积聚在炉膛和锅炉任何部分的燃料和空气混合物清除掉。

炉膛吹扫的允许条件包括：MFT 条件不存在、任一引风机启动、送风量大于 30%、所有烟气挡板未关、燃油关断阀关闭、所有给煤机停运、所有燃油角阀关闭、火焰检测电源正常、所有火焰检测无火、燃油供油压力正常、燃油泄漏试验成功、所有点火器停、任一送风机运行、所有空预器运行、二次风箱挡板在正常位置，当以上条件全部满足后，方可开始炉膛吹扫，炉膛吹扫完成后发出命令去锅炉保护柜，使 MFT 复位，具备点火

条件。

（3）对角油枪启动程序（以 AB1、AB3 为例）。运行人员在 OPS 上可以手动启动一对油枪，不可以单独启动某一只油枪，只可以在就地方式启动单只油枪，运行人员还可以启动一层油枪，启动顺序为先 AB1、AB3 后 AB2、AB4；CD 层油枪也遵循此顺序。油枪启动允许条件如图 6-1 所示。

AB1、AB3 油枪启动程序如图 6-2 所示。

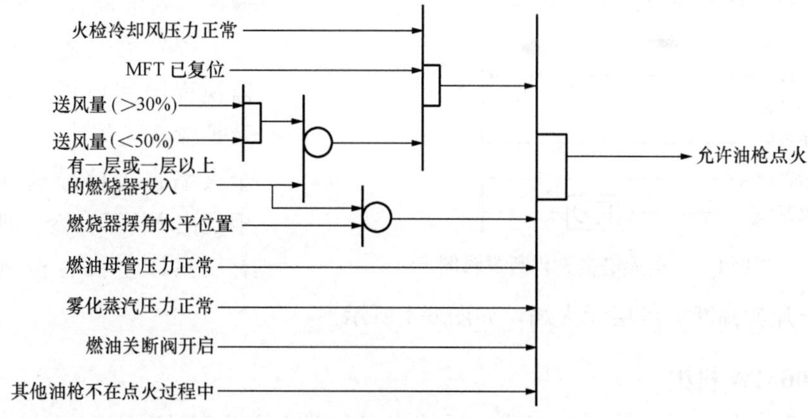

图 6-1　油枪启动允许条件图

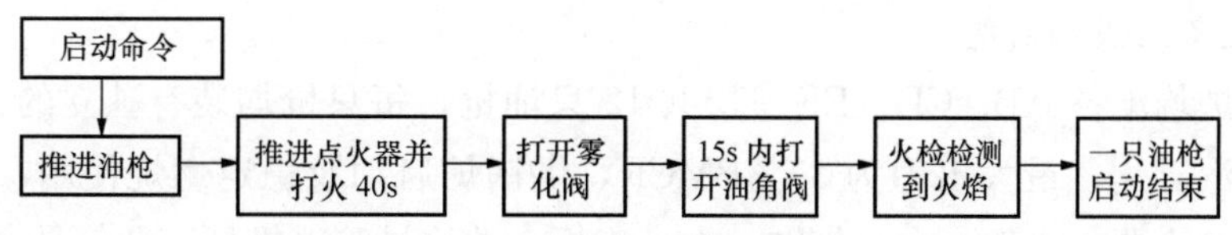

图 6-2　油枪启动程序图

在 AB1 角油枪启动成功后 3s，按照图 6-2 所示的启动顺序启动 AB3 角油枪，可以依照上述逻辑依次启动 AB2、AB4 角油枪及 CD 层油枪。

（4）对角油枪停止程序（以 AB1、AB3 为例）。运行人员在 OPS 上可以手动停止一对油枪，不可以单停某一只油枪，只可以在就地方式停止单只油枪，运行人员还可以停止一层油枪，停止顺序为先 AB2、AB4 后 AB1、AB3；CD 层油枪也遵循此顺序。单只油枪停止程序如图 6-3 所示。

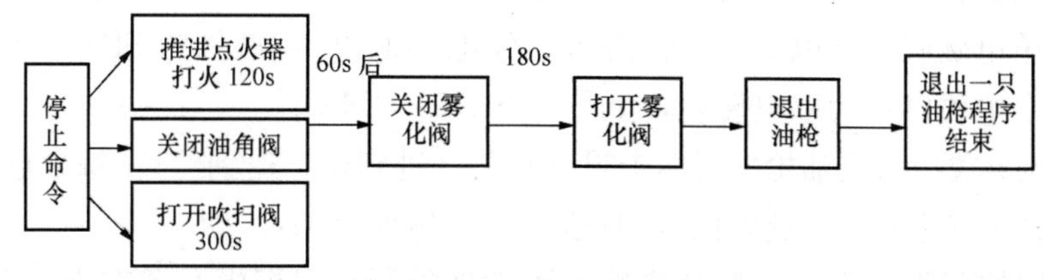

图 6-3　油枪停止程序图

（5）油枪跳闸。在油枪启动后，发生油枪启动完成后没有检测到火焰，启动命令发出后 25s 内点火器未点火，启动完成后油角阀还没有开启三种情况之一，就要发出油枪跳闸命令，关闭油角阀，进入吹扫程序。

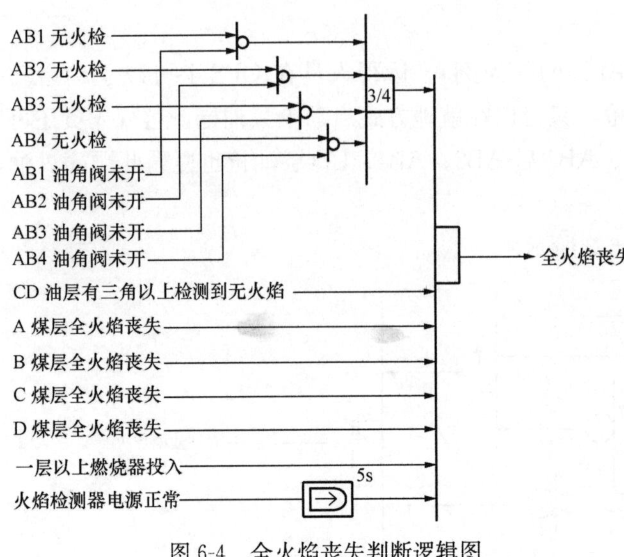

图 6-4　全火焰丧失判断逻辑图

（6）FCB 及 RB 动作后油枪联启功能。FCB 和 50%RB 发生后，如果运行的磨煤机台数小于或等于 2 台，发出启动两对油枪的命令，依次启动 CD1、CD3 和 CD2、CD4 油枪。启动过程遵循一对油枪启动顺序。

（7）火焰监视程序。火焰监视程序完成层火焰监视任务及炉膛全火焰丧失逻辑的判断，全火焰丧失信号送往锅炉保护柜发出 MFT 命令。四只油枪中有三只以上没有检测到火焰或其油角阀未开就判断为该层无火焰，如图 6-4 所示。

二、300MW 机组

燃油控制系统由 3 个控制站组成，系统内名称为 DROP10/DROP11/DROP12，对锅炉 AB、CD、EF 三层共 12 只油枪进行程序控制。

（一）设备组成和功能

每台锅炉均配备 AB、CD、EF 三层共 12 只油枪，每只枪均装有独立的火焰检测器。油枪采用蒸汽雾化，最大出力为 30%BMCR，供锅炉启动及稳定燃烧使用，均配有高能电子点火器。主要由机架、大小气缸，大小连板，油枪导管（推杆）及信号盒（信号传递机构）等组成。为改善电磁阀的工作环境，特将电磁阀移出推进器本体至电磁阀箱内。推进器与电磁阀箱配套使用。电磁阀箱内装有两个电磁阀，双电控电磁阀控制大气缸，操作油枪的进退；单电控电磁阀控制小气缸，控制点火枪进退。

燃油控制系统由限位开关、电磁阀、就地控制柜及热工测点等组成。

（1）电磁阀。每台锅炉共布置油枪 12 支，分三层布置。每支油枪配套一支点火器、三个气动快关阀（供油快关阀、雾化阀、吹扫阀）。气动关断阀采用电磁阀控制，为单电磁阀，通电后打开，失电后关闭，型号为 4V110-06，共 36 个。每个点火器配套一个电磁阀，为单电磁阀（通电后点火器进入，失电后退出），型号为 SR550-DM5R。每支油枪配套 1 个电磁阀，为双电磁阀，型号为 SR550-RM5R。

（2）限位开关。每支油枪配置两个限位开关（进到位、退到位），每个点火枪同样配置两个限位开关（进到位、退到位），型号为 DZ-10JW22-1B。

（3）就地控制柜。每支油枪处安装一面就地控制柜，柜内布置有进、退油枪按钮，进、退点火枪按钮及电源、就地位置指示灯，可实现紧急工况下的就地操作。控制箱如图 6-5 和 6-6 所示。

（4）热工测点包括压力开关信号、温度开关信号、差压开关信号、执行机构位置反馈信号、变送器信号等，输入信号清单见表 6-3。

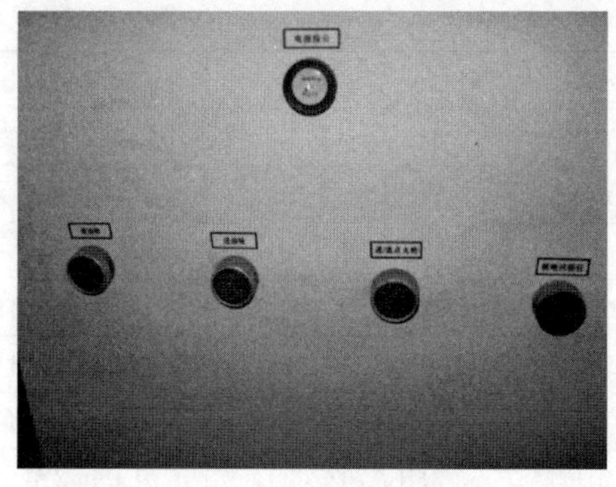

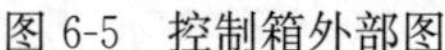
图 6-5　控制箱外部图

图 6-6　控制箱内部图

表 6-3　　热工测点信号清单

序号	设备（信号）名称	规格及型号	编码	安装位置
1	炉前燃油温度开关	B11T-120	3EGD10CT601	3CXP08
2	燃油速断阀后压力低开关	H117-192	3EGD10CP201	3CXP08
3	燃油速断阀后压力高开关	H117-193	3EGD10CP202	3CXP08
4	燃油速断阀后压力（正常）开关	H117-192	3EGD10CP205	3CXP08
5	燃油速断阀后压力（低低）开关	H117-192	3EGD10CP203	3CXP08
6	燃油速断阀前后差压开关	101NN-K3-N4-CIA	3EGD10DP201	3CXP08
7	燃油调节阀前压力开关	H117-193	3EGD10CP204	3CXP08
8	汽包水位变送器 1	EJX110A-DMS5J-712DD	3HAA00DP001	3CXP01
9	汽包水位变送器 2	EJX110A	3HAA00DP002	3CXP01
10	汽包水位变送器 3	EJX110A	3HAA00DP003	3CXP02
11	左侧二次风总风流量变送器	EJA110A-DLS5A-62DC	3HLA40DP001	3CXP16
12	右侧二次风总风流量变送器	EJA110A-DLS5A-62DC	3HLA50DP001	3CXP17
13	左侧炉膛压力低低开关 1	M117-522	3HAD10CP201	炉 54m 仪表架
14	左侧炉膛压力低低开关 2	M117-522	3HAD10CP202	炉 54m 仪表架
15	左侧炉膛压力高高开关	M117-522	3HAD10CP204	炉 54m 仪表架
16	右侧炉膛压力低低开关	M117-524	3HAD20CP201	炉 54m 仪表架
17	右侧炉膛压力高高开关 1	M117-524	3HAD20CP202	炉 54m 仪表架
18	右侧炉膛压力高高开关 2	M117-524	3HAD20CP203	炉 54m 仪表架
19	火焰检测冷却风/炉膛差压开关 1	107AL-N40-PI-FOA-TTX	3HXA10DP201	3CXP10
20	火焰检测冷却风/炉膛差压开关 2	107AL-N40-PI-FOA-TTX	3HXA10DP202	3CXP10
21	火焰检测冷却风/炉膛差压开关 3	107AL-N40-PI-FOA-TTX	3HXA10DP203	3CXP10
22	炉前油吹扫蒸汽压力（低）开关	H117-192	3EGD30CP201	3CXP08
23	炉前油雾化蒸汽压力变送器	EJA430A-DAS5A-62DC	3EGD30CP002	3CXP08

续表

序号	设备（信号）名称	规格及型号	编码	安装位置
24	一次风机A出口压力变送器	EJA110A-DMS5A-62DC	3HFD10CP001	3CXP18
25	一次风机B出口压力变送器	EJA110A-DMS5A-62DC	3HFD20CP001	3CXP19
26	密封风机出口母管压力低开关	SOR	3HFW30CP201	3CXP15
27	A空气预热器出口二次风温度	WRER2-12	3HLA40CT001	空气预热器出口
28	B空气预热器出口二次风温度	WRER2-12	3HLA50CT001	空气预热器出口
29	锅炉1号角摆动燃烧器位返	SIEMENCE智能定位器	3HLA60ZZ020	炉19m 1号角
30	锅炉2号角摆动燃烧器位返	SIEMENCE智能定位器	3HLA70ZZ020	炉19m 2号角
31	锅炉3号角摆动燃烧器位返	SIEMENCE智能定位器	3HLA80ZZ020	炉19m 3号角
32	锅炉4号角摆动燃烧器位返	SIEMENCE智能定位器	3HLA90ZZ020	炉19m 4号角

（二）控制逻辑分析

燃油控制逻辑包括油枪部分及公用部分。油枪控制按层次分为油层控制、对角控制和单角控制；公用控制逻辑主要包括燃油泄漏试验、炉膛吹扫、MFT（主燃料跳闸），以及密封风机、火焰检测冷却风机的启停/联锁逻辑。

1. 油枪控制

（1）油层控制（AB、CD、EF三层控制逻辑相同，以下以AB层为例）。

1）启动条件。以下任一条件满足，发出AB油层启动指令。

a. 运行人员手动启动AB油层。

b. 煤层低负荷时助燃或者A煤层程控停运时请求AB油层投运。

c. 煤层低负荷时助燃或者B煤层程控停运时请求AB油层投运。

2）启动顺序。当油层启动时，FSSS逻辑将按照1－3－2－4的顺序自动投运AB油层，每角之间的间隔时间为10s。

3）停止条件。当运行人员手动停止AB油层时，产生AB油层停止指令。

4）停止顺序。当油层停止时，FSSS逻辑同样按照1—3—2—4的顺序自动停运AB油层，其中1号角与3号角之间时间间隔为30s，3号角与2号角时间间隔15s，2号角与4号角时间间隔30s。

（2）对角控制。

1）AB油层1—3对角启动。当运行人员启动AB油层1、3对角时，FSSS逻辑将投入AB1角油燃烧器，10s之后自动投入AB3角油燃烧器。

2）AB油层2—4对角启动。当运行人员启动AB油层2—4对角时，FSSS逻辑将投入AB2角油燃烧器，10s之后自动投入AB4角油燃烧器。

3）AB油层1—3对角停运。当运行人员停运AB油层1—3对角时，FSSS逻辑将停运AB1角油燃烧器，30s之后自动停运AB3角油燃烧器。

4）AB油层2—4对角停运。当运行人员停运AB油层2—4对角时，FSSS逻辑将停运AB2角油燃烧器，30s之后自动停运AB4角油燃烧器。

当AB油层中至少有3角投运时，认为AB油层投运。

(3) AB1 角油燃烧器控制(4 个角逻辑相同,以 AB 层为例)

1)点火允许条件。以下条件全部满足,发出 AB1 角油燃烧器点火允许指令。

a. MFT 复位。

b. OFT 复位。

c. 油点火允许。

d. AB1 角无跳闸指令。

e. AB1 角油角阀关状态。

f. AB1 角雾化阀关状态。

初始点火允许:一旦 MFT、OFT 复位,就可以在炉膛投运油燃烧器。如果第一支油枪点火失败,为了确保在炉膛内不积聚燃料(点油枪时进入炉膛的油),FSSS 逻辑要启动为时 1min 的吹扫。因此任一油枪点火失败,"初始点火允许"条件就中断 1min,在这 1min 内,不允许点任何油枪。1min 之后,"初始点火允许"条件再次满足,运行人员可以再一次点燃油枪。当炉膛内已有油枪投运后,"初始点火允许"条件一直满足。

2)AB1 角油燃烧器点火的步骤。

a. 首先推进 AB1 角油枪。

b. AB1 角油枪推进到位后,推进 AB1 角点火枪。

c. 吹扫阀打开自动吹扫,10s 后自动关闭。

d. 吹扫阀关闭后,激励 AB1 角高能点火器打火,20s 后停止打火同时点火枪退出。

e. AB1 角高能打火器开始打火时,打开 AB1 角雾化阀。

f. AB1 角雾化阀打开后,联锁打开 AB1 角油阀。

以下条件全部满足,认为 AB1 角油燃烧器投运。

a. AB1 角油燃烧器在启动方式。

b. AB1 角油枪进到位。

c. AB1 角油阀开。

d. AB1 角雾化阀开;

e. AB1 角检测到火焰。

3)AB1 角油燃烧器停止的步骤。

a. AB1 角停止指令发出。

b. AB1 角雾化阀关闭同时供油阀关闭。

c. AB1 角点火枪推进。

d. AB1 角吹扫阀打开。

e. AB1 角高能点火器打火。

f. 20s 后停止打火同时退出 AB1 点火枪。

g. 40s 后 AB1 吹扫阀关闭。

h. AB1 角油枪退出。

4)跳闸条件。以下任一条件触发,则联锁退出 AB1 油枪。

a. MFT 动作。

b. OFT 动作。

c. 手动停止。

d. 层停信号。

e. 油枪未进（油枪推进指令发出 10s 后，进到位信号未返回）。

f. 油阀未开（供油快关阀打开 10s 后，火焰检测信号未返回）。

g. 点火枪未进（点火枪进指令发出 10s 后，进到位信号未返回）。

h. 雾化蒸汽压力低。

5）停止条件。以下任意情况都将产生“AB1 角油燃烧器在切除方式”信号。

a. 程控停止 AB1 角油燃烧器。

b. 运行人员停止 AB1 角油燃烧器。

c. AB1 角油燃烧器在启动方式达 50s 同时 AB1 角油层未运行。

以下两个条件同时满足，复位“AB1 角油燃烧器在切除方式”信号。

a. AB1 角油阀已关。

b. AB1 角雾化阀已关。

当 AB1 角油燃烧器在切除方式时，FSSS 逻辑将发出关闭 AB1 角油阀指令，切除 AB1 角油燃烧器。如果不是由于 MFT 发生而引起 AB1 角油燃烧器切除，FSSS 逻辑还将开始一个 1min 的 AB1 角油燃烧器吹扫程序。AB1 角油燃烧器吹扫完成后，退回 AB1 角油枪。

6）AB1 角的吹扫。在正常的油枪投退过程中，已经进行了吹扫的工作，为了突出吹扫的过程和条件，单独再说明一次：当 AB1 角油阀已关（脉冲），则产生 AB1 角油燃烧器吹扫请求。以下任意条件满足，复位 AB1 角油燃烧器吹扫请求。

a. AB1 角油燃烧器在启动方式且吹扫阀开到位 10s。

b. AB1 角油燃烧器在停止方式且吹扫阀开到位 60s。

c. AB1 角跳闸条件触发。

AB1 角油燃烧器吹扫步序为：

a. 首先推进 AB1 角点火枪。

b. AB1 角点火枪推进到位后，激励 AB1 角高能点火器。

c. AB1 角高能打火器开始打火时，打开 AB1 角吹扫阀。

吹扫持续 1min 后，AB1 角油燃烧器吹扫完成，复位 AB1 角油燃烧器吹扫请求信号，并退回 AB1 角油枪。

2. 油泄漏试验

(1) 为防止供油管路泄漏（包括漏入炉膛），油系统泄漏试验是针对主跳闸阀、回油再循环阀及单个油角阀的密闭性所做的试验。油泄漏试验分两步进行：首先试验主跳闸阀；然后试验回油再循环阀及单个油角阀。操作员可直接在 CRT 上发出启动油泄漏试验指令。油泄漏试验成功是炉膛吹扫条件之一。按照规程规定，严禁未做油泄漏试验项目就进行机组启动。系统流程如图 6-7 所示。

(2) 进行燃油泄漏试验目的。

1）检查燃油主跳闸阀严密性。

2）检查油枪油角阀严密性。

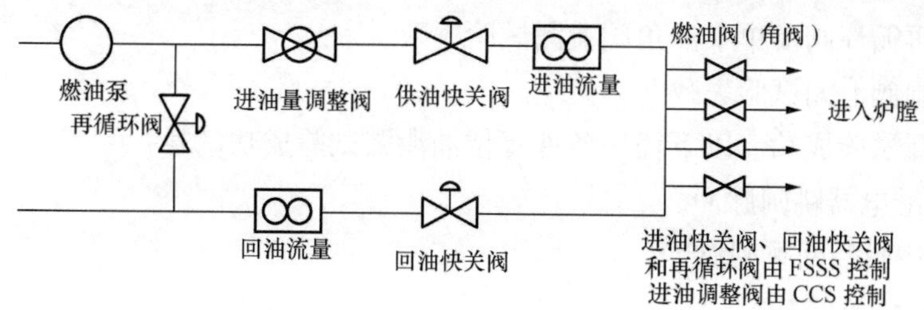

图 6-7 炉前油系统图

3）主跳闸阀泄漏试验。试验时，回油再循环阀先打开 10s，将供油母管中的压力泄掉之后关闭该阀，这样就将供油泵的正常供油压力加在了主跳闸阀的两端，FSSS 将监视主跳闸阀两端的差压，如果差压开关在 90s 内一直保持高报警，则泄漏试验成功；如果差压开关报警信号消失，则表明主跳闸阀有泄漏，油泄漏试验失败。

（3）回油再循环阀及单个油角阀泄漏试验。主跳闸阀泄漏试验成功后，打开主跳闸阀给供油母管加压，供油母管压力正常后关闭该阀。如果主跳闸阀两端差压开关在 90s 内一直保持未报警，则回油再循环阀及单个油角阀泄漏试验成功，进而油泄漏试验成功，否则油泄漏试验失败。

（4）试验过程。以下条件全部满足，认为供油母管泄漏试验准备就绪。

1）MFT 继电器已跳闸。

2）OFT 逻辑判断已跳闸。

3）主跳闸阀关状态。

4）回油再循环阀关状态。

5）所有油角阀关闭。

若允许条件满足，将在 CRT 上指示“油泄漏试验允许”，此时可以从 CRT 上发出“启动油泄漏试验”指令来自动进行下列步序：

1）打开回油再循环阀给供油母管泄压，10s 后关闭该阀，并在 CRT 上指示“主跳闸阀泄漏试验在进行中”。

2）若在 90s 内主跳闸阀前后差压一直保持高，则在 CRT 上指示“主跳闸阀泄漏试验成功”，否则发出“油泄漏试验失败”报警。

3）若主跳闸阀泄漏试验通过，则试验回油再循环阀及单个油角阀。先打开主跳闸阀充压，待供油母管压力正常后关闭该阀，同时在 CRT 上指示“回油再循环阀及单个油角阀泄漏试验在进行中”。

4）如果主跳闸阀前后差压在 90s 内保持低，则在 CRT 上指示“回油再循环阀及单个油角阀泄漏试验成功”，进而指示“油泄漏试验成功”。否则发“油泄漏试验失败”报警。

在试验的过程中，以下任一条件复位油泄漏试验：

1）MFT 继电器复位。

2）MFT 继电器跳闸脉冲。

3）OFT 复位。

4）运行人员按“停止油泄漏试验”按钮。

5）回油再循环阀及单个油角阀泄漏试验失败。

6）主跳闸阀泄漏试验失败。

7）油泄漏试验成功。以下任一条件复位油泄漏试验成功信号：

a. MFT 继电器跳闸脉冲。

b. OFT 逻辑判断跳闸脉冲。

3. 炉膛吹扫

（1）吹扫目的。炉膛吹扫的目的是将炉膛和燃烧系统管道中沉积的未燃烧的燃料清除掉，以防止锅炉点火时发生爆燃。FSSS 的吹扫功能是防止炉膛爆炸的有效手段，根据美国 NFPA 防爆标准，炉膛吹扫时，用全负荷的 30% 风量，连续吹扫 5min。在吹扫前，MFT 记忆器处于置位状态，MFT 信号闭锁住一切可操作的程序。当一个完整的 5min 吹扫过程完成后，才能使 MFT 复位，方可进行程序操作。

（2）吹扫条件。

1）一次吹扫条件。

a. 油跳闸阀关闭。

b. 全部油角阀及雾化阀全关。

c. 所有磨煤机停运。

d. 所有给煤机停运。

e. 所有磨煤机总风阀关闭。

f. 一次风机全停。

g. 任一空气预热器运行。

h. 任一引风机运行。

i. 任一送风机运行。

j. 无 MFT 跳闸条件存在。

k. 全部火焰检测无火。

2）二次吹扫条件。

a. 炉膛风量大于 30%。

b. 炉膛风量小于 40%。

c. 汽包水位正常，在－200～＋200mm。

d. 油泄漏试验成功。

当一次吹扫条件全部满足后，在 CRT 上指示“吹扫准备就绪”信号，这时操作员就可以启动吹扫。

（3）吹扫过程。主燃料跳闸（MFT）后，自动产生“请求炉膛吹扫”信号。

当一次吹扫允许条件满足后，自动产生“吹扫准备就绪”信号。运行人员在 CRT 上发出“启动炉膛吹扫”指令，炉膛吹扫开始，CRT 上指示“炉膛吹扫进行中”，吹扫计时器开始倒计时，时间为 300s。

在吹扫过程中，FSSS 逻辑连续监视一次吹扫允许条件及二次吹扫允许条件。一次吹扫允许条件是 FSSS 系统进入吹扫模式所必须具备的条件；二次吹扫允许条件是启动吹扫计时器所必须具备的条件。在吹扫过程中二次吹扫允许条件（如锅炉风量大于 30% 额定

风量）不满足时，吹扫计时器就会清零，但并不中断吹扫，待二次吹扫允许条件满足后，吹扫计时器又自动开始计时；但如果某个一次吹扫允许条件不满足了，就会导致吹扫中断，同时吹扫计时器清零。如果吹扫中断，操作员就要重新启动吹扫程序。

当所有吹扫条件全部满足并且持续5min，即完成吹扫，在CRT上指示“炉膛吹扫成功”信号。“炉膛吹扫成功”信号是复位MFT的必要条件。MFT发生时，通过一个MFT脉冲信号清除“炉膛吹扫成功”信号。

4. 主燃料跳闸（MFT）

主燃料跳闸（MFT）是锅炉安全保护的核心内容。是FSSS系统中最重要的安全功能。在出现任何危及锅炉安全运行的危险工况时，MFT动作将快速切断所有进入炉膛的燃料，即切断所有油和煤的输入，以保证锅炉安全，避免事故发生或限制事故进一步扩大。当MFT跳闸后，显示首出跳闸原因，如图6-8所示。当MFT复位后，跳闸记忆清除。

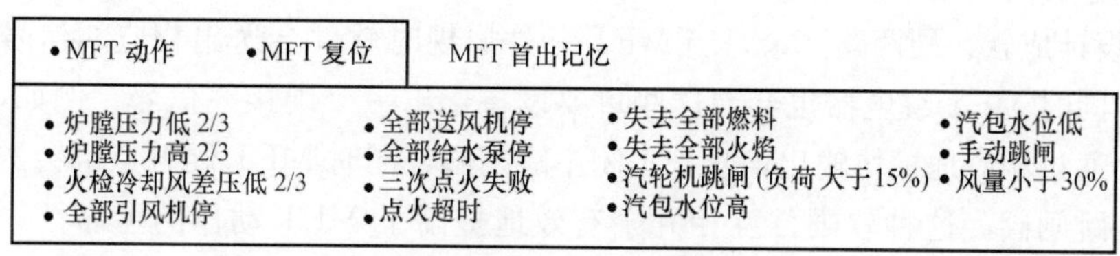

图6-8 MFT首出报警画面

（1）MFT跳闸条件。机组共有15项MFT保护条件，分别为：

1）锅炉紧急停止按钮（手动跳闸）。

2）炉膛压力低低保护。

3）炉膛压力高高保护。

4）火焰检测冷却风与炉膛差压低低保护。

5）引风机全停保护。

6）送风机全停保护。

7）电动给水泵全停保护。

8）失去全部燃料跳闸。

9）失去所有火焰跳闸。

10）总风量低于30%MCR。

11）汽包水位低低。

12）汽包水位高高。

13）汽轮机跳闸保护。

14）FSSS控制柜内失电。

15）脱硫吸收塔出口烟温高。

（2）MFT复位条件。以下条件全部满足，复位MFT继电器。

1）炉膛吹扫完成。

2）MFT继电器已跳闸。

3）无MFT跳闸条件存在。

4）DPU10控制器电源正常。

5）MFT继电器电源正常。

（3）MFT动作后联锁动作设备。当MFT发生后，联锁动作以下设备。

1）跳闸MFT硬继电器。

2）跳闸脱硫系统。

3）跳闸电除尘系统。

4）关闭主跳闸阀。

5）强开回油再循环阀。

6）跳闸所有磨煤机。

7）跳闸所有给煤机。

8）跳闸所有一次风机。

9）送MFT指令至CCS、ETS、旁路、吹灰等系统。

MFT设计成软、硬两路冗余，当MFT条件出现时软件会送出相应的信号来跳闸相关的设备，同时MFT继电器也会向这些重要设备送出一个硬接线信号。例如，MFT发生时逻辑会通过相应地模块输出信号来关闭主跳闸阀，同时MFT硬触点也会送出信号来直接关闭主跳闸阀。这种软硬件互相冗余有效地提高了MFT动作的可靠性。此功能在FSSS跳闸继电器柜内实现。

5. 油燃料跳闸（OFT）

油燃料跳闸（OFT）逻辑检测供油母管的各个参数，当有危及锅炉炉膛安全的因素存在时，产生OFT，关闭主跳闸阀及回油再循环阀，切除所有正在运行的油燃烧器。FSSS连续监视不同的OFT条件，如果其中任一条件满足，FSSS逻辑就会触发OFT。

（1）OFT跳闸条件。

1）运行人员发出关闭主跳闸阀指令。

2）MFT跳闸。

3）燃油调节阀后进油压力低，且任一油角阀不在关状态，任一油枪运行。

4）雾化蒸汽压力低并且任一油角阀不在关状态，任一油枪运行。

（2）以下条件全部满足，复位OFT信号。

1）MFT已复位。

2）主跳闸阀关闭。

3）油泄漏试验成功。

4）吹扫完成。

5）全部油角阀及雾化阀关闭。

6）炉前油温正常。

7）无OFT跳闸条件。

（3）当OFT发生后，联锁动作以下设备。

1）跳闸所有油燃烧器。

2）关闭主跳闸阀。

3）关闭回油再循环阀。

OFT只设计成软件跳闸，当OFT条件出现时软件会送出相应的信号来跳闸相关的设备。部分电厂该功能设计有软、硬两路冗余，并在FSSS内实现该功能。

6. 点火允许条件

(1) 油点火允许。以下条件全部满足，产生“油点火允许”信号。

1）MFT已复位。

2）炉前油温正常。

3）调节阀前进油压力正常。

4）炉前雾化蒸汽压力高。

5）主跳闸阀开。

6）燃烧器摆动火嘴水平位。

(2) 煤点火允许。以下条件全部满足，产生“煤点火允许”信号。

1）MFT已复位。

2）至少一台一次风机运行。

3）一次风压正常且大于3kPa。

4）任一油层运行或负荷大于10%（主蒸汽流量大于100t/h)。

5）二次风温大于160℃。

(3) 磨煤机点火能量判断。当以下任一条件满足，认为A磨煤机点火能量满足。

1）AB油层投运且煤点火能量满足。

2）任意两台磨煤机投运且锅炉负荷大于50%。

当以下任一条件满足，认为B磨煤机点火能量满足。

1）CD油层投运且煤点火能量满足。

2）任意两台磨煤机投运且锅炉负荷大于50%。

当以下任一条件满足，认为C磨煤机点火能量满足。

1）EF油层投运且煤点火能量满足。

2）任意两台磨煤机投运且锅炉负荷大于50%。

7. 火焰检测冷却风机控制逻辑

火焰检测器的探头安装于炉膛燃烧器周围，对火焰检测探头的冷却和清洁非常重要，这将直接影响到火焰检测器的稳定性和寿命。火焰检测冷却风机为各个火焰检测器提供足够压力的冷却风，以保证火焰检测器正常运行。每台机组配置2台火焰检测冷却风机，正常情况下只要单台火焰检测冷却风机运行即可提供足够的冷却风压，另一台火焰检测冷却风机处于热备状态。当正在运行的火焰检测冷却风机事故跳闸或出力不够时，联锁启动备用的火焰检测冷却风机。火焰检测冷却风系统布置有3台火焰检测冷却风/炉膛差压开关，作为锅炉MFT的触发条件之一。风机出口母管布置有压力变送器以测量火焰检测冷却风压，同时送往DCS画面进行显示。锅炉4角分别布置一台压力开关测量各角火焰检测冷却风压力，当压力低于4kPa时，发出报警。A火焰检测冷却风机控制逻辑如下（A、B相同，以A为例）：

(1) 投入备用。当以下条件全部满足时，运行人员通过操作画面上的“备用”按钮，可以使A火焰检测冷却风机处于备用状态。

1）A火焰检测冷却风机未运行。

2）A火焰检测冷却风机不在就地状态。

（2）退出备用。通过以下两种操作可以切除A火焰检测冷却风机的备用状态。

1）运行人员解除A火焰检测冷却风机“备用”操作。

2）运行人员投入B火焰检测冷却风机“备用”操作。

（3）手动启动。通过操作画面上的“启动”按钮，可以启动A火焰检测冷却风机。

（4）联锁启动。

1）当A火焰检测冷却风机在备用状态并且B火焰检测冷却风机事故跳闸时，联锁启动A火焰检测冷却风机。

2）当A火焰检测冷却风机在备用状态并且B火焰检测冷却风机运行且火焰检测冷却风母管压力低于定值时，联锁启动A火焰检测冷却风机。

（5）启动允许条件。A火焰检测冷却风机不在就地状态。

（6）手动停运。当MFT跳闸且A火焰检测冷却风机不在就地状态时，运行人员可以通过操作画面上的“停止”按钮停运A火焰检测冷却风机。当以下条件全部满足，通过操作画面上的“停止”按钮，可以停运A火焰检测冷却风机。

1）B火焰检测冷却风机运行。

2）火焰检测冷却风压满足。

3）A火焰检测冷却风机不在就地状态。

8. 密封风机控制逻辑

A密封风机控制（A、B相同，以A为例）。逻辑如下：

（1）投入备用。当A密封风机未运行时，运行人员通过操作画面上的“备用”按钮，可以使A密封风机处于备用状态。

（2）退出备用。通过以下两种操作可以切除A密封风机的备用状态。

1）运行人员解除A密封风机“备用”操作。

2）运行人员投入B密封风机“备用”操作。

（3）手动启动。通过操作画面上的“启动”按钮，可以启动A密封风机。

（4）联锁启动。以下任一条件满足时，联锁风机启动。

1）当A密封风机在备用状态并且B密封风机事故跳闸时，联锁启动A密封风机。

2）当A密封风机在备用状态并且B密封风机运行且密封风机出口压力低时，联锁启动A密封风机。

（5）启动允许条件。当A密封风机入口电动挡板关闭时，允许启动A密封风机。

（6）手动停运。当以下条件全部满足时，通过操作画面上的“停止”按钮，可以停运A密封风机。

1）6个煤层均不投运。

2）B密封风机运行且密封风机出口压力不低。

第三节　煤粉燃烧器控制

燃煤控制逻辑主要包括磨煤机、给煤机的启停及联锁等相关控制逻辑，并在正常运行

时密切监视各煤层的重要参数，必要时切断进入炉膛的煤粉，以保证炉膛安全。

一、350MW 机组

煤粉燃烧器管理系统是 DCS 的一个独立工作站，系统内名称为 BMS-2，主要完成锅炉 A、B、C、D 4 台磨煤机制粉系统程序控制的任务。

（一）设备组成和功能

煤粉燃烧器管理系统由输入信号、控制逻辑、就地设备等组成。

1．输入测量信号

阀门限位开关信号包括给煤机出入口挡板限位、磨煤机出口挡板限位、磨煤机一次风关断挡板限位、磨煤机密封风挡板限位、磨煤机吹扫挡板限位、磨煤机装球阀限位、磨煤机惰化阀限位。BMS-2 系统输入信号清单如表 6-4 所示。

表 6-4 BMS-2 系统输入信号

序号	设备（信号）名称	规格及型号	编码	安装位置
1	A-MILL 非驱动端轴承温度	K 型热电偶	1TE-02701A	磨煤机大瓦下方
2	A-MILL 驱动端轴承温度	K 型热电偶	1TE-02702A	磨煤机大瓦下方
3	B-MILL 非驱动端轴承温度	K 型热电偶	1TE-02701B	磨煤机大瓦下方
4	B-MILL 驱动端轴承温度	K 型热电偶	1TE-02702B	磨煤机大瓦下方
5	C-MILL 非驱动端轴承温度	K 型热电偶	1TE-02701C	磨煤机大瓦下方
6	C-MILL 驱动端轴承温度	K 型热电偶	1TE-02702C	磨煤机大瓦下方
7	D-MILL 非驱动端轴承温度	K 型热电偶	1TE-02701D	磨煤机大瓦下方
8	D-MILL 驱动端轴承温度	K 型热电偶	1TE-02702D	磨煤机大瓦下方
9	A-AH 出口一次风压力低	CL-36 1947 7040 00	1PS-07301A	BLP-302
10	B-AH 出口一次风压力低	CL-36 1947 7040 00	1PS-07301B	BLP-303
11	A-MILL 盘车电动机联锁钥匙开关	—	—	减速机旁
12	B-MILL 盘车电动机联锁钥匙开关	—	—	减速机旁
13	C-MILL 盘车电动机联锁钥匙开关	—	—	减速机旁
14	D-MILL 盘车电动机联锁钥匙开关	—	—	减速机旁

2．就地控制设备

就地控制设备清单如表 6-5 所示。

表 6-5 BMS-2 系统就地控制设备

序号	设备名称	规格及型号	编码	备注
1	A-MILL	—	—	—
2	A1-给煤机	—	—	—

续表

序号	设备名称	规格及型号	编码	备注
3	A2-给煤机	—	—	—
4	A-MILL 喷淋油泵 A	—	—	—
5	A-MILL 喷淋油泵 B	—	—	—
6	A-MILL 出口关断挡板 A-1 电磁阀	ASCO HT8320G13	XV-02706A-1	8m 平台
7	A-MILL 出口关断挡板 A-2 电磁阀	ASCO HT8320G13	XV-02706A-2	8m 平台
8	A-MILL 出口关断挡板 A-3 电磁阀	ASCO HT8320G13	XV-02706A-3	8m 平台
9	A-MILL 出口关断挡板 A-4 电磁阀	ASCO HT8320G13	XV-02706A-4	8m 平台
10	A-MILL 一次风入口关断挡板电磁阀	MVD810K-03-15A	MV-07506A	8m 平台
11	A-MILL 密封风关断挡板电磁阀	H3-TP CKD	XV-02705A	8m 平台
12	A-MILL 驱动端吹扫挡板电磁阀	ASCO J320G186	XV-02707A-1	磨煤机筒体上方
13	A-MILL 非驱动端吹扫挡板电磁阀	ASCO J320G186	XV-02707A-2	磨煤机筒体上方
14	A-MILL 装球阀电磁阀	ASCO HT8320G13	32V-105A	8m 平台
15	A-MILL 惰化阀（左）电磁阀	ASCO LS4AL	XV-02702A	8m 平台
16	A-MILL 惰化阀（右）电磁阀	ASCO LS4AL	XV-02703A	8m 平台
17	A-MILL 惰化阀（主）电磁阀	ASCO LS4AL	XV-02701A	8m 平台
18	B-MILL	—	—	—
19	B1-给煤机	—	—	—
20	B2-给煤机	—	—	—
21	B-MILL 喷淋油泵 A	—	—	—
22	B-MILL 喷淋油泵 B	—	—	—
23	B-MILL 出口关断挡板 A-1 电磁阀	ASCO HT8320G13	XV-02706B-1	8m 平台
24	B-MILL 出口关断挡板 A-2 电磁阀	ASCO HT8320G13	XV-02706B-2	8m 平台
25	B-MILL 出口关断挡板 A-3 电磁阀	ASCO HT8320G13	XV-02706B-3	8m 平台
26	B-MILL 出口关断挡板 A-4 电磁阀	ASCO HT8320G13	XV-02706B-4	8m 平台
27	B-MILL 一次风入口关断挡板电磁阀	MVD810K-03-15A	MV-07506B	8m 平台
28	B-MILL 密封风关断挡板电磁阀	H3-TP CKD	XV-02705B	8m 平台
29	B-MILL 驱动端吹扫挡板电磁阀	ASCO J320G186	XV-02707B-1	磨煤机筒体上方
30	B-MILL 非驱动端吹扫挡板电磁阀	ASCO J320G186	XV-02707B-2	磨煤机筒体上方
31	B-MILL 装球阀电磁阀	ASCO HT8320G13	32V-105B	8m 平台
32	B-MILL 惰化阀（左）电磁阀	ASCO LS4AL	XV-02702B	8m 平台
33	B-MILL 惰化阀（右）电磁阀	ASCO LS4AL	XV-02703B	8m 平台
34	B-MILL 惰化阀（主）电磁阀	ASCO LS4AL	XV-02701B	8m 平台
35	C-MILL	—	—	—
36	C1-给煤机	—	—	—
37	C2-给煤机	—	—	—

续表

序号	设备名称	规格及型号	编码	备注
38	C-MILL 喷淋油泵 A	—	—	—
39	C-MILL 喷淋油泵 B	—	—	—
40	C-MILL 出口关断挡板 A-1 电磁阀	ASCO HT8320G13	XV-02706C-1	8m 平台
41	C-MILL 出口关断挡板 A-2 电磁阀	ASCO HT8320G13	XV-02706C-2	8m 平台
42	C-MILL 出口关断挡板 A-3 电磁阀	ASCO HT8320G13	XV-02706C-3	8m 平台
43	C-MILL 出口关断挡板 A-4 电磁阀	ASCO HT8320G13	XV-02706C-4	8m 平台
44	C-MILL 一次风入口关断挡板电磁阀	MVD810K-03-15A	MV-07506C	8m 平台
45	C-MILL 密封风关断挡板电磁阀	H3-TP　CKD	XV-02705C	8m 平台
46	C-MILL 驱动端吹扫挡板电磁阀	ASCO J320G186	XV-02707C-1	磨煤机筒体上方
47	C-MILL 非驱动端吹扫挡板电磁阀	ASCO J320G186	XV-02707C-2	磨煤机筒体上方
48	C-MILL 装球阀电磁阀	ASCO HT8320G13	32V-105C	8m 平台
49	C-MILL 惰化阀（左）电磁阀	ASCO LS4AL	XV-02702C	8m 平台
50	C-MILL 惰化阀（右）电磁阀	ASCO LS4AL	XV-02703C	8m 平台
51	C-MILL 惰化阀（主）电磁阀	ASCO LS4AL	XV-02701C	8m 平台
52	D-MILL	—	—	—
53	D1-给煤机	—	—	—
54	D2-给煤机	—	—	—
55	D-MILL 喷淋油泵 A	—	—	—
56	D-MILL 喷淋油泵 B	—	—	—
57	D-MILL 出口关断挡板 A-1 电磁阀	ASCO HT8320G13	XV-02706D-1	8m 平台
58	D-MILL 出口关断挡板 A-2 电磁阀	ASCO HT8320G13	XV-02706D-2	8m 平台
59	D-MILL 出口关断挡板 A-3 电磁阀	ASCO HT8320G13	XV-02706D-3	8m 平台
60	D-MILL 出口关断挡板 A-4 电磁阀	ASCO HT8320G13	XV-02706D-4	8m 平台
61	D-MILL 一次风入口关断挡板电磁阀	MVD810K-03-15A	MV-07506D	8m 平台
62	D-MILL 密封风关断挡板电磁阀	H3-TP　CKD	XV-02705D	8m 平台
63	D-MILL 驱动端吹扫挡板电磁阀	ASCO J320G186	XV-02707D-1	磨煤机筒体上方
64	D-MILL 非驱动端吹扫挡板电磁阀	ASCO J320G186	XV-02707D-2	磨煤机筒体上方
65	D-MILL 装球阀电磁阀	ASCO HT8320G13	32V-105D	8m 平台
66	D-MILL 惰化阀（左）电磁阀	ASCO LS4AL	XV-02702D	8m 平台
67	D-MILL 惰化阀（右）电磁阀	ASCO LS4AL	XV-02703D	8m 平台
68	D-MILL 惰化阀（主）电磁阀	ASCO LS4AL	XV-02701D	8m 平台

（二）控制逻辑分析

BMS-2 系统内控制逻辑主要包括：磨煤机启动程序控制、磨煤机停止程序控制、磨煤机跳闸保护程序、磨煤机惰化程序控制、磨煤机微动程序控制、层燃烧器监视程序、给煤机启停程序控制、FCB 及 RB 以后磨煤机停止程序，下面逐一介绍。

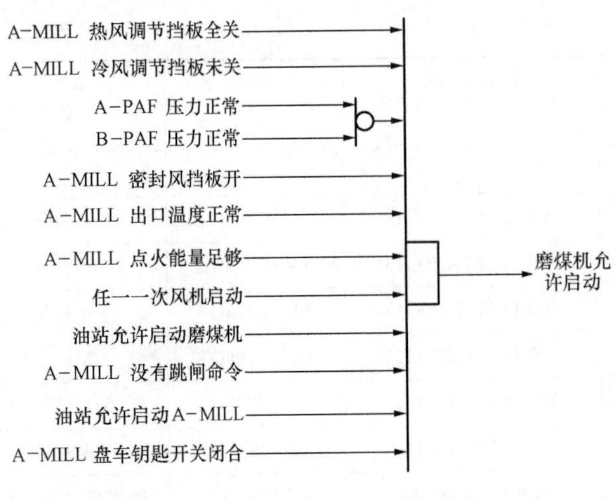

图 6-9　磨煤机启动允许逻辑图

(1) 磨煤机启动程序。4 台磨煤机原则上按照 B、C、D、A 的顺序启动。下面以 A-MILL 为例进行说明 A 层燃烧器投入的过程。

1) 磨煤机启动条件。具有足够的点火能量及磨煤机允许启动条件。A-MILL 点火能量足够，启动磨煤机必须是在机组并网后负荷大于 10%，以及必须投入 AB 层油枪，才能保证炉膛内有足够的点燃煤粉的能量；磨煤机启动允许条件逻辑原理如图 6-9 所示。

2) 磨煤机启动流程。在自动控制方式下，发出磨煤机启动命令后自动执行以下程序：大致分为磨煤机管路吹扫、磨煤机启动后充煤、设备投自动正常操作三个阶段。操作流程如图 6-10 所示。

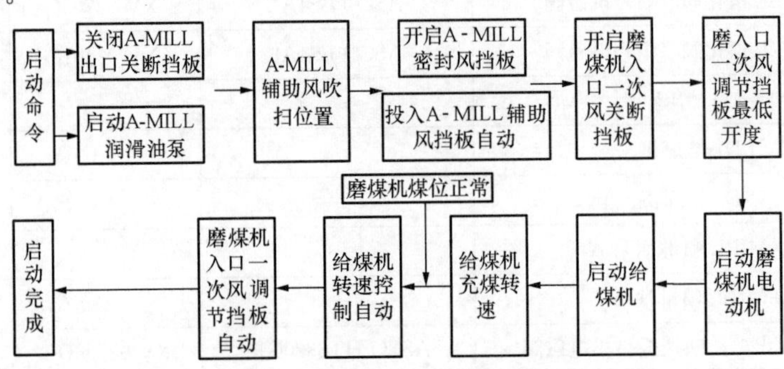

图 6-10　磨煤机启动流程图

(2) 磨煤机停止程序。4 台磨煤机原则上按照 A、B、C、D 的顺序停止运行，下面以 A-MILL 为例进行说明 A 层燃烧器退出的过程。停止过程大致分为磨煤机冷却、磨煤机吹扫、煤粉管道吹扫冷却、磨煤机所属设备停止运行四个阶段。磨煤机停运还分为充煤停磨和吹空停磨，区别就是停止磨煤机电动机前的吹扫时间不同，操作流程如图 6-11 所示。

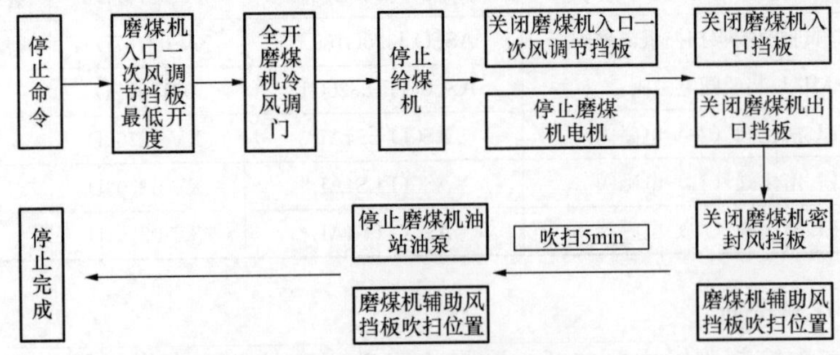

图 6-11　磨煤机停止流程图

(3) 磨煤机保护程序。磨煤机共有 10 项跳闸保护。

1）磨煤机 A、B 润滑油泵全停。

2）磨煤机微动过程中 A、B 润滑油泵全停。

3）磨煤机出口关断挡板未开。

4）磨煤机大瓦温度高于 67℃。

5）给煤机全停后延时 5min。

6）磨煤机负荷小于 40％的情况下没有投入对应的油枪。

7）空气预热器出口一次风压小于 3.5kPa。

8）磨煤机喷淋油系统故障后延时 30min。

9）锅炉 MFT。

10）发生 FCB 后切除相应的磨煤机。

（4）磨煤机惰化程序。磨煤机在微动时必须进行惰化程序；在磨煤机停运期间如需惰化运行人员可以手动进行惰化程序，操作流程如图 6-12 所示。

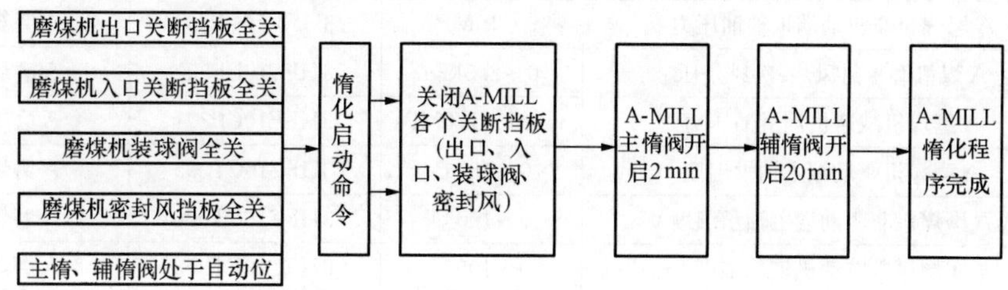

图 6-12 磨煤机惰化流程图

（5）磨煤机微动程序。磨煤机微动程序分为单独微动和带惰化微动两种方式，带惰化微动是在微动程序前进行惰化程序。磨煤机微动的主要内容是磨煤机转动 20s，搅拌磨煤机大罐内的煤与粉混合物，然后停止。

（6）层燃烧器监视程序。层燃烧设备监视程序主要是监视四层制粉系统设备的运行状态，给其他程序或系统提供信号，包括：给煤机全停、磨煤机吹扫请求、磨煤机吹扫完成、给煤机运行台数、任一层燃烧器投入、有几台磨煤机在运行、燃烧器火焰信号、层火焰丧失、层燃烧器启动超时、层燃烧器停止超时、层燃烧器吹扫超时等。

（7）给煤机启停程序。给煤机启动前，开启给煤机出口以及入口煤闸板，可以启动给煤机。给煤机跳闸保护包括：给煤机启动后出入口煤闸板没有开启、磨煤机跳闸后、给煤机皮带上没有煤并且落煤管堵煤、锅炉 MFT 后。

（8）FCB 及 RB 以后磨煤机停止程序。在锅炉发生 FCB 或 RB 以后，根据具体情况停止磨煤机运行，停止的顺序是 FCB 和 50％RB 发生以后，需要停止两台磨煤机至少保留两台运行，停止顺序自下而上，停止 A、B 磨煤机；发生 75％RB 以后，停止一台磨煤机，保留三台运行，停止顺序自下而上，停止 A 磨煤机。

二、300MW 机组

燃煤控制系统由 3 个控制站组成，系统内名称为 DROP10/DROP11/DROP12，主要完成锅炉 3 台磨煤机及 6 台给煤机程序控制的任务。

（一）设备组成和功能

机组每台共布置有 3 台磨煤机，每台磨煤机对应 2 层煤层（A 磨煤机对应 A、B 层，B 磨煤机对应 C、D 层，C 磨煤机对应 E、F 层），每台磨煤机配套 2 台给煤机供煤。

1. 输入信号

燃煤系统功能组输入信号包括压力开关信号、温度开关信号、限位开关信号、热电偶信号、电磁阀等，输入信号清单如表 6-6 所示。

表 6-6 燃煤系统输入信号

序号	信号名称	数值	编码	位置
1	A 磨煤机油站高压滤网出口压力	0～10MPa	3HFV10CP205	A 磨煤机处
2	A 磨煤机润滑油箱油温度	－20～120℃	3HFV10CT601	A 磨煤机煤机油箱
3	A 磨煤机润滑油泵出口压力	0～10MPa	3HFV10CP202	A 磨煤机处
4	A 磨煤机润滑油流量	0～13L/m	3HFV10CF201	A 磨煤机处
5	A 磨煤机驱动端顶轴油压力	0～10MPa	3HFV10CP203	A 磨煤机处
6	A 磨煤机非驱动端顶轴油压力	0～10MPa	3HFV10CP204	A 磨煤机处
7	A 煤机磨密封风/一次风差压	0～2.5kPa	3HFC10DP001	A 磨煤机处
8	A 磨煤机减速机润滑油压力	－0.1～1.0MPa	3HFE10CP201	A 磨煤机处
9	A 磨煤机驱动端主轴承温度	0～100℃	3HFC10CT005	A 磨煤机处
10	A 磨煤机非驱动端主轴承温度	0～100℃	3HFC10CT006	A 磨煤机处
11	A 磨煤机电动机轴承温度	0～100℃	3HFC10CT363	A 磨煤机处
12	A 磨煤机电动机轴承温度	0～100℃	3HFC10CT364	A 磨煤机处
13	A 磨煤机电动机轴承温度	0～100℃	3HFC10CT365	A 磨煤机处
14	A 磨煤机电动机轴承温度	0～100℃	3HFC10CT366	A 磨煤机处
15	A 磨煤机电动机线圈温度	0～100℃	3HFC10CT371	A 磨煤机处
16	A 磨煤机电动机线圈温度	0～100℃	3HFC10CT372	A 磨煤机处
17	A 磨煤机电动机线圈温度	0～100℃	3HFC10CT373	A 磨煤机处
18	A 磨煤机电动机线圈温度	0～100℃	3HFC10CT374	A 磨煤机处
19	A 磨煤机电动机线圈温度	0～100℃	3HFC10CT375	A 磨煤机处
20	A 磨煤机电动机线圈温度	0～100℃	3HFC10CT376	A 磨煤机处
21	A 磨煤机减速机箱体油温	0～100℃	3HFC10CT377	A 磨煤机处
22	B 磨煤机油站高压滤网出口压力	0～10MPa	3HFV20CP205	B 磨煤机处
23	B 磨煤机润滑油箱油温度	－20～120℃	3HFV20CT601	B 磨煤机油箱
24	B 磨煤机润滑油泵出口压力	0～10MPa	3HFV20CP202	B 磨煤机处
25	B 磨煤机润滑油流量	0～13L/m	3HFV20CF201	B 磨煤机处
26	B 磨煤机驱动端顶轴油压力	0～10MPa	3HFV20CP203	B 磨煤机处
27	B 磨煤机非驱动端顶轴油压力	0～10MPa	3HFV20CP204	B 磨煤机处
28	B 磨煤机密封风/一次风差压	0～2.5kPa	3HFC20DP001	B 磨煤机处
29	B 磨煤机减速机润滑油压力	－0.1～1.0MPa	3HFE20CP201	B 磨煤机处
30	B 磨煤机驱动端主轴承温度	0～100℃	3HFC20CT005	B 磨煤机处
31	B 磨煤机非驱动端主轴承温度	0～100℃	3HFC20CT006	B 磨煤机处
32	B 磨煤机电动机轴承温度	0～100℃	3HFC20CT363	B 磨煤机处

续表

序号	信号名称	数值	编码	位置
33	B磨煤机电动机轴承温度	0～100℃	3HFC20CT364	B磨煤机处
34	B磨煤机电动机轴承温度	0～100℃	3HFC20CT365	B磨煤机处
35	B磨煤机电动机轴承温度	0～100℃	3HFC20CT366	B磨煤机处
36	B磨煤机电动机线圈温度	0～100℃	3HFC20CT371	B磨煤机处
37	B磨煤机电动机线圈温度	0～100℃	3HFC20CT372	B磨煤机处
38	B磨煤机电动机线圈温度	0～100℃	3HFC20CT373	B磨煤机处
39	B磨煤机线圈温度	0～100℃	3HFC20CT374	B磨煤机处
40	B磨煤机电动机线圈温度	0～100℃	3HFC20CT375	B磨煤机处
41	B磨煤机电动机线圈温度	0～100℃	3HFC20CT376	B磨煤机处
42	B磨煤机减速机箱体油温	0～100℃	3HFC20CT377	B磨煤机处
43	C磨煤机油站高压滤网出口压力	0～10MPa	3HFV30CP205	C磨煤机处
44	C磨煤机油箱油温度	－20～120℃	3HFV30CT601	C磨煤机油箱
45	C磨煤机润滑油泵出口压力	0～10MPa	3HFV30CP202	C磨煤机处
46	C磨煤机润滑油流量	0～13L/m	3HFV30CF201	C磨煤机处
47	C磨煤机驱动端顶轴油压力	0～10MPa	3HFV30CP203	C磨煤机处
48	C磨煤机非驱动端顶轴油压力	0～10MPa	3HFV30CP204	C磨煤机处
49	C磨煤机密封风/一次风差压	0～2.5kPa	3HFC30DP001	C磨煤机处
50	C磨煤机减速机润滑油压力	－0.1～1.0MPa	3HFE30CP201	C磨煤机处
51	C磨煤机驱动端主轴承温度	0～100℃	3HFC30CT005	C磨煤机处
52	C磨煤机非驱动端主轴承温度	0～100℃	3HFC30CT006	C磨煤机处
53	C磨煤机电动机轴承温度	0～100℃	3HFC30CT363	C磨煤机处
54	C磨煤机电动机轴承温度	0～100℃	3HFC30CT364	C磨煤机处
55	C磨煤机电动机轴承温度	0～100℃	3HFC30CT365	C磨煤机处
56	C磨煤机电动机轴承温度	0～100℃	3HFC30CT366	C磨煤机处
57	C磨煤机电动机线圈温度	0～100℃	3HFC30CT371	C磨煤机处
58	C磨煤机电动机线圈温度	0～100℃	3HFC30CT372	C磨煤机处
59	C磨煤机电动机线圈温度	0～100℃	3HFC30CT373	C磨煤机处
60	C磨煤机电动机线圈温度	0～100℃	3HFC30CT374	C磨煤机处
61	C磨煤机电动机线圈温度	0～100℃	3HFC30CT375	C磨煤机处
62	C磨煤机电动机线圈温度	0～100℃	3HFC30CT376	C磨煤机处
63	C磨煤机减速机箱体油温	0～100℃	3HFC30CT377	C磨煤机处

2. 控制逻辑

燃煤系统管辖，包括A磨煤机子组、B磨煤机子组、C磨煤机子组，功能组控制结构见表6-7。

表 6-7　　功能组控制结构

功能组级	制粉系统功能组		
功能子组级	A磨煤机子组	B磨煤机子组	C磨煤机子组
设备驱动级	A磨煤机润滑油泵	B磨煤机润滑油泵	C磨煤机润滑油泵
	A磨煤机出口挡板	B磨煤机出口挡板	C磨煤机出口挡板
	A磨煤机密封风挡板	B磨煤机密封风挡板	C磨煤机密封风挡板
	A磨煤机入口冷/热风挡板	B磨煤机入口冷/热风挡板	C磨煤机入口冷/热风挡板
	A给煤机出口挡板	B给煤机出口挡板	C给煤机出口挡板
	A给煤机	B给煤机	C给煤机
	A给煤机入口挡板	B给煤机入口挡板	C给煤机入口挡板

3. 就地控制设备

就地控制设备处于功能组的最底层，对应现场具体的设备。燃煤系统功能组就地控制设备有30台，设备清单见表6-8所示。

表 6-8　　功能组设备清单

序号	设备名称	序号	设备名称
1	A磨煤机	16	B2给煤机
2	A磨煤机1号润滑油泵	17	B驱动端出口辅助风调节阀
3	A磨煤机2号润滑油泵	18	B磨煤机驱动端出口辅助风调节阀
4	A磨煤机喷淋油控制器	19	B磨煤机非驱动端出口辅助风调节阀
5	A1给煤机	20	B磨煤机非驱动端出口辅助风调节阀
6	A2给煤机	21	C磨煤机
7	A磨煤机驱动端出口辅助风调阀	22	C磨煤机1号润滑油泵
8	A磨煤机驱动端出口辅助风调阀	23	C磨煤机2号润滑油泵
9	A磨煤机非驱动端出口辅助风调阀	24	C磨煤机喷淋油控制器
10	A磨煤机非驱动端出口辅助风调阀	25	C1给煤机
11	B磨煤机	26	C2给煤机
12	B磨煤机1号润滑油泵	27	C磨煤机驱动端出口辅助风调节阀
13	B磨煤机2号润滑油泵	28	C磨煤机驱动端出口辅助风调节阀
14	B磨煤机喷淋油控制器	29	C磨煤机非驱动端出口辅助风调节阀
15	B1给煤机	30	C磨煤机非驱动端出口辅助风调节阀

（二）控制逻辑分析

1. 燃煤系统功能子组控制逻辑

燃煤系统功能子组控制逻辑包括A磨煤机子组控制逻辑、B磨煤机子组控制逻辑、C磨煤机子组控制逻辑，包含启动控制逻辑和停止控制逻辑，以A磨煤机为例说明（B、C磨煤机与A磨煤机相同）。

（1）A 磨煤机子组启动控制逻辑如表 6-9 所示。

表 6-9 A 磨煤机子组启动步序

步序序号	步序指令
第一步（S1）	启动 A 磨煤机减速机润滑油泵
第二步（S2）	启动 A 磨煤机润滑油泵
第三步（S3）	启动 A 磨煤机惰化
第四步（S4）	打开 A 磨煤机密封风挡板
第五步（S5）	打开 A 磨煤机出口挡板
第六步（S6）	打开 A 磨煤机入口一次风挡板
第七步（S7）	A 磨煤机启动
第八步（S8）	打开 A1/A2 给煤机出口挡板
第九步（S9）	启动 A1/A2 给煤机
第十步（S10）	打开 A1/A2 给煤机入口挡板

（2）A 磨煤机子组停止控制逻辑如表 6-10 所示。

表 6-10 A 磨煤机子组停止步序

步序序号	步序指令
第一步（S1）	启动 AB 层油枪
第二步（S2）	停止 A1/A2 给煤机
第三步（S3）	关闭 A 磨煤机入口一次热风挡板
第四步（S4）	置燃烧器点火位
第五步（S5）	停止 A 磨煤机
第六步（S6）	启动 A 磨煤机惰化

2. 就地控制设备控制逻辑

以 A 磨煤机为例说明（B、C 磨煤机与 A 磨煤机相同）。

（1）A 磨煤机润滑油泵。

1）手动启动。运行人员通过 CRT 上的“启动”按钮，可以启动 A 磨煤机润滑油泵。

2）程控启动。A 煤层程控启动 A 磨煤机润滑油泵指令。

3）启动允许条件。当 A 磨煤机油箱液位正常时满足启动允许条件。

4）手动停止。运行人员通过 CRT 上的“停止”按钮，可以停止 A 磨煤机润滑油泵。

5）停止允许条件。当 A 磨煤机停止或油压正常时，允许停止 A 磨煤机润滑油泵。

6）联锁启动条件。当 A 磨煤机运行时，且以下任一条件满足，联锁启动 A 磨煤机 A 润滑油泵；B 润滑油泵运行时间超过 30s 且润滑油泵出口压力低；B 润滑油泵跳闸；润滑油流量低超过 30s。

（2）A 磨煤机润滑油箱加热器。

1）手动启动。运行人员通过就地控制箱上“启动”按钮，启动 A 磨煤机润滑油箱加热器。

2）自动启动。A 磨煤机润滑油箱油温小于 20℃时自动启动 A 磨煤机润滑油箱加热器。

3）启动允许条件。当 A 磨煤机润滑油箱液位正常时，A 磨煤机润滑油箱加热器允许启动。

4）手动停止。运行人员通过就地控制箱上的“停止”按钮，停止 A 磨煤机润滑油箱加热器。

5）自动停止。A 磨煤机润滑油箱油温大于 20℃超过 5s 时自动停止 A 磨煤机润滑油箱加热器。

（3）A 磨煤机。

1）手动启动。运行人员通过 CRT 上的“启动”按钮，可以启动 A 磨煤机。

2）程控启动。A 煤层程控启动 A 磨煤机指令。

3）启动允许条件。以下条件全部满足，认为 A 磨煤机启动允许：煤点火允许，磨煤机点火能量满足，磨煤机出口辅助风挡板开度大于 15%，磨煤机润滑油正常，密封风/一次风差压大于 1.25kPa，A 磨煤机入口热风阀关状态（开度小于 5%），A 磨煤机出口冷风阀开状态（开度小于 90%）。

4）手动停止。运行人员通过 CRT 上的“停止”按钮，可以停止 A 磨煤机。

5）程控停止。A 煤层程控停止 A 磨煤机。

6）停止允许。以下条件全部满足，A 磨煤机允许停止：A1 给煤机有煤运行信号消失，A1 给煤机无煤运行信号消失，A2 给煤机有煤运行信号消失，A2 给煤机无煤运行信号。

7）保护停止。满足以下任一条件，A 磨煤机保护跳闸：润滑油流量低（低于 6.4L），2 台油泵全停保护，火焰丧失保护，紧急停止按钮保护，润滑油站控制盘电源失电保护，MFT 动作保护，一次风机全停保护，密封风机全停保护，喷淋油系统故障保护。

（4）A1 给煤机（A2 与 A1 给煤机相同）。

1）手动启动。运行人员通过 CRT 上的“启动”按钮，可以启动 A1 给煤机。

2）程控启动。A 煤层程控启动 A1 给煤机指令。

3）启动允许条件。以下条件全部满足，A1 给煤机允许启动：A 磨煤机合闸，给煤机出口挡板打开，A 煤层点火能量满足，A1 给煤机转速低于 15r，A 磨煤机跳闸信号不在，MFT 信号不在。

4）手动停止。运行人员通过 CRT 上的“停止”按钮，可以停止 A1 给煤机。

5）程控停止。A 煤层程控停止可以停止 A1 给煤机。

6）停止允许条件。以下条件全部满足，A1 给煤机允许停止：A1 给煤机转速最小（<15r）；A 煤层点火能量满足或 A 磨煤机运行；不管手动停止，还是程控停止，都必须满足停止允许条件。

（5）A 磨煤机密封风关断挡板。

1）手动打开。运行人员通过 CRT 上的“打开”按钮，可以打开 A 磨煤机密封风关断挡板。

2）程控打开。A 煤层程控打开 A 磨煤机密封风关断挡板指令。

3）打开允许条件。当煤点火允许、A 磨煤机润滑油满足时，A 磨煤机密封风关断挡板允许开。

4）手动关闭。运行人员通过 CRT 上的“关闭”按钮，可以关闭 A 磨煤机密封风电动挡板。

5）关闭允许条件。当 A 磨煤机停运时，允许关闭 A 磨煤机密封风电动挡板。

（6）A 磨煤机出口阀。

1）手动打开。运行人员通过 CRT 上的“打开”按钮，可以打开 A 磨煤机出口阀。

2）程控打开。A 煤层程控打开 A 磨煤机出口阀指令。

3）打开允许条件。以下条件全部满足，A 磨煤机出口阀允许打开：A 磨煤机点火能量满足；A 磨煤机出口密封风阀打开；A 磨煤机密封风关断挡板打开。

4）手动关闭。运行人员通过 CRT 上的“关闭”按钮，可以关闭 A 磨煤机出口阀。

5）关闭允许条件。当 A 磨煤机运行信号消失允许关闭 A 磨煤机出口阀。

6）保护关闭。当发生 MFT、对应煤层无火或 A 磨煤机跳闸时，保护关闭 A 磨煤机出口阀。

（7）A1 给煤机入口电动阀（A2 与 A1 给煤机相同）。

1）手动打开。运行人员通过 CRT 上的“打开”按钮，可以打开 A1 给煤机入口电动煤阀。

2）程控打开。A 煤层程控打开 A1 给煤机入口电动阀。

3）手动关闭。运行人员通过 CRT 上的“关闭”按钮，可以关闭 A1 给煤机入口电动阀。

4）程控关闭。A 煤层程控关闭 A1 给煤机入口电动阀。

（8）A1 给煤机出口电动阀（A2 与 A1 给煤机相同）。

1）手动打开。运行人员通过 CRT 上的“打开”按钮，可以打开 A1 给煤机出口电动阀。

2）程控打开。A 煤层程控打开 A1 给煤机出口电动阀。

3）打开允许条件。当 A 磨煤机合闸时，允许打开 A1 给煤机出口电动阀。

4）手动关闭。运行人员通过 CRT 上的“关闭”按钮，可以关闭 A1 给煤机出口电动阀。

5）关闭允许条件。当 A1 给煤机停运时，允许关闭 A1 给煤机出口电动阀。

第四节 炉膛火焰检测系统

火焰检测器是燃烧器自动装置中的重要部件之一，其作用是对火焰进行检测和监视，在锅炉点火、低负荷运行或有异常情况时提醒运人员，防止锅炉灭火和炉内爆炸事故，确保锅炉安全运行。现在大容量锅炉燃烧器及炉膛内应装设此设备，以便对点火器的点火工况、每支主燃烧器的着火工况及全炉膛的燃烧稳定性进行自动检测。

一、350MW 机组

炉膛火焰监视系统的主要任务是检测油枪和煤粉燃烧器的火焰信号，其采用配套生产的 CRISE-PD 型火焰检测探头和 MFD-CH01 型火焰检测卡。

（一）设备组成和功能

火焰检测器通常有红外线检测系统和紫外线检测系统两种类型，机组采用在红外线检测系统基础上发展而成的一种专用红外线检测系统（IRS）。火焰检测系统由火焰检测探头和火焰检测卡件两部分组成。

火焰检测系统结构图和火焰检测探头结构图分别见图 6-13、图 6-14。分为四层煤粉燃烧器和两层油枪共六层燃烧器，每层燃烧器配有四支火焰检测装置，每台机组共 24 套火焰检测装置，火焰检测探头安装在每台燃烧器附近，火焰检测卡集中安装在电子间的火焰检测柜中。火焰检测卡为双通道处理卡件，即每个卡件可处理两支火焰探头信号，每台机组采用了 12 个火焰检测卡。

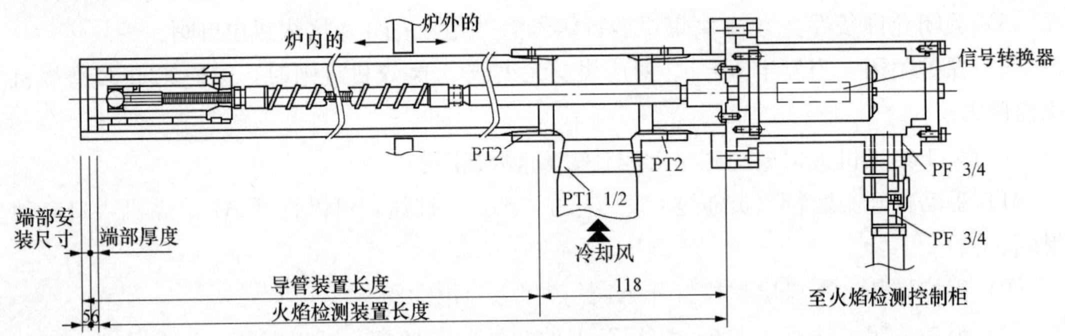

图 6-13　火焰检测系统结构图

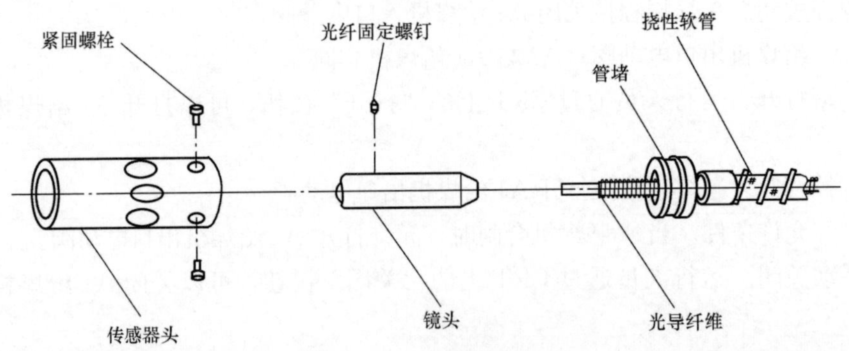

图 6-14　火焰检测探头结构图

1）火焰检测探头由透镜组、光纤、光电转换单元组成，并加以空气冷却和吹扫。透镜的作用是增加探头的方向性和聚集能量，并有保护光纤的作用；光纤的功能是进行信号的远距离传送，隔离了高温火焰对光电元件的直接热辐射，降低了光电元件的工作环境温度，防止光电元件的光饱和，以及抗电磁干扰。光电转换元件用以将火焰信号转换成电信号，采用硅光电池作为光电转换元件。火焰检测探头技术规范见表 6-11。

表 6-11　　火焰检测探头技术规范

参数	规格
火焰检测探头型号	CRISE-PD
防暴层类型	ExdII bT4
检测方法	红外线（脉动）

续表

参数	规格
波长范围	700～1100nm
工作温度	探头温度：200℃
环境温度	50℃
冷却风	压力：炉内压力不小于±1470Pa，流量：1.5m³/min（标准状态下）
管道连接件	导向管接头：NPT2；冷却风：NPT2；电气接线管：PF3/4
供电电源	DC ±12V
输出信号	DC 0～10V
信号电缆	CVVS-2sq-4C

2）火焰检测卡件为检测探头提供±12V工作电源，并对检测探头送回的信号进行处理。将探头送回的原始信号经转换后分为频率信号和亮度信号，然后分别经过比较器1、2进行比较，比较后送往判断电路及输出继电器。在模件电源正常的情况下，如果该燃烧器的角阀未关，无论是频率信号还是亮度信号超过比较器中的设定值，都会发出该燃烧器有火信号，否则发出无火信号。火焰检测卡技术规范见表6-12。

表6-12　　火焰检测卡技术规范

参数	规格
型号	MFD-CH01
火焰检测信号输出	火焰检测“ON”：1a；火焰检测“OFF”：1a
输入信号	角阀关闭
报警输出	各种模件电源信号异常报警
探头输出信号	火焰脉动信号 火焰检测信号
电源供电	DC ±12V
尺寸	249H×480W×350D（mm）
外形颜色	Munsel No. N3.0

（二）控制逻辑分析

1. 火焰信号检测方法

火焰检测处理卡对火焰的频率信号和亮度信号处理后形成开关量信号输出至本身的面板指示灯以及其他控制系统，先对炉膛中燃烧情况做一说明，离火焰喷口较近的区域为A区，离火焰喷口较远的区域为B区。对任一火焰检测探头来说，它既可以接收到A区的火焰，也可以接收到B区的火焰信号。在A区域，由于光导纤维视角较小，视角流通面积小，而且由于许多燃烧颗粒或液粒在此区域着火燃烧。因此这一区域产生的火焰信号中有大量的高频率的脉动成分。在B区域，由于光纤视角扩散，几个火焰叠加，颗粒和液粒以燃烧过程为主，因此该区域的信号脉动成分降低，而以气流波动所产生的低频波动信号为主体信号。这一区域的信号就是燃烧器的背景火焰信号。由此可见，利用火焰亮度信号的频率不同，可以区分燃烧器火焰信号和其背景火焰信号。

2. 火焰信号处理原理

火焰检测处理卡将火焰信号分离出频率信号和亮度信号进行分析，原理图如图6-15所示。火焰频率信号：从探头送回的火焰频率信号经高通滤波后，滤掉背景火焰信号。从高通滤波器送出的信号为一个弱信号，由固有电阻进行交流放大，此处的交流信号可通过“AC GAIN”增益进行调整。经交流放大后的信号送往整流放大器，整流放大器中可通过“AC SET”来调整放大值。然后送往 F/V 转换器转换为 DC 电压，此直流电压可以通过 DC GAIN 进行放大。放大后的直流信号送往比较器 2，比较器 2 把由 DC 放大器电路所放大的模拟信号转换成数字信号，并且输出判断结果至“判断逻辑电路”。比较器的临界值为 6V。

火焰亮度信号：从探头送回的火焰亮度信号送入缓冲放大器，然后送往比较器 1 进行比较，比较器 1 将由缓冲器送入的火焰亮度信号模拟信号转换成数字信号。比较器的临界值可在仪表板上由“DC SET”开关设定。“DC SET”开关为两位设定，即高设定、低设定，高设定大约为 5V，低设定为 2V。

3. 火焰检测系统自检

火焰检测探头自检：主要是为了检查火焰检测探头和前置放大器的工作情况，工作原理如图 6-16 所示。正常工作时，由光导单元传导的光被光导二极管转换成电信号，信号由对数放大火焰检测信号处理原理器进行放大并送往检测器模件。为了检查此信号，每隔 60s 进行瞬时对数放大器断电一次，并且将对数放大器的输出信号强制至－12V，如果放大器正常，则应该输出－12V。因此，当在负端有脉冲信号形成时，对数放大器的电路看起来是正常的，并且通过确认脉冲有规律地产生，可以同时检查前置放大器与检测器模件之间的电缆。当大于 60s 后还没有获得脉冲信号，则发出信号异常报警。火焰检测自检逻辑如图 6-17 所示。

火焰检测卡件自检主要是为了确认卡件的火焰检测功能是否正常。系统每隔 24h 将自动启动检测器卡件检查，对卡件进行检查，也可以在任何时候手动启动检查开关对火焰检测卡件进行检查。火焰检测卡件面板如图 6-18 所示。

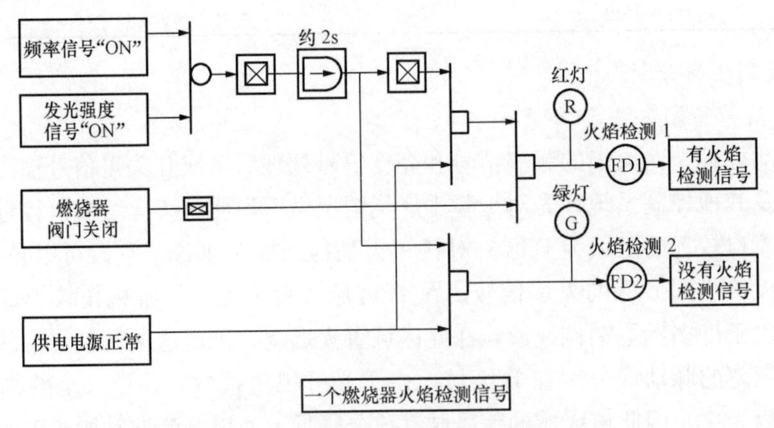

图 6-15　火焰检测信号处理原理图

二、300MW 机组

炉膛火焰监视系统由检测器、信号处理部分及显示仪表组成。检测器是 YD-NQ 气冷内窥式高温工业电视系统，信号处理及显示功能由 UVISOR 系列火焰检测器装

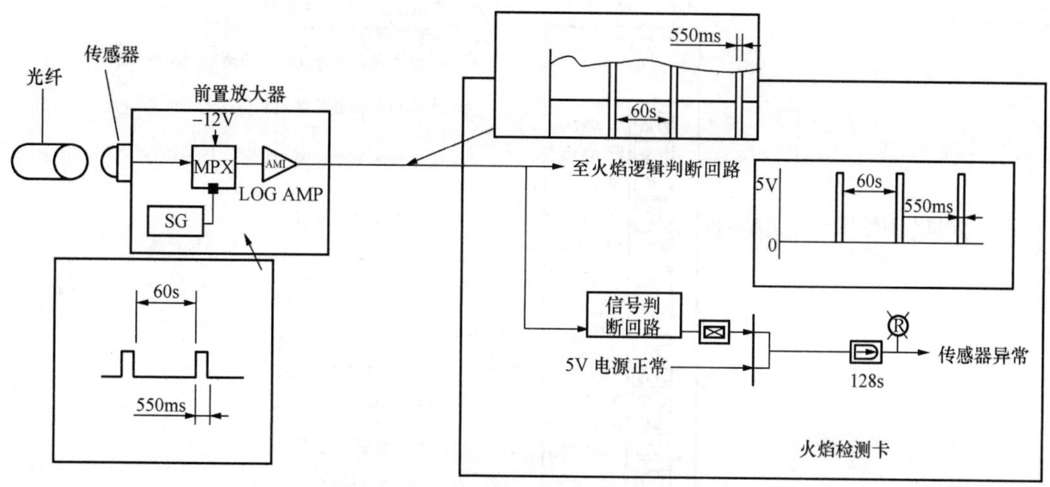

图 6-16　火焰检测探头自检原理图

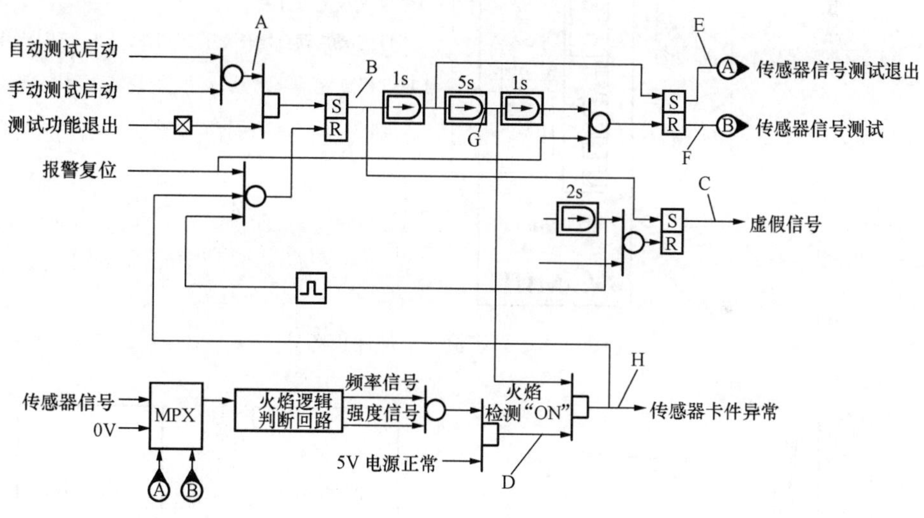

图 6-17　火焰检测自检逻辑图

置提供。包括 UR600 1000IR/UV 型火焰检测器、MFD 多功能火焰检测智能控制单元和 MZ 系列冷却风机等。

（一）设备组成和功能

1. 高温工业电视系统

如图 6-19 所示，YD-NQ 气冷内窥式高温工业电视系统主要由前端设备、信号传输电缆、控制及显示三部分构成。前端设备包括：高温摄像探头总成（特种耐高温光学镜头、高分辨率 CCD 摄像机、特种耐高温、耐腐蚀保护套）、炉壁连接体、电动推进器、电气控制柜、气源控制柜等；信号传输电缆包括：视频电缆、控制电缆、视频综合电缆；控制及显示包括：系统控制器、监视器等。

（1）摄像探头。摄像探头是 YD-NQ 气冷内窥式高温工业电视系统的核心设备，由彩

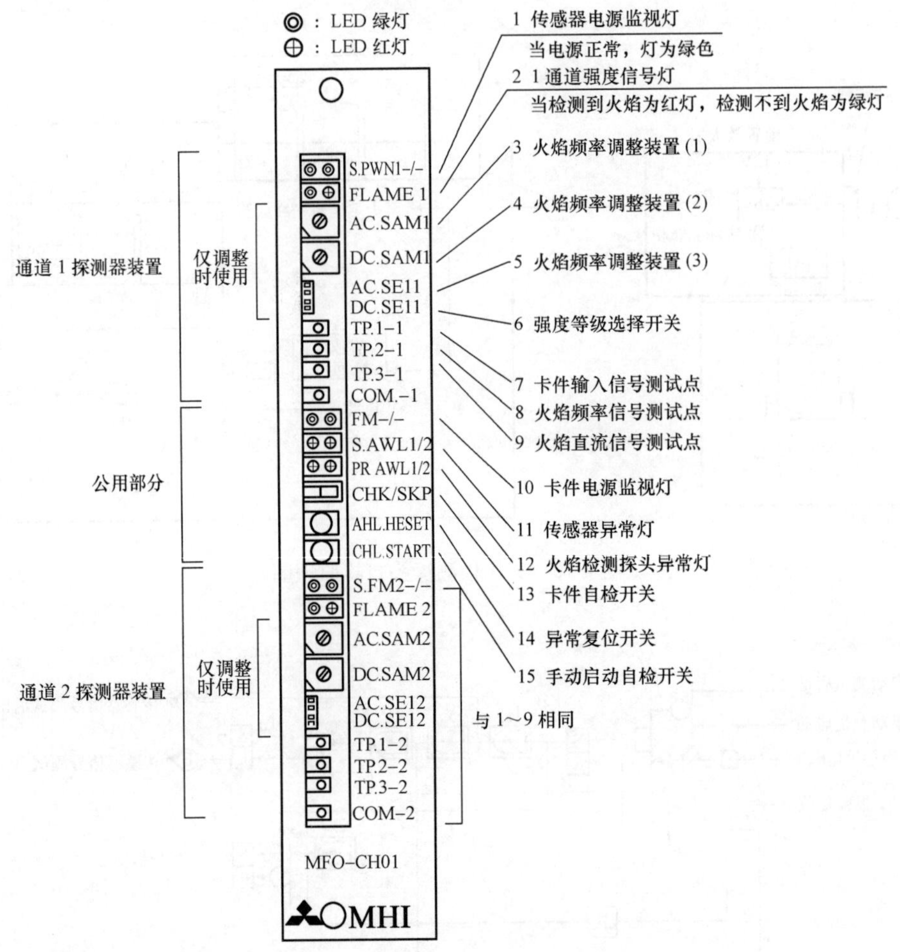

图 6-18　火焰检测卡件面板图

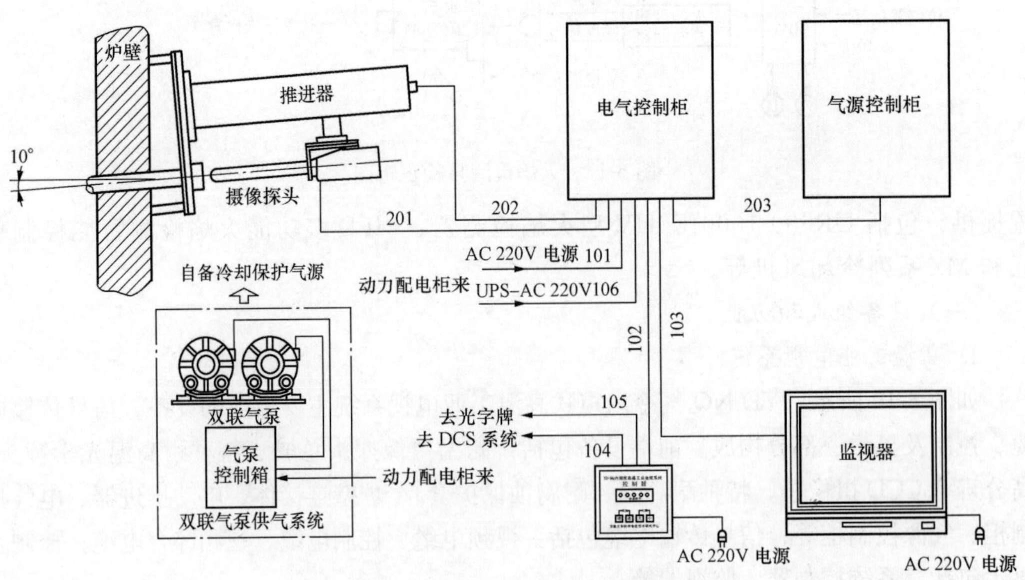

图 6-19　高温工业电视系统布置图

色CCD摄像机（或黑白CCD摄像机）、高温光学镜头、高温保护套、温度传感器等部分组成。

（2）电动推进器。电动推进器是将装载在推进器上的摄像探头送入或退出炉膛的电动执行机构，可在现场或集控室控制进、退。采用永磁低速同步电动机驱动及先进的链条式传动结构，进退灵活自如，可电动/手动两用，克服了传统的丝杠螺母传动结构容易变形卡死的情况，结构简单、紧凑、精致，重量轻。

（3）电气控制柜。电气控制柜是YD-NQ气冷内窥式高温工业电视系统的电气控制装置，安装在现场。

（4）系统控制器。系统控制器是YD-NQ气冷内窥式高温工业电视系统的操作控制设备，安装在集控室内。控制器可以实现摄像探头的进/退、镜头光圈的大小的控制功能，以及工作状态的显示、报警。

（5）监视器。监视器是系统的图像显示单元，摄像探头采集的炉膛内部工况图像最终在监视器上显示出来。监视器采用等离子监视器、大屏幕投影等。

2. 火焰检测器

UVISOR系统主要由三部分组成：检测器探头、智能单元体和管理软件。现场共布置有12只油枪检测器探头、24只煤粉检测器探头；控制柜内布置有18套智能单元。

（1）UR600型火焰检测器探头。如图6-20和图6-21所示。探头采用防爆结构，由一个石英镜头，一个PbS红外线感应元件和一个信号调节/前置放大器印刷电路板组成。主要用来检测燃油、煤粉火焰，检测光谱范围从600～3000nm，只接收由于燃料在燃烧时湍流引起的闪烁部分的火焰信号，即燃烧的动态辐射部分，而对于加热了的锅炉内壁或热管线产生的静态辐射，即使它们强度再大也并不敏感。

图6-20 检测器探头UR600图

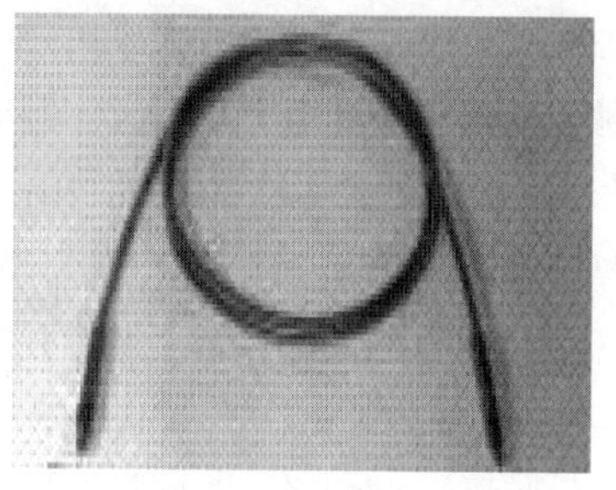

图6-21 光导纤维束图

（2）MFD智能单元体，如图6-22所示。MFD智能单元体是基于微处理器的对火焰自动识别和跟踪的放大设备。能够同时接收两个检测器探头信号，从每个探头来的信号送入它自己独立的通道，每个通道又有独立的火焰继电器，各自提供0～10V或4～20mA的模拟输出。同时性能卓越的自诊断功能持续运行保证了燃烧器控制的安全可靠。每4个单元安装在一个19″安装支架内，所有支架又统一安装在机柜内。如图6-23所示。除此，它还有两个最突出的功能，即根据不同的燃料工况进行参数的自动选择功能和数据库自动扫描功能。

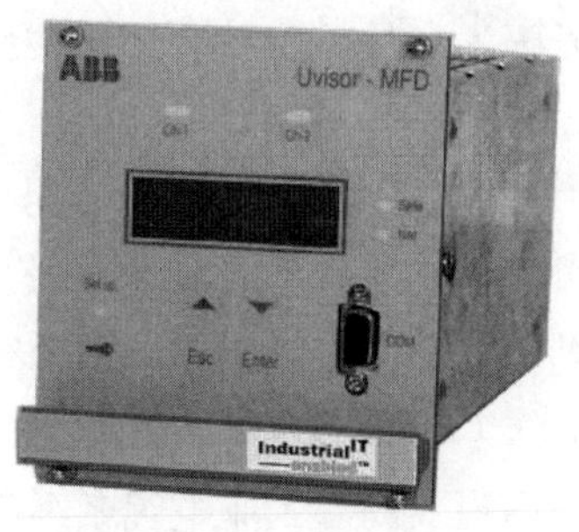

图6-22　MFD实物图

图6-23　火焰检测柜布置图

(3) 参数管理软件。该软件是一套配合MFD智能单元在Windows平台上开发的火焰检测软件。它可以通过多点MODBUS网络，连接整台锅炉上的智能单元，实现对所有火焰检测器的统一管理。

3. 输入信号

火焰检测控制系统共输出36路模拟量信号和36路开关量信号，分别指示火焰强度大小和火焰是否存在。模拟量主要用于指示，开关量用于保护系统。

(二) 控制系统工作原理

1. “闪烁”放大器型火焰探头工作原理

“闪烁”放大器型火焰探头的原理是由探头中的检测元件对火焰中红外线的闪烁效应进行检测。

在MFD中，由一个数字滤波器对火焰探头送来的信号进行处理。该数字滤波器的高、低频切断频率和增益均是可调整的。这些过滤器参数由应用于微处理器的智能处理软件管理。并且运用对数转换器（分贝转换器）处理信号，以增加信号处理的动态范围。最终的检测结果拥有很大的动态范围和非常可靠的信号值，并能很好的防止其他燃烧器的影响。此检测结果减去炉膛背景强度就得到了实际使用的火焰信号强度输出，该信号同时用于产生有火/无火开关量信号及预报警。

由于火焰闪烁频率要受到燃烧器类型不同、观测火焰的区域不同以及燃烧技术（例如低氮化物燃烧器）不同的影响，相应的数字滤波器的高、低频切断频率可以在以下所述的80种组合中选择。

低频切断频率（LF）在20～640Hz间有16挡。

高频切断频率（HF）由5挡设置，0.5、1、2、4和8。两者的关系为

$$HF=1.5\times LF$$
$$HF=2\times LF$$
$$HF=3\times LF$$
$$HF=5\times LF$$
$$HF=9\times LF$$

如此丰富的参数选择范围，能够完全满足多种形式的燃烧器类型、燃料及工况变化，或者调整不同的检测标准如单火嘴鉴别（高频率范围）或检测炉膛火球（低频率范围）。

可以通过以下两种手段来设置滤波器的高、低切断频率和背景值。

(1) 手动设定（MANUAL SET）。在任何时候，都可以通过菜单设置新的参数值。

(2) 自动调整（AUTOTUNING）。优化参数，LF、HF 和 B，从处理描述“有火”及“无火”输入基于高比率结果。

当待检的燃烧器停运时，使用“SCAN FLAME OFF”功能，处理器将分析此时火焰检测探头接收到的光谱，并扫描参数库中的每一种滤波器低频切断频率。每一种低频切断频率都会运行一段时间以保证信号的稳定和火焰信号值的存储。在扫描过程中，火焰信号继电器的输出被强制为“OFF”。当待检的燃烧器投运时，使用“SCAN FLAME ON”功能，重复以上扫描过程。在扫描过程中，火焰信号继电器的输出被强制为“ON”。每一次扫描需要 20s。当以上扫描结束后，使用“AUTOTUNE SET”功能，MFD 将自动计算滤波器高、低切断频率（LF 和 HF）和背景值（BK）。自动调整功能将根据燃烧器停运和投运时的扫描结果自动寻找使火焰信号最强和防止偷看效果最好的一套参数。

2. 检测原理

火焰的探测和识别都是基于探头 UR600－IR 对红外线（IR）波长的敏感度。硫化铅光敏感应元件响应红外线辐射强度的动态特性主要由初始燃烧区域（火焰根部）中的火焰来发出。扩展探头包括一个外部和内部扩展管。外部扩展管是一个燃烧器或相关风箱的半永久元件，这是因为，一旦安装之后，将不再需要检查或维修。推荐提供持续流量的吹扫/冷却空气防止过热和侵蚀。探头需要低压空气吹扫，由压缩空气提供。空气流在外部和内部扩展管之间输送。此空气只用于冷却和清洁。

检测器控制单元（MFD）循环执行一个自检任务。一旦一个错误被检测到，相关通道火焰继电器失电并且在前边板的“Safe”LED 灯闪烁。硫化铅红外线光敏感元件是一个固化的故障－安全设备；它只对有火信号产生反应，给检测器控制单元提供一个 AC 交流信号（闪烁）确认并处理，此信号将给火焰继电器上电。MFD 检测器控制单元执行自检时从敏感元件消除偏离电压。这与电动机械快门无关。以下检查将被执行：自检回路完整性和波纹探测。

在自检期间如果火焰信号在选定的时间内不回零将会产生一个错误信息“DetBlind fail”（盲检故障），在自检期间一旦短路将会产生一个错误信息“DetWire fail”（线路故障）。所有错误引起火焰继电器失电并且“Safe”指示 LED 灯闪烁。

第七章

现场测量执行设备

第一节 温 度 测 量 设 备

电厂生产流程中，温度的测量点占全部测量点的30%以上，炉管金属壁温、过热器和再热器出口蒸汽温度、汽轮机本体轴瓦温度、磨煤机辅机轴瓦温度等参数测量正常与否，对生产过程的自动控制及设备安全运行有着十分重要的意义。本节就温度和温标的概念、温标的量值传递、温度的测量方法做一简要介绍。

一、概念与传递

（一）温度与温标

温度是表示物体冷热程度的物理量，也是物体分子运动平均动能大小的标志。

用来量度物体温度高低的标尺称为温度标尺，简称温标。它规定了温度的读数起点（零点）和测量温度的基本单位。由于温度这个量较特殊，只能借助于某个物理量间接表示，所以它是将一些物质的“相平衡温度”作为固定点，而固定点之间的温度值则是利用内插函数来表述的。通常把温度计、固定点和内插方程称为温标的“三要素”。目前国际上使用的较多的温标有华氏温标、摄氏温标、热力学温标和国际实用温标。

（1）摄氏温标（℃）规定。标准大气压下，冰的熔点为0℃，水的沸点为100℃，中间划分100等份，每等份为1℃，符号为℃。摄氏温标是工程上的通用温标。

（2）华氏温标（℉）规定。标准大气压下，冰的熔点为32℉，水的沸点为212℉，中间划分180等份，每等份为1℉，符号为℉。

华氏温标与摄氏温标的换算关系为

$$m=1.8n+32$$

（3）热力学温标（K）。又称开尔文温标，或称绝对温标，它规定分子运动停止时的温度为绝对零度，标记符号为K。但热力学温标是纯理论性的，无法直接实现。

（4）国际实用温标是一个国际协议温标，是用来复现热力学温标的，它与热力学温标相接近，而且复现精度高，使用方便。我国自1994年1月1日起全面实施ITS-90国际温标（简称90国际温标）。

90国际温标规定热力学温度（符号为T）是基本的物理量，其单位是开尔文（符号为K）。它规定水的三相点热力学温度为273.16K，定义开尔文1度等于水三相点热力学温度的1/273.16。由于以前的温标定义中，使用了与273.15K（冰点）的差值来表示温

度，所以现在仍保留这个方法。水的三相点为0.01℃，根据定义，摄氏度的大小等于开尔文，温差也可用摄氏度或开尔文来表示。国际温标ITS-90同时定义国际开尔文温度（符号为T_{90}）和国际摄氏温度（符号为t_{90}）其换算关系为。

$$t_{90}=T_{90}-273.15$$

（二）温标的传递

国际温标由各国计量部门按规定分别保持和传递。在我国由中国计量科学研究院用国际温标所规定的各定义固定点和一整套基准仪器来复现，并由各省市计量局逐级传递到工业用测温仪表和实验用精密测温仪表。测温仪表按其准确度可分为基准、工作基准、Ⅰ级基准、Ⅱ级基准、Ⅲ级基准以及工作用仪表。

二、测温方法与测温元件

各种测温方法基于物体的某些物理化学性质与温度有一定的关系，例如物体的几何尺寸、颜色、电导率、热电势和辐射强度等都与物体的温度有关。当温度不同时，以上这些参数中的一个或几个随之发生变化，测出这些参数的变化，就可间接地知道被测物体的温度。以下就电厂常用的测温方法做一介绍。

（一）膨胀式温度计

许多液体和固体，当它们的温度升高时体积就膨胀。根据受热膨胀性质制作的温度计称为膨胀式温度计。

1. 液体膨胀式温度计

液体膨胀式温度计中应用最广泛的是水银玻璃温度计，玻璃管式温度计由安全包、标尺、毛细管和感温包组成，如图7-1所示。

热工测量用玻璃温度计按用途又可分为工业用、标准用、实验室用三种。标准水银温度计按其精度可分为一等和二等。

2. 固体膨胀式温度计

双金属温度计是由两种线膨胀系数不同的金属片焊在一起制成的。为使双金属材料长而结构紧凑，占据的空间小而变形显著，常将双金属片绕制成螺旋形，将其一端固定，另一端与表盘指针传动机构相连。双金属温度计由于其结构简单、抗震性能好，因此工业上已用它逐步取代水银温度计。双金属温度计由指针、表壳、金属保护管、指针轴、双金属片、固定端、刻度盘组成，如图7-2所示。图7-3所示为双金属温度表计实物图。

（二）压力式温度计

压力式温度计是根据在封闭容器中的液体、气体或低沸点液体的饱和蒸气受热后体积膨胀或压力变化原理制作的，并用压力表来测量这种压力变化，从而测得温度。其结构一般都由温包、毛细管和弹性压力表三者组成，具体包括温包、毛细管、基座、拉杆、外齿轮、弹簧管、齿轮轴、刻度盘，见图7-4。

压力式温度计根据感温包内所充介质可分为：液体压立式温度计（如：水银）、气体压力式温度计（如：氮气、氢气）、蒸汽压力式温度计。

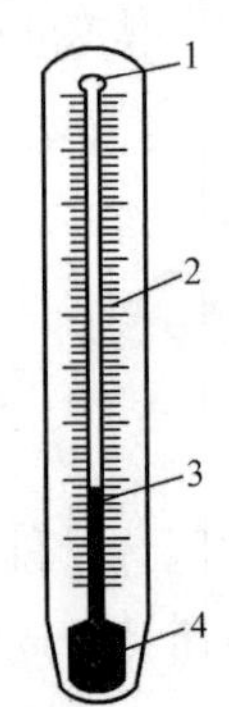

图 7-1　玻璃管式温度计结构图

1—安全包；2—标尺；
3—毛细管；4—感温包

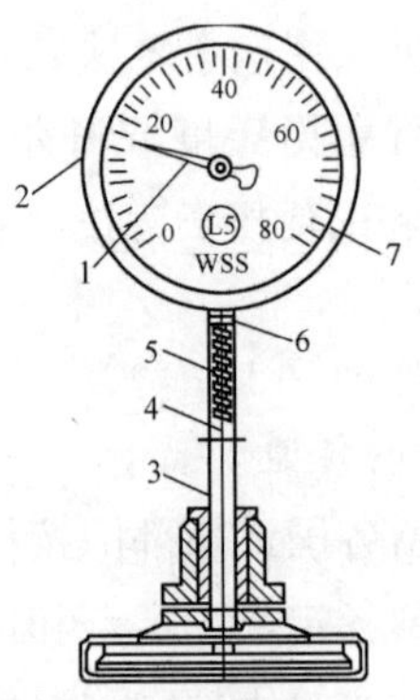

图 7-2　双金属式温度计结构图

1—指针；2—表壳；3—金属保护管；4—指针轴；
5—双金属片；6—固定端；7—刻度盘

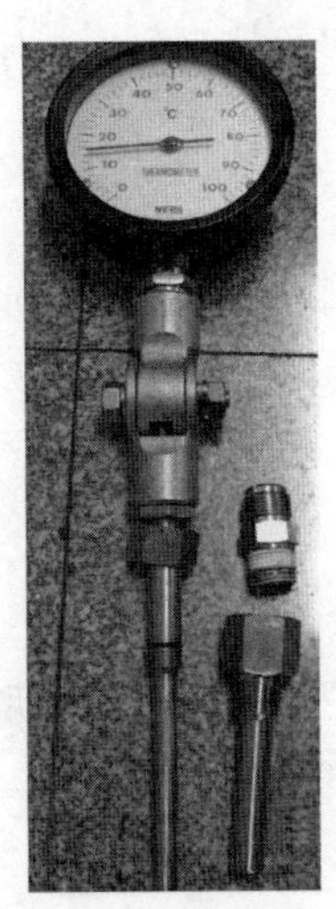

图 7-3　双金属温度表实物图

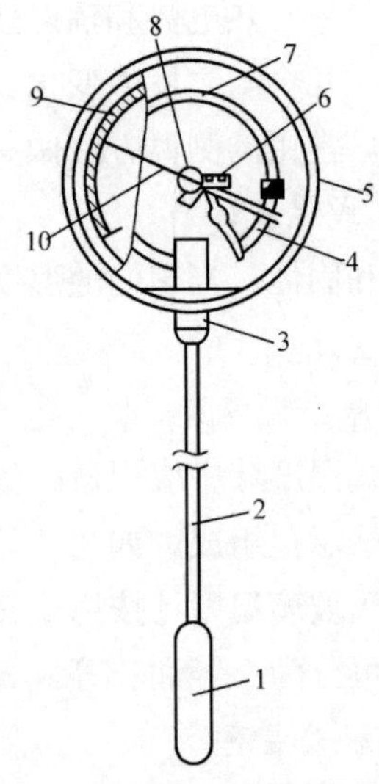

图 7-4　压力式温度计结构图

1—温包；2—毛细管；3—基座；4—拉杆；
5—外齿轮；6—传动机构；7—弹簧管；
8—齿轮轴；9—刻度盘；10—指针

（三）热电偶温度计

热电偶测温在接触式测温中应用最为广泛。它由热电偶、连接导线和数显表（DCS专用卡件）组成，具有适于远距离测量和便于自动控制等优点。它不仅可用于各种流体温度的测量（如给水温度），而且可以测量固体表面（如过热器金属壁温）和内部某点的温度（汽轮机主汽阀内壁温度）。

1. 热电效应及热电偶基本定律

（1）热电效应。两种不同金属导体焊成的闭合回路中，当两焊接端的温度不同时，在其回路中就会产生电动势，这种现象称为热电效应，相应的电动势称为热电势，闭合回路中的电流称为热电流。

（2）热电偶。由两种不同的金属导体组成的回路，称为热电偶。实际上使用的热电偶只是焊接一端，称为热端或工作端、测量端；另一端不焊接，称为冷端或参比端、自由端。热电偶必须由两种不同性质、符合一定要求的导体组成，热端与冷端必须有温差。测量原理见图7-5。

（3）热电偶的基本定律。

1）均质导体定律及应用。由一种均质导体（半导体）组成的闭合回路，不论导体（半导体）的截面如何以及各处的温度分布如何，都不能产生热电势。该定律可得出以下结论：热电偶必须由两种不同性质的材料构成；由一种材料组成的闭合回路存在温差时，回路如果产生热电势，则说明该材料时不均质的。

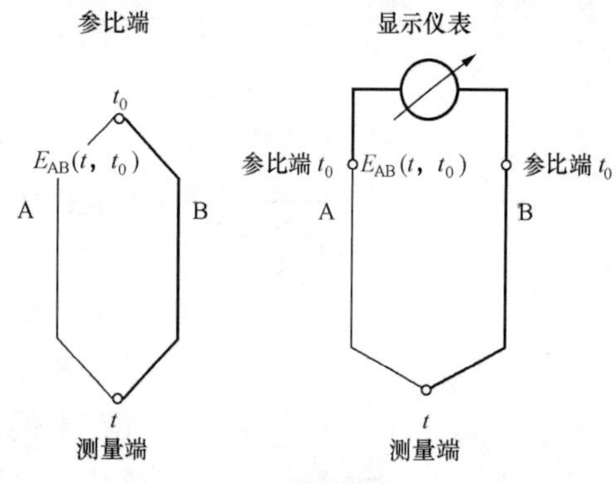

图 7-5 热电偶测量原理图

2）中间导体定律及应用。由不同种材料组成的闭合回路中，若各种材料接触点的温度都相同，则回路中热电势的总和等于零。该定律可得出以下结论：在热电偶回路中加入第三种均质材料，只要它的两端温度相同，则对回路的热电势就没影响。在采用热电偶测温时，只要热电偶连接测量仪表的两个接点的温度相同，那么仪表的接入对热电偶热电势没有影响。这为在热电偶测量回路中连接各种仪表、连接导线等提供理论依据。

如果两种导体A、B对另一种参考导体C的热电势为已知，则这两种导体组成热电偶的热电势是它们对参考导体热电势的代数和，即

$$E_{AB}=E_{AC}+E_{CB}$$

3）中间温度定律。如图7-6所示。热电偶AB在接点温度为t_1、t_0时的电动势，等于热电偶AB在接点温度为t、t_n时的热电势和t_n、t_0时的热电势的代数和。可用公式表示，即

$$E_{AB}(t_1, t_0)=E_{AB}(t_1, t_n)+E_{AB}(t_n, t_0)$$

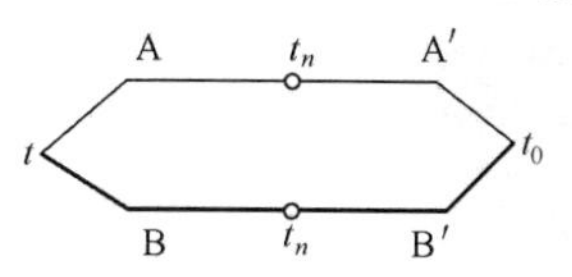

图 7-6 中间温度定律图

该定律可得出以下结论：为制定热电偶的热电势-温度关系分度表奠定了理论基础。各种热电偶分度表都是在冷端温度为0℃时制成的，但实际应用中热电偶冷端不是0℃；与热电偶具有同样性质的补偿导线可以引入热电偶的回路中，为工业测温应用补偿导线提供了理论依据。

2. 补偿性和延伸性补偿导线

（1）补偿导线由两种不同的金属材料组成，它在一定的温度范围内（0～100℃）与所连接热电偶具有相同的热电性质，可用做热电偶的延伸线。我国规定补偿导线分为补偿性和延伸性两种。补偿性补偿导线的材料与对应的热电偶不同，是用贱金属制成的，但在低温下它们的热电性质相同。延伸型补偿导线的材料与对应的热电偶相同，但其热电性能的准确度要求略低。补偿性导线由线芯、塑胶绝缘层、屏蔽层、塑胶保护管组成，如图7-7所示。

（2）E型补偿导线代号说明。

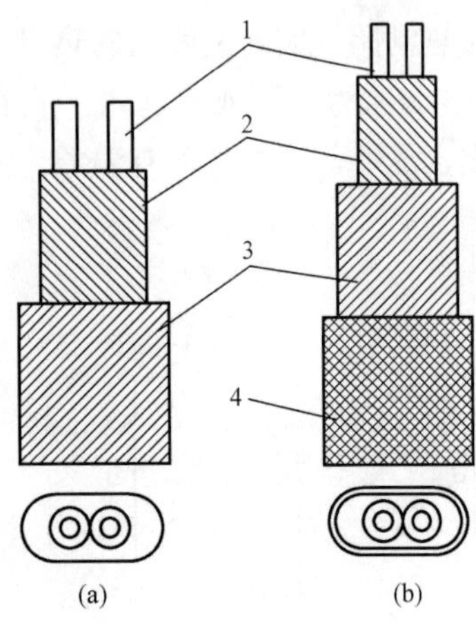

图 7-7 补偿性导线结构图
(a) 普通型；(b) 带屏蔽层型
1—线芯；2—塑胶绝缘层；
3—屏蔽层；4—塑胶保护管

1）型号 EX：X 指延伸性 E 型补偿导线。

2）型号 EX-GA：G 指一般用补偿导线，A 指精密级补偿导线。

3）型号 EX-HB：H 指耐热用补偿导线，B 指普通级补偿导线。

3. 标准化与分标准化热电偶

（1）标准化热电偶是指制造工艺成熟、应用广泛、能成批生产、性能优良而稳定，并已列入专业或国家工业标准化文件中的热电偶。标准化文件对同一型号的标准化热电偶规定了统一的热电极材料及化学成分、热电性质和允许偏差，具有统一的分度表。同一型号的标准化热电偶具有互换性，使用十分方便。国际上有 8 种标准化热电偶，分度号为 S、R、B、K、N、E、J、T。

（2）在某些特殊场合，如在高温、低温、超低温、高真空和有核辐射等被测对象中，一些热电偶具有某些特别良好的性能，这些热电偶称为非标准化热电偶，一般没有统一的分度表。

4. 铠装热电偶使用

（1）铠装热电偶的结构。铠装热电偶是由金属套管、绝缘材料和热电极经拉伸加工而成的坚实组合体。套管材料有铜、不锈钢及镍基高温合金等。热电偶丝和套管之间填满了绝缘材料的粉末（氧化镁），目前生产的铠装热电偶，其外径一般为 1～6mm，长度为 1～20m，外径最细的有 0.2mm，长度最长的有超过 100m。测量的温度上限除与热电偶有关外，还与套管的外径及管壁厚度有关。外径粗、管壁厚时测温上限可高些。实际使用的热电偶实物如图 7-8 所示。

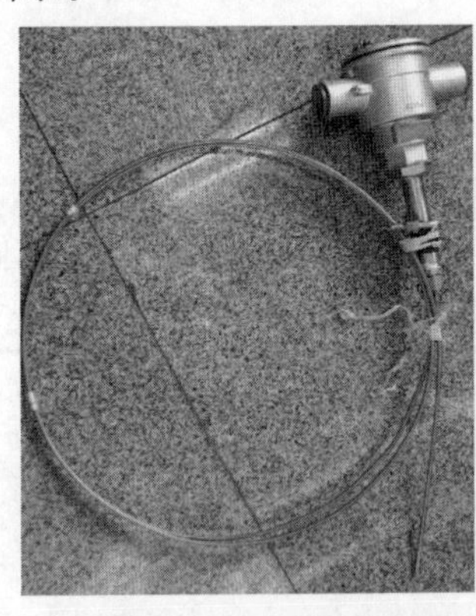
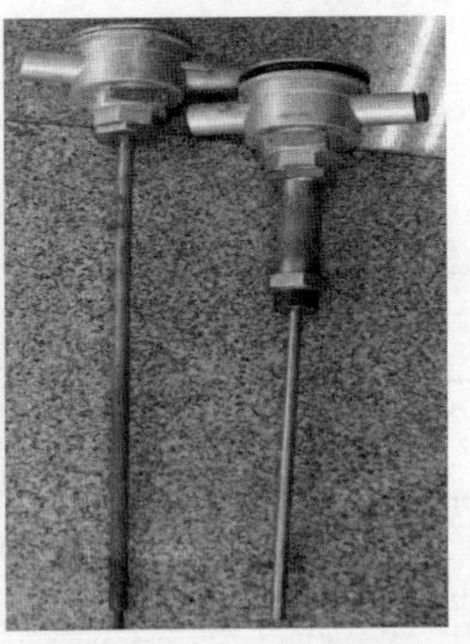

图 7-8 铠装热电偶实物图

（2）锅炉四管管壁温度的测量。热电偶与被测表面的接触形式为片接触。片接触是将热电偶测量端与导热性能良好的金属片（如铜片）焊在一起，再与被测表面接触。同时片接触也是热电偶的固定方法之一。热电偶与被测管壁表面相接触时，固定的方法可分为永久性敷设和非永久性敷设两种。永久性敷设是指用焊接、粘接的方法使热电偶固定于被测

表面；非永久性敷设是指用机械的方法使测量端与被测表面接触，其测量端多制成探头型。金属壁温具体实物如图 7-9 所示。

（3）管道中流体温度的测量。感温元件应遵循如下安装原则：把感温元件的外露部分用保温材料包起来以提高其温度，减小导热误差；感温元件应逆着介质流动方向倾斜安装，至少应正交，且不可顺流安装；感温元件应有足够的插入深度；感温元件应与被测介质充分接触，感温点应处于管道流束最大的地方（一般在管道中心）；感温元件安装于负压管道中时，应注意密封，以免外界冷空气袭入而降低测量指示值。但对于高温、高压、大管径、高流速的蒸汽管道，则不能要求将热电偶插入管道中心，否则会因悬臂过长（大于 250mm）而导致热电偶保护管断裂。另外，由于管内蒸汽流速高，呈旺盛紊流状态，管道横截面的温度分布较均匀，同时由于蒸汽的对流放热系数远大于静止或低速状态，所以，为保证感温元件不断裂，只要其端部有足够的等温段（大于 30mm），就能满足测量精度的要求。流体介质温度安装实例如图 7-10 所示。

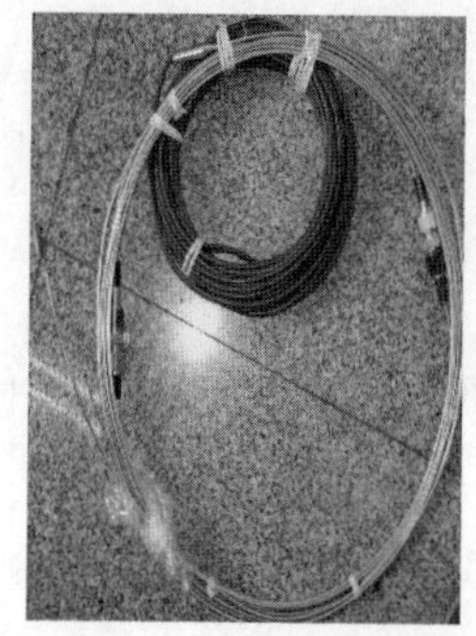
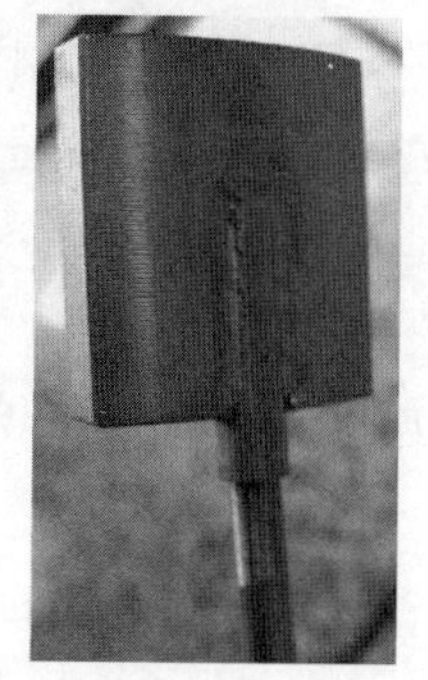

图 7-9　金属壁温实物图

图 7-10　流体介质温度安装实例图

（4）表 7-1 所示为铠装热电偶常见故障及处理措施。

表 7-1　　铠装热电偶常见故障及处理措施

故障现象	原因	处理措施
CRT 指示值与实际偏差大	热电偶接线柱积灰，造成短路	清扫积灰
	热电偶补偿导线间短路	找出短路点，加强绝缘或更换补偿导线
	补偿导线与热电偶不配套	更换配套补偿导线
	补偿导线与热电偶极性接反	正确接线
	热电偶安装位置不当或插入深度不够	重新按规定安装
	DCS 冷端温度补偿不准	调整或校验冷端温度补偿通道
CRT 指示值不稳定	接线处接触不良	将接线螺钉紧固
	测量回路绝缘破损，引起短路或接地	找出故障点，修复绝缘
	热电偶安装不牢固或外部振动大	紧固热电偶，采取减振措施或更换热电偶型号
	热电极将断未断	更换热电偶

（四）热电阻温度计

热电阻可分为金属热电阻和半导体热电阻两大类，前者简称为热电阻，后者灵敏度比前者高十倍以上，又称热敏电阻。实际使用中主要使用 Pt100 铠装热电阻，它的优点同铠装热电偶，用于测量机、炉辅机轴瓦温度、电动机线圈温度。

1. 热电阻测温原理及材料

热电阻测温是基于金属导体的电阻值随温度的变化而变化这一特性来进行温度测量的。热电阻大多由纯金属材料制成，主要特点是测量精度高、性能稳定。其中铂热电阻的测量准确度是最高的，不仅应用于现场测温，而且被制成标准的基准仪。

2. 铠装热电阻

铠装热电阻是将感温元件（热电阻体）焊到由金属保护套管、绝缘材料和金属导线三者经拉伸而成的细管导线上制成的，再在外面焊一段短管做保护套管，在热电阻体与保护套管之间填充绝缘材料，最后焊上封头。

铠装热电阻外径一般为 2～8mm，保护套管用不锈钢制成，绝缘材料为氧化镁粉。Pt100 热电阻的测温范围是－200～500℃，A 级允许误差为±（0.15＋0.2%｜t｜），B 级允许误差为±（0.30＋0.5%｜t｜）。

3. 二线制、三线制、四线制热电阻

（1）引出线。由热电阻体至接线端子的连接导线称为引出线。引出线的直径比电阻丝直径大得多，这样可以减小引出线电阻。

（2）两线制。在热电阻体的电阻丝两端各连接一根导线的引线方式为两线制。测温时存在引出线电阻变化产生的附加误差。

（3）三线制。在热电阻体的电阻丝一端连接两根引出线，另一端连接一根引出线的引线方式称为三线制。测温时可以消除引出线电阻的影响。

（4）四线制。在热电阻体的电阻丝两端各连接两根引出线称为四线制。采用四线制测温不仅可以消除引出线电阻的影响，还可以消除连接导线间接触电阻及其阻值变化的影响。四线制多用在标准 Pt100 热电阻的引出线上。

如表 7-2 所示为铠装热电阻的常见故障及处理措施。

表 7-2　　铠装热电阻的常见故障及处理措施

故障现象	原因	处理措施
CRT 指示值与实际偏差大	热电阻接线柱积水，造成短路	清理积水
	热电阻连接导线间短路	找出短路点，加强绝缘或更换接线柱
	热电阻安装位置不当或插入深度不够	重新按规定安装
	DCS 通道漂移	调整或校验通道
CRT 指示－80℃或 280℃	热电阻引线断路	检查接线柱或更换热电阻
CRT 指示值不稳定	接线处接触不良	将接线螺钉紧固
	热电阻安装不牢固或外部振动大	紧固热电阻，采取减振措施或更换热电阻型号

（五）温度开关

温度开关是根据所要控制的对象的温度来决定通断的开关，由于测量转换和控制精度的影响，目前生产的温度开关仅适用于压力和温度较低（0～100℃）以及控制精度要求不高的被测介质。根据其动作原理不同可分为双金属式、压力式和热敏铁氧体式。现就现场所用温度开关做一简要介绍。

1. 电接点压力式温度计

电接点压力式温度计由温包、毛细管接线、温包保护套管、设定值调整钮和固定端等组成，适用于20m之内的介质温度的测量，并能在工作温度达到或超过给定值时，发出开关量信号，也可作为温度调节系统的电路接触开关。如图7-11所示。

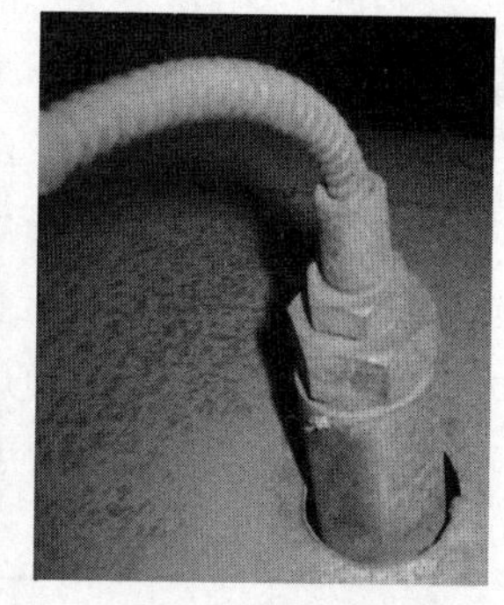

图7-11　压力式电接点温度表实物图

2. 数字设定温度开关

对于温度较高或控制精度要求较高的被测介质，采用热电偶或热电阻进行测量，通过DCS相应的转换单元或H/L转换器将热电偶或热电阻的测量信号转换为开关量信号。

3. 带设定开关的温度开关

通过内部表盘设定设定值，设定范围为0～50℃。该类开关可用于磨煤机润滑油系统油箱油温正常判断，如图7-12所示。

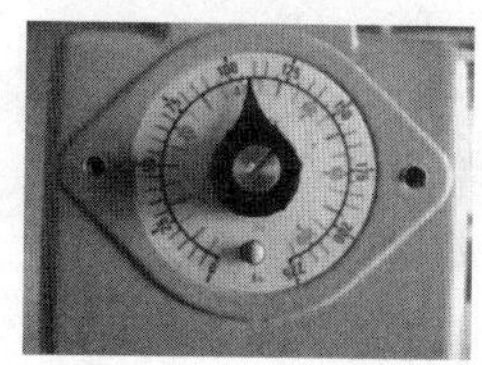

图7-12　温度开关定值设定实物图

表7-3所示为温度开关常见故障及处理措施。

表7-3　　温度开关常见故障

故障现象	原因	处理措施
指示偏差大	表针松动	重新校验及固定表针
	表计机械传动机构磨损、卡涩	换新表
指示0	毛细管断开	换新表
开关量无输出	报警点设置不正确	按要求设置报警点
	微动开关接点氧化	打磨接点或换微动开关

第二节 压 力 测 量 设 备

一、压力的概念

压力是工质热力状态的主要参数之一，如给水压力、主蒸汽压力、凝汽器真空、汽轮机各处油压和烟、风道压力等。保证压力测量的准确性对于机组安全经济运行有重要意义。此外，压力测量还广泛应用在液位和流量测量中。

(1) 表压力、绝对压力和真空。工程上通常所说的压力被称为“表压力”，是被测介质绝对压力与当地大气压力之差。通常把高于大气压的表压力称为正压，简称压力，低于大气压力的表压力称为负压，负压的绝对值称为“真空”。

(2) 表 7-4 所示为常用压力单位换算表。

表 7-4　　常用压力单位换算表

kgf/cm^2（工程大气压）	Pa	bar	psi	mmH_2O	mmHg	atm
1	9.8066×10^4	9.80665×10^{-1}	1.42233×10	1×10^4	7.35559×10^2	9.67841×10^{-1}
1.01972×10^{-5}	1	1×10^{-5}	1.45038×10^{-4}	1.01972×10^{-1}	7.50062×10^{-3}	9.86923×10^{-6}
1.01972	1×10^5	1	1.45038×10	1.01972×10^4	7.50662×10^2	9.86923×10^{-1}
7.03072×10^{-2}	6.89476×10^3	6.89476×10^{-2}	1	7.03072×10^2	5.17150×10	6.80460×10^{-2}
1×10^{-4}	9.80665	9.80665×10^{-5}	1.42233×10^{-3}	1	7.35559×10^{-2}	9.67841×10^{-5}
1.35951×10^{-3}	1.33322×10^2	1.33322×10^{-3}	1.93367×10^{-2}	1.35951×10	1	1.31579×10^{-3}
1.03323	1.01325×10^5	1.01325	1.46960×10	1.03323×10^4	7.60000×10^2	1

注　表中 mmH_2O 值是按水温为 4℃、重力加速度为 $9.80665m/s^2$ 计算，mmHg 值是按水银温度为 0℃、重力加速度为 $9.80665m/s^2$ 计算。

二、压力测量方法及测量装置

(一) 弹簧管压力表

弹簧管压力表、真空表、压力真空表及电接点压力表统称为弹簧管压力表。其工作原理是弹簧管在压力的作用下，自由端产生位移，这个位移通过拉杆带动放大机构，使指针偏转，借助刻度盘指示出被测压力值。图 7-13 所示为部分压力表实物外观。

(1) 弹性压力表量程的选用。一般的规定是：稳定负荷情况下被测压力额定值为压力表满量程的 2/3；波动负荷情况下压力表的经常指示范围不应超过满量程的 1/2；对于最低压力，不论是稳定负荷还是波动负荷，压力表指针都不应低于满量程的 1/3。

图 7-13　压力表外观图

(2) 技术指标。允许误差等于量程范围乘以精度等级；回程误差小于或等于允许误差绝对值；轻敲变动量小于或等于允许误差绝对值 1/2。

（3）表 7-5 所示为压力表常见故障及处理措施。

表 7-5　　压力表常见故障及处理措施

故障现象	原因	处理措施
指针卡涩	扇形齿轮磨损严重	视就地情况将表计换新
	盘装螺钉紧固太紧	重新安装表计接头
与实际值不符	弹簧管变形	冬季采取防冻措施
	阻尼器调整不当	重调阻尼器
	表计坏	校验表计或换新表
	取样管路堵或漏	检查取样管
表计安装接头渗漏	接头与现场不配套	350MW 机组为 G1/2，300MW 机组为 M20×1.5
	接头有裂口	换接头

（二）压力（差压）变送器

压力变送器是是将压力敏感元件和电气传感器相结合。工作原理是利用压力敏感元件将被测压力转换成各种电量（如电压、电阻、频率、电容量），再利用电气转换器将电量变化转换为统一的 4～20mA 信号。变送器除机组等级检修校验外，日常维护量并不大。图 7-14 和图 7-15 所示为部分 EJA 压力变送器实物图。

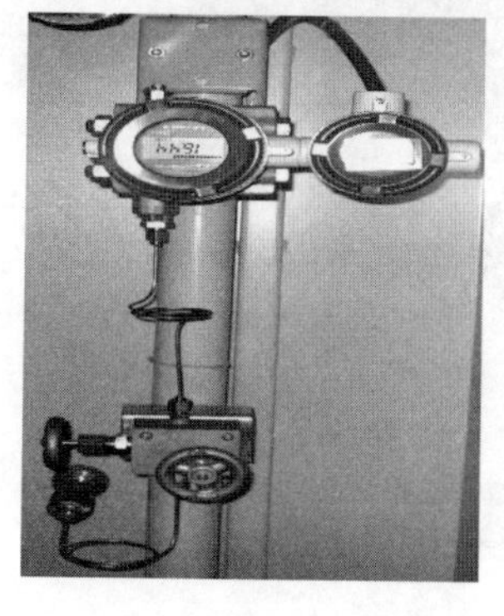

(a)

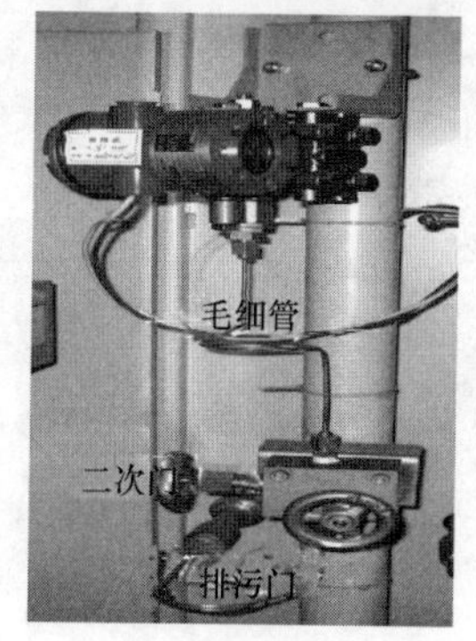

(b)

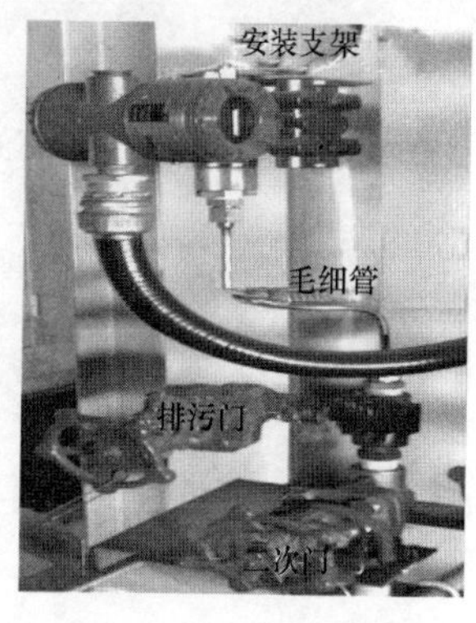

(c)

图 7-14　EJA 压力变送器实物图

(a) EJA440-DCS4A-02DA；(b) EJA430-DBS4A-22DC；(c) EJA430-DAS4A-22DC

（1）差压式变送器结构图，如图 7-16 所示。图 7-17 所示为 1151 差压变送器外部结构图，图 7-18 所示为 EJA 差压变送器外部结构图。

（2）导压管的配装方法。过程管道内的残液、煤气或沉淀物等流入导压管内，是测量压力时产生误差的主要原因。要排除这些影响，必须按图 7-19 所示角度安装引压阀。

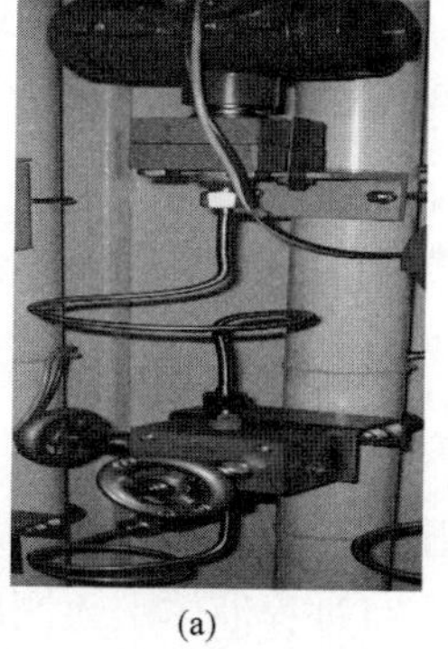

(a)

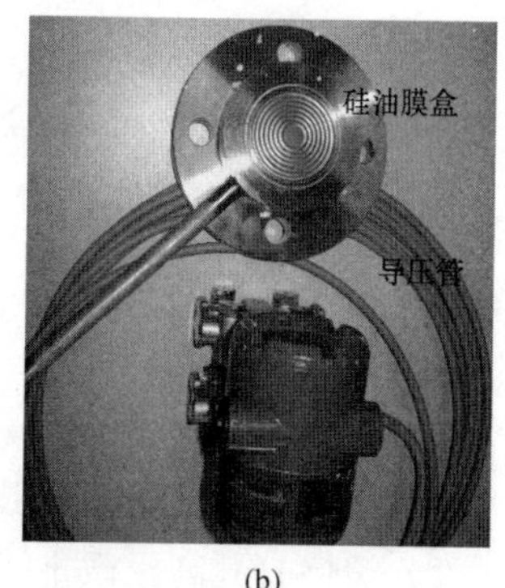

(b)

图 7-15　压力变送器实物图

(a) YN53-SCS4-A/TP-W；(b) EJA438W-DAS82CA-BA10-95DB

（3）差压变送器的投运方法。确认引压阀，排污阀及三阀组两侧的高、

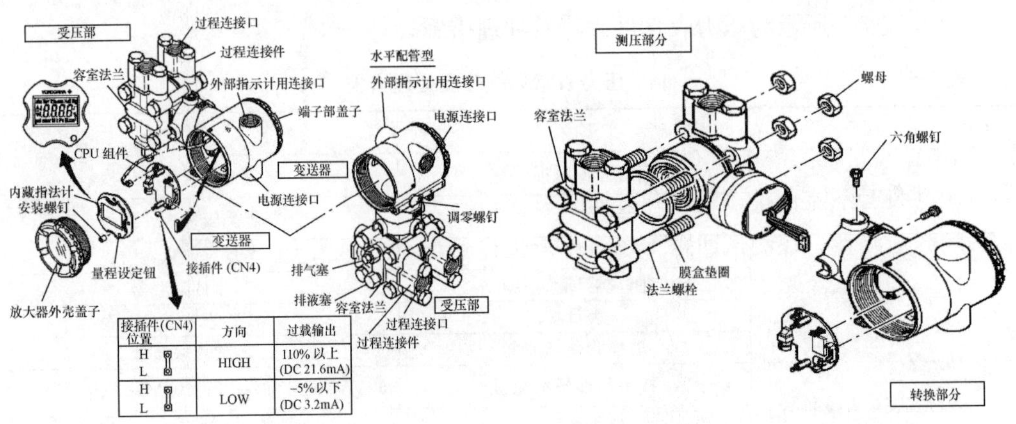

接插件(CN4)位置	方向	过载输出
H L	HIGH	110% 以上 (DC 21.6mA)
H L	LOW	−5%以下 (DC 3.2mA)

图 7-16　差压式变送器结构图

低压阀已经关闭，三阀组中间的平衡阀已经打开。

按下述步骤，将过程压力引入引压管和变送器：

图 7-17　1151 差压变送器结构图

图 7-18　EJA 差压变送器结构图

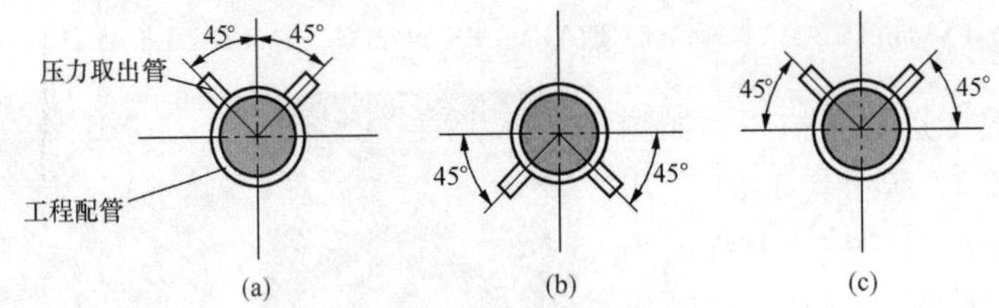

图 7-19　引压阀安装角度图

(a) 气体的场合；(b) 液体的场合；(c) 蒸汽的场合

1）打开高、低压侧的引压阀，将过程流体引入测压部。

2）缓慢打开高压截止阀，将过程液体引入测压部。

3）关闭高压截止阀。

4）缓慢打开低压截止阀。使测压部分完全充满过程流体。

5）关闭低压截止阀。

6）缓慢打开高压截止阀。此时变送器高、低压两侧压力相等。

7）确认导压管、三阀组、变送器及其他部件无泄漏。

（4）测压部分的排气或排液。变送器为垂直配管连接，且导压管安置适当时，可对液体/气体进行自排，不必另行操作。测压部分滞留有凝结物或气体，会给测压带来误差。如导压管装后不能自排，则松开排液/气螺钉，完全排空滞留的液体和气体、由于排液/气会影响压力测量，在测试回路工作时不能进行上述操作。

（5）变送器的零点和量程调整。

1）零点调整。通常变送器的输出信号下限值是固定的 4mA，在被测参数下限 $x_{min}=0$ 时，使 $y_{min}=4$mA 的调整称为零点调整。

2）量程调整。量程调整的目的是使变送器输出信号的上限与被测参数上限值相对应。如图 7-20（a）所示为变送器输入—输出特性曲线，其中 x_{min}、x_{max}分别为被测过程参数的零点和满度，即变送器输入信号范围；y_{min}、y_{max}分别为变送器输出信号的下限（4mA）和上限（20mA）。图 7-20（b）所示线 1 是调前的输入—输出特性曲线，线 2 是根据生产实际工况修改量程后的曲线。从图中可看出量程调整的实质是改变输入—输出特性曲线的斜率，使被测参数最大值与变送器输出信号最大值相对应。

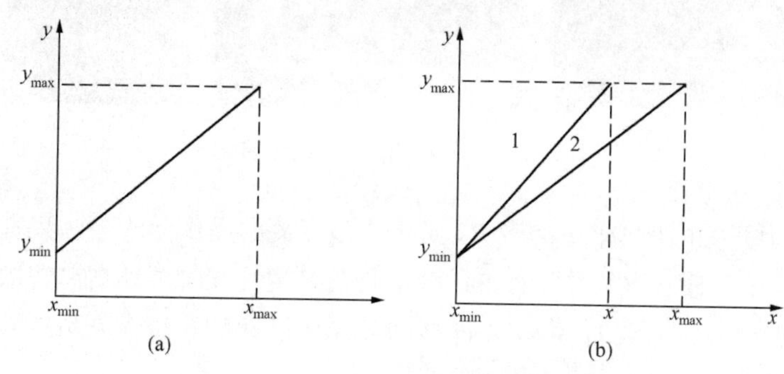

图 7-20　变送器输入—输出特性曲线

（a）特性曲线；（b）量程调整

（三）压力开关

压力开关是工业过程控制系统中控制压力的表计，其作用原理是当输入压力达到设定值时，感压元件产生的机械位移带动压片，使微动开关动作发出开关量信号，进行报警或控制。

压力开关按照感压元件，可分为膜盒式、波纹管式、弹簧管式等。本部分以 CQ30 型压力开关、CQ50 型压力开关、CL36 型差压开关为例进行讲解。

1. CQ30 型压力开关

CQ30 型压力开关内部组件如图 7-21 所示。当有一定压力的介质从压力引入口进入布尔登管时，布尔登弹簧管受力弯曲，与微动开关所带撞针的距离改变；当压力达到一定值时，弹簧管弯曲到一定程度后碰撞微动开关所带撞针，导致微动开关动作，此时开关所带动合触点闭合，动断触点断开；当压力下降后，弹簧管的弯曲程度减弱，当压力降低到弹簧管可以离开微动开关的撞针后，开关复位。

图 7-21　CQ30 型压力开关实物图

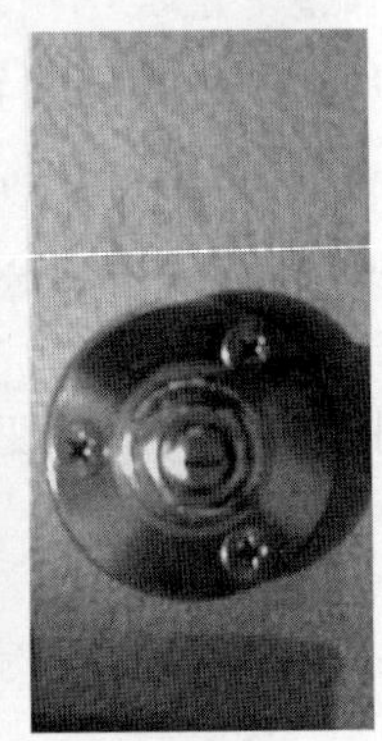

图 7-22　CQ50 型压力开关实物图

2. CQ50 型压力开关

CQ50 型压力开关内部组件如图 7-22 所示。该开关的操作元件是一只真空管。如果给该真空管加上压力，则一个作用力就加到设定调整弹簧的方向上。真空管依据该作用力及设定调整弹簧的作用力而移动，带动元件移动，并通过杠杆开启或关闭微动开关。

3. CL36 型差压开关

CL36 型差压开关内部组件如图 7-23 所示。当差压低于设定值时，微动开关插杆被范

(a)

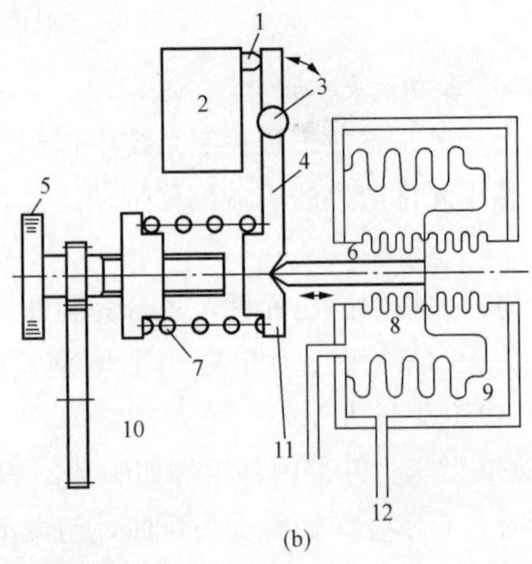

(b)

图 7-23　CL36 型压力开关实物图及结构图
(a) 实物图；(b) 结构图
1—插杆；2—微动开关；3—轴；4—臂杆；5—设定钮；6—元杆；7—范围弹簧；
8—低压端；9—高压端；10—设定刻度板；11—通往低压引入口；12—高压引入口

围弹簧的作用力压入。随着差压的增加，元杆克服范围弹簧的作用力向左移动，臂杆便通过一中心支撑受到元杆运动的影响而绕轴顺时针转动，因而操作了微动开关。通过该方式即可通过转动设定期望的差压，并调节范围弹簧的作用力。

表 7-6 所示为部分压力开关使用中的常见故障及处理措施。

表 7-6　　压力开关常见故障及处理措施

故障现象	原因	处理措施
压力开关失效	弹簧管冻坏	换新
	微动开关断线	检查微动开关
	取样管堵	先检查开关，在检查取样管
在规定压力下不动作	压力开关设定范围不当	换上设定范围适当的开关
	校验表有缺陷	更换校验表
	压力导管等堵塞	冲洗压力导管至通畅
	由脉冲压力引起的设定值偏差导致元件损坏	更换上隔膜型开关等
	压力过大引起元件损坏	设定较高的压力范围
在设定压力下无法重新设定	设定范围不适当	换上具有适当设定范围的压力表
	由于瞬时负载引起的触点不良	换上适于瞬时负载的微动开关
在操作时或重新设定时无电流流过开关	无电	给开关供电
	电压及电流超过了额定值	使用防护电路
	接线不适当	改进接线方法
	检查电路	检查电路
在较长时间内动作点发生很大变化	开关已超出使用寿命	更换压力开关
	由于接点的氧化或化学变化引起	更换压力开关
	接点阻抗过大	密封电缆输出口
	部件腐蚀元件或可动机构中的漂移	重新调整或在合适的范围内改变操作点
压力开关漏油	膜片破损或测压元件漏	采取隔离后，找出故障点进行针对性检修或换新，对故障频发的要考虑换型，如对三级过热器出口压力开关、真空泵出、入口差压开关换型

第三节　料位测量设备

在生产过程中需要对容器中储存的固体（块料、粉料或颗粒）、液体的储量进行测量，以保证生产工艺正常运行和进行经济核算。这种测量通过检测储物在容器中的堆积高度来实现，储物的堆积高度就称为物位。包括容器（开口或密封）中液体介质液面的高低（也称液位），两种液体介质的分界面的高低（称为界面），以及固体块、散粒状物质的堆积高度（称为料位）。用来检测液位的仪表称液位计，检测分界面的仪表称为界面计，检测固体料位的仪表称为料位计，它们统称为物位计。物位测量的方法很多，根据测量原理的不同，物位计可分为很多种。

物位检测在现代工业生产过程中具有重要地位。通过物位检测可以确定容器中被测介质的储存量，以保证生产过程中的物料平衡，也为经济核算提供可靠依据。通过物位检测并加以控制可以使物位维持在规定的范围内，这对于保证产品的产量和质量以及安全生产具有重要意义。例如火力发电厂锅炉汽包水位若过高，会造成蒸汽带水，会加重管道和汽轮机结垢，降低压力和效率，严重时会使汽轮机发生事故；水位过低对水循环不利，有可能使水冷壁管局部过热甚至爆炸。因此，必须对汽包水位进行准确检测，并把其控制在一定的范围之内。

一、物位检测的主要方法和分类

在实际应用过程中，物位检测的对象主要有液位（如汽包水位、高/低压加热器液位、地坑液位等）、料位（包括煤仓煤位、灰斗料位）等，介质的特性也是千差万别。

（一）物位测量的工艺特点和主要问题

进行物位测量之前，必须充分了解物位测量的工艺特点。

1. 液位测量的工艺特点

（1）液面是一个规则的表面，但当物料流进、流出时会有波浪，或者在生产过程中出现沸腾或起泡沫的现象。

（2）大型容器中常会出现液体各处的温度、密度和黏度等物理量不相等的现象。

（3）容器中经常会有高温、高压，液体黏度很大，或含有大量杂质、悬浮物等情况。

2. 料位测量的工艺特点

（1）物料自然堆积时，有堆积倾斜角，因此料面是不平的，难以确定料位。

（2）物料进出时，存在滞留区（由于容器结构而使物料不易流动的死角），会影响动物位最低位置的准确测量。

（3）储仓或料斗中，物料内部可能存在大的孔隙，或粉料之中存在小的间隙，前者影响对物料储量的计算，后者则在振动或压力、湿度变化时使物位随之变化。

3. 界位测量中常见的问题

界面位置不明显、浑浊段的存在也影响测准。

以上提到的问题，给物位测量带来了不少困难，在选择仪表或设计检测器时应慎重考虑，在实际工作中要针对特殊需要进行特殊设计。

（二）物位测量仪表的分类

最常见也是最直观的物位检测是直读式，它是在容器上开一些窗口以便进行观测。对于液位检测，可以使用与被测容器相连通的玻璃管（或玻璃板）来显示容器内的液体高度。这种方法可靠、准确，但只能使用在容器压力不高、只需现场指示的被测对象上。实际中低压常温场所用到的直读式物位检测主要有磨煤机油箱油位、引风机油箱油位、增压风机油箱油位、主油箱油位等。如图 7-24 所示为磨煤机油箱油位指示计实物图。

图 7-24　磨煤机油箱油位指示计实物图

除此之外，实际中常用的物位检测方法还可分为下列几种。

1. 静压式物位检测

根据流体静力学原理，静止介质内某一点的静压力与介质上方自由空间压力之差与该点上方的介质高度成正比，因此可利用差压来检测液位（如汽包水位、高/低压加热器水位、除氧器水位、凝结水箱水位、热井水位、定子水箱水位等）。

2. 浮力式物位检测

利用漂浮于液面上的浮子随液面变化位置，或部分浸没于液体中的物质的浮力随液位而变化来检测液位，前者称为恒浮力法，后者称为变浮力法，两者均用于液位的检测。主要用于高/低压加热器液位开关、除氧器水位开关、热井水位开关等。

3. 声学式物位检测

利用超声波在介质中的传播速度及在不同相界面之间的反射特性来检测物位，液位和料位的检测都可采用。该方法主要用于原煤仓煤位测量及脱硫各系统液位测量，如地坑液位、浆液箱液位、循环水泵箱液位等。

除此之外还有微波法、光学法、重锤法等。在物位检测中，尽管各种检测方法所用的技术各不相同，但可以归纳为以下几项：

（1）基于力学原理。敏感元件所受到的力（压力）的大小与物位成正比，它包括静压式、浮力式和重锤式物位检测等。

（2）基于相对变化原理。当物位变化时，物位与容器底部或顶部的距离发生改变，通过测量距离的相对变化可获得物位的信息。这种检测原理包括声学法、微波法和光学法等。

（3）基于某强度性物理量随物位的升高而增加原理。例如对射线的吸收强度、电容器的电容量等。

二、静压式物位检测

（一）检测原理

容器中盛有液体或固体物料时，物体对容器的底部或侧壁会产生一定的静压力。当液体的密度均匀，或固体颗粒剂物料的密度与疏密程度均匀时，该静压力与物料的物位高度成正比。测出这个静压力的变化就可知物位的变化。在测量液面上部空间气相压力有波动的密闭容器的液位时，则采用测量差压的方法。把通过测静压力或静压差来测量液位的仪表统称为静压式液位计。

把液位测量转化为静压力或静压差的测量，使得液位测量大为简化。例如，可用高精度压力表、单管压力计以及电动单元组合仪表的差压变送器等测量液位。因此，静压式物位检测在工业生产过程中得到了广泛的应用。

静压式物位检测是根据液柱静压与液柱高度成正比的原理来实现的。因此，凡是能够测量压力或差压的仪表，只要量程合适，都可以用于测量液位。

（二）实现方法

1. 压力计式液位计（敞口容器）

如果被测对象为敞口容器，则可以直接用压力检测仪表对液位进行检测。压力计式液

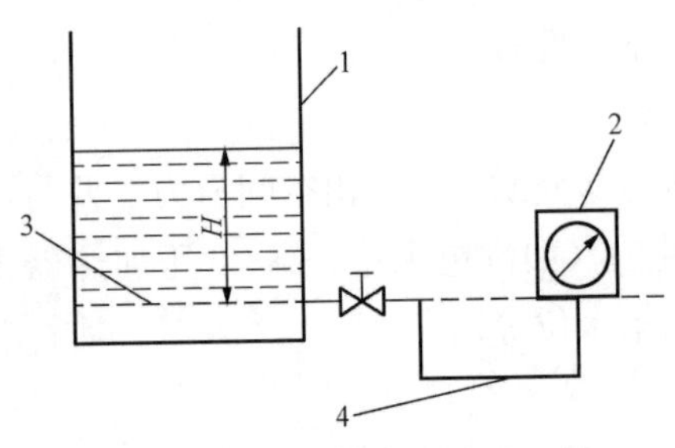

图 7-25　压力计式液位计原理图
1—容器；2—测压仪表；
3—零液位面；4—导压管

位计是根据测压仪表测量液位的原理制成的，用来测量敞口容器中液体的液位，其原理如图 7-25 所示。测压仪表通过导压管与容器底部相连，当液体的密度 ρ 为常数时，由测压仪表的指示值可知液面的高度。因此，用该法进行测量时，要求液体的密度 ρ 必须为常数，否则将引起误差。另外，压力仪表实际指示的压力是液面至压力仪表入口之间的静压力，当压力仪表入口与取压点（零液位）不在同一水平位置时，应对其位置高度差引起的固定压力进行修正。

从测量原理看，这种方法比较简单，测量范围不受限制，信号可以远传。但是精确度受到压力仪表精度的限制，而且只适用于敞口容器中液体液位的测量，当液体密度发生变化时，会引入一定的误差。如果被测介质具有腐蚀性，则应在仪表与被测液体之间加装隔离罐。但是应注意隔离液与被测液体之间不能发生互溶现象。

2. 差压式液位计（密闭容器）

用压力计式液位计测量密闭容器中液体的液位时，压力仪表的示值包含了液面上部的气相压力，而该压力不一定是定值。因此，使用该类液位计测量液位时会引起较大的误差，为消除气相压力的影响，需采用差压式液位计。在对密闭容器液体的液位进行测量时，容器下部的液体压力除与液位高度有关外，还与液面上部介质压力有关。在这种情况下，可以用测量差压的方法来获得液位，如图 7-26 所示。

与压力检测法相同，差压检测法的差压指示值除与液位有关外，还与液体密度及差压计的安装位置有关。当这些因素对测量结果影响较大时，就必须进行修正。

3. 法兰式压力变送器的应用（腐蚀液体）

在测量有腐蚀性或含有结晶颗粒，以及黏度大、易凝固等液体的液位时，易发生导压管线被腐蚀、堵塞的现象。为解决这个问题，需采用法兰式压力（差压）变送器。

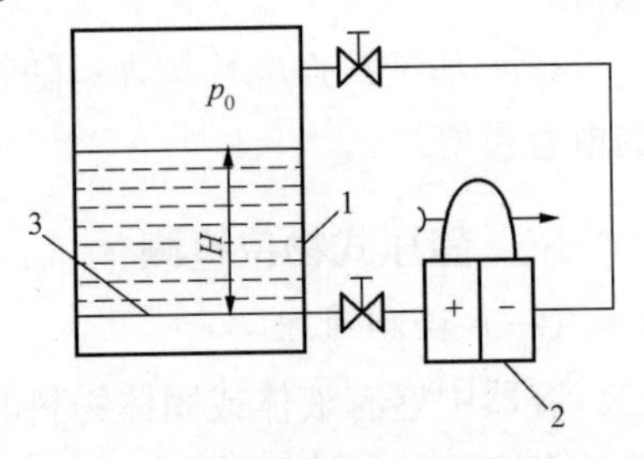

图 7-26　差压式液位计原理图
1—容器；2—差压计；3—零液位面

如图 7-27 所示为用法兰式压力变送器测量液位的原理图，由于容器与测压仪表之间采用法兰连接管路，所以称为法兰式液位计。对于黏稠液体或凝结性液体，应在导压管处加隔离膜片，导压管内充入硅油，借助硅油传递压力。图 7-27 所示的法兰式差压变送器的法兰直接与容器上的法兰相连接，作为敏感元件的测量头（金属膜盒）经毛细管与变送器的测量室相通。在膜盒、毛细管和测量室组成的密闭系统内充有硅油作为传压介质，毛细管外套以金属蛇皮管保护。法兰测量头的结构形式分为平法兰和插入式法兰两种。法兰式差压变送器比普通的差压变送器贵，而且有的法兰式液位计毛细管内的充灌液很容易渗漏，一经渗漏，一般用户就很难修复。法兰式液位计的反应也比普通的差压变送器迟缓，特别是温度较低时，仪表的灵敏度更低。此外，法兰式液位计的测量范围还受毛细管长度的限制。因此，使用哪一种液位计进行测量，要视具体情况而定。

4. 静压式液位计的零点迁移

无论是压力检测法还是差压检测法，都要求取压口（零液位）与压力（差压）检测仪表的入口在同一水平高度上，否则就会产生附加静压误差。但是在实际安装时不一定能满足该要求。如地下储槽，为了读数和维护的方便，压力检测仪表不能安装在所谓零液位的地方。采用法兰式差压变送器时，由于从膜盒至变送器的毛细管内充有硅油，所以无论差压变送器在什么高度，一般均会产生附加静压。在这种情况下，可通过计算进行校正，或对压力（差压）变送器进行零点调整，使它在只受附加静压（静压差）时输出为“0”。

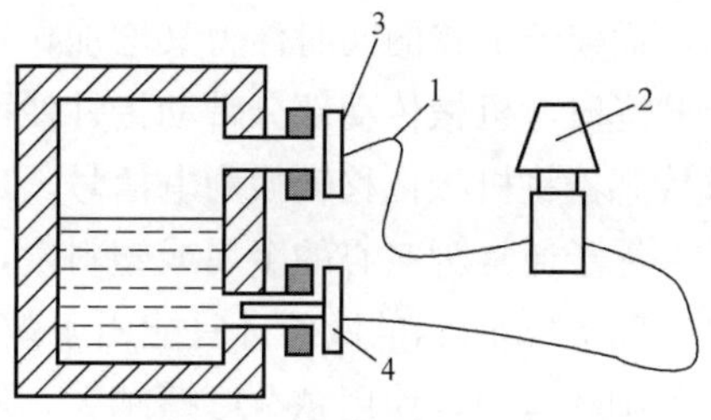

图 7-27　法兰式压力变送器原理图

1—毛细管；2—变送器；3—平法兰测量头；4—插入式法兰测量头

三、浮力式液位检测

当一个物体浸放在液体中时，液体对它有一个向上的浮力，浮力的大小等于物体所排开的那部分液体的重量。浮力式液位计就是基于液体浮力原理而工作的。根据液位计中浮力的不同特点将液位计分为浮子式和浮筒式两种。通过测量漂浮于被测液面上的浮子（或称浮标）随液面变化而产生的位移来检测液位的液位计称为浮子式（或恒浮力式）液位计；利用沉浸在被测液体中的浮筒（或称沉筒）所受的浮力与液面位置的关系来检测液位的液位计称为浮筒式（或称变浮力式）液位计。

浮子式液位计和浮筒式液位计的主要区别在于：浮子式液位计的浮子始终浮在介质上面，并随液位的变化而 1∶1 变化；浮筒式液位计的浮筒则部分沉浸在介质中，当液位变化时，浮筒的位移极小。

浮力式液位计目前应用比较广泛，其主要优点是不易受到外界环境的影响；浮子或浮筒直接受浮力推动，比较直观、可靠；结构简单、维修方便等。但由于这类液位计具有可动部件，故容易受摩擦作用而影响其灵敏度和增大误差，而且可动部件易被污垢、锈蚀卡死而影响其可靠性。另外，由于浮筒或浮子要垂直或横伸于容器中，故所占空间较大。

（一）浮子式液位计

浮子式液位计的特点是浮子由于受到液体浮力作用而漂浮于液面上，并随液位的变化而升降，即浮子的位移正确地随液位而变化。浮子式液位计中的浮子始终漂浮在液面上，其所受浮力为恒定值。常见的浮子式液位计可分为钢丝绳（或钢带）式浮子液位计、杠杆浮球式液位计和依靠浮子电磁性能传递信号的液位计。

1. 钢丝绳（或钢带）式浮子液位计

钢丝绳（或钢带）式浮子液位计的结构如图 7-28 所示。将浮子用钢丝绳连接并悬挂在滑轮上，钢丝绳的另一端挂有平衡重物及指针，利用浮子的重力和所受浮力之差与平衡重物的重力相平衡，使浮子漂浮在液面上。当液面上升时，浮子所受的浮力增加，原有平衡被破坏，浮子向上移动，而浮子上移的同时浮力又下降，直到重新平衡，浮子将停在新的液位上。反之，当液面下降时，浮子所受的浮力减小，原有平衡也被破坏，浮子向下移动，而浮子下移的同时浮力又增加，直到重新平衡，浮子将停在新的液位上。在浮子随液位升降时，机械传动部分带动指针便可指示出液位的高低。如果需要将信号远传，则可通过传感器将机械位移转换为电信号。

浮子通常为空心的金属或塑料盒，有许多种形状，一般为扁平状。

图7-28所示的液位计只能用于敞口或低压容器中测量液位，由于机械传动部分暴露在周围环境中，使用越久摩擦越大，液位计的误差就会相应增大。因此这种液位计只能用于不太重要的场合。

如图7-29所示，测量密闭容器中的液位时，在密闭容器中设置一个测量液位的通道，在通道的外部装有浮子和磁铁，通道的内侧装有铁芯。当浮子随液位上下移动时，铁芯被磁铁吸引而同步移动，通过钢丝绳带动指针指示液位的高低。

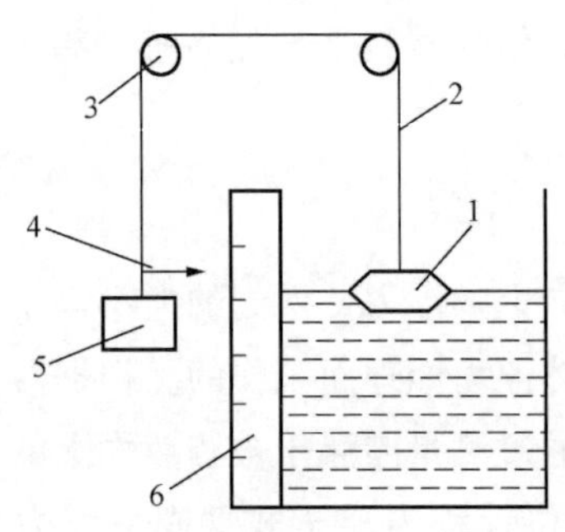

图7-28　钢丝绳式浮子液位计原理图

1—浮子；2—钢丝绳；3—滑轮；4—指针；5—平衡锤；6—标尺

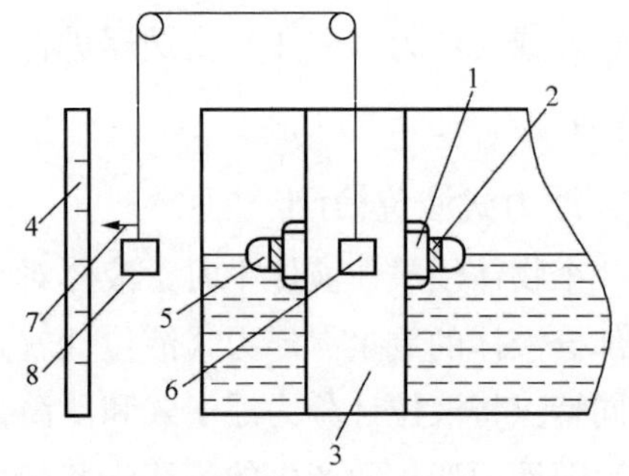

图7-29　密闭容器中用浮子液位计原理图

1—导轮；2—磁铁；3—非导磁管；4—标尺；5—浮子；6—铁芯；7—指针；8—平衡罐

钢丝绳（或钢带）式浮子液位计也称罐表，可用于拱顶罐、球罐及浮顶罐等的液位测量。它的测量范围宽，可达0～25m；精确度高，用于液位测量时，精确度可达±5mm，用于计量时，可达±2mm。钢丝绳式浮子液位计的精确度受多种因素的影响，如测量过程中，钢丝绳的长度变化引起质量变化，致使浮子浸入液体的深度改变；温度变化致使钢丝绳热胀冷缩，引起长度变化；温度变化时，液体密度随之变化，引起测量误差；罐内储量增多时，罐的应力变形引起计量误差等。其中，以钢丝绳热胀冷缩造成的影响最大，例如10m长的钢丝绳，温度变化30℃时，长度变化4.8mm；温度变化100℃时，长度变化16mm。

为了提高测量精确度，一种方法是在钢丝绳上打孔时，孔距预留一定裕量加以补偿，其精确度最高可达到4～5mm；另一种方法，也是较为理想的方法是采用微处理器自动进行各种补偿。

2. 杠杆浮球式液位计

杠杆浮球式液位计的基本结构如图7-30所示。这种仪表的结构是一个机械杠杆系统。杠杆的一端连接空心浮球，另一端装有平衡锤，是力矩平衡式仪表。不锈钢空心浮球伸入容器中，并有一半浸在介质内，随着容器内液位的升降而上下移动，通过杠杆支点，在另一端（即平衡锤一端）产生相反方向的移动，从而带动指针在标尺上指示被测液位；或推动微动开关，使触点断开或导通，发出报警信号，或通过转换机构输出相应的电流信号，也可用差动变压器等方法将信号远传。

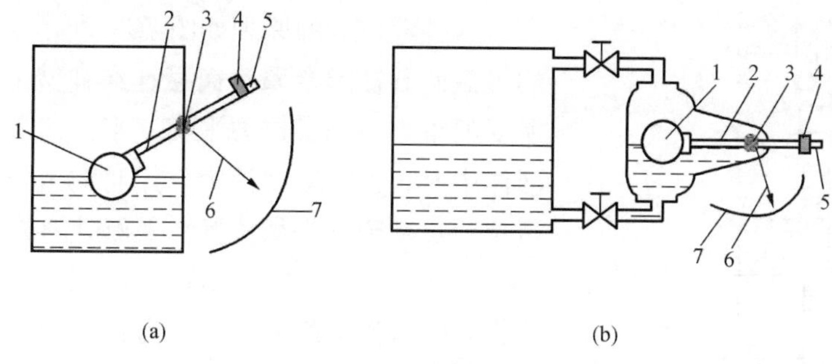

图 7-30　杠杆浮球式液位计原理图

(a) 内浮式；(b) 外浮式

1—浮球；2—连杆；3—转动轴；4—平衡锤；5—杠杆；6—指针；7—标尺

杠杆浮球式液位计分为内浮式和外浮式两种。使用时若有沉淀物或凝结物附在浮球上，则要重新调整平衡锤的位置，校正零位。这类仪表变化灵活，容易适应介质的温度、压力、黏度等条件。但受机械杠杆长度的限制，测量范围较小。

（二）翻板式液位计

翻板式液位计如图 7-31 和图 7-32 所示。翻板由极薄的导磁金属制成，每片宽 10mm，垂直排列，均能绕框架上的小轴旋转。翻板的一面涂有红漆，另一面涂有银灰漆。工作时，液位计的连通管经法兰与容器相连，构成一个连通器。连通容器中间有浮标，浮标随着液位的变化而变化。浮标中间有一磁钢，其位置正好与液位一致。当液位上升时，磁钢将吸引翻板并将其逐个翻转，使红色的一面在外边；下降时，又将翻板翻过来，使银灰色的一面在外面。若从 A 面看，则两种颜色的分界点即为液位，十分醒目。

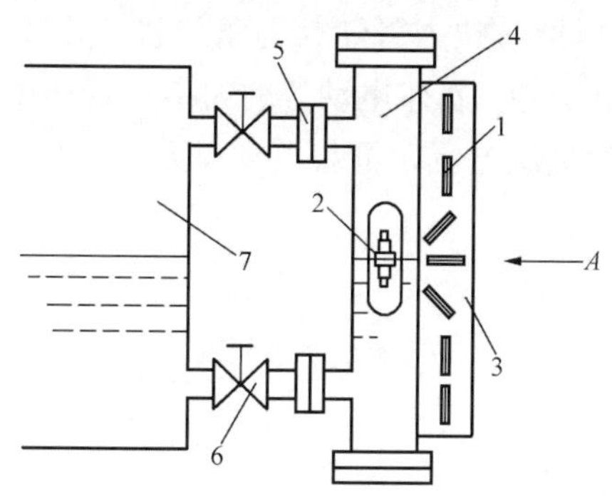

图 7-31　翻板式液位计原理图

1—磁翻板；2—浮球；3—液位计外壳；4—测量罐体；5—连接法兰；6—连接手动阀；7—被测端罐体

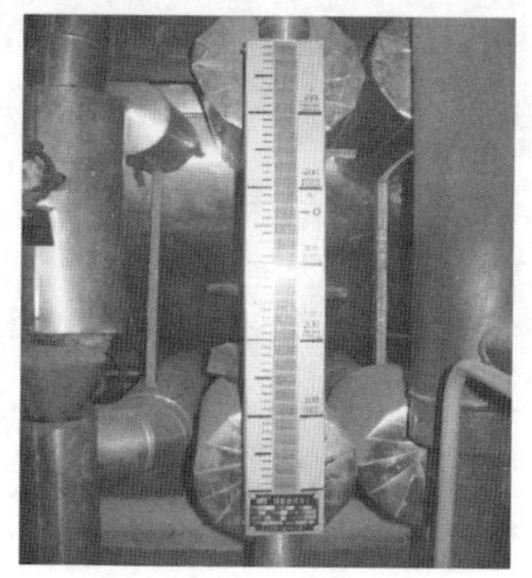

图 7-32　翻板水位计实物图

（三）浮筒式液位计

浮筒式液位计的检测元件是浸没于液体中的浮筒。浮筒所受浮力随位移变化而发生变化，浮力变化再以力或位移变化的形式，带动电动元件发出信号给显示仪表以显示液位，也可以实现液位的报警或调节。这种液位计主要由变送器和显示仪表两部分组成。浮筒的长度就是仪表的量程，一般为 300～2000mm。

1. 带有差动变压器的浮筒式液位计

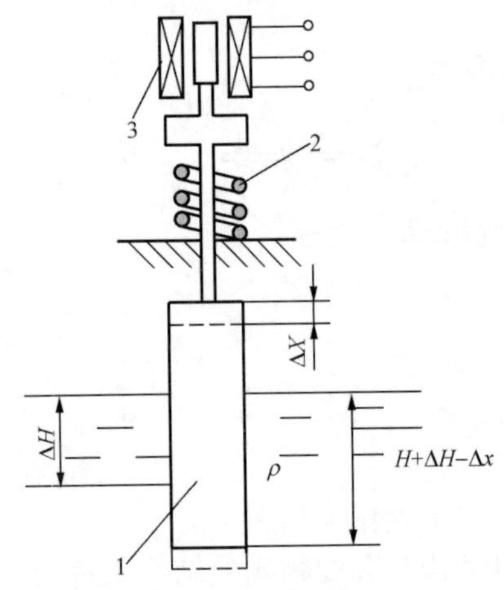

图 7-33　浮筒式液位计原理图

1—浮筒；2—弹簧；3—差动变压器

这种液位计的原理如图 7-33 所示。将一重力为 G 的等截面圆柱形金属浮筒悬挂在弹簧上。此时，浮筒所受的重力与弹簧拉力平衡。当浮筒的一部分浸没在液体中时，由于受到浮力作用将向上浮动，直至与弹簧拉力重新建立平衡位置。平衡时的关系为

$$Cx = G - A\rho gH$$

式中：C 为弹簧的刚度；x 为弹簧的压缩位移；A 为浮筒的截面积；ρ 为液体的密度；g 为重力加速度；H 为浮筒被液体浸没的深度。

若液位发生变化，例如升高 ΔH，浮筒向上移动 Δx，则有

$$C(x - \Delta x) = G - A\rho g(H + \Delta H - \Delta x)$$

将两式相减并整理得

$$\Delta H = \left(1 + \frac{C}{A\rho g}\right)\Delta x = K\Delta x$$

上式表明，浮筒产生的位移 Δx 与液位变化 ΔH 成正比。

若在浮筒的连杆上端装上差动变压器的铁芯，通过差动变压器便可输出相应的电信号，从而测量出相应的液位高低。

2. 扭力管式浮筒液位计

扭力管式浮筒液位计是将浮筒所受浮力的变化转换成机械角位移的一种浮筒式液位计，如图 7-34 所示。浮筒随液位的升降可以通过扭力管转换为角位移，并经芯轴及推杆使霍尔片的位置发生变化，从而产生霍尔电动势，霍尔电动势的大小与霍尔片在磁场中的位移成正比，霍尔电动势经信号处理后变为直流电流，可与电动单元组合仪表配套使用，实现液位的自动调节和记录。

应当注意，此液位计的输出信号不仅与液位有关，而且与被测液体的密度有关。因此在密度发生变化时，必须进行修正。

浮筒式液位计的校验方法主要有挂重法和水校法两种。其中水校法又称湿法，是现场常用的方法，当被测介质是水时，可直接用水校验，若不是水，也可通过换算用水代校。

浮筒式液位计适用于测量范围在 200mm 以内、密度为 0.5～1.5g/cm³ 的液体液位的连续测量，以及测量范围在 1200mm 以内、密度差为 0.1～0.5g/cm³ 的液体界位的连续测量。

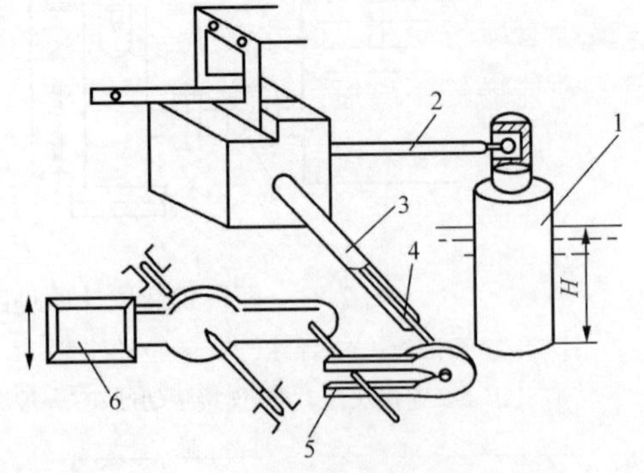

图 7-34　扭力管式浮筒液位计原理图

1—浮筒；2—杠杆；3—扭力管；
4—芯轴；5—推杆；6—霍尔片

四、声学式料位检测

声波是一种机械波，是机械振动在介质中的传播过程，当振动频率在 10～10^4 Hz 时可引起人的听觉，称为闻声波；更低频率的机械波称为次声波；20kHz 以上频率的机械波称为超声波。作为物位检测，一般应用超声波。

声学式物位检测方法就是利用声波的特性，通过测量声波从发射至接受到被测物位界面所反射的回波的时间间隔来确定物位的高低。

（一）超声波式物位计的特性

超声波与声波一样，是一种机械振动波，是机械振动在弹性介质中的传播过程。超声波检测是利用不同介质的不同声学特性对超声波传播的影响来探查物体和进行测量的一门技术。

1. 超声波的分类

由于声源在介质中的施力方向与波在介质中的传播方向不同，声波的波形也不同。一般有以下几种：

（1）纵波。质点振动方向与传播方向一致的波，称为纵波。纵波能在固体、液体中传播。

（2）横波。质点振动方向与传播方向相垂直的波，称为横波。横波只能在固体中传播。

（3）表面波。质点的振动介于横波和纵波之间，沿着表面传播，振幅随着深度的增加而迅速的衰减，称为表面波。表面波只能在固体的表面传播。

2. 超声波的传播速度

超声波可以在气体、液体及固体中传播，且各自的传播速度不同。纵波、横波及表面波的传播速度取决于介质的弹性常数及介质的密度。例如在常温下空气中的声速约为 334m/s，在水中的声速约为 1440m/s，而在钢铁中的声速约为 5000m/s。声波不仅与介质有关，而且还与介质所处的状态有关。

声波在介质中传播时会被吸收而衰减，气体吸收最强且衰减最大，液体其次，固体吸收最小衰减也最小，因此对于一给定强度的声波，在气体中传播的距离会明显比在液体和固体中传播的距离短。另外，声波在介质中传播时衰减的程度还与声波的频率有关，频率越高，声波的衰减也越大，因此超声波比其他声波在传播时的衰减更明显。

3. 声波的反射与折射

当声波从一种介质传播到另一种介质时，在两介质的分界面上，一部分能量反射回原介质，称为反射波；另一部分则透过分界面，在另一介质内继续传播，称为折射波。声波的反射与折射分别遵守声波的反射定律和折射定律。

（二）超声波式物位计的特点及分类

超声波式物位计有许多优点，不仅可以定点和连续测量，而且能很方便的提供遥测或遥控所需要的信号；超声波测量装置不需要防护；超声波测量技术可选用气体、液体或固体作为传声介质，因而有较大的适应性；因为没有可动部件，所以安装、维护较方便；超声波不受光纤、黏度的影响等；超声波式可以做到非接触测量，可测范围广；超声波换能器寿命长。但是，超声波式物位计也有其缺点，如换能器本身不能承受高温；声速易受到介质的温度、压力等影响；电路复杂、造价较高。另外，超声波式物位计不能测量有气泡和悬浮物的液体的液位，被测液面有很大波浪时，在测量时会引起超声波反射混乱，产生测量误差。

超声波式物位计根据使用特点可分为定点式物位计和连续指示式物位计两大类。

(1) 定点式超声波物位计。常用的定点式超声波物位计有声阻尼式、液体介质穿透式和气体介质穿透式三种。

1) 声阻尼式超声波液位计。如图 7-35 所示，声阻尼式超声波液位计利用气体和液体对超声振动的阻尼有明显差别这一特性来判断被测对象是液体还是气体，从而测定是否到达检测换能器的安装高度。

由于气体对压电陶瓷前面的不锈钢辐射面振动的阻尼小，因此压电陶瓷振幅较大，足够大的正反馈使放大器处于振荡状态。

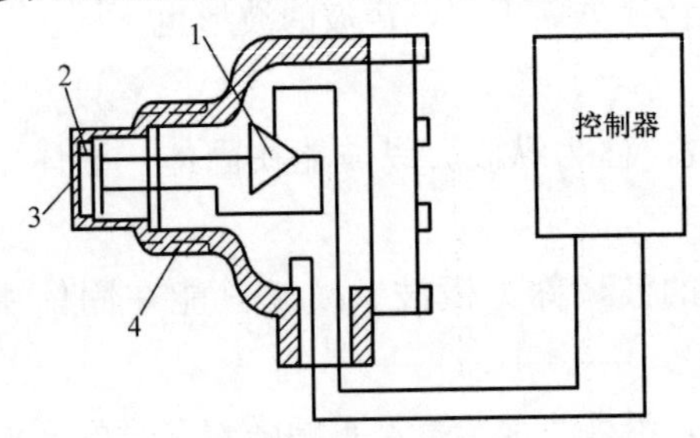

图 7-35　声阻尼式超声波液位计原理图

1—放大器；2—压电陶瓷；3—辐射面；4—外壳

当不锈钢辐射面和液体接触时，由于液体的阻尼较大，压电陶瓷产生的电量降低，反馈量减小，导致振荡停止，消耗电流增大，控制器内继电器动作，发出相应的控制信号，工作频率约为 40kHz。声阻尼式超声波液位计结构简单、使用方便。换能器上有螺纹，使用时从容器顶部将换能器在预定高度既可。该液位计不适用于黏滞液体的液位测量，因为有一部分液体会黏附在换能器上，不随液面下降而消失，因而容易引起误动作。同时也不适用于溶有气体的液体的液位测量，因为如果有气泡附着在换能器上，会在辐射面上形成一层空气隙，减小了液体对换能器的阻尼，并导致误动作。

2) 液体介质穿透式超声波液位计。液体介质穿透式超声波液位计的工作原理是利用超声换能器在液体中和气体中发射系数的显著差别来判断被测液面是否到达换能器的安装高度，其结构如图 7-36 所示。

超声换能器由相隔一定距离平行放置的发射压电陶瓷与接收压电陶瓷组成。其被封装在不锈钢外壳中用环氧树脂铸成一体，在发射与接收压电陶瓷之间留有一定间隙(12mm)。控制器内有放大器和继电器驱动电路，发射压电陶瓷和接收压电陶瓷分别接到放大器的输出端和输入端。当间隙内充满液体时，由于固体与液体的声阻抗率接近，超声波穿透时在固、液分界面上的损耗较小，从发射到接收，使放大器由于声反馈而连续振荡。当间隙内充满气体时，由于固体与气体的声阻抗率差别极大，超声波穿透时在固、气分界面上的衰减极大，因此反馈

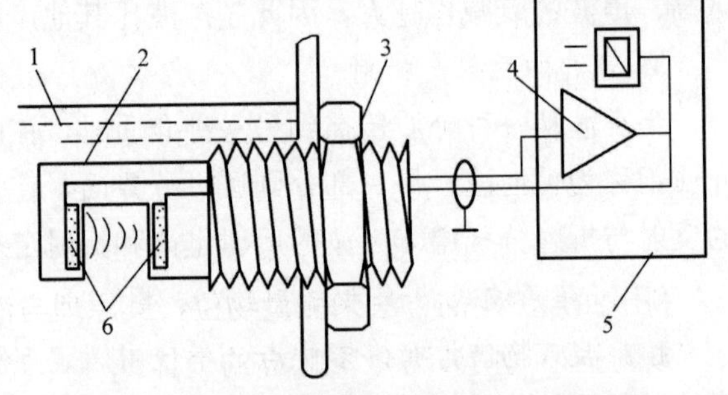

图 7-36　液体介质穿透式超声波液位计原理图

1—液体；2—不锈钢外壳；3—检测探头；4—放大器；5—控制器；6—发射、接收压电陶瓷

中断，振荡停止。可根据放大器振荡与否来判断换能器间隙内是空气还是液体，从而判断液面是否达到预定的高度，继电器发出相应的信号。液体介质穿透式超声波液位计结构简单，不受被测介质物理性质的影响，工作安全可靠。

3）气体介质穿透式超声波物位计。发射换能器中压电陶瓷和放大器接成正反馈振荡电路，以发射换能器的谐振频率振荡。接收换能器同发射换能器采用相同的结构，使用时，将两换能器相对安装在预定高度的一直线上，使其声路保持畅通。当被测物位升高遮断声路时，接收换能器收不到超声波，控制器内继电器动作，发出相应的控制信号。

由于超声波在空气中传播，故频率选择的较低（20～40kHz）。该物位计适用于粉状、颗粒状、块状或其他固体料位的发讯和报警。气体穿透式超声波物位计结构简单、安全可靠、不受被测介质物理性质的影响，使用范围广。

（2）连续指示式超声波物位计。

1）液体介质超声波液位计。液体介质超声波液位计是以被测液体为导声介质，利用回声测距的方法来测量液面高度。该液位计由超声波换能器和电子装置组成，用高频电缆连接，如图 7-37 所示。时钟定时触发发射电路发射出电脉冲，激励换能器发射出超声波脉冲。脉冲穿过外壳和容器壁进入被测液体，在被测液体表面反射回来，再由换能器转换成电信号送回电子装置。当超声波换能器向液面发射超声波脉冲，经过 t 时间后，换能器接收到从液面反射回来的回声脉冲，则换能器到液面的距离 H 为

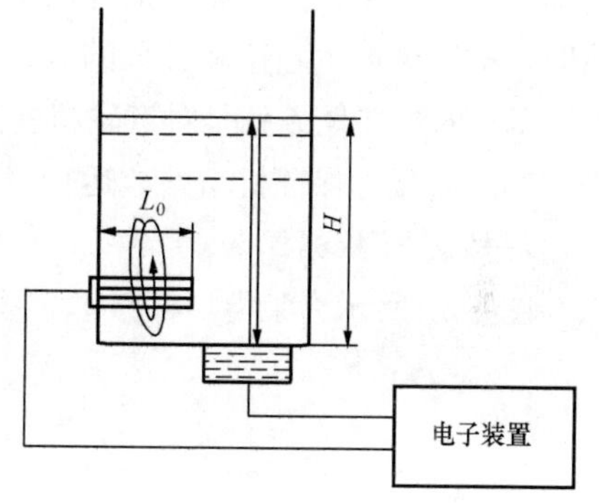

图 7-37 液体介质超声波液位计原理图

$$H = vt/2$$

式中：v 为超声波在被测介质中的传播速度；t 为超声波换能器发出超声波到接收到超声波的时间。

由此可见，只要知道超声波在这种介质中的传播速度，通过精确测量时间 t，就可以测量出距离 H。

超声波的传播速度 v 在各种不同的液体中是不同的，即使在同一种液体中，由于温度和压力的不同，其值也是不同的。因为液体中其他成分的存在及温度的不均匀都会使超声波速度发生变化，引起测量误差，故在精密测量时，要考虑采取补偿措施。

该液位计适用于测量如油罐、液化石油气罐之类容器中液体的液位，具有安装使用方便，可多点检测、精确度高、可以直接用数字显示液面高度等优点。同时存在着当被测介质温度、成分经常变动时，由于声速随之变化，故测量精确度较低的缺点。

2）气体介质超声波物位计。气体介质超声波物位计以被测介质上方的气体为导声介质，利用回声测距的方法来测量物位，其原理与液体介质超声波液位计相似。

该物位计利用被测介质上方的气体导声，被测介质不受限制，可测量有悬浮物的液体、高黏度液体与粉体、块体等的物位，使用维护方便。除了能测量各种密封、敞开容器中液体的液位外，还可以用于测量塑料粉粒、砂子、煤、矿石和岩石等固体的料位，以及测量沥青、焦油等糊状液体及纸浆等介质的物位。

3）超声波界位计。利用超声波反射时间差法可以检测液液相界面的位置。

第四节　汽轮机监测设备TSI

一、汽轮机监测设备概述

汽轮机监测设备（Turbine Supervisory Instruments，TSI），即汽轮机监视仪表。

汽轮机组是高速旋转的大型设备，其转动部分（转子、叶片、主轴）与静止部分（汽缸、喷嘴和隔板、汽封）之间的间隙非常小，在机组启动、运行和停机的过程中，动静部分的相对膨胀、收缩量较大。如果发生动静部分摩擦、碰击，就有可能造成汽轮机的轴封磨损、叶片断裂，甚至整机损坏的事故。此外，当汽轮机调速系统故障，以及主轴发生弯曲时，机组会产生超速和过大的振动。

TSI的主要任务就是对汽轮机转速、轴向位移、相对膨胀、绝对膨胀、偏心度等参数进行实时监视，保证机组安全运行。

（一）TSI检测探头

图7-38所示为某电厂TSI检测探头安装图。

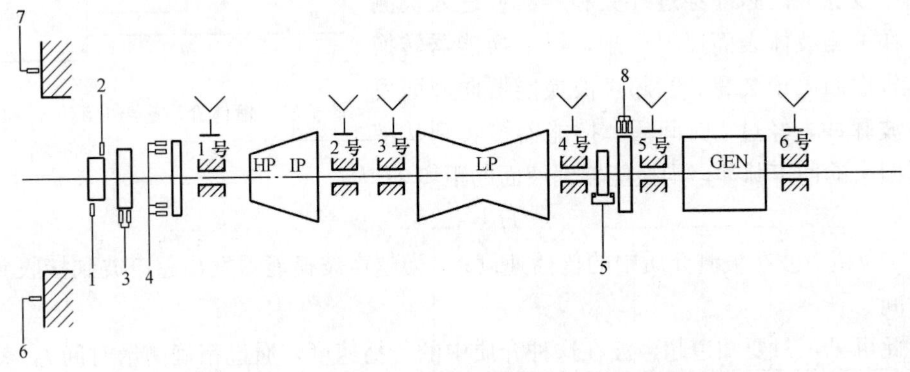

图7-38　某电厂汽轮机TSI检测探头安装图

1—偏心测量；2—键相测量；3—转速、零转速测量；4—轴向位移；

5—相对膨胀；6、7—汽缸绝对膨胀测量；8—超速；

⊥—轴承绝对振动测量；∨—X或Y方向的轴的相对振动测量

（二）TSI监视柜及监视器

TSI监视柜一般位于主机电子间内，图7-39所示为电源及监视器分两个框架布置图。柜内具体对应关系及说明，见表7-7所示。

表7-7　柜内具体对应关系及说明

序号	名称	型号	数量	备注
1	电源	VM-5Z	4	—
2	偏心、键相监视器	VM-5C	1	偏心报警、停机
3	1、2号轴位移监视器	VM-5T	1	轴位移报警逻辑关系（1号+2号+3号+4号）

续表

序号	名称	型号	数量	备注
4	3、4号轴位移监视器	VM-5T	1	轴位移停机逻辑关系 （1号×2号）+（3号×4号）
5	相对膨胀监视器	VM-5E	1	相对膨胀报警、停机
6	左、右侧热膨胀监视器	VM-5E	1	—
7	1、2号零转速监视器	VM-5S	1	零转速报警
8	1、2号超速监视器	VM-5S	1	≤200r/min报警，≥600r/min报警
9	3号超速监视器	VM-5S	1	超速停机输出三个开关量到ETS
10	1号（*X*、*Y*）向轴振动监视器	VM-5K	1	—
11	2号（*X*、*Y*）向轴振动监视器	VM-5K	1	—
12	3号（*X*、*Y*）向轴振动监视器	VM-5K	1	—
13	4号（*X*、*Y*）向轴振动监视器	VM-5K	1	—
14	5号（*X*、*Y*）向轴振动监视器	VM-5K	1	—
15	6号（*X*、*Y*）向轴振动监视器	VM-5K	1	1～6轴振动全部为“或” 逻辑报警（停机）输出
16	1、2号瓦振动监视器	VM-5U	1	—
17	3、4号瓦振动监视器	VM-5U	1	—
18	5、6号瓦振动监视器	VM-5U	1	1～6瓦振动全部为“或” 逻辑报警（停机）输出
19	继电器组件	VM-5Y3	17	—
20	机箱	VM-5W1	2	—

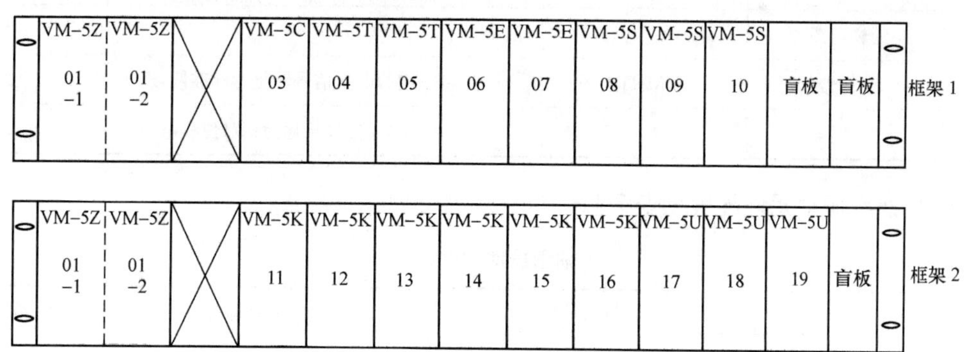

图 7-39　TSI 监视柜电源及监视器布置图

二、机械位移测量

汽轮机 TSI 机械位移测量主要包括轴位移、胀差（相对膨胀）、热膨胀（绝对膨胀）、轴承振动、轴瓦振动、转子偏心（包括偏心度与键相）等，主要对该厂主要参数的测量进行介绍。

（一）元件配置

（1）轴向位移元件配置见表 7-8。

表 7-8　　轴向位移元件配置

序号	名称	型号	功能	数量
1	轴位移传感器	VL-452A11L	产生交变磁场	4
2	轴位移监视器	VM-5T	将电信号转化为位移信号供显示、输出模拟量信号及报警	2
3	零转速延长电缆	VW-452AL	—	4
4	零转速前置器	VK-452A	产生高频振荡电流	4

（2）相对膨胀元件配置见表 7-9。

表 7-9　　相对膨胀元件配置

序号	名称	型号	功能	数量
1	胀差传感器	LVDT-19407	大轴带铁芯移动产生不同电压信号	1
2	胀差变送器		将不同的电压信号转化为标准信号	1
3	胀差监视器	VM-5E	将 4-20MA 信号转化为相对位移信号供显示、输出模拟量信号及报警	1

（3）绝对膨胀元件配置见表 7-10。

表 7-10　　绝对膨胀元件配置

序号	名称	型号	功能	数量
1	传感器	LS-050C	汽缸连带铁芯移动产生不同电压信号	2
2	延长电缆	LW-050B-R	—	2
3	变送器	VM-11P	将不同的电压信号转化为标准信号	2
4	监视器	VM－5E	将 4-20MA 信号转化为相对位移信号	1

（4）轴承振动元件配置见表 7-11。

表 7-11　　轴承振动元件配置

序号	名称	型号及参数	功能	数量
1	振动传感器	型号：VL-202A08L 参数：787mV/100μm	产生交变磁场	12
2	前置器	型号：VK202A 参数：DC 24V	产生高频振荡电流	12
3	延长电缆	型号：VK202AL-8	—	12
4	监视器	型号：VM-5K	将电信号转化为振动信号供显示、输出模拟量信号以及报警信号	6

（5）轴瓦振动元件配置见表 7-12。

表 7-12　　　　轴瓦振动元件配置

序号	名称	型号及参数	功能	数量
1	振动传感器	型号：CV-861 参数：3.94mV/（mm·s）	—	6
2	监视器	型号：VM-5U	将电信号转化为振动信号供显示、输出模拟量信号以及报警信号	3

（6）转子偏心及键相元件配置见表 7-13。

表 7-13　　　　转子偏心及键相元件配置

序号	名称	型号	功能	数量
1	偏心传感器	VL-202A08L	产生交变磁场	1
2	键相传感器	VL-202A08L	产生交变磁场	1
3	延长电缆	VW-202AL-3	—	2
4	前置器	VK-202A1	产生高频振荡电流	2
5	监视器	VM-5C	将两者的电信号转化为偏心信号	1

（二）VM-5 监视器接线

1. 轴位移监视器 VM-5T 接线

轴位移监视器 VM-5T 接线，如图 7-40 所示，4 个轴向位移前置器来信号接至 DZ IN 端子排的 X3 端子；轴位移 AO 输出通道，如图 7-41 所示，4 个轴向位移 AO 信号通过 DZ OUT 端子排的 20 端子排最终送至 DCS 计算机画面上进行显示；轴向位移 DO 输出通道如图 7-42 所示，DO 信号通过 DZ KM 端子排的 25～32 端子送至 ETS。

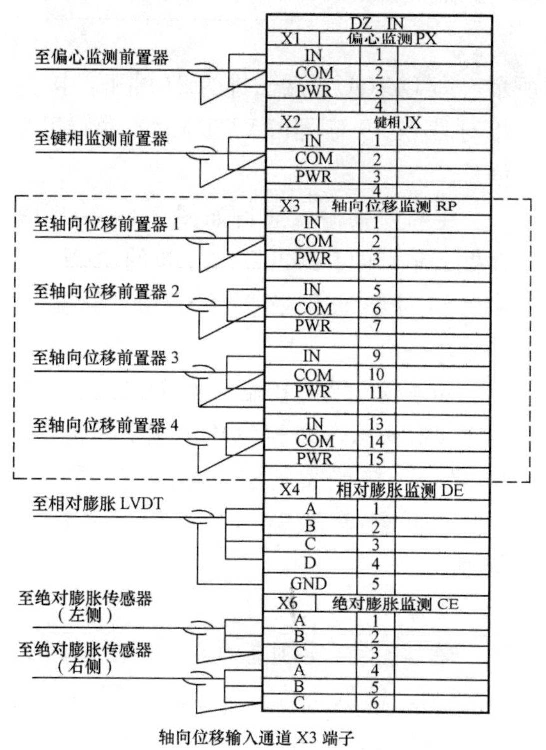

图 7-40　轴向位移监视器 VM-5T 接线图

DZ OUT
偏心峰－峰值输出 4～20mA
18 偏心监测 PX
REC+ 1
REC− 2
键相信号输出
19 键相 JX
BUF 1
COM 2
20 轴向位移 RP
轴向位移输出 1 4～20mA
REC+ 1
REC− 2
轴向位移输出 2 4～20mA
REC+ 3
REC− 4
轴向位移输出 3 4～20mA
REC+ 5
REC− 6
轴向位移输出 4 4～20mA
REC+ 7
REC− 8
21 相对膨胀 DE
相对膨胀输出 4～20mA
REC+ 1
REC− 2
备用
REC+ 3
REC− 4
22 绝对膨胀 CE
绝对膨胀输出（左侧）4～20mA
REC+ 1
REC− 2
绝对膨胀输出（右侧）4～20mA
REC+ 3
REC− 4
23 转速 SD
转速输出 1 4～20mA
REC+
REC−
转速输出 2 4～20mA
REC+
REC−
轴向位移输出通道 20 端子

图 7-41　轴向位移 AO 输出通道图

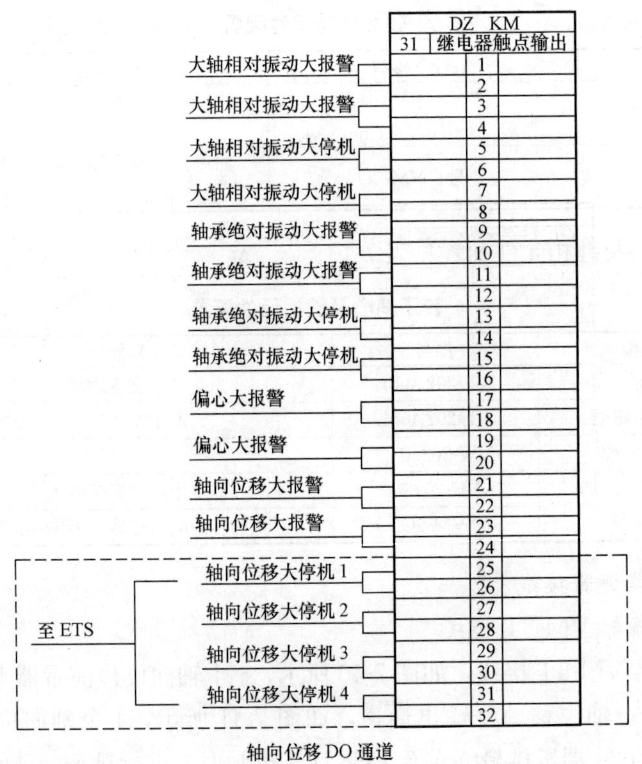

图 7-42 轴向位移 DO 输出通道图

2. 相对膨胀、绝对膨胀、转子偏心及键相

相对膨胀输入通道如图 7-43 中 A 虚线框所示，即 DZ OUT 端子排的 21 端子，接受相对膨胀传感器 LVDT-19407 的输入信号。

虚线框	输出信号	DZ OUT	
C	偏心峰 - 峰值输出 4～20mA	18	偏心监测 PX
		REC+	1
		REC−	2
	键相信号输出	19	键相 JX
		BUF	1
		COM	2
	轴向位移输出 1 4～20mA	20	轴向位移 RP
		REC+	1
		REC−	2
	轴向位移输出 2 4～20mA	REC+	3
		REC−	4
	轴向位移输出 3 4～20mA	REC+	5
		REC−	6
	轴向位移输出 4 4～20mA	REC+	7
		REC−	8
A	相对膨胀输出 4～20mA	21	相对膨胀 DE
		REC+	1
		REC−	2
	备用	REC+	3
		REC−	4
B	绝对膨胀输出（左侧）4～20mA	22	绝对膨胀 CE
		REC+	1
		REC−	2
	绝对膨胀输出（右侧）4～20mA	REC+	3
		REC−	4
	转速输出 1 4～20mA	23	转速 SD
		REC+	
		REC−	
	转速输出 2 4～20mA	REC+	
		REC−	

图 7-43 相对膨胀、绝对膨胀、偏心及键相输入通道图

绝对膨胀输入通道如图 7-43 中 B 虚线框所示，即 DZ OUT 端子排的 22 端子，接受绝对膨胀传感器 LS-050C 的输入信号。

转子偏心及键相输入通道如图 7-43 中 C 虚线框所示，即 DZ OUT 端子排的 18、19 端子，接受偏心及键相传感器 VL-202A08L 经前置器 VK-202A1 的输入信号。

3. 轴承振动、轴瓦振动

轴承振动、轴瓦振动输入通道如图 7-44 所示，轴承振动输入通道为 DZ IN 端子排的 X10、X11、X12、X13、X14、X15 端子，组端子轴瓦振动输入通道为 DZ IN 端子排的 X16 端子。

轴承振动、轴瓦振动 AO 通道如图 7-45 所示，轴承振动 AO 通道为 DZ OUT 端子排的 24、25、26、27、28、29 端子，轴瓦振动 AO 通道为 DZ OUT 端子排的 30 端子。

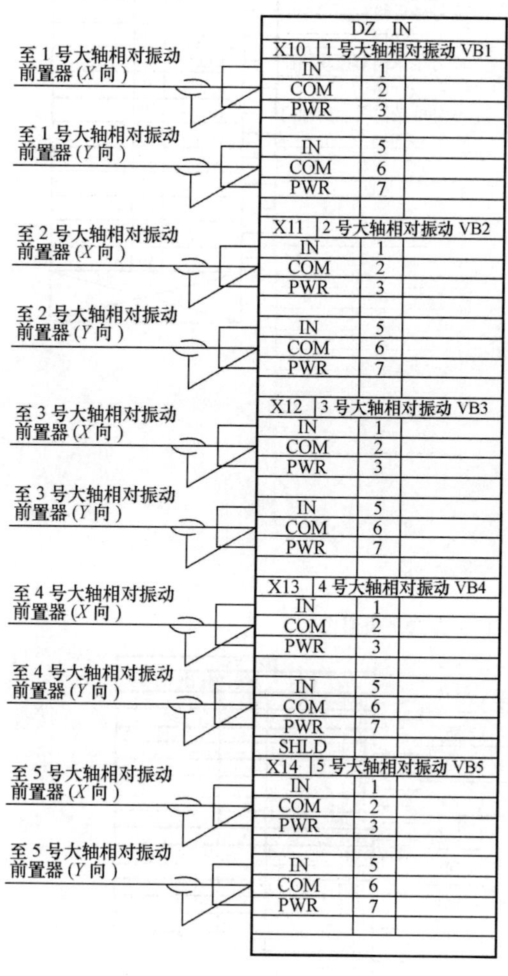

图 7-44　轴承振动、轴瓦振动输入通道图

轴承振动、轴瓦振动 DO 通道如图 7-46 所示，即轴承振动、轴瓦振动 DO 通道为 DZ-KM 端子排的 32 端子，送至振动分析仪进行分析与显示。

三、转速测量

主要介绍汽轮机转速参数的测量。

（一）元件配置

汽轮机转速参数的测量元件配置见表 7-14。

信号	DZ OUT		
	24	1号大轴相对振动 VB1	
1号大轴相对振动输出 4～20mA（*X*向）	REC+	1	
	REC−	2	
1号大轴相对振动输出 4～20mA（*Y*向）	REC+	3	
	REC−	4	
	25	2号大轴相对振动 VB2	
2号大轴相对振动输出 4～20mA（*X*向）	REC+	1	
	REC−	2	
2号大轴相对振动输出 4～20mA（*Y*向）	REC+	4	
	REC−	5	
	26	3号大轴相对振动 VB3	
3号大轴相对振动输出 4～20mA（*X*向）	REC+	1	
	REC−	2	
3号大轴相对振动输出 4～20mA（*Y*向）	REC+	3	
	REC−	4	
	27	4号大轴相对振动 VB4	
4号大轴相对振动输出 4～20mA（*X*向）	REC+	1	
	REC−	2	
4号大轴相对振动输出 4～20mA（*Y*向）	REC+	3	
	REC−	4	
	28	5号大轴相对振动 VB5	
5号大轴相对振动输出 4～20mA（*X*向）	REC+	1	
	REC−	2	
5号大轴相对振动输出 4～20mA（*Y*向）	REC+	3	
	REC−	4	
	29	6号大轴相对振动 VB6	
6号大轴相对振动输出 4～20mA（*X*向）	REC+	1	
	REC−	2	
6号大轴相对振动输出 4～20mA（*Y*向）	REC+	3	
	REC−	4	

信号	DZ OUT		
	30	轴承绝对振动 V	
1号轴承绝对振动输出 4～20mA	REC+	1	
	REC−	2	
2号轴承绝对振动输出 4～20mA	REC+	3	
	REC−	4	
3号轴承绝对振动输出 4～20mA	REC+	5	
	REC−	6	
4号轴承绝对振动输出 4～20mA	REC+	7	
	REC−	8	
5号轴承绝对振动输出 4～20mA	REC+	9	
	REC−	10	
6号轴承绝对振动输出 4～20mA	REC+	11	
	REC−	12	
备用		13	
		14	
备用		15	
		16	

图 7-45　轴承振动、轴瓦振动 AO 通道图

至振动分析仪	DZ KM		
	32	缓冲输出	
1号大轴相对振动（*X*向）	BUF+	1	
	BUF−	2	
1号大轴相对振动（*Y*向）	BUF+	3	
	BUF−	4	
2号大轴相对振动（*X*向）	BUF+	5	
	BUF−	6	
2号大轴相对振动（*Y*向）	BUF+	7	
	BUF−	8	
3号大轴相对振动（*X*向）	BUF+	9	
	BUF−	10	
3号大轴相对振动（*Y*向）	BUF+	11	
	BUF−	12	
4号大轴相对振动（*X*向）	BUF+	13	
	BUF−	14	
4号大轴相对振动（*Y*向）	BUF+	15	
	BUF−	16	
5号大轴相对振动（*X*向）	BUF+	17	
	BUF−	18	
5号大轴相对振动（*Y*向）	BUF+	19	
	BUF−	20	
6号大轴相对振动（*X*向）	BUF+	21	
	BUF−	22	
6号大轴相对振动（*Y*向）	BUF+	23	
	BUF−	24	
1号轴承振动	BUF+	25	
	BUF−	26	
2号轴承振动	BUF+	27	
	BUF−	28	
3号轴承振动	BUF+	29	
	BUF−	30	
4号轴承振动	BUF+	31	
	BUF−	32	
5号轴承振动	BUF+	33	
	BUF−	34	
6号轴承振动	BUF+	35	
	BUF−	36	
键相	BUF+	37	
	BUF−	38	

图 7-46　轴承振动、轴瓦振动 DO 通道图

表 7-14　汽轮机转速参数的测量元件配置

序号	名称	型号及参数	功能	数量
1	零转速传感器	型号：CV-861 参数：3.94mV/（mm・s）	产生交变磁场	2
2	零转速监视器	VM-5S	将交变的电压信号转化为转速信号供显示、输出模拟量信号以及报警信号	2
3	零转速延长电缆	VW-202AL-3		2
4	零转速前置器	VM-202A1	产生高频振荡电流	2
5	超速传感器	MS-1601		3
6	超速监视器	VM-5S	将电信号转化为转速信号供显示、输出模拟量信号以及报警信号	2

（二）转速监视器 VM-5S 输入通道接线

转速监视器输入通道如图 7-47 所示，为 TSI 监视柜背面 DZ IN 端子排的 X7、X8、X9。

1. 零转速监视器 VM-5S 输入通道 ZS1、ZS2

零转速监测输入通道 ZS1、ZS2，即零转速监测输入通道为 TSI 监视柜背面 DZ IN 端子排的 X7、X8 端子（如图 7-47 所示）。

两个零转速监测前置器三芯线 IN、COM、PWR 分别接到端子排对应的 IN、COM、PWR 上，而零转速监测前置器的屏蔽线则接到端子排 COM 上；其中 IN 为输入信号、COM 为公共及屏蔽、PWR 为前置器供电；采用此接线方式是由于零转速检测选用的是电涡流式 VL-202A08L 传感器。

2. 超速监视器 VM-5S 输入通道 CS 接线

超速监测输入通道 CS 为 TSI 监视柜背面 DZ IN 端子排的 X9 端子。

三个超速监测前置器两芯线 IN、COM 分别接到端子排对应的 IN、COM 上，而超速监测前置器的屏蔽线则接到端子排 COM 上；其中 IN 为输入信号、COM 为公共及屏蔽、PWR 为前置器供电，采用此接线方式是由于超速检测选用的是磁阻式 MS-1601 传感器。

X9 端子上预留有一个备用通道 13、14。

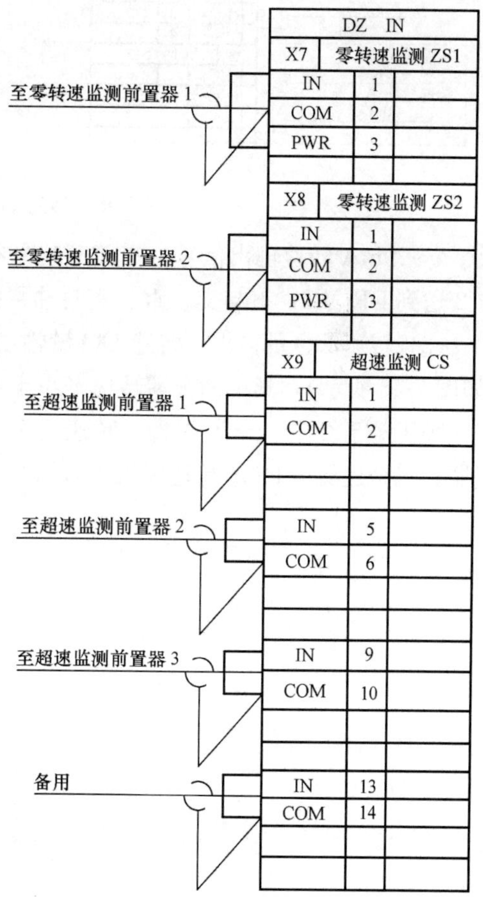

图 7-47　转速监视器输入通道图

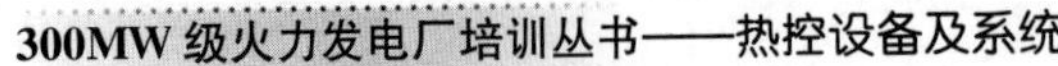

3. 转速监视器 VM-5S 输出通道接线

(1) 转速 AO 模拟量输出通道。转速模拟量输出 1、2 通道为 TSI 柜背面 DZ OUT 端子排上的 23 号转速 SD 端子排（如图 7-48 所示）。

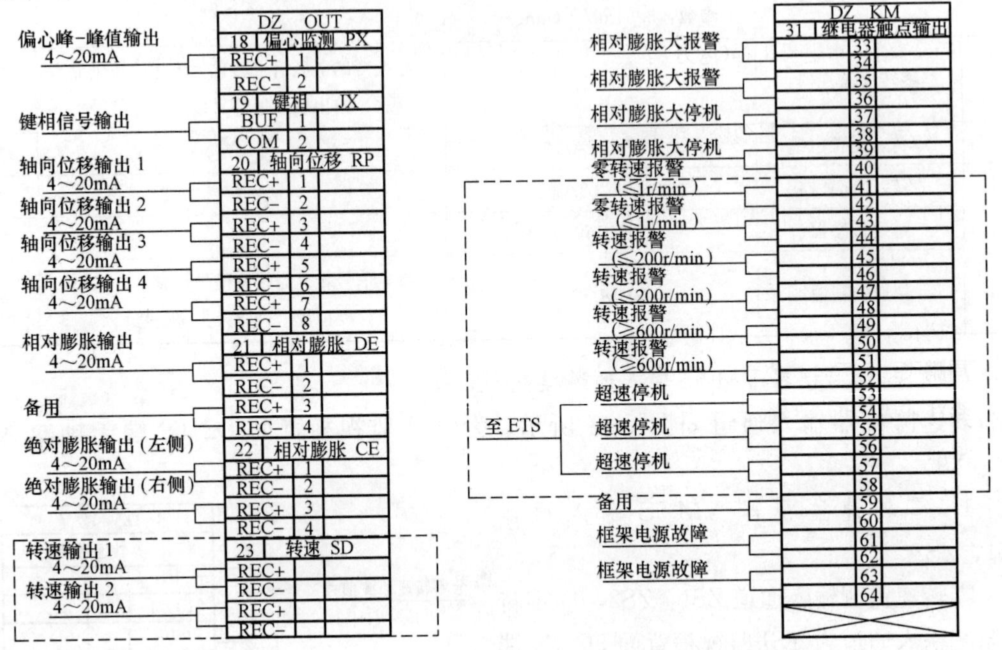

图 7-48　转速 AO 模拟量输出通道图

4～20mA 转速输出信号由零转速监视器 VM-5S 送来，其中输出 1 送至立盘显示，输出 2 送到 DROP2，参与交、直、密封油泵的控制。

(2) 转速 DO 量输出。转速 DO 量输出通道为 TSI 柜背面 DZ KM 端子排的 31 端子（如图 7-48 所示），其中两个零转速（小于等于 1r/min）报警信号取自零转速监视器；转速（小于等于 200r/min）报警、转速（大于等于 600r/min）报警信号取自 1、2 号超速监视器；三个送到 ETS 的超速停机信号取自号 3 号超速监视器。

参 考 文 献

［1］ 华东六省一市电机工程(电力)学会. 6000MW 火力发电机组培训教材热工自动化. 北京：中国电力出版社，2000.

［2］ 边立秀，周俊霞，赵劲松. 热工控制系统. 北京：中国电力出版社，2002.

［3］ 高伟. 300MW 火力发电机组丛书第四分册计算机控制系统. 北京：中国电力出版社，2000.

［4］ 中国华东电力集团公司科学技术委员会. 600MW 火电机组运行技术丛书 仪控分册. 北京：中国电力出版社，2001.

［5］ 白焰. 计算机控制系统. 北京：水利电力出版社，1993.

［6］ 殷树德 . 热工过程自动控制系统. 北京：中国电力出版社，1995.

［7］ 周鹏飞. 电厂自动控制系统. 北京：中国电力出版社，1999.

［8］ 李江，边立秀，何同祥. 火电厂开关量控制技术及应用. 北京：中国电力出版社，2000.

［9］ 何适生. 热工参数测量及仪表. 北京：水利电力出版社，1990.

［10］ 叶江棋. 热工测量和控制仪表安装. 2 版. 北京：中国电力出版社，1998.

［11］ 袁去惑，孙吉星. 热工测量及仪表. 北京：中国电力出版社，1998.

［12］ 陈勤奇，糠伦定. 热力过程自动化 . 北京：水利电力出版社，1995.

［13］ 赵燕平. 火电厂分散控制系统检修运行维护手册 . 北京：中国电力出版社，2003.

［14］ 肖增弘，徐丰. 汽轮机数字式电液调节系统 . 北京：中国电力出版社，2003.

［15］ 苗军. 热力过程自动化 . 北京：中国电力出版社，2002.

［16］ 陈庚. 单元机组集控运行. 北京：中国电力出版社，2001.

［17］ 王华，韩永志. 可编程序控制器在运煤自动化中的应用. 北京：中国电力出版社，2003.

［18］ 肖大雏 . 火电厂计算机控制. 北京：水利电力出版社，1995.

［19］ 罗万金. 电厂热工过程自动调节. 北京：水利电力出版社，1991.

［20］ 张鑫 . 计算机分散控制系统. 北京：水利电力出版社，1993.

［21］ 牛玉广，范寒松. 计算机控制系统及其在火电厂中的应用. 北京：中国电力出版社，2003.

［22］ 林金栋. 自动调节原理及系统. 北京：中国电力出版社，1996.

［23］ 张玉铎，王满稼. 热工自动控制系统. 北京：水利电力出版社，1985.

［24］ 陈来九. 热工过程自动调节原理和应用. 北京：水利电力出版社，1982.